普通高等教育“十一五”国家级规划教材

U0960600

生物技术概论

SHENG WU JI SHU GAI LUN

刘桂林 主编

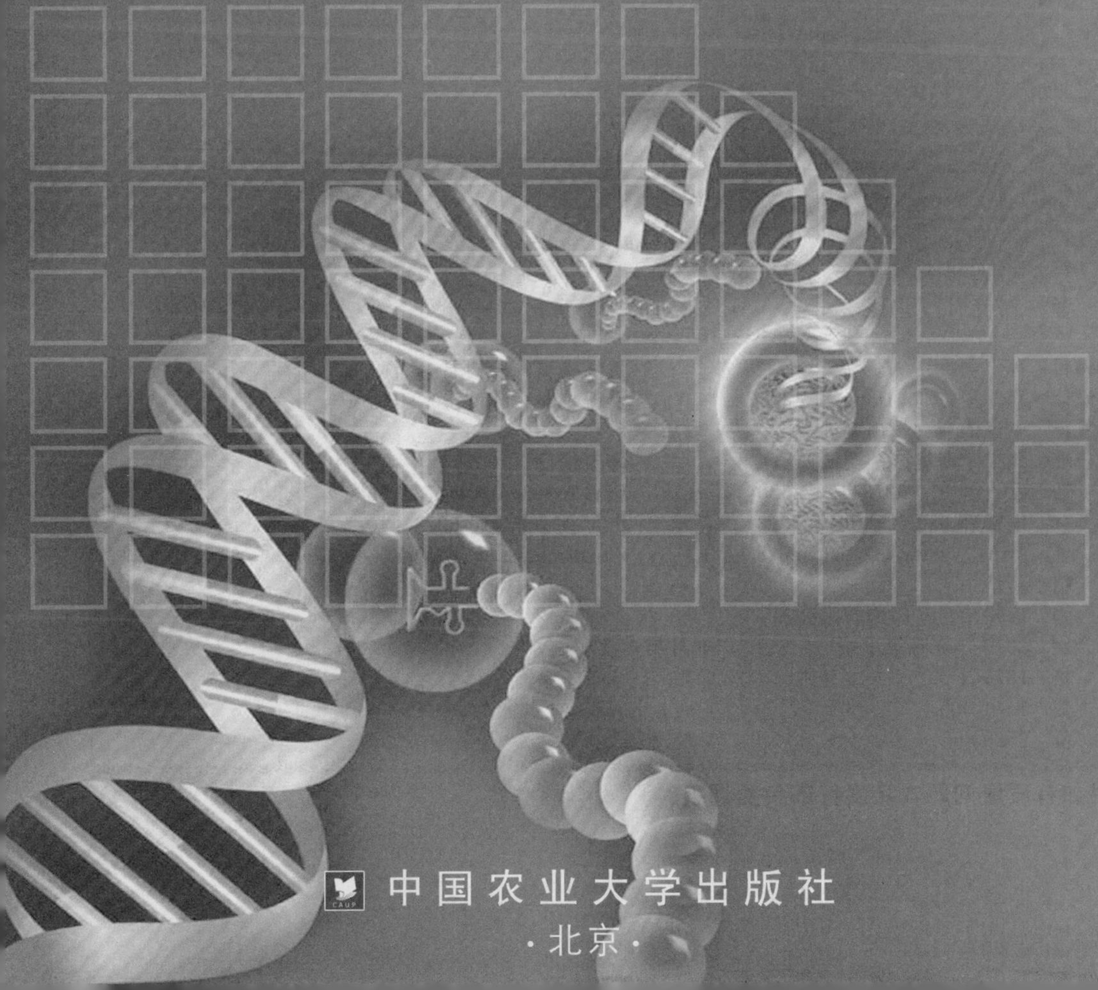

中国农业大学出版社
·北京·

图书在版编目(CIP)数据

生物技术概论/刘桂林主编．—北京：中国农业大学出版社，2010．9
ISBN 978-7-5655-0040-4

Ⅰ．①生…　Ⅱ．①刘…　Ⅲ．①生物技术　Ⅳ．①Q81

中国版本图书馆 CIP 数据核字(2010)第 129954 号

书　名　生物技术概论
作　者　刘桂林　主编

策划编辑　孙　勇　　责任编辑　田树君
封面设计　郑　川　　责任校对　陈　莹　王晓凤
出版发行　中国农业大学出版社
社　址　北京市海淀区圆明园西路 2 号　　邮政编码　100193
电　话　发行部 010-62731190，2620　　读者服务部 010-62732336
编辑部 010-62732617，2618　　出　版　部 010-62733440
网　址　http://www.cau.edu.cn/caup　　**e-mail** cbsszs@cau.edu.cn
经　销　新华书店
印　刷　涿州市星河印刷有限公司
版　次　2010 年 9 月第 1 版　2010 年 9 月第 1 次印刷
规　格　787×1 092　16 开本　22 印张　539 千字
印　数　1～4 000
定　价　35.00 元

图书如有质量问题本社发行部负责调换

编 写 人 员

主　编　刘桂林（山西农业大学）

副主编　刘文生（山西农业大学）
欧阳红生（吉林大学）
侯　健（中国农业大学）

编　者　（按姓氏笔画排列）
习欠云（华南农业大学）
王晓辉（上海海洋大学）
石庆华（新疆农业大学）
刘文生（山西农业大学）
刘学春（山东农业大学）
刘桂林（山西农业大学）
周雪雁（西北民族大学）
侯　健（中国农业大学）
赵　赣（华南农业大学）
贾丽艳（山西农业大学）
贾俊静（云南农业大学）
薛霖莉（山西农业大学）
欧阳红生（吉林大学）

内容简介

生物技术是21世纪高新技术革命的核心内容，研究生物技术在疾病诊断、治疗、制药、疫苗、育种、食品、环境、能源等方面的应用，对人类社会的进步和发展具有重要的作用。

本书全面、系统地阐释了生物技术相关内容的基本概念、基本原理和实际应用，力求反映国内外现代生物技术研究的新进展和新成果。全书共16章，包括绪论、基因工程、酶工程、蛋白质工程、发酵工程、动物细胞工程、植物细胞工程、动物胚胎生物工程、植物转基因技术及应用、动植物分子育种、生物技术疫苗及制药、生物技术诊断、基因治疗、生物技术与食品、生物技术与环境、生物技术与能源。

本书是普通高等教育“十一五”国家级规划教材，适用于高等农林医院校生命学科各相关专业学生和教师使用，也可作为从事生命科学研究工作者的参考书。

前　　言

1953 年 Watson 和 Crick 的 DNA 双螺旋结构模型的提出，开启了分子生物学研究的新时代。1975 年 Sanger 将噬菌体 Φ×174 的 DNA 分子全部碱基序列完整测序，确立了 DNA 序列分析的新战略和新方法。特别是 DNA 重组等分子生物学技术的应用，人类基因组计划的实施，以基因工程、蛋白质(酶)工程、发酵工程、生物制药、基因治疗等为热点的生物技术的蓬勃发展，使生物技术再次成为新的研究热点。

21 世纪是生命科学的世纪，生物技术被称为 21 世纪的朝阳产业。对工业、农业、医药、能源和环境保护等方面，产生了巨大的经济效益、社会效益和生态效益，促进了传统产业的升级改造和新型产业的形成。特别是在应对世界人口膨胀、资源短缺、环境污染等方面，生物技术具有其他技术无法比拟的优越性。随着生物技术与其他学科及技术结合越来越紧密，生物技术的应用范围将日益扩大，发展前景更加广阔，必将对社会经济诸领域的发展产生不可估量的影响。

生物技术发展产生的突出现象以及由此带来的产业变革，引起了世界各国的高度关注，许多国家已经把生物技术列为优先发展的高科技项目。我国也已制定了相应的对策。1997 年教育部正式批准建立生物技术专业，目前，国内许多高校有关专业和科研单位都先后开设了以生物技术为主要内容的课程和研究。为适应高等农、林、医院校相关专业的学生及从事生命科学研究工作的需要，编写一部符合相关专业生物技术方面的教科书显得尤为必要。为了满足动物医学、动物科学等相关专业的学生需求，本书特增加了动物细胞工程和动物胚胎生物工程与遗传修饰等内容，并在内容上更加注重基本原理和实际应用两部分，使本书有较大的适应面，以培养厚基础，宽口径，适应能力强的优秀人才。

本书组织国内各高校从事生物技术教学和研究的教师进行编写。编写分工为：第 1 章绪论和第 2 章基因工程(刘桂林，山西农业大学)，第 3 章酶工程(欧阳红生，吉林大学)，第 4 章蛋白质工程(赵赣，华南农业大学)，第 5 章发酵工程和第 14 章生物技术与食品(贾丽艳，山西农业大学)，第 6 章动物细胞工程(周雪雁，西北民族大学)，第 7 章植物细胞工程(刘学春，山东农业大学)，第 8 章动物胚胎生物工程(侯健，中国农业大学)，第 9 章植物转基因技术及其应用(石庆华，新疆农业大学)，第 10 章动、植物分子育种(贾俊静，云南农业大学)，第 11 章生物技术疫苗及制药(王晓辉，上海海洋大学)，第 12 章分子诊断和第 13 章基因治疗(刘文生，山西农业大学)，第 15 章生物技术与环境(薛霖莉，山西农业大学)，第 16 章生物技术与能源(习欠云，华南农业大学)。书中第 1、2、3、4、5、6、12、13、16 章中的插图由王志宇进行了清晰度处理、修改和绘制。全书由主编刘桂林统稿和定稿。

本书在编写过程中，力求运用最新资料和研究成果，参阅了许多国内外较为先进的文献，由于篇幅有限仅列出一些主要文献，在此特向原作者和译者表示谢意。

由于生物技术的发展日新月异，编写人员水平有限，时间仓促，书中的缺点和疏漏在所难免，敬请各位读者批评指正。

编　者

2010 年 1 月

目　录

第一部分　基础篇

第一部分

基　础　篇

第1章 绪 论

当前，生物技术迅猛发展，已取得了令人瞩目的成就。它对推动科学的进步，促进经济的发展，改变人类的生活与思维，影响人类社会的发展进程有着举足轻重的作用。生物技术的研究成果正走上产业化发展的道路，越来越广泛地应用于农、林、牧、渔、医药、食品、能源、化工、轻工和环境保护等诸多领域。生物技术的研究与开发已经成为世界性潮流，对人类社会已经产生或正在产生革命性的影响。发达国家和发展中国家，都对生物技术寄予厚望。生物技术的研究与开发不仅有可能使产业结构发生重大变革，还可能给一些传统的生物技术产业带来新的希望。如转基因动、植物新品种能使农、林、牧、渔业大幅度提高产量和产品质量；生物技术为医药、食品、能源、化工、轻工等产业和生物资源的充分利用带来了全新的生命力；在环境保护、能源等领域中，如污水生物治理、大气生物净化、新能源开发等，也同样获得了巨大的效果。在医药领域，生物技术的成果更为卓著。现在仅美、日两国所开发的生物技术新药就有200多种，其中绝大部分是重组蛋白和重组DNA药物；人类疾病的基因治疗技术已经取得突破性进展，生物技术研究日新月异，生物技术改变了传统制药工业；在研发诊断试剂、酶制剂、动植物医药产品、蛋白类与核酸类药物等制药工业方面也取得了丰硕成果。生物技术对于提高一个国家的综合国力，迎接人类所面临的诸如食品短缺、健康问题、环境问题及经济问题的挑战是至关重要的；它对人类社会生活将产生深远的革命性的影响。生物技术是21世纪高新技术革命的核心内容，具有巨大经济效益以及现实的和潜在的生产力。生物技术产业必将逐步成为世界经济体系中重要的支柱产业之一。

1.1 生物技术的含义

1.1.1 生物技术概念、内容及特点

1.1.1.1 生物技术概念

生物技术(biotechnology)一词是由匈牙利工程师Karl Ereky于1917年最先提出的。他把生物技术定义为"凡是以生物机体为原料，不论其用何种方法进行产品生产的技术"。不过此定义未被人们所重视和采用，因为该定义涉及面太宽了。到了20世纪70年代末80年代初，由于分子生物学、DNA重组技术的应用及基因工程产品的出现，人们把必须采用基因工程等一类具有现代生物技术内涵或以分子生物学为基础的技术称为生物技术。此定义也不为多数人赞同，因为该定义把原先相当成熟的发酵技术、酶催化技术、生物转化技术、原生质体融合技术等都排除在外。从此，引发了人们对生物技术定义和范围的争议，并出现了众多的见解和建议。1982年国际经济合作及发展组织(IECDO)重新将生物技术定义为："生物技术是应用自然科学及工程学的原理，依靠生物作用剂的作用将物料进行加工以提供产品或用于为社会服务的技术。"此定义似能为多数人接受，因为此定义最突出点在于提出了"生物作用剂"的概念，而不是原先笼统地认为生物技术产品均来自于"生物机体"的模糊概念。国际经济合作及

发展组织对生物技术的定义彰显出来，生物技术是一门新兴的、综合性的学科。

就生物科学而言，生物技术包括了微生物学、生物化学、细胞生物学、免疫学、育种技术等几乎所有与生命科学有关的学科，特别是现代分子生物学的最新理论成就更是生物技术发展的基础。现代生命科学的发展已在分子、亚细胞、细胞、组织和个体等不同层次上，揭示了生物的结构和功能的相互关系，从而使人们得以应用其研究成果对生物体进行不同层次的设计、控制、改造或模拟，并产生了巨大的生产能力。

1.1.1.2 生物技术内容

近几十年来，科技发展异常迅速，科技发展的一个显著特点就是人们越来越多地采用多学科的方法和技术来解决各种问题，这将促进综合性学科的出现。生物技术就是在这种背景下产生的一门综合性的新兴学科。生物技术，也称生物工程，可分为基因工程（gene engineering）、酶工程（enzyme engineering）、蛋白质工程（protein engineering）、发酵工程（fermentation engineering）、细胞工程（cell engineering）等。

(1)基因工程　基因工程是20世纪70年代以后兴起的一门新技术，其主要原理是应用人工方法把生物的遗传物质，通常是脱氧核糖核酸（DNA）分离出来，在体外进行切割、拼接和重组。然后将重组DNA导入某种宿主细胞或个体，从而改变它们的遗传品性；有时还使新的遗传信息（基因）在宿主细胞或个体中大量表达，以获得基因产物（多肽或蛋白质）。这种通过体外DNA重组创造新生物并给予特殊功能的技术称为基因工程，也称DNA重组技术。

(2)酶工程　酶工程是研究酶的生产和应用的一门技术性学科，是利用酶、细胞器或细胞所具有的特异催化功能，对酶进行修饰改造，并借助生物反应器和工艺过程来生产人类所需产品的一项技术。酶工程主要包括酶制剂的制备、酶的固定化、酶的修饰与改造及酶反应器的设计等技术。随着生物技术的发展，酶工程将引起发酵工业和化学合成工业的巨大变革。

(3)蛋白质工程　蛋白质工程是1981年由美国基因公司的Ulmer提出的，是指在基因工程的基础上，结合蛋白质晶体学、计算机辅助设计和蛋白质化学等多学科的基础知识，通过对基因的人工定向改造等手段，对蛋白质进行修饰、改造、拼接，以产生能满足人类需要的新型蛋白质的技术。这项技术在最近十几年的研究中取得了长足的进步，成为研究蛋白质结构和功能的重要手段，同时广泛用于制药及其他工业生产中。

(4)发酵工程　发酵工程是利用微生物生长速度快、生长条件简单以及代谢过程特殊等特点，在合适的条件下，通过现代化工程技术手段，利用微生物的某种特定功能生产出人类所需要产品的一门工程技术。由于它以培养微生物为主，故也称微生物工程。发酵工程是生物技术的重要组成部分，是生物技术产业化的重要环节。

(5)细胞工程　细胞工程是指在细胞水平研究开发、利用各类细胞的工程。也就是指以细胞为基本单位，在体外进行培养、繁殖，或使细胞某些生物学特性按人们的意愿发生改变，从而达到改良生物品种和创造新品种，或加速繁育动、植物个体，或获得某种有用物质的过程的一门技术。细胞工程基本技术包括无菌操作技术、细胞培养技术、细胞融合技术等。细胞工程又分动物细胞工程和植物细胞工程及微生物细胞工程。

五大工程以基因工程为基础核心技术，彼此之间相互联系利用，相互渗透互补。通过基因工程对细菌和细胞改造后获得工程菌和工程细胞，二者都必须分别通过发酵工程和细胞工程来生产特定的物质。通过基因工程对蛋白质和酶的基因进行改造，就可以实现蛋白质工程和酶工程。通过基因工程改造的产酶微生物经过发酵又可以实现发酵工程和增加酶的产量等。

1.1.1.3　生物技术的特点

基因工程的最大特点是按人们的意愿通过DNA体外重组或转基因技术构建新型的生物体，这些生物体有“工程生物”、“转基因生物”之称，在医药、农业、工业、环保、能源等方面以及人们的现实生活中发挥着重要作用。此外，基因工程技术打破了基因重组和基因转移的物种屏障，可在实验室条件下较快地完成生物体漫长的进化过程，用比自然界更快、比进化更快的速度来完成“物种”的构建，这就显示出基因工程技术的强大威力。正因为基因工程技术有如此的先进性、优越性和不可替代性以及诱人的市场前景，又有与其他高新技术的交叉渗透和集成，使生物技术产业成为一个新的生长点。由此可见，生物技术具有以下特点：①三高，即高投入、高风险、高产出（或高回报）；②知识与技术的高度集成；③以技术研发为主的研究机构或小型公司将成为技术创新的主力军；④金融界将会敏锐地介入生物技术产业，并大量投资。因此，生物技术产业在医药、农业、环保和能源等领域，必将得到逐步开拓和发展，这是当今世界的一种潮流，我们必须抓住机遇，稳步发展。

1.1.2　生物技术涉及的学科

在所有自然科学领域中，生物技术涉及的学科范围最广。现代生物技术以现代生物学为基础，由多学科理论、技术和工程原理相互交叉融合而成。它包括以人体生理学、动物生理学、植物生理学、微生物生理学、生物化学、生物物理学、微生物学、免疫生物学、遗传学、分子生物学、细胞生物学、医药学等几乎所有生物科学的次级学科为支撑，又结合了诸如化学、数学、化学工程学、电气电子工程、机械工程、自动化工程、微电子技术、计算机科学、信息学等非生物学领域的尖端基础学科，以及生物化学工程、生物医学工程、生物药学工程、生物信息学等许多交叉分支学科，从而形成一门多学科互相渗透的综合性学科。现代生物技术的发展有赖于信息、微机电系统、传感器、图像处理等多种技术的发展。现代生物技术基于诸多学科领域之上，又服务于其他众多学科领域，现代生物技术涉及的学科基础与应用领域用图1-1表示。

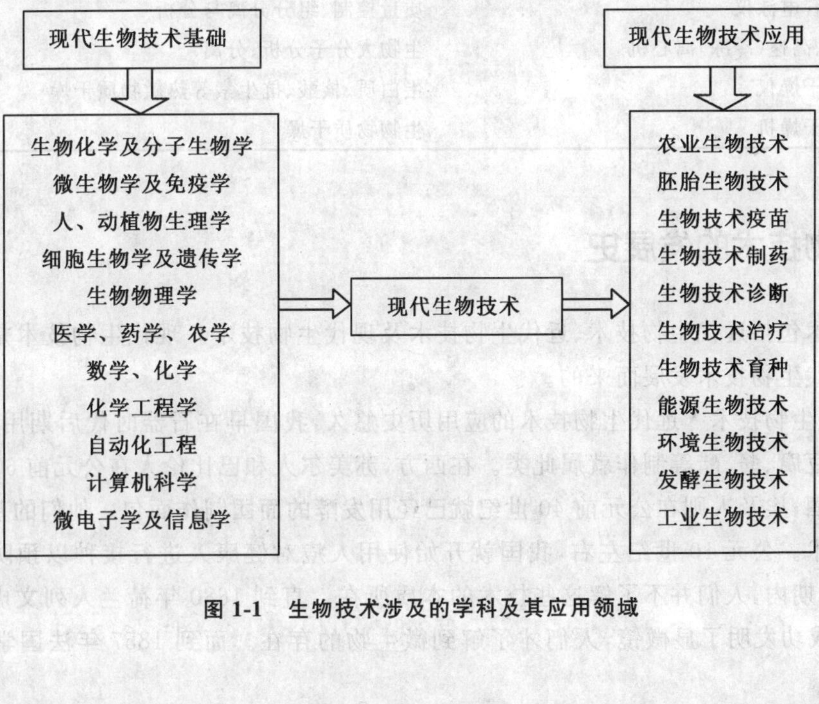

图1-1　生物技术涉及的学科及其应用领域

由于现代生物技术涉及的学科范围非常广泛，几乎涉及所有自然科学领域，而且应用的学科领域也非常之多，在整个生物工程技术的设计过程即上游阶段，生物工程技术的实施过程即中游阶段和生物工程技术产品的分离过程即下游阶段（如目标产物抗生素、有机酸、氨基酸、蛋白质、酶等的提取、纯化、成品的检测等过程），应用了各种各样的技术手段，因而所涉及的仪器设备也非常之多（表 1-1）。

表 1-1 现代生物技术中部分重要仪器设备

仪器和设备名称	主要用途
各种 PCR 仪	DNA、基因的快速扩增、定量
DNA 自动合成仪	合成已知寡核苷酸序列
DNA 自动测序仪	测定核酸的核苷酸序列
基因转移系统	将外源 DNA 导入目标细胞
显微注射系统	细胞核移植、人工授精等
蛋白质（多肽）自动合成仪	合成已知序列的蛋白质或多肽
蛋白质（多肽）自动测序仪	测定蛋白质或多肽氨基酸序列
序列分析软件	核酸、蛋白质序列分析
生物反应器	动、植微细胞、微生物分批或连续培养
流式细胞仪	分离单个细胞、测定细胞或染色体数量等
高效液相色谱仪	物质分离、纯化和纯度（定性）鉴定等
质谱仪	蛋白质、多肽研究
电子显微镜	观察组织、细胞超微结构
电泳分析系统	物质分离、纯化和纯度（定性）鉴定等
凝胶电泳仪	蛋白质、核酸分离与分析等
凝胶成像系统	蛋白质、核酸电泳分离图谱的成像
毛细管电泳仪	质量控制、组分分离与分析
超速、高速（冷冻）离心机	生物大分子分析、分离
冷冻干燥仪	蛋白质、核酸、抗生素等热敏物质干燥
喷雾干燥机	生物物质干燥

1.2 生物技术的发展史

生物技术包括远代生物技术、近代生物技术及现代生物技术。现代生物技术是从远代生物技术和近代生物技术发展而来的。

（1）远代生物技术　远代生物技术的应用历史悠久，我国早在石器时代后期用谷物酿酒，周代后期的豆腐、酱、醋等制作就属此类。在西方，苏美尔人和巴比伦人在公元前 60 世纪就已开始发酵啤酒；埃及人则在公元前 40 世纪就已经用发酵的面团制作面包。他们的基本技术特征是酿造技术。公元 10 世纪左右，我国就开始使用人痘对健康人进行接种以预防天花。然而，在很长时期内，人们并不了解这些技术的本质所在。直到 1680 年荷兰人列文虎克（Leeuwen Hoek）成功发明了显微镜，人们才了解到微生物的存在。而到 1857 年法国学者巴斯德

(Pasteur)利用实验方法证明酒精发酵是由活酵母发酵引起的，其他发酵产物是由其他微生物发酵所形成。1897 年人们发现，经过研磨破碎的“死”酵母同样能使糖类发酵变成酒精，从此揭开了发酵的神圣奥秘。从 19 世纪末到 20 世纪 20 年代后，人们首先发现了不需通气搅拌的厌氧菌纯种发酵技术，并相继出现了如乳酸、乙醇、丙酮、丁醇、柠檬酸、甘油、淀粉酶等许多产品的工业化发酵生产，开始应用较为简单的纯种培养技术发酵，但多数为兼气发酵或表面发酵，对设备要求不高，产品基本属于微生物初级代谢产物。

(2)近代生物技术　20 世纪 40 年代后，由于青霉素大规模发酵的推动，极大地促进了大规模液体深层通气搅拌发酵技术的发展，从而使链霉素、金霉素、新霉素等抗生素实现了大规模生产。发酵技术和酶技术被广泛应用于医药、食品、化工、制革和农产品加工等领域，给发酵工业带来了革命性的变化。同时，由于化学工程工作者加盟，经过大量理论与实践研究，形成了一门新型的“生化工程”学科。到 20 世纪 50 年代中期以后，由于对微生物代谢途径和调控的不断深入研究，从而产生了“代谢工程”。20 世纪初在遗传学的建立和应用条件下，产生了遗传育种学，科学家们采用化学诱变、紫外照射等方法产生突变体以改良菌种，从而提高发酵产量，并于 20 世纪 60 年代取得了辉煌的成就，被誉为“第一次绿色革命”。细胞学的理论被应用于生产而产生了“细胞工程”。这就开始了近代生物技术产业的兴旺发达阶段。

近代生物技术时期的主要特点是：①生产技术要求高，要在纯种无菌条件下通入无菌空气进行需氧发酵，而且产品质量要求高；②产品类型多，不仅有生物体初级代谢产物氨基酸、有机酸、蛋白质、酶等，还包括次级代谢产物(抗生素)、生物转化产物(甾体转化物)；③技术发展速度快，产量和质量大幅度提高，菌种的活力和性能有了惊人的提高，发酵控制技术飞速发展等；④生产设备规模巨大，常用的发酵罐体积可达几十到几千立方米。

(3)现代生物技术　现代生物技术时期是以分子生物学的理论为先导，以 20 世纪 70 年代 DNA 重组技术的建立为标志的。1944 年美国微生物学家 Avery 等用实验证明了 DNA 是遗传信息的携带者。1953 年美国学者 Watson 和英国 Crick 发现了 DNA 的双螺旋结构，1958 年 Crick 又阐明了 DNA 的半保留复制模式，从而奠定了现代分子生物学的基础，揭开了生命科学史上划时代的一页，给整个生物学界乃至整个人类社会带来了一场划时代的革命。此后，越来越多的科学家投身于分子生物学研究，并取得了一系列分子生物学和现代生物技术的新发现与新进展。1961—1967 年，Nirenberg、Halley、Khorana 破译了全部遗传密码，从而确定了生物界 DNA 的遗传信息传递的规律。1972 年，P. Berg 的科研小组将 λ 噬菌体基因和大肠埃希氏菌乳糖操纵子插入猴病毒 SV40 DNA 中，首次创建了 DNA 体外重组技术，1973 年美国加利福尼亚大学 Herber Boyer 和斯坦福大学的 Stanley Cohen 两位教授完成了基因转移试验技术，这标志着基因工程技术的开始，为研究提供了一种全新的技术手段，使人们可以按照自己的意愿设计出全新的生命体。可以按照预先的设计来切割 DNA、分离基因并经重组后导入其他生物细胞，来改造畜禽或农作物品种；或导入细菌，生产大量有用的蛋白质，或作为药物、作为疫苗；也可以直接导入人体内进行基因治疗。基因工程技术的产生，使生物技术迅速地发展到现代生物技术的阶段。尤其是在 2003 年由美国、英国、日本、法国、德国和中国的科学家经过 13 年的不懈努力，将人类基因组计划所有目标全部实现的这一伟大壮举，将现代生物技术推向新的高潮，使基因组学进入后基因组学即蛋白质组学时代。

总之，以基因工程为核心，带动了现代发酵工程、现代酶工程、现代细胞工程以及蛋白质工程的迅速发展，开创了具有划时代意义的现代生物技术时代，使现代生物技术成为代表21世纪发展方向的具有广阔前景的新兴学科和产业。1953年以后现代生物技术领域重大的新发现与新进展参见表1-2。

表1-2 1953年以来现代生物技术领域重大的新发现与新进展

（引自：吕虎，2005）

年代	重要发现与进展事件
1953	Watson和Crick阐明了DNA双螺旋结构；Grubhofer和Schleith提出了酶固定化技术
1956	提出了遗传信息通过DNA碱基序列进行传递的理论
1957	DNA复制过程包括双螺旋互补链分离得到证实
1958	获得了DNA聚合酶Ⅰ，并用该酶在试管内成功合成了DNA
1960	发现mRNA，并证明mRNA指导蛋白质合成
1961	《现代生物技术与生物工程》杂志创刊
1961—1967	破译全部遗传密码
1967	获得了DNA连接酶
1970	分离得到第一个限制性内切酶；发现逆转录酶
1971	用限制性内切酶酶切产生DNA片段，用DNA连接酶获得第一个重组DNA分子
1972	A基因；P. Berg首次构建DNA重组体
1973	Boyer和Cohen建立了DNA重组技术
1975	Kohler和Milstein建立了单克隆抗体技术
1976	DNA测序技术诞生；第一个DNA重组技术规则问世
1977	重组人生长激素抑制因子在大肠埃希氏菌中成功表达
1978	美国Genettech公司在大肠埃希氏菌中成功表达胰岛素
1980	美国最高法院对Chakrabarty和Diamond"超级细菌"专利案作出裁定，经过基因工程操作的微生物可以获得专利
1981	第一个单克隆抗体试剂盒在美国被批准使用
1982	第一个DNA重组技术生产的动物疫苗在欧洲被批准使用；美国批准重组人胰岛素上市
1983	基因工程Ti质粒用于植物转化；Ulmer KM提出蛋白质工程的概念
1988	PCR技术诞生；美国授予Leder和Stewart"对肿瘤敏感的基因工程小鼠"以专利
1990	第一个体细胞治疗方案在美国获得批准；人类基因组计划启动
1994	Wilkins和Williams提出了蛋白组(proteomics)的概念；中国基因组计划启动
1997	英国培育出世界上第一只克隆羊；转录组学(transcripteomics)概念被提出
1998	美国批准AIDS疫苗进行人体试验；日本培育出克隆牛，英、美等国家培育出克隆鼠
1999	RNA组学(RNomics)的研究任务被提出；中国正式加入国际基因组测序计划
2000	人类基因组草图宣告完成
2002	中国杨焕明等科学家完成了对水稻(籼稻)基因组序列草图的测定和初步分析
2003	人类基因组序列图绘制成功，人类基因组计划的所有目标全部实现

1.3 生物技术的应用与发展前景

1.3.1 生物技术的应用

1.3.1.1 在医药业中的应用

医药生物技术是现代生物技术发展的一个重要方面，最近十几年内在新型药品开发研制、疾病的预防和诊治、基因治疗等方面已取得了一系列突破性进展。

(1)用于新型药品开发　生物技术最早应用的产业就是医药行业，利用生物技术分离开发的抗生素药品目前已有 6 000 种，其中约有 100 种被广泛地应用于临床。利用生物技术生产蛋白药物有许多优点，可以治疗过去无法治疗的一些疾病。1977 年，美国首先采用大肠杆菌作为基因工程菌生产了人类第一个基因工程药物(人生长激素释放抑制激素)，开辟了药物生产的新纪元。利用细胞培养技术或转基因动物来生产这些蛋白质药物是近几年发展起来的另一种生产技术，如利用转基因羊生产人凝血因子Ⅸ、转基因牛生产人促红细胞生成素、转基因猪生产人体球蛋白等。

利用生物工程技术生产出一些具有特异治疗作用的生物活性的药物，如酶、激素、疫苗、干扰素、免疫球蛋白、白细胞介素、生长因子、人红细胞生成素、碱性成纤维细胞生长因子、链激酶等。目前，用基因工程法生产的药品有人胰岛素、人生长激素、人心钠素、人干扰素、肿瘤坏死因子、集落刺激因子、人组织纤维蛋白酶原激活因子等。现已上市的基因工程药物至少有 20 多种，这些基因工程蛋白质药物投放市场，主要用于治疗癌症、血液病、艾滋病、乙型肝炎、丙型肝炎、细菌感染、骨损伤、代谢病、矮小症、心血管病、糖尿病、不孕症等疑难病症。还有 400 多种生物制剂正在进行临床试验，2 000 余种新的生物制剂处于前期的实验室研究阶段。可见在现代生物技术革命的影响下，医药工业体系正在发生革命性的大变革，将逐步从化学合成式工业过渡到生物技术产业模式。

我国生物技术制药行业是增长速度最快的行业之一，生物药品也保持高速增长。随着人们生活方式及环境变化和人口老龄化等因素，肿瘤、心血管病和遗传性疾病患者大幅度增加，这些疾病已经成为我国患者人数最多的病种。由于生物药品在治疗以上疾病方面比传统药品效果更显著，因此对生物药品的需求日益增大。这进一步说明，基因工程药物的产业有广阔前景。

(2)用于疾病的预防和诊治　利用生物技术来进行疾病预防已有非常悠久的历史，我国很早就已开始用种痘的方法来预防天花。由于传统的疫苗生产方法对某些疫苗的生产和使用存在着免疫效果不佳、被免疫者有被感染的风险等缺点，医学家们一直在努力寻找着新的生产方法和工艺手段，而目前应用较多的基因工程法生产重组疫苗则可达到安全、高效的目的，现已临床广泛应用的基因重组疫苗有病毒性肝炎疫苗(包括甲肝和乙肝疫苗等)、肠道传染病疫苗(包括霍乱和痢疾等疫苗)、寄生虫疫苗(包括疟疾和血吸虫等疫苗)、流行性出血热疫苗、EB 病毒疫苗等。1998 年初，美国食品和药物管理局(FDA)批准了首个艾滋病疫苗进入人体试验，其后又有多个新型疫苗进入人体试验。这预示着艾滋病或许可以像乙型肝炎、脊髓灰质炎等病毒性疾病那样得到有效的预防。

在医学诊断方面，我国利用生物技术研制了乙型肝炎表面抗原凝集诊断试剂、丙型肝炎病毒酶联免疫试剂盒、血糖试剂盒、尿酸酶试剂盒、谷丙转氨酶试剂盒、谷草转氨酶试剂盒、三酰甘油诊断试剂盒等多种诊断试剂，形成了中国自己的新型诊断试剂工业。利用细胞工程技术生产单克隆抗体成为利用生物技术进行疾病防治的另一途径。单克隆抗体，严格地针对某一抗原，具有高度均一、特异性高、纯度高及效价高等特点，既可用于疾病诊断，又可用于疾病的治疗，是目前医药卫生中应用较为普遍的一项现代生物技术。例如，用于治疗肿瘤的"生物导弹"，就是将用于治疗肿瘤的药物与抗肿瘤细胞连接在一起，利用抗原抗体结合的高度专一性，使得抗肿瘤药物集中于肿瘤部位，以达到高效杀伤肿瘤细胞并减少对正常细胞的毒性反应。单抗主要用于疾病的诊断和疗效评价。目前单克隆抗体试剂约占全部诊断试剂总数的30%，其年利润也已超过100亿美元。

此外，还可应用基因工程技术生产诊断用DNA试剂，称为DNA探针，主要用于遗传性疾病和各种传染病等的诊断。基因芯片就是利用该原理发展起来的一种高通量、高特异性的DNA诊断新技术。它是通过把大量的DNA片段高密度地固定到一块载玻片或硅片上，利用核酸探针杂交法，对样品DNA进行高通量、高特异性、并行的分析信息的诊断工具。基因芯片可用于包括遗传性疾病、传染性疾病及肿瘤等疾病的诊断，DNA序列分析，药物筛选，基因表达水平的测定等领域。基因芯片既为DNA探针诊断又以PCR技术为基础。

现代生物技术为多种人类疾病提供了动物模型，可用于人类病毒病研究的转基因动物等，并且已将近百种不同的基因转入动物模型小鼠中。这些研究为了解人和高等动物基因表达调控、遗传性疾病机制、肿瘤发生、疾病发生机制、免疫特异性、胚胎发生、发育过程等众多方面发挥了重要作用，为该类疾病诊断提供了理论依据。

(3)用于基因治疗　随着对遗传性疾病机制的深入研究，科学家们设想，向靶细胞或组织引入外源性基因DNA或RNA片段来纠正或关闭缺陷基因，敲除或抑制异常表达的基因，从而达到治疗遗传病的目的。即通过导入正常的基因来治疗某些因基因缺陷而引起的疾病是人们一直梦寐以求的目标。但由于其技术难度大，直到1990年9月美国FDA才首次批准了用腺苷脱氨酶(ADA)基因治疗严重联合型免疫缺陷病(SCID)(为一种单基因遗传病)，并取得了较为满意的结果。例如，安德森对一例患ADA缺乏症的4岁女孩谢德尔进行基因治疗。治疗前，患者先天性免疫功能不全，只能生活在无菌的隔离帐里，经治疗后，免疫功能日趋健全，使她过上了正常人的生活。这是世界上第一个基因治疗成功的范例，标志着人类疾病基因治疗的开始。1991年7月我国复旦大学与第二军医大学长海医院合作用基因治疗对血友病进行了临床实验并取得满意效果。针对恶性肿瘤的基因治疗方面，已经构建了TK、TD两种基因及其相关的病毒载体，奠定了治疗技术的基础。目前，基因治疗涉及恶性肿瘤、遗传病、代谢性疾病、传染病等多种疾病，已有至少90多种方案通过FDA论证。我国也有血友病、珠蛋白生成障碍性贫血(地中海贫血)、恶性肿瘤等多个基因治疗方案处于实施过程中。

1.3.1.2 在养殖业中的应用

(1)动物的无性繁殖　植物细胞有全能性，所以可采用微生物技术大量快速无性繁殖，达到工厂化生产的目的。动物细胞是否有全能性？这在1997年之前，还只能证实高等动物的胚胎2细胞到64细胞团具有全能性，可进行分割培养，即所谓的胚胎分割技术。1997年2月英国Roslin研究所在世界著名的权威刊物《自然》杂志上刊登了用绵羊乳腺细胞核培育出"多莉"小羊。这意味着动物体细胞也具有全能性，同样有可能进行动物的大量、快速无性繁殖，即克隆动物。1999年6月10日，世界上首例克隆小母牛"艾米"于美国康州大学华裔科学家杨向中领导的实验室中诞生，这使克隆动物成为无可争议的事实。随后相继产生了克隆山羊、克隆鼠、克隆猪等。我国莱阳农学院成功克隆了牛，西北农林大学成功克隆了山羊。

(2)培育动物的优良品系 利用转基因技术，将与动物优良品质有关的基因转移到动物体内，使动物获得新的品质。第一例转基因动物是1983年美国学者将大鼠的生长激素基因导入小鼠的受精卵里，再把受精卵转移到借腹怀胎的雌鼠内。生下来的小鼠因带有大鼠的生长激素基因而使其生长速度比普通小鼠快50%，并可遗传给下一代。除了小鼠外，科学家们已成功地育出了转基因羊、转基因兔、转基因猪、转基因鱼、转基因鸡等多种动物新品系。我国在转基因动物研究方面，同样做了大量的工作，有的已达到了国际领先水平，先后培育了生长激素转基因猪、抗猪瘟病转基因猪、生长激素转基因鱼(包括红鲤、泥鳅、镜鱼、鲫鱼)等。

1.3.1.3 在种植业中的应用

"民以食为天"，粮食问题是国家经济健康发展的基础。目前，世界人口已达60亿，且在不断增长，而耕地面积不会增加，反而越来越少。因此必须依靠现代生物技术培育优良品种，大幅度提高单位面积产量来解决这一矛盾。通过基因工程技术进行基因转移(gene transfer)，使生物体获得新的优良性状，培育出具有抗逆特性及优良品质的作物品系，满足粮食的需求。近年来，基因工程、细胞工程等现代生物技术在种植业中正发挥着越来越重要的作用，即把各种抗性基因转移到植物体内，使植物获得对抗病毒、昆虫、除草剂、恶劣环境胁迫、衰老等方面的特性，也有的对植物的花卉、果实等进行改造修饰等。2002年，由中国科学家杨焕明等人完成的水稻基因组研究工作使植物育种迈上了一个崭新台阶，这一研究成果将对人类的健康与生存产生全球性的影响。农业生物技术是我国现代生物技术应用的又一个重要方面，并也取得了很大的成绩，已经成功地培育出了多种转基因作物，如转基因水稻、大麦、棉花、番茄、烟草、甜椒、辣椒、马铃薯等。研究成功了两系杂交水稻，亩产达800 kg以上，累计推广面积已达1 000多万亩，创造产值10多亿元。

(1)培育抗逆性作物品系 通过基因工程技术对作物进行基因转移，使作物体获得新的优良品性，称之为转基因作物(植物)。其目的是培育出具有抗寒、抗旱、抗盐、抗病虫害等抗逆特性及品质优良的作物新品系。涉及的作物种类包括马铃薯、油菜、烟草、玉米、水稻、番茄、棉花、大豆、苜蓿等。转基因性能包括：抗除草剂、抗病毒、抗盐碱、抗旱、抗虫抗病以及作物品质改良等。我国是人口大国，人多地少，粮食问题是我国经济发展的关键。我国政府对农业生物技术极为重视，投入了大量的人力、物力并取得了举世瞩目的成就，已培育出了包括水稻、棉花、小麦、油菜、甘蔗、橡胶等一大批作物新品系。目前我国已自主开发了抗虫棉、耐贮番茄，抗病毒甜椒、抗病毒番茄等转基因作物。正在研究开发的转基因植物多达50多种，涉及的基因达100多种。

(2)种苗的工厂化生产 利用细胞工程对优良品种进行大量的快速无性繁殖，实现工业化生产，该技术又称植物的微繁殖技术。植物细胞具有全能性，一个植物细胞犹如一株潜在的植物，利用这种特性，可以从植物的根、茎、叶、果、穗、胚珠、胚乳、花粉等器官或组织取得一定量的细胞，在试管中培养这些细胞，使之生长成为所谓的愈伤组织。愈伤组织具有很强的繁殖能力，可在试管内大量繁殖，在一定的植物激素作用下，愈伤组织又可分化出根、茎、叶，成为一株小苗。利用这种无性繁殖技术，可在短时间内得到遗传稳定的、大量的小苗(这种小苗称之为试管苗)，并可实现工厂化生产。

利用植物微繁殖技术还可培育出不带病毒的脱毒苗。由于植物的根尖或茎尖分生细胞常常是不带毒的，用这种细胞在试管中进行无菌培养而繁育的小苗也是不带毒的，减少了病毒感染的可能性。植物的微繁殖技术已广泛地用于花卉、蔬菜、药用植物和农作物快速繁殖，并实现商品化生产。我国已建立了多种植物试管苗的生产线，如葡萄、苹果、香蕉、柑橘、花卉等。

（3）提高粮食品质　人不但要求吃饱，还要求吃好，食品要更加符合营养要求。生物技术除了培育高产、抗逆、抗病虫害的新品系外，还可培育品质好、营养价值高的作物新品种。应用基因工程可以改善粮食和畜牧产品的品质，即增加谷物中蛋白质的含量，使家畜家禽的蛋白质成分与人更接近等。例如美国威斯康星大学的学者将菜豆储藏蛋白基因转移到向日葵中，使向日葵种子含有菜豆储藏蛋白。利用转基因技术培育的西红柿可延缓其成熟变软，以减少运输中的破损。大米是我们的主要粮食，含有人体自身不能合成的 8 种必需氨基酸，但其蛋白质含量很低。人们正在试图将大豆储藏蛋白基因转移到水稻中，培育高蛋白水稻品种。

（4）生物固氮　使用化学肥料作为作物氮肥的主要来源，易使土地板结，肥力下降，化肥的生产还可导致环境污染。人们努力将具有固氮能力的细菌的固氮基因转移到作物根际周围的微生物体内，利用这些微生物进行生物固氮，减少化肥的用量。例如日本学者将固氮基因转移到水稻根际微生物中，这些微生物可提供水稻需氮量的 1/5。我国已成功地构建了 12 株水稻粪产碱菌的耐胺工程菌，施用这种细菌可节约化肥 1/5，平均增产 5%～12.5%。

1.3.1.4　在保护环境中的应用

传统的化学工业生产往往需要高温、高压，伴随着大烟囱冒出的滚滚浓烟，这是一个典型的耗能过程并带来环境的严重恶化。改用现代生物技术来生产，不仅可以节省能源，还可以防止发生环境污染。

（1）微生物脱硫　燃煤和燃油产生的二氧化硫等硫化物可严重污染大气。煤炭中的硫分无机硫和有机硫两种，其中无机硫大部分以矿物质的形式存在，主要是黄铁矿。生物学家利用微生物脱硫，把 2 价铁变成 3 价铁，把单体硫变成硫酸，取得了良好效果。如日本中央电力研究所从土壤中分离出一种硫杆菌，它是一种铁氧化细菌，能有效除去煤中的无机硫。美国煤气研究所筛选出一种新的微生物菌株 IGIST，它能从硫中分离有机硫而不降低煤的质量。捷克科学家筛选出的酸热硫化菌，可脱去黄铁矿中约 75%的硫。目前，人们还发现氧化亚铁硫杆菌等能脱去黄铁矿中无机硫。微生物脱硫技术简单，成本低，更为重要的是，符合“源头防治”的环保新理念，效益较“末端治理”（污染产生后再治理）高得多，是很有前途的大气污染治理方法之一。

（2）处理、净化污水　利用生物技术处理废污水已显示出良好的效果。目前，人类已利用现代基因工程技术成功地培育出分解能力强、能在混合系统中占优势的菌种。俄罗斯科学家将微生物群落附着于玻璃纤维上而设计了一种生物过滤器，这种生物过滤器，设备简单，净化效率高，而且建设费用低廉，能吸附大量水中杂质，还可使有机化合物分解和腐化。美国科学家利用一种能处理氰化物的细菌来治理废污水，这种细菌同时还能收集水中铜、锌等金属，这样不仅使污水澄清后可再次利用，还将回收的铜、锌等金属变废为宝。由于这些细菌繁殖能力十分惊人，处理 1 m^3 的污水，仅需几小时，就能把毒物和重金属彻底清除干净。

（3）生物农药控制病虫害　化学农药的使用不仅对人类健康和生存环境构成了很大威胁，而且还使土壤受到污染和破坏。生物农药即可解决这个难题。所谓生物农药，是指利用现代生物工程技术，将某种病虫害的“微生物天敌”筛选出来，培养加工成一般农药的形式，用以对付该病虫害。这些微生物天敌包括病毒、细菌、真菌和原生动物（如线虫、微孢子虫）等。英国科学家已用一种名为绿僵菌的真菌来杀灭蝗虫,并取得良好效果。目前,国际上真菌杀虫剂的开发研究方兴未艾,发展迅速。

(4)可降解塑料 因塑料难以降解,成为新的“白色危害”。近年来在该方面的研究获得可喜成绩。美国科学家从土壤中分离出两种在无氧条件下也能生存的厌氧菌,它们能分解聚氯乙烯等有机化合物,并能将这些毒性较强的化合物转化为乙醇和醋酸盐等化工原料。并且科学家们已成功利用生物技术培育出能生产塑料的生物和细菌。美国密执安州立大学的克里斯托弗·辛斯基教授成功地将能产生聚合物的细菌基因转移到芥子系植物中,于1991年1月,这些移植基因全部发挥作用,首次获得了能产生塑料的植物。德国科学家利用细菌产生的聚合物制成的塑料,可分解为水和二氧化碳,极易降解,其垃圾可作为植物肥料回归自然,这种塑料还可用于制作医疗器械。英国帝国华工股份有限公司也生产微生物塑料。科学家们认为10年后用土豆、甜菜、玉米等作为大量生产塑料的生物反应器。总之,生物塑料的最大优点在于容易降解,生产时能耗少,不污染环境,有利于缓解人类面临的能源危机、气候变暖危机和环境灾难,符合可持续发展战略。

1.3.1.5 在能源研究中的应用

目前,人们生活中所使用的能源主要为石油和煤炭,而这些能源为不可再生能源,终将枯竭。为此,能源问题是人类21世纪所面临的最大问题。随着地球上化石能源物质的不断消耗,人们必须寻找、改善和提高可再生能源的利用率以及发明新技术来最大限度地开采不可再生性能源,还必须采用新兴技术以创造更多的新型能源物质。生物能源是最有希望的新能源之一,通过微生物发酵或固定化酶技术,将工、农业废弃物变为沼气或氢气,将是一种取之不尽、用之不竭的能源。人们已经利用或正在利用现代生物技术来提高不可再生性能源的开采率,如利用生物技术来提高石油的开采率,目前石油的一次采油,仅能开采储存量的30%左右,二次经加压、注水后也只能再获得储量的20%左右。还有相当部分深层石油由于吸附于岩石空隙间,很难开采。应用生物技术,加入能分解蜡质的微生物后,利用微生物分解蜡质使石油流动性增加而获取更多的石油,被称为三次采油。此外,制造更多的可再生性能源,是未来能源物质的主要来源,也将是21世纪获得能源的有效方法。

1.3.1.6 在工业生产中的应用

(1)制造工业原料 利用微生物在生长过程中积累的代谢产物,生产各种工业原料。概括起来,主要有以下几个大类:①氨基酸类,目前能够工业化生产的氨基酸有20多种,大部分为发酵技术生产的产品,主要的有谷氨酸(即味精)、赖氨酸、异亮氨酸、丙氨酸、天冬氨酸、缬氨酸等;②酸味剂,主要有柠檬酸、乳酸、苹果酸、维生素C等;③甜味剂,主要有高果糖浆、天冬精(甜味是砂糖的2 400倍)、氯化砂糖(甜味是砂糖的600倍)。利用发酵技术还可生产化学工业原料,主要有通用型化工原料,如乙醇、丙酮、丁醇等产品。还有特殊用途的化工原料,如制造尼龙、香料的原料癸二酸,石油开采使用的原料丙烯酰胺,制造电子材料的黏康酸,制造合成树脂、纤维、塑料等制品的主要原料衣康酸,制造工程塑料、树脂、尼龙的重要原料长链二羧酸,合成橡胶的原料2,3-丁二醇,合成化纤、涤纶的主要原料乙烯等。

(2)生产贵重金属 在冶金工业方面,高品位富矿不断耗尽。面对数量庞大的废渣矿、贫矿、尾矿、废矿,采用一般的采矿技术已无能为力,只有利用细菌的浸矿技术才能对这类矿石进行提炼。可浸提的金属有金、银、铜、铀、锰、钼、锌、钴、镍、钡、铊等10多种贵重金属和稀有金属。

1.3.1.7 人类基因组计划

人类基因组计划(human genome project,HGP)是美国生物学家、诺贝尔奖获得者 Dulbecco 于 1986 年首先提出的。他倡议,全世界的科学家联合起来,从整体上研究人类的基因组,分析人类基因组的全部序列以获得人类基因组所携带的全部遗传信息。该项工作的完成,将使人们深入认识许多困扰人类的重大疾病的发病机制;阐明种族和民族的起源与演进,进一步揭示生命的奥秘。1990 年春,美国国立卫生研究院(NIH)和能源部(DOE)联合发表了美国的人类基因组计划,1990 年 10 月 1 日正式启动,计划历时三个五年计划(1990—2005 年),耗资 30 亿美元研究人类的 23 条染色体上的所有基因阅读和识别。

经过参与国众多科学家的共同努力,2000 年 6 月 26 日,美国总统克林顿在白宫举行记者招待会,郑重宣布,经过上千名科学家的共同努力,被比喻为生命天书的人类基因组草图已经基本完成(测序完成 97%,序列组装完成 85%)。在 2001 年 2 月 12 日,美国国家 HGP 项目负责人 Colins 博士在华盛顿隆重宣布,通过美国、英国、日本、法国、德国和中国的科学家经过 13 年的不懈努力,人类基因组序列图绘制成功,人类基因组计划所有目标全部实现。人类基因组有 31.6 亿个核苷酸,3 万～3.5 万个基因,且基因在染色体上不是均匀分布的,有些区域有很多的基因,有些区域(约 1/4)则像“荒漠”。不同种族有99.99% 的相同基因,并不比同一种族不同个体之间的差异大。我国完成了 3 号染色体的 3 000 万个核苷酸序列。人类基因组计划与阿波罗登月计划、曼哈顿原子弹计划并称为人类科学史上的三大计划。

1.3.2 生物技术的发展前景

1.3.2.1 人类面临的挑战

21 世纪人类面临诸多的挑战。首先是人口问题。据预测到 2030 年,中国人口将会达到 16 亿,到 2050 年全球人口最低可达到 73 亿。到那时增加那么多人,地球将会出现何种拥挤程度?其次是食品的供应问题。有那么多的人要吃,可耕种的土地有限,而且随着经济的发展,房地产在不断开发占地,可耕种的土地每年都在减少,所以粮食问题是很大的问题。第三是健康问题。随着工业的发展、环境状况的恶化,心血管疾病、肿瘤疾病已经成为主要疾病,老年疾病,如老年痴呆症、帕金森氏综合征和其他与神经系统有关的疾病的发病率也在上升。在世界范围内,还有很多危险的疾病不断出现。艾滋病(AIDS)现在在很多国家和地区仍呈增长的趋势,疯牛病(mad-cow disease)使很多人谈牛色变。除了这些过去没有听说过的病以外,像肺结核,它在世界范围内又死灰复燃,原因是一些结核菌对抗生素产生了抗药性,使这种病用一般抗生素很难对付。第四是遗传病。对我国来讲,特别是由于文化与传统的因素,加上一些山区与边远地区处于隔离状态,这使一些地区仍存在着只能在小的地域范围内选择配偶,乃至出现近亲婚配的情况,这使我国局部地区遗传病的发病率比发达国家高得多。第五是环境问题。人类的社会活动会自发破坏环境,在人们物质生活水平大幅度提高的同时,人类赖以生存的自然环境也在日益恶化。最后是资源和能源问题。所以,人口、资源、环境等全球问题越来越严重地威胁着人类社会的生存和发展。

1.3.2.2 生物技术的发展前景

近 20 年来,作为“对全社会最为重要并可改变未来经济格局”的现代生物技术日益受到世界各国的普遍关注。中国作为一个拥有 13 亿人口的大国,在人口与健康领域及农业领域、能源、环保等诸多领域都面临着巨大的挑战。发展现代生物技术对实现我国社会经济可持续发展有着重要的意义,现代生物技术的发展前景十分广泛。

(1)生物技术与农业 现代生物技术在农业科学发展中对全世界尤其是对中国有着特殊的意义。因为中国是世界人口大国,我们首先面临的就是解决人民的吃饭问题。如今以蛋白质工程、细胞工程和酶工程为基础,以基因工程全面综合利用而组成的工程农业将发生变化,开创人工能源、不受气候限制、实行产业化生产、节土节水、克服农业化学化带来的恶果、实行生物防治、不污染环境的"未来大农业",在21世纪内实现可持续发展的战略目标,迎接人类的农业新世纪。

(2)生物技术与人的健康长寿 基因是决定人类各种性状的主要因素,"人类基因组计划"的目标之一就是要阐明人类有哪些基因是与健康和疾病有关的,以及如何从基因水平上控制这些所谓的"疾病基因"以保持人类健康。把人的所有基因在染色体上定位及破译其全部遗传信息,人类基因组计划的完成,可以从根本上了解各种遗传性疾病、癌症和心脑血管疾病的发病机制及防治途径,最终将彻底查清基因与疾病的对应关系。比如,现在发现了控制眼睛形成的基因、老年痴呆症的相关基因、精神分裂症的相关基因、艾滋病的相关基因以及一种与骨髓癌有关的基因。对人的基因组成进行改造将成为增强体质、防治疾病的重要手段。此外,有人预计,到21世纪中叶,药品将主要依靠经基因工程改造过的微生物来发酵生产,这样将会使医疗保健水平有很大程度的提高。

(3)生物技术与能源 资源是人类生存和发展的物质基础。由于人口的发展,煤与石油资源的枯竭已是必然,核燃料也必有罄尽之时。利用太阳能、可再生资源,才能真正彻底解决能源问题。在解决能源方面,人们对生物技术寄予厚望。如用农副产品发酵生产酒精,代替汽油作燃料;培育含油量高的植物以生产燃料用油的研究也已有进展。研究植物光合作用中水分子被分解为氢气与氧气的机制及其催化剂酶结构,进行人工模拟光合作用,利用太阳能分解水而得到氢燃料,这样就有了用之不竭的可再生能源。这项研究更具吸引力。

(4)生物技术与生态平衡 在长期演化、适应及与环境相互作用的过程中,形成了地球上的生态系统,人类就是在这样一个生态系统中进化而来的。目前在人类各种活动中所产生的有害物质被排放到空气、水体和土体中,由此引起的后果是资源耗竭、水体污染、环境恶化、灾害频发,地球环境问题日趋严重。要使人类走出当前全球危机的困境,实施可持续发展的战略,实现经济发展和人口、资源、环境相协调,必须遵守生态学的规律,合理开发利用资源,利用现代生物工程技术生产代替能源,处理废弃物。采用生物工程技术,可人工改造物种,创造高产的动、植物新品系,解决粮食危机,保护生物多样性。可见在解决全球资源生态环境问题时,现代生物技术有着极为重要的作用。

1.4 生物技术的安全性及伦理和法律问题

近年来,生物技术发展迅猛,在研究、开发和生产上取得了一系列突破性进展,已广泛应用于农业、医药、林业、水产、食品、环保等行业和领域。生物技术发展产生的巨大的社会和经济效益是令人瞩目的。然而,生物技术同样也是一把双刃剑,它带给社会巨大效益的同时也给人类社会带来了许多出乎意料的冲击,并可能出现许多人类始料未及的严重后果。它既可用来为人类造福,也可用来制造致命的生物武器,或用来克隆人,从而给人类造成毁灭性的灾难。人们开始从社会、伦理、政治的角度审视现代生物技术产业，讨论生物技术的安全性问题，试图在全面认识现代生物技术的基础上，采取更有利的措施，使这项技术更好地服务于人类社会。

1.4.1 生物技术的安全性

1.4.1.1 生物技术的安全性概念

生物技术的安全性概念有狭义和广义之分。狭义的生物技术安全性是指生物技术的研究、开发、应用以及基因生物的跨国跨境转移，可能会对生物多样性、生态环境和人体健康产生潜在的不利影响，特别是各类转基因活生物体释放到环境中可能对生物多样性构成潜在风险与威胁。广义的生物技术安全性是指人类的健康安全，人类赖以生存的农业生物安全和与人类生存有关的环境生物安全。

在生物技术的安全方面，人们的担忧主要包括：①将外源性基因引入生物体，尤其是引入人体后是否会破坏细胞生长的重要基因，是否会激活癌基因，从而产生一些难以预料的结果。②基因工程对微生物的改造是否会导致一些致病力极强、难以控制的新型病原微生物出现，从而造成可怕疾病的流行。③转基因作物是否会对人类健康和环境造成一些难以预料的长期影响。④生物技术的发展将不可避免地推动生物武器的研制与发展，使笼罩在人类头上的生存阴影越来越大。应该说，这种种忧虑在理论上都是有一定道理并且都有其现实基础，因此，人们从生物技术诞生那天起就一直对其加以关注并采取防御措施。

1.4.1.2 基因工程食品的安全性

随着生物技术的飞速发展，转基因食品的不断出现，转基因食品的安全性越来越受到广泛的关注。人们日益关注加入新基因的转基因食品是否对消费者的健康造成威胁，是否对环境和食物链造成不良后果。在过去对转基因食品的研究和应用中，并没有发现其与一般食品有明显的差别，但人们对其安全性仍然提出质疑：外源基因是否安全？基因转入后是否产生新的有害遗传性状或不利于人体健康的突变？基因转入后是否引起营养成分和其他功能性成分含量与吸收利用的改变？人们担心食用含有抗生素标记基因的食品后，是否会对肠道微生物产生影响或对抗生素类药物产生耐药性以及增加食物的过敏性？遗传修饰在打开一种目的基因的同时，是否会无意中打开某些天然毒素基因，如马铃薯的茄碱、木薯的氰化物、豆科的蛋白酶抑制剂的基因等，从而提高这些毒素的含量，给消费者造成伤害。这些均有待研究和观察。

1.4.1.3 转基因动物的安全性

采用显微注射、胚胎干细胞、基因敲除等多种手段有目的、有计划地改变动物的遗传组成所培养出的新型动物，即所谓的转基因动物。目前，多种转基因动物相继培育成功。因为动物的遗传和生理特点特殊性，有潜在的风险存在。

(1)转基因动物对流行病发生的潜在影响　很多传染疾病的低等动物与寄主间存在协同进化关系，而且往往还有多个中间寄主，寄生物对寄主识别也可能受到外源表达物或由其引起的生理变化的影响。

(2)转基因动物种群与同种正常种群竞争的影响　在某些情况下由于转基因动物在生长发育上占有优势，如果与同种的非转基因动物发生竞争，结果可能导致正常自然种群的数量发生很大变化，甚至消失，从而造成种内遗传多样性降低。

(3)改变种间竞争关系导致对生态系统的影响 鉴于转基因动物可以具有正常动物不具备的优势特征，因此在一定范围和程度上可以改变处于同一群落中不同物种间的竞争关系，继而引起整个生态系统的变化。

(4)表达物对人体正常生理过程的影响 为加快食用动物的生长发育，最常使用的供体基因是生长激素类基因，而同源或异源生长激素类的外源基因表达物对人体生长发育的生理影响将是在短期内难以察觉的。

(5)表达物对人体的毒性和可能产生过敏性 某些外源蛋白和其他物质在受体动物表达后，作为食品进入人体可能使原来食用这类非转基因动物食品的人群出现某些毒理作用和过敏反应。

(6)表达物对非目标生物的影响 如果受体动物是生态系统的被食者，那么表达物可能对捕食者的生理产生影响，而且这种影响可以通过食物链影响更多的物种。

1.4.1.4 转基因作物的潜在风险

转基因作物不仅扩大了重要的农艺性状相关基因的来源，而且可达到定向改良作物的目的。转基因技术在作物品种改良上具有巨大的应用潜力的同时，转基因作物及其产品也可能存在潜在的风险。

(1)杂草化问题 转基因作物通过传粉进行基因转移，可能将一些抗虫、抗病、抗除草剂或对环境胁迫具有耐性的基因转给野生近缘种或杂草，一旦这些野生近缘种或杂草获得转基因生物体的抗逆性状，有可能会变成对一般除草剂有抗性的“超级”杂草。它将在农业生态系统中比其他作物具有更强的竞争能力，由此影响其他作物的生长和生存。

(2)抗病毒基因转移问题 大田作物中的转基因病毒序列有可能与侵染该作物的其他病毒进行重组，从而提高新病毒产生的可能性。由于作物转基因活生物体的病毒基因每时每刻都生活在寄生植物的细胞里，因此随着释放规模的增加，将有可能提高相关病毒的重组风险。

(3)毒性和过敏性问题 多数转基因作物可作为人类食物和动物饲料，如果转入的外源基因增加了受体作物的毒性，则会对人类或其他动物的健康造成威胁。此外，自然界有许多物质是人类的过敏源，如果外源基因转入受体作物后，其产物是人类的过敏源，那么将增加受体作物的过敏源性。

(4)对生态环境的威胁 由于转基因作物的经济效益高，随着这些作物的推广，原有的品种会逐渐消失，最终将可能出现人工物种取代天然物种的现象，这将导致自然界的多样性受到严重破坏。同时，转基因作物侵入新的生态区域也就改变了自然界的生态平衡。此外，可能产生“超级”杂草，为了清除这些杂草，将不得不使用更强大的、浓度更大的除草剂，这必然会引起土壤板结、土质变坏、药物残留等，从而对生态环境造成破坏。

1.4.1.5 生物武器

生物武器中起决定因素的是生物战剂，生物战剂是用于杀伤人和动物，或破坏农作物的致病微生物及其所产生的毒素。生物武器的危害极大，引起了世界人民的高度关注。

(1)生物战剂的特点 生物战剂具有的特点：①致病力极强，不受季节的限制，便于大规模生产。②杀伤面积大，据世界卫生组织测算，一架战略轰炸机使用不同武器对无防护人群进行袭击，其杀伤面积为：100 万 t 当量核武器为 300 km^2，15 t 神经性化学毒剂为 60 km^2，10 t 生物战剂可达 10 万 km^2。③在生产、储存、运输和施放中其致病力保持稳定性。④病原体繁殖快、适应性强、易于传播、流行，如第二次世界大战期间，英国在格鲁尼亚岛试验了一颗炭疽杆菌炸弹，至今该岛仍不能住人。⑤“工程致病菌”更具有强大杀伤力。

(2)生物战剂的种类　目前可以投入实战的生物战剂主要有：①细菌类，是在战争中使用最早的生物制剂，选用最多的是炭疽芽孢杆菌、鼠疫杆菌、霍乱弧菌、野兔热杆菌、布鲁多杆菌、鼻疽杆菌、土拉杆菌、肉毒杆菌等。②病毒类，用于战争的有黄热病毒、委内瑞拉马脑炎病毒、天花病毒、马尔堡病毒等。③立克次氏体类，用于战争的有流行性斑疹伤寒立克次氏体、Q 热立克次氏体等，其中 Q 热立克次氏体感染性极强。④衣原体类，作为生物战剂的主要是鸟疫衣原体。⑤真菌类，作为生物战剂的有粗球孢子菌、荚膜组织胞浆菌。⑥毒素类，作为生物战剂主要有肉毒毒素、葡萄球菌肠毒素等。

(3)基因武器　所谓基因武器是通过基因重组具有分子水平杀伤力更强的生物武器。基因武器成为生物武器的重要组成部分。基因武器的制备途径：①使外源有害致病基因转到某些致病菌中进一步提高其致病能力，也可以通过改变微生物的抗原结构，使原来有效的疫苗和多种抗生素及诊断方法失效。②利用基因工程技术可定向培育新的致病微生物或毒力高、耐性强、有抗药性的致病微生物。此类“工程微生物”的致病和死亡率极高，或极难以治疗。例如，利用转眼镜蛇的蛇毒基因的流感病毒制成生物武器不仅会使被击中者染上流感，而且受到蛇毒的毒害。据认为，未来的基因武器很可能主要采取：①利用基因技术来改善生物武器的特定功能，使之具有更为阴险的杀伤力；②在理论上有可能研制出可感染并攻击特定基因组成的种族或人群的基因武器，这必然会导致种族的灭绝。

基因武器战争一旦发生，其战略威力比核武器还要大。尽管国际公约禁止使用生物武器，但某些国家仍然在秘密研究与发展生物武器。为防止生物高新技术被滥用于军事目的，有关国际组织必须尽早对生物武器采取监督防范措施。

1.4.2 生物技术的伦理法律问题

伦理道德一般来说是指社会和道德上合理的、可接受的道德观念和行为模式。生物伦理道德是研究与生物现象或事件有关的人们的观点、判断与政治行为。现代生物技术的快速发展给人类带来了大量的现实利益，同时也给人们的一些社会观念带来了冲击，引起了不少的社会伦理道德问题。越来越受关注的问题主要有：①基因诊断程序是否会侵犯个人隐私权。②究竟该由谁来决定对一个人进行基因改造，是父母、医生或是“未来人”本身？这些决定是否属于侵犯人权的行为？③克隆人是否会扰乱正常的社会伦理纲常？是否会对人类自身进化产生影响？是否可能会被一些人用来制造所谓的超人而破坏世界和平？④将转基因动物的器官移植给人类，对动物和人类本身是否人道？用含有人类基因的生物体作为食品或饲料是否是对人类自身的不尊重？这些棘手的问题一直受到公众、科学家和政府的关注。

1.4.2.1 人类基因组计划与社会伦理问题

由 5 个国家参与和完成的国际人类基因组计划是人类科学史上一次伟大的创举，其揭示了人类种族的起源，人的生、老、病、死，细胞分化、胚胎发育、人类思维、人类记忆的高级生命活动的分子基础，对促进生物产业和生命科学发展的作用是显而易见的。但它涉及人的价值观的转变，可能对伦理、法律和其他一些社会问题产生深远的影响。

(1)基因隐私权 人类基因组草图的完成已经发现人类不同个体之间是由99.9%的相同基因组成，余下0.1%的差异在基因上揭示了人与人的不同。人类的隐私也达到基因层面。每个人的基因组中或多或少含有脆弱的基因或不正常的基因，它们有给人类带来不良后果的潜在可能性。但是个人的基因组信息、特别是基因缺陷是不能暴露的，否则有可能直接危害其自身利益和生存空间。例如夫妇计划要生一个孩子，很多人认为，夫妇双方应该知道彼此的基因构成。然而，也有一些人认为，如果夫妇双方一方知道了另一方的基因缺陷，那么，很可能没有基因缺陷的一方对有基因缺陷的一方产生歧视，很可能因此导致家庭破裂。甚至有些人认为，不让有基因缺陷的人出生是不人道的，最好谁也不知道谁的基因构成。又如基因组图可以提供一个人患某种疾病的可能性，这种对基因组信息的医学解释有时会与心理压力及名誉损害等直接相关，即使此人从不生病，也有可能使其一生都在无形的精神压力下度过。有时候政府机构、社会团体和医务人员出于人道主义考虑，对那些携带致病基因的人们或家族采取预防性措施，但这样做反而使被监护者感到自卑，蒙受社会和心理压力。此外，当人们还不能完全合理地解释基因组信息的生物学含义时，往往容易片面理解和误解遗传信息与遗传质量、个人生命质量、生活质量及健康水平的关系，这样容易造成社会偏见，给某些人的名誉带来不良影响。另外，基因研究的长期目标就是给每个人创造一个基因身份证，人们就可以通过“基因肖像”明白自己的健康面临什么危险，需要什么样的治疗，排除可能危害健康的因素。然而，假如某种疾病是没有任何办法预防和医治的，那么，知道了遗传信息对人们的未来的身体状况不但不会有任何帮助，相反却增加了人们的精神甚至物质生活的负担。因此，在这种情况下，知道基因信息就可能是很不明智的。

(2)基因歧视 人类基因组研究将使人们掌握更多与疾病相关的基因，同时，也会开发出新的技术手段对很多疑难顽症进行准确诊断。这样，个人可能在工作、生育、获得医疗权等方面受到歧视。随着越来越多的获得关于遗传的精确信息，人们担心基因有缺陷的人可能在就业、社会保险等方面受到不公平待遇。例如，保险公司可能把带有某些遗传疾病的人打入另册，公司雇主在招聘时也可能对存在基因缺陷的人冷眼相待。一些部门在招聘、雇佣人员时不再局限于常规的身体检查，而要求做基因遗传信息的检查，如果检查后发现问题，有可能将求职者拒之门外，使其失去就业与生存机会。

1.4.2.2 克隆人与社会伦理法律问题

自从1997年后克隆羊“多莉”、克隆山羊、奶牛、猪、小鼠等多种高等哺乳动物的不断诞生，克隆技术引起世界的轰动。既然羊等这些高等哺乳动物能被克隆，那么克隆人在理论上和技术上应该是没有困难的。于是一时间，世界各地都有这样一类议论：我们能否从世界上最伟大的科学家、政治家和企业家身上取出细胞进行复制，来改进人的遗传性状？如果将克隆技术与基因重组技术结合起来，我们是否可以设计创造出有各种各样高体能、高智力的超人？而人类有性繁殖逐渐被代替后，是否会由克隆人统治世界？它带来了许多社会问题和伦理问题，它可能侵犯了人的尊严，破坏人伦道德，带来意想不到的社会危害。

(1)克隆人的道德问题 有些赞成克隆技术的人认为，克隆技术在医疗上具有巨大的应用潜力，利用克隆技术，可以用患者本人的细胞培育出新的组织，用来治疗诸如神经损伤、糖尿病、帕金森综合征等疾病，可以有效地消除排异反应，并且有些不育夫妇也会要求克隆技术。但是，有更多的人认为克隆人的出现冲击了现有的道德观念、伦理观念。从伦理学角度看，克隆人首先对传统的人伦观念有很大的冲击。克隆技术打破了传统的生育观念和生育模式，对传统的生育与男女婚姻紧密联系的家庭模式产生冲击，使人伦关系发生模糊和混乱。在克隆的时候，可以任意使用体细胞和卵子，这就完全有可能由于人类无秩序的行为而造成人群身份、辈分大混乱，形成荒诞至极的人伦关系。其次，克隆人的出现割断了维系家庭所必需的性和生育的内在联系，降低了自然生殖过程在夫妇关系中的重要性，强烈地冲击了传统的婚姻观、家庭观以及权利与义务观。克隆技术的出现使人的繁衍不再依赖两性的结合，生育不再和爱情与婚姻保持统一，人类有可能面临着由父母生育子女的时代向父母制作子女的时代转变。克隆人是实验室生产出来的，如何去确定人际关系以保证与此相关的养育和赡养秩序。并且，克隆人容易导致夫妻亲子关系的破坏，并有可能导致家庭的消失，会削弱人们的责任心和感情。

(2)克隆人的法律问题　现行法律无法说明谁是克隆人的母亲以及克隆人的归属问题。因为克隆人有三位母亲：即提供细胞核的母亲、提供去核卵细胞的母亲和生育母亲(代孕母亲)。甚至可以有第四位，即养育母亲。如果从现时的血缘关系来确定母子关系，克隆人的母亲应是遗传母亲，供卵母亲、生育母亲、养育母亲均不是法律意义上的母亲。如此，母亲的概念将发生质的变化，现在意义上母亲的法律地位及相关权利义务关系将不再适用于克隆人。此外，倘若遗传母亲提供遗传物质细胞的行为不是想为自己获得子女，而是基于捐赠或出售，那么受赠或购入该细胞的供卵母亲、生育母亲或养育母亲，有无法律意义上的母亲地位？若有，属于生母还是养母？这些问题，现在的法律都将无法回答。养育母亲似乎可理解为养母，但她与养母截然不同。养母的关系应该在婴儿分娩后才可以确立，但是养育母亲的关系在遗传物质转移入受精卵中时已经确立，因此单纯地这样理解是不正确的。其次，世代的概念、辈分的观念受到了剧烈冲击。在一个家庭中，无父母概念、无夫妻概念、无辈分和世代概念，有的只是复制与被复制概念，那么，现今家庭的观念将荡然无存。一方面家庭正在不断瓦解、消灭，另一方面社会生产力尚未发展到家庭的抚养、教育、监护职能由社会来替代的程度。这一切法律将如何面对？再次，家庭关系的变迁或消灭必然影响现时的遗产继承制度。继承制度确立的依据是个人财产的自由处分原则和家庭成员间的彼此抚养之责，克隆人造成家庭的变迁将使继承制度连带地受到冲击。总之，克隆人将使现有的亲属关系发生翻天覆地的变化，家庭这一社会的细胞将发生根本性裂变。现时的亲属制度、亲权制度、监护制度、继承制度、家庭成员间的权利义务关系已不能适应需要。以婚姻为纽带、以血缘为联系的家庭关系和家庭制度经历了数千年，一旦被打破，其后果不堪设想。克隆技术有可能使很多人拥有相同的DNA结构，对人们现今运用指纹、毛发、基因、肖像等技术进行侦破、取证、认证及与此相关的司法活动提出了严峻的挑战。

目前，世界上多个国家已经通过立法的形式规定严格禁止克隆人，中国政府的观点是赞成以治疗和预防为目的的人类胚胎干细胞研究，但是坚决反对克隆人，不支持任何生殖性克隆人试验，认为各种克隆技术的研究和应用都不能违背国际公认的生物伦理的基本原则，赞成制定有关禁止克隆人的国际公约。

思 考 题

1. 什么是生物技术？生物技术包括哪些主要内容？
2. 生物技术的特点是什么？
3. 为什么说生物技术是一门综合学科？它与其他学科有什么关系？
4. 简要说明生物技术发展史。
5. 生物技术在医药、养殖、种植、能源、环保领域的应用有哪些？
6. 简述生物技术的发展前景。
7. 谈谈生物技术的安全及伦理道德问题。

第2章 基因工程

1973年，美国斯坦福大学的 S. Cohen 和加利福尼亚旧金山分校的 H. Boyer 将两个质粒用限制性核酸内切酶酶切后，在连接酶存在的条件下将两者连接起来，获得了具有两个复制起点的杂合质粒(heteroplasmid)，并转化大肠杆菌从而创立了定向改造生物的新科学——基因工程。基因工程的诞生标志着人类进入了定向控制遗传性状的新时代。它打破了常规育种难以突破的物种之间的界限，可以将一种生物的遗传物质绕过有性繁殖导入另一种生物中去，使其获得新的遗传性状；可以使原核生物与真核生物之间，植物与植物之间，动物与动物之间，动物与植物之间，人与其他生物之间的遗传信息重组和转移；可以创造出自然界中不存在的生物新性状乃至全新物种。它的研究和应用为分子遗传、细胞分化、生长发育、肿瘤发生及基因的结构、功能和调控等生物学基本理论研究提供有效的实验手段，也为解决农业、工业、畜牧业、医药、食品等生产领域所面临的许多问题开辟新的途径。

2.1 基因工程的含义

(1)基因和基因工程的概念　基因，在希腊语中是"给予生命"之意。自从1909年丹麦生物学家 W. Johannsen 首先使用名词"基因"代替"遗传因子"这个术语之后，人们对基因本质的认识逐渐深入，基因的概念和含义也不断地发展和完善。在现代分子生物学中基因是指合成有功能的蛋白质或 RNA 所必需的全部 DNA 序列(除部分病毒 RNA)。一个基因不仅包括编码蛋白质或 RNA 的核苷酸序列，还包括保证转录所必需的调控序列。

基因工程(gene engineering)是在分子水平上对基因进行操作的技术。它是通过一定的方式将一种或多种生物体(供体)中获得的目的基因按照人们的愿望进行精密的设计，通过体外加工重组，转移到另一种生物体(受体)细胞内，使之能在受体细胞遗传并获得新的遗传性状的技术。由于被转移的基因一般需要与载体 DNA 重组后才能实现转移，因此，供体、载体、受体被称为是基因工程的三大要素。由于基因工程操作过程是 DNA 重组的过程，所以基因工程又称为重组 DNA 技术(recombinant DNA technique)。

(2)基因工程研究的理论依据　基因工程研究的理论依据概括起来主要有以下几点：①不同基因具有相同的物质基础。不同生物的 DNA 片段原则上是可以重组互换的。虽然某些病毒的基因定位在 RNA 上，但是，这些病毒 RNA 仍可以通过反转录产生 cDNA(complementary DNA，互补 DNA)，并不影响不同基因的重组或互换。②基因是可切割的。作为 DNA 分子上的特定核苷酸序列的基因，允许从 DNA 分子上逐个完整地切割下来。③基因是可以转移的。基因的 DNA 分子可以在不同生物体之间转移，或者在生物体内的染色体 DNA 上移动，甚至可以在不同染色体间进行跳跃，插入到靶 DNA 分子之中，由此表明基因是可以重组的。④多肽与基因之间存在对应关系。基因的转移或重组最终可以根据其表达产物——多肽的性质来检测。⑤遗传密码是通用的。一系列三联体密码子(除极少数几个以外)与氨基酸之间的对应关系，在所有生物中都是相同的。重组的 DNA 分子无论导入什么样的生物细胞中，只要具备转录翻译的条件，均能转录翻译出相同的氨基酸序列的多肽。即使人工合成的DNA 分子(基因)同样可以转录翻译出相应的氨基酸序列的多肽。⑥基因可以通过复制把遗传信息传递给下一代。经重组的基因一般来说是能够遗传的，通过基因操作可以获得相对稳定的转基因生物。

(3)基因工程操作的基本步骤　基因工程操作的基本步骤主要包括以下几步(图 2-1)，概括起来可用 6 个字表示：①分。从供体生物的基因组中分离获得含有目的基因的 DNA 片段。②切。目的 DNA 与载体的切割。③接。目的 DNA 与载体的连接，形成重组子。④转。将重组子引入受体细胞，培养扩增带有重组子的受体细胞，获得大量的细胞繁殖群体。⑤筛。筛选和鉴定转化细胞，获得目的基因高效稳定表达的基因工程菌或细胞。⑥表。将筛选出的细胞所克隆的目的基因进一步研究分析，设法使之实现功能蛋白的表达。广义的基因工程还包括下游纯化及应用技术。

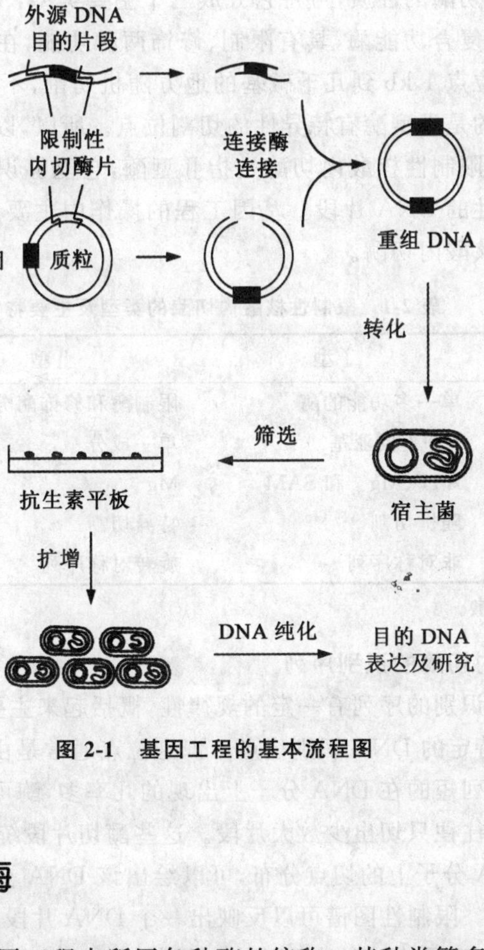

图 2-1　基因工程的基本流程图

2.2　基因工程工具酶

基因工程的工具酶是基因工程中所用各种酶的统称。其种类繁多，作用各异，主要包括限制性核酸内切酶、DNA 连接酶、DNA 聚合酶、激酶、磷酸酶、核酸酶等。

2.2.1　限制性核酸内切酶

限制性核酸内切酶(restriction endonucleases，简称 RE)是一类能够识别双链 DNA 分子中某种特定的核苷酸序列，并能精确特异地切割双链 DNA 分子的核酸内切酶。它被称为基因工程中的“万能手术刀”。

2.2.1.1 限制性核酸内切酶的命名

限制性核酸内切酶主要来源于微生物。目前为止，大量的限制性核酸内切酶被发现。为了便于酶在基因操作中的应用，对它进行了统一命名，命名方法是：①以产生该酶的微生物属名的第一个字母（大写）与种名的第一、第二个字母小写组成酶的基本命名。②若有株系之分，则在其后再加一个字母（小写）表示。③若同一株系中有不同的限制酶，则以发现和分离的先后次序用罗马数字表示。如从流感嗜血杆菌（*Haemophilus influenzae*）d 株中先后分离出三个限制酶，则分别被命名为 *Hin*dⅠ、*Hin*dⅡ和 *Hin*dⅢ。④若微生物有不同的变种和品系，则在其三个字母之后再加一个大写字母表示，如 *Eco*RⅠ和 *Bam*HⅠ等。

2.2.1.2 限制性核酸内切酶的分类

根据限制性核酸内切酶的性质，可将它分成三个主要类型：Ⅰ型、Ⅱ型、Ⅲ型（表 2-1）。Ⅰ型限制性核酸内切酶为复合功能酶，具有限制、修饰两种功能，在 DNA 分子上没有固定的切割位点，一般在离切割位点 1 kb 到几千碱基的地方随机切割，不产生特异性片段。Ⅲ型酶与Ⅰ型酶基本相似，不同的是Ⅲ型酶有特异性的切割位点。所以，以上两类酶对 DNA 酶切分析意义不大。通常所说的限制性核酸内切酶是指Ⅱ型酶，它能够识别与切割 DNA 链上特定的核苷酸顺序，产生特异性的 DNA 片段。基因工程的操作中主要用的是Ⅱ型限制性核酸内切酶，故下面简称限制性核酸内切酶。

表 2-1 限制性核酸内切酶的类型及主要特性

特性	Ⅰ型	Ⅱ型	Ⅲ型
限制修饰活性	单一多功能的酶	限制酶和修饰酶分开	双功能酶
酶的蛋白质结构	3 种不同亚基	单一成分	两种亚基
限制辅助因子	ATP、Mg^{2+} 和 SAM	Mg^{2+}	ATP、Mg^{2+} 和 SAM
切割方式	随机切割	特异切割	特异切割
识别序列	非对称序列	旋转对称序列	非对称序列

注：SAM 为 S-腺苷甲硫氨酸。

2.2.1.3 限制性核酸内切酶的识别序列

限制性核酸内切酶识别的序列有一定的规律性，概括起来主要有以下三点。

（1）每种酶都有其特定的 DNA 识别位点　识别位点通常是由 4～8 个核苷酸组成的特定序列（靶序列）。识别序列短的在 DNA 分子上出现的几率多，酶可把 DNA 分子切成较多的小片段。识别顺序长的则往往只切出少数大片段。这些酶切片段统称为限制性片段。根据不同限制性核酸酶在某 DNA 分子上的切点分布，可以绘出该 DNA 分子的“限制性图谱”即“酶切图谱”，也称“物理图谱”。限制性图谱可以反映出一个 DNA 片段或基因结构的基本特征。

（2）靶序列通常具有双重旋转对称的结构　限制性核酸内切酶所识别的双链核苷酸顺序呈回文结构。如 *Eco*RⅠ和 *Pst*Ⅰ（图 2-2）。

（3）切割位点的规范性　切割位点绝大多数都在识别顺序之内。切口有时是平齐的，即双链的切点位置相同。如 *Sma*Ⅰ（图 2-2），因此把该类酶切割所形成的末端称为平齐末端。有时切口可带有一个短的单链末端，如 *Eco*RⅠ和 *Pst*Ⅰ（图 2-2）。这种短的单链末端，称为“黏性末端”。它与对应的单链末端很容易恢复原来的碱基配对,而粘接成双链,这在基因工程中十分有用。

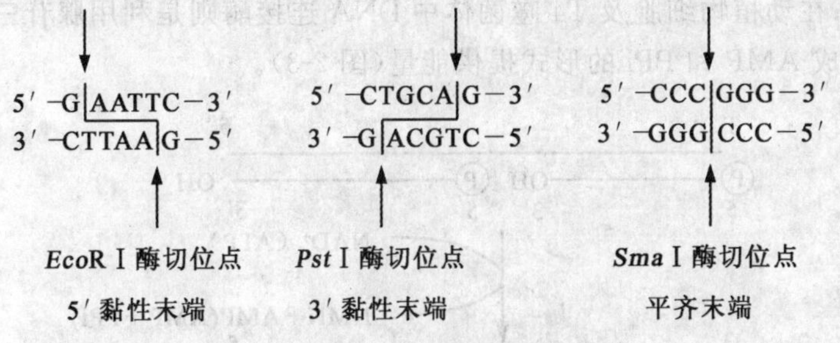

图 2-2 几种限制性核酸内切酶的识别序列及切割位点

(酶切位点用↓↑表示)

有些限制性核酸内切酶虽然来源不同,但是能识别和切割相同的核苷酸靶序列,这类酶称为同裂酶。如 *Sma* Ⅰ *Xma* Ⅰ的识别序列均为:5′-CCCGGG-3′。

有些限制性内切酶识别的靶序列不同,但能产生相同黏性末端,这类酶称为同尾酶。如 *Bam*HⅠ、*Bcl* Ⅰ、*Bgl* Ⅱ、*Sau* Ⅰ、*Xho* Ⅱ酶,他们将不同 DNA 序列切割后均能产生 5′-GATC-3′ 四个核苷酸组成的黏性末端。需要特别注意的是由同尾酶产生的黏性末端序列很容易重新连接,但是两种同尾酶酶切产生的黏性末端重新连接形成的新片段将不能被该两种酶的任一种所识别。

2.2.1.4 限制性核酸内切酶的反应系统

同其他酶类反应一样,限制性核酸内切酶反应系统包括酶、底物、缓冲溶液,并需要合适的反应温度和时间。其中底物是环状或线状的双链 DNA 分子;缓冲溶液中包括 Mg^{2+}、Tris-HCl、牛血清白蛋白(BSA 是中性蛋白,可防止酶浓度低时的变性)等,它们对维持酶的稳定性具有重要的作用;大多数限制性核酸酶的反应标准温度是 37℃,但也有例外。

2.2.1.5 限制性核酸内切酶的应用

在基因工程中,限制性核酸内切酶的重要用途有:①用限制性核酸内切酶切出相同的黏性末端,以便重组;②建立 DNA 分子的限制性内切酶物理图谱;③在特异位点上切割 DNA,产生特异的 DNA 片段;④构建基因文库(这部分内容见 4.3)。

2.2.2 DNA 连接酶

DNA 连接酶(ligase)就是能将 DNA 双链分子中相邻的核苷酸之间的缺口以磷酸二酯键的形式连接起来的酶。它是构建重组分子不可缺少的工具酶。限制性核酸内切酶可将 DNA 分子切成片段,连接酶可将这些片段以不同组合的方式连接成重组 DNA 分子。其连接方式是相邻的 5′-磷酸基团和 3′-OH 间形成磷酸二酯键,使 DNA 单链缺口封合(图 2-3)。在基因工程中最常见的是大肠杆菌 DNA 连接酶和 T4 噬菌体 DNA 连接酶。其中大肠杆菌 DNA 连接酶只能连接带有互补黏性末端的两段 DNA 分子,而 T4 噬菌体 DNA 连接酶则可以将两段平齐末端 DNA 连接起来。

DNA 连接酶连接时有以下特点:①连接的两条链必须分别具有 3′端自由羟基(—OH)和 5′端磷酸基团(—P),而且只有这两个基团彼此相邻时才能进行连接反应(图 2-4);②在羟基和磷酸基团间形成磷酸二酯键是一种耗能过程,因此连接反应必须有能量分子的参与。在大肠杆菌及其他细菌中烟酰胺腺嘌呤二核苷酸(NAD^+)作为能源,以 NAD^+ 转化为 NMN 和 AMP 的形式提供能量;在动植物细胞及 T4 噬菌体中 DNA 连接酶则是利用腺苷三磷酸(ATP)作能源,以 ATP 水解成 AMP 和 PPi 的形式提供能量(图 2-3)。

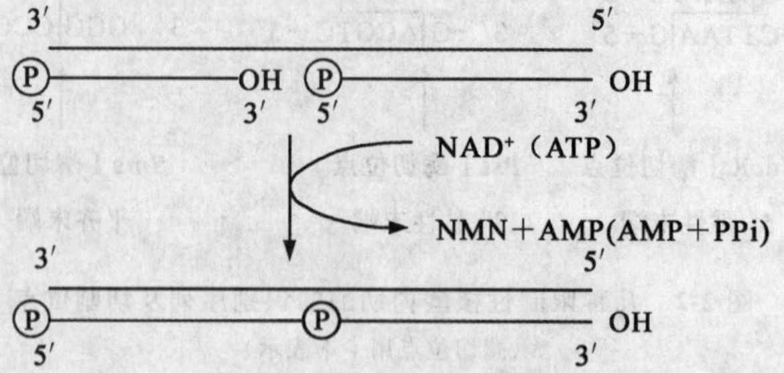

图 2-3 DNA 连接酶的作用过程

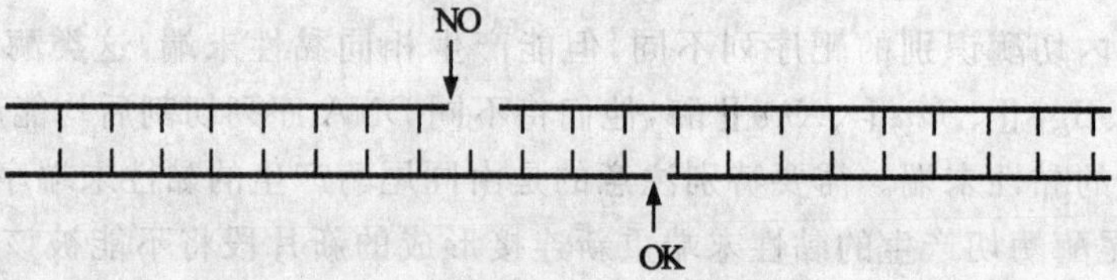

图 2-4 DNA 连接酶的功能

OK 表示能连接,NO 表示不能连接

2.2.3 DNA 聚合酶

DNA 聚合酶(DNA polymerase)能在引物和模板的存在下,把脱氧核糖单核苷酸连续地加在单链 DNA 分子或引物链的 3′-OH 末端,催化核苷酸聚合。其催化合成的方向对于被合成链而言是从 5′端到 3′端,并且合成的产物与模板互补。根据 DNA 聚合酶所用的模板的不同,可将其分成为以下两类:①依赖于 DNA 的 DNA 聚合酶:主要有大肠杆菌 DNA 聚合酶Ⅰ、Klenow 大片段酶、T4 噬菌体 DNA 聚合酶和 Taq DNA 聚合酶等;②依赖于 RNA 的 DNA 聚合酶:即逆转录酶(反转录酶)。

2.2.3.1 大肠杆菌 DNA 聚合酶Ⅰ

大肠杆菌 DNA 聚合酶Ⅰ(DNA pol Ⅰ)是 Kornberg A. 1956 年首先从大肠杆菌 *E. coli* 细胞中分离出来的。它是一种多功能性的酶,包括 3 种不同的酶活性:①5′→3′聚合酶活性。以单链 DNA 为模板,催化单核苷酸结合到引物的 3′末端,并不断延伸 DNA 链。②5′→3′外切酶活性。将双链 DNA 中游离的 5′末端逐个切去,即切除 RNA 引物或是 DNA 损伤部位。③3′→5′外切酶活性。将游离的双链或单链 DNA 的 3′端降解。不过对于双链的降解可被 5′→3′ 的聚合活性所抑制。主要功能是切除 DNA 链的 3′端复制中错配的核苷酸,保证复制的忠实性。

在基因工程中大肠杆菌 DNA 聚合酶Ⅰ的应用主要有以下几个方面:①利用其 5′→3′外切酶活性及其 5′→3′聚合酶活性,进行切口平移,制备高比活度的 DNA 探针,其中底物是被标记的 dNTP(图 2-5)。②利用 5′→3′聚合酶的活性进行 DNA 连接后的大缺口填充。③利用 5′→3′聚合酶活性进行 DNA 的序列分析。

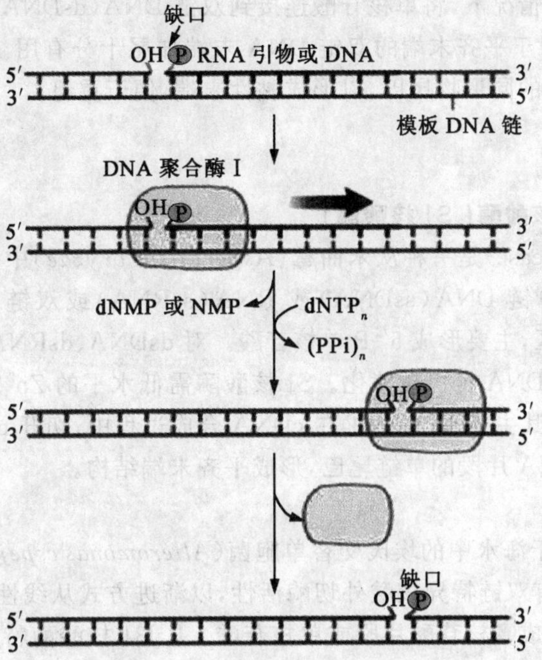

图 2-5　切口平移示意图

2.2.3.2　Klenow 大片段酶

Klenow 大片段酶是大肠杆菌 DNA 聚合酶Ⅰ羧基端的一个片段，只有 5′→3′聚合酶活性和 3′→5′外切酶活性，该酶失去了 5′→3′外切酶活性。它可用于填补 DNA 单链末端成为双链。如果供给^{32}P 标记的三磷酸核苷酸，则可使 DNA 带上同位素标记。在基因工程中，可用它来合成双链 DNA 分子，也可以用它来制备末端标记的探针等。

2.2.3.3　T4 噬菌体 DNA 聚合酶和 Taq DNA 聚合酶

T4 噬菌体 DNA 聚合酶的酶活性与 Klenow 大片段酶相似，然而其 3′→5′外切酶活力比 Klenow 大片段酶的酶活力高近 200 倍。与 Klenow 大片段酶比较，T4 噬菌体 DNA 聚合酶的最大优点是不从单链 DNA 模板上置换寡核苷酸引物，在体外突变反应时，T4 噬菌体 DNA 聚合酶比 Klenow 大片段酶具有更高的效率。Taq DNA 聚合酶是耐高温的 DNA 聚合酶，一般在 95℃条件下只有轻微的变性，最适温度为 72℃，只具有 5′→3′聚合酶活性，失去了 5′→3′和 3′→5′外切酶活性，是 PCR 扩增 DNA 最适宜的 DNA 聚合酶。

2.2.3.4　逆转录酶

逆转录酶(reverse transcriptase)首先是 1970 年从鼠白血病毒和劳氏肉瘤病毒中发现的。逆转录酶是一种 RNA 依赖的 DNA 聚合酶，具有 5′→3′聚合酶活性，没有 3′→5′外切酶活性，所以聚合过程中没有校正功能。它可以有效地将 mRNA 反转录成为 DNA，其产物称为 cDNA(complementary DNA，互补 DNA)。在基因工程中的主要用途是将 mRNA 逆转录成 cDNA，以制备基因片段。

2.2.3.5 末端转移酶

末端转移酶(terminal transferase)是一类不依赖于DNA模板的DNA聚合酶。该类酶可以在没有模板链存在的情况下,将单核苷酸连接到双链DNA(dsDNA)或单链DNA(ssDNA)的3′-OH上。特别是对于平齐末端的双链DNA末端加尾十分有用。其常用来给外源DNA片段及载体分子加互补的同聚物尾巴,以形成黏性末端,便于重组。

2.2.4 其他工具酶

2.2.4.1 单链特异性核酸酶(S1核酸酶)

S1核酸酶(S1 nuclease)是一种从米曲霉(*Aspergillus oryzae*)中分离的高度单链特异性核酸酶。它可以降解单链DNA(ssDNA)或RNA(ssRNA)或双链DNA(dsDNA)和双链RNA(dsRNA)的单链区,主要形成5′-P单核苷酸。对dsDNA、dsRNA及DNA/RNA杂交体不敏感,但酶过量时,dsDNA也可被消化。S1核酸酶需低水平的Zn^{2+}存在以促进活性,最适pH范围是4.0～4.3。其主要用途有:①在cDNA合成过程中,切开cDNA的发夹末端;②载体构建过程中,切去DNA片段的单链尾巴,形成平齐末端结构。

2.2.4.2 Bal31核酸酶

Bal31核酸酶来源于海水中的埃氏交替单胞菌(*Alteromonas espejiana*),既具有单链特异核酸内切酶活性,又具有双链特异核酸外切酶活性,以渐进方式从线性DNA分子两端同时降解,且降解速率相等,形成寡核苷酸片段或单核苷酸。Bal31核酸酶特异地要求Ca^{2+}和Mg^{2+}作辅助因子,EDTA作为一种螯合剂可使酶失活,从而终止反应。基因工程中,Bal31用于构建DNA的物理图谱以及造成克隆DNA分子的末端缺失。

2.2.4.3 碱性磷酸酶

常见的碱性磷酸酶有两种,一种是从大肠杆菌中分离的细菌碱性磷酸酶(bacterial alkaline phosphatase,简称BAP);另一种是从小牛肠中分离的小牛肠碱性磷酸酶(calf intestinal alkaline phosphatase,简称CIP)。它们都具有催化核酸分子脱磷酸的作用,能将单链或双链DNA或RNA 5′-P转化成5′-OH。其主要用途有:①在用^{32}P标记DNA 5′端之前,去除5′端的磷酸基团;②在DNA重组技术中,去除DNA片段的5′磷酸,防止载体的自身环化,提高重组子比例(图2-6)。

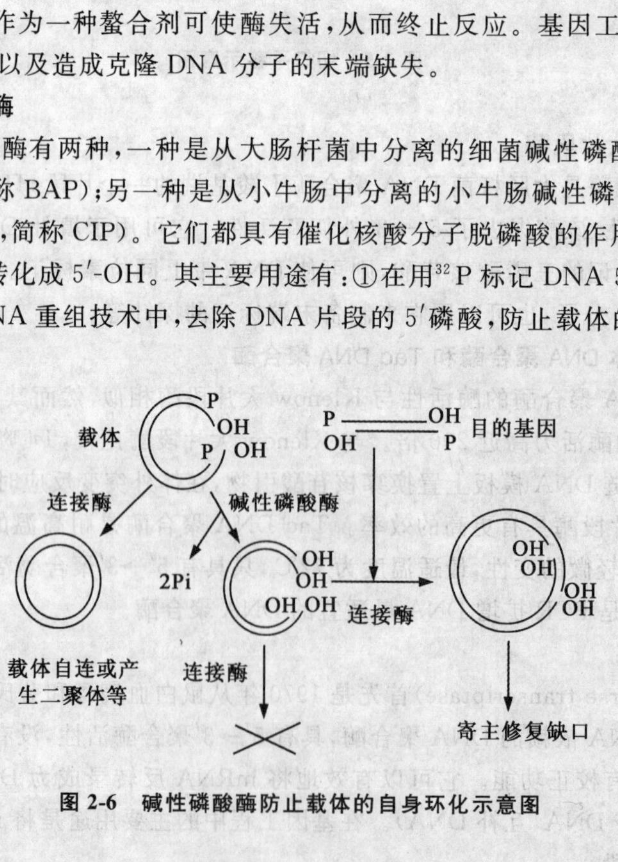

图2-6 碱性磷酸酶防止载体的自身环化示意图

2.3 基因工程载体

载体(vector)是携带目的基因进入受体细胞,并使目的基因在宿主细胞中进行无性繁殖或表达目的蛋白质的一些 DNA 分子。它的功能主要有:①运送外源基因,使其高效转入受体细胞;②为外源基因提供复制能力或整合能力;③为外源基因的扩增或表达提供必要的条件。

一般而言,理想的基因工程载体应具备以下特征:①具有针对受体细胞的亲缘性或亲和性;②具有与特定受体细胞相适应的复制起始位点或整合位点;③具有较高的外源 DNA 的载装能力,即其本身分子质量要小,不易断裂,插入外源 DNA 时也不至于使分子质量过大,仍然能够转化受体细胞;④具有多种单一的核酸内切酶识别切割位点,以便于外来 DNA 的定向插入;⑤具有合适的筛选标记,如对抗生素的抗性、某些基因产物的显色反应等,以保证获得阳性种类克隆。

2.3.1 质粒载体

质粒是主要存在于细菌细胞质中独立于染色体而自主复制的共价、封闭、环状双链 DNA 分子(covalently closed circular DNA, ccc DNA),大小为 1～200 kb,比病毒更简单。在霉菌、蓝藻、酵母和一些动植物细胞中也发现了质粒。目前对细菌的质粒研究得比较深入,特别是大肠杆菌的质粒。

2.3.1.1 质粒的基本特性

(1)自主复制性　质粒 DNA 携带有自己的复制起始区(ori)以及一个控制质粒拷贝数的基因,因此它能独立于宿主细胞的染色体 DNA 而自主复制,且不同的质粒在宿主细胞内的拷贝数也不同,少则几个多则几百个不等。由于质粒上没有复制酶的基因,所以其复制需要使用宿主细胞复制染色体 DNA 的多种酶系。

(2)不相容性　如果同一复制系统的不同质粒被导入同一细胞中,它们在复制及随后分配到子细胞的过程中,就会彼此竞争,它们在单细胞中的拷贝数也会有差异,拷贝多的复制较快,结果在细菌繁殖几代之后,细菌的子细胞中绝大多数都含有占优势的质粒,因而这两种质粒中只能有一种长期稳定地留在细胞中,这就是所谓的质粒不相容性。

(3)可扩增性　一种质粒在宿主细胞中存在的数目称为该质粒的拷贝数。据拷贝数将质粒分为两种复制型:①"严紧型"质粒(stigent plasmid),拷贝数为 1～3,在基因工程中应用不大;②"松弛型"质粒(relaxed plasmid),拷贝数为 10～60 甚至 100～200,在基因工程中广泛应用。不过,即使是同一质粒,其拷贝数在不同的寄主细胞间也可能有很大的变化。

(4)可转移性　在天然条件下,很多天然质粒都可以通过细菌结合作用从一个宿主细胞转移到另一个宿主细胞内,这种转移依赖于质粒上的基因产物。目前,在基因工程实验室中常用的质粒均缺少此基因,是工程质粒,这些质粒一旦进入一种宿主细胞之后,便不能再转移至另一种宿主细胞中去。这样可以保证质粒不会扩散污染自然环境,达到实验安全的目的。但是转化时要将受体细胞制备成感受态细胞才能转化。

(5)携带遗传标记　在实验室中将质粒通过物理方法导入受体细胞,即使在最佳条件下,受体细胞中也只有少数细胞能稳定地接受质粒,要想找到这些进入了质粒的受体细胞,就要利用载体质粒上的遗传标记,天然质粒上携带许多功能基因,如抗生素抗性基因、重金属离子抗性基因等，它们可被用作选择标记。

2.3.1.2 质粒载体的人工构建

天然质粒作为载体往往存在着这样或那样的缺陷，如限制性核酸内切酶的酶切位点单一、遗传标记不宜检测等，不能满足基因工程载体的要求。鉴于此，必须对它进行改造构建。方法是除去一些非必需元件，添加一些必需的元件。当然不同功能的质粒载体，构建的要求也不一样。根据质粒的功能及用途，人工构建的质粒可分为：克隆质粒、测序质粒、整合质粒、穿梭质粒、表达质粒、探针质粒等几种。下面主要介绍质粒克隆载体。

2.3.1.3 质粒克隆载体的构建

质粒克隆载体是指将外源基因携带至宿主细胞并可在其中自主复制的质粒载体。一般需要对载体进行如下改造：

①增加酶切位点，便于重组。为了便于多种类型末端的DNA片段的克隆，质粒克隆载体中往往组装一个含多种限制性核酸内切酶识别序列的多克隆位点(MCS)序列。

②加入合适的筛选标记基因，一般为两个以上，便于选择。

③缩短长度，切去不必要的片段，提高导入效率，增加装载量。

④改变复制子，变严紧为松弛，变少拷贝为多拷贝。

2.3.1.4 常用的质粒克隆载体

目前常用的质粒克隆载体有pBR322、pUC及其派生质粒载体等。

(1)pBR322质粒载体　pBR322是一种常用的典型质粒载体(图2-7)。它由大肠杆菌源质粒Col El(大肠杆菌素El因子质粒)衍生的质粒pMBl作为出发质粒构建而成，含有Col El复制起始位点(*Col-ori*)，能在大肠杆菌细胞中高拷贝复制。pBR322中组装了氨苄青霉素抗性基因(Amp^r基因)和四环素抗性基因(Tet^r基因)，作为筛选转化子的选择标记基因。在Amp^r基因区有限制性核酸内切酶*Pst*Ⅰ、*Sca*Ⅰ和*Pvu*Ⅰ的识别序列；在Tet^r基因区有限制性核酸内切酶*Bam*HⅠ、*Sdl*Ⅰ、*Eco*RⅤ、*Sph*Ⅰ、*Nhe*Ⅰ、*Eol*Ⅺ和*Nru*Ⅰ的识别序列，以及在Tet^r基因的启动调控区有*Cla*Ⅰ和*Hind*Ⅲ的识别序列，并且这些限制性核酸内切酶在此质粒载体上只有一个识别序列，因此均可作为克隆外源DNA片段的克隆位点。pBR322分子大小为4 363 bp，虽然不是很小，但足以克隆10 kb以下的外源DNA片段。质粒载体除用于基因克隆外，还常常作为构建新克隆载体的骨架，或取其基本元件。

(2)pUC系列的质粒载体与pGEM系列载体　pUC系列的质粒载体通常是成对构建的，如pUC18/19(图2-8)，两者的差别在于多克隆位点的方向相反。一种典型的pUC系列的质粒载体，包括如下4个组成部分：①来自pBR322质粒的复制起点(*ori*)；②氨苄青霉素抗性基因(Amp^r)，但它的DNA核苷酸序列已经发生了变化，不再含有原来的核酸内切酶的单识别位点；③大肠杆菌β-半乳糖苷酶基因(*lac Z*)的启动子及其编码α-肽链的DNA序列，此结构特称为*lac Z′*基因；④位于*lac Z′*基因中的靠近5′-端的一段多克隆位点(MCS)区段，它不破坏*lac Z′*基因的功能。

pUC系列的质粒载体是目前使用较为广泛的一类载体。与pBR322相比，pUC系列的质粒载体具有理想载体的许多特征。①它具有更小的分子质量和更高的拷贝数。如pUC18为2 686 bp。pUC18质粒平均每个细胞即可达500～700个拷贝。②适用于组织化学方法检测。重组体pUC质粒结构中具有来自大肠杆菌*lac*操纵子的*lac Z′*基因，所编码的α-肽链可参与α-互补作用。因此，在应用pUC质粒为载体的重组实验中，可用X-gal显色的组织化学方法一

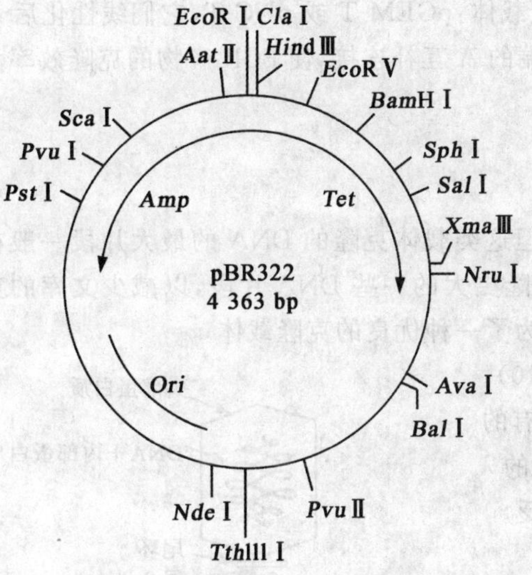

图 2-7 pBR322 质粒载体图谱

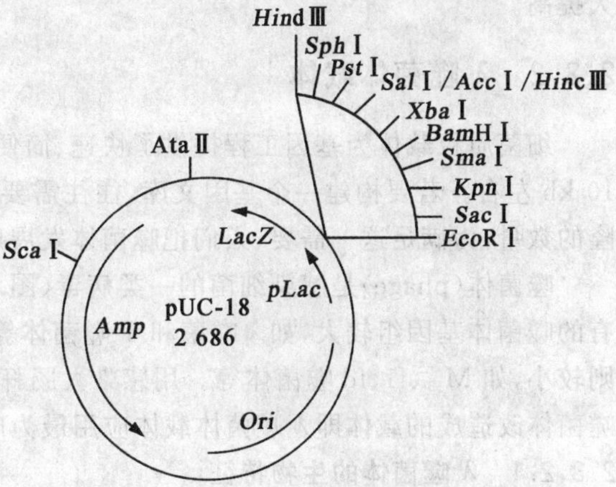

图 2-8 pUC18 质粒载体图谱

步实现对重组体转化子克隆的鉴定，即白斑菌为重组体转化体，蓝斑菌为未转化体；③具有多克隆位点 MCS 区段。

(3) pGEM 系列载体 pGEM 系列载体与 pUC 系列质粒载体十分类似，只是前者加入了两个来自噬菌体的方向相反的启动子：T_7 启动子和 SP6 启动子，它们为 RNA 聚合酶的附着提供了特异性识别位点(图 2-9)。此外，由于 PCR 产物分子在 3′末端一般会突出一个 A，故目

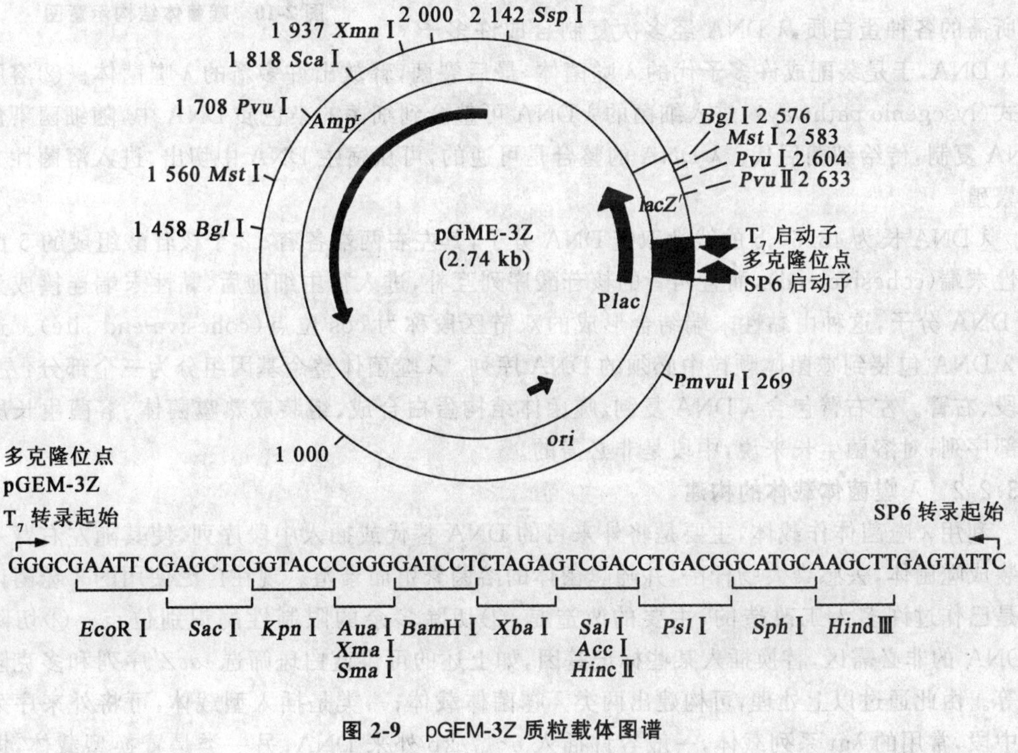

图 2-9 pGEM-3Z 质粒载体图谱

前许多生物技术公司推出了PCR产物的专用克隆载体：pGEM-T或pUC-T，它们线性化后5′末端均有一个突出的T，恰好可与PCR产物3′末端的A互补连接，使PCR产物的克隆效率大大提高。

2.3.2 λ噬菌体载体

细菌质粒载体为基因工程提供了快速、简便，但这类载体克隆的DNA的最大片段一般在10 kb左右。若要构建一个基因文库，往往需要克隆更大的一些DNA片段，以减少文库的克隆的数量，为满足这一需要，人们把噬菌体发展成为了一种优良的克隆载体。

噬菌体(phage)是感染细菌的一类病毒(图2-10)。有的噬菌体基因组较大，如λ噬菌和T噬菌体等；有的则较小，如M_{13}、f1、fd噬菌体等。用感染大肠杆菌的λ噬菌体改造成的载体即λ噬菌体载体应用最为广泛。

2.3.2.1 λ噬菌体的生物特征

λ噬菌体由DNA、蛋白质等物质组成，又分头部和尾部两部分构成。当它感染大肠杆菌时，尾部便会黏附在细胞壁上，通过尾部蛋白质的收缩，迫使头部中的DNA注入到细菌细胞中，蛋白质外壳留在细菌细胞外边。λ DNA进入细胞后有两种不同的繁殖方式：①溶菌性方式(lytic pathway)：在营养充足，条件适合细菌繁殖时，利用宿主菌中的酶类和原料，λ DNA上基因可按调控的顺序表达合成构成噬菌体头、尾和尾丝所需的各种蛋白质，λ DNA经多次复制合成许多子代λ DNA，于是装配成许多子代的λ噬菌体，最后裂菌，释放出许多新的λ噬菌体。②溶原性方式(lysogenic pathway)：进入细菌的λ DNA可整合到细菌的染色质DNA中，随细菌染色体DNA复制，传给细菌后代。λ DNA的整合是可逆的，可从宿主DNA中切出，进入溶菌性方式的繁殖。

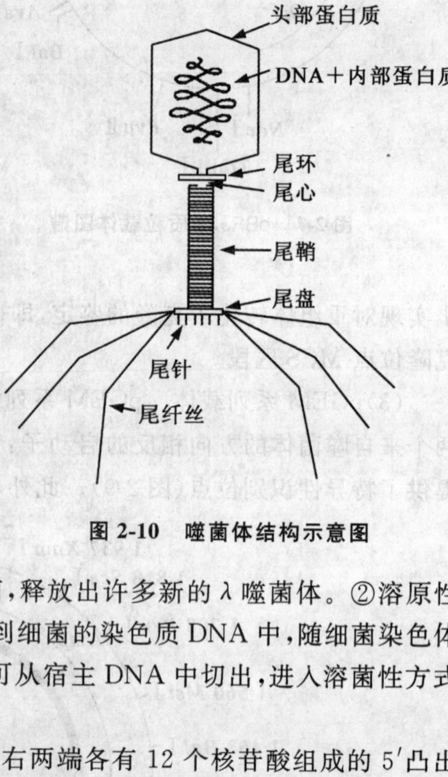

图2-10 噬菌体结构示意图

λ DNA长为48.5 kb的线性双链DNA分子，其左右两端各有12个核苷酸组成的5′凸出黏性末端(cohesive end)，而且两者的核苷酸序列互补，进入宿主细胞后，黏性末端连接成为环状DNA分子，这种由黏性末端结合形成的双链区段称为cos位点(cohesive-end site)。这是将λ DNA包装到噬菌体颗粒中必须的DNA序列。λ噬菌体整个基因组分为三个部分：左臂、中段、右臂。左右臂包含λ DNA复制、噬菌体结构蛋白合成、组装成熟噬菌体、溶菌生长所需全部序列；对溶菌生长来说，中段是非必需的。

2.3.2.2 λ噬菌体载体的构建

利用λ噬菌体作载体，主要是将外来目的DNA替代或插入中段序列，使其随左右臂一起包装成噬菌体，去感染大肠杆菌，并随噬菌体的溶菌繁殖而繁殖。现在广泛使用的λ噬菌体载体是已作过许多人工改造的，主要的改造是：①切除多余的限制性酶识别位点。②切除掉λ DNA的非必需区，替换插入某些标记基因，如上述的可供蓝白斑筛选*lacZ′*序列和多克隆位点等。由此通过以上处理，可构建出两类λ噬菌体载体；一类是插入型载体，可将外来序列插入中段，常用的λgt系列载体，一般容许插入5～7 kb外来DNA；另一类是置换型载体，即可用外来 DNA 替代中段，如 IMBL 系列载体。

无论是插入还是置换中段，外来的 DNA 长度是有一定限制的。当噬菌体 DNA 长度大于野生型 λ 噬菌体基因组 105% 或小于 75% 时，包装而成的噬菌体存活力显著下降。所以 λ 噬菌体载体可插入长 5～20 kb 的外来 DNA，这比质粒载体能插入的 DNA 长得多；而且包装的 λ 噬菌体感染大肠杆菌要比质粒转化细菌的效率高得多。一般通过转导法 1 μg 重组 DNA 分子可获得 10 个以上的噬菌斑，适合用于建立 cDNA 基因文库和基因组文库。

2.3.3　柯氏质粒载体

λ 噬菌体载体的装载能力要比质粒载体大得多，但是它的克隆操作比质粒载体复杂。如果将 λ 噬菌体载体左右臂和中段都去除，仅留下 λ DNA 两端包装噬菌体所必需的 *cos* 序列，再加上质粒的复制序列、标记基因、多克隆位点等，就可构成柯氏质粒载体（cosmid）（图 2-11）。柯氏质粒载体插入外源 DNA 后，用 λ 噬菌体外壳蛋白包装成噬菌体，感染大肠杆菌后以质粒的形式在细菌中繁殖而被克隆。柯氏质粒载体一般在 10 kb 以下，因此能承载比较大的外源 DNA 片段。如果柯氏质粒载体的大小为 6.5 kb，按 λ 噬菌体允许包装的量计算，能承载的外源 DNA 片段最大可达 45 kb（即 51.5－6.5 kb），最小的也有 29.9 kb（即 36.4－6.5 kb），所以用这样的 cosmid 载体能克隆 40 kb 左右的外源 DNA 片段。cosmid 载体主要用于 DNA 文库的构建。

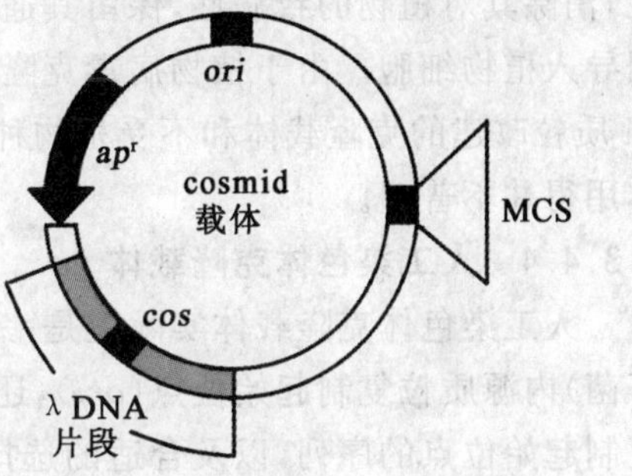

图 2-11　柯氏质粒载体（cosmid）载体示意图

2.3.4　其他载体

2.3.4.1　动物病毒克隆载体

由于动物转基因不能应用质粒克隆载体，所以动物病毒克隆载体在动物转基因研究中起着更重要的作用。目前用于构建克隆载体的动物病毒有痘苗病毒、腺病毒、杆状病毒、猿猴空泡病毒和反转录病毒等。以下对由痘苗病毒构建的克隆载体作简单介绍。

痘苗病毒是动物病毒中最大的一类痘病毒的成员。痘苗病毒的基因组是一个线形双链 DNA 分子，长约 187 kb。其中有一个 28 kb 的区域是病毒复制的非必需区，可以被外源基因取代。痘苗病毒能在宿主的细胞质中独立地复制和转录，不会致瘤，表达产物常被修饰，如糖基化等。而且痘苗病毒易于培养，高度稳定，宿主范围广，能在大多数哺乳动物细胞中良好地复制。因此，可以用痘苗病毒构建良好的载体。痘苗病毒载体通常具有三个主要成分：痘苗病毒的调控序列、胸苷激酶（Tk）以及位于 *Tk* 基因中供外源基因插入的克隆位点（*Tk* 基因插入失活作为选择标记）。

痘苗病毒载体的主要用途是构建痘苗病毒活疫苗。它具有以下优点：①以它作为载体可以插入多种外源基因，构建成多价疫苗，从而可以同时预防由几种致病微生物引起的传染病；②它的表达产物常被修饰，有利于抗原结构保持天然状态；③宿主细胞广泛；④它是一种高效活疫苗，不断合成抗原，比灭活疫苗更能诱导免疫应答。目前，用痘苗病毒载体表达的外源基因有：乙型肝炎表面抗原基因、流感病毒血凝基因、狂犬病毒表面糖蛋白基因等。

2.3.4.2 昆虫杆状病毒载体

昆虫杆状病毒载体是一类很有发展前景的真核系统基因工程载体，主要是利用苜蓿银纹夜蛾核型多角体病毒的 DNA 作为载体。宿主是昆虫细胞，目前，该载体已经被广泛应用于各种蛋白质的表达。

2.3.4.3 植物病毒克隆载体

植物病毒种类繁多，已用于构建植物载体的有双链 DNA 病毒花椰菜花叶病毒（CaMV），单链 DNA 病毒番茄金黄花叶病毒（TGMV）、非洲木薯花叶病毒（ACMV）、玉米线条病毒（maize streak virus，MSV）、小麦矮缩病毒（WDV）等。

构建植物病毒克隆载体的基本策略是对病毒 DNA（包括 RNA 反转录的 DNA）进行加工，消除其对植物的致病性，保留其通过转导或转染能进入植物细胞的特性，使携带的目的基因导入植物细胞。由于植物病毒克隆载体的应用局限性比较大，并且目前已有比较好用的由 Ti 质粒改建的克隆载体和不受植物种类限制的整合平台系统克隆载体，所以植物病毒克隆载体用得并不普遍。

2.3.4.4 人工染色体克隆载体

人工染色体克隆载体实际上是一种“穿梭”载体，含有质粒载体所必备的第一受体（如大肠杆菌）内源质粒复制起始位点（*ori*），还含有第二受体（如酵母菌）染色体 DNA 着丝点、端粒和复制起始位点的序列，以及合适的选择标记基因。这样的载体与目的 DNA 片段重组后，在第一受体细胞内按质粒复制形式进行高拷贝复制，再转入第二受体细胞，按染色体 DNA 复制的形式进行复制和传递。筛选第一受体的转化子，一般采用抗生素抗性选择标记；而筛选第二受体的转化子，常用与受体互补的营养缺陷型。与其他的克隆载体相比，人工染色体载体的特点是能容纳长达 1 000 kb 甚至 3 000 kb 的外源 DNA 片段，主要用于构建基因组文库，也可用于基因治疗和基因功能鉴定。

2.4 目的基因的获得

在基因工程设计和操作中，被用于基因重组、改变受体细胞性状或获得预期表达产物的基因称为目的基因，即具有优良性状的基因。它是基因工程研究的重要因素。选用什么样的目的基因是基因工程设计必须优先考虑的问题，如何分离获得目的基因是基因工程操作的重要技术之一。目前，获得目的基因的方法主要有：化学合成法、目的基因的直接分离、构建基因组文库或 cDNA 文库分离法、PCR 扩增法等。

2.4.1 化学合成法

化学合成法主要适用于已知核苷酸序列、分子质量较小的目的基因的制备。化学合成 DNA 片段可以采用磷酸二酯法和亚磷酸三酯法。

2.4.1.1 磷酸二酯法

磷酸二酯法是将两个分别在 5′-末端和 3′-末端带有适当保护基的脱氧单核苷酸连接起来，形成一个带有磷酸二酯键的脱氧二核苷酸。DNA 合成所采用的出发原料是脱氧单核苷酸，它们都是多功能基团的化合物，必须将不参加反应的基团用适当的保护基团选择性地保护起来。这样，具有 5′保护的单核苷酸便能够通过它的 3′-OH 同另一个具有 3′保护的单核苷酸的5′-P之间定向地形成一个二酯键，从而使它们缩合成两端均被保护的二核苷酸分子。合成中用的各种不同的保护基团，可以通过酸、碱处理移去一端脱保护的二核苷酸分子，如带5′保护的二核苷酸分子，又能够同另一个带3′-保护的单核苷酸分子进行第二次缩合反应，形成一个三核甘酸分子。这样从缩合反应开始，到保护基团的消除，再进行新一轮缩合反应。如此多次反复，直到获得一定长度的寡聚脱氧核苷酸为止(150～200 bp)。用同样的方法将一个基因的所有核苷酸序列分段合成这样的片段，然后再用T4 DNA连接酶将各片段以磷酸二酯键的共价键形式连接成一个完整的基因，即为该基因的全序列(图2-12)。

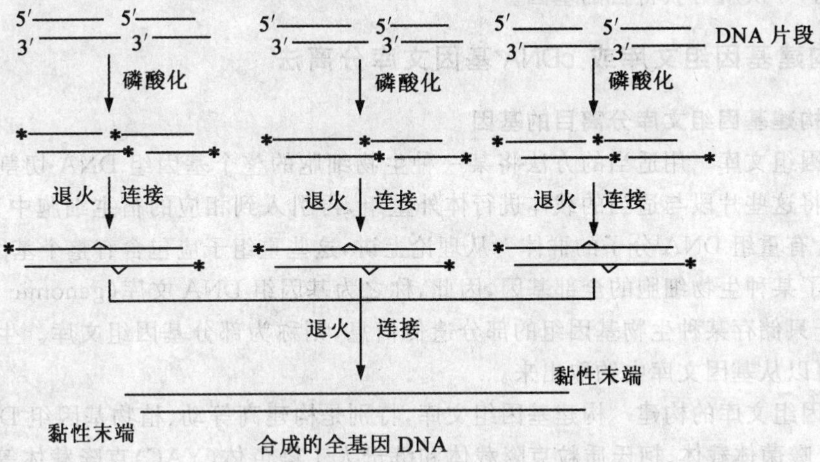

图2-12 基因的化学合成全片段酶促连接示意图

(引自：宋思扬，2003)

2.4.1.2 亚磷酸三酯法

亚磷酸三酯法是将所要合成的寡聚核苷酸链的3′-末端先以3′-OH与一个不溶性载体，如多孔玻璃珠(CPG)连接，然后依次从3′→5′的方向将核苷酸单体加上去，所使用的核苷酸单体的活性官能团都是经过保护的，这样首先合成一些寡聚核苷酸片段。因为化学合成寡聚核苷酸片段的能力一般局限于150～200 bp，而绝大多基因的大小超过了这个范围，因此，再将寡核苷酸片段适当连接组装成完整的基因。常用的基因组装方法主要有以下两种：

先将寡聚核苷酸激活，带上必要的5′-磷酸基团，然后与相应的互补寡核苷酸片段退火，形成带有黏性末端的双链寡核苷酸片段，再用T4 DNA连接酶将它们彼此连接成一个完整的基因或基因的一个大片段(图2-12)。

将两条具有互补3′末端的长的寡核苷酸片段彼此退火，所产生的单链DNA作为模板在大肠杆菌DNA聚合酶Klenow片段作用下，合成出相应的互补链，所形成的双链DNA片段。可经处理插入到适当的载体上。

化学合成法的缺点是必须是已知核苷酸序列的基因或基因片段，而且费时、费力、合成费用昂贵。然而，它也为研究基因的结构和功能、人工改变核苷酸、控制定向变异提供了重要的途径。目前在基因工程中主要用来合成杂交探针、PCR引物、测序引物及定点突变。

2.4.2 限制性酶切直接分离法

质粒和病毒等 DNA 分子小的只有几千个碱基对,大的也不超过几十万个碱基对,编码的基因较少,可直接采用限制性核酸内切酶切割基因组 DNA 后分离获得目的基因。对已测定了核苷酸序列的 DNA 分子,根据已知的限制性核酸内切酶识别序列只需要用相应的限制性核酸内切酶进行一次或几次酶切,就可以分离出含目的基因的 DNA 片段。对于已克隆在载体中的目的基因,只要根据目的基因两侧的限制性核酸内切酶识别序列,用适当的限制性核酸内切酶酶切,一次就可获得目的基因。

2.4.3 构建基因组文库或 cDNA 基因文库分离法

2.4.3.1 构建基因组文库分离目的基因

(1)基因组文库　用适当的方法将某一种生物细胞的整个基因组 DNA 切割成大小合适的片段,并将这些片段与适当的载体进行体外重组,再引入到相应的宿主细胞中繁殖和扩增,从而形成含有重组 DNA 分子的群体。从理论上讲,这些重组子应包含有整个基因组 DNA 序列,即包含了某种生物细胞的全部基因,因此,称之为基因组 DNA 文库(genomic library)。若这些重组子只储存某种生物基因组的部分遗传信息,则称为部分基因组文库。生物个体中的目的基因可以从基因文库中钓取出来。

(2)基因组文库的构建　构建基因组文库,特别是构建高等动、植物基因组 DNA 文库时,通常采用 λ 噬菌体载体、柯氏质粒克隆载体和酵母人工染色体(YAC)克隆载体等。应用 λ 噬菌体载体构建基因组 DNA 文库的一般操作程序主要包括:①用适当的限制性内切酶消化基因组 DNA,以得到约 20 kb 的大片段;②用限制性核酸内切酶切割载体 DNA,使载体形成与外源 DNA 相匹配的黏性末端;③选用适当方法,去除 λ 噬菌体裂解生长非必需的内部片段;④λ 噬菌体载体臂与外源 DNA 大片段连接成较长的多联体;⑤利用体外包装系统将多联体组装成完整的颗粒;⑥重组噬菌体侵染大肠杆菌,形成大量噬菌斑,每一克隆中含有外源 DNA 的一种片段,全部克隆构成一个基因文库(图 2-13)。

(3)从基因组文库中钓取目的基因　通过上述方法构建了某生物的基因组文库并不等于完成了目的基因的分离,因为含目的基因的克隆子只是数以万计个克隆子中的一个,其中究竟哪一个克隆子含有我们需要的目的基因尚不明确。因此必须从文库中筛选分离出含有目的基因的特定克隆子。常用的筛选方法有:①核酸杂交法。利用 DNA 探针,根据碱基互补的原则进行核酸杂交,鉴别出阳性克隆。DNA 探针的来源主要有三种:一是已知基因序列,直接用化学合成法获取;二是异源探针,即根据同源序列获取;三是已知氨基酸序列,根据遗传密码,通过简并性序列获取。②蛋白免疫法。此法是检测基因表达产物,利用抗原抗体反应的原理进行鉴定。③蛋白活性鉴定。根据表达产物的生物活性特点,采用相应的方法进行活性鉴定。

2.4.3.2 构建 cDNA 基因文库分离目的基因

(1)cDNA 基因文库　某种生物基因组转录的全部 mRNA 经反转录产生各种 cDNA 片段,分别与克隆载体重组,再引入到一种受体菌所形成的克隆子群体,这样的群体称为 cDNA 文库。如果此群体中只储存该基因组的部分 cDNA,则称为部分 cDNA 文库。由较高等的生物在特定发育阶段或特定器官材料表达的特定基因构建的 cDNA 文库通常是部分 cDNA 文库。cDNA 文库的一个克隆子包含一个基因的全部编码序列,不含内含子,也不含转录启动子

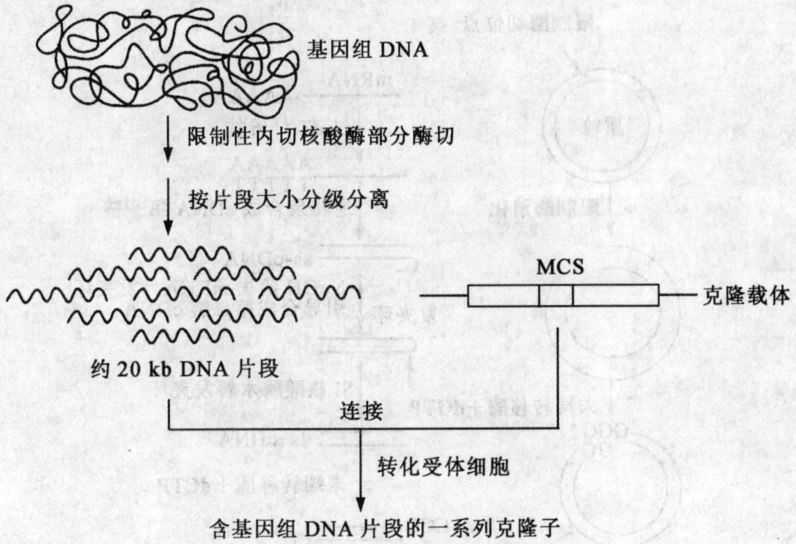

图 2-13 基因组文库的构建示意图

(引自:宋思扬,2003)

和终止子的核苷酸序列,所以使用从 cDNA 文库中获得的目的基因时,在其两侧必须组装上转录启动子和终止子等元件。由于 cDNA 文库要比基因组 DNA 文库小,因此,构建 cDNA 文库并通过该文库筛选目的基因,已成为从真核生物细胞中分离纯化目的基因的常规方法。

(2)cDNA 文库的构建　用于构建 cDNA 基因文库的载体通常是质粒克隆载体和噬菌体克隆载体等。其构建的基本程序与基因组文库相似,只需在构建前将 mRNA 转录成 cDNA。具体步骤如下:①cDNA 第一链的合成。所有 cDNA 第一链的合成方法都要用依赖于 RNA 的 DNA 聚合酶(反转录酶)来催化反应。cDNA 第一链合成最常用的引物是与真核细胞 mRNA 分子 3′端 poly(A)互补的 12～18 个多聚(dT)的核苷酸链。②cDNA 第二链的合成。有两种方法:一种是 cDNA 第一链的自身引导合成法,即用碱处理 mRNA-cDNA 杂交体,水解 mRNA 模板后。cDNA 第一链 3′端能够自身回折形成发夹结构,这种结构可用作合成 cDNA 第二链的引物,在大肠杆菌 DNA 聚合酶 Klenow 片段或反转录酶的作用下,利用四种 dNTP 完成双链 cDNA 的合成。利用这种方法合成的双链 DNA 产物,在其末端相应于 mRNA-5′端的位置借一发夹结构闭合成环,用单链特异性的 S1 核酸酶酶切消化此环,得到双链 cDNA 分子。另一种是 cDNA 第二链的置换合成法,即以 cDNA 第一链的合成产物 mRNA-cDNA 杂交体中的 cDNA 为模板,利用 RNA 酶 H 和 DNA 聚合酶Ⅰ共同催化的切口平移反应,合成 cDNA 第二链。RNA 酶 H 在杂交体中的 mRNA 链上造成切口或缺口,*E. coli* DNA 聚合酶Ⅰ以 RNA 片段为引物,合成 DNA 链,取代模板上的 mRNA;这些 DNA 片段经 T4 噬菌体 DNA 连接酶连接,形成完整的 cDNA 第二链。这种方法的优点是直接利用第一链的反应产物,无须进一步处理和纯化,大大简化了克隆程序,可以获得十分接近全长的双链 cDNA 产物,具有非常高的效率。③合成的 cDNA 双链经适当的方法克隆到载体上。然后转化到大肠杆菌中即得到 cDNA 文库(图 2-14)。

(3)从 cDNA 文库中钓取目的基因　从 cDNA 文库中钓取目的基因的方法与从基因组文

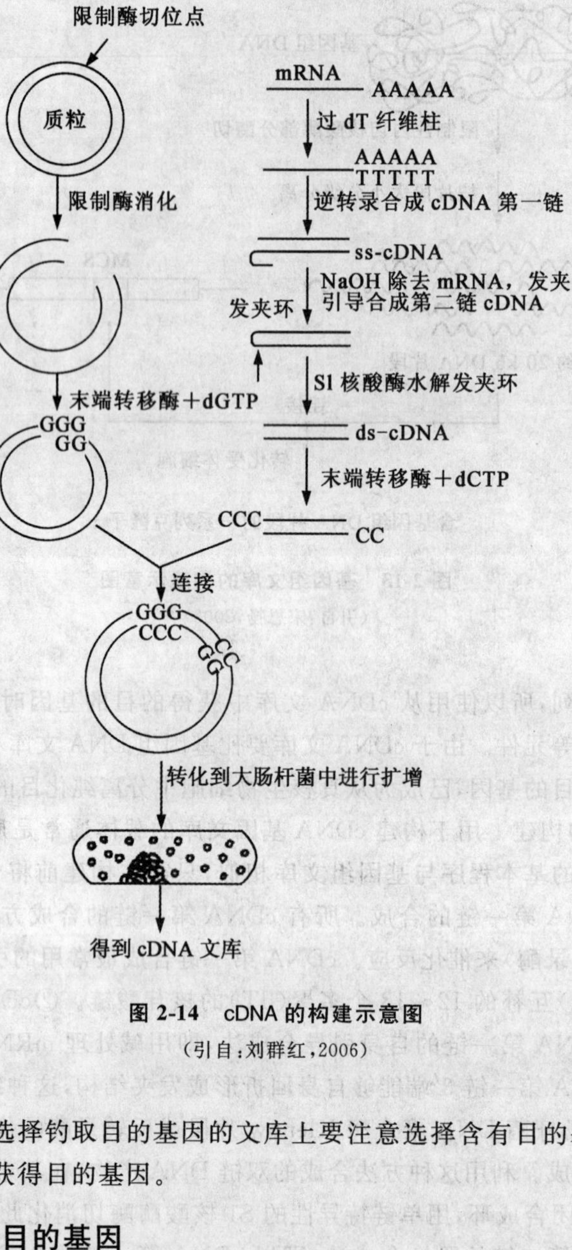

图 2-14 cDNA 的构建示意图

（引自：刘群红，2006）

库中钓取相似，只是在选择钓取目的基因的文库上要注意选择含有目的基因较小的 cDNA 文库，这样有利于高效率获得目的基因。

2.4.4 PCR 法扩增目的基因

聚合酶链式反应(polymerase chain reaction，PCR)技术是目前获取目的基因应用较多的一项技术。该技术是 1985 年由美国 PE-Cetus 公司的 Mullis 等人发明的专利技术，它能快速、简便地在体外扩增特定的 DNA 片段，并具有高度的专一性和灵敏性，它的诞生在生命科学中掀起了一场革命，并形成了巨大的市场。

2.4.4.1 PCR 技术原理

类似于 DNA 的体内复制。首先将待扩增基因组 DNA 模板加热变性解链，随之将反应混合物冷却至某一温度，这一温度可使引物与它的靶 DNA 序列发生退火杂交，再将温度升高使退火引物在 DNA 聚合酶作用下得以延伸。这种热变性—复性—延伸的过程就是一个 PCR

循环过程,PCR 就是在合适条件下的这种循环的不断重复(图 2-15)。

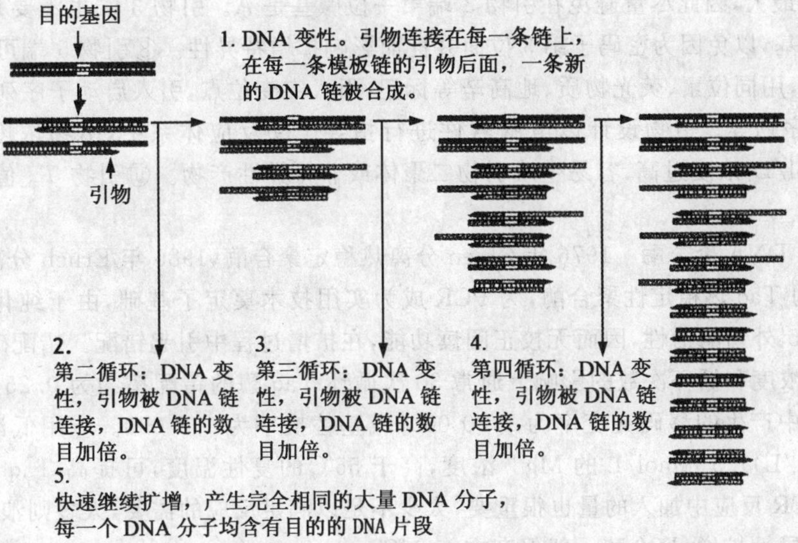

图 2-15　PCR 扩增目的基因示意图

(引自:贺小贤,2005)

2.4.4.2　PCR 反应体系

PCR 反应的体系主要包括模板、引物、Taq DNA 聚合酶、缓冲液、Mg^{2+}、三磷酸脱氧核苷酸(dNTP)等。

(1)模板　用于 PCR 的模板可以是 DNA,也可以是 RNA。当用 RNA 作模板时,首先要进行反转录生成 cDNA,然后再进行正常的 PCR 循环。模板来源广泛,可以从动植物细胞、细菌、病毒、组织、病理样品、考古样品中提取。PCR 反应时加入的 DNA 模板量,一般少于几百纳克,太多的核酸模板会对扩增产生抑制作用。合适的 DNA 模板含量,可以减少 PCR 多次循环带来碱基错配。

(2)引物　引物决定 PCR 扩增产物的特异性与长度,因此引物设计是决定 PCR 反应成败的关键。PCR 反应中有两种引物,即 5′端引物和 3′端引物。一对引物分别与一条单链模板结合,并且与靶序列 3′端侧翼碱基互补,从而限定了引物只能结合在所识别的链上的靶序列 3′端。由于 DNA 聚合酶的 5′→3′合成特点,引物的 3′端得以延伸。两引物延伸方向相对,并指向靶序列的中央。

引物设计的基本要求:①引物的长度。引物过短会影响 PCR 的特异性,要求有 16～30 bp,可保证特异性结合;引物过长使延伸温度超过 Taq DNA 聚合酶的最适温度,也会影响产物的特异性。②G+C 的含量一般为 40%～60%。③4 种碱基应随机分布,不要有连续 3 个以上的相同嘌呤或嘧啶存在。尤其是引物 3′端不应有连续 3 个 G 或 C,否则会使引物与核酸的 G 或 C 富集区错误互补,而影响 PCR 的特异性。④引物自身不应存在互补序列而引起自身折叠,引物自身连续互补碱基不能大于 3 bp。⑤两引物之间不应互补,尤其是它们的 3′端不能互补。一对引物之间不应多于 4 个连续碱基有互补性,以免产生引物二聚体。⑥引物与非特异靶区之间的同源性不要超过 70%或有连续 8 个互补碱基同源,否则导致非特异性扩增。⑦引物3′端是引发延伸的点，因此不应错配。由于ATGC引起错配有一定规律，以引物3′端A影响最大，因此尽量避免在引物3′端第一位碱基是A。引物3′端也不要是编码密码子的第三个碱基，以免因为密码子第3位简并性而影响扩增特异性。⑧引物5′端可以修饰，包括加酶切位点，用同位素、荧光物质、地高辛等标记，引入突变位点，引入启动子序列，引入蛋白质结合DNA序列等。引物设计以电脑软件进行指导。⑨反应体系中，引物浓度一般要求在0.2～1 μmol/L，浓度过高，容易生成引物二聚体或非特异性产物。⑩引物 T_m 值最好在55～70℃。

(3)Taq DNA聚合酶　1976年Chien分离热稳定聚合酶，1986年Erlich分离并纯化了适合于PCR的Taq热稳定性聚合酶，为PCR成为实用技术奠定了基础，由于纯化的Taq酶在体外无3′→5′外切酶活性，因而无校正阅读功能，在扩增过程中引起错配。错配碱基的数量受温度、Mg^{2+}浓度和循环次数的影响。通常30次循环Taq酶的错配率约为0.25%，Taq酶在每一次循环中产生的移码突变率为1/30 000，碱基替换率为1/8 000。应用低浓度的dNTP(各20 μmol/L)1.5 mmol/L的Mg^{2+}浓度，高于55℃的复性温度，可提高Taq酶的忠实性；Taq酶在PCR反应中加入的量也很重要，太少不足以满足反应的需要，太多则浪费，同时也容易导致非特异性扩增；聚合酶一般保存在－20℃。

(4)缓冲液　缓冲液提供PCR反应合适的酸碱度与某些离子，常用10～50 mmol/L Tris-HCl(pH 8.3～8.8)缓冲液，缓冲液中含有50 mmol/L KCl，有利于引物的退火。

(5)Mg^{2+}　Taq酶的活性需要Mg^{2+}，Mg^{2+}浓度过低，酶的活性降低；过高则酶催化非特异性扩增。Mg^{2+}浓度还影响引物的退火、模板与PCR产物的解链温度、引物二聚体的生成等。Taq酶的活性只与游离的Mg^{2+}浓度有关。而PCR反应体系中，dNTP、引物、DNA模板等中的所有磷酸基团，均可与Mg^{2+}结合而降低Mg^{2+}的游离浓度。因此，Mg^{2+}的总量应比dNTP的浓度高0.2～2.5 mmol/L，如果反应体系中含有EDTA等螯合剂，也可结合掉部分Mg^{2+}。

(6)dNTP　dNTP是PCR反应的原料。每种核苷酸浓度应相同，通常的范围为20～200 μmol/L，在此范围内，PCR产物量、反应的特异性与忠实性之间的平衡最佳。

2.4.4.3 PCR反应参数

(1)变性　94℃左右，含靶序列的双链DNA模板解成两条单链。此过程在达到所需要的变性温度后，最快可以在几秒钟内完成。

(2)退火　一般在50～60℃，引物与单链模板通过碱基完成配对互补结合，此过程也需要十到几十秒。如果引物与模板碱基完全配对，用30 s已经足够。

(3)延伸　在72℃条件下，从引物的3′端开始，按照碱基配对的原则，连续连接dNTP，从而使新合成的互补链从引物的5′→3′方向不断延伸。此过程所需要时间长短取决于扩增序列的长度，片段越长，延伸时间越长。Taq酶活性为每秒钟掺入核苷酸35～100个，2 kb的片段用1 min已足够。若DNA片段较长，扩增时间可适当延长，但延伸时间过长，会引起非特异性扩增。

当上述三个过程中一个循环过程完成后，DNA的总量则可增加1倍。若反复进行循环，每一个循环所得的产物都是下一个循环的模板。充分循环的结果，使模板拷贝数呈指数增加(2^n)目的序列，得到快速扩增，理论上，循环n次，就增加为2^n倍，经过30次循环后，DNA产量达2^{30}拷贝，约为10^9拷贝。在PCR扩增过程中，实际扩增效率达不到2^n倍，尤其是30～35

个循环后，产物基本上不再增加。

2.4.4.4 PCR 法制备目的基因

PCR 扩增技术已广泛地用于分离目的基因。如果目的基因的全序列或其两侧的序列已知，即可设计合成一对与模板 DNA 互补的引物，十分有效地扩增出含目的基因的 DNA 片段。

(1)目的基因的直接克隆　只要有适当的引物，PCR 基因扩增法可以产生微克级的特异的靶 DNA 片段，达到这种数量级的基因组 DNA 可以直接克隆到相应的载体中。

(2)cDNA 的克隆　利用 PCR 技术，只需增加一步逆转录反应，便可从少数的 mRNA 中获得大量的目的 DNA 片段，即以 mRNA 为模板，以 oligo(dT)为引物，在依赖于 RNA 的 DNA 聚合酶催化下，体外合成 cDNA 第一链之后，可通过 PCR 扩增此链。

2.4.4.5 PCR 技术的发展

采用常规 PCR 技术扩增分离目的基因比较方便，但必须知道待扩增目的基因 DNA 片段的核苷酸序列，至少要求 DNA 片段两端长约 20 bp 的序列是已知的，这样才能设计 PCR 引物，有效进行 PCR 扩增反应。此外，利用常规 PCR 反应，允许扩增的 DNA 片段长度一般在 1 kb 以内，超过 1 kb 时扩增效果显著下降。为此，PCR 技术得到了发展，出现了一系列的衍生技术，现已应用于外源基因的分离、基因重组、DNA 测序、构建克隆及表达载体、定点突变、检测基因多态性等方面。

(1)修饰 PCR　在合成引物时，除了与模板配对的那部分序列外，人为地加上若干序列，使扩增产物的末端额外加上一段 DNA 序列，如前面提到的加限制性核酸内切酶酶切位点，还可引入点突变，替换、插入缺失的基因片段。此外，还可对 5′端数个碱基进行标记，以方便 DNA 检测。

(2)不对称 PCR　在基因分析中通过此 PCR 得到大量单链 DNA，进行测序。与常规 PCR 不同地方是在加入两种寡核苷酸引物时，两条引物量的不同，常为 100∶1。这样在前段 PCR 循环中产生 DNA 双链，当低浓度引物消耗尽后，高浓度引物引导的 PCR 产生大量的单链。

(3)反转录 PCR(RT-PCR)　不仅可检测 DNA，也可对 RNA 进行分析研究。反应第一步是提取总 RNA，加一个与 mRNA 3′端互补引物，在反转录酶作用下合成 cDNA，然后以 cDNA 为模板，再加入一个与 cDNA 互补引物进行 PCR 扩增。此法是用于 cDNA 文库构建。该技术具有很高的敏感性，可以用来分析不同的组织或是相同组织不同发育阶段中 mRNA 表达状况的相关性，一般来说，细胞中某种 mRNA 的定量是随着在不同的时空状态下编码基因表达活性的变化而有所不同。反转录 PCR 还可以用来扩增分离 RNA 病毒的目的基因，对 RNA 病毒进行基因工程研究。

(4)套式(巢式)PCR　设计内外两套引物，即一对引物扩增大的 DNA 片段，一对引物内扩增小片段 DNA。两次连续放大，提高灵敏度、特异性。

(5)通用引物 PCR　主要用于临床检测。依各病原体各型均具有的保守序列，设计合成引物，进行 PCR 扩增，得到目的基因进而测序。

(6)随机引物 PCR　又称随机扩增多态性 DNA(random amplified polymorphic DNA，简称 RAPD)。用一系列不同的随机排列的寡核苷酸链为引物对基因组 DNA 进行 PCR 扩增，扩增产物经电泳分析，检测片段多态性。

(7)mRNA 差异显示(DDRT-PCR)　它是 1992 年提出一种分离克隆哺乳动物正常与异

常之间差异表达基因的方法,原理为:利用真核生物 mRNA 具有多聚腺苷酸(polyA)尾巴的特点,人工合成 10～12 个(oligo-dT),同时再附加 AGC 三种核苷酸中的任意两种作 mRNA 锚定引物,用该引物进行反转录合成 cDNA 第一链。以此链为模板,再用一个 5′端随机引物对这些 cDNA 片段进行 PCR 扩增。因为这个 5′端引物将随机结合在 cDNA 上,因此来自不同 mRNA 扩增产物大小是不同的,可以在测定胶上明显分辨开来,有差异的片段就是差异表达的 cDNA。经过分析确认后,这些差异表达的 cDNA 就可以作为探针从 cDNA 文库或基因组文库中筛选全长 cDNA 或基因组克隆。也可从胶上切下这些 cDNA 片段,再扩增后进行克隆分析,最终达到分离基因的目的。

(8)反向 PCR　PCR 通常用于扩增位于两寡核苷酸引物之间的 DNA 区段,但是经特殊设计的 PCR 也可用来扩增那些位于已知序列外侧的未知序列,这就是反向 PCR。反向 PCR 可利用与靶序列 5′端互补的寡核苷酸引物,对靶序列两侧未知的 DNA 序列进行扩增。因此,只需常规的克隆程序,就可以迅速产生合适的杂交探针,用于鉴定 DNA 文库中与靶序列邻近的或重叠的 DNA 片段的克隆。这一种方法称作染色体步移(chromosome crawling)。

此外,目前还有实时荧光 PCR 可对目的基因进行定性、定量扩增分析研究。

2.5 目的基因与载体的重组

目的基因与载体 DNA 分子的连接,即 DNA 分子的体外重组。它主要依赖于限制性核酸内切酶及 DNA 连接酶的作用。在进行连接时,一般需要注意以下几点:①实验步骤尽可能简单容易;②在连接后,接点序列能被一定的限制酶重新酶切,以便回收插入片段;③对转录和转译过程中密码结构的阅读不发生干扰。

目的基因与载体 DNA 分子的连接方式主要有黏性末端连接法和平齐末端连接法。操作时主要根据目的基因末端的性质和载体与目的基因上的酶切位点来做选择。

2.5.1 黏性末端连接法

具有黏性末端分子的连接方法一般有三种:一是具有相同黏性末端的目的 DNA 和载体 DNA 分子时,可以直接进行连接。二是用两种不同的限制酶同时酶解一种特定的 DNA 分子,产生具有两种不同黏性末端的 DNA 片段,其能定向插入与经类似处理的载体 DNA 进行连接。三是非互补黏性末端 DNA 分子的连接。可先用 S1 核酸酶处理使其变成平齐末端后再采用合适的方法进行连接。

2.5.2 平齐末端连接法

平齐末端分子可以用连接酶进行直接连接,但是由于其连接的随机性比较小,使得目的基因与载体连接的效率偏低。所以,在基因工程实验中通常要对载体或目的基因进行适当的修饰后再进行连接,以提高连接效率。

2.5.2.1 直接连接法

用 T4 DNA 连接酶直接连接。T4 DNA 连接酶除了能够连接具有 3′-OH 和 5′-P 末端的双链 DNA 的缺口之外,在存在 ATP 和加入高浓度酶(10～100 倍)和低浓度的聚乙二醇 PEG8000 的条件下,它还能够连接具有完全碱基配对的平末端的 DNA 分子。这种反应的原因目前尚不清楚。但平末端连接效率不高,基因操作不经常采用。且外源 DNA 不能原位删除下来。

2.5.2.2 同聚物加尾连接法

同聚物加尾连接法运用末端核苷酸转移酶,能够将核苷酸(通过脱氧核苷三磷酸),加到 DNA 分子单链的 3′-OH 基团上延伸末端,它并不需要模板链的存在,它连续地加上核苷酸,构成由核苷酸组成的尾巴(图 2-16)。

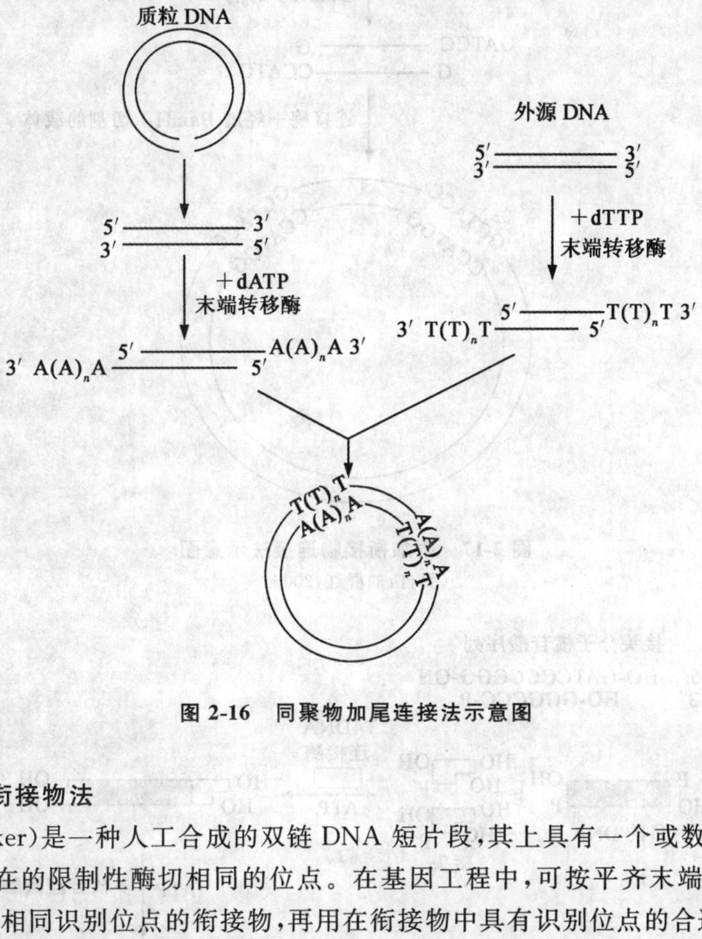

图 2-16　同聚物加尾连接法示意图

2.5.2.3 附加衔接物法

衔接物(linker)是一种人工合成的双链 DNA 短片段,其上具有一个或数个与将要连接的载体 DNA 上存在的限制性酶切相同的位点。在基因工程中,可按平齐末端直接连接法给平齐末端片段加上相同识别位点的衔接物,再用在衔接物中具有识别位点的合适限制酶切割,使得目的基因由平齐末端变成黏性末端进行常规 DNA 连接,将待克隆的 DNA 片段同载体分子连接起来(图 2-17),从而提高了平齐末端间的连接效率。

如果重组体 DNA 是用 T4 DNA 连接酶的平末端连接或是用同聚物加尾构建的,那么就无法用原来的限制酶作特异的切割,因此也不能获得插入 DNA 片段。为了解决这个问题,也要采用衔接物法提供必要的序列,进行 DNA 分子的连接。

2.5.2.4 DNA 接头连接法

DNA 接头(adapter)连接法是 1978 年由康乃尔大学吴瑞教授发明的。它是一类由人工合成的一头具有某种限制性内切酶黏性末端,另一头为平末端的特殊的双链寡核苷酸片段。当它的平末端与平末端的外源 DNA 片段连接之后,成为具黏性末端的 DNA 分子,不用经过酶切割即可与载体连接重组(图 2-18)。

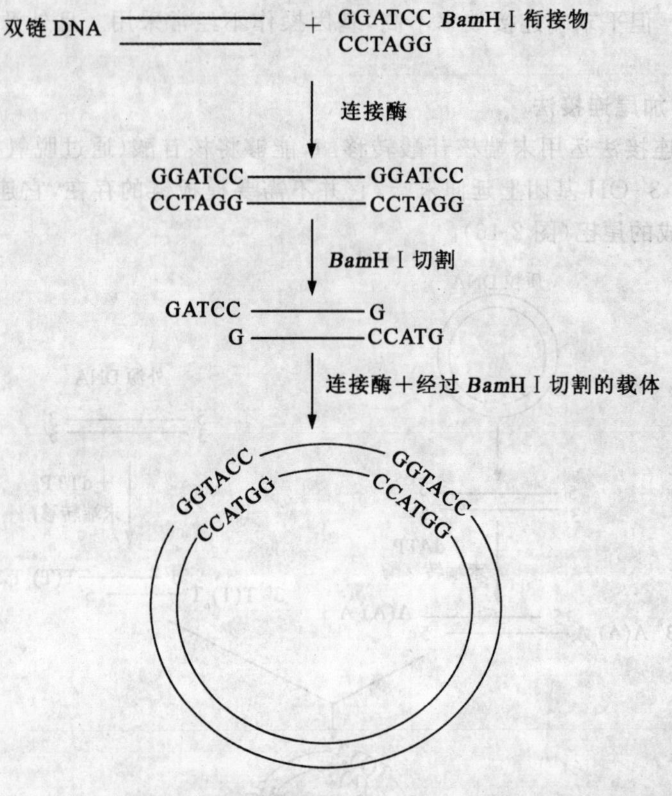

图 2-17 附加衔接物连接法示意图

（引自：刘群红，2006）

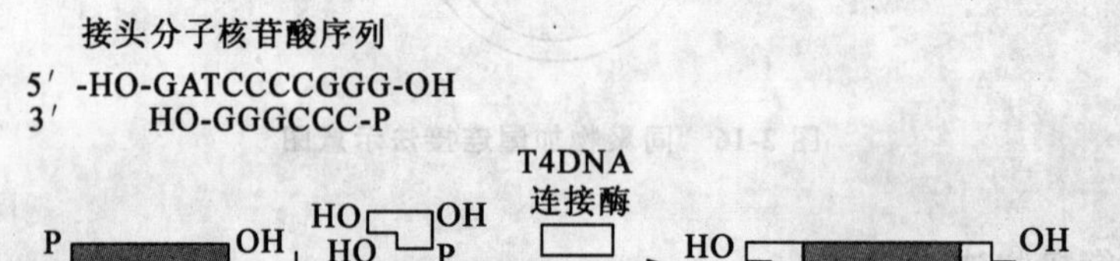

图 2-18 DNA 接头连接法示意图

（改自：刘群红，2006）

2.5.3　防止线性载体的自身环化

为了使连接反应物中有尽可能多的外源 DNA 片段插入载体分子，以形成重组 DNA，必须阻止限制性核酸内切酶切割载体产物的自身环化。具体可采用以下方法：①用碱性磷酸酶处理线性载体分子。碱性磷酸酶可除去线性载体 DNA 分子的 5′-磷酸基团使防止环化，而留下 3′-羟基基团与外源 DNA 片段连接后，则又能重新环化为重组的外源 DNA 载体分子。②采用同聚物加尾连接技术，可自动防止线性载体 DNA 分子的自身环化作用，这是因为切割后形成的线性 DNA 分子的两个 3′-OH 末端，此时已都被加上具有同样碱基结构的同聚物尾巴。③应用柯斯质粒，也可防止质粒 DNA 分子发生自身环化作用。需要指出的是，在连接反应中，确定正确的载体 DNA 与外源 DNA 间的比例，是高效获得重组体的一个重要因素。在应用 λ 噬菌体或柯斯质粒作载体时，如果选用高比值的载体 DNA 和外源 DNA 的连接反应体系，就有利于重组体分子的形成；在应用质粒作载体时，因为其重组体分子是由一个载体分子和一个外源 DNA 片段环化而成的，所以当载体 DNA 与外源 DNA 的比例为 1 时，最有利于重组体分子的形成。

2.6　受体细胞

受体细胞又叫宿主细胞，是一类能摄取外源 DNA 并使其稳定维持的细胞。原核生物细胞和真核生物细胞都可作为受体细胞，但不是所有的细胞都可作为受体细胞。选择受体细胞时应重点考虑以下几点：①安全性高，无致病性，不会对外界环境造成生物污染；②便于重组 DNA 分子的导入；③便于重组体的筛选；④重组 DNA 分子在受体细胞内能稳定维持；⑤适于外源基因的高效表达及表达产物的分泌或积累；⑥具有较好的翻译后加工机制，便于真核目的基因的高效表达；⑦对遗传密码的应用无明显偏倚性；⑧遗传稳定性高，便于扩大培养或发酵；⑨在理论研究或生产实践上有较高的应用价值。这是选择受体细胞的总的原则，在实际运用中，可根据具体需要进行选择。

2.6.1　原核生物细胞

原核生物细胞是较为理想的受体细胞，这是因为：①大部分原核生物细胞没有纤维素组成的坚硬细胞壁，便于外源 DNA 的进入；②没有核膜，染色体 DNA 没有固定结合的蛋白质，这为外源 DNA 与裸露的染色体 DNA 重组减少了麻烦；③基因组小，遗传背景简单，且不含线粒体和叶绿体基因组，便于对引入的外源基因进行遗传分析；④原核生物多数为单细胞生物，容易获得一致性的实验材料，并且培养简单，繁殖迅速，实验周期短，重复实验快。因此普遍作为受体细胞用来构建基因组文库和 cDNA 文库，或者用来建立生产某种目的基因产物的工程菌，或者作为克隆载体的宿主菌。当然，以原核生物细胞来表达真核生物基因也存在一定的缺陷，许多未经修饰的真核生物基因往往不能在原核生物细胞内表达出具有生物活性的功能蛋白。这在一定程度上限制了原核受体细胞作为生物反应器进行异源真核生物蛋白的大规模生产。现在在实验、生产中作为受体细胞的原核生物主要有大肠杆菌、枯草杆菌、蓝细菌（蓝藻）、棒状杆菌、链霉菌等。

2.6.2 真核生物细胞

真核生物细胞具备真核基因表达调控和表达产物加工的机制，因此作为受体细胞表达真核基因优于原核生物细胞。真菌细胞、植物细胞和动物细胞都已被用作基因工程的受体细胞。

2.6.2.1 真菌细胞

真菌细胞是低等的真核细胞，由于其基因结构、基因调控、蛋白的修饰等都是以真核细胞的方式进行，所以在基因工程中常作为真核生物基因的受体细胞，其中较为常用的是酵母细胞。

酵母属于单细胞真菌，是外源真核基因理想的表达系统。酵母作为基因工程受体细胞，除了真核生物细胞共有的特性外，还具有以下优点：①基因结构相对简单，对其基因表达调控机制研究得比较清楚，便于基因工程操作；②培养简单，适于大规模发酵生产，成本低廉；③外源基因表达产物能分泌到培养基中，便于产物的提取和加工；④不产生毒素，是安全的受体细胞。在基因工程中，酵母菌具有极为重要的经济开发价值和学术意义。

2.6.2.2 植物细胞

植物细胞作为基因工程受体细胞，除了真核生物细胞共有的特性外，最突出的优点就是其体细胞的全能性，即一个分离的活细胞在合适的培养条件下，比较容易再分化成植株，这意味着一个获得外源基因的体细胞可以培养出能稳定遗传的植株或品系。不足之处是植物细胞有纤维素参与组成的坚硬细胞壁，不利于摄取重组 DNA 分子。但是采用农杆菌介导法或用基因枪、电激仪处理等方法，同样可使外源 DNA 进入植物细胞。现在用作基因工程受体的植物有水稻、棉花、玉米、马铃薯、烟草和拟南芥等

2.6.2.3 动物细胞

动物细胞作为受体细胞，同样便于表达具有生物活性的外源真核基因产物。不过早期由于对动物的体细胞全能性的研究不够深入，所以多采用生殖细胞、受精卵细胞或胚细胞作为基因工程的受体细胞，现已获得了一些转基因动物。近年来由于干细胞的深入研究和多种克隆动物的获得，表明动物的体细胞同样可以用作转基因的受体细胞。目前用作基因工程受体的动物有猪、羊、牛、鱼、鼠、猴等。

2.7 重组 DNA 导入受体细胞

要使外源基因在受体细胞中克隆、表达，必须把目的基因或重组 DNA 导入受体细胞。目前用于外源基因导入受体细胞的方法很多，而且针对动物、植物和微生物不同的研究对象，导入方法也有各异。大体可分为化学转化法、物理导入法和生物学导入法三大类。

2.7.1 化学转化法

化学转化法是用二价阳离子（如 Mg^{2+}、Ca^{2+}、Mn^{2+}）处理某些受体细胞，使其成为感受态细胞，随机摄取外源 DNA 分子的一种方法。该方法操作简单，技术要求不高，是一种普通实验室进行外源 DNA 向大肠杆菌转化的有效方法。

2.7.1.1 磷酸钙转化法

将氯化钙、RNA（或 DNA）和磷酸缓冲液混合，沉淀形成包含 DNA 且极小的不溶的磷酸

钙颗粒。核酸以磷酸钙-DNA共沉淀物的形式出现时,可使DNA附在细胞表面,利于细胞吞入摄取,或通过细胞膜脂相收缩时裂开的空隙进入细胞内,进入细胞的DNA仅有1%～5%可以进入细胞核中,其中仅有不到1%的DNA可以与细胞DNA整合,在细胞中进行稳定表达,基因转导的频率大约为10^{-4},这项技术能用于DNA导入哺乳类动物进行暂时性表达或长期转化的研究。此方法对于贴壁细胞转染是最常用并首选的方法。

2.7.1.2 DEAE-葡聚糖转化法

二乙胺乙基葡聚糖是一种高分子质量的多聚阴离子试剂,能促进哺乳动物细胞捕获外源DNA,因此被用于基因转染技术。其促进细胞捕获DNA的机制还不清楚,可能是因为葡聚糖与DNA形成复合物而抑制了核酸酶对DNA的作用,也可能是葡聚糖与细胞结合而引发了细胞的内吞作用。该方法可广泛用于转染病毒、病毒序列及其他DNA,适合于细胞瞬间表达检测及小量DNA的转染。转染效率与DEAE-葡聚糖浓度以及细胞与DNA/DEAE-葡聚糖混合液接触时间的长短很有关系,可采用较高浓度的DEAE-葡聚糖(1 g/L)作用较短时间(0.5～1.5 h),又可用较低浓度(250 mg/L)的DEAE-葡聚糖作用较长时间(8 h)。

2.7.1.3 脂质体介导法

脂质体(liposome)是以卵磷脂等物质制备的中空膜泡状结构的人工膜。可把需要转移的DNA等生物大分子包裹其中,并通过脂质体与原生质体的融合或原生质体的吞噬过程把外源DNA转运到细胞内。传统的脂质体是将磷脂、胆固醇或其他脂类的乙醚溶液加入到DNA溶液中,经特殊处理得到单层或双层的带DNA的脂质体小泡,通过与细胞膜融合,被细胞内吞而实施基因转移,这类方法基因转移效率很高。随着对脂质体法的改进,逐渐使用单阳离子脂质(DOTMA、IX、TAP等)、中性磷脂(DOPE)及多聚阳离子脂质(DOSPA、DOSPER等)与DNA通过离子间相互作用,形成单层阳离子脂质包裹DNA的类脂——DNA复合物颗粒,提高了其转染效率。使用脂质体进行基因转移操作简便、重复性好、不受DNA大小限制、无组织特异性和免疫原性,特别是包在脂质体内的DNA可免受细胞内核酸酶的降解,可直接转化外源DNA。目前已有商品化的脂质体转染试剂如lipofeetamine TM 2000,但其也存在表达时间短、轻微毒性等不足。

2.7.1.4 多聚物介导法

多聚物(聚乙二醇、多聚赖氨酸、多聚鸟氨酸等)和二价阳离子(如Mg^{2+}、Ca^{2+}、Mn^{2+})与DNA混合,能在原生质体表面形成沉淀颗粒,并通过原生质体的内吞作用而被吸收进入细胞。该法具有对细胞伤害小,转化的原生质体易于筛选,不会形成嵌合转化子等优点。可用于原核生物细胞、动物细胞和植物原生质体的基因转化。

2.7.2 物理导入法

2.7.2.1 电穿孔法

电穿孔法又称电脉冲介导法,该法是利用高压电脉冲作用,使细胞膜上产生可逆的瞬间通道,从而促进外源DNA的有效导入的一种方法。也能使不同细胞之间的原生质膜发生融合。这种通道能维持几毫秒到几秒,然后自行恢复,电场取消后不会因微孔关闭而对细胞造成任何影响。电击法的效率受电场强度、电脉冲时间和外源DNA浓度等参数的影响,通过优化这些参数,1 μg DNA可以得到10^9～10^{10}个转化子。此方法主要用于微生物细胞和动植物悬浮细胞或原生质体的基因转化,也辅助细胞融合过程。

2.7.2.2 基因枪法

基因枪法(gene gun)又称粒子轰击(particle bombardment)、高速粒子喷射技术(high-velocity particle microprojection)或基因枪轰击技术(gene gun bombardment),是由美国 Comel 大学生物化学系 John. C. Santord 等于 1983 年研究成功。将直径 4 μm 的钨粉或金粉在供体 DNA 中浸泡,将外源 DNA 包被在金属上,然后用基因枪将这些包被 DNA 的金属颗粒打入细胞、组织或器官中,可实现较多细胞的基因转移同时发生。基因枪法简单快速,穿透力大,具有较高的转化率,改进了其他物理方法基因转移效率低的缺点。该法多用于植物转基因技术(详见第 9 章)。

2.7.2.3 激光微束穿孔法

激光微束穿孔法是利用直径很小、能量很高的激光微束照射受体细胞,使细胞膜发生可逆性穿孔,然后使处于细胞周围的外源 DNA 分子随之进入细胞的方法。这种方法操作简便快捷,基因转移效率高,无宿主限制,可适用于各种动物、植物组织、器官的转化操作,并且由于激光微束直径小于细胞器,可对线粒体和叶绿体等细胞器进行基因操作。

2.7.2.4 超声波转化法

超声波转化法是利用超声波处理细胞时可击穿细胞膜并形成过膜通道,使外源 DNA 进入细胞的一种方法。超声波处理转化法的转化率较高,并且利用超声波处理可以避免使用电穿孔转化时高电压脉冲对细胞的损伤,有利于细胞存活,主要用于微生物细胞的基因转化。

2.7.2.5 显微注射法

显微注射法(micro-injection)又称 DNA 显微注射法,是用微吸管吸取供体 DNA 基因,在显微镜下准确地注入受体细胞核中的一种转基因方法,可用于动植物的外源 DNA 的转化。这种方法的特点是外源基因的导入整合效率较高,以原生质体作为受体细胞,平均转化率达 10%~20%,甚至高的可达 60%以上。不要载体,直接转移目的基因,目的基因的长度可达 100 kb。它可以直接获得纯系,所以实验周期短。但这种方法操作较为繁琐耗时,设备精密而昂贵。并且外源基因的整合位点和整合的拷贝数都无法控制,易造成宿主动物基因组的插入突变,引起相应的性状改变,重则致死。

2.7.3 生物转染法

2.7.3.1 病毒(噬菌体)颗粒转染法

病毒(噬菌体)颗粒转染法是指用病毒(噬菌体)DNA、或逆转录病毒 DNA 构建的克隆载体或携带目的基因的克隆体,在体外包装成病毒(噬菌体)颗粒,利用病毒颗粒与细胞表面受体的相互识别作用而感染受体细胞,使其携带的重组 DNA 导入受体细胞。该方法具有较高的转染效率。它主要用于构建基因文库和动物的转基因。逆转录病毒法是目前将外源基因导入细胞的最有效的方法。关于转录病毒载体介导法(RMGT)的动物转基因技术见第 8 章动物胚胎工程。

2.7.3.2 精子介导法

精子介导的基因转移是指利用精子具有主动结合、转运、整合外源 DNA,并将其内化的能力。将外源 DNA 与精液融合后再与卵子受精,使外源 DNA 通过受精过程进入受精卵并整合于受体的基因组中。近年来还采用了电穿孔、脂质体包埋等辅助手段,提高了精子介导基因转移的可靠性和可行性。该技术可以获得转基因动物,从而用于制备生物反应器生产基因药物;

降低异种器官移植的免疫排斥;建立转基因疾病动物模型等。该方法目前研究的重点是如何提高精子携带外源性 DNA 的能力,比如通过精液的冷冻法及改变 DNA 分子浓度和序列等。

2.7.3.3 农杆菌介导法

农杆菌介导法主要是以植物的分生组织和生殖器官作为外源基因导入受体,通过真空渗透法、浸蘸法及注射法使农杆菌与受体材料接触,以完成可遗传细胞的转化,然后利用组织培养的方法培育出转基因植株,并通过抗生素筛选和分子检测鉴定转基因植株后代。该方法以其费用低、拷贝数低、重复性好、基因沉默现象少、转育周期短及能转化较大片段等独特优点而备受科学工作者的青睐。

2.7.3.4 花粉管通道转化法

植物授粉过程中,将外源 DNA 涂在柱头上,使 DNA 沿花粉管通道或传递组织通过珠心进入胚囊,转化尚不具备正常细胞壁的卵、合子及早期的胚胎细胞。由于这一方法技术简单,易于掌握,能避免体细胞变异等优点,在植物转基因中具有一定的应用前景(详见第 9 章)。

2.7.3.5 接合转化法

接合转化法是通过供体细胞与受体细胞间的直接接触而传递外源 DNA 的方法。该转化系统一般需要三种不同类型的质粒,即接合质粒、辅助质粒和运载质粒。这三种质粒共存于同一宿主细胞,与受体细胞混合,通过宿主细胞与受体细胞的直接接触,使运载质粒进入受体细胞,并在其中能稳定维持。现在常把接合质粒和辅助质粒同处于一宿主细胞(辅助细胞),再与单独含有运载质粒的宿主细胞(供体细胞)和被转化的受体细胞混合,使运载质粒进入受体细胞,并在其中能稳定维持。也有把接合质粒和运载质粒同处于一宿主细胞,再与单独含有辅助质粒的宿主细胞和被转化的受体细胞混合进行转化的。由于整个接合转化过程涉及三种有关的细菌菌株,因此又称为三亲本接合转化法。此方法主要用于微生物细胞的基因转化。

总之,重组 DNA 导入受体细胞的方法较多,不同的方法有各自的特点(表 2-2)。在实际研究中,应根据选用的载体系统和受体细胞类型而确定采用哪种方法。

表 2-2　重组 DNA 导入受体细胞的方法的比较

(引自:焦炳华,孙汉树,2007)

转染方法	原理	应用	特点
磷酸钙法	磷酸钙 DNA 复合物吸附细胞膜被细胞内吞	稳定转染 瞬时性转染	不适用于原代细胞,操作简便但重复性差,有些细胞不适用
DEAE-右旋糖酐法	带正电的 DEAE-右旋糖酐与核酸带负电的磷酸骨架相互作用形成的复合物被细胞内吞	瞬时性转染	相对简便、结果可重复,但对细胞有一定的毒副作用,转染时需除血清
电穿孔法	高脉冲电压破坏细胞膜电位,DNA 通过膜上形成的小孔导入	稳定转染 瞬时性转染 所有细胞	适用性广但细胞致死率高,DNA 和细胞用量大,需根据不同细胞类型优化电穿孔实验条件
病毒介导法	通过侵染宿主细胞将外源基因整合到染色体中	稳定转染	可用于难转染的细胞、原代细胞、体内细胞等
逆转录病毒		特定宿主细胞	但携带基因不能太大细胞需处分裂期,需考虑安全因素
腺病毒	通过侵染宿主细胞将外源基因整合到染色体中	瞬时转染 特定宿主细胞	可用于难转染的细胞,需考虑安全因素

续表 2-2

转染方法	原理	应用	特点
阳离子脂质体法	带正电的脂质体与核酸带负电的磷酸基团形成复合物被细胞内吞	稳定转染 瞬时性转染 所有细胞	适用性广，转染效率高，重复性好，但转染时需除血清。转染效果随细胞类型变化大
Biolistic 颗粒传递法（基因枪法）	将 DNA 用显微重金属颗粒沉淀，再将包被好的颗粒用弹道装置投射入细胞，DNA 在胞内逐步释放，表达	瞬时性转染	可用于：人的表皮细胞，纤维原细胞，淋巴细胞系以及原代细胞
显微注射法	用显微操作将 DNA 直接注入靶细胞核	稳定转染 瞬时性转染	转染细胞数有限，多用于工程改造或转基因动物的胚胎细胞

2.8 重组子的筛选与鉴定

通常将导入了外源 DNA 分子（重组子），获得新的遗传性状的受体细胞称为转化子。在基因工程中目的基因与载体重组中会伴随一些非期望的反应，如载体的自身环化、载体与非目的 DNA 连接等，当它们与重组子一起导入宿主细胞后，就会出现很多可能：如不含有任何外源 DNA 片段的受体细胞、含非目的 DNA 的受体细胞、含目的 DNA 的受体细胞、含有自身环化载体的受体细胞、含有载体与非目的 DNA 重组子的受体细胞及含有目的 DNA 重组子的受体细胞等。要想将含有目的基因的重组子的转化细胞（转化子）从这些混合细胞中分开，需要设计出最易于筛选重组子克隆的方案并加以验证。

转化子的筛选实质上就是重组子的筛选。主要是依据载体、受体细胞和外源基因三者在 DNA、RNA、蛋白质水平上表现得特性、差异，从不同的层次、利用不同的方法进行选择（图 2-19）。以下主要介绍几种直接筛选的常用方法，间接筛选法将在本章 2.10 中介绍。

- 重组子的筛选
  - 直接筛选
    - DNA 鉴定
      - 重组子分子大小的鉴定
      - 限制性核酸内切酶酶切片段大小鉴定
      - DNA 序列分析
      - 同源性分析鉴定
      - DNA 杂交法
    - 载体筛选
      - 质粒载体的抗性标记筛选
      - 质粒载体的蓝白斑筛选
      - 噬菌体包转容量的正性筛选
      - 标记补救筛选
      - 报告基因
  - 间接筛选
    - 翻译产物检测（如 Western blotting、ELISA）
    - 转录产物检测（Northern blotting）
    - 其他方法

图 2-19 重组子筛选方法

2.8.1 根据载体标记基因筛选

2.8.1.1 根据载体抗生素抗性基因筛选

载体分子上带有某种抗药性基因,将转化的细胞培养在含有该抗生素的生长培养基中,只有带有该载体的细胞才能生长,由此可检测出获得了该种载体的转化子细胞。另外,现在基因工程用得比较多的是抗药性基因的插入失活效应。例如外源基因插入 pBR322 载体的抗四环素基因部位,使转化子丧失了抗四环素的作用。那么在筛选时可以依据宿主细胞具备抗氨苄青霉素的能力,无抗四环素的能力初步判定该细胞就是含有目的基因的转化子。

2.8.1.2 根据 *lacZ* 基因互补显色筛选

lacZ′是β-半乳糖苷酶基因部分缺失的 DNA 片段,含 *lacZ*′的重组载体转化 *lacZ*′互补型菌株,可转译β-半乳糖苷酶,在含有 X-gal(5-溴-4-氯-3-吲哚-β-D-半乳糖苷)和 IPTG(异丙基-β-D-硫代半乳糖苷)的培养基上使转化子成为蓝色菌落(即α-互补作用),而 *lacZ*′互补型菌株本身为白色菌落。当 *lacZ*′区插入外源基因后,再转化 *lacZ*′互补型菌株,由于不能翻译β-半乳糖苷酶,转化子即使在含有 X-gal 和 IPTC 的培养基上也只能长成白色菌落。这样可以区分含外源基因和不含外源基因的转化子(蓝白斑筛选)。为了避免 *lacZ*′互补型菌本身长成的白色菌落的干扰,在构建载体时就组装一种供抗药性筛选的基因。这样只要培养在含有相应抗生素的培养基中即可根据蓝白斑筛选重组子。

2.8.1.3 根据报告基因筛选

将报告基因构建在载体中,或构建在外源 DNA 分子上,作为外源 DNA 的一部分。由于受体细胞内报告基因的表达,出现报告基因的新遗传性状,以此识别被转化的细胞与未被转化的细胞。作为报告基因,其表达产物应是便于检测、定量和灵敏度高的基因。报告基因多数是酶的基因,常见的报告基因有以下几种:

(1)β-葡醛糖酸酶基因(*gus*) *gus* 基因产物β-葡醛糖酸酶(GUS)能够催化 5-溴-4-氯-3-吲哚-β-*D*-葡萄糖醛酸,产生蓝色的水解产物。以此筛选含 *gus* 基因的转化子。由于植物细胞 GUS 本底非常低,因此广泛地应用于筛选植物转化子。尤其是 *gus* 基因的 3′端与其他结构基因连接产生的嵌合基因仍能正常表达,产生的融合蛋白中仍有 GUS 活性,可用于外源基因在转化生物体中的定位分析。

(2)萤火虫荧光素酶基因(*luc*) *luc* 表达产物萤火虫荧光素酶(LUC)在 Mg^{2+} 的作用下,可以与荧光素和 ATP 底物发生反应,形成与酶结合的腺苷酸荧光素酰化复合物,经过氧化脱羧作用后,该复合物转变成为处于激活状态的氧化荧光素,可以用荧光测定仪快速灵敏地检测出产生的荧光,是目前研究动植物转基因很好用的一种报告基因。

(3)绿色荧光蛋白基因(*GFP*) 当绿色荧光蛋白暴露于 395 nm 波长的灯光下,便会被激发出绿色荧光,因此可作为报告基因。水母绿色荧光蛋白基因已广泛地用于基因调控和发育模式的研究中,特别适用于在活体中进行原位检测。

2.8.2 根据形成噬菌斑筛选

对于λ DNA 载体系统而言,外源 DNA 插入λ噬菌体载体后,重组 DNA 分子大小必须在野生型λ DNA 长度的 75%～105%范围内,才可以在体外包装成具有感染活性的噬菌体颗粒,转导受体菌,在培养基上形成噬菌斑,未转导的受体菌继续正常生长。

通过上述系列筛选方法获得转化子后，为了确定获得的转化子是真正的目的重组子，还须进一步分析鉴定重组子基因组中的外源 DNA 片段、目的基因转录的 mRNA 或翻译的多肽(蛋白质、酶)。

2.8.3 根据重组 DNA 分子特征鉴定

2.8.3.1 根据重组 DNA 分子大小鉴定

根据外源 DNA 片段插入载体后的重组 DNA 与载体 DNA 之间的大小差异来鉴定重组子。分别提取不同转化子的 DNA，经琼脂糖凝胶电泳分离，由于重组 DNA 是载体 DNA 中插入了外源 DNA 片段，其分子质量大于载体 DNA 分子，在琼脂糖凝胶板上出现的 DNA 带中，落后的带是重组 DNA 的带，并以标准分子质量的 DNA 作对照。此方法只用于重组子的初步鉴定。

2.8.3.2 根据重组 DNA 分子限制性核酸内切酶酶切图谱鉴定

从转化子或重组子提取待分析鉴定的 DNA，用合适的限制性核酸内切酶酶切，经琼脂糖凝胶电泳，获得酶切图谱，如果酶切片段的数量和大小同预期的一致(以标准分子质量的 DNA 作对照)，就可判断是目的基因的重组子。

2.8.3.3 根据 PCR 扩增片段及序列测定鉴定

根据目的基因两侧已知序列，设计出相应的 PCR 引物，进行目的基因的扩增。若结果中有特异性扩增 DNA 条带，且其分子质量同预期的一致，则可推测出此重组 DNA 分子的重组子是目的基因的重组子。该法简单，快速，目前被广泛应用。

上述 PCR 扩增的 DNA 片段，还可以进行核苷酸序列测定，进一步准确鉴定重组子。

2.8.3.4 DNA 探针杂交法

DNA 杂交是指具有一定同源性的两条核酸单链在一定条件下(适宜的温度及离子强度等)，根据碱基互补配对原则退火形成双链的过程。其中一条是待测的核酸序列，另一条是已知核酸序列并带有标记的探针。杂交后根据探针的标记信号来鉴定。此杂交过程是高度特异性的。一般是将待测核酸变性后，用一定的方法将其固定在硝酸纤维膜上，用经标记示踪的特异核酸探针与之杂交，该探针只能与互补的特异核酸牢固结合，而其他的非特异结合将被洗去。最后，探针位置就是特异 DNA 片段的位置。杂交探针早期用的是 ^{32}P 等放射性物质标记的 DNA 探针，其有高放射性，可用放射自显影检测，灵敏度高，但安全性低，^{32}P 标记的核苷酸半衰期短，探针不能长期保存。目前已广泛使用生物素(biotin)、地高辛(digoxigenin)或荧光素(fluorescein)等非放射性物质标记的 DNA 杂交探针，它们可以根据各自的生物化学性质或光学特性进行检测。虽然灵敏度略低于放射性标记，但是安全、保存期长。

目前，DNA 杂交法主要有 Southern 印迹杂交、斑点印迹杂交和菌落(或噬菌斑)原位杂交等。

(1)Southern 印迹杂交　Southern 印迹杂交是先从转化子中提取总 DNA，经限制性核酸内切酶酶切及琼脂糖凝胶电泳分带，转移到用于杂交的膜(硝酸纤维膜)上，变性处理后再用 DNA 探针与其杂交，并通过放射自显影显示出黑色条带来鉴定重组子。(图 2-20)。用 Southern 印迹杂交法不仅可以鉴定重组子中含有重组 DNA 分子，而且还可以知道待检测的 DNA 分子的大小以及待检测的 DNA 片段在重组 DNA 分子中的位置，但是此方法操作比较麻烦。

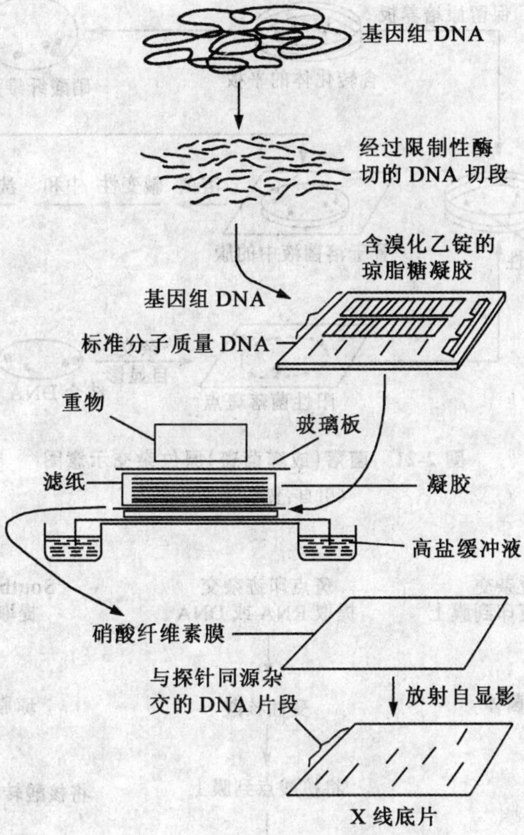

图 2-20　Southern 印迹杂交检测基因示意图

(2)菌落(或噬菌斑)原位杂交　菌落(或噬菌斑)原位杂交法是直接把生长在琼脂平板中的菌落或噬菌斑印迹转移到用于杂交的膜上(并保存好原来的菌落或噬菌斑平板作为参照),经碱处理使溶菌和变性处理后使 DNA 暴露出来并与滤膜原位结合,再用 DNA 探针与其杂交。最后通过 DNA 探针上标记物的位置与琼脂平板中原来的菌落或噬菌斑位置相对映,即可确定阳性菌落或是菌斑的位置,获得含有目的基因的重组体克隆(图 2-21)。该方法操作比较简单,效率高,可进行重复筛选,可靠性强,现已广泛地用于从基因组 DNA 文库和 cDNA 文库中筛选含目的基因的重组子。

(3)斑点印迹杂交　斑点印迹杂交与菌落原位杂交原理一样,但方法更简单、迅速,可直接将噬菌体的上清液或是由转化子提取的 DNA(RNA)样品直接点在硝酸纤维素薄膜等固体支持物上,然后同核酸探针进行杂交(图 2-22)。通过放射自显影(或其他方法),从底片中找出阳性黑色斑点。此方法常用于病毒核酸的定量检测。

2.8.3.5　根据 DNA 核苷酸序列鉴定重组子

通过以上方法确定重组 DNA 分子中含有外源 DNA 片段后,为了进一步肯定此外源 DNA 片段是否是目的基因,可以对外源 DNA 片段进行序列测定。如果测定结果与目的基因一致,即为含有目的基因的重组子。

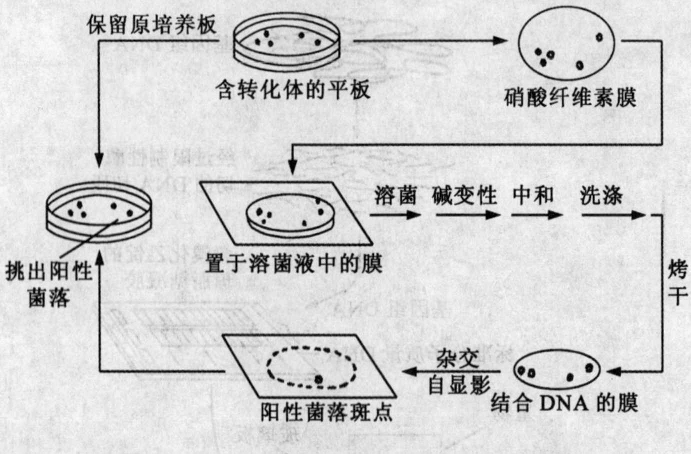

图 2-21　菌落(或噬菌斑)原位杂交示意图

(引自:贺小贤,2005)

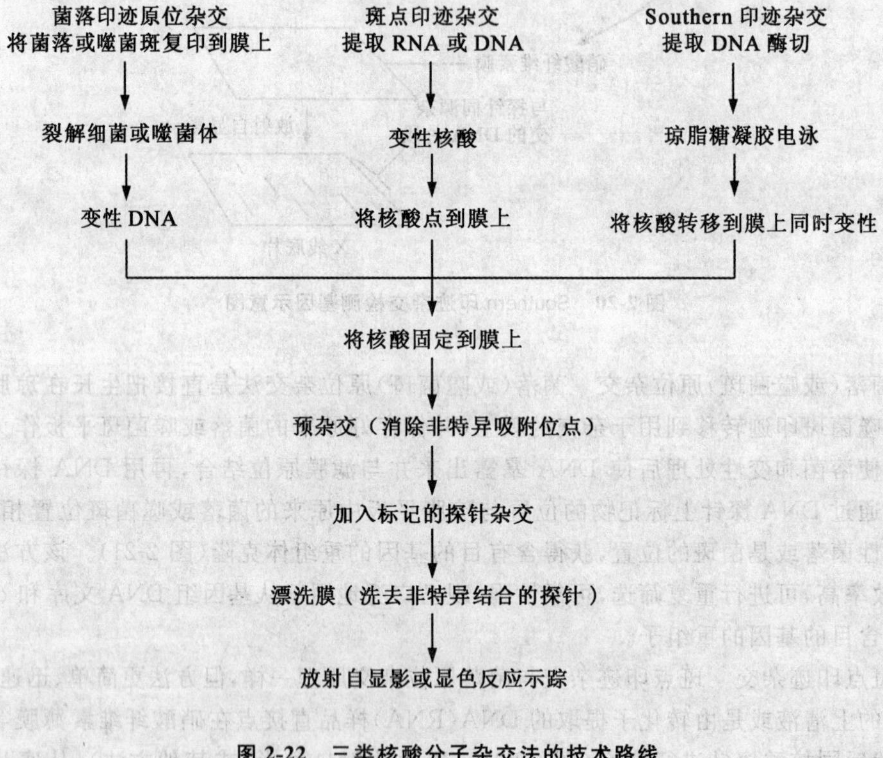

图 2-22　三类核酸分子杂交法的技术路线

2.8.3.6　应用基因芯片鉴定重组子

基因芯片是将大量靶基因(或基因片段)有序地、高密度地点在载体上所形成的微矩阵(详见第 12 章中的 3.1)。将重组子 DNA 提取后,经变性并用荧光标记制备成单链 DNA 探针。然后用该荧光标记的单链 DNA 探针与基因芯片进行杂交反应,根据所产生的杂交信号信息来鉴定重组子。

2.8.3.7 R环鉴定法

R环检测法是采用mRNA作探针，利用电子显微镜观察其核酸杂交结果。在临近双链DNA的变性温度下和高浓度(70%)的甲酰胺溶液中，双链的DNA-RNA杂交分子要比双链的DNA-DNA分子更为稳定。因此，当RNA探针与待测DNA的混合物置于这种退火条件下，RNA便会同变性DNA分子单链中的互补序列形成稳定的DNA-RNA杂交分子，而DNA分子的另一条链处于单链状态。这种由单链DNA分支和双链DNA-RNA分支形成的"泡状"体，叫做R环结构，是借助于电子显微镜观察到的(图2-23)。

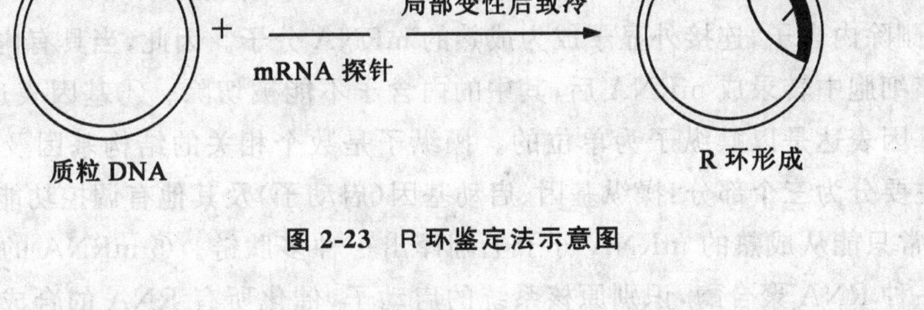

图2-23 R环鉴定法示意图

2.9 外源基因表达

基因工程的一项重要的任务就是要使外源基因在受体表达系统(原核表达系统或真核表达系统)内高效表达出有特定生物学功能的活性蛋白质，而基因表达一般包括转录和翻译两个过程(图2-24)。

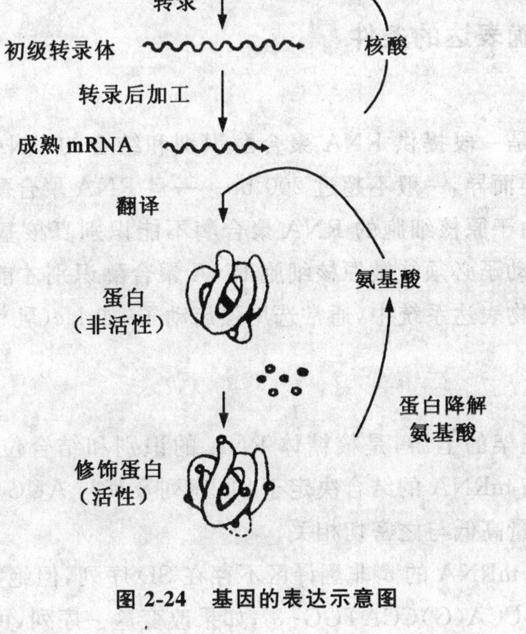

图2-24 基因的表达示意图

2.9.1 原核与真核表达系统的差异

在原核与真核表达系统中基因表达有很多不同,主要概括如下:①DNA 的存在状态不同。在原核细胞中只有少部分蛋白质存在于折叠的染色体中,大部分 DNA 处于非结合状态;而真核细胞的 DNA 多与组蛋白结合形成染色体,部分 DNA 与多种非组蛋白结合,只有一小部分 DNA 是裸露的。②重复序列不同。在原核生物中,除了重复的 rRNA 和 tRNA 基因和少数特异性短序列之外,很少重复序列。而真核生物的 DNA 有相当一部分是由几种核苷酸序列重复几百乃至几百万份所组成。③内含子和转录加工系统。在原核细胞 mRNA 中没有内含子,一般转录后加工简单。而在真核细胞中有内含子和转录后加工系统。mRNA 在翻译前必须经过加工,删除内含子,连接外显子成为成熟的 mRNA 分子。因此,当具有内含子的真核生物基因在原核细胞中转录成 mRNA 后,其中的内含子不能被切除。④基因表达的单位不同,原核生物的基因表达是以操纵子为单位的。操纵子是数个相关的结构基因及其调控区的结合。调控区主要分为三个部分:操纵基因、启动基因(启动子)及其他有调控功能的部位。在真核生物中,通常只能从成熟的 mRNA 分子上翻译出一种多肽链。⑤mRNA 的种类不同。原核细胞只有一种 RNA 聚合酶,识别原核系统的启动子,催化所有 RNA 的合成。而真核细胞有三种 RNA 聚合酶,分别参与不同类型 RNA 的合成。⑥核膜的有无决定着转录与转译是否偶联。原核生物无核膜,转录与转译是偶联的,二者连续进行。而在真核细胞中,RNA 在核中合成,必须穿过核膜运入细胞质内才能被利用。⑦真核生物 mRNA 的合成分子的 5′端和 3′端都会发生修饰作用。⑧mRNA 的寿命不同。许多真核生物的 mRNA 分子的寿命都比原核生物的长。⑨SD 序列。在原核细胞 mRNA 的核糖体结合位点上,含有一个转译起始密码子及与 16 S 核糖体 RNA 的 3′端碱基互补的序列,即 SD 序列。而真核生物则缺乏此序列。由于原核与真核表达系统的不同,在构建表达重组体就要根据不同的情况、不同的要求而选择不同的表达系统。

2.9.2 外源基因正确表达的条件

2.9.2.1 启动子

启动子(promoter)是一段提供 RNA 聚合酶识别和结合的 DNA 序列,它位于基因的上游,其长度因生物的种类而异,一般不超过 200 bp。一旦 RNA 聚合酶定位并结合到启动子序列上,即可启动转录。由于原核细胞的 RNA 聚合酶不能识别真核基因的启动子,因此,在原核生物中表达载体的启动子必须能被原核细胞 RNA 聚合酶识别才能启动真核基因在原核细胞中的表达。在原核生物表达系统中,通常选用强启动子,如 lac(乳糖启动子)、trp(色氨酸启动子)等。

2.9.2.2 SD 序列

SD 序列位于读码框架的上游,是核糖体 RNA 的识别和结合位点,控制着转译的起始。在翻译过程中,核糖体与 mRNA 的结合决定于 SD 序列及其与 AUG 之间的距离,所以真核基因在原核细胞中的表达量高低与之密切相关。

对于真核细胞来说,mRNA 的 5′非翻译区不存在 SD 序列,但绝大多数 mRNA 的起始序列都含有共同的序列 5′-CCA(G)CCATGG- 3′,如果改变这一序列,可使翻译的起始效率大大降低。此外,在起始密码 ATG 的上游区域含有另一个起始密码而又不被随后的一个符合阅读框的终止密码所终止,则该起始密码会影响 mRNA 翻译的起始。

2.9.2.3 终止子

终止子是 DNA 分子中终止转录的核苷酸序列。它对基因的正常表达有重要意义。转录启动后,RNA 聚合酶沿 DNA 链移动,持续合成 RNA 链,直到遇到转录终止信号。构建载体时为防止外源基因的表达干扰载体的稳定性,一般都在插入位点的下游安装很强的转录终止子。

2.9.2.4 转译后的修饰与加工

在真核细胞中,有时需要将前体蛋白降解为功能蛋白,有时需要进行某些修饰,如糖基化为糖蛋白。在受体细胞中,为了使外源基因的表达产物能在宿主细胞中稳定积累而不被内源蛋白水解酶所水解,在基因工程中必须构建一些配套的表达系统,如:①构建融合蛋白表达系统。在融合蛋白中,外源蛋白与受体细胞蛋白能形成良好的杂合构象。②构建分泌蛋白表达系统,使外源基因表达的蛋白质分泌到细胞周质腔或直接分泌到培养基中,避免细胞内的水解酶对表达蛋白的降解。③构建包涵体表达系统。外源基因的表达产物以包涵体的形式存在于受体细胞中,这种难溶性沉淀复合物不易被宿主蛋白水解酶所降解。④选择蛋白水解酶基因缺陷型的受体系统。蛋白水解酶缺陷的受体细胞具有较低的水解酶活性或完全丧失某一种水解酶的活性。

2.10 目的基因表达产物的检测

外源基因转移到受体细胞后可能有多种命运,一是外源基因与表达载体一起游离于染色体外进行独立转录;二是外源基因整合到染色体上并进行转录;三是外源基因在受体细胞中存在,但无有效表达。常规的 DNA 水平检测不能确定外源基因是否表达,所以需要一系列的方法进行鉴定。

2.10.1 外源基因转录产物的检测法

通过检测外源基因转录的产物 mRNA 间接检测目的基因表达。目前常采用的方法有 Northern 印迹杂交、RT-PCR 等。

2.10.1.1 Northern 印迹杂交法

Northern 杂交类似于 Southern 杂交,不同的是用 DNA 探针检测 RNA 分子。从转化子或重组子中提取总 RNA,进一步利用亲和层析的原理纯化 mRNA,然后将 mRNA 转移到供杂交的膜上,用根据待检测 mRNA 序列合成的同源 DNA 探针或 cDNA 探针与其杂交检测,出现阳性杂交带的转化子是外源基因能有效转录的重组子,并且还能确定转录产物 mRNA 的分子质量大小及其丰度。

2.10.1.2 RT-PCR 法

从转化子中提取总 RNA 或 mRNA,然后以它作为模板进行反转录,再进行 PCR 扩增,若获得了特异的 cDNA 片段则表明外源基因在转化子中已进行转录。

2.10.2 蛋白质凝胶电泳检测法

目的基因如果能够正确表达，在受体细胞总的表达产物中就会增加外源基因表达的多肽(蛋白质)，所以从细胞中提取的总蛋白质进行凝胶电泳时，电泳图谱上会出现新的蛋白带，根据这一现象就可以初步鉴定目的基因的表达。

2.10.3 免疫学检测法

免疫学检测是基因表达产物检测中最常用的方法之一。以表达产物作为抗原，通过与特异性抗体发生反应来确定基因表达的情况。但使用这种方法的前提条件是可以获得外源基因表达产物的对应抗体。对特定基因表达产物的免疫学检测包括免疫沉淀法、ELISA、Western印迹法和固相放射免疫法等。

2.10.3.1 免疫沉淀法

免疫沉淀法可应用于表达产物的定性与定量检测，其优点是选择性好，灵敏度高，可检测出100 pg水平的放射性标记蛋白，并可从蛋白质混合物中提纯出抗原-抗体复合物。其基本操作过程为：在长有转化子菌落的固体培养基中，加入与目的基因产物相对应的标记抗体。如果菌落会产生与抗体相对应的抗原蛋白(目的基因产物)，则其周围就会出现由抗体-抗原沉淀物(preciptin，沉淀素)所形成的白色圆环。

2.10.3.2 酶联免疫吸附法

酶联免疫吸附法(enzyme-linked immunosorbent assay，ELISA)是利用免疫学原理对表达的特异性蛋白进行检测，由于酶催化反应具有放大作用，使得测定的灵敏度大大提高，可检出1 pg的目的蛋白，同时由于酶反应还具有很强的特异性，因此ELISA方法是基因表达研究中最常用的方法。

2.10.3.3 Western 印迹法

Western印迹法是将蛋白质电泳、印迹和免疫测定结合在一起的检测方法，具有很高的灵敏度，可从总蛋白中检测出50 ng的特异性表达蛋白。其基本操作过程如下：从转化子菌落中提取总蛋白质，通过SDS-聚丙烯酰胺凝胶电泳分带，印迹转移到固相膜上，然后用针对目的蛋白的抗体(一抗)和能与一抗结合带有特定标记的二抗进行反应和显色检测，若呈现阳性反应，表明目的基因在受体细胞中表达。

此外，当转化的外源目的基因的表达产物不能直接用这些方法检测时，可把外源基因与报告基因一起构成嵌合基因，通过检测嵌合基因中的报告基因可间接确定目的基因的存在和表达。

在基因工程技术的应用和推动下，使得现代生物技术突飞猛进的发展。目前，基因工程技术即现代生物技术已经广泛应用到工、农、医药等各个领域，发挥着无可比拟的神奇作用。推动着各个领域乃至整个社会正在日新月异地发展。

思 考 题

1. 什么是基因工程？简述基因工程的基本操作程序。
2. 基因工程中的工具酶主要有哪些？分别有什么功能？

3. 基因工程中常用的载体有哪些？各有什么特点？

4. 在基因工程中，如何防止载体分子的自身环化作用？

5. 构建质粒克隆载体的基本原则是什么？

6. 叙述目的基因获得的技术方法。

7. 外源基因在受体细胞中正确表达的条件有哪些？为什么？

8. 叙述重组子筛选的方法。

9. 介绍基因表达产物的检测方法。

第3章　酶工程

酶工程(enzyme engineering)是生物技术的主要内容之一。酶工程是酶制剂的大批量生产和应用的技术。它是从应用的目的出发,将酶学理论与化学工程相结合研究酶,并在一定的反应装置中利用酶的催化特性,将原料转化为产物的一门新技术。近几年,随着酶学理论的不断充实和以DNA重组技术为主的现代生物学技术的飞速发展,为酶的生产和应用注入了新的活力,酶工程的理论研究和应用研究方面均取得了巨大成果,在农业、医学、食品、化工等领域得到了广泛应用。

3.1　概述

3.1.1　酶工程的主要内容

就酶工程本身的发展来说,包括下列主要内容:

(1)酶的产生　酶制剂的来源,有微生物、动物和植物,但是,主要的来源是微生物。由于微生物比动植物具有更多的优点,因此,一般选用优良的产酶菌株,通过发酵来产生酶。为了提高发酵液中的酶浓度,选育优良菌株、研制基因工程菌、优化发酵条件。工业生产需要特殊性能的新型酶,如耐高温的α-淀粉酶、耐碱性的蛋白酶和脂肪酶等,因此,需要研究、开发生产特殊性能新型酶的菌株。

(2)酶的制备　酶的分离提纯技术是当前生物技术"后处理工艺"的核心。采用各种分离提纯技术,从微生物细胞及其发酵液,或动、植物细胞及其培养液中分离提纯酶,制成高活性的不同纯度的酶制剂。为了使酶制剂更广泛地应用于国民经济各个方面,必须提高酶制剂的活性、纯度和收率,需要研究新的分离提纯技术。

(3)酶和细胞固定化　酶和细胞固定化研究是酶工程的中心任务。为了提高酶的稳定性,重复使用酶制剂,扩大酶制剂的应用范围,采用各种固定化方法对酶进行固定化,制备了固定化酶,如固定化葡萄糖异构酶、固定化氨基酰化酶等,测定固定化酶的各种性质,并对固定化酶作各方面的应用与开发研究。目前固定化酶仍具有强大的生命力。它受到生物化学、化学工程、微生物、高分子、医学等各领域的高度重视。

固定化细胞是在固定化酶的基础上发展起来的。用各种固定化方法对微生物细胞、动物细胞和植物细胞进行固定化,制成各种固定化生物细胞。研究固定化细胞的酶学性质,特别是动力学性质,研究与开发固定化细胞在各方面的应用,是当今酶工程的一个热门课题。

固定化技术是酶技术现代化的一个重要里程碑,是克服天然酶在工业应用方面的不足之处,而又发挥酶反应特点的突破性技术。可以说没有固定化技术的开发,就没有现代的酶技术。

(4)酶分子改造　酶分子改造又称为酶分子修饰。为了提高酶的稳定性,降低抗原性,延长药用酶在机体内的半衰期,采用各种修饰方法对酶分子结构进行改造,以便创造出天然酶所不具备的某些优良特性(如较高的稳定性、无抗原性、抗蛋白酶水解等),甚至于创造出新的酶活性,扩大酶的应用,从而提高酶的应用价值,达到较大的经济效益和社会效益。

酶分子改造可以从两个方面进行:①用蛋白质工程技术对酶分子结构基因进行改造,期望获得一级结构和空间结构较为合理的具有优良特性、高活性的新酶(突变酶)。②用化学法或酶法改造酶蛋白的一级结构,或者用化学修饰法对酶分子中侧链基团进行化学修饰,以便改变酶学性质。这类酶在酶学基础研究上和医药上特别有用。

(5)有机介质中的酶反应 酶在有机介质中的催化反应具有许多优点。近年来,酶在有机介质中催化反应的研究,已受到不少人的重视,成为酶工程中一个新的发展方向。酶在有机介质中要呈现很高的活性必须具备哪些条件?有机介质对酶的性质有哪些影响?如何影响?对这些问题的研究,已取得重要进展。

(6)酶传感器 酶传感器又称为酶电极。酶电极是由感受器(如固定化酶)和换能器(如离子选择性电极)所组成的一种分析装置,用于测定混合物溶液中某种物质的浓度,其研究内容包括:酶电极的种类、结构与原理;酶电极的制备、性质及应用。

(7)酶反应器 酶反应器是完成酶促反应的装置。其研究内容包括:酶反应器的类型及特性;酶反应器的设计、制造及选择等。

(8)抗体酶、人工酶和模拟酶 抗体酶是一类具有催化活性的抗体,是抗体的高度专一性与酶的高效催化能力二者巧妙结合的产物。其研究内容是:抗体酶的制备、结构、特性、作用机理、催化反应类型、应用等。

人工酶是用人工合成的具有催化活性的多肽或蛋白质。据1977年Dhar等人报道,人工合成的Glu—Phe—Ala—Glu—Glu—Ala—Ser—Phe八肽具有溶菌酶的活性。其活性为天然溶菌酶的50%。

利用有机化学合成的方法合成了一些比酶结构简单得多的具有催化功能的非蛋白质分子。这些物质分子可以模拟酶对底物的结合和催化过程。既可以达到酶催化的高效率,又能够克服酶的不稳定性。这样的物质称为模拟酶。用环糊精已成功地模拟了胰凝乳蛋白酶等多种酶。

(9)酶技术的应用 研究与开发酶、固定化酶、固定化细胞等在医学、食品、发酵、纺织、制革、化学分析、氨基酸合成、有机酸合成、半合成抗生素合成、能源开发以及环境工程等方面的应用。

3.1.2 酶工程的研究历史和进展

人类原始应用酶的催化作用可谓源远流长。我国劳动人民在4 000年前已掌握了酿酒技术,商朝的酿酒业已相当发达,秦汉前已将麦芽用于制造饴糖等。但是直到19世纪人们才逐渐建立起"酶"的概念。1908年罗门等利用胰酶鞣制皮革,1917年法国人博伊丁和埃芬特用枯草杆菌产生的淀粉酶用作纺织工业上的退浆剂。此后酶在工业上应用的研究逐渐深入到很多工业部门。到了1949年,由于日本采用深层培养法生产细菌α-淀粉酶获得成功,才使酶制剂的生产和应用进入工业化的阶段。

从此,蛋白酶、果胶酶、转化酶等相继投入市场。1959年,采用葡萄糖淀粉酶催化淀粉生产葡聚糖的新工艺获得成功,彻底革除了原来葡萄糖生产中需要高温高压的酸水解工艺,使淀粉得糖率由80%提高到100%。1960年,日本的精制葡萄糖产量猛增10倍。由于这项改革的成功，大大促进了酶在工业上应用的发展，先后出现了不少成功的应用实例。如5′-磷酸二酯酶用于5′-核苷酸的生产，用青霉素酰胺酶制备6-氨基青霉烷酸(6-APA)，氨基酰化酶拆分*DL*-氨基酸，9-酪氨酸酶催化生产*L*-多巴等。

20世纪50年代，尽管酶的应用有很大发展，但与酶学研究的进展相比，其发展还是缓慢的，主要原因是酶的生产和应用技术落后。由于酶的分离纯化比较复杂，分离的酶稳定性显著下降，并且采用在水溶液中分批反应，反应后的酶很难回收，致使成本很高，阻碍了酶应用的进一步发展。

从应用的目的出发，Crubhofer和Schleith从1953年开始研究酶的固定化。他们将胃蛋白酶、淀粉酶、羧肽酶和核糖核酸酶等结合在重氮化的树脂上，实现了酶的固定化。

1969年，日本千佃一郎首次应用固定化氨基酰化酶大规模生产*L*-氨基酸。从此以后固定化酶研究十分活跃，进展很快。现在已有十多种固定化酶用于工业生产。例如，利用固定化葡萄糖异构酶生产高果葡萄浆；利用固定化青霉素酰化酶生产6-氨基青霉烷酸；利用固定化乳糖酶生产低乳糖牛奶等。但是，大多数固定化酶的应用研究，仍处于实验室研究阶段或中试生产阶段，要用于工业生产上有待进一步研究。为了减少从微生物细胞中分离提纯酶的麻烦，有目的地利用微生物细胞内的复合酶系统，20世纪70年代初，人们开始对微生物细胞进行固定化研究。1973年，千佃一郎首次利用固定化大肠杆菌细胞生产*L*-天冬氨酸。此后，微生物细胞固定化研究十分活跃，进展很快。有愈来愈多的固定化微生物细胞投产。例如，固定化大肠杆菌细胞生产6-氨基青霉烷酸；固定化产氨短杆菌细胞生产*L*-苹果酸；固定化假单胞菌细胞生产*L*-丙氨酸；固定化链霉菌细胞生产果葡糖浆；固定化酿酒酵母细胞生产酒精等。但是，大多数固定化微生物细胞的应用研究，尚处于实验室研究阶段或小试生产阶段。

因为固定化细胞对结构复杂、化学合成困难的化合物的生产特别有用，所以近年来已成为酶工程研究中引人注目的领域。用固定化细胞已进行了不少有用化合物的试生产，包括有机酸、氨基酸、抗生素和辅酶等。例如固定化产氨短杆菌可以通过5步酶反应连续合成辅酶A。

1983年在英国伦敦召开的生物工程会议上，日本人小田等介绍了用海藻酸钙和光交联树脂两种方法固定化酵母的增殖细胞连续生产酒精的研究报告，他们在试验工厂中用4 000 L的流动柱床反应器，以甘蔗糖蜜生产酒精，在柱反应器流出液中酒精浓度可达到8.5%～9.0%，每千升的反应器每天能生产纯酒精600 L，酒精的转化率达到理论值的95%，生产能力超过常规分批式发酵工艺的20倍。用海藻酸钙包埋的酵母工作稳定性达4个月以上，用光交联树脂固定的酵母细胞工作稳定性达2年以上。固定化增殖酵母细胞用于连续化生产酒精的工艺目前已由实验室转到实验工厂。固定化增殖细胞用于处理废水现在已经达到工业应用的水平。

微生物细胞固定化研究，已从利用一种酶反应的固定化死菌体发展到利用多酶反应的固定化活菌体，从固定化休眠菌体、饥饿菌体发展到固定化增殖菌体。最近，还发展到固定化基因工程菌。

20世纪80年代起，人们开始把目光放到动物细胞和植物细胞固定化上。动物和植物细胞固定化虽然比微生物细胞固定化难得多，但是它们能产生微生物难以产生的贵重药物，如乙肝病毒表面抗原、单克隆抗体、人参皂苷等。目前，动物细胞和植物细胞的固定化研究，尚处于实验室研究阶段或中试阶段，需要深入研究。

20 世纪 50 年代末到 60 年代，人们致力于用小分子化合物修改酶分子中的氨基酸残基侧链基团，以研究一些酶活性基团的情况，得到了很有价值的数据。较早用大分子物质修饰酶的是 Katchalsko 等人。他们用 DEAE-右旋糖酐、多肽等修饰了酶，使酶的性质得到了改善。从 70 年代开始，随着研究的普遍进展，修饰剂的选用、修饰方法都有新的发展。现在，有一些酶(如 *L*-天冬酰胺酶等)用大分子修饰剂修饰之后，其热稳定性提高，抗失活因子能力加强，抗原性消除，体内半衰期延长。由此可见，酶化学修饰在一定程度上可以克服天然酶的缺点，使其更适合于工业生产和医疗上的需要。

自从 1967 年酶电极问世以来，酶电极的研究引起了不少人的极大兴趣。现在，不少酶电极已经实用化、商品化，用于测定混合物溶液中某种物质的浓度。例如，用葡萄糖氧化酶电极测定血液、尿、发酵液中的葡萄糖浓度；用脲酶电极测定血液中的尿素浓度。酶电极在临床化验、发酵生产、环境监测以及其他化学分析等方面，展示了广阔的前景。近年来，人们正在研制各种新型的酶电极，如多功能酶电极、微型酶电极、抗干扰酶电极等。

3.2　酶的来源

3.2.1　动植物组织及微生物来源的酶

酶是生物体活细胞产生的在体内外具有催化作用的生物大分子，大部分酶的化学本质是特殊蛋白质。由于其催化的高效率和反应的特异性，被广泛应用于生物转化。从动物、植物和微生物细胞均可获得酶。表 3-1 列出了已被广泛使用的酶，其中多数为水解酶。

表 3-1　工业上使用的主要酶类及其来源

分类	酶名	来源
氧化还原酶类	葡萄糖氧化酶	霉菌
	过氧化物酶	萝卜
	过氧化氢酶	微生物
	类固醇(甾体化合物)水解酶	微生物
	尿酸酶	酵母
转移酶类	环糊精葡萄糖基转移酶	细菌
	转氨酶	细菌
水解酶类	α-淀粉酶	微生物、麦芽、胰脏
	β-淀粉酶	细菌、大豆、大麦
	纤维素酶	霉菌
	葡萄糖淀粉酶	霉菌
	转化酶(β-*D*-果糖呋喃糖苷酶)	酵母
	果胶酶(多聚半乳糖醛酸酶)	霉菌、细菌
	乳糖酶(β-*D*-半乳糖苷酶)	微生物
	半纤维素酶	霉菌
	酸性蛋白酶	霉菌
	中性蛋白酶	微生物
	碱性蛋白酶	细菌
	粗制凝乳酶	霉菌、胃

续表 3-1

分类	酶名	来源
	胃蛋白酶	胃
	胰蛋白酶	胰腺
	胰凝乳蛋白酶	胰腺
	木瓜蛋白酶	木瓜
	菠萝蛋白酶	菠萝
	溶菌酶	蛋清
	脲酶	豆类
	蜜二糖酶	霉菌
	肽酶	微生物
	核糖核酸酶	霉菌
	脂肪酶	微生物
	氨基酰化酶	霉菌
	青霉素酰胺酶	微生物
裂解酶类	天冬酸酶	细菌
	柚苷酶	霉菌
	橙皮苷酶	霉菌
	花色素酶	霉菌
	果胶去除酶	细菌
连接酶类	T4 连接酶	微生物
异构酶类	木糖(葡萄糖)异构酶	细菌

虽然动物、植物细胞都可产生酶,但工业用酶越来越多地依赖于微生物来源的酶。相对于动物和植物,利用微生物生产酶有较大优势:①微生物种类繁多,有可能从繁多的微生物中,筛选出生产所需酶的微生物。②微生物生长周期短。微生物的生长周期一般都较短,通常只要十几个小时,长的也仅 1 周左右。而植物的生长周期以月计,动物的则以年计,因此在相同的时间内,可得到较多的微生物酶原。③微生物具有较强的适应性和突变能力,容易获得高产菌株。由于生产量的需要,希望得到高产量的酶。可以通过控制微生物的培养条件,定向改造菌株,提高酶的产量。④生产成本低。微生物的培养原料,大部分比较廉价。⑤生产易于管理。微生物培养和制备酶更易于工业化大规模生产。⑥对微生物培养条件优化和菌种改造易于提高产酶量。

3.2.2 基因工程酶

20 世纪 70 年代出现 DNA 重组技术以后,基因工程酶成为可能。采用 DNA 重组技术构建酶的表达载体,生产用于研究和工业生产的酶,其效率较天然酶要高得多。用于生命科学研究的许多工具酶如 Taq 酶等多是大肠杆菌表达的重组酶。许多具有重要应用前景的工业用酶如脂肪酶、木聚糖酶、环糊精糖基转移酶、葡聚糖内切酶、天冬氨酸-4-脱羧酶、漆酶、琼脂酶、淀粉酶等均获得了重组表达。

3.2.3 发酵生产酶

微生物生产酶有较大优势,从微生物生产酶都要采用发酵的方式。发酵生产酶,首先要筛选出产酶量大的菌种。一个优良的产酶菌种应具备以下几点:①繁殖快,产酶量大,有利于缩短生产周期。②培养基价格低，微生物生长好。③产酶性能稳定，菌株不易退化，没有病害。④产生的酶容易分离纯化。⑤生物安全性好，产酶微生物不是致病菌及产生有毒物质或其他生理活性物质的微生物。酶的生产和应用安全性好。

产酶菌种的筛选方法主要包括以下步骤：含菌样品的采集，菌种分离，产酶性能测定及复筛等。

发酵生产技术环节主要有培养基、发酵方式和发酵条件的控制和管理。

3.2.3.1 培养基

培养基主要控制碳源、氮源、无机盐类、生长因子和培养基的 pH。

(1)碳源　碳源是微生物细胞生命活动的基础，是合成酶的主要原料之一。工业生产上应考虑原料的价格及来源，通常使用各种淀粉及它们的水解物如糊精、葡萄糖等作为碳源。在微生物发酵中，为减少葡萄糖所引起的分解代谢物的阻遏作用，采用淀粉质材料或它们的不完全水解物比葡萄糖更有利。

(2)氮源　氮源可分为有机氮和无机氮，选用何种氮源因微生物或酶种类的不同而异。

(3)无机盐　无机盐一般在低浓度情况下有利于酶产量的提高，而高浓度则会产生抑制。在微生物的发酵生产中，要特别注意有些金属离子是酶的组成成分。

(4)生长因子　生长因子是指细胞生长必需的微量有机物，如维生素、氨基酸、嘌呤碱、嘧啶碱等，它们是构成辅酶的必需物质。有些氨基酸可诱导或阻遏酶的合成。

(5)pH　在配制培养基时应根据微生物的需要调节 pH。多数细菌、放线菌生长的最适 pH 为中性至微碱性，而霉菌、酵母则偏好微酸性。培养基的 pH 不仅影响微生物的生长和产酶，而且对酶的分泌也有作用(详细内容见第 5 章发酵工程)。

3.2.3.2 酶的发酵生产方式

酶的发酵生产方式有两种，一种是固体发酵，另一种是液体深层发酵。固体发酵法主要是用于真菌来源的商业酶生产。这种培养方法虽然简单，但是操作条件不易控制。随着微生物发酵工业的发展，现在大多数的酶是通过液体深层发酵培养生产的。液体深层培养应注意控制温度、pH、通气和搅拌(详细内容见第 5 章发酵工程)。

3.3 酶和细胞的固定化技术

由于酶大部分是蛋白质，具有不稳定、难以重复利用的特点，因此在对酶进行工业应用时，经常对酶分子进行固定化。酶分子固定化后，酶在储存状态和工作状态的稳定性都得到加强，使其易于从产物中分离，从而可从产物中去除酶蛋白质的污染。酶分子固定化后，也使得昂贵的酶的回收更容易和更有效。酶分子固定化后，酶在有机相中的稳定性也得到加强，从而可扩充酶的应用领域。酶分子固定化后，也使得酶反应器可制备成连续流和固定床模式，提高了酶反应器的效率。

3.3.1 固定化酶

3.3.1.1 固定化酶的类型

传统的制备固定化酶的方法有与固定化载体的结合、包埋和交联三种方式。酶分子与载体的结合可以以物理方式(如疏水作用和范德华力)、离子方式和共价方式进行。然而物理方式结合到载体上，结合力太弱，不足以维持酶在工业的高底物和高产物浓度及高离子强度下的固定。酶和载体，通过离子键结合通常较强，共价键结合更强，因此酶不易从载体上脱落。然而这两种结合的方式也有缺点，有时会使酶不可逆失活，使得固定化酶没有应用价值。用于与酶结合的固定化载体有合成的树脂、生物聚合物及无机聚合物如细孔硅胶或沸石。

(1)吸附固定化酶　吸附法是利用酶与载体之间的吸引力，使酶固定在载体上，常用的吸附法制备固定化酶所需条件温和，方法简便，但载体和酶的吸引力与酶性质、载体性质以及二者的相互作用有关，只有当这些参数配合得当，才能形成较稳定的酶-载体复合物，才能用于连续生产。

(2)共价结合酶　共价结合酶指将酶分子以共价键的形式结合在载体上而制备的固定化酶。提高了酶的稳定性。

(3)包埋固定化酶　是将酶包裹在网状聚合物(凝胶网格)和膜装置中。网状聚合物有有机聚合物和硅胶溶胶凝胶等。膜装置有孔状纤维和微胶囊等。然而物理限制较弱，不足以完全阻止酶的渗漏，因此常加上共价连接。这时，包埋和结合固定化的界限就不清了。在本节中，我们定义结合固定化为酶与一个预制化的载体结合，不管酶位于载体的表面还是内部。而包埋固定化酶则指酶存在时合成网状聚合物。

(4)交联固定化酶　是用双功能试剂将酶聚集或结晶，制备不含载体的大颗粒。使用载体制备固定化酶时，由于引入大量的非催化成分，不可避免地引起催化活性的稀释。使用载体制备的固定化酶中，非催化成分的比例达到90%甚至超过99%，导致无论是时间还是空间上看，产率和生产效率都很低。此外，酶固定到载体的过程中，活性还会降低50%以上，特别是酶的装载量大时，更是如此。因此，交联酶结晶或酶聚集体制备不含载体的固定化酶受到重视。这种方法的优点有：在催化过程中，有高浓度的酶活性、高稳定性及由于不用支付昂贵的载体的额外费用使得生产成本降低。

3.3.1.2　载体结合固定化酶的制备方法

这种固定化酶制备的特点由酶和载体材料双方的性质决定。两者的相互作用为固定化酶带来了特有的化学、生物化学、机械和动力学性质。即载体可以是合成的有机多聚物、生物多聚物或无机固体。

(1)合成的有机多聚物上的固定化　丙烯酸树脂如Eupergit®C是一种广泛使用的固定化载体。Eupergit®C是一种N,N′-亚甲基-二-(异丁烯酰胺)、甲基丙烯酸缩水甘油酯、烯丙基缩水甘油醚和异丁烯酰胺的大孔共聚物。这种载体平均颗粒大小为170 μm，孔径为25 nm，具有高亲水性，在pH 0～14范围内都呈现化学及机械稳定性。在pH 0～14范围内，剧烈改变pH值不会引起其颗粒膨胀和皱缩。在中性和碱性pH下，Eupergit®C借其环氧乙烷成分的反应与酶上的自由氨基形成共价键(图3-1)。所形成的共价健在pH 1～12范围内，长期稳定。剩余的环氧基团可用各种试剂(如巯基乙醇、乙醇氨和甘氨酸等)封闭而失活，以防止蛋白质和载体间形成不必要的相互作用。由于载

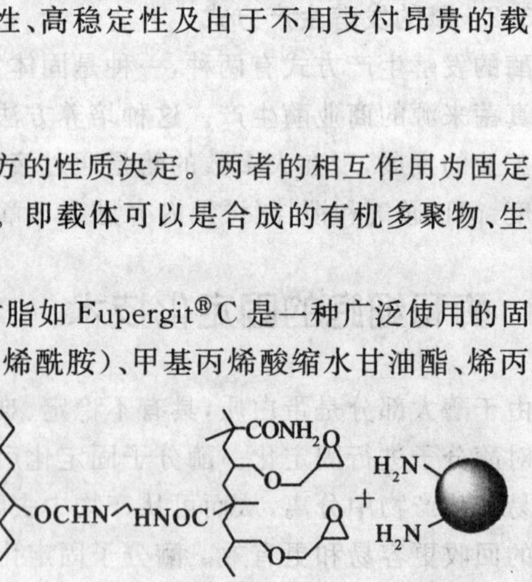

图3-1　酶在Eupergit® C上的固定化

体珠表面的环氧乙烷密度很高，酶的结构上多个位点参与固定化。这种多点接触使得结合到Eupergit®C上的酶具有很高的操作稳定性。

共价结合到Eupergit®C进行固定化的多种酶已经成功地在工业生产上得到应用。例如固定在Eupergit®C上的青霉素酰胺酶在使用超过800次活性仍保留最初活性的60%。Eupergit®C的主要缺点是扩散限制，这种效应在动力学控制过程中更明显。

(2)生物多聚物 多种生物多聚物广泛用做固定化酶的支持介质。这些材料主要有水不溶性的多糖如纤维素、淀粉、琼脂糖和壳聚糖，还有胶原和白蛋白等蛋白质。首次工业应用固定化酶进行生物转化是田边工艺(Tanabe process)。这是20世纪60年代固定化酶的首次商业化应用，用米曲霉菌(*Aspergillus oryzae*)的氨基酰化酶拆分消旋酰基氨基酸生产*L*-氨基酸。酶通过离子吸附固定在含二乙基氨基乙基功能团的纤维素上。转化过程在连续操作的固定床反应器中进行。这种方法仍被广泛应用。如固定重组的黑曲霉菌(*Aspergillus niger*)环氧化物水解酶，在双相条件下拆分对氯苯乙烯的保留活性达70%。这种固定化酶在很高的底物浓度(306 g/L)时仍有活性，且能循环使用7次，但固定化酶比游离酶的对映立体选择性(enantioselectiivity)明显降低($E=76$ 对 $E=90$)。

(3)水凝胶 在非水相介质中，酶也能固定在天然的或合成的水凝胶或冷冻凝胶中。通过冻融法制备的聚乙烯醇(polyvinyl alcohol, PVA)就广泛用于固定化整个细胞。一种温和高效的制备PVA水凝胶的方法是在室温下部分干燥形成镜形水凝胶，如形成Lentikats。Lentikats具有良好的机械稳定性、易于分离(直径为3～5 mm，厚度为200～400 μm)，且稳定不易降解。Lentikats已成功地用于包埋完整细胞生物催化剂，例如曾用于具有腈水合酶和酰胺酶活性的马红球菌(*Rhodococcus equi*)A4全细胞的固定化。然而，游离酶由于更小，在水相介质中能从凝胶基质中扩散出来。为了包埋游离酶，必须增大酶的大小，例如可采取各种交联的方法增大酶。然而在PVA水凝胶中固定化自由酶用于有机相介质，酶不会从凝胶基质中渗漏出来。Ansorge-Schumacher等在PVA珠中共固定高加索酸奶乳杆菌(*Lactobacillus kefir*)醇脱氢酶(EC 1.1.1.1)及辅助因子NADP。所获固定化酶被用于在正已烷为溶剂的体系中，将一系列的亲水前手性酮对映体选择性还原为相应的(*R*)-仲醇。这种固定化酶可使98%以上的苯乙酮转化为(*R*)-1-苯乙醇，同时采用异丙醇作为共底物，在凝胶基质中再生辅助因子，辅助因子再生的总转换数达10^2～10^3。除了对有机溶剂稳定外，固定化酶在反应条件下的热稳定性和长期稳定性都提高。

如上所述，在水相反应中，为了将酶限制在PVA水凝胶中，需要增加酶分子的大小。有人用戊二醛和壳聚糖的混合物将醇腈醛化酶交联。交联酶包埋在Lentikat PVA水凝胶中。得到的固定化酶颗粒直径大小为3～5 mm，且在水相缓冲液/有机溶剂双相体系中，将苯甲醛对映立体选择性氢氰化作用，酶没有渗漏现象，循环使用20次对映立体选择性不降低。

增加酶分子大小的另一种方法是与聚电解质形成复合物。蛋白质的两性特点使得在不同的pH介质中蛋白质以阳离子聚合体或阴离子聚合体形式存在。因此酶蛋白能与带相反电荷的聚电解质形成复合物。Dauzenberg及其同事用此原理与过量的聚磺苯乙烯钠或聚二甲基二烯丙基氯化铵偶联固定化淀粉葡萄糖苷酶(EC 3.2.1.3)。所获固定化酶活性保留45%，使用5个循环，活性不降低。

另一种方法是通过蛋白质工程的方法将酶分子结构改变，使其更适于固定化。通过2轮易错PCR，直接进化博伊丁假丝酵母(*Candida boidinii*)甲酸脱氢酶(EC 1.2.1.2)，产生更适于在聚丙烯酰胺凝胶上固定化的突变体。一株最好的突变体的固定化较天然酶固定化后的活性高 4.4 倍。

Bruns 和 Tiller 报道了一种新的固定化酶，采用一种预制的、纳米分离的双亲网络分子进行固定化，酶位于含聚丙烯酸-2-羟乙基酯(PHEA)的亲水结构域内。由于纳米分离和特有的膨胀性质，扩散进入聚二甲基硅氧烷(PDMS)疏水相的底物能借大的界面与酶接触。采用紫外线启动硅烷化丙烯酸-2-羟乙基酯单体和双功能 α,ω-methacroyloxypropyl-聚(二甲基硅氧烷)的基团共聚合合成双亲网状结构。亲水域在有水时膨胀，聚合物浸泡在水相溶液中与酶结合形成固定化酶。当水相干燥收缩时，酶被限制在一种对酶有利的环境中。当这种聚合物网状材料浸泡在非极性有机溶剂中时，疏水的 PDMS 结构域膨胀，使溶解在其中的底物在两个结构域的界面与酶结合。用这种方式固定化的辣根过氧化物酶(EC 1.11.1.7)和氯过氧化物酶(EC 1.11.1.10)能耐受固定化过程，其比自由酶在已烷中的活性和稳定性都提高。但以异丙醇为溶剂时，其活性则没有明显增大，因为这种极性溶剂中，溶胀的是 PHEA 结构域，而不是 PDMS 结构域。

(4)无机载体　多种无机固体能用于酶的固定化，如氧化铝、二氧化硅、沸石、MCM-41 和 SBA-15 等介孔二氧化硅。最简单及最便宜的固定化酶的方法是二氧化硅造粒法。例如，将酶按配方加到洗涤剂粉中，在洗涤的过程，释放酶到洗涤液体中。有人就用造粒技术将南极假丝酵母脂肪酶固定在二氧化硅颗粒上，其过程是先将脂肪酶吸附在二氧化硅粉中，再进行凝聚。如果去除其中的水，例如通过真空蒸发的方法，南极假丝酵母脂肪酶二氧化硅颗粒能直接用于脂合成。在填充床中使用这种颗粒，能最大减少高水浓度下的接触时间。在直接合成皮肤润滑剂异丙基肉豆蔻酸酯时，南极假丝酵母脂肪酶二氧化硅颗粒与 Novozym 435 有相似的活性。

为了维持酶在水相环境中的完整性，需要将酶共价结合到硅基质上。将黑曲霉(*Aspergillus niger*)环氧化物酶通过共价连到加了官能团的二氧化硅上进行固定化，结果保留活性达到 90%。对映立体选择性(E=85)水解对-硝基苯乙烯氧化物时，保留超过数月。以 20% DMSO 做溶剂时，稳定性增加，在过滤实验上，不出现渗漏。

介孔二氧化硅现在常称作纳米二氧化硅用作固体化酶载体有几个优点：有均一的空径(2～40 mm)、非常高的表面积(300～1 500 m^2/g)和体积(1 mL/g)，在升温时呈现惰性和稳定性。此外，其表面还易于加上官能团。

共价结合糜蛋白酶(EC 3.4.21.2)到一种介孔溶胶-凝胶玻璃，这种材料通过将 3,3,3,-三甲氧基丙烷与表面的羟基反应修饰。制备的固定化酶的半衰期是自由酶的 1 000 倍。因同一材料固定化氯过氧化物酶，增加了有机溶剂中的稳定性。固定化脂肪酶(EC 3.1.1.3)到含官能团的二氧化硅纳米颗粒上，所得的固定化酶热稳定性提高，且在一宽 pH 范围内有高的保留活性。在表面为 630 m^2/g 和介孔大小达到 40 nm 的纳米多孔二氧化硅球上固定过氧化氢酶，接着安装一种涂有三层聚二甲基二烯丙基氯化铵的纳米材料的外壳材料和 21 nm 二氧化硅纳米颗粒。所得的固定化酶的活性是固定在介孔二氧化硅球体上的活性的 75 倍。

一种新型的固定化无机载体含有所谓的蛋白质涂层微晶体(protein-coated microcrystals, PCMCs)。有证据表明，加入冻干保护剂和无机盐能稳定冻干的酶粉。PCMCs 的制备是通过将酶的水溶液和硫酸钾(也可用糖或氨基酸)等盐的浓溶液混合来进行。所获溶液逐滴加入到易与水混溶的溶剂如异丙醇中，并充分混合，这样表面含酶的微米级大小的晶体形成。该技术的主要优点是酶分子被脱水情况下，大多数酶仍保持活性构型，变性的很少。PCMCs可以分离和储存，也可悬浮在有机溶剂中使用。在水相介质中，它们则溶解释放出自由酶。在N-乙酰酪氨酸乙脂与异丙醇的转脂化反应中，酶的PCMCs较冻干粉的活性高三个数量级。在转脂反应拆分1-苯乙醇过程中，脂酶的PCMCs在大多数情况下，均比相应的冻干粉有更高的活性。

(5)智能聚合物　一种新的固定化酶通过共价连到可应答刺激的"智能聚合物"上，这种物质能通过改变构型应答环境中的温度、pH和离子强度小的变化。这种材料最好的例子是一种热应答和生物兼溶的聚合物：聚-N-异丙基丙烯酰胺(polyNIPAM)。这种材料水相溶解性在一温度点(大约32℃)上下差异明显，在低于此温度时，易溶于水，高于此温度，由于水分子从聚合物网络中排出而不溶于水。因此，生物转化能在酶是溶解状态下进行，且由于蛋白质构型在支持物表面的变化，扩散限制和活性丧失极低。反应后，将温度升至临界点以上，可使固定化酶沉淀，易于回收和再利用。这种热应答固定化酶的另一个优点是可以避免反应失控，一旦反应温度超过临界点温度，固定化酶就会沉淀，反应关闭。

有两种方法用于制备酶-polyNIPAM结合物。第一种是在酶分子中引入可聚合的乙烯基团，再与NIPAM共聚合。另一种是将酶分子表面的NH_2基团与含活性脂基团的NIPAM共聚物或含琥珀酰亚胺脂作为末端基团的同聚物反应。

青霉素酰胺酶通过与含活性酯基团的NIPAM共聚物聚合被固定化。所形成的酶-聚合物结合体的水解活性与游离酶接近，在由苯胺乙酰胺与7-ADCA反应合成头孢菌素Ⅵ的反应(图3-2)中与游离的青霉素酰胺酶效率大致相当。

最近又报道了另一种热应答多聚物。它含由2-(2-乙氧基甲氧基)甲基丙烯酸乙酯和寡(乙二醇)异丁烯酸(OEGMA)衍生来的共聚物，它具有无毒、没有免疫原的优点，也有与polyNIPAM相似的热应答性质。其临界温度在26～90℃，具体数取决于所用的OEGMA量。这些特性使得这种多聚物在固定化酶领域有良好的应用前景。

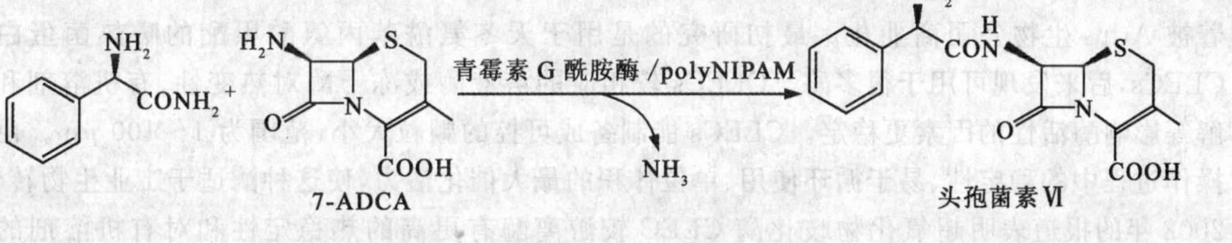

图3-2　用青霉素G酰胺酶/polyNIPAM结合物合成头孢菌素Ⅵ

3.3.1.3　包埋固定化酶的制备方法

酶能通过包埋在水解金属醇盐聚合物形成的溶胶凝胶基质中。固定化酶二氧化硅溶胶凝胶在酶存在时通过水解正硅酸乙酯聚合物制备，这种方法已用于固定化多种酶。所制得的二氧化硅溶胶凝胶的形状与干燥方法有关。蒸发干燥形成所谓的干燥凝胶，这种凝胶的毛细压力引起纳米笼和小孔收缩。当烷基硅氧烷$RSi(OR)_3$与$Si(OR)_4$一起用时，溶胶凝胶的表面由于有大量疏水烷基而更稠密，蒸发期间的毛细受力大幅度减弱，形成没有纳米笼收缩的干凝胶(ambigel)。另一种方法是用超临界二氧化碳干燥，形成精致小孔被保留的气凝胶(aergel)。

将脂肪酶包埋到由$Si(OEt)_4$制备的溶胶凝胶中，所得的固定化酶对1-辛醇酯化月桂酸的活性很低。其原因可能是溶胶凝胶微环镜太亲水。将脂肪酶包埋到由 $Si(OMe)_4$ 和含非亲水烷基的 $RSi(OME)_3$ 混合物制备的溶胶凝胶中，这种更疏水的基质易于形成介面激活脂肪酶。这种方法所获得的固定化酶比传统的冻干酶粉反应速率提高 2～3 倍。此方法广泛应用于固定化酶。在加工溶胶凝胶制备含脂肪酶的凝胶过程中，加上其他多孔介质如沸石，所形成的双固定法固定化酶有更好的热稳定性和更高的活性。Reetz 等(2003)报道了进一步改进的方法，在 $RSi(OMe)_3$ 前体中用更长的烷基基团，同时添加异丙醇、冠脂(crown esters)、表面活性剂和 KCl 等成分，有的加沸石，有的不加。这些第二代溶胶凝胶固定化酶有更高的脂肪酶载量、更高的活性、更坚固的结构和可循环使用。

另一种溶胶凝胶固定化载体是二氧化硅气凝胶。将洋葱伯克霍尔德菌(*Burkholderia cepacia*)脂肪酶包埋到这种疏水二氧化硅溶胶凝胶中，催化 1-已醇酯化月桂酸，最大反应速度增加 10 倍。近年来，洋葱伯克霍尔德菌和南极假丝酵母(*Candida antarctica*)脂肪酶被包埋到二氧化硅气凝胶中。这种气凝胶是由 $Si(OMe)_4$ 和 $MeSi(OMe)_3$ 混合物制备而来，并用石英硅改善机械性能。所得的固定化酶在异已烷中用乙酸甲酯交换向日葵籽油合成生物柴油的活性与 Novozym 435 相似。但在高底物浓度，缺乏溶剂时，由于扩散限制，效率比 Novozym 435 低。添加 PEG、聚乙烯醇和白蛋白等成分能稳定溶胶凝胶中包埋的酶。

3.3.1.4 交联固定化酶的制备方法

20 世纪 60 年代早期，蛋白质化学固相研究发现用双功能试剂通过酶分子表面的氨基基团交联溶液中的酶，可以得到保留催化活性的不溶性的交联酶。但这种方法产生的交联酶有几个缺点，保留活性低，重复性差，机械稳定性差。机械稳定性和操控性可通过将交联酶置于凝胶中得到改善，但又增加了酶被稀释的缺点。所以在 20 世纪 60 年代后期及后来的几十年中，固定化酶的应用主要是含载体的固定化。

(1)酶晶体的交联　1964 年首次用戊二醛交联结晶酶，当时的主要目的是稳定用于 X-射线衍射的酶晶体，但是意外发现并联的酶仍有活性。20 世纪 90 年代早期，Vertex 制药公司的科学家推动将交联的酶晶体(cross-linked enzyme crystals, CLECs)作为工业生物催化剂，接着被 Atlus 生物公司商业化。最初研究的是用于天冬氨酰苯丙氨酸甲酯的嗜热菌蛋白酶 CLECs，后来发现可用于很多酶。CLECs 较相应的溶液酶或冻干酶对热变性、有机溶剂和水解等影响酶活性的因素更稳定。CLECs 能制备成可控的颗粒大小，范围为 1～100 μm。由于操作过程中的稳定性、易于循环使用、单位体积的最大催化活力，使这种酶适于工业生物转化。2002 年的报道表明超氧化物歧化酶 CLEC 较游离酶有更高的热稳定性和对有机溶剂的耐受力。

(2)酶聚集体的交联　CLECs 的一个固有缺点是需要将酶结晶，这常是一个艰苦的过程，需要得到高纯度的酶。而加入盐或与水混溶的有机溶剂或非离子聚合物至蛋白质水溶液中会导致蛋白质分子物理聚集形成沉淀。这种积聚过程是对四级结构没有影响的非共价结合。将这种物理聚集体共价交联就可以变成永久不溶但保持原有的超级结构和催化活性。这就形成了一种新的固定化酶交联的酶聚集体(cross-linked enzyme aggregates，CLEAs)。由于在水相介质中加入硫酸铵或聚乙二醇将酶沉淀常用于酶的纯化，CLEAs 方法结合提纯和固定化方法为一个单一操作单元，不需要高纯度的酶。因此用这种方法能从粗发酵液中直接分离酶为纯化并固定化的形式，用于生物转化。

第一个 CLEAs 的例子是青霉素 G 酰胺酶。青霉素 G 酰胺酶是一种重要的工业用酶，主要用于合成半合成青霉素和头孢菌素等抗生素。但游离酶热稳定性较低，对有机溶剂耐受力也不高，是一种采用固定化方法提高稳定性的理想的后选酶。采用硫酸铵或叔丁醇沉淀制备的青霉素 G 酰胺酶 CLEAs(图 3-3)已证实是合成氨苄青霉素的有效催化剂。

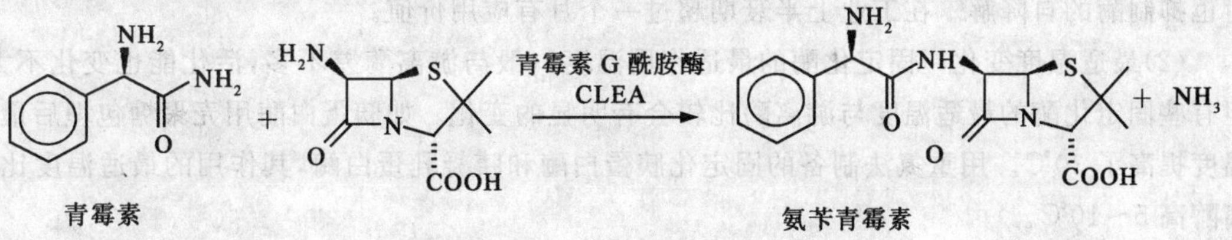

图 3-3　青霉素 G 酰胺酶 CLEA 催化的反应

3.3.2　细胞的固定化方法

固定在载体上并在一定空间范围内进行生命活动的细胞称为固定化细胞。固定化细胞有许多优点：固定化细胞密度大，可增殖，缩短了发酵周期；发酵稳定性好，可以在较长时间内反复应用，将来有可能将不连续生产为连续生产。发酵液中含细胞较少有利于产品的分离纯化；降低了成本省去了酶的分离纯化工作，这对不稳定酶来说尤其有意义。固定化细胞可以作为单酶发挥作用也可以作为多酶系统来发挥作用。固定化细胞在使用过程中，也有一些不足之处：细胞内有多种酶可以产生多种副产物；细胞膜、细胞壁和载体都有限制扩散的作用(使用中一般让细胞和氯仿、甲苯等物质接触一段时间)；底物为高分子物质或不溶性物质使用很困难；由于微生物本身的复杂性形成固定化细胞稳定性和酶活性都低；应用初期往往有细胞组分渗出影响产品质量。

细胞固定化的主要方法有包埋法和吸附法。

(1)包埋法　包埋法是将细胞包埋在多微孔载体内部制备固定化细胞的方法，可分为凝胶包埋法、纤维包埋法和微胶囊包埋法。其中凝胶包埋法是应用最广泛的细胞固定化方法，适用于各种微生物、动植物细胞的固定化。如海藻酸钙包埋法。该法由于所用的试剂没有毒性，包埋的细胞易于增殖，故常被优先选用于生长细胞，以及某些敏感细胞(如植物细胞)和原生质体的包埋。基本原理是：先将水溶性的海藻酸钠配成水溶液，并把细胞分散在其中，然后将其滴入凝固液中(常用 $CaCl_2$ 溶液)，使海藻酸钠中的 Na^+，部分被 Ca^{2+} 所取代而形成由多价离子交联的离子网络凝胶。因此，这种方法又称离子交换凝胶法。

(2)吸附法　吸附法是利用细胞与载体之间的吸引力，使细胞固定在载体上，常用的吸附法制备固定化细胞所需条件温和，方法简便，但载体和细胞的吸引力与细胞性质、载体性质以及二者的相互作用有关，只有当这些参数配合得当，才能形成较稳定的细胞-载体复合物，才能用于连续生产。

3.3.3　固定化酶和细胞的性质及评价指标

3.3.3.1　固定化酶和细胞的性质

酶和细胞固定化后，酶稳定性、最适温度、最适 pH 等性质会发生改变。

(1)对酶稳定性的影响　固定化对酶稳定性改善主要体现在酶的耐热性增加,酶对变性剂、抑制剂的抵抗能力增强。固定化可减轻蛋白酶对酶的破坏作用,还可延长酶的操作和保存有效期。固定化酶稳定性增加的原因是固定化后酶与载体多点连接,可以防止酶伸展变性,同时也抑制酶的自降解。在工业上半衰期超过一个月有应用价值。

(2)最适温度变化　固定化酶的最适作用温度一般与游离酶差不多,活化能也变化不大。但有些固定化酶的最适温度与游离酶比较会有明显的变化。如胰蛋白酶用壳聚糖包埋后最适温度提高了30℃。用重氮法制备的固定化胰蛋白酶和胰凝乳蛋白酶,其作用的最适温度比游离酶高5～10℃。

(3)固定化酶最适pH变化　固定化后酶作用的最适pH一般会发生变化,其原因是微球境表面电荷的影响。影响固定化酶最适pH的因素主要有两个:载体的带电性质、酶催化反应产物的性质。用带负电荷的载体制备固定化酶,其最适合pH较游离酶偏高。一般催化反应的产物为酸性时,固定化酶的最适pH要比游离酶最适pH高一些。

(4)底物特异性　固定化酶的底物特异性与游离酶比较可能有些不同,其变化与底物分子质量的大小有一定关系。作用于低分子底物的酶,固定化前后的底物特异性没有明显变化。如氨基酰化酶、葡萄糖氧化酶、葡萄糖异构酶。可作用于大分子底物,又可作用于低分子底物的酶,固定化酶的底物特异性往往会发生变化。如以羧甲基纤维素为载体经叠氮法制备的核糖核酸酶,当以核糖核酸为底物时,催化速度仅为游离酶的2%左右,而以环化鸟苷酸为底物时,催化速度可达游离酶的50%～60%。

(5)固定化酶的米氏常数(k_m)的变化　固定化酶的表观米氏常数k_m随载体的带电性能变化。当酶结合于电中性载体时,由于扩散限制造成表观米氏常数k_m上升。若载体与底物带有相反电荷,固定化酶的表观米氏常数k_m低于游离酶的k_m。若载体与底物电荷相同时,就会造成固定化酶的表观米氏常数k_m显著增加。

3.3.3.2　固定化酶和细胞的评价指标

游离的自然酶制备为固定化酶后,其催化性质会发生变化,因此制备固定化酶后,必须分析其性质,通过各种参数的测定来判断某种固定化方法的优劣及所得固定化酶的实用价值。

(1)酶(细胞)的活性　固定化酶的活性是指固定化酶(细胞)催化某一特定反应的能力,其大小可用在一定条件下它所催化的某一反应的反应初速度来表示。固定化酶(细胞)的单位可定义为:每毫克干重固定化酶(细胞)每分钟转化底物(或生产产物)的量,表示为μmol/(min·mg)。如果是酶膜、酶管、酶板,则以单位面积的反应初速度来表示,可表示为μmol/(min·cm^2)。

(2)偶联率及活性回收率　固定化酶的活性回收是指固定化后固定化酶(或细胞)所显示的活性占被固定的等当量游离酶(细胞)总活性的百分数。

偶联率=(加入蛋白量－上清液蛋白量)/加入蛋白量×100%

活性回收率=固定化酶总活性/加入酶的总活性×100%

(3)半衰期　固定化酶(细胞)的半衰期是指在连续测定条件下,固定化酶(细胞)的活性下降为最初活性一半所经历的连续工作时间。它是衡量固定化酶操作稳定性的关键指标。

3.4　生物传感器

在工农业生产的许多环境、环境保护、医疗诊断、进出口检验、食品和卫生安全等领域，经常需要对各种样品进行分析和检验。这些样品要求在很短的时间内完成分析检则，有时甚至要求在线或生物活体内直接测定。

由于酶催化反应具有高度的专一性，对催化的底物具有专一的分子识别功能，可制成生物传感器，用于分析检测。

3.4.1　生物传感器的概念及原理

生物传感器是由生物识别单元（如酶、微生物、抗体等）和物理转换器相结合构成的分析检测装置。通常要求生物识别单元对被测物具有高度的灵敏性和选择性。

生物传感器的工作原理：待测物质经扩散进入固定化生物敏感膜层，经分子识别，发生生物化学反应，产生的信息被相应的化学或物理换能器转化为可定量或可处理的电信号，经放大处理输出，便可确定待测物的浓度。生物传感器并非只应用于生物领域，被测量也不局限于生物量，只是识别单元的敏感材料来自生物体。

生物传感器中的关键元件是分子识别元件——生物敏感膜。它由对待测物质具有高度选择性分子识别能力的膜构成，因此直接决定了传感器的功能和质量。例如，葡萄糖氧化酶能从各种糖类中识别出葡萄糖，并将其迅速氧化。用葡萄糖制备的生物敏感膜就可特异地识别葡萄糖，制备葡萄糖生物传感器。

在生物传感器内，生物活性材料是固定在换能器上的。可用本章前述的固定化技术将酶等生物活性材料固定到换能器上。

生物化学反应过程中产生的信息是多元化的，可以是化学物质的消耗或产生，也可以是光和热的产生，因而可选用不同的换能器。目前最常用的换能器有电流型和电位型两类。例如尿素传感器属电位型传感器，其分子识别元件是含尿素酶的膜，换能器是电位型平面 pH 电极。当尿素感应器内遇到尿素酶时，尿素被分解成氨，氨透过氨透膜到达 pH 电极表面，使 pH 上升，根据 pH 上升的程度可计算出尿素的浓度，这样就可实现对尿素浓度的测量。

3.4.2　生物传感器的类型

生物传感器按所采用的生物分子识别元件的原理或来源差异可分为酶传感器、组织传感器和免疫传感器。按电化学换能器的差异可分为电极生物传感器、离子敏场效应管生物传感器、热敏电阻生物传感器、光纤生物传感器、有机相生物传感器。电极生物传感器又分为电位型电极、电流型电极生物传感器。

（1）酶传感器　酶传感器是生物传感器中出现得最早、应用最多的一类传感器。这种生物传感器利用酶的催化作用，在常温常压下将糖类、醇类、有机酸、氨基酸、胺、酚类等生物分子氧化或分解，然后通过换能器将反应过程中化学物质的变化转变为电信号记录下来，进而推出相应的生物分子浓度。较常见的酶传感器有采用草酸脱羧酶检测草酸、采用脲酶检测尿素、采用脂酶检测中性脂质、采用葡萄糖苷酶检测扁桃苷，采用 *L*-氨酸脱羧酶检测 *L*-酪氨酸、采用精氨

酸酶检测 *L*-精氨酸、采用谷氨酸脱氢酶检测 *L*-谷氨酸、采用天冬酰胺酶检测 *L*-天冬酰胺，采用苯丙氨酸氨解酶检测苯丙氨酸、采用青霉素酶检测青霉素、采用硝基还原酶-亚硝基还原酶检测硝基化合物、采用亚硝基还原酶检测亚硝基化合物、采用辣根过氧化物酶检测过氧化氢、采用葡萄糖氧化酶检测葡萄糖、采用葡萄糖淀粉酶检测麦芽糖、采用转化酶、变旋酶、葡萄糖酶检测蔗糖、采用半乳糖氧化酶检测半乳糖、采用尿酸酶检测尿酸、采用乳酸氧化酶检测乳酸、采用抗坏血酸酶检测维生素 C、采用胆固醇氧化酶检测胆固醇、采用葡萄糖-6-磷酸激酶检测 ATP、采用磷脂酶检测磷脂、采用单胺氧化酶检测单胺、采用酪氨酸酶检测苯酚、采用乙醇氧化酶检测乙醇、采用丙酮酸氧化酶检测丙酮酸等传感器。

(2)组织传感器　组织传感器是利用动植物组织中多酶系统的催化作用来识别分子。由于所用的酶存在于天然组织内，不必提取纯化，因而比较稳定，制得的生物传感器寿命较长。例如，利用猪肾细胞中丰富的谷氨酰胺酶，将猪肾细胞切片覆盖在氨气敏电极上制成可测定谷氨酰胺的传感器。

微生物传感器是采用细胞固定化技术，将各种微生物固定在膜上的生物传感器。微生物传感器可分为两大类，一类是利用微生物的呼吸作用，另一类是利用微生物细胞内所含的酶。微生物细胞与组织一样含有许多天然的生物分子，能对酶起协同作用，因此传感器寿命也较长。此外，微生物传感器还可用于发酵过程中物质的测定，测定时它不受发酵液中酶干扰物质的影响。已开发出的微生物传感器有测定葡萄糖、酒精、氨、谷氨酸、生物耗氧量等传感器。

(3)免疫传感器　免疫传感器是利用抗体与抗原之间的高度专一结合特性而制备的生物传感器。目前广泛应用的免疫传感器有检测人绒毛膜促性腺激素(HCG)的传感器，已用于确定妇女是否怀孕。

3.4.3 生物传感器的特点及应用

(1)生物传感器的特点　生物传感器是一种新的检测手段，与传统的分析检测方法相比，具有明显的优势：①测定过程简单。生物传感器是由选择性好的生物材料构成的分子识别元件，因此一般不需要对样品进行预处理，利用专一的选择性把样品中的被测组分的分离和检测统一为一体，除了缓冲液之外，测定时一般不需另加其他材料。②体积小，携带方便，便于野外现场检测。③响应快，样品用量少，可以反复多次使用。④与大型分析仪器相比，成本相对低，便于推广使用。⑤ 可连续进行分析，联机操作。⑥ 可置于生物体内，如安放于血管中的葡萄糖传感器能持续不断地监测血糖血量，并将指令传递给植入人体的胰岛素泵，控制胰岛素释放量，有效治疗糖尿病。

但生物传感器也有一些缺陷，如长期稳定性较差，传感器上的生物识别材料可用变性失活而失去传感能力。

(2)生物传感器的应用　生物传感器可用于环境监测，监测工业废水中的酚(多酚氧化酶、漆酶等酚传感器)，空气中的甲醛(含甲醛脱氢酶的甲醛传感器)，农药残留量(乙酰胆碱酯酶传感器)和重金属(含巯基酶制成的传感器)。生物传感器也可用于医疗方面，如葡萄糖传感器、乳酸传感器、尿酸传感器等。在食品工业中，用于发酵过程中葡萄糖含量监测，酿酒过程中用于乙醇检测。用于食品检测的传感器有含赖氨酸氧化酶的赖氨酸传感器等。

3.5 酶分子的修饰和改造

酶作为生物催化剂，具有高效的催化活性，且反应专一性好，反应条件温和。但酶由于是蛋白质，不稳定，在体内的半衰期短。为了研究酶的性质，克服酶的缺点，增加酶的应用领域，常对酶进行修饰或定向进化。

3.5.1 酶分子的化学修饰

酶分子的化学修饰，就是在分子水平上对酶进行改造，以达到改构和改性的目的。即在体外将酶分子通过人工的方法与一些化学基团(物质)，特别是具有生物相容性的物质，进行共价连接，从而改变酶的结构和性质。与酶相连的物质被称为修饰试剂。化学修饰酶主要用于基础酶学的研究和疾病治疗。医疗用酶要求酶的稳定性高、纯度高、无免疫原性。

在基础酶学研究上酶的化学修饰可用于下列目的：①探测酶活性必需氨基酸的性质和数目；②用于酶纯度的分析与检测；③用于酶蛋白一级结构的测定；④探测酶蛋白的结构变化与运动；⑤测定酶蛋白部分区域的构象状态；⑥探索酶的作用机理和催化反应历程；⑦探索酶分子的拓扑学及寡聚酶的亚基结合状态；⑧酶蛋白结晶的 X 射线衍射研究晶体结构；⑨研究酶的固定化技术。在临床应用上，主要是如何克服酶在体内不稳性以及如何到达和集中于病灶细胞。

近年来，酶分子化学修饰研究在修饰方法、修饰试剂(反应)及修饰酶的性质等方面，都有很大发展，取得了丰硕成果。酶分子的化学修饰又可分酶的表面修饰和酶的内部修饰。

3.5.1.1 酶的表面修饰

包括化学固定化和小分子修饰和大分子修饰、分子内交联和分子间交联。

(1)化学固定化　一般是通过酶表面的酸性或碱性氨基酸残基将酶共价连接到惰性载体上，由于酶所处的环境的改变，会使酶的性质，特别是动力学性质发生改变。

(2)酶的小分子修饰　是用小分子修饰剂共价修饰酶，使酶稳定性提高。这主要是利用一些适宜的小分子修饰剂来修饰酶表面的一些基团：—COOH、—NH^{3+}、—SH、—OH、咪唑基等。例如，将 α-胰凝乳蛋白酶表面的氨基修饰成亲水性更强的 NH_2COOH 并达到一定程度时，酶的热稳定性在 60℃时，提高了 1 000 倍，温度更高时稳定化效应更强烈。这个稳定的酶能经受灭菌的极端条件而不失活，因而有利于医疗应用。

(3)酶的大分子修饰　根据修饰分子的大小和对酶分子的作用方式，可将酶的大分子修饰分为大分子的非共价修饰和大分子的共价修饰两类。①大分子的非共价修饰是使用一些能与酶非共价地相互作用而又能有效地保护酶的一些添加物，如聚乙二醇、右旋糖酐等。它们既能通过氢键固定在酶分子表面，也能通过氢键有效地与外部水相连，从而保护酶的活力。另外还有一些添加物，如多元醇、多糖、多聚氨基酸、多胺等能通过调节酶的微环境来保护酶的活力。有些来自嗜热菌的酶具有较高稳定性，其原因正是由于保护性大分子(如肽和聚胺)发挥作用的结果。另一类添加物就是蛋白质。蛋白质分子之间相互作用时，其表面区域内排除了水分子，降低了介电常数，因而增加了相互作用力，其稳定性也就增加了。酶的多聚体或酶聚合体的活力和稳定性比单体高就是这个原因。②酶的大分子共价修饰是用可溶性大分子，如聚乙二醇、右旋糖酐、肝素等，通过共价键连接于酶分子的表面、形成一层覆盖层。这种可溶性酶有许多有用的性质，如用聚乙二醇修饰超氧物歧化酶(SOD)，不仅可以降低或消除酶的抗原性，而且提高了抗蛋白酶的能力，延长了酶在体内的半衰期，从而提高了酶药效。

(4)分子内交联　是增加酶分子表面交联键的数目，是稳定酶的方法之一。胰凝乳蛋白酶上羧基经羰二亚胺活化后，可与一系列二胺作用。结果发现，用1,4-二氨基丁烷交联该酶，可得到稳定性有所改善的酶制剂。

(5)分子间交联　是用双功能或多功能试剂使不同的酶交联起来产生杂化酶。例如，有人用戊二醛将胰蛋白酶和胰凝乳蛋白酶交联在一起。这种杂化酶的优点是使胰凝乳蛋白酶的自溶作用降低，使其反应器体积减小。将胰蛋白酶与碱性磷酸酯酶交联而形成的杂化酶，可作为部分代谢途径的模型，则有可能在体内将它们输送到同一部位而提高药效。

3.5.1.2　酶分子内部的修饰

酶分子内部的修饰包括非催化活性基团的修饰、酶蛋白主链修饰和催化活性基团的修饰。

(1)非催化活性基团的修饰　经常被修饰的残基可以是亲核的(Ser、Cys、Met、Thr、Lys、His)，也可以是亲电子的(Tyr、Trp)，还可以是可氧化的(Tyr、Trp、Met)。对这类非催化残基的修饰可改变酶的动力学性质，改变酶对特殊底物的束缚能力。例如，将胰凝乳蛋白酶的Met^{192}氧化成亚砜，则使该酶对含芳香族或大体积脂肪族取代基的专一性底物的束缚能力改变，说明底物的非反应部分束缚在酶的催化作用中有重要作用。

(2)酶蛋白主链修饰　主要是靠酶法。例如，用蛋白酶对ATP酶有限水解，切除其十几个残基后，酶活力提高了55倍。该活化酶仍为四聚体，亚单位分子质量变化不大。这说明天然酶并非总是处于最佳的催化构象状态。

(3)催化活性基团的修饰　主要通过选择性修饰侧链成分来实现氨基酸的取代，这种将一种氨基酸侧链转化为另一种新的氨基酸侧链的方法叫化学突变法。例如，Berder等人将枯草杆菌蛋白酶活性部位的Ser残基转化为Cys残基，新产生的巯基蛋白酶对肽或脂没有水解能力，但能水解高度活化的底物，如硝基苯脂。这种方法由于受到专一试剂、有机化学工业水平的限制，没有蛋白质工程技术普遍，但它通过产生非蛋白质氨基酸的能力，可以有力地补充蛋白质工程技术。

3.5.2　酶的定向进化

采用定向进化方法，可以构建新的非天然酶或改造天然酶分子，增加酶的应用领域或应用能力。

(1)酶分子定向进化原理　对酶分子的改造，理论上基于两个方面。一是基于序列的合理化设计方案，如化学修饰、定点突变；二是对基因进行操作，模拟自然界的演化进行的非合理设计方案，如定向进行、杂合进行等。

非合理设计，不需要准确的酶分子结构信息，而通过随机突变、基因重组、定向筛选等方法对酶改造，改进酶的特性。近年来，易错PCR、DNA改组(DNA shuffling)和高突变株等技术的应用，在对目的基因表型有高效检测筛选的条件下，建立了酶分子的定向进化策略，尽管不清楚酶分子的结构，仍能获得具有预期特性的新酶，实现了酶分子的人为快速进化。

(2)酶分子定向进化策略　酶分子定向进化策略，首先是要获得足够大的突变库，同时要对目标表型或突变方向进行快速检测的灵敏方法。

制备突变库的方法有采用DNaseⅠ的DNA改组方法、易错PCR和随机突变等方法。每种方法都产生不同的碱基替换，产生不同的氨基酸替换，进化成不同的酶分子。也可采用细胞内原位突变的方法进行定向进化。原位突变的方法可增加突变库的大小，其产生方法是在含有一种突变的聚合酶的大肠杆菌中，产生各种突变体的大肠杆菌。还有一种原位突变的方法是用 RNA 噬菌体。还有一种插入(insertion)和删除(deletion)的新方法称为插删(indels)法。这些方法是否能形成可用的定向进化，还依赖于接下来是否有快速、灵敏的检测方法。

近年来，荧光活性细胞分选技术(FACS)用于定向进化酶分子的筛选。现代 FACS 仪能用多参数精确和可重复的分筛细胞，每秒可达到大于 10^4 的水平。所以该技术在酶定向进化中有很大的应用潜力。

(3)定向进化应用　定向进化的应用对酶性质的改造主要体现在以下几个方面：一是提高酶分子的催化活力；二是提高酶分子稳定性；三是适应人工环境中提高酶活力或稳定性；四是提高底物的专一性和增加对新底物的催化活力；五是改变对映体的选择性；六是变换催化反应专一性(详细见蛋白质工程)。

思　考　题

1. 酶的生产方法主要有哪些？什么叫酶工程？
2. 酶固定化方法有哪些？各有什么特点？
3. 生物传感器的概念及原理是什么？
4. 生物传感器(酶反应器)的类型、特点有哪些？
5. 生物传感器有哪些方面的应用？

第4章　蛋白质工程

蛋白质在生物体内发挥着独特而重要的功能。但经过长期进化以来，蛋白质行使作用的最适环境条件只能是生物体内的生理条件，而在人工条件下却往往不能发挥最佳功能。对蛋白质分子结构予以适当的改造，无疑是使之获得最佳功能的可试途径。蛋白质设计是蛋白质工程的一个重要方面，是蛋白质工程的核心领域。这是一个多学科交叉发展的领域，涉及生物学、化学、物理学、计算机科学、材料科学等学科。它根据蛋白质结构与功能的关系，通过测定蛋白质结构和建立分子模型，以期获得性能优越于天然蛋白质的蛋白质。其结果可以在药物、食品、饲料、疫苗、生物传感器、污水处理等方面发挥重要的作用。总之，蛋白质的分子设计可以为蛋白质工程提供指导性信息，有助于探索蛋白质的折叠机制。

4.1　蛋白质的分子设计

4.1.1　蛋白质分子设计的原则

4.1.1.1　蛋白质分子设计的原理

蛋白质结构与功能的关系是开展蛋白质分子设计的最基本原理。由 20 多种不同的氨基酸按一定的顺序排列而成的蛋白质多肽链的一级结构，是构成蛋白质空间结构的基础。蛋白质多肽链在一级结构的基础上自然盘绕折叠而形成二级结构、超二级结构、结构域、三级结构，有的还会在此基础上进一步形成四级结构。这里除一级结构以外的不同层次的结构，均属于高级结构或空间结构。如果说维持一级结构稳定的作用力是共价键(比如肽键)，而维持高级结构稳定的作用力则是次级键，如维持二级结构稳定的是氢键维持三级、四级结构稳定的主要是疏水相互作用力。这些次级键主要由一级结构中的氨基酸残基的侧链基团参与形成。这些次级键作用的强度和持续时间都是精确控制的。空间结构的完整性决定了蛋白质的理化性质和生物学性质。空间结构的破坏，会导致蛋白质理化性质的改变和生物学性质的丧失。但只要其一级结构还在(即肽链未断裂)，则在一定条件下即可复性而恢复到原有三级结构及相关性质。此外，一级结构相似的蛋白，即使源于不同物种，其空间构象与功能也相似。

4.1.1.2　蛋白质分子设计的原则

(1)结构原则　①Scaffold 设计。Scaffold 设计是指对蛋白质分子的立体设计，又叫框架设计。蛋白质只有形成一定的立体结构才能正确行使其功能。这种能行使功能的结构即是一种功能框架。以酶而言，作为一个有催化作用的酶必然有其正确的空间构象，但其中真正与催化作用直接有关的部位，如活性部位，所涉及的氨基酸残基可能就只有少数几个。因此，在进行酶蛋白分子设计的时候，就必须使有关氨基酸残基有正确的空间定位，以保证活性部位能正确定位，从而保证其催化作用的正常发挥。②疏水基团和亲水基团的合理分布。在形成蛋白质的空间结构过程中，次级键(如氢键和疏水相互作用等)起了极其重要的作用。目前的一个重要假定是，蛋白质独特的折叠形成主要由位于蛋白质内部的进化中心保守区域(即蛋白质内核)中心氨基酸残基之间的相互作用所决定。这些内核往往由二级结构单元组成。一般认为蛋白质的内部是紧密堆积、无重叠的。而这些结构的形成都直接与蛋白质一级结构上疏水性和亲水性氨基酸的分布有关。

在蛋白质分子设计时,不能只是简单地使亲水性氨基酸都排在外面,而疏水性氨基酸都在内部疏水核心,而应当注意在表面安排少量疏水性氨基酸,内核安排少量亲水性氨基酸。在这个过程中应当考虑氨基酸的侧链的几何排列的最优方式。这是因为蛋白质的侧链构象取决于旋转每条链的立体势垒及氨基酸在结构中的位置,而在蛋白质内部侧链构象在折叠状态应处于能量最低的构象。

(2)功能原则　①活性设计。蛋白质分子设计的第一步,就是根据所研究的蛋白质的功能来选择化学基团及其空间取向。原则上讲应选用天然存在的氨基酸来提供所需的化学基团。当然也不限制引入其他的基团。②专一性的设计。蛋白质分子设计时应当考虑它是否与其他分子专一性地相互作用,尤其在酶蛋白分子的设计中要多加注意,这是由酶促反应的专一性决定的。

4.1.2　蛋白质分子设计的种类

4.1.2.1　依据是否已知蛋白质的空间结构来分类

依据是否已知蛋白质的空间结构,可以分为两种:一种是在已知蛋白质的空间结构的基础上进行的分子设计。它可以将三维结构信息与蛋白质的功能直接相联系来进行,是高层次的设计;另一种是在不知三维结构的情况下进行的分子设计,它必须借助一级结构与生物化学的性质等有关信息来进行分子设计。

4.1.2.2　依据蛋白质分子中改造部位的多少来分类

(1)小改法　①化学修饰。化学修饰法即用有关的化学试剂对已知结构的天然蛋白质多肽链上的特定的氨基酸残基进行反应而改变,以研究该蛋白质的性质和功能。②定点突变。运用分子生物技术改变编码蛋白的基因,以期最终置换、删除或插入多肽链上特定位点的氨基酸,以研究该蛋白质的性质和功能。

(2)中改法　运用分子生物学技术对不同蛋白质中的结构域进行剪裁、拼接、组装,以获得具有新特点、预期功能的新蛋白质分子。这种蛋白质分子设计方法对蛋白质分子的改造程度比上述两种的要大,故被称为“中改法”,有时也叫“分子剪裁”。

(3)全改法　将从设计氨基酸序列结构开始以获得一个具有特定空间结构和预期功能的、自然界不存在的、全新的蛋白质分子的蛋白质分子设计过程,称为蛋白质分子的从头设计过程,也叫全改法。

目前这三种方法主要用分子生物学手段来实现。

4.1.3　蛋白质分子设计的过程

要进行蛋白质的分子设计,必先了解掌握待设计的蛋白质分子的结构与功能的有关信息,并由此建立其结构模型。利用这个模型初步研究了相关的结构功能的关系之后,根据对与其功能相关的结构的分析和预测,进而提出改造蛋白质结构的设计方案。经过基因的设计与表达,得到其设计产物,再研究其结构与功能的关系。然后,根据验证结果进一步进行设计来完善之。如此反复,直至达到最终目的。

总之,蛋白质的分子设计是理论设计和实验过程相辅相成的过程,是计算机的模拟技术和基因操作技术综合使用的过程。

蛋白质分子设计的一般过程如下:①收集待研究蛋白及其相关蛋白的结构信息,弄清楚待研究蛋白及相关蛋白的一级结构、结构域、立体结构等数据信息,是蛋白分子设计的前提条件。宜先将待研究蛋白分离纯化制成结晶,测出其氨基酸序列,并用 X 射线衍射技术、核磁共振、圆二色谱、电镜等技术测定获取其立体结构的信息。可以充分利用互联网上的蛋白数据库(protein data bank)来获取相关信息。②根据上述信息建立所研究蛋白质的结构模型。③充分利用生物信息学方法,对已建立的结构模型进行能量计算和动力学研究,确定其结构特点、功能活性区、二硫键的数目和位置、所要修饰的位点,从中确定欲改造的具体目标。进行蛋白质分子设计时,既要考虑使蛋白质分子具有要达到的性质,又要尽量维持其原有结构。④充分利用现有基础理论知识来帮助蛋白质分子设计。例如,不同的氨基酸残基在形成特定二级结构时有一定倾向性(表 4-1)。可以通过理论预测的方法对所设计的空间结构进行预测和初步检验,查找所获突变体与预测目标之间的差距,以进一步完善设计方案,直至所获突变体能具备预期的性质或功能。这是蛋白质分子设计成功与否的重要一步。⑤根据蛋白质分子的氨基酸序列设计核酸引物或探针,从基因组 DNA 或 DNA 文库、cDNA 文库中获取编码该蛋白的基因序列,并对其核苷酸序列进行特定的改造,最后还要对改造后的基因予以表达。当然也可以用人工合成特定多肽的方法来获得改造设计后的蛋白质。⑥对所获新蛋白质(即突变体蛋白)进行结构与功能的检测,以查找与预期目标之间的差距。如此反复,不断修正,直至达到预期目标。至此,整个蛋白质分子设计的工作才得以完成。实际上,蛋白质分子的设计过程可分成基于天然蛋白质结构的分子设计和全新蛋白质设计两种。

表 4-1 氨基酸与其倾向于形成的二级结构

氨基酸	倾向于形成的二级结构
Leu、Glu	α-螺旋
Val、Ile	β-折叠
Pro-Asn	β-转角

基于天然蛋白质结构的分子设计,有一种是对已知结构的蛋白质分子上特定的氨基酸进行修饰、替换或删除等改变,从而实现功能上的改变或优化的过程。这主要分为蛋白质修饰(后述)和基因的定位突变两类。定位突变是蛋白质分子设计的主要手段。目前,在强化待改造蛋白质的功能,增强其对环境的热、pH、氧化作用、重金属因素等因素的耐受性,降低副作用,提高专一性,研究蛋白质的功能与结构的关系方面发挥着重要作用(表 4-2)。

表 4-2 蛋白质定位突变的设计目标与解决办法

(引自:汪世华,2008)

设计目标	解决办法
酸碱稳定性	①His、Cys、Tyr 的置换; ②替换表面的电荷基团; ③内离子对的置换
热稳定性	① 引入二硫键; ②增加表面盐桥; ③改善内疏水堆积; ④增加内氢键数目

续表 4-2

设计目标	解决办法
改变酶学性质	①改变专一性； ②改变酸碱度； ③增加逆转数(turnover number)
对氧化作用的稳定性	①Cys→Ala 或 Ser； ②Met→Gln、Val、Ile 或 Leu； ③Trp→Phe 或 Tyr
对重金属作用的稳定性	①Cys→Ala 或 Ser； ②Met→Gln、Val、Ile 或 Leu； ③替代表面羧基

在蛋白质分子的设计过程中，宜先确定那些对待改造蛋白的性质或功能产生重要影响的可能位点，对其进行定位突变后，使改变后的蛋白质获得预期的性质或功能。往往通过改变功能区域的某个氨基酸来研究该蛋白质的结构与功能或性质之间的关系。例如，人血红素加氧酶(HO-1)的 His^{25} 的突变会导致其催化功能的大部分丧失。又如，将组织型纤维蛋白酶原活化剂(tissue-type plasminogen activator，t-PA)中的 Asn^{117} 突变为 Glu^{117}，则失去一个糖基化位点，而这恰好可以防止 t-PA 从血浆中清除，延化血浆半衰期。此外，核糖核酸酶、T4 溶菌酶、枯草芽孢杆菌蛋白酶、二氢叶酸还原酶等蛋白质，经定位突变后都获得了整体稳定性的增强和活性的提高。

基于天然蛋白质结构的分子设计，还有一种是进行蛋白质分子的裁剪拼接。在蛋白质的三维空间结构中含有结构域这个层次。就简单的蛋白质而言，结构域即其三级结构，但对于复杂的蛋白质而言，结构域作为一个有功能的三维实体是三级结构的结构组件。因此，完全可以将不同蛋白质上的有关结构域的编码基因组合在一起，表达出一个新的具有预期功能的蛋白质。如嵌合抗体、人源化抗体即是这种方法的产物。

全新蛋白质设计，即蛋白质分子的重头设计，它完全是按照人的意志设计来合成出自然界原本不存在的蛋白质，是蛋白质工程中意义最大、困难最大的工作。这项研究工作的开展是以对蛋白质结构的了解、对蛋白质结构与功能的关系的认识为基础的，它以计算机模拟技术和基因操作技术为基本实验手段，是一个理论设计过程(如预测结构和功能)和实验过程相结合、相验证的过程。

根据设计的目的，可以把全新蛋白质的分子设计分为蛋白质结构的全新设计和蛋白质的功能的全新设计两类，其中蛋白质分子结构的全新设计是目前研究的重点和难点。成功地全新设计一个蛋白质或一个活性位点，还需要正确理解所有有关的相互作用，理论的正确性与设计的成功与否直接相关。

在蛋白质分子的全新设计中，由于是要人为地创造一个氨基酸顺序以期得到的蛋白质能够折叠得到预期结构、获得预期功能，因而有必要借鉴已知的天然蛋白质结构上的基本结构形式，如 α-螺旋，β-折叠等结构的有关信息，从最简单的二级结构开始。尽管蛋白质分子的全新设计技术尚不成熟，但它仍是检验蛋白质化学理论的有效方法。

4.2 蛋白质的修饰

蛋白质的生物活性是由其特定的化学结构和空间结构决定的。空间结构破坏导致蛋白质生物学功能的丧失而其化学结构又不变的过程称为蛋白质变性或去折叠。化学结构发生改变称为蛋白质的化学修饰。广义地说,通过引入或消除活性基团而使蛋白质的一级结构发生改变的过程即为蛋白质的化学修饰。有的情况下化学结构改变并不影响蛋白质的生物学活性,这些修饰属于非必需部分的修饰。但是在大多数情况下,蛋白质化学结构的改变将导致生物活性(如下降以至完全丧失)的改变。

化学修饰在研究酶的结构与功能之间的关系时具有重要作用。酶蛋白上氨基酸侧链的反应性与其周围环境密切相关。一般而言,酶蛋白分子表面的基团才能与化学修饰剂反应,而酶的空间结构内部的基团不能与修饰剂反应,因此,特定的化学修饰剂的使用有助于探究酶的空间结构。

化学修饰是一种重要的设计蛋白质的手段。合适的化学修饰剂在合适的条件对酶蛋白的修饰作用,可在保持酶活性的同时较多地改变酶的性质。迄今为止,已有一百多种蛋白质被修饰后在临床应用中显示出优良性质,如增加其体内循环半衰期、降低免疫原性和抗原性、减小毒性、增强蛋白质的物理和热稳定性、降低蛋白质对酶降解敏感程度、增大溶解度、延长在体内被清除的时间,还可以增强酶对酸、碱和有机试剂的耐受性,改变其专一性和最适反应条件等性质,甚至创造新的催化功能。酶经过化学修饰后能够在有机溶剂中高效地发挥催化作用,并表现出特异的催化性能。如以 PEG(聚乙二醇)为代表的酶表面的化学修饰剂对 SOD 等酶的修饰即表现出增强药效、延长半衰期、降低免疫原性等优点。由此看来,经过化学修饰后的蛋白质,不仅能够较好地维持蛋白质的生物活性,而且能够有效克服待修饰蛋白质的免疫原性和毒性方面的缺点,甚至还可能赋予蛋白质一些新的优良性能。

4.2.1 蛋白质修饰的类型

蛋白质的侧链基团是蛋白质化学修饰的主要部位。常见的对蛋白质侧链基团的修饰方法有以下几种:

(1)羧基的修饰　凡能使酶蛋白侧链上的羟基发生改变的小分子化合物,称为羧基修饰剂。羧基修饰剂可使羧基酯化、酰基化或结合生成其他物质,由此改变酶蛋白的空间构象,从而改变酶的某些特性与功能。

目前应用最普遍的标准方法是用水溶性的碳化二亚胺类物质特定修饰蛋白质分子的羧基基团,产物一般是酯类或酰胺类,它在比较温和的条件下就可以进行。最初用来修饰蛋白质侧链羧基的修饰剂是乙醇一盐酸试剂,它可使羧基产生酯化作用。用甲醇的盐酸溶液也可与羧基发生酯化反应。由于羧基在水溶液中的化学性质使得这类修饰方法很有限。此外,异噁唑盐等也可选择性地对羧基进行修饰。

(2)氨基的修饰　凡能使酶蛋白侧链上的氨基发生改变的化合物,称为氨基修饰剂。这些修饰剂作用于蛋白侧链上的氨基,或产生脱氨基作用,或与氨基共价结合将氨基屏蔽起来,使氨基原有的副键改变,从而改变酶蛋白的构象。

非质子化的赖氨酸的 ε-氨基是蛋白质分子中亲核反应活性很高的基团。氨基的烷基化、利用氰酸盐使氨基甲酰化是重要的赖氨酸修饰方法。氨基的化学修饰在蛋白质序列分析中占了极其重要的地位。例如，用卤代乙酸、芳基卤和芳基族磺酸来使侧链氨基烷基化，如三硝基苯磺酸（TNBS）、顺丁烯二酸酐能够可逆修饰氨基，所形成的衍生物在碱性、中性溶液中很稳定，但在酸性溶液中不稳定。顺丁烯二酸酐也能与酪氨酸、丝氨酸、苏氨酸残基反应，专一性差些。氰酸盐可使氨基甲酰化。磷酸吡哆醛可非常专一地修饰赖氨酸。

此外，修饰氨基末端的常用方法有 2，4-二硝基氟苯（DNFB）、丹磺酰氯（DNS）、苯异硫氰酸酯（PITC）。这类试剂主要有二硝基氟苯、醋酸酐、琥珀酸酐、二硫化碳、亚硝酸、乙亚胺甲酯、O-甲基异脲等。

（3）精氨酸胍基　像丁二酮、乙二醛、1，2-环已二酮和苯乙二醛等含有二个临位羰基的二羧基化合物，可在中性或弱碱性条件下与精氨酸残基上的胍基反应，缩合生成稳定的杂环，是重要的修饰试剂。经过胍基修饰后的酶蛋白，其空间构象将有所改变。

（4）巯基的修饰　蛋白质的半胱氨酸氨基侧链中含有巯基。由于巯基具有很强的亲核性，巯基基团一般是蛋白质分子中最容易反应的侧链基团，易于酰化、烷基化和氧化。通过巯基形成的二硫键在许多酶分子中对维持蛋白质分子的三维构象、对维持酶活性所需的结构稳定性起重要作用。巯基发生修饰改变，将对酶的性质与功能产生显著影响。烷基化试剂和其他一些卤代酸和卤代酰胺是重要的巯基修饰试剂。这种修饰的优点是容易做到定量定位修饰，可使修饰蛋白的生物活性全部保留，是人们最先研究的特异性修饰。马来酰亚胺或马来酸酐类修饰剂可与巯基形成对酸稳定的物质，其中 N-乙基马来酰亚胺对巯基的反应专一性很强。有机汞试剂，如对氯汞苯甲酸对巯基的专一性最强。5，5-二硫代双（2-硝基苯甲酸）（DTNB）可与巯基反应形成二硫键。

常用的巯基修饰剂有二硫苏糖醇（DDT）、巯基乙醇、硫代硫酸盐、硼氢化钠等还原剂以及各种酰化剂、烷基化剂等。用 KI 氧化硫醇化后的 β-乳球蛋白可导致相对分子质量大于 600 000 的聚合物形成，此聚合物具有良好的热稳定性、黏弹性、泡沫和凝胶形成特性。随着定位诱变的迅速发展，半胱氨酸的侧链基团的化学修饰有被取代的趋势。

（5）组氨酸咪唑基的修饰　如焦碳酸二乙酯和碘代乙酸可修饰咪唑环上的二个氮原子。

（6）色氨酸吲哚基的修饰　N-溴代琥珀酰亚胺（NBS）可修饰吲哚基，但专一性稍差。4-硝基苯硫氯对吲哚基的修饰较专一。

（7）酪氨酸残基和脂肪族羧基的修饰　蛋白质的酪氨酸残基上含有酚基，可以用碘化法、硝化法和琥珀酰化法等修饰加以修饰。酪氨酸残基上的酚基被修饰后，酶分子由于引入了负电荷，因而增加了对带正电荷底物的结合力，有利于发挥酶的催化功能。例如，四硝基甲烷（TNM）可使酚基硝化生成硝基酚残基，反应条件温和，有高度专一性。用 TNM 修饰酪氨酸有不少优点。修饰产物 3-硝基酪氨酸的 pK_a 大约是 7，硝基苯酚离子在可见光谱区有强烈吸收，故在测定硝化程度和修饰残基 pK_a 的剧烈变化对结构和功能的影响时较方便。3-硝基酪氨酰残基有旋光性，且其吸收光谱对环境的极性也很敏感，故可用作“报告”基团。3-硝基酪氨酸在酸水解条件下相当稳定，而且能用氨基酸分析定量。但有所不足的是，TNM 能促进蛋白质中分子内和分子间的交联，而且 TNM 还能氧化半胱氨酸和蛋氨酸残基。

（8）甲硫氨酸甲硫基的修饰　碘乙酰胺等卤化烷基酰胺可使甲硫氨酸烷基化。

（9）脂肪族羟基的修饰　二异丙基氟磷酸和苯甲基磺酰氟可修饰丝氨酸上的—OH。

（10）分子内交联剂　用诸如二氨基丁烷、戊二醛、已二胺等含有双功能团的化合物，与酶分子内的两个侧链基团反应，形成分子内的共价交联，可使酶分子空间构象更加稳定，增加酶的催化稳定性。

4.2.2 蛋白质修饰应注意的问题

在蛋白质的化学修饰过程中，蛋白质功能基团和修饰剂的反应活性是影响化学修饰过程的主要因素，而基团之间的次级键与基团之间的空间阻力则是影响蛋白质功能基团反应活性的主要因素。进行酶的化学修饰时，应注意以下这些问题：首先，所选修饰剂的分子量要大、生物相容性和水溶性要好，修饰剂表面的反应基团要多，争取修饰后的酶的半衰期要长；其次，应充分了解待修饰酶的性质，如酶的活性部位、反应的最适条件、稳定条件、侧链基团的化学性质和反应活性等；第三，应争取在修饰过程中保持酶的稳定性，控制温度、pH、盐浓度、修饰剂的含量等，以求最高的修饰率和酶活的回收率。

修饰反应应在保证酶蛋白不变性的条件下进行，其反应程度能用简单的技术测定，被标记的残基在肽中稳定，容易通过降解分离出来并鉴定。具有选择性高、在温和反应条件下能进行修饰反应、被修饰的功能基团在温和条件下能再生等优势的修饰剂是理想的。

对小肽能作用的试剂，有时候对蛋白质无影响。被修饰后蛋白构象会相应发生变化，以致于可能使蛋白活性丧失。

此外，根据化学修饰剂与酶蛋白分子上特定氨基酸残基反应之后对酶功能的影响状况，可以帮助判断该侧链基团的功能。在专门测定蛋白质分子上的某种氨基酸的数量过程中，可以利用专一性的化学修饰剂来进行定量测定。

化学修饰是改变蛋白质的物理化学性质与生物学特性的有效手段，是研究蛋白质的结构与功能关系的一种重要手段，是定向改变蛋白质性质的一种有力工具。

化学修饰为蛋白质在食品、生物医药和生物技术领域的广泛应用提供了一条新颖而有效的途径。它与基因工程、蛋白质工程相结合，则必将在生化药物和有特定性质与功能的蛋白食品的研究与开发中展现出更好的发展前景。修饰蛋白在肽类和非肽类药物、免疫学、诊断学和生物催化等诸多领域得到越来越广泛的应用。

4.3 蛋白质分子设计的方法

传统的常规的蛋白质分子改造所用的基本技术包括基因定点突变、盒式诱变、PCR 诱变等，而最新的蛋白质分子设计的方法则应包括蛋白质分子的定向进化方法。

生物的自然进化是一个自然出现的缓慢漫长的过程，自然选择使生物有机体朝向适应生存环境的方向发展。理论上，蛋白质分子蕴藏着很大的进化潜力，很多功能有待于开发，这是酶的体外定向进化的基本先决条件。

在不用事先了解酶的空间结构和催化机制的前提下，通过人为地创造特殊的条件，模拟自然进化的关键步骤如随机突变、重组、筛选，在体外改造酶基因，并定向选择出所需性质的突变酶，可在短时间内完成漫长的自然进化过程，有效地改造蛋白质。这种专门针对特定蛋白质的结构与功能的、具有鲜明的人为设定目标特征的进化过程，被称为定向进化（directed evolution），也叫酶的体外定向进化（directed evolution of enzyme in vitro），或实验分子进化（experimentally molecular evolution），属于蛋白质的非合理设计（irrational design）。以下着重介绍蛋白质定向进化的若干方法。

4.3.1　易错 PCR

易错 PCR(error-prone PCR)是指在扩增目的基因的同时引入碱基错配，导致目的基因随机突变的一种方法。它利用低保真度(如不具有 3′→5′校对功能的性质)的 TaqDNA 聚合酶，或者改变 PCR 反应体系的条件(如改变 4 种 dNTP 的比例，加入锰离子并增加镁离子的浓度等)，使 DNA 聚合酶以较低的比率向目的基因中随机引入突变，并构建序列多种多样的突变库。

使用这种方法时，往往经一次突变的基因很难获得满意的结果，由此发展出连续易错 PCR(sequential error-prone PCR)策略，即将一次 PCR 扩增得到的有用突变基因作为下一次 PCR 扩增的模板，连续反复地进行随机诱变，使每一次获得的小突变累积而产生重要的有益突变。由于不改变基因长度，突变频率控制在适度范围，能有效地获得有益突变体。

在该方法中，遗传变化只发生在单一分子内部，故属于无性进化(asexual evolution)。它较为费力、耗时，一般适用于较小的基因片段(＜800 bp)。此外，使用该方法易出现同型碱基转换。

Moore 等对鼠伤寒沙门菌(*Salmonella typhimurium*)产生的门冬氨酰二肽酶 (asp-artyldipep tidase)进行改良，经两次易错 PCR 引入随机突变，并结合 DNA 改组和正向选择筛选，得到的 pepEm3074 突变株，其酶活力比野生菌提高 47 倍。利用此方法改造从厌氧菌 *Neocallimastix patriciarum* 中提取出来的木聚糖酶的催化功能结构域，使酶具有更强的耐碱性。

4.3.2　DNA 改组和外显子改组

DNA 改组(DNA shuffling)，又称有性 PCR(sexual PCR)，是体外同源重组的一种再组装 PCR 技术。

它的原理是使用 DNaseⅠ酶切或超声波断裂多条具有一定同源关系的蛋白编码基因，这些小片段随机出现部分片段的重叠，产生的片段在不加引物的情况下进行几轮 PCR，通过随机的自身引导 PCR (self-priming PCR)或在组装 PCR 过程中重新组装成全长的基因。由于存在不同的模板，使得到的全长基因具有不同谱系之间的重组。通过建立突变文库，对突变文库进行筛选，选择改良的突变体作为下一轮 DNA 改组的模板。经过重复多次重排与筛选，直到获得性状较为满意的突变体。进行最后一轮 PCR 时，加入全长引物，扩增得到改造过的全长基因(图 4-1)。

DNA 改组 (DNA shuffling)技术克服了随机突变的随机性较大的限制，能够直接将多条基因的有利突变直接重组到一起，可以创造将亲本基因群中的突变尽可能组合的机会，导致更大的变异，最终获取最佳突变组合的 DNA。

DNA 改组具有许多特点：①可以在实验室实现同源序列间的重组，使亲本基因群中的突变具有尽可能多组合的机会，从而导致更大的变异；②通过 DNA 改组，可以优化有利的突变组合，加速有益突变的积累，获得较理想的改良性状突变体；③可以删除有害突变和中性突变；④重组可以伴随定点突变同时发生。用于 DNA 改组的 DNA 片段一般应在 20～250 bp 为宜，突变体约为 0.05%～20.7%。DNA 改组已广泛用于改进生物催化剂和创制新酶与酶的

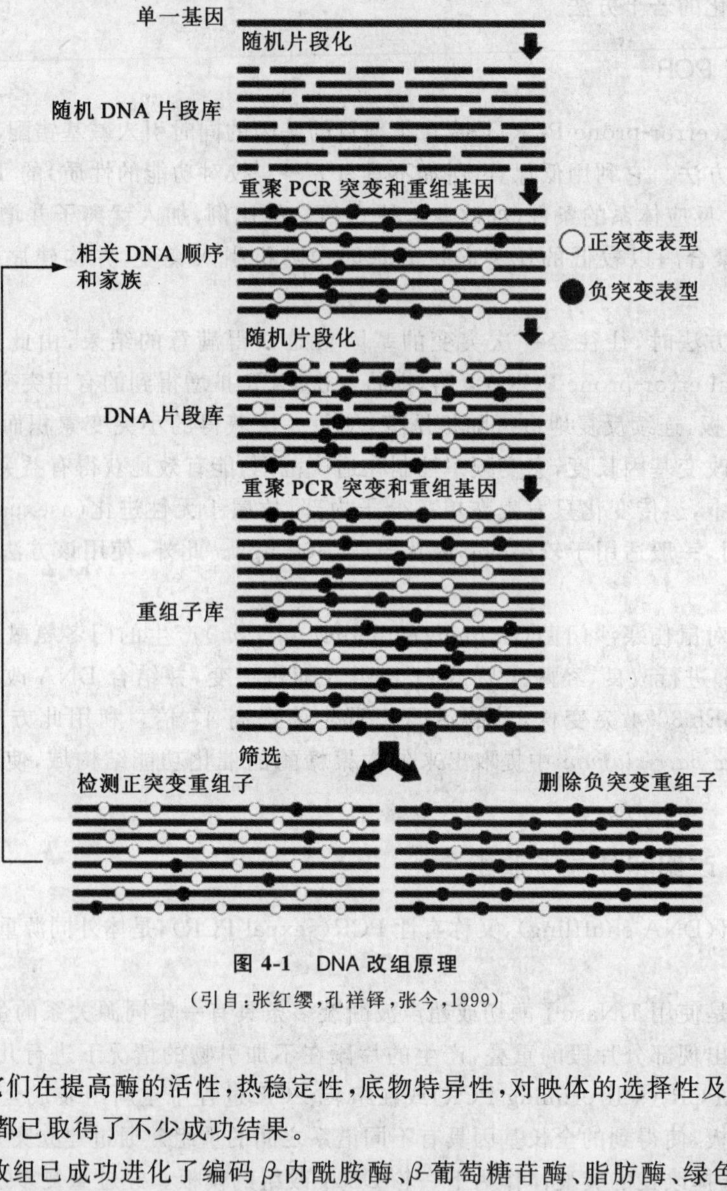

图 4-1 DNA 改组原理

(引自:张红缨,孔祥铎,张今,1999)

一些新的特性,它们在提高酶的活性,热稳定性,底物特异性,对映体的选择性及可溶性表达和表达水平等方面都已取得了不少成功结果。

利用 DNA 改组已成功进化了编码 β-内酰胺酶、β-葡萄糖苷酶、脂肪酶、绿色荧光蛋白、烷基转移酶、苯甲基脂酶基因以及编码砷酸盐和阿特拉津降解酶的整个操纵子。

DNA 改组用来优化药用蛋白,提高药用蛋白的临床应用价值方面的优势是有目共睹。DNA 改组已成功地对 α-IFN 家族成员(85%～97%的同源性)进行了改进,它能有选择性地改进了自然状态下的 IFN,大大增强了 IFN 的活性,更为重要的是减低了毒副作用。

在 DNA 改组技术的基础上又发展出外显子改组(exon shuffling)和家族改组(family shuffling)。外显子改组(exon shuffling)类似于 DNA 改组,两者都是在各自含突变的片段间进行交换,但前者尤其适用于真核生物。在自然界中,不同分子的内含子间发生同源重组,导致不同外显子的结合,是产生新蛋白质的有效途径之一。与 DNA 改组不同,外显子改组是靠同一种分子间内含子的同源性带动,而 DNA 改组不受任何限制,发生在整个基因片段上。外显子改组可用于获得各种大小的随机肽库。

4.3.3　随机引物体外重组法

随机引物体外重组法(random priming invitro recombination,RPR)是以单链 DNA 为模板,用一套随机序列引物,先产生大量互补于模板不同位置的短 DNA 片段库。由于碱基的错配和错误引发,这些短 DNA 片段中也会有少量的点突变。在随后的 PCR 反应中,它们互为引物进行合成,伴随组合,再组装成完整的基因长度。此法进行类似于 DNA 改组的全长基因装配反应,可获得多样性文库。原理如图 4-2 所示。

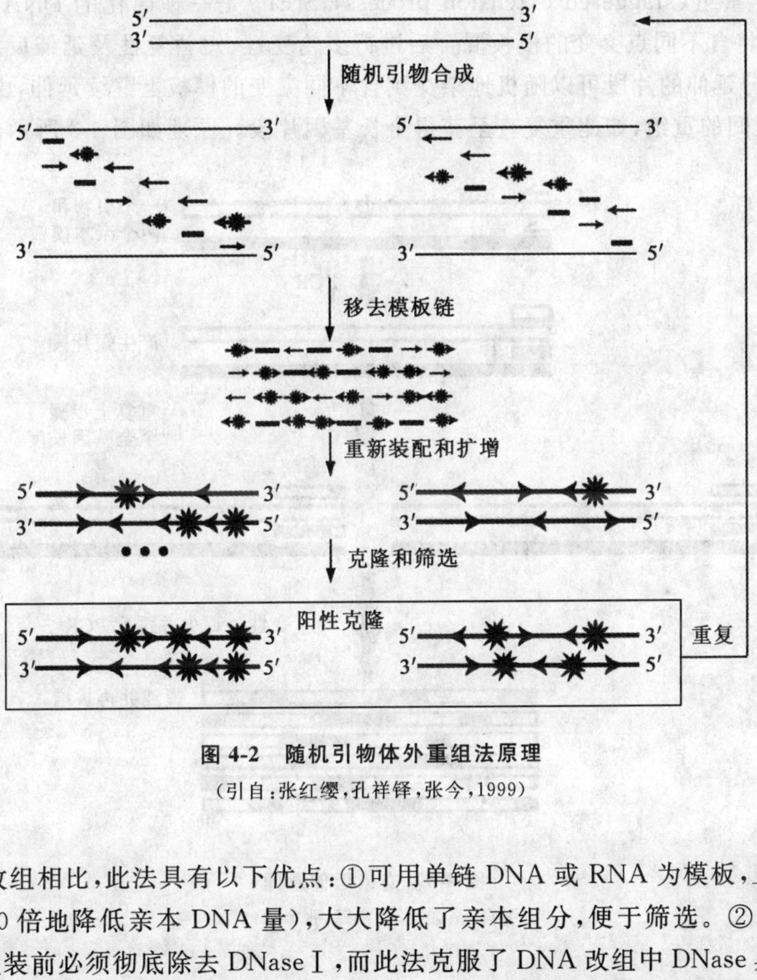

图 4-2　随机引物体外重组法原理

(引自:张红缨,孔祥铎,张今,1999)

与 DNA 改组相比,此法具有以下优点:①可用单链 DNA 或 RNA 为模板,且对模板量要求少(可 10～20 倍地降低亲本 DNA 量),大大降低了亲本组分,便于筛选。②在 DNA 改组中,片段重新组装前必须彻底除去 DNaseⅠ,而此法克服了 DNA 改组中 DNase 具有的序列偏爱性,保证了子代全长基因中突变和交叉的随机性。③合成的随机引物具有同样长度,无顺序倾向性。在理论上,PCR 扩增时模板上每个碱基都应被复制或以相似的频率发生突变。④随机引发的 DNA 合成不受 DNA 模板长度的限制。

Suenaga 利用随机引物体外重组法对假单孢菌 KF707 中联苯双加氧酶的 *bphA*1 基因进行了改造,优化后的酶不仅保留了原来的 2,3 双加氧活性,还获得了 3,4 双加氧活性。

4.3.4　杂合酶

把不同酶分子中的结构单元(如二级结构、三级结构、功能域等)或整个酶分子进行组合或交换,所获得的具有所需性质的优化酶杂合体叫杂合酶(hybrid enzyme)。

采取定位诱变、DNA 改组、不同分子间交换功能域,甚至整个分子融合等方法可以产生杂合酶。杂合酶可用于改变酶学或非酶学性质,可以了解酶的结构与功能的关系以及相关酶的结构特征,还可以扩大天然酶的潜在应用范围,甚至可以产生催化自然界不存在的反应的新酶分子。杂合酶方法的有效性和实用性已得到了实验的证实。

4.3.5　交错延伸重组

交错延伸重组(staggered extension process, StEP)是一种简化的 DNA 改组方法。在 PCR 反应中,将含不同点突变的模板混合后进行多轮变性、短暂复性及延伸反应,在每一轮反应中,那些部分延伸的片段可以随机地杂交到含不同突变的模板上继续延伸,由于模板转换而实现不同模板间的重组,如此重复直至获得全长基因片段。原理如图 4-3 所示。

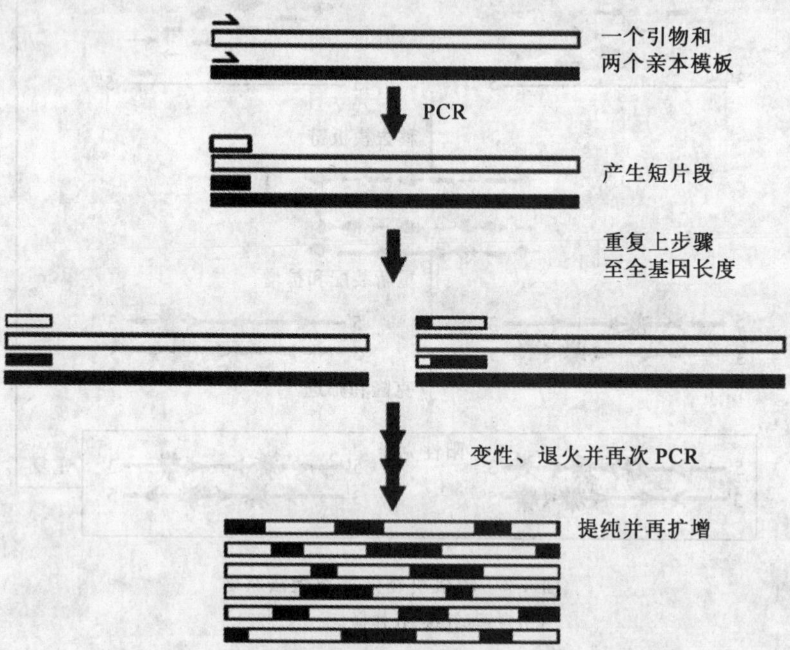

图 4-3　交错延伸原理

(引自:张红缨,孔祥铎,张今,1999)

在此过程中,往往可以把常规的 PCR 反应中的退火和延伸两步合并为一步,并大大缩短其反应时间(如 55℃,5 s),从而只能合成出非常短的新生链,而经变性的新生链再作为引物与体系内同时存在的不同模板退火而继续延伸。它采用的是变换模板机制,这正是逆转录病毒所采用的进化过程。

此法不需分离亲本 DNA 和产生的重组 DNA,在单一试管中完成,简便且有效,为酶的体外定向进化提供了又一强有力的工具。

酶的体外定向进化技术极大地拓展了蛋白质工程学的研究和应用范围,特别是能够解决合理设计所不能解决的问题,为酶的结构与功能研究开辟了崭新的途径,并且正在工业、农业和医药等领域逐渐显示其生命力。

4.4 蛋白质空间结构的测定方法

蛋白质空间结构的测定是蛋白质分子设计过程中的一个重要环节，是检测验证表达出来的待改造蛋白质的空间结构是否符合预定目标的直接的方法。常用的方法如下：

(1)荧光光谱法　在紫外光的激发下，酪氨酸和色氨酸的多肽链基团会发出荧光(发射波长分别在303 nm和348 nm)，而它这种荧光的强度和荧光发射波长明显受到这两种氨基酸在蛋白质构象中所处的微环境的影响。由荧光强度的变化即可观察此微环境和蛋白质构象的动态变化。

(2)紫外差光谱法　蛋白质于280 nm处有最大的紫外光吸收，这个性质源于苯丙氨酸、酪氨酸和色氨酸有较强的紫外光吸收。蛋白质变性前后的紫外吸收光谱会有差异，蛋白质溶液的条件改变前后也会有差异，这种光谱之差即为紫外差光谱。这可以反映出这些氨基酸在蛋白质分子构象中所处的微环境的情况。

(3)圆二色谱法　构成蛋白质的氨基酸一般为*L*型，所构成的蛋白质多肽链为右手盘绕。当圆偏振光通过蛋白质溶液时，由于蛋白质立体结构都是不对称的，蛋白质的肽键在紫外185～240 nm处有光吸收，会生成椭圆偏振光。这种光学效应即圆二色性。用此法所测得的圆二色光谱可以帮助分析出蛋白质链中的α-螺旋和β-折叠等构象的相对比例，它是测定蛋白质二级结构的主要方法之一。

(4)X射线衍射法　X射线的波长0.154 nm与分子内原子间的距离(0.1 nm)相当，当X射线经过蛋白质晶体时会发生衍射，得到衍射图案，经过数字方法计算，得到蛋白质分子的密度图，从而可得到蛋白质的三维结构。

(5)核磁共振法　原子核带正电，只要自旋量子数不为零，其自身就像一个自旋的小磁场一样。蛋白质中的原子核(^{1}H、^{13}C、^{15}N)的自旋方向通常是随机的，但有外加强磁场时，这些磁核的磁场方向就与外加磁场相同或相反。如果对已经发生特定取向的磁核进行电磁辐射照射，则会发生能量吸收，从低能态翻转到高能态，当发生这种自旋翻转时，称此核与外加磁场发生共振，故称核磁共振(NMR)。此外，还有冰冻蚀刻技术。

4.5 蛋白质工程的应用

人类已经在应用蛋白质工程技术去获得有预期的特定功能和性质的蛋白质或酶方面积累了不少经验和成就，由以下这些例子即可见一斑。

(1)提高药效功能　蛋白质基因表达产物如何更好地达到临床应用的要求，降低用量和副作用，提高蛋白质药物的亲和力和特异性是蛋白质工程的研究目的之一。例如，对能有效杀伤肿瘤细胞的TNF的分子改造结果表明，若减少其N-端1～7个氨基酸，且第8～10位的Pro—Ser—Asp改为Arg—Lys—Arg，则活性增加6倍；若将其Arg^{2}改为Lys^{2}，则活性增加4～8倍，毒性下降50%；若减少其N-端1～7位氨基酸，且第8～10位氨基酸变为Arg—Lys—Arg，将C-端Leu^{157}变为Phe^{157}，则其细胞毒性增加318.2倍。又如，水蛭素可用于治疗血栓疾病，若将其Asn^{47}变为Lys^{47}，使之可与Thr^{4}或Thr^{5}之间形成氢键，帮助N-端肽段正确取向，可以增强凝血效果。

(2)提高靶性　绿脓杆菌外毒素(PE)的功能结构域具有ADP-核糖基转移酶活性,将导致延伸因子功能失活而导致翻译过程发生障碍而致死亡。前人研究表明,可以通过两种改造来防止它与正常的动物细胞受体结合。将它与细胞结合的结构域去除,产生一种分子是40 ku的蛋白。还有一种是将受体结合部位的4个重要的氨基酸突变为谷氨酸,产生分子质量为66 ku的PE664 Glu。

(3)提高稳定性　例如白蛋白介素-2(Il-2)分子中有3个半胱氨酸,其中Cys^{58}与Lys^{105}之间形成二硫键,可维持空间结构的稳定,Cys^{125}虽呈游离状态,但却可能通过形成错误的二硫键或形成分子间的二聚体而影响其功能和稳定性。若将Cys^{125}变为Ser^{125}或Ala^{125}时,其功能增强1倍,热稳定性增加。

当将β-干扰素分子中的Cys^{17}变为Ser^{17}后,其抗病毒活性提高两个数量级,而且储存稳定性增强。用定点突变的方法将细菌碱性纤维素酶的Glu^{137}、Asn^{179}和Asp^{194}突变为Lys,其热稳定性得到了提高。

T4溶菌酶(T4 lysome)分子中仅含有二个半胱氨酸(Cys^{54}和Cys^{97}),它们之间不形成二硫键。而当将Ile^{3}变为Cys^{3}后,则Cys^{3}可与Cys^{97}形成二硫键,此时酶活性较野生型的略低,但热稳定性却提高了。

将Cys二硫键引入*Humicola lanuginsa*脂肪酶中,突变体的热稳定性提高了12℃,酶的最适温度提高了10℃。

(4)提高工业生产效率　蛋白表达产物在原核表达系统中会遇到产量低、无糖基化、蛋白质翻译后加工机制的缺乏等问题。在真核表达系统中则会遇到产量低、难纯化等问题,以至于获得的产品质量低、功能差、成本高等,给生产带来不利影响。

例如chiron公司开发的Il-2突变体Proleukin,由于其中的Cys^{125}被变为Ser^{125},导致所得重组表达蛋白的大部分可以正确折叠,便于纯化,适于规模化生产。

由*T. fusca*纤维素酶Ce16A中4个残基(His^{159}、Arg^{237}、Lys^{259}、Glu^{263})突变来的7个突变体对羧甲基纤维素的活性都有所提高,其中K259H突变体的活性提高得最为显著。

(5)增加蛋白质内部疏水性　野生型色氨酸合成酶的疏水核心有一个Glu^{49},当取代它的氨基酸的疏水性越强,则所获突变酶越稳定。

(6)酶表面亲水化　当把嗜热脂肪芽孢杆菌乳酸脱氢酶中的Ile^{250}变为Asn^{250},由于这个位点位于水可接近的疏水区的辅酶活性部位上,故由于Asn的亲水性强,导致疏水面积大大减少,结果增加了该酶的热稳定性。

(7)抗氧化失活　当将枯草杆菌蛋白酶活性中心的Met^{222}变为Cys^{222}后,则酶的比活性最高,催化速度常数增加2倍;当变为Ala^{222}、Ser^{222}或Leu^{222}后,则可抵抗1 mol/L H_2O_2的氧化影响。而*Candida antarctica* B脂肪酶的M72L突变体抗过氧辛酸氧化作用能力比野生型的强。

(8)降低免疫原性　当把大肠杆菌中的*L*-天冬酰胺酶Ⅱ中的Lys^{196}突变为Ala^{196}后,则其酶活力保持不变,而免疫原性却降低了2.5倍。

(9)改变酶的催化功能　当把脂肪酸合成酶经过基因定点突变改变其中7个氨基酸残基后,则将去饱和酶改为羟化酶。

(10)提高酶的酸碱稳定性　当把枯草杆菌蛋白酶中的Asp^{99}突变为Lys^{99}、Glu^{156}突变为

Lys^{156}，则酶的 pK_a 由 7 降为 6，在 pH 7 时酶活力提高 3 倍。

(11)改变对映体选择性　将假单孢菌的脂酶基因通过定向进化手段，经 4 代突变筛选后，该酶对 S-对映体的选择性由 2%增加到 81%。

自 20 世纪 80 年代初美国的 Ulmer 在《Science》上发表专论“Protein Engineering”以来，蛋白质工程这个概念已经承载和实现了许多人类自主改造和驾驭使用蛋白质的美丽梦想，也必将在今后给人类的日常生活、身体健康继续带来意外的惊喜！

思　考　题

1. 简述蛋白质分子设计的原则。
2. 简述蛋白质分子修饰的意义和主要方法。
3. 蛋白质空间结构测定的方法有哪些？
4. 简述蛋白质工程的目的和意义。
5. 蛋白质分子设计的方法有哪些？

第 5 章 发酵工程

发酵工程(fermentation engineering)是指采用现代工程技术手段,直接利用微生物的机能将物料加工,以提供产品或为社会服务的技术。发酵工程又称为微生物工程,它是生物技术走向产业化的必经之路。发酵工程研究的对象包括从原料到最终产品获得的整个过程,包括菌种的选育和扩培、培养基的选择和灭菌、发酵罐的设计及产物的分离、发酵条件的优化与控制、杂菌的防治及产物的分离、提取与精制等内容(图 5-1)。发酵工程归纳起来有三个特点:①发酵工程是一门多学科、综合性的科学技术;②反应中需要有生物催化剂的参与;③其最终的目的是建立工业生产过程或进行社会服务。

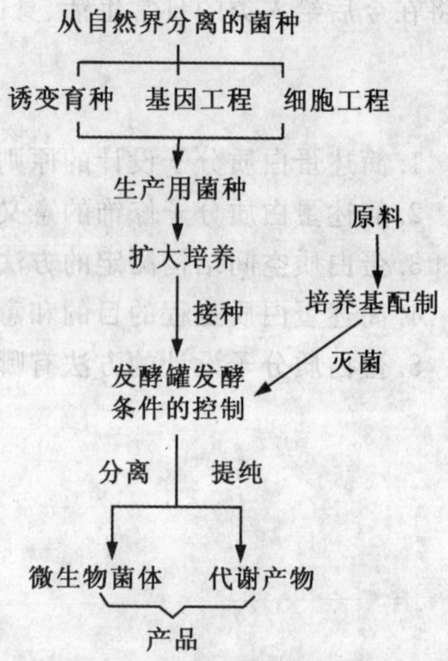

图 5-1 发酵的基本流程

5.1 发酵中菌种的选育及保藏

5.1.1 微生物发酵的菌种

5.1.1.1 微生物发酵对菌种的要求

微生物广泛分布于土壤、水和空气等自然界中,资源非常丰富。目前认为,人类研究的微生物不足总数的10%。从自然界中分离出来的菌株有的可直接利用,有的则需要进行人工诱变,得到的突变体才能被利用。作为大规模生产的发酵工业用菌种,应尽可能满足下列要求:①菌种能在廉价原料制成的培养基上迅速生长和大量合成目的产物。②菌种能在要求不高、易控制的培养条件(糖浓度、温度、pH、溶解氧、渗透压等)下迅速生长和发酵,以缩短发酵周期。③根据代谢调控要求选择高产菌株,如营养缺陷型菌株或调节突变型菌株。④菌种抗噬菌体能力强,以防止感染噬菌体而造成"倒罐"现象的发生。⑤菌种纯粹,不易退化,可保证发酵生产和产品质量的稳定性。⑥菌种不是病原菌,不产生任何有害的物质和毒素,以保证产品的安全。

5.1.1.2 发酵工业中常用微生物

发酵工业生产上常用的微生物主要是细菌、放线菌、酵母菌和霉菌,由于发酵工程本身的发展以及遗传工程的介入,藻类、病毒等也正在逐步地成为发酵工业中采用的微生物。

(1)细菌　细菌属原核单细胞微生物,有球状、杆状、螺旋状等不同的形状和大小,以较典型的二分裂方式繁殖。它是自然界中分布最广、种类和数量最多的一类微生物。细菌体积虽小(直径为 1～10 μm),但其表面积很大,有利于营养物质的吸收及代谢产物的排出。细菌细胞一般由胞壁、胞膜、胞质、间体、核糖体、核区和内含物颗粒构成,有些细菌还有荚膜、鞭毛或芽孢等特殊结构。胞壁具有维持细菌固有形态,抵抗外界低渗环境,参与物质交换等作用。由于细胞壁化学成分不同,用革兰氏染色法可将细菌区分为革兰氏阳性菌与革兰氏阴性菌两大类。胞膜是胞质外一层有弹性的半透膜,又称为原生质膜或质膜,可选择性地吸收营养物质及排出代谢产物。胞质内含有各种控制细菌新陈代谢活动的酶类。核区主要为遗传物质DNA,携带有生物遗传信息,控制生命活动及遗传与变异。细菌生长时,单环DNA染色质体被复制,细胞内的蛋白质等组分同时增加1倍,然后在细胞中部产生一横断间隔,染色质体分开,继而间隔分裂形成细胞壁,最后形成两个相同的子细胞。如果间隔不完全分裂就形成链状细胞。

发酵工业生产中常用的细菌有:枯草芽孢杆菌、乳酸杆菌、醋酸杆菌、棒状杆菌、短杆菌等,主要用于生产淀粉酶、乳酸、醋酸、氨基酸和肌苷酸等。

(2)放线菌　放线菌是大小介于细菌和真菌之间的原核微生物,因其菌落呈放射状而得名。菌体呈长丝状,直径1 nm左右。放线菌大多腐生,少数寄生,其在自然界中分布很广,尤其在有机质丰富的微碱性土壤中较多,每克泥土里含10^4～10^6个菌体。放线菌主要以无性孢子进行繁殖,也可借菌丝片段进行繁殖。其菌丝由于形态和功能不同,可分为基内菌丝、气生菌丝及孢子丝。基内菌丝生于培养基内吸收营养,气生菌丝则是基内菌丝伸向空间的部分。气生菌丝生长到一定阶段后,可分化而形成能产生孢子的孢子丝,成熟后便分化成许多孢子,在营养丰富的环境中,吸水膨胀后萌发成新菌体。放线菌在液体深层培养中,可见菌丝片段繁殖,其生长方式是菌丝末端伸长和分支,彼此交错成网状结构,称为菌丝体。菌丝长度既受遗传的控制,又与环境相关。在液体深层培养中由于搅拌器的剪切力作用,常易形成短的分支旺盛的菌丝体,或呈分散生长,或呈菌丝团状生长。放线菌的最大经济价值在于能产生多种抗生素。从微生物中发现的抗生素,60%以上是放线菌产生的,如链霉素、金霉素、红霉素、庆大霉素等。

发酵工业常用的放线菌主要来自以下几个属:链霉菌属、小单孢菌属和诺卡氏菌属等。

(3)酵母菌　酵母菌为真核单细胞生物,即真菌。其细胞结构由胞壁、胞膜、胞质及其内含物、胞核等构成;其个体形态多样,主要有圆形、椭圆形、圆筒形及藕节状。酵母菌在自然界中普遍存在,主要分布于含糖质较多的偏酸性环境中,如水果、蔬菜、花蜜和植物叶片上,以及果园土壤中。酵母菌大多为腐生,常以单个细胞存在,以出芽形式进行繁殖。母细胞体积长到一定程度时就开始发出芽,芽长大的同时母细胞缩小,在母子细胞间形成隔膜,最后形成同样大小的母子细胞。如果子芽不与母细胞脱离就形成链状细胞,称为假菌丝。此外,酵母菌还能以有性方式进行繁殖,通过两个性细胞的结合,进行质配、核配与减数分裂,形成子囊与子囊孢子。

发酵工业上常用的酵母菌有:啤酒酵母、假丝酵母、类酵母等,主要用于酿酒、制造面包、制造低凝固点石油、生产脂肪酶,以及生产可食用、药用和饲料用的酵母菌体蛋白等。

(4)霉菌　霉菌属于真核多细胞生物,又称丝状真菌。霉菌在自然界分布很广,大量存在于土壤、空气、水和生物体内外等处。它喜欢偏酸性环境,大多数为好氧性,多腐生,少数寄生。霉菌的繁殖能力很强,它以无性孢子和有性孢子进行繁殖,大多数以无性孢子繁殖为主。其生长方式是菌丝末端的伸长和顶端分支,彼此交错呈网状。菌丝的长度既受遗传的控制,又受环境的影响,其分支数量取决于环境条件。菌丝或呈分散生长,或呈菌丝团状生长。

发酵工业上常用的霉菌有:藻状菌纲的根霉、毛霉、犁头霉,子囊菌纲的红曲霉,半知菌类的曲霉、青霉等,主要用于生产多种酶制剂、抗生素、有机酸及甾体激素等。

(5)其他微生物　①担子菌。担子菌是指在固体培养基上能形成子实体的高等真菌微生物,包括人们所说的蘑菇、木耳、马勃和鬼笔等。许多担子菌的子实体可以食用,口味鲜美。担子菌和所有其他真菌的区别在于它们能产生一种孢子,成为担孢子。近年来,人们发现担子菌的多糖物质具有很强的生理活性,尤其是在提高机体免疫力、抗肿瘤方面的作用愈来愈引起人们的重视。此外,担子菌通过液体发酵得到的菌丝体本身富含蛋白质、多糖、维生素等,可用于食品、医药、保健等行业。②藻类。藻类是自然界分布极广的一大群自养微生物,许多国家已把它用作人类保健食品和饲料。培养螺旋藻,按干重计算每年每公顷可收获 60 t,而种植大豆每公顷才可获 4 t;从蛋白质产率看,螺旋藻是大豆的 28 倍。培养珊列藻,从蛋白质产率计算,每公顷珊列藻所得蛋白质是小麦的 20～35 倍。此外,还可通过藻类利用光能将 CO_2 转变为石油。培养单胞藻或其他藻类而获得的石油,可占细胞干重的 35％～50％,合成的油与重油相同,可加工成汽油、煤油和其他产品。有的国家已建立培植单胞藻的农场,每年每公顷土地培植的单胞藻按 35％干物质为碳氢化合物(石油)计算,可得 60 t 石油燃料。此项技术的应用,还可减轻因工业生产而大量排放 CO_2 造成的温室效应。国外还有从“藻类农场”获取氢能的报道,大量培养藻类,利用其光合放氢作用来取得氢能。

5.1.2 产生特殊物质菌种的筛选

5.1.2.1 酶产生菌的筛选

特定酶产生菌的筛选方法主要是依靠酶催化的反应性质和作用的底物特异性、底物和产物的特性及酶在细胞中所处的位置进行设计。

(1)胞外酶产生菌的筛选　针对许多分泌在细胞外的水解酶,常常使待检测的微生物在含有酶作用的不溶性底物,如淀粉、纤维素、酪素、细胞壁等培养基中生长,培养后,根据菌落周围产生的透明圈的大小可以筛选到产淀粉酶、纤维素酶、蛋白酶、溶菌酶等的高活性菌株。也可以根据酶催化反应产酸或碱,在培养基中加入底物和酸碱 pH 指示剂,培养后,菌体生长产酶使底物分解,依据菌落周围的变色圈的大小和颜色深浅进行判断,筛选到产目标酶微生物。为了筛选某种酶,可以合成特定的底物,在酶的催化作用下,生成产物与底物有颜色变化。在培养基中加入底物进行微生物培养,产生的酶催化底物发生反应,则在菌落四周形成色圈,根据色圈的大小和颜色深浅,即可筛选到产酶的菌株。利用这样的方法也可直接作为分离培养基,将待分离的菌悬液涂布在培养基上,培养后,根据菌落四周的透明圈和色圈的大小直接分离得到产酶的微生物。

(2)胞内酶产生菌的筛选　针对胞内酶产生菌的筛选,假如酶作用的底物分子质量较小,能透过细胞膜在细胞内进行反应,可以使用在酶催化反应后产生的产物有颜色变化的底物,加在培养基中。微生物在这样培养基上生长后,如果产酶,则菌落会产生颜色,而不产酶的微生物菌落不会产生颜色。如以 2,4-二硝基苯氧基半乳糖为底物加在分离培养基中,筛选产半乳糖苷酶的产生菌是很成功的。对于更多的胞内酶产生菌的筛选,是采用培养的细胞或细胞破碎物作酶源,经酶反应后,根据酶反应产物的特点,利用产物对紫外光的吸收,如辅酶 NAD,直接用紫外分光光度法测定;或通过对产物的显色反应,用可见光分光光度法测定。

5.1.2.2 抗生素产生菌的筛选

从自然界寻找新的抗生素是一项效率极低的工作,所以要筛选新的抗生素就必须在产生菌的分离方法和活性物质的检出方法上下功夫。抑菌圈法、稀释法、扩散法、生物自显影法等已不同程度地应用于抗生素的筛选。在这些方法中，试验菌的选择十分重要，它直接关系到检出的灵敏度和筛选出的抗生素的活性和抗菌谱。采用联合试验菌，如枯草杆菌和绿色产色链霉菌或巴氏梭状芽孢杆菌可以分离出抗菌活性低、对其他试验菌活性高的新抗生素，如黄色霉素族的抗生素，而单独使用枯草杆菌作试验菌不能检出。还可采用专一性很高的筛选技术也可检出新的抗生素。如利用与抗生素作用机理有关的酶和酶的抑制剂、激活剂、抗体等建立的高灵敏、专一的检测方法，已成为简便、快速的抗生素筛选技术。但因其专一性高，使用范围有限。

5.1.2.3 免疫激活剂产生菌的筛选

以接种肿瘤细胞后的老鼠血进行免疫抑制处理后得到的免疫因子为此对照，在鼠肝脏细胞培养时，加入微生物培养液和刀豆球蛋白A，于^{3}H标记的胸腺嘧啶脱氧核苷存在下培养，用液闪的方法筛选能影响DNA合成的物质，它可消除肿瘤细胞血清的抑制作用，使产生抗体的活性恢复。一般认为，能作用于细胞表面酶的物质可能具有免疫修饰作用，因此以存在于细胞表面的氨基肽酶B、白氨酸氨基肽酶、氨基肽酶A、碱性磷酸酯酶为靶性物质，经研究这些酶的抑制剂，发现抑制这些酶会增强细胞性免疫或抗体产生能力。因此，可以用细胞表面酶的抑制法筛选免疫激活剂的产生菌。

5.1.2.4 抗肿瘤药物产生菌的筛选

有效的抗肿瘤药物大部分是直接作用于核酸或抑制核酸生物合成的物质。由于细菌和动物及人类的核酸结构和生物合成有许多共同点，大部分抗肿瘤药物具有抗菌和抗真菌活性。故利用微生物进行抗肿瘤药物的筛选，具有高敏感性和简便快速的特点。目前利用微生物筛选作用于DNA的抗肿瘤药物的方法都与微生物的“SOS机理”有关。

SOS生色检测法(SOS Chromotest)是利用DNA损伤时而活化yecA蛋白，进而分解噬菌体的阻遏蛋白，从而引起*sfiA*(*sulA*)基因启动子启动*lacZ*基因的表达，从而达到检测能损伤DNA的抗肿瘤药物的目的。这两种筛选方法的灵敏度因筛选的对象不同而互有高低，但总的来说，SOS生色检测法要比λ诱导检测法的灵敏度高的实例较多些。

生化诱导分析法(BIA)是采用测定溶原化噬菌体阻遏物支配下的启动子控制的转录和表达的酶活性的方法。将大肠杆菌的*lacZ*基因连接在λ噬菌体的PL启动子下。当DNA损伤时，诱发λ阻遏物蛋白C1分解，PL启动子启动*lacZ*基因转录，测定表达的β-半乳糖苷酶活性，可达到检测能损伤DNA的抗肿瘤药物的目的。该法又称为λ诱导检测法(λ inductest)。

同样，也可以利用DNA修复能力变异株进行抗肿瘤药物的筛选。因为在生物中都存在两个以上的DNA修复基因，如果有一个DNA修复基因损伤或变异，通常是能够存活的，但对能引起DNA损伤的化合物十分敏感，易发生死亡。使用枯草芽孢杆菌或大肠杆菌的重组缺失DNA修复基因的变异株和亲株为测试菌，用于筛选抗肿瘤药物，对两种测试菌有差异的，为阳性。

5.1.3 发酵中高产菌株的选育

良好的菌种是微生物发酵工业的基础。要使发酵产品的产量、质量和品种都有高速度的发展，首先必须具备良好的菌种。发酵工业符合要求的菌种可以通过以下途径获得：①根据有关信息向菌种保藏机构、工厂或科研单位直接索取；②根据所需菌种的形态、生理、生态和工艺特点的要求，从自然界特定的生态环境中以特定的方法分离出新菌株；③从生产过程中的已有菌种中筛选发生正突变的优良菌种。无论菌种来源如何，为满足发酵工艺对菌种的要求，一般都需要对获得的菌种进行改良和纯化，选择和培育适合的优良菌种是至关重要的环节。

5.1.3.1 自然选育

自然选育是指在生产过程中，不经过人工诱变处理，利用菌种的自发突变而进行菌种筛选的过程。自然突变一般有两种原因，一是在自然环境中存在的低剂量的宇宙射线、各种短波辐射、低浓度的诱变物质和微生物自身代谢产生的诱变物质的作用，引起的突变；另一种是4种碱基：胸腺嘧啶(T)和鸟嘌呤(G)的六位酮基的烯醇式互变异构和胞嘧啶(C)和腺嘌呤(A)的六位氨基的亚氨式互变异构作用，在DNA复制过程中，如果瞬间的互变异构，将使本应为AT和GC碱基对为主的正确复制发生错误。当T以烯醇式存在时，合成的DNA单链的相对位置上将是G而不是A；若C以稀有的亚氨式出现，新合成的DNA单链的相应位置上将是A而不是G，在DNA复制过程中发生的这种错误有可能引起自然突变。这种互变异构无法预测，因此基因的自然突变也难于预知。根据统计，这种自然突变的几率为10^{-9}～10^{-8}。

自然选育的菌种主要来源于自然、菌种保藏机构或生产过程。从自然界中选育菌种的过程较为复杂，而从生产过程或菌种保藏机构得到的菌种的自然选育过程较为简单，所以，下面以从自然界中选育菌种的生产过程为例，介绍菌种自然选育的主要步骤。

菌种自然选育的主要步骤(图5-2)：采样、增殖培养、培养分离和筛选、生产性能的测定。如果产物与食品制造有关，还需对菌种进行毒性鉴定。

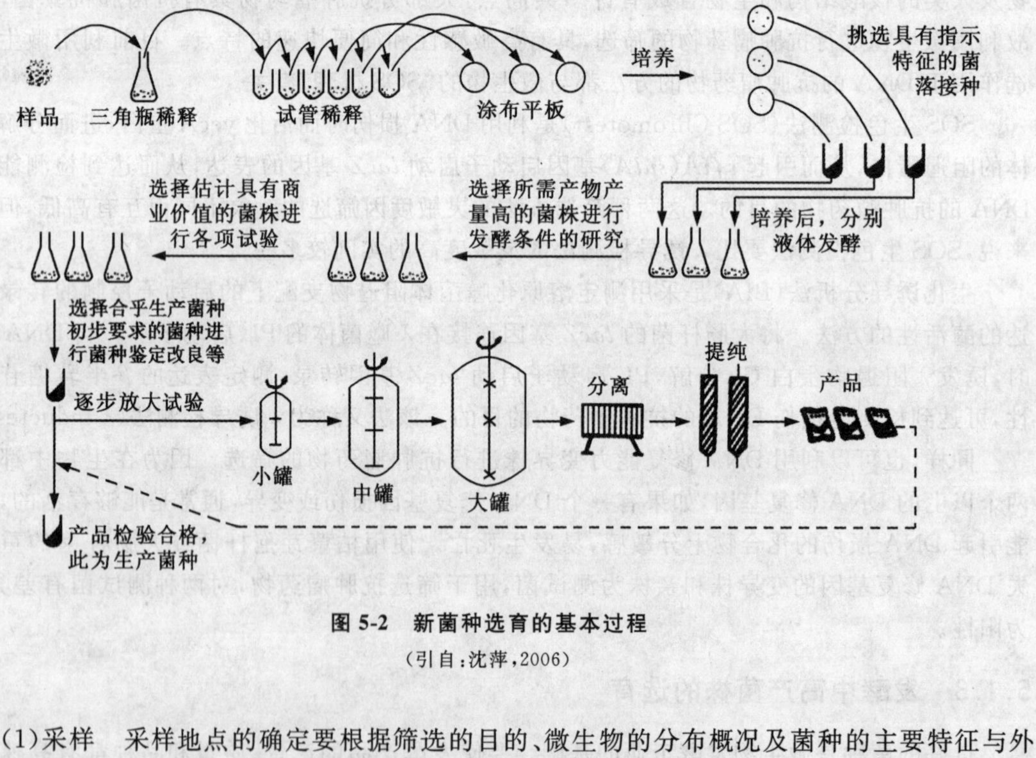

图5-2 新菌种选育的基本过程

(引自：沈萍，2006)

(1)采样 采样地点的确定要根据筛选的目的、微生物的分布概况及菌种的主要特征与外界环境关系等，进行综合、具体的分析来决定。如果预先不了解某种生产菌的具体来源，一般可从土壤中分离。采土方法多在选好地点后，用小铲去除表土，取离地面5～15 cm处的土壤几十克，盛入预先消毒好的牛皮纸袋或塑料袋中，扎好，记录采样时间、地点、环境情况等，以备考查。

(2)增殖培养　增殖培养就是给混合菌群提供一些有利于所需菌株生长或不利于其他菌型生长的条件,以促使所需菌株大量繁殖,从而有利于分离它们。收集到的样品,如含所需菌种较多,可直接进行分离。如果样品含所需菌种很少,就要设法增加该菌的数量,进行增殖(富集)。例如,筛选纤维素酶产生菌时,以纤维素作为唯一碳源进行增殖培养,使得不能分解纤维素的菌不能生长;筛选脂肪酶产生菌时,以植物油作为唯一碳源进行增殖培养,能更快更准确地将脂肪酶产生菌分离出来。

(3)纯种分离　通过增殖培养还不能得到微生物的纯种,生产菌在自然条件下通常是与各种菌混杂在一起的,所以有必要进行分离纯化,才能获得纯种。目前,分离方法种类很多,常用的有划线法和稀释法。

(4)筛选及生产性能的测定　经过分离培养,在平板上出现很多单个菌落,通过菌落形态观察,选出所需菌落,然后取菌落的一半进行菌种鉴定,对于符合目的菌特性的菌落,可将之转移到试管斜面纯培养。这种从自然界中分离得到的纯种菌株称为野生型菌株,它只是筛选的第一步,所得菌种是否具有生产上的实用价值,能否作为生产菌株,还必须采用与生产相近的培养基和培养条件,通过三角瓶的容量进行小型发酵试验,以求得适合于工业生产用菌种。如果此野生型菌株产量偏低,达不到工业生产的要求,可以留作菌种选育的出发菌株。

(5)毒性试验　自然界的一些微生物在一定条件下将产生毒素,为了保证食品的安全性,凡是与食品工业有关的菌种,除啤酒酵母、脆壁酵母、黑曲霉、米曲霉和枯草杆菌无须作毒性试验外,其他微生物均需通过两年以上的毒性试验。

5.1.3.2 微生物的诱变育种

利用物理、化学因素处理微生物细胞群体,促使其中少数细胞的遗传物质的分子结构发生改变,从而引起菌体发生遗传性的变异,再用合理的筛选方法从菌群中筛选出少数具有优良性状的菌株,这种育种方法称为诱变育种。诱变育种促进微生物突变频率大幅度提高,在生产实践或科学实验中具有重要的意义。从自然界直接分离的菌种,一般而言,其发酵活力往往是比较低的,不能达到工业生产的要求,因此要根据菌种的形态、生理上的特点,改良菌种。以微生物的自然变异为基础的生产选种的几率并不高,因为这种变异率太小,仅为 $10^{-10}\sim10^{-6}$。为了加大其变异率,诱变育种成为国内外提高菌种产量、性能的主要手段。当今发酵工业所使用的高产菌株,几乎都是通过诱变育种而大大提高了生产性能。诱变育种除能提高产量外,还可达到改进产品质量、扩大品种和简化生产工艺等目的,故仍是目前使用最广泛的育种手段之一。

(1)诱变育种的过程　诱变育种的具体操作环节很多,且常因工作目的、育种对象和操作者的安排而有所差异,但其中最基本的环节却是相同的。

诱变育种的基本环节包括:诱变出发菌的选择,出发菌种的纯化、悬浮培养,对培养好的菌种计数,诱变剂处理,诱变菌种的初筛,复筛。突变性能的细菌悬浮液诱变处理后,提高产量的变异株为少数,还需大量的筛选,才能获得所需的高产菌种。

(2)诱变育种的一般性原则　①挑选优良的出发菌株。出发菌株是指用于育种的起始菌株。一般选取具有:高产、生长速度快、营养要求粗放、产孢子早而多等有利性状的菌株。②选择简便有效的诱变剂。在选用理化因子作诱变剂时,在同样效果下,应选用最方便的因素;而在同样方便的情况下,则应选择最高效的因素。在物理诱变剂中,尤以紫外线为最方便;而在化学诱变剂中,以烷化剂为最有效。③处理单孢子(细胞)菌悬液。在诱变育种中,所处理的细胞必须是单孢子或单细胞悬液状态。其原因是一方面分散状态的细胞可以均匀接触诱变剂;另一方面又可避免长出不纯菌落。在某些微生物中,即使用这种单细胞悬液来处理,还是很容易出现不纯菌落,这是由于在许多微生物的细胞内同时含有几个核的缘故。④选用最适剂量。各种诱变剂有不同的剂量表示方式。剂量一般指强度与作用时间的乘积。化学诱变剂常以一定温度下诱变剂的浓度和处理时间来表示。由于诱变剂是用来提高突变率、扩大产量变异的幅度和使产量变异向正突变的方向移动,因此,凡在提高诱变率的基础上,既能扩大变异幅度,又能促使变异移向正变范围的剂量,就是合适的剂量。⑤充分利用复合处理的协同效应。诱变剂的复合处理常呈现一定的协同效应。复合处理有几种方式:一是两种或多种诱变剂的先后使用;二是同一种诱变剂的重复使用;三是两种或多种诱变剂的同时使用。⑥设计或采用高效筛选方案或方法。在实际工作中,一般认为应采用把筛选过程分为初筛与复筛两个阶段的筛选方案为好。前者以量(选留菌株的数量)为主,后者以质(测定数据的精确度)为主。初筛可在平板上进行,也可在摇瓶中进行,两者各有利弊,复筛必须在摇瓶中进行,并作精确测定。

5.1.3.3 微生物的杂交育种

杂交育种是指将两个基因型不同的菌株经细胞的互相连接、细胞核融合,随后细胞核进行减数分裂,遗传性状会出现分离和重新组合的现象,产生具有各种新性状的重组体,然后经分离和筛选,获得符合要求的生产菌株。尽管一些优良菌种的选育主要是采用诱变育种的方法,但是某一菌株长期使用诱变剂处理后,其生活能力一般要逐渐下降,如生长周期延长、孢子量减少、代谢减慢、产量增加缓慢、诱变因素对产量基因影响的有效性降低等。因此,常采用杂交育种的方法继续优化菌株。另外,由于杂交育种是选用已知性状的供体和受体菌种作为亲本,因此不论在方向性还是自觉性方面,都比诱变育种前进了一大步,所以它是微生物菌种选育的另一重要途径。但由于杂交育种的方法复杂,工作进度慢,因此还很难像诱变育种那样得到普遍的推广和应用。

5.1.3.4 原生质体育种

原生质体育种技术主要有原生质体融合、原生质体转化、原生质体诱变育种等。原生质体融合育种是基因重组的一种重要方法,由于它具有一系列的特点,所以目前已为国内外微生物育种学者所广泛研究和应用。

由于细胞壁是微生物细胞之间进行物质交换的主要障碍之一,用一些方法将细胞壁去除后在高渗条件下形成类似球形的原生质体,在原生质体融合时又加入融合促进剂聚乙二醇(PEG)和 Ca^{2+},所以微生物原生质体间的杂交频率明显高于常规杂交法,霉菌与放线菌已达 $10^{-2}\sim10^{-1}$,细菌与酵母已达 $10^{-6}\sim10^{-5}$。原生质体融合受接合型或致育型的限制较小,二亲株中任何一株都可能起受体或供体的作用,因此有利于不同种属间微生物的杂交。已报道的丝状真菌种间的原生质体融合主要是曲霉属和青霉属,属间原生质体融合主要在酵母中实现。

原生质体融合育种的步骤是:标记菌株的筛选和稳定性验证,原生质体制备,等量原生质体加聚乙二醇促进融合,涂布于再生培养基再生出菌落,选择性培养基上划线生长、分离验证、挑取融合子进行生产性能筛选。

5.1.3.5 分子育种

分子育种是应用基因工程手段进行。通过基因工程技术改造后的菌株被称为“工程菌”。

近年来，工程菌已逐渐应用在了微生物发酵生产。相关知识见基因工程章节。

5.1.4　菌种的保藏与复壮

5.1.4.1　菌种的保藏

菌种保藏是进行微生物学研究、微生物育种工作的重要组成部分。其任务首先是使菌种不致死亡，同时还要尽可能设法把菌种的优良特性保持下来而不致向坏的方面转化。

(1)菌种保藏的原理　菌种保藏主要是根据菌种的生理、生化特点，人工创造条件使孢子或菌体的生长代谢活动尽量降低，以减少其变异。一般可通过保持培养基营养成分在最低水平缺氧状态，干燥和低温，使菌种处于“休眠”状态，抑制其繁殖能力。一种好的保藏方法首先应能长期保持菌种原有的优良性状不变，同时还需考虑到方法本身的简便和经济，以便生产上能推广使用。

(2)菌种保藏的方法　①斜面低温保藏法。将菌株接种于合适斜面培养基上，待生长好后置于 4℃冰箱保藏，每隔一定时间进行移接培养后再将新斜面继续保藏。这种保藏方法简单，存活率高，易于推广，经常使用的菌种可采用这种方法。其缺点是菌种仍有一定强度的代谢活动条件，保存时间不长，而且传代多，因此菌种容易产生变异。②石蜡油封保藏法。在无菌条件下，将已灭菌的液体石蜡倒入培养成熟的菌种斜面上，油层高出斜面上端 1 cm，使培养物与空气隔绝，然后垂直放于室温或冰箱内保藏即可。这种方法也比较简便，且保藏时间一般可长达1年以上，适于保存部分霉菌、酵母菌、放线菌，但对某些厌氧性细菌保存效果差，特别不适用于某些能分解烃类的微生物。③冷冻干燥法。在低温下迅速将细胞冻结以保持细胞结构的完整，然后在真空下使水分升华，这样菌种的生长和代谢活动处于极低水平，不易发生变异和死亡，因而能长期保存，一般为 5～10 年。保存时需加入一些保护剂，如脱脂牛奶、血清等，以提高存活率，降低变异率。该方法广泛适用于细菌(有芽孢和无芽孢的)、酵母、霉菌孢子、放线菌孢子和病毒等的保存，是目前广泛采用的一种方法。其缺点是操作复杂，要求严格，需有一定的设备条件。④超低温保藏法。将要保藏的菌密封于含有 10%甘油或二甲基亚砜保护剂的试管或安瓿管中，然后将其放入超低温冰箱中于－70℃下保藏。该法简便易行，保藏效果较好。目前，由于超低温冰箱的使用已较普及，所以菌种的超低温保藏法在生产企业和研究机构已得到广泛应用。

5.1.4.2　微生物菌种的衰退与复壮

(1)微生物菌种的衰退和防止　菌种在培养或保藏过程中，由于自发突变的存在，出现某些原有优良生产性状的劣化、遗传标记的丢失等现象，称为菌种的衰退。菌种衰退不是突然发生的，而是从量变到质变的逐步演变过程。开始时，在群体细胞中仅有个别细胞发生自发突变(一般均为负变)，不会使群体菌株性能发生改变。经过连续传代，群体中的负变个体达到一定数量，发展成为优势群体，从而使整个群体表现为严重的衰退。经分析发现，引起菌种退化的原因主要有以下几种：①基因突变。菌种衰退的主要原因是有关基因的负突变。如果控制产量的基因发生负突变，则表现为产量下降；如果控制孢子生成的基因发生负突变，则产生孢子的能力下降。表型延迟现象也会造成菌种衰退。如在诱变育种过程中，经常会发现某菌株初筛时产量较高，进行复筛时产量却下降了。此外，质粒脱落也可导致菌种衰退，这在抗生素生产中较多，不少抗生素的合成是受质粒控制的。当菌株细胞由于自发突变或外界条件影响(如高温)，致使控制产量的质粒脱落或者核内 DNA 和质粒复制不一致，即 DNA 复制速度超过质粒，经多次传代后，某些细胞中就不具有对产量起决定作用的质粒，这类细胞数量不断提高达到优势，则菌种表现为衰退。②连续传代。连续传代是加速菌种衰退的另一个重要原因。一方面，传代次数越多，发生自发突变(尤其是负突变)的几率越高；另一方面，传代次数越多，群体中个别的衰退型细胞数量增加并占据优势越快，致使群体表型出现衰退。③不适宜的培养和保藏条件。不适宜的培养和保藏条件是加速菌种衰退的又一个重要原因。不良的培养条件如营养成分、温度、湿度、pH、通气量等和保藏条件如营养、含水量、温度、氧气等，不仅会诱发衰退型细胞的出现，还会促进衰退细胞迅速繁殖，在数量上大大超过正常细胞，造成菌种衰退。

鉴于以上原因，为了防止菌种的衰退，在生产与保存菌种时要做到以下几点：一是合理的育种；二是选择合适的培养基，创造良好的培养条件；三是控制传代次数；四是利用不同类型的细胞进行传代；五是选择合适的保藏方法。

(2)退化菌种的复壮　使衰退的菌种重新恢复原来的优良特性，称为复壮。常用的方法是对已退化菌株用一定培养条件进行单细胞分离纯化，从而限制退化菌株在数量上占优势，最后淘汰已退化菌落而使原菌株得以复壮。例如用高剂量 UV 或再配以低剂量亚硝基胍(NTG)对退化菌株进行处理，可得到较多的纯菌落。又如选择一种对退化型菌株细胞核具有更大杀伤力的诱变剂亦可使原菌株得到复壮，但这工作量不亚于新突变株的诱变育种。

5.2 发酵工程中的培养基

培养基是提供微生物生长繁殖和生物合成各种代谢产物需要的多种营养物质的混合物。培养基的成分和配比，对微生物的生长、发育、代谢、产物积累及发酵工业的生产工艺都有很大的影响。

5.2.1 培养基的成分

培养基的成分大致分为碳源、氮源、无机盐、微量元素、特殊生长因子、前体、促进剂和水等。

5.2.1.1 碳源

碳源是构成菌体细胞和代谢产物的主要元素，是提供微生物生命活动所需能量的原料。常用的碳源有糖类、油脂、有机酸、低碳醇和碳氢化合物。由于不同的菌种所含的酶系统不完全相同，所以各种菌种对不同碳源的利用速率和效率也不一样。

(1)糖类　发酵工程中常用的糖类根据化学结构可以分为单糖(如葡萄糖、果糖)、双糖(如蔗糖、麦芽糖)、多糖(如淀粉、纤维素)。

葡萄糖是碳源中最易利用的糖，大部分微生物都能利用葡萄糖。它是微生物加速生长的速效糖，但是过多的葡萄糖会过分加速菌体的呼吸，以至培养基中的溶解氧不能满足需要，使一些中间代谢物不能完全氧化而积累在菌体或培养基中，如丙酮酸、乳酸、乙酸等导致 pH 下降，影响某些酶的活性，导致微生物的生长和产物的合成受到抑制。

糖蜜是生产糖时的结晶母液，它是甘蔗糖厂或甜菜糖厂的副产物。它含有较丰富的糖、氮素化合物、无机盐和维生素，总糖量可达 50%～60%，蔗糖是其的主要成分。它是发酵工业物美价廉的原料。

马铃薯、小麦、玉米淀粉及其水解物也是发酵中常用的碳源，它们一般都要经过菌体产生的胞外酶水解成单糖后再被吸收利用。

(2)油脂　霉菌和放线菌还可以利用油脂作碳源。当培养液中糖类缺乏或发酵至某一阶段时，在霉菌和放线菌发酵过程油脂既能消泡又有补充碳源的作用。但利用油脂作为糖源时，必须提供充足的氧气，否则会由于有机酸的积累，而导致 pH 下降，抑制了微生物的生长和产物的积累。

(3)有机酸、低碳醇和碳氢化合物　某些有机酸、醇在单细胞蛋白、氨基酸、维生素、麦角碱和某些抗生素的发酵生产中也可作为碳源使用(有的是作补充碳源)。此外，许多石油产品(碳氢化合物)作为微生物发酵的主要原材料正在深入研究和推广之中，如用正十六烷作碳源发酵生产谷氨酸。

5.2.1.2　氮源

氮源是构成微生物细胞物质或代谢产物中氮素来源的营养物质。常用的氮源包括有机氮源和无机氮源两大类。

(1)有机氮源　有机氮源含有丰富的蛋白质、多肽和游离氨基酸。微生物可以利用氨基酸和其他有机氮化合物中的各种不同结构的碳架来合成生命所需要的蛋白质和其他细胞物质。有些微生物对氨基酸有特殊的需要。如在生产红霉素的发酵过程中加入缬氨酸可以提高红霉素的产量。在发酵工业中由于氨基酸价格相对昂贵，所以生产中不直接加入氨基酸，而是借助有机氮源来获得所需。如在赖氨酸的生产中借用黄豆水解液代替甲硫氨酸和苏氨酸来提高赖氨酸的产量。生产中常用的有机氮源有黄豆饼粉、花生饼粉、棉子饼粉、玉米浆、蛋白胨、酵母粉、鱼粉、非菌丝体、蚕蛹粉等。

(2)无机氮源　微生物对无机氮源的吸收利用一般比有机氮源快，称为迅速利用的氮源，被吸收利用后会产生酸性或碱性物质，在生产中常利用该功能来稳定或调整发酵过程中的 pH 值。如在制液体曲时，用 $NaNO_3$ 做氮源，菌丝长得粗壮，培养时间短，且糖化力强，其原因是 $NaNO_3$ 产生的 NaOH 可中和曲霉生产中所释放的酸，使 pH 稳定在工艺要求的范围内。生产中常用的无机氮源有氨水、硫酸铵、氯化铵、硝酸盐等。

5.2.1.3　无机盐和微量元素

微生物的生长、繁殖和产物形成需要各种无机盐类如磷酸盐、硫酸盐、氯化钠、氯化钾，以及微量元素如镁、铁、钴、锌、锰等。其生理功能包括：构成菌体原生质的成分(磷、硫等)；作为酶的组成成分或维持酶的活性(镁、铁、锰、锌、钴等)；调节细胞的渗透压和影响细胞膜的通透性(氯化钠、氯化钾等)；参与产物的生物合成等。

5.2.1.4　生长因子

生长因子是一类微生物维持正常生活不可缺少，但细胞自身不能合成的微量有机化合物，包括维生素、氨基酸、嘌呤和嘧啶的衍生物以及脂肪酸等。大多数维生素是辅酶的组成成分，没有它们，酶就无法发挥作用。各种微生物对外源氨基酸的需要是不相同的，取决于它们自身合成氨基酸的能力。凡是微生物自身不能合成的氨基酸，一般需以游离氨基酸或小分子肽的形式供应。而嘌呤、嘧啶及其衍生物的主要功能是构成核酸和辅酶。酵母膏、牛肉膏、蛋白胨和一些动植物组织的浸液，如心脏、肝、番茄和蔬菜的浸液，都是生长因子的丰富来源。

5.2.1.5　产物形成的诱导物、前体和促进剂

发酵过程中通常要添加一些有助于产物的形成，而对菌体生长影响不大的前体、诱导剂、促进剂等代谢调节物质。微生物许多胞外酶的合成需要适当的诱导物存在。前体是指被菌体

直接用于产物合成而自身结构无显著改变的物质，如合成青霉G的苯乙酸，合成红霉素的丙酸等。当前体物质的合成是产物合成的限制因素时，添加前体能增加这些产物的产量，并在某种程度上控制生物合成的方向。在有些发酵过程中，添加某些促进剂能刺激菌株的生长，提高发酵产量，缩短发酵周期。在四环素发酵中加入溴化钠和2-巯基苯丙噻唑，能抑制金霉素的生物合成，同时增加四环素产量。

5.2.1.6 水和消沫剂

水是培养基的主要组成成分。它既是构成菌体细胞的主要成分，又是一切营养物质传递的介质，而且它还直接参与许多代谢反应。由于水是许多化学物质的良好溶剂，不同来源的水将对发酵产生影响。因此水的质量对微生物的生长繁殖和产物合成有着很重要的作用。发酵中使用的水有深井水、自来水和地表水。

消沫剂可以消除发酵中产生的泡沫，防止逃液和染菌，保证生产的正常运转。常用的消沫剂有植物油脂、动物油脂和一些化学合成的高分子化合物。发酵生产时，根据生产菌种的生理特性和地域情况确定较为理想的消沫剂。

5.2.2 培养基的类型

培养基的种类繁多，根据培养基的物质来源、状态、用途可以分为以下几大类型。

5.2.2.1 根据营养物质来源分类

根据营养物质的来源不同，培养基可分为：天然培养基、合成培养基和半合成培养基。

(1)天然培养基　天然培养基是用营养丰富的天然有机物配制而成。如木屑、稻草、麦粒、米糠、蔗渣、棉子壳和动植物浸出液(土豆煎汁、麦芽汁、牛肉膏)等都是配制天然培养基的原料。这些有机物来源广、价格低廉、使用方便，发酵工业中普遍使用这类培养基。

(2)合成培养基　合成培养基是用已知化学成分的各类营养物质定量配制而成的。适用于专门的营养生理等研究，生产上使用较少。但在生产某些疫苗的过程中，为了防止异性蛋白等杂质混入，常用合成培养基。

(3)半合成培养基　半合成培养基是指在天然培养基中，添加一些已知成分的营养物质。在生产上应用也较多。

5.2.2.2 根据培养基质的物理性状分类

根据培养基状态不同，可将培养基分为：固体、液体和半固体培养基。

(1)固体培养基　固体培养基有两类：一是将液体培养基加入凝固剂(如琼脂)，制成常见的试管斜面或培养皿平板。这种培养基多用于菌种的分离、纯化或扩大保存；另一类是利用天然纤维物质或固形物，如木屑、秸秆、棉子壳、废棉、土壤、畜粪等，加入适量的辅助营养料和水配制而成的培养基，常见于有子实体的真菌类的生产。

(2)半固体培养基　这类培养基配制后呈软膏状，国外有部分应用，国内生产上很少用。

(3)液体培养基　在液体培养基中，90%以上是水，其中配有可溶性的或不溶性的营养成分，是发酵工业大规模使用的培养基，它有利于氧和物质的传递。

5.2.2.3 根据用途分类

依据培养基在发酵生产中的用途，可将培养基分成孢子培养基、种子培养基和发酵培养基等。

(1)孢子培养基　孢子培养基是供制备孢子用的。要求此种培养基能使微生物形成大量的优质孢子,但不能引起菌种变异。一般来说,孢子培养基中的基质浓度(特别是有机氮源)要低些,否则将影响孢子的形成。无机盐的浓度要适量,否则影响孢子的数量和质量。孢子培养基的组成因菌种不同而异。生产中常用的孢子培养基有麸皮培养基,大(小)米培养基,由葡萄糖(或淀粉)、无机盐、蛋白胨等配制的琼脂斜面培养基等。

(2)种子培养基 种子培养基是供孢子发芽和菌体生长繁殖用的。营养成分应是易被菌体吸收利用的,同时要比较丰富与完整。其中氮源和维生素的含量应略高些,但总浓度以略稀薄为宜,以便菌体的生长繁殖。常用的原料有葡萄糖、糊精、蛋白胨、玉米浆、酵母粉、硫酸铵、尿素、硫酸镁、磷酸盐等。培养基的组成随菌种而改变。发酵中种子质量对发酵水平的影响很大,为使培养的种子能较快适应发酵罐内的环境,在设计种子培养基时要考虑与发酵培养基组成的内在联系。

(3)发酵培养基 发酵培养基是供菌体生长繁殖和合成大量代谢产物用的。要求此种培养基的组成丰富完整,营养成分的浓度和黏度适中,利于菌体的生长,进而合成大量的代谢产物。发酵培养基的组成要考虑菌体在发酵过程中的各种生化代谢的协调,在产物合成期,使发酵液 pH 不出现大的波动。

5.2.3 培养基配置的原则

5.2.3.1 目的明确

配制培养基首先要明确培养目的,要培养什么微生物?是为了得到菌体还是代谢产物?是用于实验室还是发酵生产?根据不同的目的,配制不同的培养基。

培养细菌、放线菌、酵母菌、霉菌所需要的培养基是不同的。在实验室中常用牛肉膏蛋白胨培养基培养异养细菌,培养特殊类型的微生物还需特殊的培养基。自养型微生物有较强的合成能力,所以培养自养型微生物的培养基完全由简单的无机物组成。异养型微生物的合成能力较弱,所以培养基中至少要有一种有机物,通常是葡萄糖。有的异养型微生物需要多种生长因子,因此常采用天然有机物为其提供所需的生长因子。如果为了获得菌体或作种子培养基用,一般来说,培养基的营养成分宜丰富些,特别是氮源含量应高些,以利于微生物的生长与繁殖。如果为了获得代谢产物或用作发酵培养基,则所含氮源宜低些,使微生物生长不致过旺而有利于代谢产物的积累。在有些代谢产物的生产中还要加入作为它们组成部分的元素或前体物质,如生产维生素 B_{12} 时要加入钴盐,在金霉素生产中要加入氯化物,生产苄青霉素时要加入其前体物质苯乙酸。

5.2.3.2 营养协调

培养基应含有维持微生物最适生长所必需的一切营养物质。但更为重要的是,营养物质的浓度与配比要合适。营养物质浓度过低不能满足其生长的需要,过高又抑制其生长。例如,适量的蔗糖是异养型微生物的良好碳源和能源,但高浓度的蔗糖则抑制微生物生长。金属离子是微生物生长所不可缺少的矿质养分,但浓度过大,特别是重金属离子,反而抑制其生长,甚至产生杀菌作用。

各营养物质之间的配比,特别是碳氮比(C/N)直接影响微生物的生长繁殖和代谢产物的积累。C/N 比一般指培养基中元素碳和元素氮的比值,有时也指培养基中还原糖与粗蛋白的含量之比,不同的微生物要求不同的 C/N 比。如细菌和酵母菌培养基中的 C/N 比约为5/1,

霉菌培养基中的C/N比约为10/1。在微生物发酵生产中,C/N比直接影响发酵产量,如谷氨酸发酵中需要较多的氮作为合成谷氨酸的氮源,若培养基C/N比为4/1,则菌体大量繁殖,谷氨酸积累少;若培养基C/N比为3/1,则菌体繁殖受抑制,谷氨酸产量增加。

此外,还须注意培养基中无机盐的量以及它们之间的平衡,生长因子的添加也要注意比例适当,以保证微生物对各生长因子的平衡吸收。

5.2.3.3 理化适宜

微生物的生长与培养基的pH、氧化还原电位、渗透压等理化因素关系密切。配制培养基应将这些因素控制在适宜的范围内。

(1)pH　各大类微生物一般都有其生长适宜的pH范围。如细菌为7.0～8.0,放线菌为7.5～8.5,酵母菌为3.8～6.0,霉菌为4.0～5.8,藻类为6.0～7.0,原生动物为6.0～8.0。但对于某一具体的微生物菌种来说,其生长的最适pH范围常会大大突破上述界限。微生物在生长、代谢过程中,会产生改变培养基pH的代谢产物,若不及时控制,就会抑制甚至杀死其自身。因此,在设计此类培养基时,要考虑培养基成分对pH的调节能力。这种通过培养基内在成分所起的调节作用,可称为pH的内源调节。内源调节主要有2种方式:①借磷酸缓冲液进行调节。例如调节K_2HPO_4和KH_2PO_4两者浓度比即可获得pH 6.4～7.2间的一系列稳定的pH,当两者为等摩尔浓度比时,溶液的pH可稳定在6.8。②以$CaCO_3$作"备用碱"进行调节。$CaCO_3$在水溶液中溶解度很低,故将它加入至液体或固体培养基中并不会提高培养基的pH,但当微生物生长过程中不断产酸时,却可以溶解$CaCO_3$,从而发挥其调节培养基pH的作用。如果不希望培养基有沉淀,有时可添加$NaHCO_3$。与内源调节相对应的是外源调节,这是一类按实际需要不断从外界流加酸液或碱液,以调整培养液pH的方法。

(2)氧化还原电位　各种微生物对培养基的氧化还原电位要求不同。一般好氧微生物生长的Eh(氧化还原势)值为+0.3～+0.4 V,厌氧微生物只能生长在+0.1 V以下的环境中。好氧微生物必须保证氧的供应,这在大规模发酵生产中尤为重要,需要采用专门的通气措施。厌氧微生物则必须除去氧,因为氧对它们有害。所以,在配制这类微生物的培养基时,常加入适量的还原剂以降低氧化还原电位。常用的还原剂有巯基乙酸、半胱氨酸、硫化钠、抗坏血酸、铁屑等。也可以用其他理化手段除去氧。发酵生产上常采用深层静置发酵法创造厌氧条件。

(3)渗透压和水活度　多数微生物能忍受渗透压较大幅度的变化。培养基中营养物质的浓度过大,会使渗透压太高,使细胞发生质壁分离,抑制微生物的生长。低渗溶液则使细胞吸水膨胀,易破裂。配制培养基时要注意渗透压的大小,要掌握好营养物质的浓度。常在培养基中加入适量的NaCl以提高渗透压。在实际应用中,常用水活度表示微生物可利用的游离水的含水量。

5.2.3.4 经济节约

配制培养基特别是大规模生产用的培养基时还应遵循经济节约的原则,尽量选用价格便宜、来源方便的原料。在保证微生物生长与积累代谢产物需要的前提下,经济节约原则大致有:"以粗代精"、"以野代家"、"以废代好"、"以简代繁"、"以烃代粮"、"以纤代糖"、"以氮代朊"、"以国(产)代进(口)"等方面。

5.2.4 最佳培养基的确定

由于发酵培养基成分众多，且各因素常存在交互作用，很难建立理论模型，因此，许多实验技术和方法都在发酵培养基优化上得到应用，如生物模型、单因子法、全因子法、部分因子法、响应面分析法等。但每一种实验设计都有它的优点和缺点，不可能只用一种试验设计来完成所有的工作。通常把几种试验方法结合起来进行优化，以减少实验工作量，并得到比较理想的结果。

培养基的优化通常包括以下几个步骤：①所有影响因子的确认；②影响因子的筛选，确定各个因子的影响程度；③根据影响因子和优化的要求，选择优化策略；④实验结果的数学或统计分析，以确定其最佳条件；⑤最佳条件的验证。

5.3 种子的扩大培养

种子扩大培养是指将保存冷冻干燥管中处于休眠状态的生产菌种接入试管斜面活化后，再经过扁瓶或摇瓶及种子罐逐级放大培养而获得一定数量和质量的纯种过程。

目前工业规模的发酵罐容积已达到几十立方米或几百立方米。如按 10%左右的种子量计算，就要投入几立方米或几十立方米的种子。要从保藏在试管中的微生物菌种逐级扩大为生产用种子是一个由实验室制备到车间生产的过程。其生产方法与条件随不同的生产品种和菌种种类而异。如细菌、酵母菌、放线菌或霉菌生长的快慢，产孢子能力的大小及对营养、温度、需氧等条件的要求均有所不同。因此，种子扩大培养应根据菌种的生理特性，选择合适的培养条件来获得代谢旺盛、数量足够的种子。这种种子接入发酵罐后，将使发酵生产周期缩短，设备利用率提高。总之，种子液质量的优劣对发酵生产起着关键性的作用。

发酵生产过程中的种子必须满足以下条件：菌种生长活力强，移种至发酵罐后能迅速生长，迟缓期短；生理性状稳定，能保持稳定的生产能力；菌体总量及浓度能满足大容量发酵罐的要求；无杂菌污染。

5.3.1 种子的制备过程

在发酵生产过程中，种子制备的过程大致可分为两个阶段：实验室种子制备阶段和生产车间种子制备阶段（图 5-3）。

5.3.1.1 实验室种子的制备

首先将保藏在冷冻干燥管或斜面中的菌种经无菌操作接入适合于孢子发芽或营养体（菌丝体或单细胞）生长的斜面培养基中，经培养基成熟后挑选菌落正常的孢子或营养体再一次接入试管斜面，反复培养几次，这个阶段成为菌种的活化。活化的目的是使储藏的菌种达到正常稳定的生长代谢阶段。然后将斜面活化的菌种进一步扩大培养。

根据菌种特性的不同，可以采用以下两种扩大培养方式。

①对于产孢子能力强的及孢子发芽、生长繁殖快的菌种，可以采用固体培养基培养孢子，孢子可直接作为种子罐的种子，这样操作简便，不易污染杂菌。以生产 α-淀粉酶的枯草杆菌 BF7658 为例，采用马铃薯琼脂固体培养液（20%马铃薯煎出液，5 mg/L $MgSO_4 \cdot 7H_2O$，2%琼脂，pH 6.7～7），取适量装入 250 mL 茄子瓶中灭菌，摆成斜面后接入少许斜面试管芽孢，

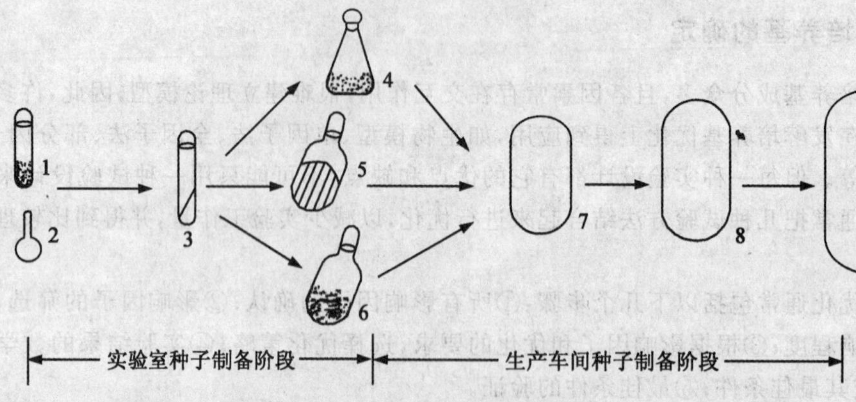

1—沙土孢子;2—冷冻干燥孢子;3—斜面孢子;4—摇瓶液体孢子;5—茄子瓶斜面培养;6—固体培养基培养;7、8—种子罐培养;9—发酵罐

图 5-3 种子扩大培养流程图

(引自:刘如林,1995)

37℃培养 3 d,然后将芽孢悬浮液接种至种子罐。

②对于产孢子能力不强或孢子发芽慢的菌种,可以用液体培养法。例如生产啤酒的酵母菌一般保存在麦芽汁琼脂或 MYPG 培养基的斜面上,于 4℃冰箱内保藏。每年移种 3~4 次。将保存的酵母菌种接入含 10 mL 麦芽汁的 500~1 000 mL 三角瓶中,再于 25℃培养 2~3 d 后,再扩大至含有 250~500 mL 麦芽汁的 500~1 000 mL 三角瓶中,再于 25℃培养 2 d 后,移种至含有 5~10 L 麦芽汁的卡氏培养罐中,于 15~20℃培养 3~5 d 即可作 100 L 麦芽汁的发酵罐种子。从三角瓶到卡氏培养罐培养期间,均需定时摇动或通气,使酵母菌液与空气接触,以利于酵母菌的增殖。

5.3.1.2 生产车间种子制备

为了使实验室中有限的菌体发芽、生长并繁殖成大量菌体,接入发酵罐能迅速生长,以便菌体的增殖和产物的合成,实验室制备的孢子或液体种子要移种至种子罐扩大培养。种子罐的培养基虽因不同菌种而异,但其总的一个原则是采用易被菌体利用的成分,如葡萄糖、玉米浆、磷酸盐等。如果是需氧菌,同时还需供给足够的无菌空气,并不断搅拌,使菌(丝)体在培养液中均匀分布,获得相同的培养条件。

(1)种子罐级数的确定　种子罐级数是指制备种子需逐级扩大培养的次数。级数的多少取决于菌种生长特性、孢子发芽及菌体繁殖速度以及所采用发酵罐的容积。对于生长快的细菌种子用量比较少,级数也较少。如在谷氨酸生产中,采用茄子瓶斜面或摇瓶种子罐于 32℃培养 7~10 h,菌浓度达 10^8~10^9 个/mL 时,可作为种子接入发酵罐,这称为一级种子罐扩大培养,也称二级发酵。对于生长较慢的细菌,级数就要增多,如在青霉素的生产中,将孢子悬浮液接入一级种子罐,37℃下培养 40 h 后,孢子发芽,产生菌丝,再移植含有新鲜培养基的二级种子罐,27℃下培养 10~24 h,菌体迅速繁殖,获得粗壮菌丝体时,就可作为种子接入发酵罐,这称为二级种子罐扩大培养,也称三级发酵。若在小型发酵罐中进行试验,也有采用直接孢子或菌体接入罐中发酵的,这称为一级发酵。

虽然种子罐级数随产物的品种及生产规模而定,但也与所选用工艺条件有关。如改变种子罐的培养条件，加速了孢子发芽及菌体的繁殖，也相应地减少了种子罐的级数。

种子罐级数越少越有利于简化工艺和控制，减少染菌机会。但种子级数太少，接种量小，使得发酵时间延长，发酵罐的生产率降低，增加了染菌机会。所以要综合考虑，尽量缩短由于种子发芽和生长所占用的非生产时间，延长发酵罐生产产物的时间，以提高发酵罐的生产率。

(2)接种龄与接种量　接种龄是指种子罐中培养的菌丝体开始移入下一级种子罐或发酵罐时的培养时间。通常接种龄以菌丝处于生命极为旺盛的对数生长期，且培养液中菌体尚未达到最高峰时较为合适。对于年轻的种子接入发酵罐后往往会出现前期生长缓慢，整个发酵周期延长，过老的种子会引起生产能力下降而菌丝过早自溶。不同品种或同一品种而工艺条件不同，其接种龄是不一样的，一般要通过多次试验来确定。

接种量是指移入的种子液体积和接种后培养液体积的比例。接种量的大小决定于生产菌种在发酵罐中生长繁殖的速度。采用较大的接种量可以缩短发酵罐中菌丝繁殖达到高峰的时间，并可减少杂菌的生长机会。但接种量过大或者过小，均会影响发酵。过大会引起溶氧不足，影响产物合成；过小会延长培养时间，降低发酵罐的生产率。

5.3.2　种子质量的控制措施

种子质量的最终指标是考察其在发酵罐中所表现出来的生产能力。因此，首先必须保证生产菌种的稳定性；其次是提供种子培养的适宜环境，保证无杂菌侵入，以获得优良种子。在生产过程中通常进行菌种稳定性的检查和无杂菌检查。

5.3.3　谷氨酸发酵菌种的扩大培养(实例)

5.3.3.1　菌种扩大培养工艺流程

斜面菌种→一级种子培养→二级种子培养→发酵罐

5.3.3.2　斜面菌种的培养

菌种的斜面培养必须有利于菌种生长而不产酸，并要求斜面菌种绝对纯，不得混有任何杂菌和噬菌体，培养条件应有利于菌种繁殖，培养基以多含有机氮而不含或少含糖为原则。

(1)斜面培养基组成　葡萄糖 0.1%，蛋白胨 1.0%，牛肉膏 1.0%，氯化钠 0.5%，琼脂 2.0%～2.5%，pH 7.0～7.2。

(2)培养条件　33～34℃，培养 18～24 h。

5.3.3.3　一级种子培养

一级种子培养的目的在于大量繁殖活力强的菌体，培养基组成应以少含糖分、多含有机氮为主，培养条件从有利于长菌考虑。

(1)培养基组成　葡萄糖 2.5%，尿素 0.5%，硫酸镁 0.04%，磷酸氢二钾 0.1%，玉米浆 2.5%～3.5%(按质增减)，硫酸亚铁、硫酸锰各 2 mg/L，pH 7.0。

(2)培养条件　用 1 000 mL 三角瓶装入培养基 200 mL，灭菌后置于冲程 7.6 cm、频率 96 次/min 的往复式摇床上振荡培养 12 h，培养温度 33～34℃。

(3)一级种子质量要求　种龄：12 h；pH：6.4±0.1；光密度：净增 OD 值 0.5 以上；残糖：0.5%以下；无菌检查：(－)；噬菌体检查：(－)；镜检：菌体生长均匀、粗壮，排列整齐；革兰氏阳性反应。

5.3.3.4 二级种子培养

为了获得发酵所需要的足够数量的菌体，在一级种子培养的基础上进而扩大到种子罐的二级种子培养。种子罐容积大小取决于发酵罐大小和种量比例。

(1)培养基组成(表 5-1)

(2)培养条件　接种量：0.8%～1.0%；培养温度：32～34℃；培养时间：7～8 h；通风量：50 L 种子罐 1∶0.5，搅拌转速 340 r/min；250 L 种子罐 1∶0.3，搅拌转速 300 r/min；500 L 种子罐 1∶0.25，搅拌转速 230 r/min。

(3)二级种子的质量要求　种龄：7～8 h；pH：7.2 左右；OD 值净增 0.5 左右；无菌检查：(－)；噬菌体检查：(－)。

表 5-1　培养基组成

培养基组成/%	T6-13	B9	T738	AS1.299
水解糖	2.5	2.5	2.5	2.5
玉米浆	2.5～3.5	2.5～3.5	2.5～3.5	2.5
磷酸氢二钾	0.15	0.15	0.2	0.1
硫酸镁	0.04	0.04	0.05	0.04
尿素	0.4	0.4	0.5	0.5
Fe^{++}(mg/L)	2	2	2	2
Mn^{++}(mg/L)	2	2	2	2
pH	6.8～7.0	6.8～7.0	7.0	6.5～6.8

5.4 发酵罐

发酵罐是进行微生物大规模培养的设备。它为微生物的物质代谢提供了适宜的环境，使微生物能更好地生长，并能更多地获得微生物或其代谢的目的产物。一个优良的发酵装置应具有严密的结构；良好的液体混合性能；对温度、压力有较高的耐受力；罐内应抛光，尽量减少死角，便于清洗，避免染菌；同时，要有配套而又可靠的检测及控制仪表。

根据微生物好氧、厌氧的特性，发酵罐分为厌氧发酵罐与好氧发酵罐。根据搅拌方式的不同，好氧发酵设备又可分为机械搅拌式发酵罐和通风搅拌式发酵罐。

5.4.1 厌氧发酵罐

严格的厌氧液体发酵的主要特色是排除发酵罐中的氧。罐内的发酵液应尽量装满，以便减少上层气相的影响，有时还需充入无氧气体。发酵罐的排气口要安装水封装置，培养基应预先还原。此外，厌氧发酵需使用大剂量接种(一般接种量为总操作体积的 10%～20%)，使菌体迅速生长，减少其对外部氧渗入的敏感性。酒精、丙酮、丁醇、乳酸和啤酒等都是采用液体厌氧发酵工艺生产的。具有代表性的厌氧发酵设备如酒精发酵罐和用于啤酒生产的锥底立式发酵罐。

5.4.1.1 酒精发酵罐

酒精发酵罐筒体为圆柱形。底盖和顶盖均为碟形或锥形的立式金属容器。罐顶装有 CO_2

出口、进料管、接种管、压力表、各种测量仪表接口管及供观察清洗和检修罐体内部的人孔等。罐底装有排料口和排污口。对于大型发酵罐，为了便于维修和清洗，往往在近罐底也装有人孔。罐身上下部装有取样口和温度计接口。罐圆柱体直径与高比为 1∶(2～2.5)(图 5-4)。

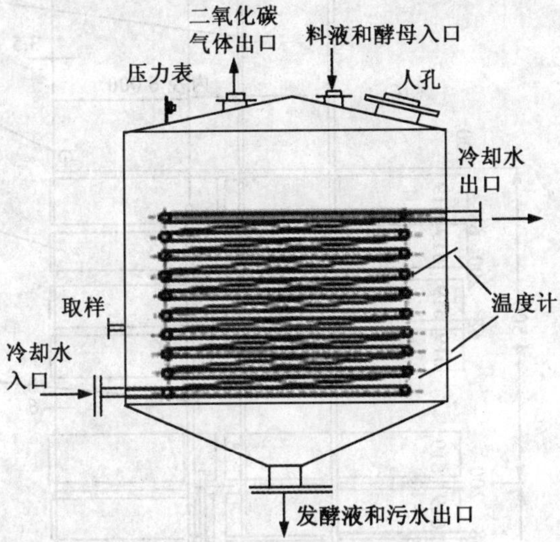

图 5-4　酒精发酵罐的结构示意图

(引自：贺小贤，2005)

酒精发酵罐通常采用以下冷却装置：①中小型发酵罐：多采用罐顶喷水淋于罐外壁表面进行膜状冷却；②大型发酵罐：由于罐外壁冷却面积不能满足冷却要求，所以，罐内装有冷却蛇管或罐内蛇管和罐外壁喷洒联合冷却装置。此外，也有采用罐外列管式喷淋冷却的方法，该法具有冷却发酵液均匀、冷却效率高等优点。

5.4.1.2　啤酒发酵罐

现代啤酒发酵中应用最为普遍的是圆柱锥底形发酵罐，它由圆筒罐身、锥形罐底、冷却夹套、保温层及底门、操作阀、排气安全阀、CO_2 入口管、充气气管、防真空安全阀、洗罐装置、视镜和检测控制系统组成。其中罐材料采用碳钢加涂料或不锈钢两种材料制成。用以抵抗啤酒发酵时产生的酸性物质的腐蚀。罐高度(H)和直径(D)的比例一般为(1.5～6)∶1，常用(3～4)∶1。发酵罐锥底角，考虑到发酵中酵母自然沉降最有利，取排出角为 73°～75°(一定体积沉降酵母在锥底中占有最小比表面积时摩擦力最小)。发酵罐容积为 60～600 m^3 不等(图 5-5)。

先进的冷却夹套均采用换热片式(爆炸成型)一次性冷媒直接蒸发式换热，由于一次性冷媒(如氨蒸发温度为－4～－3℃，蒸发后的压力在 1.0～1.2 MPa)，所以换热片需耐高压。国内大多用低温低压(－3℃、0.03 MPa)液态冷媒在半圆管、弧形管的夹套，或米勒板式夹套内流动换热。需要注意的是由于啤酒冰点温度为－2.7～－2.0℃，为了防止啤酒在罐内局部结冰，冷媒温度应在－3℃左右。

圆柱锥底形发酵罐发酵与传统发酵相比，有很多优点，如：①由于发酵基质(麦汁)和酵母对流获得强化，使发酵加速；②发酵可以大部分或全部在户外，而且罐数、罐总容积减少，厂房投资节省；③发酵冷却是直接冷却发酵罐和酒液，而且冷却介质在强制循环下，传热系数高，节省了冷耗；④发酵罐清洗、消毒可依赖 CIP 自动程序清洗消毒，工艺卫生更易得到保证。

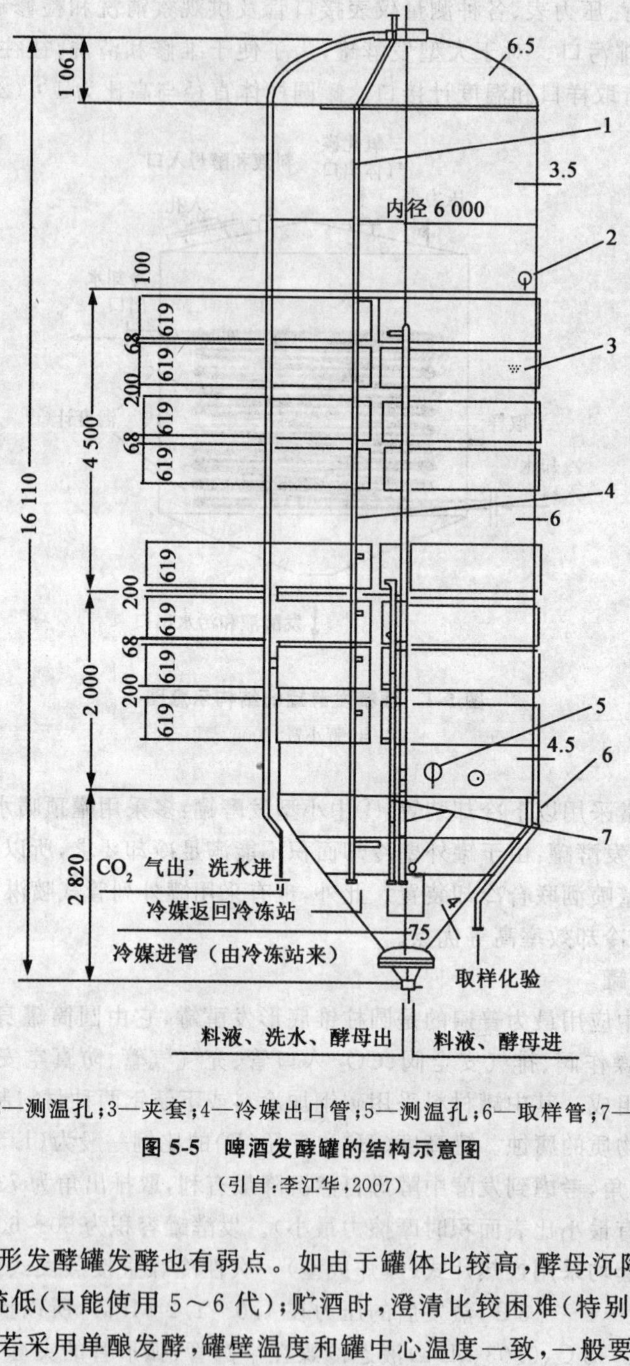

1—通气口；2—测温孔；3—夹套；4—冷媒出口管；5—测温孔；6—取样管；7—冷媒进口管

图 5-5 啤酒发酵罐的结构示意图

（引自：李江华，2007）

当然，圆柱锥底形发酵罐发酵也有弱点。如由于罐体比较高，酵母沉降层厚度大，酵母泥使用代数一般比传统低（只能使用 5～6 代）；贮酒时，澄清比较困难（特别在使用非凝聚性酵母），过滤必须强化；若采用单酿发酵，罐壁温度和罐中心温度一致，一般要 5～7 d 以上，短期贮酒不能保证温度一致。这些在啤酒生产时要特别注意。

5.4.2 好氧发酵罐

5.4.2.1 机械搅拌通用式发酵罐

机械搅拌通用式发酵罐是指既具有机械搅拌又有压缩空气分布装置的发酵罐。由于这种形式的罐是目前大多数发酵工厂最常用的，所以称为“通用式”。罐体各部有一定的比例，罐身的高度一般为罐直径的 1.5～4 倍。发酵罐为封闭式，一般都在一定罐压下操作，罐顶和罐底采用椭圆形或碟形封头。为便于清洗和检修，发酵罐设有手孔或人孔，甚至爬梯，罐顶还装有视镜和灯孔以便观察罐内情况。此外，还有各式各样的接管。装于罐顶的接管有：进料口、补料口、排气口、接种口和压力表等；装于罐身的接管有：冷却水进出口、空气进口、温度和其他测控仪表的接口。取样口则视操作情况装于罐身或罐顶。现在很多工厂在不影响无菌操作的条件下将接管加以归并，如进料口、补料口和接种口用一个接管。放料可利用通风管压出，也可在罐底另设放料口（图 5-6）。

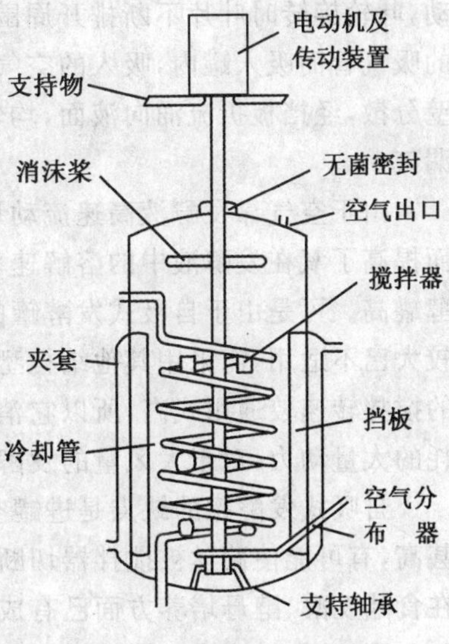

图 5-6 机械搅拌通用式发酵罐

（引自：刘如林，1995）

发酵罐有夹套、竖式蛇管、竖式排管等形式的换热装置。当发酵罐容积在 5 m^3 以下时，发酵罐一般采用外夹套作为换热装置，其优点是结构简单，罐内死角少，容易清洗灭菌；缺点是传热壁较厚，冷却水流速低，降温效果差。当发酵罐容积大于 5 m^3 时，发酵罐常采用竖式蛇管或竖式排管作为传热装置。其优点是水流速快，降温速度快。缺点是冷却水温偏高时，降温困难。

发酵罐内设置机械搅拌装置，它首要的作用是打碎空气气泡，增加气液接触面积，以提高气液间的传质速率。其次是为了使发酵液充分混合，液体中的固形物料保持悬浮状态。通用式发酵罐大多采用涡轮式搅拌器。为了避免气泡在阻力较小的搅拌器中心部位沿着轴周边上升逸出，在搅拌器中央常带有圆盘。常用的圆盘涡轮搅拌器有平叶式、弯叶式和箭叶式三种，叶片数量一般为 6 个，少至 3 个，多至 8 个。对于大型发酵罐，在同一搅拌轴上需配置多个搅拌器。搅拌轴一般从罐顶伸入罐内，但对容积 100 m^3 以上的大型发酵罐，也可采用下伸轴。为防止搅拌器运转时液体产生漩涡，在发酵罐内壁需安装挡板。挡板的长度自液面起至罐底部为止，其作用是加强搅拌，促使液体上下翻动和控制流型，消除涡流。竖式冷却蛇管等装置也能起一定的挡板作用。

通用式发酵罐内的空气分布管是将无菌空气引入到发酵液中的装置。空气分布装置有单孔管及环形管等形式，装于最低一挡搅拌器的下面，喷孔向下，以利于罐底部分液体的搅动，使固形物不易沉积于罐底。空气由分布管喷出，上升时被转动的搅拌器打碎成小气泡并与液体混合，加强了气液的接触效果。

发酵液中含有大量的蛋白质等发泡物质，在强烈的通气搅拌下将会产生大量的泡沫，导致发酵液外溢和增加染菌机会。消除发酵液泡沫除了可加入消沫剂外，在泡沫量较少时，可采用机械消沫装置来破碎泡沫。简单的消沫装置为耙式消泡桨，装于搅拌轴上，齿面略高于液面。消泡桨的直径为罐径的 0.8%～0.9%，以不妨碍旋转为原则。由于泡沫的机械强度较小，当少量泡沫上升时，耙齿就可以把泡沫打碎。也可制成半封闭式涡轮消泡器，泡沫可直接被涡轮打碎或被涡轮抛出撞击到罐壁而破碎，常用于下伸轴发酵罐，消泡器装于罐顶。

5.4.2.2 自吸式发酵罐

自吸式发酵罐罐体的结构大致上与通用式发酵罐相同，主要区别在于搅拌器的形状和结构不同。自吸式发酵罐使用的是带中央吸气口的搅拌器。搅拌器由从罐底向上伸入的主轴带动，叶轮旋转时叶片不断排开周围的液体使其背侧形成真空，于是将罐外空气通过搅拌器中心的吸气管而吸入罐内，吸入的空气与发酵液充分混合后在叶轮末端排出，并立即通过导轮向罐壁分散，经挡板折流涌向液面，均匀分布。空气吸入管通常用一端面轴封与叶轮连接，确保不漏气。

由于空气靠发酵液高速流动形成的真空自行吸入，气液接触十分良好，气泡分散较细，从而提高了氧在发酵液中的溶解速率。据报道，在相同空气流量的条件下，溶氧系数比通用式发酵罐高。可是由于自吸式发酵罐的吸入压头和排出压头均较低，习惯用的空气过滤器因阻力较大已不适用，需采用其他结构型式的高效率、低阻力的空气除菌装置。另外，自吸式发酵罐的搅拌转速较通用式高，所以它消耗的功率比通用式大，但实际上由于节约了空气压缩机所消耗的大量动力，对于大风量的发酵，总的动力消耗还是减少的。

自吸式发酵罐的缺点是进罐空气处于负压，因而增加了染菌机会；其次是这类罐搅拌转速甚高，有可能使菌丝被搅拌器切断，影响菌体的正常生长。所以，在抗生素发酵上较少采用，但在食醋发酵、酵母培养方面已有成功使用的实例。

5.4.2.3 气升式发酵罐

气升式发酵罐是利用空气喷嘴喷出高速的空气，空气以气泡式分散于液体中，在通气的一侧液体平均密度下降，而在不通气的一侧液体密度较大，这与通气侧的液体产生密度差，从而形成发酵罐内液体的环流。气升式发酵罐有多种形式，较常见的有内循环管式、外循环管式、拉力筒式和垂直隔板式。外循环环式的循环管设计在罐体外部，内循环管是两根，设计在罐体内部。罐内液面不高于循环管出口，且不低于环流出口。气升式发酵罐的优点是能耗低，液体中的剪切作用小，结构简单。在同样的能耗下，其氧传递能力比机械搅拌通气发酵罐要高得多。该设备可广泛用于抗生素、氨基酸、酶制剂、维生素、有机酸等好氧性发酵过程。在化工方面可用于气-液、气-液-固反应过程。在环保方面可用于污水处理。

5.5 发酵过程

微生物发酵的生产水平不仅取决于生产菌种本身的性能，而且要赋予合适的环境条件才能使它的生产能力充分表达出来。为此，我们必须通过各种研究方法了解有关生产菌种对环境条件的要求，如培养基、培养温度、pH、氧的需求等，并深入地了解生产菌在合成产物过程中的代谢调控机制以及可能的代谢途径，为设计合理的生产工艺提供理论基础。同时，为了掌握菌种在发酵过程中的代谢变化规律，可以通过各种监测手段如取样测定随时间变化的菌体浓度，糖、氮消耗及产物浓度，以及采用传感器测定发酵罐中的培养温度、pH、溶解氧等参数的情况，并予以有效的控制，使生产菌种处于产物合成的优化环境之中。

5.5.1 微生物代谢产物类型

微生物生命活动过程能合成各种各样的代谢产物。根据代谢产物与微生物生长的关系，代谢产物可分为两大类：一类是初级代谢产物，由微生物代谢产生，是微生物自身生长繁殖所必需的，如氨基酸、核苷酸、蛋白质、多糖等。另一类是次级代谢产物，由微生物代谢产生，但不是生长所必需的，如抗生素、生物碱、色素等。这两种产物对产生菌的生长繁殖作用不同，但是它们的生物合成途径相互联系，次级代谢产物基本上由微生物代谢产生的中间产物和初级代谢产物合成。

5.5.2 发酵操作方式

代谢变化是反映发酵过程中菌体的生长、发酵参数(培养基,培养条件等)和产物形成速率三者间的关系。了解生产菌种在具有合适的培养基、pH、温度和通气搅拌等环境条件下对培养基的利用、细胞的生长以及产物合成的代谢变化,有利于人们对生产的控制。

发酵过程中的代谢变化规律可以通过代谢曲线来反映。将发酵过程中微生物菌体生长、发酵参数和产物形成之间的关系随时间的变化绘制成图就是代谢曲线。

微生物发酵的操作方式不同,代谢变化规律也不同。根据微生物发酵的操作方式的不同,发酵过程主要有分批发酵、连续发酵和补料发酵三种类型。

5.5.2.1 分批发酵

分批发酵是指将营养物和菌种一次加入发酵罐进行培养,直到发酵结束。在这一过程中,除了氧气、消泡剂及控制 pH 的酸或碱外,不再加入任何其他物质。其全过程包括发酵过程空罐灭菌、加入灭菌的培养基(或实罐灭菌)、接种、培养的诱导、发酵过程、放罐和洗罐(图 5-7)。所用时间的总和为一个发酵周期。在分批发酵过程中,微生物的生长变化表现出典型的生长周期:培养基在接种后,在一段时间内细胞浓度的增加不明显,这一阶段为延滞期。延滞期是细胞在新的培养环境中表现出来的一个适应阶段,工业生产要求尽量缩短延滞期,这可以通过适当的种子和接种量达到。然后是一个短暂的加速期,细胞开始大量繁殖,很快到达对数生长期。这个时期培养基的营养物质比较充足,有害代谢物很少,是种子接种的最佳时期。随着细胞的大量繁殖,培养基中的营养物质迅速消耗,加上有害代谢物的积累,细胞的生长速度逐渐下降,进入减速期。因营养物质耗尽或有害物质大量积累,使细胞浓度不再增大,这一阶段为静止期或稳定期。在此阶段,细胞的浓度达到最大值,菌体代谢活跃,有许多的次级代谢产物

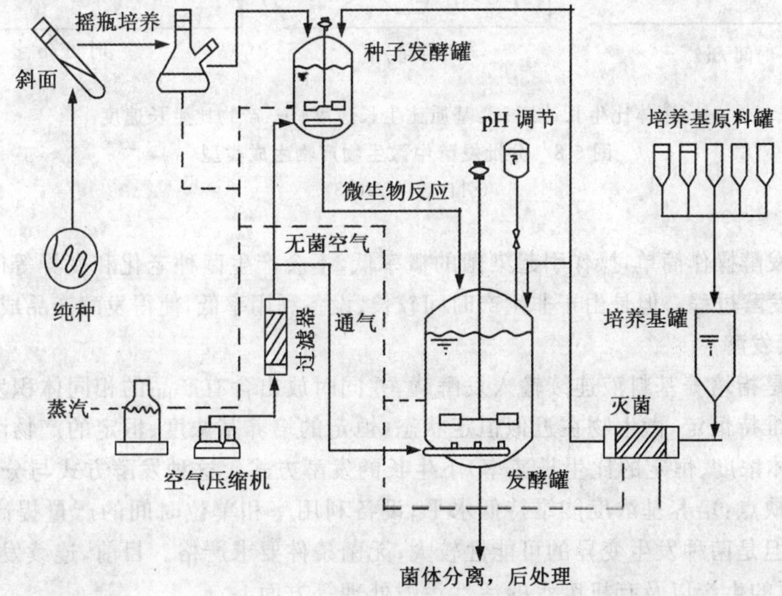

图 5-7 典型的分批发酵工艺流程

(引自:刘如林,1995)

在此期内合成，因此又称为分化期。最后由于环境恶化，细胞开始死亡，活细胞浓度不断下降，这一阶段为衰亡期。大多数分批发酵在到达衰亡期前就结束了。

在分批培养中，根据发酵产物生成是否与菌体生产呈同步，微生物产物生成分为三种类型：与生长相关联型、与生长部分相关联型、与生长非关联型。

(1)与生长相关联型　与生长相关联型是指微生物的比生长速度(单位重量微生物在单位时间的生长速度，一般用 μ 表示)与目的产物的比生产速度(单位质量微生物在单位时间的目的产物生产速度，一般用 q_p 表示)成正比。一般发酵产物是初级代谢产物，菌体生长与产物形成不分开。所以，在发酵生产中，宜采用有利于细胞生长的培养条件，延长与产物合成有关的对数生长期(图 5-8)。例如单细胞蛋白和葡萄糖酸的发酵。

(2)与生长部分相关联型　产物也来源于能量代谢所消耗的培养基，但产物的形成在与初级代谢分开的次级代谢中，出现两个峰，菌体生长进入稳定期，出现产物形成高峰(图 5-8)。例如，柠檬酸和某些氨基酸的发酵。

(3)与生长非关联型　产物是在培养基消耗和菌体生长之后，菌体利用中间代谢反应来形成的，即产物的形成和初级代谢是分开的。产物的形成速度与生长无关，只与细胞积累量(图 5-8)。所以，发酵生产时，宜缩短对数生长期，并迅速获得足够量的菌体细胞后延长平衡期，以提高产量。如抗生素发酵。

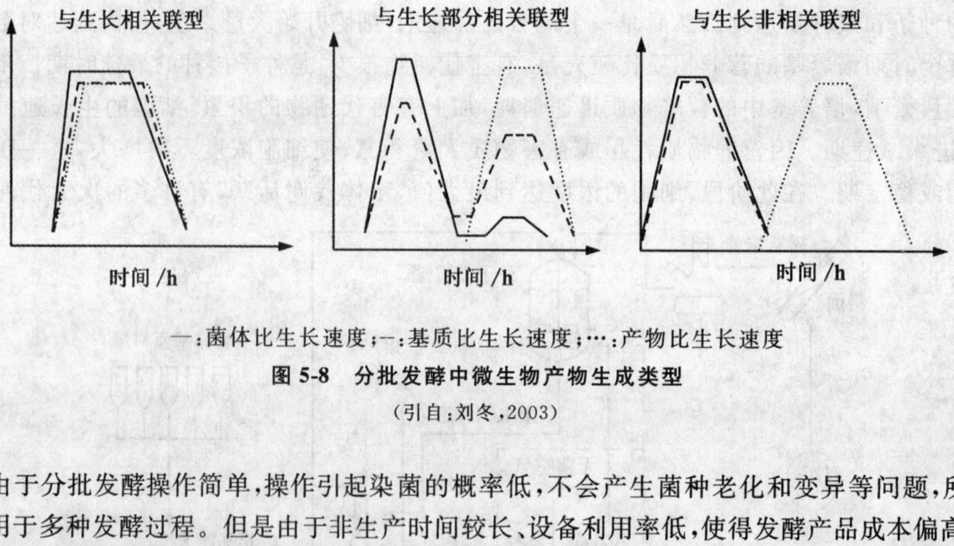

—：菌体比生长速度；--：基质比生长速度；…：产物比生长速度

图 5-8　分批发酵中微生物产物生成类型

(引自：刘冬，2003)

由于分批发酵操作简单，操作引起染菌的概率低，不会产生菌种老化和变异等问题，所以被广泛用于多种发酵过程。但是由于非生产时间较长、设备利用率低，使得发酵产品成本偏高。

5.5.2.2　连续发酵

连续发酵是指培养基料液连续输入发酵罐，并同时放出含有产品的相同体积发酵液，使发酵罐内料液量维持恒定，微生物在近似恒定状态(恒定的培养基浓度、恒定的产物浓度、恒定的 pH、恒定的菌体浓度、恒定的比生长速率)下生长的发酵方式。这种发酵方式与分批发酵方式相比有以下优缺点：培养基浓度能维持低水平；设备利用率和单位时间的产量提高；便于生产的自动控制。但是菌种发生变异的可能性较大；无菌条件要求严格。目前，连续发酵主要用在面包酵母、啤酒的生产以及有机废水的活性污泥处理等方面。

5.5.2.3　补料分批发酵

补料分批发酵又称半连续发酵或流加分批发酵，是指在分批发酵过程中，间歇或连续地补加新鲜培养基的发酵方式。这种发酵方式跟上述两种发酵方式相比有以下优、缺点：能使发酵系统中维持很低的培养基浓度;和连续发酵比、不需要严格的无菌条件;不会产生菌种老化和变异等问题。但是存在一定的非生产时间;和分批发酵比,中途要流加新鲜培养基,增加了染菌的危险。目前,补料发酵技术被应用在单细胞蛋白、氨基酸、维生素等产品的生产中。随着研究工作的深入及微机在发酵过程自动控制中的应用,该技术将发挥出逐渐巨大的优势。

5.5.3 发酵工艺的控制

微生物发酵时受菌种活性及环境条件制约的生化反应过程,在选育得到优良微生物菌种的前提下,发酵过程的控制对发酵产品高产、稳产起着至关重要的作用。由于发酵过程的复杂性,使得生产过程的控制较为复杂。过程控制的参数较多,可以分为生物参数(包括菌丝形态、菌体浓度等)、物理参数(包括温度、压力、搅拌转速、搅拌功率、空气流量、黏度、浊度、料液流量等)和化学参数(包括 pH、培养基浓度、溶解氧浓度、氧化还原电位、产物的浓度、废气中的氧、二氧化碳的浓度等)。

5.5.3.1 温度对发酵的影响及其控制

(1)温度对发酵的影响 微生物发酵所用的菌体绝大多数是中温菌,如霉菌、放线菌和一般细菌。它们的最适生长温度一般在 20～40℃。温度会影响各种酶反应的速率,改变菌体代谢产物的合成方向,影响微生物的代谢调控机制,影响发酵液的理化性质,进而影响发酵的动力学特性和产物的生物合成。在发酵过程中,需要维持适当的温度,才能使菌体生长和代谢产物的合成顺利进行。

(2)影响发酵温度变化的因素 发酵温度的变化是由发酵热决定的。发酵热($Q_{发酵}$)是发酵过程中释放的静热量。它包括:①生物热($Q_{生物}$)。在发酵过程中,菌体不断地利用营养物质,将其分解氧化释放能量,其中一部分能量供细胞生长繁殖和形成代谢产物,其余部分能则以热的形式散发出来,这就是生物热。②搅拌热($Q_{搅拌}$)。机械搅拌通气发酵罐,由于机械搅拌带动发酵液进行运动,造成液体之间、液体与设备之间的摩擦力作用,产生可观的热量,称为搅拌热。③蒸发热($Q_{蒸发}$)。通气时,发酵液因水分蒸发而带走的热量称为蒸发热。④辐射热($Q_{辐射}$)。因发酵液温度与环境温度不同,发酵液部分热量通过罐体向外辐射,这部分热量称为辐射热。

因此,发酵过程中发酵热为:

$$Q_{发酵}=Q_{生物}+Q_{搅拌}+Q_{蒸发}+Q_{辐射}$$

由于 $Q_{生物}$、$Q_{蒸发}$ 等在发酵过程中随时间变化,因此发酵热在整个发酵过程中也随时间变化,引起发酵温度发生波动。为了使发酵能在一定温度下进行,要设法进行控制。

(3)温度的控制 ①最适温度的选择。在菌体生长阶段,应选择最适菌体生长的温度;在发酵产物分泌阶段,应选择最适生产产物的温度。发酵温度可以根据不同菌种、不同产品进行选择。②温度的控制。工业生产上所用的大发酵罐在发酵过程中一般不需要加热,因发酵中释放了大量的发酵热,需要冷却的情况较多。利用自动控制或手动调整的阀门,将冷却水通入发酵罐的夹层或蛇行管中,通过热交换来降温,保持恒温发酵。如果气温较高(特别是我国南方的夏季气温),冷却水的温度又高,致使冷却效果很差,达不到预定的温度,就可采用冷冻盐水进行循环式降温,以迅速降到最适温度。因此,大工厂需要建立冷冻站,提高冷却能力,以保证在正常温度下进行发酵。

5.5.3.2 pH 对发酵的影响及其控制

(1)pH 对发酵的影响　pH 对微生物生长繁殖及代谢产物的形成及积累有很大影响。主要表现在以下几方面：pH 过高过低都会影响酶的活性，当 pH 值抑制菌体中某些酶的活性时，会阻碍菌体的新陈代谢，影响代谢产物的生成；pH 影响微生物细胞膜所带电荷的状态，改变细胞膜的渗透性，影响微生物对营养物的吸收和代谢产物的排泄；pH 影响培养基中某些组分的解离，进而影响微生物对这些成分的吸收；pH 不同，还影响营养物的物理状态、对氧的溶解等物理状态。因此，发酵过程中要正确调整和控制 pH。

(2)发酵过程 pH 的变化　在发酵过程中，随着菌种对培养基中碳、氮源的利用，随着有机酸和氨基酸的积累，会使 pH 产生一定的变化。在菌体生长阶段，菌体产生蛋白酶水解培养基中的蛋白质，生成铵离子，使 pH 上升至碱性；随着菌体量增多，铵离子的消耗也增多，另外糖利用过程中有机酸的积累使 pH 下降；在发酵的生产阶段，pH 趋于稳定。在菌体自溶阶段，随着养分的耗尽，菌体蛋白酶的活跃，培养液中氨基氮增加，致使 pH 又上升，此时菌体趋于自溶而代谢活动终止。由此可见，在适合于菌生长及合成产物的环境条件下，菌体本身具有一定的调节 pH 的能力，但是当外界条件变化过于剧烈，菌体就失去了调节能力，培养液的 pH 就会波动。

(3)引起发酵液 pH 异常波动的因素　引起发酵液 pH 下降的因素主要有以下几点：①培养基中碳、氮比例不当。碳源过多，特别是葡萄糖过量，或者中间补糖过多加上溶氧不足，致使有机酸大量积累而使 pH 下降。②消泡剂加得过多。③生理酸性物质的存在，如硫酸铵作为无机氮源，铵离子被利用，使 pH 下降。能引起发酵液 pH 上升的因素有：①培养基中碳、氮比例不当，氮源过多，氨基氮释放，使 pH 上升。②生理碱性物质存在。③中间补料氨水和尿素等碱性物质加入过多。

(4)发酵 pH 的确定和控制　①发酵 pH 的确定。微生物发酵的最适 pH 范围一般在 5～8。最适 pH 是根据实验结果来确定的。首先将发酵培养基调节成不同的出发 pH 进行发酵。在发酵过程中，定时测定和调节 pH，以分别维持出发 pH，或者利用缓冲液来配制培养基来维持。最后观察菌体的生长情况。以菌体生长达到最高值的 pH 为菌体生长的合适 pH。用同样的方法，可测得产物合成的合适 pH 值。由于同一产品的合适 pH 值，与所用的菌种、培养基组成和培养条件有关，所以确定合适发酵 pH 时，要考虑培养温度的影响，若温度提高或降低，合适 pH 也可能发生变动。②pH 的控制。pH 调节和控制的方法应根据实际生产情况加以分析，再做出选择。pH 调节和控制的方法主要有：①调节培养基的原始 pH，或加入缓冲物质，如磷酸钙等，制成缓冲能力强，pH 变化不大的培养基；②在发酵过程中可以补加弱酸（如 $(NH_4)_2SO_4$）或弱碱（如 $NaNO_3$）和补料的方式来控制 pH；③也可以通过调整通气量来控制。

目前，在发酵控制上可以利用 pH 电极在线连续测定发酵液的 pH，并可反馈自动添加酸或碱来调节 pH，把 pH 控制在最适的范围内。

5.5.3.3 溶解氧对发酵的影响及其控制

(1)溶解氧对发酵的影响　溶解氧对发酵的影响分为两方面：一是溶解氧浓度影响与呼吸链有关的能量代谢，从而影响微生物生长；二是氧直接参与产物合成。①溶解氧对微生物自身生长的影响。根据对氧的需求，微生物可分为专性好氧微生物、兼性好氧微生物和专性厌氧微生物。专性好氧微生物把氧作为最终电子受体，通过有氧呼吸获取能量，如霉菌。进行此类微生物发酵时一般应尽可能的提高溶解氧，以促进微生物生长，增大菌体量。兼性好氧微生物的生长不一定需要氧，但如果在培养中供给氧，则菌体生长更好，如在酵母菌发酵生产乙醇时，对溶解氧的控制分两个阶段，初始阶段提供高溶解氧浓度进行菌体扩大培养，后期阶段严格控制溶解氧进行厌氧发酵。厌氧和微好氧微生物能耐受环境中的氧，但它们的生长并不需要氧，这些微生物在发酵生产中应用较少。而对于专性厌氧微生物，氧则可对其显示毒性，如产甲烷杆菌，此时能否限制溶解氧在一个较低值往往成为发酵成败的关键。②溶解氧对发酵产物的影响。对于好氧发酵来说，溶解氧通常既是营养因素，又是环境因素。特别是对于具有一定氧化还原性质的代谢产物的生产来说，溶解氧浓度的改变势必会影响到菌株培养体系的氧化还原电位，同时也会对细胞生长和产物的形成产生影响。例如在黄原胶发酵中，虽然发酵液中的溶氧浓度对菌体生长速率影响不大，但是对菌体浓度达到最大之后的菌体的稳定期的长短及产品质量却有着明显的影响。需氧微生物酶的活性对氧有着很强的依赖性。如在谷氨酸发酵中，高溶氧条件下乳酸脱氢酶(LDH)活性明显比低溶氧条件下的 LDH 酶活低，产酸中后期谷氨酸脱氢酶(GDH)的酶活下降很快，这可能是由于在高溶氧条件下，剧烈的通气和搅拌加剧了菌体的死亡速度和发酵活性的衰减。溶解氧值的高低还会改变微生物代谢途径，以致改变发酵环境甚至使目标产物发生偏离。所以在发酵过程中要把溶解氧浓度值稳定控制在一定的期望值范围内。

(2)溶氧量的控制　微生物发酵中，通入发酵罐内的空气中含有的氧不断溶于培养液中，以供菌体细胞代谢的需要。这种由气态氧转变成溶解氧的过程与液体吸收气体的过程相同，所以可以描述气体溶解于液体的双膜理论的传质公式表示：

$$N=k_{L}a(C^{*}-C_{L})$$

式中，N：体积溶解氧速率(mmol/h)；

C^{*}：溶液中饱和溶解氧浓度(mmol/L)；

C_{L}：溶液主流中的溶解氧浓度(mmol/L)；

k_{L}：以$(C^{*}-C_{L})$为推动力的体积溶氧系数(1/h)；

a：比表面积(单位体积溶液所含有的气液接触面积，m^2/m^3)。

由于 a 很难测定，而 N 及 C^{*}、C_{L} 均易于测量，所以将 $k_{L}a$ 当成一项，称为溶解氧系数，它是表征发酵罐传氧速率大小的参数。

从上述公式可以看出，在发酵过程中，对溶解氧的控制主要集中在氧的溶解和传递两个方面：①控制溶氧量。$(C^{*}-C_{L})$是氧溶解的推动力，控制溶氧量首要因素是控制氧分压(C^{*})。高密度培养往往采用通入纯氧的方式提高氧分压，而厌氧发酵则采用各种方式将氧分压控制在较低水平。如啤酒发酵、麦汁充氧和酵母接种阶段，一般要求氧含量达到 8～10 mg/L；而啤酒发酵阶段，一般啤酒中的含氧量不得超过 2 mg/L。此外，由于氧是难溶气体，一定温度和压力下，氧溶解度有一上限。为此，向发酵液中加入氧载体是提高氧溶解度的一个行之有效的方法。②控制氧传递速率。传递速率主要考虑 $K_{L}a$ 的影响因素。从一定意义上讲，$K_{L}a$ 愈大，好氧生物反应器的传质性能愈好。控制 $K_{L}a$ 的途径可分为操作变量、反应液的理化性质和反应器的结构三个部分。操作变量包括温度、压力、通风量和转速(搅拌功率)等；发酵液的理化性质包括发酵液的黏度、表面张力、氧的溶解度、发酵液的组成成分、发酵液的流动状态、发酵类型等；反应器的结构指反应器的类型、反应器各部分尺寸的比例、空气分布器的形式等。当然，有些因素是相互关联的。

特别注意的是，在培养过程中并不是维持溶氧量越高越好。即使是专性好气菌，过高的溶氧量对生长也不利。过量的氧形成新生氧、超氧化物和过氧化物基，破坏了许多细胞组分，进而破坏了微生物。

5.5.3.4 菌体浓度对发酵的影响及其控制

菌体浓度是指单位体积培养液中菌体的含量。在发酵过程中，菌体浓度的大小，在一定条件下，不仅反映菌体细胞的多少，而且反映菌体细胞生理特性不完全相同的分化阶段。一般来说，菌体浓度越大，产物产率越大，但对于分批培养来说，如果微生物的产物生成与生长不相关联，如果对菌体浓度不加控制，营养物质可能大部分消耗在菌体生长上，到产物生长期时，由于营养物质不足导致产物产量下降。在发酵过程中，菌体浓度增加，培养液的摄氧速率按比例增加，表现黏度增加使氧的传递速率成对数地减少，当摄氧率大于供养速率时，发酵液溶解氧浓度减少，从而成为发酵限制性因素。如酵母早期发酵，溶氧量不足时，会出现代谢途径改变，酵母生长停滞，产生乙醇的现象。

菌体的浓度主要依靠调节培养基的浓度来控制。首先确定基础培养基配方中有个适当的配比，避免产生过浓（或过稀）的菌体量。然后通过中间补料来控制，如当菌体生长缓慢，菌浓太稀时，则可补加一部分磷酸盐，促进生长，提高菌浓度；但补加过多，则会使菌体过分生长，超过临界浓度，对产物合成产生抑制作用。

5.5.3.5 培养基对发酵的影响及其控制

培养基是菌种生长代谢的物质基础，影响着产物的合成，因此培养基的种类和浓度与发酵有着密切的关系，要经过实验来确定其对发酵的作用。

（1）碳源对发酵的影响及控制　在组分上，碳源有快速利用的碳源（如葡萄糖、蔗糖）和慢速利用的碳源（如淀粉）之分。前者能迅速参与菌体生长代谢和产生能量，因此适于长菌；后者为菌体缓慢利用，有利于延长代谢产物的合成。发酵过程中采用混合碳源往往可以起到提高产率的作用。

碳源浓度对发酵也有明显影响。碳源过于丰富，容易引起菌体异常增殖，对菌体的代谢、产物的合成会受到明显的抑制；反之，碳源不足，仅仅供给维持量的碳源，菌体生长和产物合成都会停止。

（2）氮源对发酵的影响及控制　氮源有无机氮源和有机氮源两类，同样也有快速利用氮源（如硫酸铵）和慢速利用氮源（如黄豆粉、花生粉）之分。快速氮源容易被菌体利用来生长。对某些产物的合成，特别是抗生素的合成有调节作用；慢速氮源对延长次级代谢产物的分泌期、提高产物产量有一定好处。

除了培养基中的氮源外，往往还需中途补加氮源来控制浓度，调节 pH，有效提高发酵单位。根据发酵情况，在发酵过程中可以添加氨水、硫酸铵等无机氮源也可以添加酵母粉、尿素、玉米浆等有机氮源。

（3）磷酸盐对发酵的影响及控制　磷是核酸的成分之一，是微生物生长必需的元素，也是合成代谢产物所必需的。由于微生物生长所允许的和合成次级代谢物所允许的磷酸盐浓度相差较大（平均相差几十倍甚至上百倍），因此，要根据具体的发酵过程确定补加磷酸盐的时机和浓度。生产上常用的磷酸盐有磷酸二氢钾等。

5.5.3.6 发酵染菌的影响及其控制

发酵过程是利用某种特定的微生物在一定的环境中进行新陈代谢，从而获得某种产品的工程。现代发酵工业要求纯种培养，不仅种子、培养基、发酵罐、管道等须经严格灭菌除去各种杂菌，而且在需氧发酵中通入的空气也需经过除菌处理。只有这样才能确保生产不受杂菌污染，从而保证生产菌的旺盛生长。发酵过程中，一旦染菌，轻者影响产量或产品质量，重者导致倒罐，甚至停产。工业发酵中污染杂菌造成的损失是十分惊人的，其危害程度随产品的种类、杂菌的种类、染菌发生的时间而有较大差异。

(1)发酵染菌的影响　①染菌对不同发酵过程的影响。由于不同发酵过程使用的菌种不同，发酵的条件不同，发酵产物对杂菌的作用不同，所以染菌造成的危害程度也不同。一般而言，以营养缺陷型微生物为菌种的发酵中菌种带来的危害较大，因为营养缺陷型微生物的生长能力差，培养基营养丰富，一旦染菌，杂菌迅速生长，营养成分消耗抑制了生产菌的生长和代谢。如青霉素发酵过程中，染菌的杂菌大多数能产生青霉素酶，使青霉素迅速被分解破坏，使产物得不到积累。又如在基因工程菌的发酵生产中，由于杂菌的污染带来多种杂蛋白的产生，为下游产物的分离纯化带来困难等。②杂菌的种类对发酵的影响。不同种类的细菌对生长条件的要求不同。当发酵条件正好是杂菌生长的最佳条件时，这类杂菌对生产的危害就较大。如在丝状杆菌的发酵中污染细菌、酵母菌尤为不利。又如在青霉素发酵中，细短产气杆菌杂菌的污染比粗大杆菌杂菌的污染危害要大。③不同染菌时期对发酵的影响。种子培养期间，微生物浓度低，培养基营养丰富，比较容易染菌，如发现染菌，应灭菌后弃去。同时，对种子罐、管道进行检查和彻底灭菌。发酵前期也极易染菌，应特别防止。一旦发现染菌，可重新灭菌，补充营养，重新接种发酵。发酵前期染菌极易造成整批倒罐，损失大，后果严重。发酵中期，由于杂菌大量杂菌繁殖、营养物质的消耗，严重干扰了生产菌的代谢及产物的生成。发酵期间的处理措施不多，补救效果不明显，因而危害性极大，应早发现，早处理。发酵后期，发酵液中的营养物质不多，产物的积累较多，如染菌量不多，可继续发酵。如染菌较多，可考虑提前放罐。

(2)杂菌污染的判断及污染杂菌的处理　①杂菌污染的检查。发酵过程是否染菌应以无菌试验的结果为依据进行判断。在发酵生产过程中，如何及早发现杂菌的污染并及时采取措施加以处理，是避免染菌造成严重经济损失的重要手段。因此，生产上要求能准确、快速地检查出杂菌的污染。目前常用于检查是否染菌的无菌试验方法主要有以下 4 种：a. 显微镜检查，通常用革兰氏染色法。先用低倍镜观察生产菌的特征，然后再用高倍镜观察是否有杂菌存在。根据生产菌与杂菌的特征区别，判断是否染菌。必要时，可进行芽孢染色和鞭毛染色。b. 平板划线培养或斜面培养检查法。c. 肉汤培养检查法。此法常用于检查培养基和无菌空气是否带菌，也可用于噬菌体检查，此时使用生产菌作为指示菌。d. 从发酵过程的异常现象来判断是否染菌，如溶解氧、pH、排气中 CO_2 含量和菌体酶活力等变化来判断。②染菌后的挽救措施。为了减少损失，对被污染的发酵液要根据具体情况采取不同的挽救措施。如果种子培养或种子罐中发现污染，则这批种子就不能再继续扩大培养，因为此时的损失毕竟是很小的。发酵早期染菌可以适当添加营养物质，重新灭菌后再接种发酵。中后期染菌，如果杂菌的生长将影响发酵的正常进行或影响产物的提取时，应该提早放罐。但有些发酵染菌后发酵液中的碳、氮源还较多，如果提早放罐，这些物质会影响后处理提取使产品取不出，此时应先设法使碳、氮源消耗，再放罐提取。

在染菌的发酵液内添加抑菌剂(如小剂量的抗菌素或醛类)用以抑制杂菌的生长也是一种办法。抑菌剂要事先经过试验，确实证明不妨碍生产菌的生长和发酵才能使用，因此，不是所有发酵都能使用抑菌剂。另外也可采用加大接种量的办法，使生产菌的生长占绝对优势排挤和压倒杂菌的繁殖。

有时发酵罐偶尔染菌，原因一时又找不出，一般可以采取以下措施：a. 连续灭菌系统前的料液贮罐。一般在每年 4～10 月份（杂菌较旺盛生长的时间），加入 0.2%甲醛，加热至 80℃，存放处理 4 h，以减少带入培养液中的杂菌数。b. 对染菌的罐，在培养液灭菌前先加甲醛进行空消处理。甲醛用量为 0.12～0.17 L/m^3。c. 对染菌的种子罐可在罐内放入水后进行灭菌，灭菌后水量占罐体的 2/3 以上，这是因为细菌芽孢较耐干热而不耐湿热的缘故。

(3)染菌原因分析　发酵生产中造成染菌的原因很多，主要有：种子带菌、无菌空气带菌、操作失误、灭菌不彻底、设备问题等。在发生染菌后应根据具体情况进行分析，有针对性地采取措施加以杜绝。①染菌时间分析。种子培养阶段染菌通常是种子带菌、灭菌不彻底、接种操作不当、空气过滤气效果不好、设备不好等原因造成；发酵前期染菌通常是种子罐带入、灭菌不彻底、移种操作不当、无菌空气带菌、设备渗漏等原因造成；中期染菌是由无菌空气带菌、中间补料染菌、设备渗漏、杀菌不彻底、泡沫过大顶盖及逃液等造成。②染菌的杂菌种类分析。杂菌是耐热的芽孢杆菌，可能是灭菌不彻底、设备及管道有死角等方面造成染菌；杂菌是不耐热菌，则可能是种子带菌、空气带菌、设备渗漏、管理操作等方面造成；杂菌是霉菌一般可能是操作不当、环境因素引起；污染是绿色菌落，一般是冷却水管渗漏造成。若是多种杂菌污染则是设备渗漏和空气带菌所引起。而要是多罐同时污染同一种菌，则可能是补料问题。③染菌的规模分析。若大批量发酵罐染菌且染菌菌型不一致，可能是种子染菌、空气带菌等；同一罐连续染菌且染菌菌型不一致，可能是空气带菌；若一罐连续染菌，染同一类菌，一般是设备、管路存在死角造成灭菌不彻底；若一罐连续染菌，但染不同类菌，可能是设备渗漏造成。

(4)染菌的预防　发酵过程中一旦污染损失是很严重的，所以发酵染菌主要以预防为主。预防染菌主要从下面几个方面入手：①杜绝种子带菌。所用培养基及用具灭菌要彻底，应防止假压；菌种在转接过程要严格根据转接程序进行；要做好各级菌种的无菌检查。②防止空气带菌。提高空气进风口的质量，减少进口空气含菌数；要合理设计空气净化流程，选择合适的过滤器及过滤介质，介质要灭菌，装填要均匀，避免空气走短路。③培养基和设备灭菌要彻底。发酵培养基必须搅拌均匀，经过滤后方可进罐灭菌，以防混合不均匀、结块，使灭菌不彻底；实罐灭菌时要充分排除罐内空气以防造成假压；连续灭菌时要调节好蒸汽压，防止罐压掉零，导致灭菌不彻底。④严防设备和管道存在“死角”。由于操作、设备结构、安装或人为造成的屏障等原因，引起蒸汽不能有效到达或不能充分到达预定应该到达灭菌的部位称为“死角”。它的存在导致了灭菌的不彻底。常见的设备管道“死角”有：不锈钢衬里破裂造成死角；发酵罐罐底脓疱状积垢；管道安装不当形成死角。鉴于此，与发酵相连的所有管道、接口等都必须采用双面焊接与罐壁连体，罐体内侧的焊点必须用砂轮打磨成圆弧状，防止漏焊和虚焊；管道与法兰的连接也采用双面焊接，法兰的垫片大小适宜相配，过大过小都以滞留结垢；挡板、冷却管支架的设置与焊接应做到易清洁；发酵罐使用一次应及时用高压水枪清洗干净。⑤防止设备渗漏。发酵设备、管道、阀门等由于长期的腐蚀、摩擦和振动等原因，可能会造成渗漏，所以要经常检查，加以防范。

5.5.3.7　泡沫对发酵的影响及其控制

(1)泡沫的形成　在大多数微生物发酵过程中，通气、搅拌以及代谢气体的逸出，再加上培养基中糖、蛋白质、代谢物等表面活性剂的存在，培养液中就形成了泡沫。泡沫的多少与培养基性质、搅拌、通风有关。蛋白质原料如蛋白胨、玉米浆、黄豆粉、酵母粉等是主要的发泡剂。

糊精含量多也引起泡沫的形成。当发酵感染杂菌和噬菌体时,泡沫异常多。

(2)泡沫对发酵的影响　在发酵过程中,有一定数量的泡沫产生是正常现象,它可以增加气液接触面积,导致氧传递速率增加。但是如果有大量的泡沫的产生就会引起许多副作用:①发酵罐的装料系数减少,氧传递系统减小;②增加了菌群的非均一性;③造成大量逃液,增加染菌机会;④严重时通气搅拌无法进行,菌体呼吸受到阻碍,导致代谢异常或菌体自溶;⑤消泡剂的添加将给提取工序带来困难。

(3)泡沫的消除　为将泡沫控制在一定的范围内,生产中需要采取一定的预防和消泡措施。如调整培养基中的成分(如少加或缓加易起泡的原料)或改变某些物理化学参数(如 pH、温度、通气和搅拌)或者改变发酵工艺(如采用分次投料)来控制,以减少泡沫形成的机会;采用菌种选育的方法,筛选不产生流态泡沫的菌种,来消除起泡的内在因素;采用机械消泡或消泡剂来消除已形成的泡沫等。①机械消泡。机械消泡就是利用机械强烈振动或压力变化而使泡沫破裂的一种方法。该方法优点是不需要加入其他物质,减少了染菌机会。缺点是消泡效果不理想,仅可作为消泡的辅助方法。②消泡剂消泡。消泡剂消泡是一种利用化学消泡剂来抑泡或消泡的方法。消泡剂通过降低泡沫液膜的机械强度和液膜的表面黏度达到破裂泡沫的目的。该方法的优点是消泡效果好,作用迅速,用量少,不耗能也不需要改造现有的设备,在现代发酵生产中被广泛运用。理想的消泡剂应具备下列条件:a. 在气-液界面上具有足够大的铺展系数,才能迅速发挥消泡作用,这就要求消泡剂有一定的亲水性;b. 在低浓度时具有消泡活性;c. 具有持久的消泡或抑泡性能,以防止形成新的泡沫;d. 对微生物、人类和动物无毒性;e. 对产物的提取不产生影响;f. 不会在使用、运输中引起任何危害;g. 来源方便,成本低;h. 应该对氧传递不产生影响;i. 能耐高温灭菌。发酵工业中常用的消泡剂有 4 大类:天然油脂类、醇类、硅酮类、氟化烷烃类。其中天然油脂类和醇类在生物发酵中最为常用。

5.5.3.8　发酵终点的判断

无论是初级代谢产物或次级代谢产物发酵,到了末期,菌体的分泌能力都要下降,使产物的生产能力下降或停止,有的生产菌在发酵末期,营养耗尽,菌体衰老而进入自溶,释放出体内的分解酶会破坏已形成的产物。所以微生物发酵终点的判断,对提高产物的生产能力(就单位时间内单位罐体积的产物积累而言,单位为 g/(L・h))和经济效益是很重要的。在生产中要尽量使发酵过程达到高产量、低成本。

不同类型的发酵,要求达到的目的不同,因而对发酵重点的判断也不同。要确定一个合理的放罐时间,需要考虑下面几个因素。

(1)经济因素　发酵产物的生产能力是实际发酵时间和发酵准备时间的综合反应。实际发酵时间,需要考虑经济因素。要以最低的成本获得最大生产能力的时间为最适发酵时间,但在生产速率较小(或停止)的情况下,单位体积的产物产量增长就有限,如果继续延长时间,使平均生产能力下降,而动力消耗、管理费用支出、设备消耗等费用仍在增加,因而产物成本增加。所以需要从经济学观点确定一个合理时间。

(2)产品质量因素　发酵时间长短对后续工艺和产品质量有很大的影响。如果发酵时间太短,势必有过多的尚未代谢的营养物质(如可溶性蛋白质、脂肪等)残留在发酵液中。这些物质对后处理的溶媒萃取或树脂交换等工序都不利,因为可溶性蛋白质易于在萃取中产生乳化,也影响树脂交换容量。如果发酵时间太长,菌体会自溶,释放出菌体蛋白或体内的酶,又会显著改变发酵液的性质,增加过滤工序的难度,这不仅使过滤时间延长,甚至使一些不稳定的产物的质量下降，产物中杂质含量增加。所以要考虑发酵周期长短对产物提取工艺的影响。

(3)特殊因素　在个别特殊情况下，如染菌、代谢异常(糖耗缓慢等)就应根据不同情况，进行适当处理。为了能够得到尽量多的产物，应该及时采取措施(如改变温度或补充营养等)，并适当提前或拖后放罐时间。

合理的放罐时间是由试验确定的，即根据不同的发酵时间所得到的产物产量计算出发酵罐的生产力和产品成本，采用生产力高而成本低的时间，作为放罐时间。确定放罐的指标一般有：产物的产量、过滤速度、氨基氮的含量、菌丝形态、pH、发酵液的外观和黏度等。

5.5.3.9 发酵过程自控

电子计算机的使用，为发酵过程的检测和自控注入了巨大的活力。根据对过程变量的有效测量及对过程变化规律的认识，借助于由自动化仪表和电子计算机组成的控制器，操纵其中一些关键变量，使过程向着预定的目标发展。它包括：①和过程的未来状态相联系的控制目的或目标(如要求控制的温度、pH、生物量浓度等)；②一组可供选择的控制动作(如阀门的开、关，泵的开、停等)；③一种能够预测控制动作对过程状态影响的模型(如用加入培养基的浓度和速率控制细胞生长率时需要能表达它们之间相关关系的数学式)。这三者相互联系，相互制约，组成具有特定自控功能的自控系统。

5.6 发酵生产的下游加工

从发酵液中分离、精制有关产品的过程称为发酵生产的下游加工过程。发酵液是含有细胞、代谢产物和剩余培养基等多组分的多相系统，黏度常很大，从中分离固体物质很困难；发酵产品在发酵液中浓度很低，且常常与代谢产物、营养物质等大量杂质共存于细胞内或细胞外，形成复杂的混合物；欲提取的产品通常很不稳定，遇热、极端 pH、有机溶剂会分解或失活；另外，由于发酵是分批操作，生物变异性大，各批发酵液不尽相同，这就要求下游加工有一定弹性，特别是对染菌的批号也要能处理。发酵的最后产品纯度要求较高，上述种种原因使下游加工过程成为许多发酵生产中最重要、成本费用最高的环节，如抗生素、乙醇、柠檬酸等的分离和精制占整个工厂投资的 60%左右，而且还有继续增加的趋势。发酵生产中因缺乏合适的、经济的下游处理方法而不能投入生产的例子是很多的。下游加工技术的重要性使人们认识到，上游技术的发展应该注意到下游方面的困难，否则即使发酵液的产物浓度提高了，却仍然得不到产品。

(1)发酵工程下游加工过程的基本原理　生物物质的分离方法与一般化学方法虽然有许多不同特点，但在原理上又有许多是相同的。根据混合物中不同组分分配率的差异，将其分配于可用机械方法分离的两个或几个物相中(如溶剂提取、盐析、结晶等)，或将混合物置于某一物相中(主要是液相)，外加一定的作用力，使各组分分配于不同区域，而达到分离纯化的目的(如电泳、超离心、超滤等)。

(2)发酵工程下游加工过程中方法选择的基本原则　发酵工程下游加工过程中方法选择的基本原则主要有以下几条：①尽可能简单、低耗、高效、快速；②分离步骤尽可能少，每步收率尽可能高，避免由于分离步骤多，设备投入大，人员物资消耗大，生产周期长，回收率降低；③避免相同原理的分离技术多次重复出现；④尽量减少新化合物进入待分离的溶液，避免引起新的化学污染及相关蛋白质的变性失活；⑤合理分离步骤次序，其原则是：先低选择性，后高选择性；先高通量，后低通量；先粗分，后精分；先低成本，后高成本。

(3)发酵工程下游加工过程的一般流程　大多数发酵产品的下游加工过程，常常按生产过程的顺序分为 4 个大框架步骤，即发酵液的预处理和过滤、提取、精制、成品加工(图 5-9)。发酵液的预处理和过滤一般采用凝聚和絮凝等技术来加速固、液两相分离，提高过滤速度；提取的目的是除去与目标产物性质有很大差异的杂质，常用的分离方法有沉淀、吸附、萃取、超滤等。高度纯化即精制常采用对产品有高度选择性的分离技术，以除去与产物化学和物理性质相近的杂质。典型的纯化方法有层析、电泳、离子交换等。成品加工是为了最终获得质量合格的产品，浓缩、结晶和干燥是重要的技术。

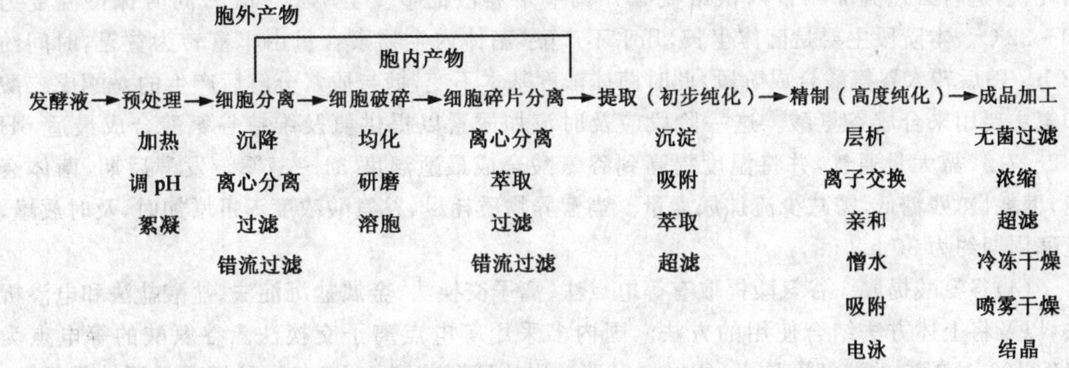

图 5-9　发酵工程下游加工过程的一般流程

(引自：贺小贤，2005)

5.7　谷氨酸发酵生产(实例)

氨基酸是构成蛋白质的基本单位，是人体及动物的重要营养物质，氨基酸产品广泛应用于食品、饲料、医药、化学、农业等领域。以前氨基酸主要是用酸水解蛋白质来制得，现在氨基酸生产方法有发酵法、提取法、合成法、酶法等，其中最主要的是发酵法生产，用发酵法生产的氨基酸已有 20 多种。谷氨酸是一种重要的氨基酸。我们吃的味精是以谷氨酸为原料生成的谷氨酸钠的俗称，谷氨酸还可以制成对皮肤无刺激性的洗涤剂——十二烷酚基谷氨酸钠肥皂、能保持皮肤湿润的润肤剂——焦谷氨酸钠、质量接近天然皮革的聚谷氨酸人造革以及人造纤维和涂料等。谷氨酸是目前氨基酸生产中产量最大的一种，同时，谷氨酸发酵生产工艺也是氨基酸发酵生产中最典型，最成熟的。下面就以谷氨酸的发酵生产为例简单介绍一下氨基酸的发酵生产。

(1)谷氨酸发酵生产的菌种　谷氨酸发酵生产菌种主要有棒状杆菌属、短杆菌属、小杆菌属及节杆菌属的细菌。除节杆菌属外，其他三属中有许多菌种适用于糖质原料的谷氨酸发酵。这些细菌都是需氧微生物，都需要以生物素为生长因子。我国谷氨酸发酵生产所用菌种有北京棒状杆菌 AS1299、钝齿棒状杆菌 AS1542、HU7251 及 7338、B9 等。这些菌株的斜面培养一般采用由蛋白胨、牛肉膏、氯化钠等组成，pH 为 7.0～7.2 的琼脂培养基，32℃培养 24 h，冰箱保存备用。

(2)谷氨酸发酵生产的原料制备　谷氨酸发酵生产以淀粉水解糖为原料。淀粉水解糖的制备一般有酸水解法和酶水解法两种。国内常用的是淀粉酸水解工艺:干淀粉用水调成10～11波美度的淀粉乳,用盐酸调至pH 1.5左右;然后直接用蒸汽加热,水解压力30×10^4 Pa,时间25 min左右;冷却糖化液至80℃,用NaOH调节pH至4.0～5.0,使糖化液中的蛋白质和其他胶体物质沉淀析出;然后用粉末状活性炭脱色,活性炭用量约为淀粉量的0.6%～0.8%,70℃,酸性环境下搅拌;最后在45～60℃下过滤得到淀粉水解液。关于菌种扩大培养(参见本章5.3:谷氨酸发酵菌种的扩大培养)

(3)谷氨酸发酵生产　发酵初期,菌体生长迟滞,2～4 h后即进入对数生长期,代谢旺盛,糖耗快,这时必须流加尿素以供给氮源并调节培养液的pH至7.5～8.0,同时保持温度为30～32℃。本阶段主要是菌体生长,几乎不产酸,菌体内生物素含量由丰富转为贫乏,时间约12 h。随后转入谷氨酸合成阶段,此时菌体浓度基本不变,糖与尿素分解后产生的α-酮戊二酸和氨主要用来合成谷氨酸。这一阶段应及时流加尿素以提供氨及维持谷氨酸合成最适pH 7.2～7.4,需大量通气,并将温度提高到谷氨酸合成最适温度34～37℃。发酵后期,菌体衰老,糖耗慢,残糖低,需减少流加尿素量。当营养物质耗尽、谷氨酸浓度不再增加时,及时放罐,发酵周期约为30 h。

(4)谷氨酸提取　谷氨酸提取有等电点法、离子交换法、金属盐沉淀法、盐酸盐法和电渗析法,以及将上述方法结合使用的方法。国内多采用等电点离子交换法。谷氨酸的等电点为pH 3.22,这时它的溶解度最小,所以将发酵液用盐酸调节到pH 3.22,谷氨酸就可结晶析出。晶核形成的温度一般为25～30℃,为促进结晶,需加入a型晶种育晶2 h。等电点搅拌之后静置沉降,再用离心法分离得到谷氨酸结晶。等电点法提取了发酵液中的大部分谷氨酸,剩余的谷氨酸可用离子交换法,进一步进行分离提纯和浓缩回收。谷氨酸是两性电解质,故与阳性或阴性树脂均能交换。当溶液pH低于3.2时,谷氨酸带正电,能与阳离子树脂交换。目前国内多用国产732型强酸性阳离子交换树脂来提取谷氨酸,然后在65℃左右,用6% NaOH溶液洗脱,pH 3～7的洗脱液作为高流液,返回等电点法提取。

思 考 题

1. 什么是发酵工程?发酵工程研究的主要对象有哪些?
2. 简述各种发酵罐的工作原理、结构特点和使用范围。
3. 简述发酵过程中主要参数对发酵的影响、检测和控制的方法。
4. 发酵过程中杂菌的防止措施有哪些?
5. 发酵工程下游加工过程中方法选择的基本原则主要有哪些?

第6章 动物细胞工程

一般认为，所谓细胞工程是指以细胞为基本单位，在体外条件下进行培养繁殖，或人为使细胞的某些生物学特性按人们的意愿发生改变，从而达到改良生物品种和创造新品种，加速繁育动植物个体，或获得某种有用的物质的过程。根据细胞类型的不同，可以把细胞工程分为动物细胞工程和植物细胞工程两大类。动物细胞工程常用的技术手段有动物细胞培养、动物细胞融合、单克隆抗体、核移植与克隆技术等。其中动物细胞培养技术是其他动物细胞工程技术的基础。

6.1 组织细胞培养

6.1.1 动物细胞培养技术

首先体外培养(in vitro culture)包括了器官培养(organ culture)、组织培养(tissue culture)和细胞培养(cell culture)三个生物学层次的技术概念，其中细胞培养(cell culture)指的是将活细胞(尤其是分散的细胞)在体外进行培养的方法。动物细胞培养(animal cell culture)就是将动物机体的各种组织从机体中取出，经过各种酶(常用胰蛋白酶)、螯合剂(常用 EDTA 钠盐)或机械方法处理，分散成单细胞(或剪成小块组织直接进行贴壁培养)，然后置于合适的培养基中培养，使离体细胞得以生存、生长和繁殖，并维持其结构和功能这一过程。在这一过程中必须保证细胞不发生分化，细胞不再形成组织。

6.1.1.1 动物细胞培养的主要条件

细胞在体外培养中所需的条件与体内细胞基本相同，基本要求是：①无污染环境。包括了实验操作的大环境和细胞生长的小环境。②恒定的温度，(37.0±0.5)℃。③适宜 pH。大多数动物细胞的适宜 pH 7.2～7.4。④空气和二氧化碳的混合气体环境。培养时一般把细胞置于95%空气加5%二氧化碳混合气体环境中，二氧化碳在细胞培养中的主要作用在于维持培养基的 pH。⑤合适的营养条件。全培养基＝化学合成培养基＋动物血清(一定比例)。

动物细胞培养液的主要成分包括葡萄糖、氨基酸、无机盐、维生素和动物血清等。与植物培养基相比其特点是：①液体培养基，动物体细胞大都生活在液体的环境。②含有动物血清，保证细胞顺利的生长增殖。

常用的化学合成培养基有：DMEM，MEM，RPMI1640 等，全培养基中的血清可以提供多种氨基酸、维生素、辅酶、核酸、嘌呤、嘧啶、激素和生长因子等。

6.1.1.2 动物细胞培养所需要的仪器设备

二氧化碳培养箱：提供合适的气体环境；无菌室和超净工作台：保证无污染环境；高压消毒锅：用于消毒培养器皿、手术器械；电热干烤箱：用于消毒玻璃器皿；无菌抽滤器：过滤培养基起除菌作用；各种规格的培养瓶：包括封闭式的或螺口式的无钾玻璃的或无毒塑料的培养瓶。常用的有 6 cm×4 cm、7 cm×4 cm、10 cm×7.5 cm 几种规格的培养瓶，原代或小量细胞培养时一般先用小规格的，这样可以形成细胞生长中心，减少空间，增加密度，发挥细胞之间相互作用的优势；大规模培养时采用生物反应器；倒置显微镜：用于观察细胞；0～4℃常温冰箱：用于保存各种培养用液；−80～−20℃低温冰箱：用于储存培养基、血清和酶等；离心机：用于收集细胞；恒温水浴锅：用于预热试剂。

6.1.1.3 动物细胞培养的基本方法

就动物细胞培养的方法而言，如果采用不同的标准会有不同的区分方法，培养细胞在体外培养时一般都不会保持体内原有的细胞形态，细胞在体外的生长方式主要表现两种，一种为贴附生长型，另一种为悬浮生长型。

贴附生长型（anchorage-growth type）细胞，主要包括上皮细胞型细胞（epithelia-like cell）、成纤维细胞型细胞（fibroblast-like cell）、游走细胞型（wandering cell type）细胞、多形细胞型（polymorphic cell type）细胞。这些细胞必须附着在某一固相支持物表面才能生长，而且它们可以从组织块中迁移出来在组织块周围生长并最终扩展成单层。因此，都适宜于贴壁培养。也可以这样说，动物的肾、肺、肝、卵巢、精巢、肌肉等的一些器官实质细胞以及一些以成纤维细胞为代表的间叶细胞都适宜于贴壁培养。

悬浮生长型（suspension-growth type）细胞，这类型细胞胞体圆形，不贴于支持物上，在培养液中呈悬浮状态生长，如血液中的一些细胞和某些类型的癌细胞及白血病细胞，因此，都适宜于悬浮培养。

那么根据动物细胞体外生长方式把动物细胞培养方法区分为贴壁培养法（attachment culture）和悬浮培养法（suspension culture）。由于大多数动物细胞在体外培养时是沿着固相器皿表面贴壁生长（most cultured animal cells grow only on special solid surfaces），因此组织块贴壁培养法是细胞培养技术中最简单和最常用的方法。动物细胞培养的基本理论也主要是以贴壁培养方法来讲述的。

6.1.1.4 动物细胞培养的基本过程

按照培养过程中所培养细胞是否需要被分割后再培养的标准来划分，把细胞的体外培养过程划分为原代培养和传代培养两个过程。关键是要求：细胞培养的各个环节都需要无菌操作；培养瓶或培养皿的内表面光滑、无毒、易于贴附。

(1)原代培养（primary culture） 原代培养即第一次培养，是指将直接从体内或组织块获得的细胞进行首次培养，中途不进行分割的培养过程。

任何动物细胞培养均须从原代培养开始，从组织块开始的原代贴壁培养的方法一般有两种，即组织块培养法和组织消化培养法（单层培养法），这两种方法的区别在于组织块培养法是将组织块剪碎直接贴壁培养，而消化培养法是用消化液（一般用胰酶溶液）将剪碎的组织块消化分散成细胞团或单细胞悬液再进行培养（悬浮或贴壁培养）。

①组织培养纤维细胞。组织培养纤维细胞贴壁培养时主要经过 6 大步骤，分别是取材、清洗、剪切、铺瓶、培养、换液。注意：选材时取动物胚胎或幼龄动物的组织、器官，它们细胞增殖能力强，分裂旺盛，分化程度低，容易培养。a. 取材：用酒精棉球将取样部位（耳尖）擦拭 3～5 次，然后用手术弯剪把毛剪掉，再用酒精棉擦拭 1～2 次，采样钳夹取小块组织放于装有灭菌

PBS 的小离心管中，标记，封口膜密封，放入采样箱，带回实验室，每个样品管需要再次用酒精棉球全部擦拭后方可拿入无菌间。b. 清洗：用酒精棉擦拭离心管后放入超净台，用镊子将组织块置于小培养皿内，用 PBS 漂洗 3～4 次，去除残留的毛和血污，直至彻底洗干净为止。c. 剪切：用眼科剪剪切组织块成 1 mm^3 左右。d. 铺瓶：用眼科剪将组织块移至培养瓶细胞贴壁一侧瓶底面上，用巴氏管分散均匀，4～5 h 后加入全培养液，倒置培养瓶，盖好瓶盖置于 37.5℃，5% CO_2 培养箱中过夜。e. 培养：轻轻翻转培养瓶，让培养液慢慢浸润组织块，视组织块多少可补加培养液。f. 换液：当长出细胞后开始换液，中途视培养液颜色变黄时，表明培养液 pH 下降偏酸，也应进行换液。

②直接培养细胞。细胞培养法是在组织块剪切之后要经过用胰蛋白酶消化分散细胞这个过程，即分散成单个细胞的过程。动物组织细胞间隙中含有一定量的弹性纤维等蛋白质，将细胞网络起来形成具有一定弹性和韧性的组织和器官。在进行动物细胞培养时，用胰蛋白酶分散细胞，说明细胞间的物质主要是蛋白质。动物细胞培养适宜的 pH 为 7.2～7.4，此环境下胃蛋白酶(2.0)没有活性，而胰蛋白酶(7.2～8.4)的活性较高。消化通常有冷消化和热消化两种，一般工厂化的生产采用冷消化居多，就是将剪碎的组织块加胰酶溶液在 4～8℃冰箱过夜，这种方法对组织块作用比较柔和一点；实验室研究或少量细胞培养时常采用酶溶液的热消化处理居多，根据所培养的组织块可以选用合适的胰酶浓度和消化时间，比如做真皮组织常用胶原酶溶液 200 U/mL，37℃水浴中振荡消化 1 h 左右，做牛肾原代细胞培养时常采用 0.25%胰酶溶液 37℃水浴消化 35 min，而做一些胚胎成纤维细胞时要用 1.25%的胰酶溶液 37℃水浴中消化 5 min就可以了。然后用过滤筛过滤弃掉剩余的组织块，将滤液离心去除胰酶，把离心收集的细胞重新用全培养基悬浮，分散成合适浓度的单细胞悬液，平均转移到不同的培养瓶于 37.5℃，5% CO_2 培养箱培养(图 6-1)。动物细胞培养不能最终培养成生物体。

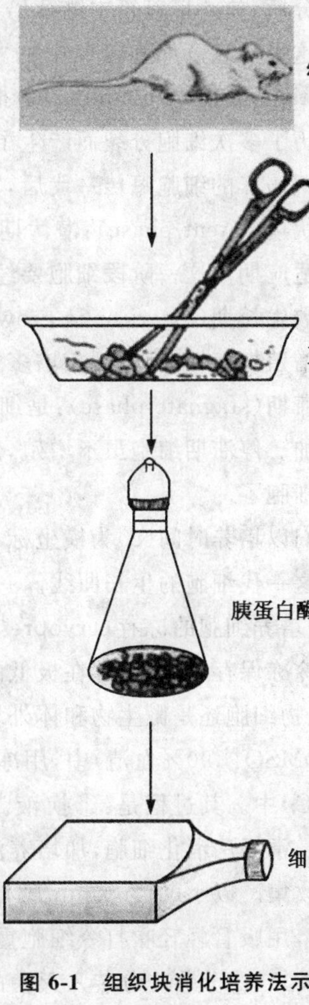

图 6-1　组织块消化培养法示意图

(改绘自：杨吉成，2007)

悬液中分散的细胞很快就贴附在瓶壁上，称为细胞贴壁。贴壁细胞分裂生长长满培养器皿时，一方面细胞之间相互接触，汇合成片，停止分裂增殖，这种现象称为细胞的接触抑制。另一方面密度增大，达饱和密度后，发生密度抑制(density inhibition)，随着培养基中营养成分枯竭，代谢产物积累，pH 降低，此时即便经常更换培养液也会因其迅速酸化而使细胞发生酸中毒，导致变性和脱落死亡。因此，必须做传代培养。

(2)传代培养(subculture)　传代培养就是当原代培养细胞增殖达到一定密度后，则需要把细胞按一定比率(1∶2或1∶3)重新接种到另外的培养器皿内进行扩大培养的过程叫传代培养。

当细胞有80%～90%或刚刚全部汇合是细胞传代的理想时期，过早，细胞产量不足，过晚，会使细胞健康状态不佳，因此，把握好传代时机很重要。传代培养分清洗、消化和分瓶三大步骤：①清洗。弃除培养瓶原来的培养液，用预热至37℃的0.9% NaCl洗细胞2次，以除去残余的血清和脱落的组织块及死细胞。②消化。向瓶内加入0.25%胰酶(1∶250)(小瓶1.2 mL、大瓶2.5 mL)，倒置培养瓶于温箱中预热至37℃，然后翻转消化30 s，在倒置显微镜下观察细胞质回缩变圆，细胞间隙增大时，加入全培养液终止消化。③分瓶：按1∶2或1∶3的比例分瓶，放入培养箱中继续培养。

在这里要注意细胞培养中的“代”是指从接种到分离再培养的一段时间，而“细胞世代”(generation)或倍增(doubling)是指细胞分裂一次产生一个子代的时间。在细胞一代中，细胞可能经历了多次细胞分裂而产生了多个子代细胞，一般能倍增3～6次。

组织培养的细胞每传一代后，其生长一般要经过以下三个阶段：

潜伏期(latent phase)：潜伏期实际上是细胞对传代操作所致损伤的恢复期和对新的生长环境的适应期。这一阶段细胞要经过悬浮、黏附、贴壁和铺展等过程。

指数生长期(logarithmic growth phase)：培养物中的细胞数量呈指数增长的时期，这一阶段细胞增殖加速，细胞分裂相增多，活力旺盛。

停滞期(stagnate phase)：是细胞停止分裂增殖的时期，此时细胞数量维持在某一水平上，不再增加。停滞期细胞虽不增殖，但仍有代谢活动。经过这三个阶段的生长过程的细胞便成为一代细胞了。

我们以培养时间(d)为横坐标，细胞密度(1×10^4个/mL)为纵坐标而绘制的坐标图就可以得到这一代细胞的生长曲线。一般体外健康生长的细胞都表现出“S”形生长曲线。

(3)培养细胞的冻存(cryopreservation)　如果要长期保存培养物的活性，就必须将培养物进行冷冻保存，因为细胞在极低的温度下，细胞生化反应极其缓慢甚至停止，所以不论动物细胞、植物细胞还是微生物和体外培养的器官都可以进行冻存，冻存就是将细胞收集至冻存液(10% $DMSO^+$，90%血清)中，用冻存管分装，然后以一定的冷却速度冷冻，最终保存于液氮(−196℃)中。其过程是：①换液。冻存前24 h更换新鲜培养液，使细胞吸收充足的营养。②消化。常规法消化细胞，加培养液终止反应。③记数。应用红细胞计数板计算冻存细胞总数。④收集。以1 000 r /min离心8 min，去上清液，加入4℃预冷的冻存液(含10% DMSO的FBS)，用吸管轻轻吹打令细胞重悬后，调整细胞密度为3×10^6～6×10^6个细胞/mL，(时间不应太长)。⑤分装。分装入灭菌的冻存管，严密封口，标明日期、品种、细胞名称、培养代数。⑥预冻。将冻存管装入冻存盒中，放于4℃ 20～30 min，使DMSO充分渗透到细胞内，达到内外平衡，然后置于装有异丙醇的冻存盒，在−70℃冰箱中预冻4 h以上，一般过夜。⑦冻存。提出冻存管放入液氮中，可长期保存。

冻存一般采用超快速玻璃化冷冻方法。首先要经过预冻过程：将冻存管装入冻存盒中，放于4℃ 20～30 min，使DMSO充分渗透到细胞内，同时细胞内水分外渗，达到内外平衡，然后置于装有异丙醇的冻存盒，在−70℃冰箱中预冻4 h以上，一般过夜，使细胞内形成的冰晶非常小或不结冰而呈玻璃化凝固(玻璃化冷冻),这样对细胞膜和细胞器不造成破坏。最后提出冻存管快速放入液氮中,长期保存。如果直接投入液氮中,那么细胞内的水分来不及外渗结果会在细胞内形成大的冰晶对细胞造成损伤。

(4)冻存细胞的复苏(anabiosis)　冷冻的细胞在需要的时候重新复苏和培养。在复苏后仍能保持正常的结构和功能。复苏一般采用快融方法。冻存细胞的复苏速率不当会降低细胞的存活率,过慢时细胞内会重新形成较大冰晶而造成细胞损伤。

复苏时,从液氮中取出冻存管后,立即放入 40～42℃水中,使之在 1～2 min 内迅速融解,然后将细胞转入培养器皿中进行培养:①解冻。将冻存管从液氮中取出,迅速投入 42℃水浴中,快速晃动(约 1 min)使小管受热均匀,见余有小冰团黄豆粒大小时放入超净工作台内。②加液。用吸管将细胞移入加有培养液的培养瓶中,轻轻吹打均匀,放置含 5% CO_2 的培养箱中培养,过夜换液继续培养。

(5)细胞株和细胞系　原代培养的细胞一般传至 10 代左右就不容易传下去了,细胞的生长就会出现停滞,大部分细胞衰老死亡。但是有极少数的细胞能够度过“危机”而继续传下去,这些存活的细胞一般能够传到 40～50 代,这种传代细胞叫做细胞株。细胞株的遗传物质没有发生改变;当细胞株传至 50 代以后又会出现“危机”,不能再传下去。但是有部分细胞的遗传物质发生了改变,并且带有癌变的特点,有可能在培养条件下无限制地传代下去,这种传代细胞称为细胞系。

(6)动物细胞与植物细胞培养的比较　动物细胞培养与植物细胞培养的比较(表 6-1)。

表 6-1　动物细胞与植物细胞培养的比较

(归纳自:李志勇,2003)

比较项目		植物组织培养	动物细胞培养
区别	原理	植物细胞的全能性	细胞增殖
	培养基	固体或半固体培养基,包括矿质元素、蔗糖、维生素、有机添加物、植物激素等	液体培养基,包括无机盐、葡萄糖、维生素、氨基酸、动物血清等
	培养条件	再分化阶段需光	不需光
	细胞来源	离体植物器官、组织或细胞	胚胎或幼龄动物组织、器官
	培养结果	获得新植物个体或细胞产品	大量产生细胞(细胞株、细胞系)或细胞产物
	用途	①快速繁殖名贵花卉和果树 ②培养无病毒植株、转基因植物 ③大规模生产细胞产品如药物、食品添加剂、香料、色素等	①生产蛋白质制品如病毒疫苗、干扰素、单克隆抗体等 ②检测有毒物质 ③研究药理病理 ④移植治疗
相同点		①都需要人工条件下的无菌操作,无菌培养 ②都需要适宜的温度、pH 等条件	

6.1.2　动物细胞培养的应用

动物细胞培养技术的应用是多方面的。

①大规模培养生产生物制品。许多有重要价值的蛋白质生物制品,如病毒疫苗、干扰素、单克隆抗体等,都可以借助于动物细胞的大规模培养来生产。

②培养的动物细胞可以用于检测有毒物质,判断某种物质的毒性。许多致畸、致癌物质加入培养液后,培养细胞会发生染色体结构和数目的变异,根据变异细胞占全部培养细胞的百分数,可以判断某种物质的毒性。现在动物细胞培养已经成为检测有毒物质的快速而灵敏的有效手段。

③作为基因工程中的受体细胞。

④用取自烧伤病人皮肤的健康细胞进行培养,可以获得大量自身的皮肤细胞,为大面积烧伤的病人移植。

⑤为治疗和预防癌症及其他疾病提供理论依据。医学家培养各种正常的或病变的细胞,用于生理、病理、药理等方面的研究,为治疗和预防疾病提供理论依据。

6.2 动物细胞融合

19世纪30年代,科学家们相继在肺结核、天花、水痘、麻疹等疾病患者的病理组织中观察到多核细胞。19世纪70年代,科学家们在蛙的血细胞中也看到了多核细胞的现象,但是由于受当时科学技术发展水平的限制,人们对这一现象并没有给予足够的重视。1958年,日本科学家用灭活的仙台病毒诱导人的腹水癌细胞融合成功。后来科学家们又成功地诱导了不同种动物的体细胞融合,并且能将杂种细胞培养成活。随着细胞融合技术的不断改进,现在这项技术已经广泛应用于细胞学、遗传学、免疫学、病毒学等多种学科的研究工作中。通过培养和诱导,两个或多个细胞合并成一个双核或多核细胞的过程称为细胞融合(cell fusion)或细胞杂交(cell hybridization)。

动物细胞的融合常用到灭活的病毒作为诱导剂。研究表明,很多不同种类的动物细胞之间或动物与人的细胞之间都能进行融合,形成杂种细胞,例如人-鼠、人-兔、人-鸡、人-蛙、鼠-鸡、鼠-兔、鼠-猴等的细胞都能进行融合。动物细胞融合技术最重要的用途是制备单克隆抗体。

基因型相同的细胞融合成的杂交细胞称为同核体(homokaryon);来自不同基因型的杂交细胞则称为异核体(heterokaryon)。

同种细胞在培养时2个靠在一起的细胞自发合并,称自发融合;异种间的细胞必须经诱导剂处理才能融合,称诱发融合。在体外培养条件下,动物细胞会自发融合,但是频率极低。因此,一般都需要添加具有诱导细胞融合效应的生物或化学药剂,或者采用电融合技术,人为地促进细胞融合。诱导细胞融合的方法有三种:生物方法(病毒)、化学方法(聚乙二醇PEG)、物理方法(离心、震动、电刺激)。某些病毒如仙台病毒、副流感病毒和新城鸡瘟病毒的被膜中有融合蛋白(fusion protein),可介导病毒同宿主细胞融合,也可介导细胞与细胞的融合,因此可以用紫外线灭活的此类病毒诱导细胞融合。化学和物理方法可造成膜脂分子排列的改变,去掉作用因素之后,质膜恢复原有的有序结构,在恢复过程中便可诱导相接触的细胞发生融合。

6.2.1　诱导细胞融合的方法

6.2.1.1　病毒诱导融合法

病毒是最早采用的融合剂。常用有:已灭活的仙台病毒(sendai virus,副黏液病毒的一种)可诱发艾氏腹水瘤细胞相互融合形成多核体细胞,其他的副黏液病毒、天花病毒、新城鸡瘟病毒和疱疹病毒也能诱导细胞融合。其中仙台病毒最常用(图 6-2)。用作融合剂的病毒必须事先用紫外线或β-丙内酯灭活,使病毒的感染活性丧失而保留病毒的融合活性。用灭活的仙台病毒诱导细胞融合的优点是融合率较高,对各种动物细胞都适宜,且仙台病毒能在鸡胚中大量繁殖,容易培养;缺点是仙台病毒不稳定,在保存过程中融合活性会降低,并且制备过程比较繁琐。此外,病毒引进细胞后,可能会对细胞的生命活动产生干扰。

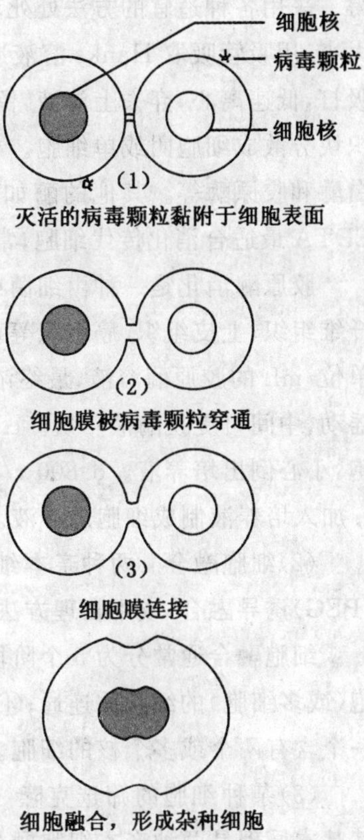

图 6-2　用灭活的病毒诱导的动物细胞融合过程示意图

(改绘自:杨淑慎,2009)

6.2.1.2　电激诱导融合法

20 世纪 80 年代建立起来的细胞融合技术,是将两种细胞的混合液置于低压交流电场中,使细胞聚集成串珠状,然后施加高压电脉冲,以促使细胞融合。紧密排列的细胞,在相互接触的细胞膜之间会出现无蛋白颗粒的脂质区,当受到电击时,这个区域就会被击穿,产生脂双层膜孔,导致细胞之间的细胞质连通,进而发生细胞融合。这种融合技术有许多优点,如诱导细胞融合的频率高,对细胞无毒害作用,操作简便,可重复性好。

6.2.1.3　聚乙二醇诱导融合

聚乙二醇(polyethyleneglycol,PEG)具有强烈的吸水性以及凝聚和沉淀蛋白质的作用,能够有效地促进植物原生质体和动物细胞的融合。在不同种类的动物细胞混合液中加入聚乙二醇,就会发生细胞凝集作用;在稀释和除去聚乙二醇的过程中,就会发生细胞融合。聚乙二醇诱导细胞融合的机理,目前还不太清楚。聚乙二醇是化学试剂,使用起来很方便,诱导细胞融合的频率比较高,但是它有一定毒性,对有些细胞(如卵细胞)不适用。

6.2.2　细胞融合的过程

细胞融合是研究细胞间遗传信息转移、基因在染色体上的定位以及创造新细胞株的有效途径。而且还有重要的应用价值,在动物细胞融合技术最重要的用途是制备单克隆抗体。

动物细胞融合的具体步骤包括:

(1)细胞准备即动物单个细胞的获得　细胞分贴壁和悬浮细胞两种,前者可直接将两亲本细胞混合培养,后者需制成一定浓度的细胞悬浮液。动物细胞虽然没有细胞壁,但细胞间的连接方式多样而复杂,在进行有效的细胞融合之前,也必须获得单个分散的细胞。①组织的获得。采用各种适宜的方法处死动物，取出组织块放入小烧杯中，用剪刀将组织块剪碎成 1 mm^3 大小，用吸管吸取 Hanks 溶液冲下剪刀上的碎块，补加 3～5 mL 的 Hanks 溶液，用吸管轻轻吸打，低速离心，弃去上清液，留下组织块。②组织的消化。通过生物化学的方法将剪碎的组织块分散成细胞团或单细胞。根据不同的组织对象采用不同的酶消化液。如最常用的有胰蛋白酶和胶原酶等。其他的酶如链霉蛋白酶、黏蛋白酶、蜗牛酶等也可用于动物细胞的消化。EDTA 最适合消化传代细胞，常与胰蛋白酶使用。

胶原酶消化是一种由细菌中提取的酶，对胶原和细胞间质有较强的消化作用，适用于消化纤维组织、上皮组织、癌组织等。a. 向培养瓶中放入 1～5 mm^3 大小的组织块，加 5 mL 2 000 单位/mL 的胶原酶溶液，最终浓度为 200 单位/mL，pH＝6.5。b. 36.5℃水浴 4～48 h，无需摇动，中间可更换酶液一次。c. 当组织变软，分散于瓶底时，轻轻震荡即散成细胞团或单个细胞，小心倒出培养液。d. 800 r/min 离心 5 min，弃上清液，重新悬浮 PBS 溶液中，再离心一次。e. 加入培养液制成细胞悬浮液。

(2)细胞融合　两种亲本细胞的悬浮液调到一定密度，加促融因子如高浓度的聚乙二醇(PEG)诱导融合，或用物理方法如电刺激促进融合。

细胞融合通常分为 5 个阶段：①两细胞（或多细胞）接触，粘连；②细胞膜形成穿孔；③两细胞（或多细胞）的细胞质连通；④通道扩大，两细胞（或多细胞）连成一体；⑤细胞完全合并，形成一个含有两个或多个核的细胞。

(3)杂种细胞的筛选克隆　利用选择性培养基等，使亲本细胞死亡，而让杂种细胞存活。其基本原理是两种亲本细胞融合的混合物中可能有多种类型细胞。筛选的目的是获得优良的杂种细胞。其中亲本可以是：①同核体。同源原生质体的融合体；②异核体。非同源的原生质体的融合体；③多核体。含有双亲不同比例核物质的融合体；④异胞质体。具有不同胞质来源的杂合细胞；⑤核质体。有细胞核而带有少量细胞质的亚原生质体。

动物细胞的筛选方式：①利用抗药性筛选系统。利用生物细胞对药物敏感性差异筛选杂种细胞。如亲本 A 对氨苄青霉素敏感，对卡那霉素不敏感；亲本 B 对卡那霉素敏感，对氨苄青霉素不敏感，杂种细胞可以在含有两种抗生素的培养基上生长。②营养互补筛选系统。细胞在缺乏一种或几种营养成分时，不能生长繁殖，即营养缺陷型细胞。利用两种亲本细胞营养互补作用原理可以筛选杂种细胞。如亲本 A 为色氨酸缺陷型；亲本 B 为苏氨酸缺陷型，杂种细胞可以在不含色氨酸和苏氨酸的培养基上培养，而亲本细胞均会死亡。③温度敏感突变型杂种细胞的筛选。一般的培养细胞能在 32～40℃的范围内生长，但温度敏感突变型的细胞能在高温或低温下生长，由此筛选杂种细胞。如亲本 A 具有卡那霉素抗性但只能在 37℃左右生长；如亲本 B 为高温敏感突变型，但不能抗卡那霉素，杂种细胞能在高温和含卡那霉素的培养基上生长。

对选出的杂种细胞进行克隆（选择与纯化），经过培养，就能获得所需要的无性繁殖系的杂种克隆细胞。

(4)动物细胞融合与植物细胞融合的比较　动物细胞融合与植物细胞融合有所不同(表6-2)。

表 6-2　动物细胞与植物细胞融合的比较
(归纳自:杨淑慎,2009)

比较项目	植物体细胞杂交	动物细胞融合(单克隆抗体制备)
原理	细胞膜的流动性、细胞的全能性	细胞膜的流动性、细胞增殖
融合前处理	酶解法除细胞壁(纤维素酶和果胶酶)	注射特定抗原免疫处理正常小鼠
促融方法	物理法:离心、振动、电刺激等 化学法:聚乙二醇(PEG)	物理法、化学法与植物原生质体融合促融方法相同 生物法:灭活的病毒
过程	第一步:用酶解法制备原生质体 第二步:用物理法或化学法促使原生质体融合 第三步:杂种细胞的筛选与培养 第四步:杂种植株诱导和鉴定	第一步:正常小鼠免疫处理 第二步:用物理法、化学法或生物法促使动物细胞融合 第三步:杂交瘤细胞筛选与培养 第四步:单克隆抗体的提纯
意义和用途	①克服远源杂交不亲合的障碍,大大扩展杂交的亲本组合范围,获得杂种植株 ②克服有性杂交的母系遗传,可获得细胞质基因的杂合子,研究细胞质遗传	①主要用于制备单克隆抗体 ②诊断、治疗、预防疾病。例如: a. 肿瘤定位诊断,放射性抗体→肿瘤 b. 生物导弹治疗,抗体-抗癌药物→肿瘤

(5)融合细胞的应用　动物融合细胞主要用于:①主要用于制备单克隆抗体;②诊断、治疗、预防疾病。

6.3　细胞工程抗体

长期以来,人们为了获得抗体,采用的是把某种抗原反复注射到动物体内,然后从动物血清中分离出所需抗体的方法。用这种方法获得的抗体,不仅产量低,而且抗体的特异性差,纯度低,反应不够灵敏。为了解决这一难题,科学家们进行了多年的研究和探索。他们发现,在动物发生免疫反应的过程中,体内 B 淋巴细胞可以产生多达百万种以上的特异性抗体,但是每一个 B 淋巴细胞只分泌一种特异性抗体。因此,要想获得大量的单一抗体,必须用单个 B 淋巴细胞进行无性繁殖,也就是通过克隆,形成细胞群,这样的细胞群就有可能产生出化学性质单一、特异性强的抗体——单克隆抗体。遗憾的是,在体外培养的条件下,一个 B 淋巴细胞是不可能无限增殖的。那么怎样才能获得单克隆抗体的问题,一直是科学家们注重和探讨研究的问题。

阿根廷科学家米尔斯坦(Cesar Milstein,1926—)和德国科学家柯勒(Georges Kohler,1946—)在前人工作的基础上,继续探索和尝试,并且充分发挥想象力,设计了一个极富创造性的实验方案。他们想到,如果用一种能在体外培养条件下大量增殖的细胞,如小鼠骨髓瘤细胞,与某一种 B 淋巴细胞融合,所得到的融合细胞就能大量增殖,产生足够数量的特定抗体。根据这个设想,他们首先将抗原注射入小鼠体内,然后从小鼠脾脏中获得能够产生抗体的 B 淋巴细胞,与小鼠骨髓瘤细胞在灭活的仙台病毒或聚乙二醇的诱导下融合,再在特定的选择性培养基中筛选出杂交瘤细胞。由于杂交瘤细胞继承了双亲细胞的遗传物质,因此,它不仅具有 B 淋巴细胞分泌特异性抗体的能力,还有骨髓瘤细胞在体外培养条件下大量增殖的本领。他们培养杂交瘤细胞，从中挑选出能够产生所需抗体的细胞群，继续培养，以获得足够数量的细胞，在体外条件下做大规模培养或注射到小鼠腹腔内增殖。这样，从细胞培养液或小鼠的腹水中，就可以提取出大量的单克隆抗体了。米尔斯坦和柯勒的工作于1975年获得了成功。由于他们的杰出工作，这两位科学家在1984年获得了诺贝尔生理学和医学奖。

由单个B淋巴细胞经过无性繁殖（克隆），形成基因型相同的细胞群，这一细胞群针对抗原上的一个抗原决定簇所产生的化学性质单一、特异性强的抗体称为单克隆抗体。它们是由识别一种抗原决定簇的细胞克隆所产生的均一性抗体，称为第二代抗体。一种抗原通常具有多个不同的抗原决定族，因此能刺激多个B淋巴细胞产生相应的单克隆抗体，因此血清中的抗体是针对不同抗原决定簇的单克隆抗体混合物，称为多克隆抗体，也是第一代抗体。由于这种抗体是不均一的，无论是对抗体分子结构与功能的研究或是临床应用都受到很大限制，因此如何能获得均一性抗体成为关注的问题。

6.3.1　抗体的结构与特点

6.3.1.1　抗体的基本结构

(1)重链和轻链　免疫球蛋白分子是由两条相同的重链（heavy chain，H链）和两条相同的轻链（light chain，L链）通过链间二硫键连接而成的四肽链结构。近对称轴的一对较长的链称为重链或H链，重链的分子质量为50～75 ku，由450～550个氨基酸残基组成。在对称轴较短的一对肽链称为轻链或L链，轻链的分子质量约25 ku，由214个氨基酸残基构成。IgG分子由3个相同大小的节段组成，位于上端的两个臂由易弯曲的铰链区（hinge region）连接到主干上形成一个“Y”形分子，称为Ig分子的单体，这是构成免疫球蛋白分子的基本单位（图6-3）。

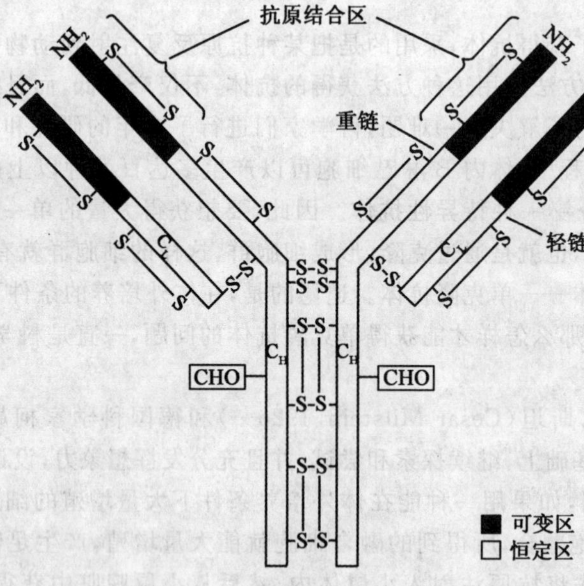

图6-3　抗体的四肽链结构示意图

（引自：何忠效，2002）

(2)可变区和恒定区　根据肽链中氨基酸顺序是否恒定,将 H 链和 L 链分别分为恒定区域(C 区)和可变区域区(V 区)。在靠近 N 端的约 110 个氨基酸的序列变化很大,称为可变区(variable region,V 区)。靠近 C 端的其余氨基酸序列相对稳定,称为恒定区(constant region,C 区)。Ig 的 V 区端是肽链的氨基末端(N 端),另一端为羧基末端(C 端),H 链上的"CHO"代表它的糖基。

不同的免疫球蛋白重链中可变区约占重链长度的 1/4,稳定区约占重链长度的 3/4;轻链中可变区和稳定区各为轻链长度的 1/2 左右。在可变区内有一小部分氨基酸残基变化特别强烈,这些氨基酸的残基组成和排列顺序更易发生变异区域称高变区。高变区位于分子表面,最多由 17 个氨基酸残基构成,少则只有 2～3 个。高变区氨基酸序列决定了该抗体结合抗原的特异性。一个抗体分子上的两个抗原结合部位是相同的,位于两臂末端称抗原结合片段(antigen-binding fragment,Fab)。"Y"的柄部称结晶片段(crystalline fragment,FC),糖结合在 FC 上。

(3)Ig 的分类和血清型　根据重链稳定区(CH)抗原性不同分成 5 类:μ、γ、α、δ 和 ε,相应的抗体分别为 IgM、IgG、IgA、IgD 和 IgE。根据 CH 氨基酸组成和 H 链间二硫键数目的差异,IgG 可分为 IgG1、IgG2、IgG3、IgG4 四个亚类。IgA 和 IgM 也可分 2 个亚类:IgA1、IgA 2 和 IgM1、IgM2。根据轻链稳定区(C_L)抗原性不同分成两型:κ 型和 λ 型。根据 λ 型轻链稳定区个别氨基酸的不同分为 4 个亚型:$\lambda1$～$\lambda4$。血清型:包括同种型、同种异型、独特型。

(4)铰链区　铰链区富含脯氨酸,易伸展弯曲和蛋白酶水解。铰链区位于 CH1 与 CH2 之间,连接抗体的 Fab 段和 Fc 段,使两个 Fab 段易于移动和弯曲,从而可与不同距离的抗原部位结合。IgM 、IgD 、IgG 、IgA 、IgE 和相应亚类的铰链区存在一定的差异,如 IgA 和 IgG1、IgG2 、IgG4 的铰链区较短,IgG3 和 IgD 的铰链区较长,IgM 和 IgE 无铰链区。

(5)免疫球蛋白的功能区(the domain of immunoglobulin)　由免疫球蛋白的肽链折叠而成的球形结构域称为功能区,每个功能区约由 110 个氨基酸组成,其氨基酸的序列具有相似性或同源性。因此,这些功能区的功能虽然不同,但其结构却具有较大的相似性。每个功能区的二级结构是由几股多肽链折叠一起形成的两个反向平行的 β 片层(anti-parallel β sheet),两个 β 片中心的两个半胱氨酸残基由一个链内二硫键垂直连接,形成具有稳定功能区的作用"β 桶状(β barrel)"或"β 三明治(β sandwich)" 的结构,免疫球蛋白肽链的这种独特的折叠方式称为免疫球蛋白折叠(immunoglobulin folding)。见图 6-4。

(6)抗体多样性的分子基础　抗体多样性形成的机制有 4 个主要原因:①编码抗体可变区的 V 基因片段数量相当大,它们与其他基因片段排列组合将构成一定的多样性。②由于轻链和重链可变区中,V—J 或 V—D—J 连接的随机性也使多样性大大地增加。③在重链 V—D—J 连接中,由于 D 基因片段连接点上点突变、插入或缺失使多样性又增加了数倍。④体细胞 DNA 突变。

6.3.1.2　免疫球蛋白的水解片段

(1)木瓜蛋白酶水解片段　木瓜蛋白酶(papain)水解 IgG 的部位是在铰链区二硫键连接的两条重链的近 N 端,裂解后可得到三个片段,其中两个片段相同称为抗原结合片段(fragment antigen binding,Fab),每个 Fab 段由一条完整的轻链和重链的 VH 和 CH1 功能区组成,相当于抗体分子的两个臂。Fab 段为单价抗体,即能与抗原结合但不能形成凝集反应或沉淀反应;一个可结晶片段(fragment crystallizable,Fc),相当于 IgG 的 CH2 和 CH3 功能区,

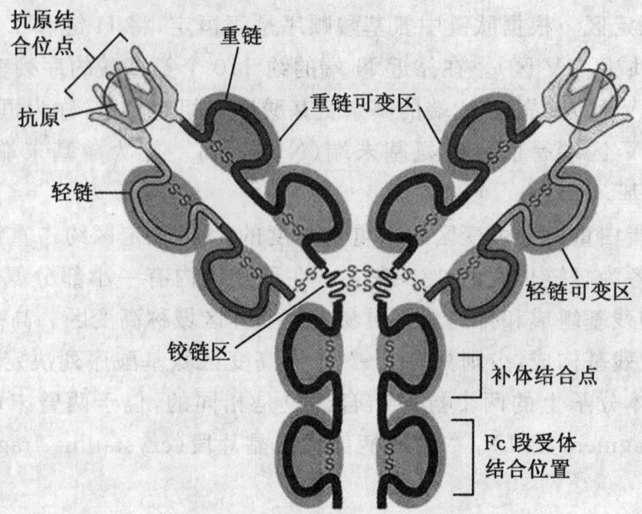

图 6-4 免疫球蛋白的功能区示意图

无抗原结合活性，是抗体分子与效应分子和细胞相互作用的部位(图 6-5)。Fc 能介导抗体的很多生物学功能，因此，Ig 同种型的抗原性主要存在于 Fc 段。

(2)胃蛋白酶水解片段　胃蛋白酶(pepsin)在铰链区连接重链的二硫键近 C 端水解 IgG，产生一个大片段和多条小分子多肽(图 6-5)。大片段称为 F(ab′)两片段，由于抗体分子的两个臂仍由二硫键连接，因此 F(ab′)两片段为双价，与抗原结合可发生凝集反应和沉淀反应。F(ab′)两片段保留了结合相应抗原的生物学活性，又避免了 Fc 段抗原性可能引起的副作用，因而作为生物制品有较大的实际应用价值；若干小分子片段是由 Fc 段裂解而来，称为 pFc′，无生物学活性。

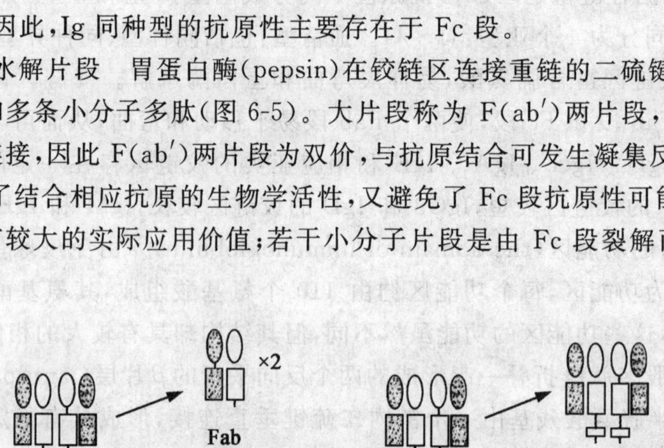

图 6-5 抗体的水解片段示意图

6.3.2 单克隆抗体的制备

6.3.2.1 单克隆抗体的制备过程

单克隆抗体(monoclonal anti-body)的制备过程如图 6-6 所示。

因为 B 淋巴细胞具有分泌特异性抗体的能力，而骨髓瘤细胞具有在体外培养条件下大量增殖的本领，所以由某种 B 淋巴细胞和骨髓瘤细胞融合产生的杂交瘤细胞，能够在体外大量

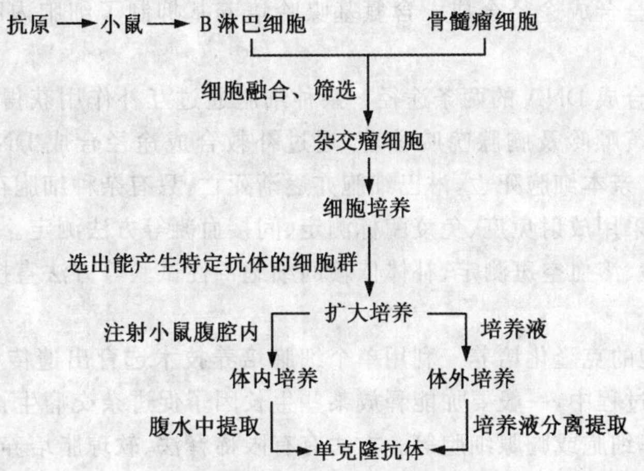

图 6-6　单克隆抗体的制备过程示意图

繁殖，并且产生特定的单克隆抗体。

(1)动物免疫与亲本细胞的选择　骨髓瘤细胞：一般不分泌抗体，能在体外无限繁殖和连续继代培养，且为 HPRT⁻(次黄嘌呤-鸟嘌呤磷酸核糖转移酶缺陷型)或 TK⁻(胸腺嘧啶核苷激酶缺陷型)。多用 BALB/c 小鼠的骨髓瘤细胞。淋巴细胞多用经过免疫处理的淋巴细胞，多用大鼠或小鼠。免疫方法有体内法或体外法。体内法是用细胞或微生物抗原直接注射入小鼠体内，可溶性蛋白抗原可与等量的福氏完全佐剂混合乳化后，注入到动物体内。3～4 d 后，在无菌条件下可以取出脾或淋巴结制成悬液，存活率在 95%以上的可以用于融合。体外法是直接提取大、小鼠淋巴细胞，调整为 10^7 个/mL，加适当浓度抗原，3～4 d 后，收集被刺激的淋巴细胞。

(2)淋巴细胞杂交瘤的制备　将免疫脾细胞和小鼠骨髓细胞以 2∶1 或 10∶1 的比例混匀于 50 mL 锥形离心管内，1 200 r/min 离心 7～10 min，尽量吸净上清液，用手指轻击管壁，使管底沉淀的细胞铺展成薄层，在室温条件下边轻轻振摇离心管边在 60 s 内逐滴加入 50%的 PEG 0.5 mL，随后静置 90 s，再于 5 min 内边振摇边逐滴加入 5～10 mL 不含血清的培养液或盐水缓冲液，以终止 PEG 的作用，再静置 10 min。

(3)特异性杂交瘤细胞的筛选与鉴定　通过选择性培养后生长的杂交瘤细胞，仅有部分是分泌预定特异性抗体的杂交瘤细胞。可取上清液，根据抗原的性质、抗体类型及所需灵敏度等具体情况来加以选择。

HAT 培养基筛选杂交瘤细胞：细胞团块分散后，加 HAT 溶液，稀释至骨髓瘤细胞数不超过 2×10^5 个/mL，即可加入有饲养细胞的 96 孔塑料培养板内每孔 0.1 mL，如是 24 孔板，每孔 0.5 mL；总量分别为 0.2 mL 和 1 mL。用 HAT 选择性培养时每隔 2～3 d 半量换液，7 d 后可以选择出杂交瘤细胞。

HAT 选择系统：HAT 是含一定浓度次黄嘌呤(H)、氨基喋呤(A)及胸腺嘧啶核苷(T)的一种选择性培养基，其中三种成分与细胞 DNA 合成有关。DNA 合成途径有两种：杂交瘤技术中，常选用次黄嘌呤鸟嘌呤磷酸核糖转移酶缺陷(HPRT⁻)骨髓瘤细胞或胸腺嘧啶核苷激酶缺陷型(TK⁻)骨髓瘤细胞为亲本之一。HPRT⁻ 细胞的嘌呤只能由全合成途径产生；TK⁻

细胞的嘧啶只能由全合成途径合成。含氨基喋呤培养基抑制了细胞内嘌呤和嘧啶的全合成途径。

淋巴细胞具有合成 DNA 的两条途径。杂种细胞通过互补作用获得 HRPT 或 TK 基因，可应用培养基中次黄嘌呤及胸腺嘧啶核苷，通过补救合成途径合成 DNA。在 HAT 培养基中，$HPRT^-$ 或 TK^- 亲本细胞死亡，淋巴细胞亦逐渐死亡，只有杂种细胞存活。

可溶性抗原可采用放射免疫、免疫酶标测定、间接血凝等方法测定。细胞抗原可采用免疫荧光、^{51}Cr 释放试验、溶血空斑测定、补体依赖的细胞毒性试验等方法直接测定，也可测定针对这些抗原的抗体。

(4)杂交瘤细胞的克隆化培养　利用单个细胞培养技术选育出遗传稳定的分泌特异抗体的细胞系。在培养过程中，一般要加能释放某些生长因子促进杂交瘤生长的饲养细胞，如小鼠的腹腔巨噬细胞、脾细胞或胸腺细胞等。方法有有限稀释法、软琼脂培养法、显微操作法、应用荧光激活分选仪等。

有限稀释法：通过适当的稀释达到分离单个细胞进行培养的目的。①取出阳性孔内的细胞进行计数。②用培养液将其稀释，例如每毫升内 10 个细胞。③如果在 96 孔板内每孔加 0.1 mL，其几率将为每孔内落入一个细胞。④加入一定数量的饲养细胞，经过 8～12 d 后，可观察到有集落生长的孔。⑤根据检测的阳性结果再次进行克隆化。

软琼脂培养法：在加入饲养细胞的无菌平皿内铺上一层 0.5%的琼脂，待凝固后再铺上一层混有杂交瘤细胞的 0.25%的软琼脂。待细胞长成集落后，用毛细管吸出移种于含饲养细胞的 96 孔板内。

(5)单抗的大规模生产　①诱生腹水。将稳定分泌单抗的细胞株，通过扩大培养，接种于 BALB/c 小鼠腹腔内，使其以腹水瘤形式在小鼠腹腔内增殖，从而得到大量含单抗的腹水。方法是将降植烷或石蜡油注入 BALB/c 小鼠腹腔，0.5 mL/只，7 d 后腹腔接种 3×10^6～5×10^6 个杂交瘤细胞。10～20 d 后即可抽取腹水，每毫升腹水中约含 1～10 mg 单抗。②利用微载体、微囊、旋转瓶、中空纤维培养系统等进行大规模培养。③生物反应器培养杂交瘤细胞大规模生产单抗。

6.3.2.2　单克隆抗体的应用

单抗作为体内、体外诊断试剂在临床生化诊断、病理组织定位、体内肿瘤的定位等方面的应用。单克隆抗体的实验成功，不仅在生物学基础理论的研究中具有重要意义，而且在实践上也有很高的实用价值。单克隆抗体主要用于疾病的诊断、治疗和预防。与常规抗体相比，具有特异性强、灵敏度高的优点。如各种癌症、肝炎病毒、SARS 病毒、细菌及血吸虫等数百种疾病的诊断；另外，用单克隆抗体做体内诊断，借以鉴别和定位体内“病灶”也引起人们的注意，目前，主要用于肿瘤追踪及心肌梗塞的诊断，用同位素标记的单抗在特定的组织中成像的技术可以用于肿瘤、心血管畸形的体内诊断。在疾病治疗方面，单克隆抗体犹如人体卫士，能识别“自己”与“异己”，一旦发现致病因素便与之结合将其杀死。若在单抗上带上抗癌药物制成“生物导弹”，将药物定向带到癌细胞所在部位，既消灭了癌细胞又不会伤害健康细胞。

绝大多数的单克隆抗体(MAb)是用小鼠开发的，虽然可作为研究和诊断的工具，但它们至少在一定程度上不是理想的治疗剂，因为它们在人类中有免疫原性。也就是说，小鼠抗体引入到病人体内，将被病人的免疫系统识别为外源物质，并将发生有损治疗抗体利用的人抗鼠抗体(HAMA)应答。已经通过将这些鼠的抗体人源化或直接制备人的 MAb 来解决。现在已经有各种不同类型的单抗试剂盒在市场出售，例如乙型肝炎的表面抗原，铁蛋白、促绒毛膜性激素、促甲状腺激素、癌症、艾滋病等诊断试剂。

6.3.3　基因工程抗体

自 1975 年单克隆抗体杂交瘤技术问世以来，单克隆体在医学中被广泛地应用于疾病的诊断及治疗。但目前绝大多数单克隆抗体是鼠源的，临床重复给药时体内产生抗鼠抗体，使临床疗效减弱或消失。因此，临床应用理想的单克隆抗体应是人源的，但人-人杂交瘤技术目前尚未突破，即使研制成功，也还存在人-人杂交瘤体外传代不稳定，抗体亲和力低及产量不高等问题。目前较好的解决办法是研制基因工程抗体（genetically engineering antibody），以代替鼠源单克隆抗体用于临床。

基因工程抗体兴起于 20 世纪 80 年代早期。这一技术是将对 Ig 基因结构与功能的了解与 DNA 重组技术相结合，根据研究者的意图在基因水平对 Ig 分子进行切割、拼接或修饰，甚至是人工全合后导入受体细胞表达，产生新型抗体，也称为第三代抗体。

基因工程抗体包括嵌合抗体、重构抗体、单链抗体、单区抗体及抗体库等。其中以嵌合抗体研究的较多，也较成熟。单链抗体及单区抗体虽具有结构简单、分子小等优点但其临床应用的前景尚待证实。

6.3.3.1　双功能抗体——单克隆抗体靶向制剂

免疫球蛋白分子具有重链、轻链组成的 4 条肽链结构，它们共同组成 2 个抗原结合点。由于 2 个结合点的抗原特异性相同，故表现为单一特异性。双功能抗体是将 2 个结合点表现为不同的特异性，即抗体的一个结合点的特异性表现为靶细胞（如肿瘤细胞）结合，另一结合点可与药物（如蓖麻毒素、抗癌药物、细胞毒性细胞）结合。将识别效应细胞的抗体和识别靶细胞的抗体联结在一起，制成抗体，称为双功能性（或双特异性）抗体（图 6-7）。这种双特异性的结合，可使作用物直接地、高密度地作用于靶细胞，提高了疗效，从而可相对地减少对患者的副作用。如由识别肿瘤抗原的抗体和识别细胞毒性免疫效应细胞（CTL 细胞、NK 细胞、LAK 细胞）表面分子的抗体（CD3 抗体或 CD16 抗体）制成的双特异性抗体，有利于免疫效应细胞发挥抗肿瘤作用。

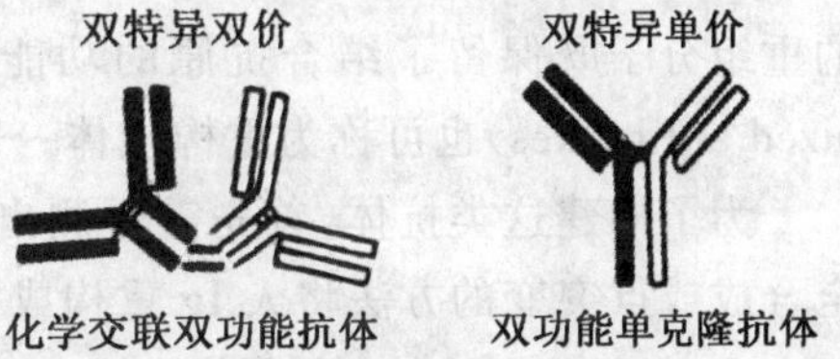

图 6-7　双功能抗体示意图

制备双功能抗体的方法主要有三种方法：①杂化杂交瘤技术。将具有某种特异性（如抗瘤细胞）的 Mab 细胞株与具有抗第二抗原（如蓖麻毒蛋白）的小鼠脾细胞进行融合，即产生出杂化杂交瘤细胞株的二价瘤体。②化学交联法。Nisonoff 和 Rivers 最早从事这方面的研究（图 6-7）。化学交联的方法无需经过细胞融合，所以比较简便易行。通常利用重链与轻链之间的二硫键经还原和再氧化，将两种不同特异性抗体的半分子结合在一起。或用双功能交联剂，如邻苯酸酯等，把两个抗体半分子交联在一起。③利用基因工程技术将两套重轻链基因导入骨髓瘤细胞或传染瘤细胞中，这种方法制备的双功能抗体可选择合适的稳定区和合适的类及亚类，而得到较好的产量较高的双功能抗体。由于只有较少的嵌合导入并整合到宿主基因组，故传染瘤细胞更为稳定，染色体不易丢失。

双功能抗体有双重特异性，抗体的每一个臂结合不同的抗原，并能用生物化学或化学的方法制备。双功能抗体有多种用途，用于辅助癌症的化疗，即抗体的一臂与肿瘤标记结合，而另一臂则与药物、毒素或细胞毒性细胞结合，这些有作用的物质能直接射向瘤细胞，并以较高密度蓄积于瘤细胞，因而减少了病人的副作用。

6.3.3.2 嵌合抗体——杂交鼠-人单克隆抗体

为解决鼠源免疫 Mab 免疫原性这一难题，人们对鼠源抗体进行改造，利用人源的 Fc 区域的 DNA 片段替换鼠源单抗的 Fc 的 DNA 片段，又设计了小鼠-人工嵌合抗体(chimerie antibody)的新型抗体。其原理是取某一 Mab 基因的 V 区，与人 Ig 基因的 C 区连接，然后插入到表达质粒中，转染骨髓瘤细胞即产生出鼠-人嵌合抗体。在抗体中，Fc 片段在抗体中的作用是激活机体免疫反应。嵌合抗体可以保留其目标专一性，由于 Ig 的 C 区是人源的，这种抗体降低了人的抗鼠反应。

6.3.3.3 人化抗体——人源单克隆抗体

鼠源抗体一般无法有效地激发宿主的免疫防卫系统，还可能引发人对鼠源抗体本身的免疫反应。通过人的 B 细胞与骨髓瘤细胞融合，已经制成了人化抗体，虽然这曾是十分困难的，并且通常在融合前需要用 EB 病毒感染以无限增殖 B 细胞。这种方法由于使用病毒而不理想，产生的 MAb 的特异性是有限的，抗体的产量也很少。最近，通过用人免疫球蛋白基因取代小鼠免疫球蛋白基因创建了产生人抗体的小鼠。因此，当小鼠被免疫时它直接制造出对该抗原的人的抗体，并且产生这些抗体的 B 细胞可与骨髓瘤细胞融合，产生制造人 MAb 的杂交瘤。

抗体的抗原结合区域(V)与空间结构主要由抗体 V 区中 3 个 CDRS(互补决定区)所决定，所以人化抗体的构建是用原鼠 Ig V 区中的 CDR 区插入到人 Ig V 的框架区。这样构建成的重组分子既保留了结合抗原的功能，又消除了鼠源的免疫原性。这类人化抗体(humanhized antibodies)也可称为重构抗体。

为了构建这类抗体，首先需要测出 MAb V 区的核苷酸序列，根据其中的 CDRS 序列，用全合成或点突变的方法将人 Ig 重构成 MAb V 区的 CDRS 序列，然后将这种重构的 V 区基因与人 Ig C 区基因连接，构成完整的人 Ig 基因，再于骨髓瘤细胞内表达。

6.3.3.4 抗独特型抗体

与特定抗原的抗体结合的抗体，称为抗独特型抗体。此抗体具有原始病原微生物抗原的作用，可以用来代替免疫源制造疫苗，适用于目前尚不能培养或培养困难、产量低，或危险性大的一些微生物作疫苗。抗独特型抗体是针对抗体可变区的抗原决定簇(独特型)产生的特异性抗体，其中 Ab2 β 是初始抗原在体内的“内影像”(internal image)，由于可模拟初始抗原而广泛应用于疫苗研究、肿瘤免疫、移植耐受、自身免疫病、食品安全等方面。

抗独特型抗体在医学中不仅对于免疫应答调节的理论研究具有重要意义，而且在传染性疾病的预防、自身免疫性疾病发病机理研究和恶性肿瘤的治疗等应用研究中也具有重要的价值。

(1)抗独特型抗体与疫苗　抗独特型抗体中 Ab2 β 作为抗原的模拟物，可代替病原体的抗原，诱导机体产生抗病原体的特异性免疫应答，即所谓抗独特型疫苗(anti-idiotype vaccine)。目前，抗独特型疫苗研究仍处于动物实验研究阶段，疫苗的范围主要有病毒、细菌和原虫等引起的传染病。

(2)抗独特型抗体与自身免疫性疾病　自身免疫病是机体产生对自身成分的免疫应答并

造成病理损害而引起的一系列疾病，常与自身隐蔽抗原的释放、自身反应的 T 细胞克隆激活以及由于具有与自身交叉反应抗原的病原体感染有关。随着免疫网络学说和抗独特型抗体研究的发展，进一步提示了抗独特型抗体与某些自身免疫性疾病如重症肌无力、促甲状腺受体病、类风湿关节炎的发生有关。

(3)抗独特型抗体与肿瘤免疫　用表达于肿瘤细胞的肿瘤相关抗原刺激小鼠产生相应的抗体(Ab1)，用这种 Ab1 免疫另一小鼠可诱导产生针对 Ab1 的抗独型抗体，其中 Ab2 β(模拟肿瘤相关抗原)注入荷肿瘤的动物或病人可诱导出称之为抗-抗-独特型抗体的 Ab3，由于这种 Ab3 与最初肿瘤相关抗原所诱导的 Ab1 具有相同的抗原特异性，因此又称为 Ab1。

另外，可利用杂交瘤技术生产抗体酶。即根据酶促反应过渡态的特异结构既可以起酶促催化作用，又可以起抗体专一性选择抗原并且特异性结合的作用特点，利用酶过渡态结构类似物即半抗原通过杂交瘤技术生产抗体酶。

制备抗体酶的方法：①直接准备；②对抗体进行化学修饰，使抗体与催化基团相连。

6.4 干细胞

干细胞(stem cell)是一种未充分分化，尚不成熟，具有自我更新能力(self-renewing)的多种分化潜能细胞，具有再生各种组织器官和动物体的潜在功能，在一定条件下，它可以分化成多种功能细胞。医学界称之为"万用细胞"。干细胞有两种分类方法，一是根据干细胞所处的发育阶段分为胚胎干细胞(embryonic stem cell，ES 细胞)和成体干细胞(somatic stem cell)。第二种分类方法是根据干细胞的发育潜能分为三类：全能干细胞(totipotent stem cell，TSC)、多能干细胞(pluripotent stem cell)和单能干细胞(unipotent stem cell)。胚胎干细胞的发育等级较高，是全能干细胞，而成体干细胞的发育等级较低，是多能或单能干细胞。

干细胞的发育受多种内在机制和微环境因素的影响。目前人类和猪、牛、羊其他动物类胚胎干细胞已可成功地在体外培养。最新研究发现，成体干细胞可以横向分化为其他类型的细胞和组织，为干细胞的广泛应用提供了基础。在胚胎的发生发育中，单个受精卵可以分裂发育为多细胞的组织或器官。在成年动物中，正常的生理代谢或病理损伤也会引起组织或器官的修复再生。胚胎的分化形成和成年组织的再生是干细胞进一步分化的结果。胚胎干细胞是全能的，具有分化为几乎全部组织和器官的能力。而成年组织或器官内的干细胞一般认为具有组织特异性，只能分化成特定的细胞或组织。然而，这个观点目前受到了挑战。最新的研究表明，组织特异性干细胞同样具有分化成其他细胞或组织的潜能，这为干细胞的应用开创了更广泛的空间。

6.4.1 干细胞的分类

6.4.1.1 根据干细胞生存的不同阶段划分

(1)胚胎干细胞(embryonic stem cell，ES 细胞)　当受精卵分裂发育成囊胚时，内层细胞团(inner cell mass)的细胞即为胚胎干细胞。胚胎干细胞具有全能性，可以自我更新并具有分化为体内所有组织的能力。早在 1970 年 Martin Evans 已从小鼠中分离出胚胎干细胞并在体外进行培养。而人的胚胎干细胞的体外培养直到最近才获得成功。胚胎干细胞(ES 细胞)是一种高度未分化细胞。它具有发育的全能性，能分化出成体动物的所有组织和器官，包括生殖细胞(详见胚胎生物工程)。

(2)成体干细胞 成年动物的许多组织和器官,比如表皮和造血系统,具有修复和再生的能力。成体干细胞在其中起着关键的作用。在特定条件下,成体干细胞或者产生新的干细胞,或者按一定的程序分化,形成新的功能细胞,从而使组织和器官保持生长和衰退的动态平衡。过去认为成体干细胞主要包括上皮干细胞和造血干细胞。最近研究表明,以往认为不能再生的神经组织仍然包含神经干细胞,说明成体干细胞普遍存在,问题是如何寻找和分离各种组织特异性干细胞。成体干细胞经常位于特定的微环境中。微环境中的间质细胞能够产生一系列生长因子或配体,与干细胞相互作用,控制干细胞的更新和分化。

①造血干细胞。造血干细胞是体内各种血细胞的唯一来源,它主要存在于骨髓、外周血、脐带血中。但最新报道,协和医科大学血液学研究所的庞文新在肌肉组织中发现了具有造血潜能的干细胞。造血干细胞的移植是治疗血液系统疾病、先天性遗传疾病以及多发性和转移性恶性肿瘤疾病的最有效方法。

在临床治疗中,造血干细胞应用较早,在 20 世纪 50 年代,临床上就开始应用骨髓移植(BMT)方法来治疗血液系统疾病。到 80 年代末,外周血干细胞移植(PBSCT)技术逐渐推广开来,绝大多数为自体外周血干细胞移植(APBSCT),在提高治疗有效率和缩短疗程方面优于常规治疗,且效果令人满意。与两者相比,脐血干细胞移植的长处在于无来源的限制,对 HLA 配型要求不高,不易受病毒或肿瘤的污染。

②神经干细胞。关于神经干细胞研究起步较晚,由于分离神经干细胞所需的胎儿脑组织较难取材,加之胚胎细胞研究的争议尚未平息,神经干细胞的研究仍处于初级阶段。理论上讲,任何一种中枢神经系统疾病都可归结为神经干细胞功能的紊乱。脑和脊髓由于血脑屏障的存在使之在干细胞移植到中枢神经系统后不会产生免疫排斥反应,如给帕金森氏综合征患者的脑内移植含有多巴胺生成细胞的神经干细胞,可治愈部分患者症状。除此之外,神经干细胞的功能还可延伸到药物检测方面,对判断药物有效性、毒性有一定的作用。实际上,到目前为止,人们对干细胞的了解仍存在许多盲区。2000 年年初美国研究人员无意中发现在胰腺中存有干细胞;加拿大研究人员在人、鼠、牛的视网膜中发现了始终处于“休眠状态的干细胞”;有些科学家证实骨髓干细胞可发育成肝细胞,脑干细胞可发育成血细胞。

③肌肉干细胞(muscle stem cell)。可发育分化为成肌细胞(myoblasts),后者可互相融合成为多核的肌纤维,形成骨骼肌最基本的结构。

6.4.1.2 根据干细胞的潜能划分

(1)全能干细胞 由卵和精细胞的融合产生受精卵,而受精卵在形成胚胎过程中四细胞期之前任一细胞皆是全能干细胞,具有发展成独立个体的能力,也就是说能发展成一个个体的细胞就称为全能干细胞。人的胚胎干细胞可以发育成完整的人,所以属于全能干细胞。

(2)多能干细胞 是全能干细胞的后裔,无法发育成一个个体,只能分化成特定组织或器官等特定族群的细胞(例如血细胞,包括红血细胞、白血细胞和血小板)。

(3)单能干细胞 只能产生一种细胞类型,但是,具有自更新属性,将其与非干细胞区分开。

6.4.2 干细胞的调控

干细胞的调控是指给出适当的因子条件,对干细胞的增殖和分化进行调控,使之向指定的方向发展。

6.4.2.1　**内源性调控**

干细胞自身有许多调控因子可对外界信号起反应从而调节其增殖和分化，包括调节细胞不对称分裂的蛋白，控制基因表达的核因子等。另外，干细胞在终末分化之前所进行的分裂次数也受到细胞内调控因子的制约。

(1)细胞内蛋白对干细胞分裂的调控　干细胞分裂可能产生新的干细胞或分化的功能细胞。这种分化的不对称是由于细胞本身成分的不均等分配和周围环境的作用造成的。细胞的结构蛋白，特别是细胞骨架成分对细胞的发育非常重要。如在果蝇卵巢中，调控干细胞不对称分裂的是一种称为收缩体的细胞器，包含有许多调节蛋白，如膜收缩蛋白和细胞周期素 A。收缩体与纺锤体的结合决定了干细胞分裂的部位，从而把维持干细胞性状所必需的成分保留在子代干细胞中。

(2)转录因子的调控　在脊椎动物中，转录因子对干细胞分化的调节非常重要。比如在胚胎干细胞的发生中，转录因子 Oct4 是必需的。Oct4 是一种哺乳动物早期胚胎细胞表达的转录因子，它诱导表达的靶基因产物是 FGF-4 等生长因子，能够通过生长因子的旁分泌作用调节干细胞以及周围滋养层的进一步分化。Oct4 缺失突变的胚胎只能发育到囊胚期，其内部细胞不能发育成内层细胞团。另外白血病抑制因子(LIF)对培养的小鼠 ES 细胞的自我更新有促进作用，而对人的成体干细胞无作用，说明不同种属间的转录调控是不完全一致的。又如 Tcf/Lef 转录因子家族对上皮干细胞的分化非常重要。Tcf/Lef 是 Wnt 信号通路的中间介质，当与 β-catenin 形成转录复合物后，促使角质细胞转化为多能状态并分化为毛囊。

6.4.2.2　**外源性调控**

除内源性调控外，干细胞的分化还可受到其周围组织及细胞外基质等外源性因素的影响。

(1)分泌因子　间质细胞能够分泌许多因子，维持干细胞的增殖、分化和存活。有两类因子在不同组织甚至不同种属中都发挥重要作用，它们是 TGF β 家族和 Wnt 信号通路。比如 TGF 家族中至少有两个成员能够调节神经嵴干细胞的分化。最近研究发现，胶质细胞衍生的神经营养因子(GDNF)不仅能够促进多种神经元的存活和分化，还对精原细胞的再生和分化有决定作用。GDNF 缺失的小鼠表现为干细胞数量的减少，而 GDNF 的过度表达导致未分化的精原细胞的积累。Wnts 的作用机制是通过阻止 β-catenin 分解从而激活 Tcf/Lef 介导的转录，促进干细胞的分化。比如在线虫卵裂球的分裂中，邻近细胞诱导的 Wnt 信号通路能够控制纺锤体的起始和内胚层的分化。

(2)膜蛋白介导的细胞间的相互作用　有些信号是通过细胞-细胞的直接接触起作用的。β-catenin 就是一种介导细胞黏附连接的结构成分。除此之外，穿膜蛋白 Notch 及其配体 Delta 或 Jagged 也对干细胞分化有重要影响。在果蝇的感觉器官前体细胞、脊椎动物的胚胎及成年组织包括视网膜神经上皮、骨骼肌和血液系统中，Notch 信号都起着非常重要的作用。当 Notch 与其配体结合时，干细胞进行非分化性增殖；当 Notch 活性被抑制时，干细胞进入分化程序，发育为功能细胞。

(3)整合素(integrin)与细胞外基质　整合素家族是介导干细胞与细胞外基质黏附的最主要的分子。整合素与其配体的相互作用为干细胞的非分化增殖提供了适当的微环境。比如当 β1 整合素丧失功能时，上皮干细胞逃脱了微环境的制约，分化成角质细胞。此外细胞外基质通过调节 β1 整合素的表达和激活，从而影响干细胞的分布和分化方向。

6.4.2.3 干细胞的可塑性

越来越多的证据表明,当成体干细胞被移植入受体中,它们表现出很强的可塑性。通常情况下,供体的干细胞在受体中分化为与其组织来源一致的细胞。而在某些情况下干细胞的分化并不遵循这种规律。1999 年 Goodell 等人分离出小鼠的肌肉干细胞,体外培养 5 d 后,与少量的骨髓间质细胞一起移植入接受致死量辐射的小鼠中,结果发现肌肉干细胞会分化为各种血细胞系。这种现象被称为干细胞的横向分化(trans-differentiation)。关于横向分化的调控机制目前还不清楚。大多数观点认为干细胞的分化与微环境密切相关。可能的机制是,干细胞进入新的微环境后,对分化信号的反应受到周围正在进行分化的细胞的影响,从而对新的微环境中的调节信号做出反应。

6.4.3 干细胞研究的概况

6.4.3.1 干细胞研究的情况

干细胞的研究被认为开始于 20 世纪 60 年代,在加拿大科学家恩尼斯特·莫科洛克和詹姆士·堤尔的研究之后。

1959 年,美国首次报道了通过体外受精(IVF)动物。

20 世纪 60 年代,几个近亲种系的小鼠睾丸畸胎瘤的研究表明其来源于胚胎生殖细胞(embryonic germ cells,EG 细胞),此工作确立了胚胎癌细胞(embryonic carcinoma cells,EC 细胞)是一种干细胞。

1968 年,Edwards 和 Bavister 在体外获得了第一个人卵子。

20 世纪 70 年代,EC 细胞注入小鼠胚泡产生杂合小鼠。培养的 SC 细胞作为胚胎发育的模型,虽然其染色体的数目属于异常。

1978 年,第一个试管婴儿,Louise Brown 在英国诞生。

1981 年,Evan,Kaufman 和 Martin 从小鼠胚泡内细胞群分离出小鼠 ES 细胞。他们建立了小鼠 ES 细胞体外培养条件。由这些细胞产生的细胞系有正常的二倍型,像原生殖细胞一样产生三个胚层的衍生物。将 ES 细胞注入小鼠,能诱导形成畸胎瘤。

1984—1988 年,Anderews 等人从人睾丸畸胎瘤细胞系 Tera-2 中产生出多能的、可鉴定的(克隆化的)细胞,称之为胚胎癌细胞(embryonic carcinoma cells,EC 细胞)。克隆的人 EC 细胞在视黄酸的作用下分化形成神经元样细胞和其他类型的细胞。

1989 年,Pera 等分离了一个人 EC 细胞系,此细胞系能产生出三个胚层的组织。这些细胞是非整倍体的(比正常细胞染色体多或少),他们在体外的分化潜能是有限的。

1994 年,通过体外授精和病人捐献的人胚泡处于 2-原核期。胚泡内细胞群在培养中得以保存其周边有滋养层细胞聚集,ES 样细胞位于中央。

1998 年美国有两个小组分别培养出了人的多能(pluripotent)干细胞。James A. Thomson 在 Wisconsin 大学领导的研究小组从人胚胎组织中培养出了干细胞株。他们使用的方法是:人卵体外受精后,将胚胎培育到囊胚阶段,提取 inner cell mass 细胞,建立细胞株。经测试这些细胞株的细胞表面记号(marker)和酶活性,证实他们就是全能干细胞。用这种方法,每个胚胎可取得 15～20 个干细胞用于培养。John D. Gearhart 在 Johns Hopkins 大学领导的另一个研究小组也从人胚胎组织中建立了干细胞株。他们的方法是:从受精后 5～9 周人工流产的胚胎中提取生殖母细胞(primordial germ cell)。由此培养的细胞株,证实具有全能干细胞的特征。

2003 年，建立了人类皮肤细胞与兔子卵细胞种间融合的方法，为人胚胎干细胞研究提供了新的途径。

2004 年，Massachusetts Advanced Cell Technology 报道克隆小鼠的干细胞可以通过形成细小血管的心肌细胞修复心衰小鼠的心肌损伤。这种克隆细胞比来源于骨髓的成体干细胞修复作用更快、更有效，可以取代 40％的瘢痕组织和恢复心肌功能。这是首次显示克隆干细胞在活体动物体内修复受损组织。

6.4.3.2　干细胞研究的意义

早在 19 世纪，发育生物学家就知道，卵细胞受精后很快就开始分裂，先是 1 个受精卵分裂成 2 个细胞，然后继续分裂，直至分裂成有 16～32 个细胞的细胞团，叫做桑葚胚。这时如果将组成桑葚胚的细胞一一分开，并分别植入到母体的子宫内，则每个细胞都可以发育成一个完整的胚胎。这种细胞就是胚胎干细胞，属于全能干细胞。骨髓、脐带、胎盘和脂肪中则可以获取组织干细胞。每个人的体内都有一些终生与自己相伴的干细胞。但是，人的年龄越大，干细胞就越少。为了弥补干细胞的不足，一些科学家建议从胚胎或胎儿以及其他动物身上获取干细胞，进行培养和研究。

全功能干细胞，可直接克隆人体；多功能干细胞，可直接复制各种脏器和修复组织。人类寄希望于利用干细胞的分离和体外培养，在体外繁育出组织或器官，并最终通过组织或器官移植，实现对临床疾病的治疗。干细胞的用途非常广泛，涉及到医学的多个领域。目前，科学家已经能够在体外鉴别、分离、纯化、扩增和培养人体胚胎干细胞，并以这样的干细胞为“种子”，培育出一些人的组织器官。干细胞及其衍生组织器官的广泛临床应用，将产生一种全新的医疗技术，也就是再造人体正常的甚至年轻的组织器官，从而使人能够用上自己的或他人的干细胞或由干细胞所衍生出的新的组织器官，来替换自身病变的或衰老的组织器官。假如某位老年人能够使用上自己或他人婴幼儿时期或者青年时期保存起来的干细胞及其衍生组织器官，那么，这位老年人的寿命就可以得到明显的延长。美国《科学》杂志于 1999 年将干细胞研究列为世界十大科学成就的第一，排在人类基因组测序和克隆技术之前。

“原位培植皮肤干细胞再生新皮肤技术”不仅实现了利用干细胞复制皮肤器官，而且做到了人体原位皮肤器官的复制，从而使人类从干细胞体外培植组织成器官移植治疗，直接跨入了人体原位干细胞复制器官。科学家普遍认为：干细胞的研究将为临床医学提供更为广阔的应用前景。

多能性干细胞经历进一步的特异分化，发展为参与生成特殊功能细胞的干细胞。如造血干细胞，它能产生红细胞、白细胞和血小板。又如皮肤干细胞，它能产生各种类型的皮肤细胞。这些更专门化的干细胞被称为专能干细胞。

干细胞对早期人体的发育特别重要，在儿童和成年人中也可发现专能干细胞。举我们所最熟知的干细胞之一，造血干细胞为例，造血干细胞存在于每个儿童和成年人的骨髓之中，也存在于循环血液中，但数量非常少。在我们的整个生命过程中，造血干细胞在不断地向人体补充血细胞——红细胞、白细胞和血小板的过程中起着很关键的作用。如果没有造血干细胞，我们就无法存活。新加坡国立大学医院和中央医院通过脐带血干细胞移植手术，根治了一名因家族遗传而患上严重的地中海贫血症的男童，这是世界上第一例移植非亲属的脐带血干细胞而使患者痊愈的手术。医生们认为，脐带血干细胞移植手术并不复杂，就像给患者输血一样。

由于脐带血自身固有的特性,使得用脐带血干细胞进行移植比用骨髓进行移植更加有效。现在,利用造血干细胞移植技术已经逐渐成为治疗白血病、各种恶性肿瘤放化疗后引起的造血系统和免疫系统功能障碍等疾病的一种重要手段。科学家预言,用神经干细胞替代已被破坏的神经细胞,有望使因脊髓损伤而瘫痪的病人重新站立起来;不久的将来,失明、帕金森氏综合征、艾滋病、老年性痴呆、心肌梗塞和糖尿病等绝大多数疾病的患者,都可望借助干细胞移植手术获得康复。

同胚胎干细胞相比,成人身体上的干细胞只能发育成 20 多种组织器官,而胚胎干细胞则能发育成几乎所有的组织器官。但是,如果从胚胎中提取干细胞,胚胎就会死亡。因此,伦理道理问题就成为当前胚胎干细胞研究的最大问题之一。美国政府明确反对破坏新的胚胎以获取胚胎干细胞,美国众议院甚至提出全面禁止胚胎干细胞克隆研究的法案。美国的一些科学家则对此提出了尖锐的批评,他们认为,将干细胞用于医学研究,在减轻患者痛苦方面很有潜力。如果浪费这样一个绝好的机会,结果将是悲剧性的。

我国的干细胞研究和应用已经具备了一定的基础,早在 20 世纪 60 年代就开始了骨髓干细胞移植方面的研究,目前研究和应用得最多的是造血干细胞。1992 年,我国内地第一个骨髓移植非亲属供者登记组在北京成立,"中华骨髓库"也正式接受捐赠。2002 年,北京建立了脐带血干细胞库。关于胚胎干细胞的研究,我国目前还没有明确的法律规定。

思 考 题

1. 简述动物原代细胞的制备和培养过程。
2. 什么叫传代细胞?细胞培养有哪些方面的应用?
3. 何为细胞融合?诱导细胞融合的方法有哪些?
4. 叙述融合细胞的制备过程。
5. 什么叫单克隆抗体?单克隆抗体有哪些方面的应用?
6. 简述利用杂交瘤细胞生产单克隆抗体的主要技术路线。
7. 什么叫基因工程抗体?基因工程抗体有哪些类型?
8. 什么叫干细胞?干细胞可分为哪些类型?
9. 简述干细胞的特性和干细胞的研究的意义。

第7章 植物细胞工程

植物细胞工程(plant cell engineering)指在人工控制的环境条件下,对离体的植物器官、组织、细胞及原生质体进行培养,使其再生成完整植株(细胞、组织、器官),或生产出目的物质(产品、商品),来为社会服务的技术,其核心技术是植物组织培养,其理论基础是植物细胞全能性。植物细胞全能性是指任何具有完整的细胞核和膜系统的活的植物细胞,都拥有形成一个完整植株所必需的全部遗传信息。植物细胞全能性是一种可能性,是细胞的一种自然属性,植物体细胞经过脱分化(dedifferentiation)和再分化(redifferentiation)两个基本过程形成再生植株。脱分化是一个成熟的植物细胞转变为分生状态进而分裂增殖形成愈伤组织的过程。愈伤组织指植物在伤口表面形成的,或在组织培养条件下由外植体长出的一团无序的薄壁细胞。脱分化了的植物细胞再分化形成完整的再生植株称为再分化。再分化有器官发生方式和胚胎发生方式。器官发生方式是茎芽和根在愈伤组织的不同部位分别独立形成,形成的时间也不一致,为单极性结构,里面各有维管束与愈伤组织相连,在芽和根之间并没有共同的维管束连接,形成的再生植株为嵌合体,即同时组成一个植物体的不同体细胞的遗传来源不同;胚胎发生方式是在愈伤组织的里面或表面形成起源于一个胚性薄壁细胞的双极性的体细胞胚,有共同的维管束贯穿两极,可脱离愈伤组织在无激素培养基上独立萌发,由其长成的植株各部分的遗传组成应是一致的,即为纯合体。通过体细胞胚途径再生植株,培养物产生的体细胞胚的数目比不定芽多(如一个离体培养的烟草花药可产生200多个胚状体),体细胞胚形成速度快,胚状体结构完整,一旦形成,便可直接萌发形成小植株,成苗率高。植物离体培养细胞产生胚状体(即体细胞胚胎)的过程称为体细胞胚胎发生,植物体细胞胚胎发生具有普遍性。

植物组织培养是在人工模拟了生物材料的实际需要而设定的无菌条件下进行的,外植体、培养基、接种环境都须经过无菌处理。组织培养是在封闭的容器中进行的,容器内气体和环境气体可通过瓶塞或其他封口材料进行交换。容器内的相对湿度在通常情况下几乎是100%。组织培养的环境温度、光照强度和时间等因素对组织培养的成功很重要。植物组织培养的环境条件适宜于微生物的快速生长与繁殖,微生物的快速生长与大量繁殖快速地消耗培养基中的营养物质,不断地向培养基中排泄对培养材料有毒性的代谢产物,并导致培养环境恶化,影响培养细胞的正常生长,最终导致培养物死亡。培养的材料不同、培养的目的不同对培养条件的要求都不同。没有任何一种培养基能适合一切类型的植物组织培养。为满足不同培养的需要,已研制出多种基本培养基配方,而每一种基本培养基配方都可经过调整,衍生出多种新的培养基。目前,在用的植物组织培养基具体配方种类繁多,但都是由几种基本的培养基经改良而来的。培养基通常主要由水分、无机盐类、有机营养物质、植物生长调节物质、天然物质、凝固剂以及根据实验实际需要而添加的物质等配制而成。培养基中最为经常调整的因素是生长调节物质,其次是维生素、氨基酸。

在植物组织培养中,常用蒸馏水来配制培养基。植物生长所必需的大量元素和微量元素由无机盐提供。有机营养成分包括碳源和氮源,蔗糖、葡萄糖等糖类物质就成了其生命活动中必不可少的碳源和能源,糖类还有调节培养基渗透压的作用。在组织培养中,多数培养细胞都能合成所有必需的维生素，但数量不足，培养基中须补加一种或几种维生素或氨基酸，改善细胞的生长情况。常用的维生素类有维生素 B_1（盐酸硫胺素）、维生素 B_6（盐酸吡哆醇）、维生素 C 等，常用的氨基酸有甘氨酸、酪氨酸、丝氨酸等。在组织培养中，常用的植物生长调节剂有生长素、细胞分裂素、赤霉素和脱落酸。生长素用于诱导细胞的分裂和根的分化，常用的有吲哚乙酸（IAA）、萘乙酸（naphthylacetic acid，NAA）、2，4-二氯苯氧乙酸（2，4-dichloropbenoxyacetic acid，2，4-D）和吲哚丁酸（indole-3-butyric acid，IBA）等。IBA 和 NAA 广泛用于生根，并能与细胞分裂素互作促进茎的增殖。2，4-D 在某些植物的组织培养中，还会诱导不定胚的形成。生长素与细胞分裂素的配合使用，对于器官形成和植物体再生可以起到调控作用。高浓度的生长素对芽的形成往往有抑制作用。细胞分裂素能促进细胞分裂和器官分化，促进侧芽分化和生长，抑制顶端优势，延缓组织衰老等，有助于把腋芽从顶端优势的抑制下解放出来，可用于茎的增殖。在植物组织培养中，往培养基中加入细胞分裂素，可促进细胞分裂，诱导愈伤组织、不定芽和不定胚的产生。高浓度的细胞分裂素会抑制根的产生。常用的细胞分裂素有激动素（KT）、玉米素（zeatln，ZT）、6-苄基腺嘌呤（6-benzyl aminop- urine，6-BA）等。赤霉素有 20 多种，组织培养中常使用的是赤霉素（GA_3）、脱落酸（abscisicacid，ABA）等。赤霉素能刺激在培养中形成的不定胚正常发育成小植株。

培养基中常加入水解酪蛋白（CH）、椰子汁（CM）、酵母提取液（YE）、番茄汁（TJ）等一些化学成分不明的天然的有机物质，以促进愈伤组织、器官的生长。天然有机物质成分复杂，常富含有机营养成分或生理活性物质（如激素等），但不同样品之间的差异较大，试验的重复性比较差，应尽量避免使用这些天然物质，有时可用氨基酸等取代之。例如在玉米胚乳愈伤组织培养中，只用 *L*-天门冬酰胺即取代了酵母粉和番茄汁的作用。有些天然有机物质还会因高温而变性，失去效果，这时应该采取过滤除菌。根据用来制备培养基的原料的化学成分是否已知，培养基可分为三类：①合成培养基。指由化学成分已知的化合物配制而成的培养基；②天然培养基。指由化学成分未知的天然物质配成的培养基；③半合成培养基。指在合成培养基的基础上又添加了某些天然物质而制成的培养基。

在配制固体培养基时常用的凝固剂有琼脂、Celrite 等。琼脂是一种由海藻得来的多糖类物质，用量一般在 3～10 g/L，使用浓度高，培养基变硬，营养物质难以扩散到培养组织中去。当培养基 pH 偏低或琼脂纯度不高时，应适当增加其用量。在灭菌温度高、灭菌时间过长、湿度过高或反复高温灭菌时，也会影响琼脂的凝固。琼脂并非是培养基中一种必需的成分。根据是否添加凝固剂，培养基可分为固体培养基和液体培养基，前者常用于愈伤组织、芽和根的诱导培养、组培苗的培养、植物种子的无菌萌发等，在固体培养基上培养的材料易于保存。后者用于细胞及原生质体悬浮培养、工业发酵生产等。有时为了减少外植体的褐变，需要向培养基中加入一些防止褐化的物质，如活性炭、维生素 C 等。此外，在培养灭菌比较困难的植物材料时，也可以添加一些抗生素物质，以此来抑制杂菌。

7.1 植物细胞培养

植物细胞培养（plant cell culture）是指对离体的植物单细胞（或小细胞团）进行培养，形成单细胞无性系。细胞培养可用于细胞生理代谢及各种不同物质对细胞代谢影响等各种细胞生物学方面的研究，各种物理的、化学的外源因子可直接作用于单细胞，作用发生快，效果显现快，停止也快，操作简便，易控制。培养游离的植物单细胞，并能使之分裂产生完整植株，进行农作物的改良，或培育作物新品种。离体培养的细胞增殖速度快，适合大规模悬浮培养，可用于发酵工业生产一些特有的产物，开创了植物产品工业化生产的新途径。

7.1.1　植物单细胞的分离

常用于植物单细胞制备的实验材料有两大类：①来源于植物有机体的幼嫩叶片组织、根尖、茎尖、幼胚等，其中，幼嫩的植物叶片组织结构比较疏松，是分离单细胞的最好材料；②组织培养材料，如愈伤组织、组培苗等。常见的植物单细胞的分离方法有机械法（物理法）、酶解法（化学法）和愈伤组织法（分散法）。机械法是利用实验器械，单靠机械作用分离获得单细胞的方法。与酶解法相比，机械法分离的单细胞不受酶等的伤害，不会发生质壁分离，能够发生分裂并形成愈伤组织。机械法适用于排列松散、细胞间接触面很小的薄壁细胞组织，产量有限，不能满足大量需求，所获得的单细胞活力高，适用于细胞的生理生化等的研究；酶解法利用果胶酶（pectase）处理植物叶片材料，使细胞间的中胶层发生降解，分离出具有代谢活性的单细胞。利用酶解法可一次获得大量高活力的单细胞，满足实验的需求，操作简便；由离体培养的愈伤组织分离单细胞，方法简便，适用广泛。将愈伤组织从外植体上剥离下来，经反复继代培养使之不断增殖，并提高其松散性，然后把易散碎的胚性愈伤组织移到液体培养基中，置摇床上不断振荡，使之破碎成小的细胞团或单细胞，并充分分散，保持均匀分布，建立悬浮培养系。

7.1.2　植物单细胞培养

植物单细胞培养就是对分离得到的单个植物细胞进行培养，诱导其分裂增殖形成细胞团，转接培养形成愈伤组织，再通过细胞分化形成芽、根等器官或胚状体，直至长成完整植株的技术。单细胞培养方法有平板培养法、看护培养法、微室培养法等。平板培养法（图 7-1）是将悬浮培养的细胞接种到未固化的薄层培养基中，使其与培养基充分混合，再倒入培养皿中进行培养的方法。具体做法：①细胞密度测定。先对含有游离细胞和细胞团的悬浮培养物进行过滤，除去较大的细胞团，留下游离的单细胞和小细胞团，然后对其进行细胞计数及活力测定，得到活细胞密度。②细胞密度调整。如果悬浮液的细胞密度大，可用新鲜培养液稀释，如要浓缩可先进行低速离心，使细胞沉淀，除去上清液，再加入液体培养基进行调节，使悬浮培养液达到最终所要求的细胞密度（如 2 倍初始植板密度，2×）。③初始植板密度的获得。将含 0.6%～1% 琼脂的新鲜培养基灭菌后，冷却到 35℃（这时培养基还没有固化），放到恒温水浴中，将细胞悬浮液接种进去（或 1 份 2× 细胞悬浮液＋1 份新鲜培养基），充分混合使其细胞含量达初始接种密度（×）。④制备培养平板。倒入培养皿中，在桌面上轻轻晃动培养皿，使之迅速分散，充分展开，铺满整个培养皿底，静置。当培养基凝固之后，细胞均匀分布并固定在一层约 1 mm 厚培养基中。⑤平板计数。用封口膜或石蜡把培养皿封严，用放大 40 倍的双筒倒置显微镜直接计量细胞数。⑥细胞定位。将各个细胞在培养皿外的相应位置上做标记，便于今后分离出单细胞无性系。⑦培养与观察。将标记好的培养皿倒置，在 25℃ 条件下暗培养。用光学显微镜对培养细胞的生长情况进行观察，经 20 d 后再计数每只培养皿中出现细胞团的数目。⑧继代培养。当细胞团长到一定大小

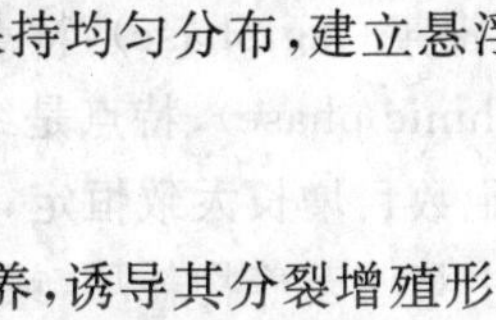

图 7-1　植物细胞平板培养示意图

（引自：王蒂，2004）

时，应及时将其挑取出来，转接到适当的固体培养基上，进行继代培养。

7.1.3 植物细胞悬浮培养

植物细胞悬浮培养(suspension culture)是指将游离的植物细胞按一定的细胞密度，悬浮在液体培养基中进行培养的方法，可分为分批培养、半连续培养、连续培养三种类型。在此着重介绍分批培养和连续培养。

7.1.3.1 植物细胞分批培养

分批培养(batch culture)是指把细胞分散在一定容积的培养基中进行培养，建立起悬浮细胞培养体系。在培养过程中除了气体和挥发性代谢产物可以同外界环境交换外，一切都是密闭的，当培养基中的主要成分耗尽时，细胞停止分裂和生长。分批培养所用的容器一般是100～250 mL 三角瓶，每瓶装 20～75 mL 培养基。为了使分批培养的细胞不断增殖，必须及时进行继代。继代的方法可以是取出培养瓶中一小部分悬浮液，转接到成分相同的新鲜培养基中(约稀释 5 倍)，也可以用纱布或不锈钢网进行过滤，滤液接种，这样可提高下一代培养物中单细胞的比例。培养用的液体培养基虽因物种而异，但凡适合愈伤组织生长的培养基，除去琼脂，均可作为悬浮细胞培养基。

在分批培养中，细胞数目会不断发生变化，呈现出细胞生长周期。在培养初期细胞数目增长慢，称延滞期(lag phase)，特点是细胞很少分裂，细胞数目不增加；中期生长快，称对数增长期(logarithmic phase)，特点是细胞分裂活跃，数目迅速增加；到了细胞增殖最快的时期，单位时间内细胞数目增长大致恒定，细胞数目达到最高峰，称为直线生长期(linear phase)；随后由于培养基中某些营养物耗尽，或是有毒代谢物的积累，细胞增长逐渐变慢进入缓慢期(retard phase)；最后生长趋于完全停止，进入静止期(station-ary phase)。在分批培养中，细胞繁殖一代所需的最短时间(即最短代时)因不同植物而异，烟草 48 h，蔷薇(*Rosa* ssp.)36 h，菜豆 24 h。分批培养对于研究细胞的生长代谢并不是一种理想的培养方式。在分批培养中，由于细胞生长和代谢的方式、培养基成分不断改变，没有一个稳定的生长期，因而细胞的数目、代谢产物和酶的浓度也不能保持恒定。

7.1.3.2 植物细胞连续培养

连续培养(continuous culture)是利用特制的培养容器进行的一种大规模细胞培养方式，在培养过程中，不断向培养系统中注入新鲜培养基，排掉旧的培养混合物，保证养分的充足供应，并可在培养期间使细胞长久地保持在相对稳定的状态中，细胞增殖速度快，适于大规模工厂化生产。根据对排出液中的细胞回收与否，连续培养又可分为封闭型连续培养和开放型连续培养。封闭型连续培养是指在培养过程中，排出的旧培养液由加入的新鲜培养基进行补充，进出数量保持平衡，从而使培养系统中营养物质的含量总是超过细胞生长的需要，同时，将悬浮在排出液中的细胞经机械方法收集后再放回到培养系统中。在这种培养方式中，随培养时间延长，细胞密度会不断增加。开放型连续培养是通过建立一套自动控制系统来调节培养基注入的数量和培养液的总体积，不使限制细胞生长的因子出现，创造一个稳定的细胞生长的环境。在开放连续培养中，注入的新鲜培养液的容积与流出的培养液容积相等，其中细胞的密度也保持恒定，并通过调节流入和流出的速度，使培养细胞的生长速度一直保持在一个稳定状态，流出的细胞数相当于培养系统中新细胞的增加数。悬浮在排出液中的细胞不再收集放回到培养系统中。

开放型连续培养可采取浊度恒定式和化学恒定式两种方法加以控制。在浊度恒定培养中，新鲜培养基是间断注入的，受细胞密度增长所引起的培养液浑浊度增加的控制。可以选定一种细胞密度，当超过这个细胞密度时，使细胞随着培养液一起排出，以保持细胞密度的恒定。在化学恒定式培养中，为使细胞密度保持恒定状态，可采用固定速度注入新鲜培养基，将培养基内的某种营养成分(如氮、磷或葡萄糖)的浓度调节成为一种生长限制浓度，从而使细胞的增殖保持稳定状态。在这种培养基中，除生长限制成分以外的其他成分的浓度都保持在细胞生长所需要的水平上，而生长限制因子被调节在一定水平上，它的任何增减都可由细胞增长速度的增减反映出来，也可控制培养液进入的速度，使细胞稀释的速度正好和细胞增殖的速度相同，因此培养液中细胞密度一直保持恒定状态。

7.1.3.3　悬浮细胞的继代培养

在悬浮培养过程中，为了保持一定的悬浮培养细胞增殖速度和增殖量，应定期做继代培养，最适周期一般为 1～2 周，但实际所需的时间和接种量应视不同细胞系而定。继代时间为 1 周的细胞系可用 1∶4 的接种量，继代时间为 2 周的可用 1∶10 的接种量。接种时，可用口径稍大的移液管进行，待培养瓶中大的细胞团下沉后，立即吸取溶液上部单细胞和小细胞团接种。

在悬浮培养中，细胞刚进入静止期之初，细胞悬浮液达到最大生产量，就必须进行继代培养，因为处在静止期的细胞悬浮液保存时间太长会引起细胞的大量死亡和解体，因此观察进入静止期后的天数，保持细胞活力的变化很重要，这样可确定细胞培养的时间，及时进行继代培养。有的植物一到静止期，马上需要继代培养，有的在静止期之前细胞增殖减慢时即可继代培养。为了加速细胞增殖，有的甚至在对数生长期末就进行继代培养。

培养的悬浮细胞从开始到结束，整个周期的长短是由细胞密度、延迟期长短和生长速率等因素所决定的。一般起始细胞密度应在 0.5×10^5～2.5×10^5 个/mL，培养过程中可增殖到 1×10^6～4×10^6 个/mL。全部细胞平均分裂 4～6 次，许多细胞系经历 18～25 d 就能完成此增殖过程。如使用贮备的静止期的细胞，时间会更长，而使用对数生长期细胞，则只需要 6～9 d。

在继代培养过程中，最容易造成污染的危险来自瓶口的边缘。因此在接种时，手指和移液管不得接触瓶口，接种前后都应用火焰灼烧瓶口。为了避免由于污染造成细胞系的损失，应独立地保持两套亚细胞系。现在有许多分裂迅速、分散性好的细胞系可在液氮(－196℃)下保存。在继代培养中，要定期检查是否有微生物污染，可凭借细胞的色泽、培养液面的清澈度等判断，也可在显微镜下观察，还可在营养丰富的培养基平板上接种细胞培养物，以检查污染物的生长。

7.1.3.4　细胞悬浮培养应注意的事项

在培养过程中应注意：①用来建立生长快、易散碎的愈伤组织的固体培养基，在去掉琼脂后即用于建立该物种的细胞悬浮培养系，但常需要进行调整。调节生长素与细胞分裂素的比例可提高细胞的分散程度。在活跃生长的悬浮培养物中，无机磷酸盐的消耗很快，常成为限制因子。②应选用处在分裂旺盛时期具有较高分裂能力的细胞，初始植板密度因不同的植物种类而异，正常条件下每个物种都有一个最适植板密度和一个临界植板密度，当低于临界植板密度时细胞就不能分裂。③接种细胞时固体培养基的温度要严格控制，一般不超过 35℃，温度低对细胞伤害少，但操作困难，凝固快而使细胞分布不均匀，温度过高对细胞产生伤害。④培养期间，频繁光照对细胞生长不利，镜检次数应尽量减少。⑤游离的单细胞可移植在一薄层液体培养基中，但细胞位置不固定，要追寻个别细胞及其繁衍的后代比较困难。⑥初始植板密度较小时须在培养基中加入椰子汁、水解酪蛋白等天然物质。细胞能够合成某些分裂必需的化合物，只有当这些化合物达临界值后，细胞才能分裂。在培养中，细胞不断地把这些化合物释放到培养基中，直到在细胞与培养基之间达到某种平衡。初始植板密度较高时，达到平衡的时间比植板密度较低时早，当初始植板密度低于临界值时，永远也达不到这种平衡状态，细胞就不能分裂。使用含有这些化合物的条件培养基，则可在相当低的初始植板密度下使细胞发生分裂。CO_2 可诱导低密度细胞发生分裂，在某些物种的悬浮培养中，如果在培养容器中保持一定的 CO_2 压力，可使有效初始植板密度下降到 600 个细胞/mL。⑦细胞悬浮培养的温度、光照、转速等条件皆可在摇床上设定。在悬浮培养中，为了改善液体培养基中培养材料的通气状况，需进行培养基的不断振荡。

7.1.4 植物细胞生长量和活力的测定

悬浮培养中细胞生长量的测定主要有：细胞计数、细胞密实体积、细胞鲜重、细胞干重等方法。细胞计数就是将悬浮培养的细胞充分分散，使之均匀分布，然后用血球计数板进行细胞计数。细胞密实体积（packed cell volume，PCV）是将已知体积的均匀分散的悬浮液放入 1 个 15 mL 的刻度离心管中，在 2 000 *g* 下离心 5 min，可得到细胞沉积的体积，然后以每毫升培养液中细胞总体积的毫升数表示。把悬浮培养物倒在下面架有漏斗的已知重量的尼龙丝网上，用水洗去培养基，真空抽滤以除去细胞上多余的水分，再称量即可得到细胞的鲜重。用已知重量的干尼龙丝网按上述方法收集细胞，在 60℃下干燥 12 h，再称量即可得到细胞的干重。细胞的鲜重和干重均以每毫升培养物或每 10^6 个细胞的重量来表示。

培养细胞活力的测定主要有：①相差显微术法。在光学显微镜下，根据细胞质环流和正常细胞核的存在与否，即可鉴别出细胞的死活，利用相差显微镜、亮视野显微镜可以得到明显清晰的图像；②四唑盐还原法（TTC 法）。活细胞由于呼吸作用可将三苯四唑氯化物（2，3，4-triphenyl tetrazolium chloride，TTC）还原成红色染料，据此可测定细胞的呼吸效率，反映细胞的代谢强度；③荧光素二乙酸法（fluorosetin diacetate，FDA）。将适量的 0.5％的 FDA 丙酮贮备液加入到细胞或原生质体悬浮液中保温 5 min 后，用带有适当的激发片和吸收片的荧光显微镜进行检查，产生荧光的是有活力的细胞，不产生荧光的是无活力的细胞；④伊凡蓝染色法。当用伊凡蓝（evadns blue）的稀溶液（0.025％）对细胞进行处理时，只有死细胞和活力受损伤的细胞能够吸收这种染料，而完整的活细胞不能摄取或积累这种染料。凡是不染色的细胞均为活细胞，但染色时间不宜过长，否则活细胞也会逐渐积累染料而染上色。

7.1.5 植物细胞培养的应用

7.1.5.1 植物次生代谢产物的生产

通过植物细胞培养生产有用化合物的类型很多，包括碳水化合物、蛋白质、糖、氨基酸、有机酸、酶、生物碱、抗生素、生长素、黄酮类、酚类、色素、皂苷、甾体类、萜类、单宁等。用组织培养和细胞培养进行工业化生产，主要是以植物次生产物作为研究和应用的对象。

7.1.5.2 突变体选择

在高等植物突变育种中，对多细胞有机体进行诱变处理后会形成嵌合体，通过细胞培养进行突变体选择可以改变这种情况。利用细胞培养进行突变体选择，多采用离体的单倍体细胞，因为它能加强获得隐性突变体的机会。通过细胞培养至今已分离出了大量的突变细胞系，有的还得到再生植株。在细胞培养中对抗性变异的细胞选择可用直接选择法。在培养基中加入某种对正常细胞有毒害的物质，当多数细胞死去之后，把少数能存活的细胞系分离出来，然后转入含同样毒素但浓度更高的培养基上，进一步检验这些细胞系的突变性质。应用直接选择法至今已分离出如抗氨基酸类似物、抗抗生素、抗除草剂、抗各种真菌毒素和抗高盐浓度等的细胞系。如果目标表现型不具有选择上的优势，即细胞未产生某种抗性物质，而是产生了一种代谢形式或表现形式的性状，可使用间接选择法(负选法)。如在抗氯酸盐细胞的选择中，分离出了硝酸还原酶缺失突变的细胞系；硝酸还原酶可催化硝酸还原成亚硝酸($NO_3^- + 2NADH \rightarrow NO_2^- + 2NAD$)，加入氯酸盐，硝酸还原酶也可将氯酸盐还原成亚氯酸盐($ClO_3^- + 2NADH \rightarrow ClO_2^- + 2NAD$)。氯酸盐对植物细胞有毒害作用，而亚氯酸盐毒害性比氯酸盐高几百倍。因此在培养基中加 20～80 mmol/L 氯酸钠(钙)，此浓度的氯酸盐本身还不足以杀死植物细胞，如果细胞含有硝酸还原酶，氯酸盐被还原为亚氯酸盐，高毒性亚氯酸盐将这些含有硝酸还原酶活力的细胞都杀死，存活下来的只有硝酸还原酶缺失的突变细胞。这些细胞没有这种酶，也没有亚氯酸盐生成，所以在筛选抗氯酸盐的突变细胞中，结果获得了硝酸还原酶缺失型突变体。这种突变体不仅抗氯酸盐，而且在体细胞杂交研究中，还可用作互补选择的标记。从细胞培养中分离突变体，还需进一步对分离出的突变细胞系的特性进行鉴定，如生理生化方面的研究比较、培养突变细胞再生植株(M_1)、检验组织培养中突变性状能否遗传给再生植株、检验后代在植株水平上突变性状的表达状况以及进行遗传方面的研究等。

7.1.5.3　诱导多倍体

为了克服远缘杂种的不育性，常需要进行染色体数目的加倍。在甘蔗属植物中有很多遗传不育杂种，若能通过染色体加倍而恢复其育性，就能使杂种在育种工作中得到充分利用。Heinz 等在甘蔗中通过细胞培养产生了大量的多倍体植株。他们从经过 50 mg/L 秋水仙素处理 4 d的一个甘蔗杂种细胞培养中获得 1 000 多个再生植株。细胞学研究表明，其中大约 48%的染色体数目加倍。利用培养过程中染色体的自发加倍现象，也可使单倍体细胞加倍，获得纯合二倍体植株，在遗传育种上有重要的意义。

7.1.5.4　人工种子

1977 年，Murashige 首先提出了人工种子的概念，是指通过组织培养繁殖获得大量的高质量的成熟胚状体，把这些胚状体外面包上有机化合物作为保护胚状体及提供营养的“种皮”，从而创造出与真种子类似的结构。人工种子包括体细胞胚、人工胚乳和人工种皮三部分(图 7-2)。人工种皮是最外面的一层有机薄膜，保护水分免于丧失和防止外部物理力量的冲击，中间含有营养成分和某些植物生长调节剂的人工胚乳，最里面是胚状体或芽。人工种子繁殖体的种类多种多样，凡能发育成完全植株的膜胶包裹的或者是裸露干燥的繁殖体均可称为人工种子。人工种子可使自然条件下不易结实或种子昂贵的材料能快速繁殖和保存，而且繁殖速度快。固定杂种优势，可使 F_1 杂种优势多代利用，使优良单株快繁成无性系而多代利用，保持杂种材料的遗传稳定性。从任何材料都能得到胚状

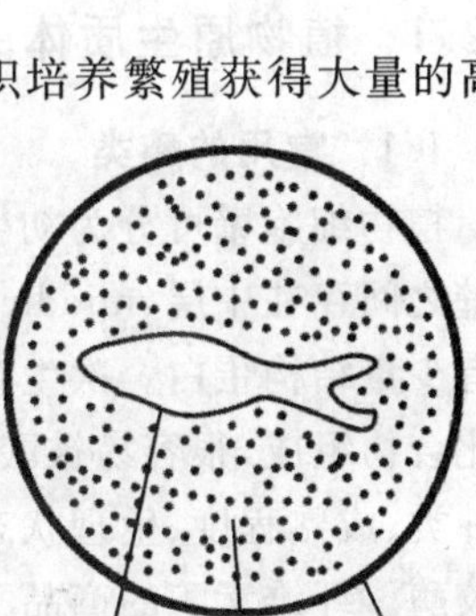

图 7-2　人工种子示意图

(引自：王蒂，2004)

体,为基因工程技术应用于生产提供桥梁。在人工种子的制作中,加入各种营养成分或生长调节剂,调节植物生长,提高植物抗逆性。人工种子在一定程度上可取代天然种子而节约粮食,人工种子体积小,贮运方便,而且可以像天然种子那样播种育苗。人工种子要求能贮藏一定的时间,以适应生产的季节性限制要求。但人工种子含水量大,常温下易失水变干,放在低温(4℃)下贮存有一定效果,但时间稍长,其萌发率明显降低,萌发的幼苗中弱苗和畸形苗较多,其主要原因是人工种子的质量问题,包括体细胞胚的发育和成熟程度、遗传变异的影响等。

7.2 植物体细胞杂交

1960 年英国植物生理学家 Cocking 首次利用纤维素酶等从番茄根细胞分离获得原生质体。1971 年 Takebe 等培养烟草叶片原生质体获得再生植株,首次证实了原生质体的全能性。1972 年美国科学家 Carlson 等利用细胞融合技术,首次获得两种不同烟草原生质体融合的体细胞杂种。1974 年高国楠等开发出了 PEG 融合方法。1978 年德国科学家 Melchers 等把马铃薯和番茄的原生质体融合,获得了体细胞杂种——马铃薯番茄。1981 年 Zimmeremann 开发出了高压脉冲法,即电融合技术。至此,植物体细胞杂交技术已经成熟,克服了植物远缘杂交的不亲和性,可以充分利用远缘遗传资源,并成为品种改良和创造育种亲本资源的重要途径。植物体细胞杂交(somatic cell hybridization)即原生质体融合,是指通过物理或化学方法使原生质体融合,经培养获得具有双亲全部(或部分)遗传物质的后代的方法。植物原生质体指的是植物细胞去掉细胞壁后剩下的由细胞膜及其所包含的全部细胞内含物质的总称。植物原生质体是遗传转化的理想受体,能够比较容易地摄取外来遗传物质,如外源 DNA、染色体、病毒、细胞器等,为高等植物的遗传操作提供了理想的实验体系。通过原生质体系统对植物细胞进行遗传饰变,主要包括原生质体的获得与培养、原生质体融合及外源遗传物质的导入、杂种细胞的筛选、诱导再生完整植株以及再生植株的遗传学鉴定等几个环节。迄今已获得了多种植物的原生质体再生植株和种属间杂种植株,也为细胞生物学及体细胞遗传学等的研究做出了重要贡献。

7.2.1 植物原生质体的分离

7.2.1.1 常用的酶类

植物细胞壁可分为初生壁(primary wall)和次生壁(secondary wall),相邻两个细胞的初生壁之间存在中层(middle layer,亦称胞间层)。初生壁主要成分是纤维素、半纤维素和果胶,还有少量结构蛋白。次生壁主要由纤维素和半纤维素组成。中层主要由果胶酸钙和果胶酸镁的化合物组成,很容易被酸或酶等溶解,从而导致细胞分离。植物细胞壁的复杂程度因植物器官种类、成熟程度、生理状态而异。用于植物原生质体分离的酶类有纤维素酶、半纤维素酶和果胶酶。纤维素酶的商品酶主要有 Cellulase Onozuka RS、Cellulase Onozuka R-10、Gk3-867。常用浓度为 0.5%～2.0%。半纤维素酶(hemicellulase)的商品酶主要有 Hemicellulase、RhozymeHP150。常用浓度为 0.1%～0.5%。果胶酶的商品酶主要有 Maceozyme R-10、Pectolyase Y23、Pectinase。Maceozyme R-10 常用浓度为 0.2%～2.0%。粗制的商品酶含有核酸酶和蛋白质酶等对原生质体有害的杂质,用前通过聚丙烯酰胺凝胶或葡聚糖凝胶 G25 进行过滤洗提纯化。酶的纯化成本较高,粗制的商品酶是否要纯化,应视实验的要求和具体情况而定。多数情况下，粗制的酶也能产生较好的效果。在实际应用中，酶的活性与酶解体系的温度、酶解处理的时间、酶解处理液的容积、酶解组织的量、酶解体系的 pH、酶的浓度、酶的活性等多种因素有关。Onozuka 纤维素酶 R-10 的最适 pH 为 5～6，实际应用时 pH 常被调节为 4.7～6.0。酶活性最适温度为 40～50℃，对细胞来说太高，一般酶处理在 25～30℃为宜。酶的浓度和持续处理时间须经比较试验确定。酶液容积和植物组织的量之间的相互关系影响原生质体的产量，一般每克组织用 10 mL 酶液。酶液可低温保存数日而不失活。

7.2.1.2 材料的选择及处理

供体材料影响原生质体分离与培养效果，较幼嫩且结构松散的组织的原生质体产率高且活性强，培养后细胞植板率高。植物的茎、叶、胚、子叶、下胚轴等器官组织均可作为原生质体分离的材料，采用较多的是叶片组织。植株的年龄和生长条件很重要，一般在低光照、短日照、温度范围 20～25℃、氮肥充足条件下的低龄植株上的幼嫩叶片组织效果较好。禾本科植物的叶片难以获得适合于培养的原生质体，可用其培养物作实验材料。离体培养中分裂旺盛的、再分化能力强的胚性愈伤组织或胚性悬浮细胞、组织培养苗等是理想的实验材料。低温处理和等渗溶液处理可以提高原生质体的产率和活性。4℃、暗处理 1～2 d 的叶片组织，原生质体产量高且均匀一致，分裂频率高。在等渗溶液中处理数小时后再进行酶解，能提高原生质体产量和活性，尤其是苹果、梨等多酚化合物含量高的植物效果更好。

7.2.1.3 分离方法

植物原生质体分离方法有酶分离法（化学分离法）和机械分离法（物理分离法）。酶分离法是目前广泛采用且效果最佳的原生质体分离方法。机械方法把植物细胞置于适当的质壁分离的介质中，用利刃切割，某些质壁分离的细胞只被切去细胞壁而释放出完整的原生质体。机械法获得的原生质体产量低，不能满足实验需要；不适用于液泡化程度低的细胞，因此没有得到广泛应用；采用机械方法，避免了有害化学物质或其他因子对原生质体的伤害。1892 年，Klercker 采用机械方法，首先使藻类（Stratcotesalcides）植物细胞产生质壁分离，然后切开细胞壁释放出原生质体。1960 年，德国诺丁汉大学的 Cocking 首先利用纤维素酶从番茄幼苗根尖中分离获得原生质体，收率高、完整性好、活力强。酶分离法已成为植物原生质体分离最有效的方法。酶分离法又分为一步法和两步法，现多采用一步法。一步法是将纤维素酶和果胶酶等配制成混合酶液来处理材料，获得原生质体，操作简便，不易污染。一步法实验操作步骤如下：①取材。最好利用再分化能力强的愈伤组织或悬浮培养细胞或无菌苗的组织器官，如果利用自然环境下栽培的植株叶片，应选取生长健壮植株上的充分展开的较幼嫩叶片，经洗涤剂洗涤和流水冲洗，进行常规消毒和预处理后待用。②酶液配制。根据实验材料确定合理的酶液组合，应注意酶制剂的种类、配比以及酶液的 pH。称取纤维素酶、果胶酶以及渗透压稳定剂等配成酶液，将酶液离心（2 500～3 000 r/min）后，用 0.45 μm 微孔滤膜过滤除菌，分装后 −20℃ 冷冻保存。为了提高原生质体膜的稳定性，一般在酶液中添加 $CaCl_2 \cdot 2H_2O$ 和葡聚糖硫酸钾。③酶解处理。将植物材料放入酶液中（每 10 mL 酶液 0.5～1.0 g 组织），真空泵抽引渗透处理 5 min，以促进酶液渗透，然后置于往复振荡式摇床上（30～40 r/min），26℃酶解处理 2～8 h；如果是幼嫩叶片，应尽量撕去下表皮或除去茸毛，切成 1～2 mm 的细条。酶解处理期间可用解剖针轻轻破碎叶片组织，有利于原生质体的游离释放，提高其产量。原生质体分离所用渗透压因植物器官种类而异，一般在 0.3～0.5 mol/L。

7.2.1.4 渗透压调节

渗透破碎性是原生质体基本的自然属性之一，原生质体失去了细胞壁的保护，在酶液、清洗介质、培养基中必须加入适当的物质以调节渗透压。在具有适当渗透压的溶液中原生质体呈球形，原生质体在轻微的高渗溶液中比在等渗溶液中更稳定。较高水平的渗透压调节剂可阻止原生质体破裂和出芽，能抑制原生质体的分裂。原生质体除了没有细胞壁外，它具有活细胞的一切生命活动特征。在原生质体离体操作过程中，用来调节渗透压的物质称为渗透压调节剂(又称渗透压保护剂或渗透压稳定剂，简称渗压剂)。常用的渗压剂有山梨醇、甘露醇，以及某些可溶性碳水化合物如葡萄糖、果糖、半乳糖等。山梨醇和甘露醇适宜浓度是450～800 mmol/L。对烟草原生质体，某些可溶性碳水化合物如葡萄糖、果糖、半乳糖、山梨醇和甘露醇等都有效。用非电解质作渗压剂时，常在酶液中补加某些盐类物质，尤其是 $CaCl_2$(50～100 mmol/L)，以提高质膜的稳定性。用电解质作渗压剂时(335 mmol/L KCl 和 40 mmol/L $MgSO_4 \cdot 7H_2O$)能提高原生质体的活力，产品更纯净。用盐类调节培养基的渗透压是有害的。

7.2.1.5 原生质体纯化

供体组织经过酶处理后，得到的是由未消化组织、破碎细胞、原生质球、原生质体以及残余的酶等化学物质组成的混合群体，这些物质的存在，会影响后续培养过程中原生质体的生长，影响细胞壁的再生，必须进行纯化，以得到纯净的原生质体。植物原生质体纯化主要有沉降法、漂浮法和不连续梯度离心法三种方法。沉降法亦称过滤离心法，该方法利用比重原理，低速离心使原生质体沉于底部。具体步骤为：首先用适当孔径(30～40 μm)的微孔滤膜过滤酶混合液，除去未消化的组织细胞等→低速(150 *g* 以下)离心 3～5 min，使原生质体沉淀→弃去含细胞碎片的上清液和酶液→用液体培养基或甘露醇溶液悬浮洗涤原生质体，重复 2～3 次→最后将原生质体悬浮在 1～2 mL 的液体培养基中备用。该方法纯化收集方便，原生质体丢失少，但原生质体纯度不高，是目前最为广泛采用的方法。

7.2.1.6 原生质体活力测定

原生质体的活力是原生质体培养成功与否的关键因素之一，对修正实验方案至关重要。常用的原生质体活力测定的方法主要有荧光素二乙酸法(FDA 法)、酚藏花红染色法、形态观察法、渗透压变化法。荧光素二乙酸法：FDA 染色后，无活力的原生质体不能产生荧光。在荧光显微镜下，能够分辨出有活力的原生质体，并计算出存活百分率。FDA 法方便可靠，是目前最常用的方法。酚藏花红染色法：酚藏花红(phenosafranine)是一种碱性染料，溶于水显红色并带黄色荧光，能被活的原生质体吸收而呈红色，无活性的原生质体因无吸收能力而无色。形态观察法：一般凭形态特征即可识别原生质体的活力。如果颜色鲜艳，形态完整，富含细胞质，则有活力。渗透压变化法：把原生质体放入高渗或低渗溶液中，通过观察涨缩情况来判断其活力。如果体积能随溶液的渗透压变化而改变，即为活的原生质体。

7.2.1.7 影响原生质体数量和活力的因素

供试材料是影响原生质体分离效率及原生质体活力的重要因素之一。要选择继代后处于旺盛分裂时期的悬浮细胞和淡黄色、颗粒状的胚性愈伤组织，选择生长健壮、植株上无病虫害、较幼嫩的组织，选用无菌组织培养苗，可免去材料消毒程序，避免消毒液对材料的伤害，大大提高原生质体的活力。

酶制剂的纯度、浓度、活性以及酶解处理时间显著影响原生质体的产量和活力。要选择纯度高的酶类，根据酶解材料细胞壁的特性以及酶的活性大小确定适宜的酶液组合。酶的浓度不宜过高，酶解时间不宜过长，最好不超过 8 h。木本植物的细胞壁成分比草本植物的坚厚，含有较多的半纤维素，分离原生质体时应适当添加半纤维素酶。配制的酶液要分装在试管中，−20℃冷冻保存备用。

渗透压稳定剂主要可分为两大类：①由糖醇或可溶性糖（如甘露醇、山梨醇、葡萄糖和蔗糖）组成的有机溶液，采用较多的是甘露醇、山梨醇和蔗糖；②由氯化钙、硫酸镁、氯化钾或培养基中的无机盐组成的无机溶液，用这类渗压剂原生质体的产量比用甘露醇高，缺点是降低细胞壁降解酶的活性，高浓度的无机盐进入细胞内，从而影响培养效果。渗透压稳定剂的使用浓度不宜过高或过低，以细胞轻度质壁分离为宜，因细胞来源不同一般在 0.3～0.6 mol/L。液泡化程度低的分生组织细胞要用较高的渗透压。

酶液的 pH 对原生质体的产量和活力影响很大。因植物材料不同所要求的 pH 有差异，一般为 pH 5.5～5.8。如果供体材料是植物组织器官，酶液中应加入 pH 缓冲剂（如 0.05～0.1 mol/L 磷酸盐或 3.0～5.0 mmol/L MES），以维持稳定酶液的 pH。

7.2.2　植物原生质体培养

原生质体培养是指对分离获得的原生质体进行培养，使其分裂分化直至形成完整植株的技术。

7.2.2.1　原生质体培养方法

原生质体培养方法主要有平板培养法、液体浅层培养法、固-液结合培养法、看护培养法和微滴培养法等。在此介绍平板培养法。实验操作：①把原生质体悬浮在液体培养基中，调整其浓度为 2×初始植板密度（密度为 10^4 个/mL 左右）。②用大口刻度吸管，与高压高温灭菌后冷却至 42～45℃的培养基（2 倍固化剂浓度）迅速等量混匀。③迅速转移到培养皿中，轻轻摇动旋转培养皿，使其瞬间凝固成约 2 mm 厚的培养基平板。④用石蜡膜带密封，暗培养。培养 5～7 d 原生质体开始分裂，3 周左右观察细胞植板率。⑤待形成大细胞团后，转移到不含渗透压调节剂的新鲜固体培养基中继代培养。该方法原生质体分布均匀，有利于分裂，容易获得单细胞株系，可定位观察单个原生质体的生长发育情况。但原生质体易受热伤害，易破碎，原生质体始终处在高渗透压胁迫下，生长发育缓慢，植板率低。

7.2.2.2　影响原生质体培养的因素

原生质体活力是培养成功与否的关键，直接影响细胞植板率。原生质体培养存在密度效应，过高或过低均影响其分裂。密度过高会因营养不良或细胞代谢产物过多而影响正常生长。密度过低细胞内代谢产物扩散到培养基中的量较低，导致细胞内代谢产物浓度过低而影响细胞生长和分裂。一般培养的起始密度为 5×10^3～1×10^4 个/mL，看护培养法可以降低培养密度。在原生质体培养中除 2%～3%的蔗糖外，作为渗透压稳定剂一般使用 0.3～0.5 mol/L 的甘露醇，也有的用葡萄糖完全或部分取代甘露醇，在许多作物上培养效果很好，如在葡萄原生质体培养中，用 0.4 mol/L 的葡萄糖完全取代甘露醇，细胞分裂率显著提高。

用于原生质体培养的培养基主要有 MS、B_5、Nitsch、N_6 和 KM-8P 培养基等，一般是通过对同种植物组织培养或细胞培养用的培养基进行优化改良而来。大多数原生质体培养使用葡萄糖作为碳源培养效果较好，但有些植物以蔗糖为佳。无机盐浓度和氮的形态对原生质体培养影响较大，一般无机盐浓度不宜过高，尤其是铵态氮浓度不宜过高。有的植物适合使用铵态氮型培养基，而有的适合使用硝态氮型培养基，如葡萄原生质体最佳培养是硝态氮型的 B_5 培养基。生长素和细胞分裂素的浓度配比在原生质体培养中起着决定性作用,生长素主要使用NAA、LAA和2,4-D,细胞分裂素主要使用6-BA、KT和ZT。如果能够分离出足够多的原生质体,可以对若干种基本培养基或一种培养基的主要成分和植物生长调节剂的浓度配比进行正交试验,系统地优化出最佳的培养基。原生质体培养初期不需要光照,一般采用暗培养,当形成细胞团后再移到光下培养,强光照抑制细胞分裂。原生质体培养一般采用(26±1)℃恒温培养。热带植物要求温度稍高,寒带植物要求温度稍低。

植物基因型是决定原生质体培养成功与否的关键因素。有些材料由于基因型原因,细胞难以分裂,培养极其困难,如油菜原生质体培养中,成功的报道主要集中在甘蓝型油菜,而芥菜型油菜(*Brassica juncea*)较少,白菜型油菜(*Brassica campestris*)则更少。一般来讲,木本植物原生质体培养比一二年生的草本植物困难得多。木本植物中又以多酚化合物含量高的植物原生质体培养最为困难,如梨和苹果等。

7.2.2.3 原生质体再生

原生质体培养后,首先体积稍增大,如果是叶肉细胞,则叶绿体重排于细胞核周围。由球形逐渐变成椭圆形,1~2 d即可合成完整细胞壁,如烟草和矮牵牛等。只有形成完整细胞壁的细胞才能进入细胞分裂阶段。植物基因型、供体细胞的分化状况以及培养基成分等都影响细胞壁再生。如烟草属、矮牵牛属和芸薹属(*Brassica*)的叶肉细胞原生质体在24 h即可形成新细胞壁,而豆科和禾本科植物的叶肉原生质体则不能。培养基成分对细胞壁再生起重要作用。据报道,蔗糖浓度超过0.3 mol/L或山梨醇浓度超过0.5 mol/L时,抑制细胞壁形成。有些植物的细胞壁再生需要植物生长调节剂,如2,4-D等。培养基中渗透压过高也抑制细胞壁的再生。再生细胞壁鉴定可以用荧光染色等方法。将卡氏白(Calcafluor white)溶解在0.5~0.6 mol/L的甘露醇溶液中,然后与原生质体悬浮液混合,终浓度为0.1%,染色1 min,410 nm以上的滤光片镜检。如果有细胞壁存在,能看到蓝光(420 nm),如果原生质体含有叶绿素,则能看到红色荧光,可用滤光片除去红光。

原生质体来源的细胞,可先诱导培养形成愈伤组织,再转移到芽分化培养基上诱导出不定芽,再转移到根诱导培养基上诱导出根。也可由原生质体再生细胞直接形成胚状体,由胚状体发育成完整植株。

7.2.3 植物细胞融合

7.2.3.1 细胞融合类型

细胞融合可分为对称融合、不对称融合和微原生质体融合。对称融合是指通过物理方法或化学方法,使种内或种间完整原生质体融合,产生杂种的技术。不对称融合是通过物理或化学方法处理亲本原生质体,使一方细胞核失活,或同时也使另一方细胞质基因组失活,再进行原生质体融合,获得只有一方亲本核基因的不对称杂种的技术。微原生质体融合指以植物细胞经微核化处理后形成的、外包有被膜、内含一条或几条染色体的微核作为供体受体原生质体融合,从而实现部分基因组转移的技术,可用于克服生殖隔离,转移多基因性状或未知基因性状,获得单体或二倍体附加系,建立特异染色体DNA文库以及研究外源基因的功能等。

7.2.3.2 细胞融合方法

细胞膜表面有稳定的疏水性基团,具有膜电位,因其静电排斥力使原生质体不能吸附在一起。细胞融合方法主要分为化学融合法和物理融合法。化学融合法是指以化学试剂作为融合诱导剂，诱导原生质体融合的方法，主要有 PEG 融合法和高钙-高 pH 法等。带有阴离子的 PEG 分子等与原生质体表面的阴离子之间在 Ca^{2+} 连接下形成共同的静电键，从而促进原生质体间的黏着和结合。在高 Ca^{2+}-高 pH 液的处理下，Ca^{2+} 和与质膜结合的 PEG 分子被洗脱，导致电荷平衡失调并重新分配，使原生质体的某些阳电荷与另一些原生质体的阴电荷连接起来，吸附聚合，最后融合在一起。物理融合法是指用电激、离心、振动等机械方法来促使原生质体融合的方法，主要有电融合法和超声波法等。对融合槽的两个平行电极施加高频交流电压，产生电泳效应，使融合槽内的原生质体偶极化并沿着电场的方向排列成串珠状，再施加瞬间的高压直流脉冲，使黏合相邻的原生质体膜局部发生可逆性瞬间穿孔，然后，原生质体膜连接、闭合，最终融为一体。目前最常用的方法是 PEG 法、高 Ca^{2+}-高 pH 法以及电融合法（electrmfusion）。

7.2.3.3　体细胞杂种选择

原生质体融合处理后的产物是同核体、异核体以及没有融合的亲本原生质体的混合群体，必须采用一些有效的方法把异核体和真正的杂种植株选择出来。根据选择时期，可分为杂种细胞的选择和杂种植株的选择。杂种细胞的选择有互补筛选法和机械筛选法。互补筛选法是利用双亲细胞在生理或遗传特性方面所产生的互补作用来进行选择的。在选择性培养基上只有具互补作用的杂种细胞才能生长发育，非杂种细胞没有互补不能生长发育。机械分离法常用的有天然颜色标记分离、荧光素标记分离、荧光活性自动细胞分类器分类融合体。杂种植株的选择就是从形态学、细胞学、遗传学、生物化学及分子生物学等方面做进一步鉴定，以筛选出真正的杂种植株。

7.3　植物组织与器官培养

植物器官培养（plant organ culture）是指对植物某一器官的全部或部分或器官原基进行离体培养的技术，包括植物的根、茎、叶、花器、果实和种子等营养器官和繁殖器官。植物组织培养指对植物的组织（分生组表皮组织、薄壁组织等）及培养产生的愈伤组织进行离体培养的技术。

7.3.1　植物组织和器官培养的基本程序

离体的植物器官和组织在人工培养条件下，通过不同的器官发生途径，形成体细胞胚或茎芽，进一步再生成完整植株，其基本程序包括无菌外植体的获得、初代培养物的建立、形态发生及植株再生、组织培养苗的驯化移栽、培养产物的观察记载等环节。

7.3.1.1　无菌外植体的获得

污染是组织培养的一大障碍。采集于自然界和室内的植物器官和组织材料携带有各种微生物，这些污染源一旦进入培养容器中，造成培养基和培养材料污染，实验无法进行。利用各种灭菌剂可以对实验材料进行灭菌处理，但不同的实验所用灭菌剂的种类、浓度及灭菌方法也不同。原因：①不同植物的带菌程度与带菌的种类不同；②同一植物不同器官和组织的带菌程度与带菌的种类不同；③同一植物不同生育期带菌程度与带菌的种类不同；④同一植物不同生长环境带菌程度与带菌的种类不同；⑤同一植物不同栽培与耕作制度带菌程度与带菌的种类不同；⑥实验材料的性质不同，实验的性质和要求不同。一般情况下，组织内部带菌的植物材料不适用于接种培养。

7.3.1.2 初代培养物的建立

外植体经过灭菌处理后，要建立起初代无菌培养材料，并使其增殖和发育。灭菌剂处理过的外植体只进行了表面灭菌，不能除掉所有病菌，特别是无法去除侵入组织内部的病菌。因此，有时需在培养基中加入抗生素类物质，防止初代培养材料的污染。但抗生素对某些种类的植物生长有抑制作用，所以，适用的抗生素种类及浓度的确定，要在实践中摸索。保证培养基、接种器械和超净工作台无菌，并使接种室环境保持清洁。对污染的组培材料，应灭菌后再清洗，防止真菌孢子在空气中弥漫和繁殖。无菌操作时，除按严格的操作程序进行外，还需对进入超净工作台的物品表面和操作者的双手用75%的酒精进行擦拭灭菌。初代培养物的形成与培养基的种类、激素种类和浓度、其他添加物以及外植体的来源、生长发育状态和所处的培养条件等有关。每种植物及其器官和组织均具有再生成完整植株的能力，但其再生能力是不相同的。如菊花比月季容易分化出不定芽，香石竹(*Dianthus carvphyllus*)的叶片、茎尖、茎段、花瓣、子房、花托等外植体均可得到再生植株。初代培养物的建立应先查找资料，决定所应选用的培养基组成、外植体类型等，以减少工作的盲目性。

7.3.1.3 形态发生和植株再生

建立的无菌培养物在适宜的离体环境中生长发育(形态发生)，形成完整的小植株。已知离体材料的形态发生是通过两种途径实现的，即器官发生途径和体细胞胚胎发生途径。在器官发生途径中，芽或芽原基起源于培养组织中比较表层的细胞，即外起源，而根原基则发生在组织较深处，即内起源，两者之间一般没有什么联系，呈现单向极性。在胚状体发生途径中，绝大多数体细胞胚起源于单细胞，形成的胚状体具有双极性。在其发育的早期阶段，在方向相反的两端分化出茎端和根端，其维管组织与母体植物或外植体的维管组织通常没有联系，胚状体维管组织呈独立的“Y”字形。已分化的细胞各自组成不同的组织，一般形态和机能相同的细胞组成同一种组织，机能相关的组织形成器官，进一步发育为完整的植株。

7.3.1.4 组织培养苗的驯化移栽

组织培养小植株的驯化是组织培养苗从异养到自养的转变，是组织培养苗逐渐适应栽培环境的过程。炼苗指移栽前对组织培养苗进行的适应性锻炼，是组培苗由组织培养环境逐渐适应自然环境的驯化过程，为移栽奠定基础。移栽前需对组织培养苗进行适应性锻炼，使植株生长粗壮，提高其抗逆能力，对温度、光照逐步朝着自然环境条件过渡，并打开瓶口，降低湿度，使其逐渐适应外界环境。组培小植株移栽时，首先应彻底洗去小植株根部附着的培养基，避免微生物的繁殖污染，影响生长，甚至造成小苗死亡。然后将小植株栽入基质中，科学管理，直到小植株可形成新的功能根系。移栽小植株应注意湿度、光照、温度、根际环境的透气状况的调控管理，注意防治病虫害。移栽的组培小植株和活体生根的小植株，其湿度的控制十分重要。因组培苗在高湿(90%～100%的相对湿度)环境中生长，茎叶表面防止水分散失的角质层等几乎全无，根系又不发达，移栽后难以保证水分平衡，即使根系周围有足够的水分也不行。所以，应采用加覆塑料薄膜、经常喷雾的方法，提高小植株周围的空气湿度，减少叶面蒸腾。同时，逐渐降低空气相对湿度，使其适应自然环境条件。组培苗是在营养丰富且含糖的培养基中进行异养生长的，移栽后要通过自身的光合作用来维持生存。移栽初期光照强度应较弱，经过一段时间适应后，逐渐增加光照强度(漫射)，如1 500～4 000 lx。移栽小植株生长所需的适宜温度与植物种类有关，喜温性植物以25℃左右为宜，喜凉性植物则以18～20℃为好。温度过高导致蒸腾作用加强，水分失衡，微生物滋生等；温度过低则使幼苗生长迟缓或不易存活。如使基质温度高于空气温度2～3℃，则有利于生根和促进根系发育，提高存活率。选用透气性好的栽培基质，防止根部长时间积水，以致烂根。在移栽驯化管理阶段，应施用一定浓度的杀菌剂，防治病虫害。

7.3.1.5　培养产物的观察记载

离体外植体经过一段时间培养后，需对培养产物进行观察记载，确定下一步的工作方向。在切伤后分泌的内源激素(endogenous hormones)和培养基中添加的生长调节物质的作用下，离体培养的植物器官和组织产生愈伤组织是一种普遍现象。离体的愈伤组织是一种正在增生的非组织化的细胞群，其外部形态一些是坚实致密型，由小而致密的细胞构成；另一些是疏松型，由小而松散的细胞构成。愈伤组织的色泽有绿色、淡绿色、黄色、紫色等。愈伤组织的诱导率是指产生愈伤组织的外植体数占接种外植体总数的百分数。

许多器官和组织在离体培养时都能产生体细胞胚或胚状体，它很容易与不定芽和愈伤组织区分。如杨树茎尖、茎段、叶片等外植体培养中，在切口处产生黄色或乳黄色愈伤组织，表面逐渐呈颗粒状突起，出现大量球形、棒状胚状体，特别是叶脉部位发生的胚状体多而整齐。离体培养中，外植体被诱导成芽的方式有两种：一种是由顶芽或腋芽萌发产生的丛生芽，一些木本植物和草本植物常见这种现象；另一种是经或不经愈伤组织产生不定芽(adventitious bud)，植物的许多器官经诱导都可以产生不定芽。芽的分化率是指产生芽的外植体数占接种外植体总数的百分数。在组织培养中形成的茎芽通常没有根，只有把它们转移到适当的培养基中，才能诱导不定根的发生。因此，根的诱导就成为获得完整再生植株的最后一步。根也可以由愈伤组织直接诱导产生。

7.3.2　植物胚胎培养及离体授粉

植物胚胎培养是指对植物的胚、子房、胚珠和胚乳进行离体培养，使其发育成完整植株的技术。胚胎培养广泛应用于育种、胚胎发育过程中的生理代谢变化以及有关影响胚发育的内、外因素等问题的研究，也为进行离体授粉研究提供了重要的技术支持。

7.3.2.1　植物胚培养

离体胚培养可分为幼胚培养和成熟胚培养，这两类胚的成苗途径和所需营养条件不一样。成熟胚生长不依赖胚乳的贮藏营养，只要提供合适的生长条件及打破休眠，它就可在只需含大量元素的无机盐和糖的比较简单的培养基上萌发生长，形成幼苗，培养技术也要求不严，将受精后的果实或种子(带种皮)进行表面消毒，剥取种胚接种于培养基上，在人工控制条件下即可发育成完整植株。幼胚指发育早期尚未成熟的胚，它较成熟胚难培养，要求的技术和条件也较高，在培养条件下，幼胚可维持胚性生长而继续进行正常的胚胎发育，也可迅速萌发为幼苗(即早熟萌发，precocious germination)，但形成的幼苗往往畸形瘦弱，甚至死亡。

胚培养可用于克服远缘杂交不亲和性，远缘杂交的胚乳发育不正常或杂种胚与胚乳之间生理上的不协调，易造成杂种胚早期夭折，将早期幼胚进行离体培养，可产生远缘杂种；通过胚培养可打破种子休眠，缩短育种周期。许多植物的种子发育不完全或有抑制物存在而影响种胚发芽，如银杏种子脱离母体后，胚龄幼小，仍继续吸收胚乳营养，4～5个月后才能成为成熟胚，通过幼胚培养，可促使这些植物的幼胚达到生理和形态上的成熟而提早萌发，形成植株；通过幼胚培养，可提高种子萌发率。长期营养繁殖的植物具有形成种子的能力，但其生活力较低，萌发成苗率低下，胚培养可促进这类种子萌发和形成幼苗。如芭蕉属（*Musa*）有许多结实的品种，自然情况下胚不能萌发，如果取出胚，在简单的无机盐培养基中就能很快使其萌发形成幼苗。

7.3.2.2 植物胚乳培养

胚乳培养是指将胚乳组织从母体上分离出来，通过离体培养，使其发育成完整植株的技术。裸子植物的胚乳是由雌配子体发育而成，是单倍体。被子植物的胚乳是双受精的产物，是三倍体。不同属植物，胚乳存在的时间长短不一致，有些植物如蓖麻和禾谷类植物等，可一直保留到种子成熟，成为贮藏组织。胚乳培养（endosperm culture）是 20 世纪 30 年代从玉米胚乳培养开始的。植物的成熟胚乳进行培养，使其形成愈伤组织，并进一步诱导形成了芽和根等器官，有的种可形成完整的小植株，从而证实了胚乳细胞同样具有潜在的形态发生能力，表现出全能性。胚乳愈伤组织及再生植株的染色体数常常发生变化，胚乳植株的染色体数也不稳定，同一植株往往是不同倍性细胞的嵌合体。如苹果（$2N=34$）胚乳植株的根尖细胞染色体数的分布范围是 29～56 条，多数是 37～56 条，三倍体细胞只占 2%～3%。影响胚乳细胞染色体稳定性的因素主要有胚乳类型、胚乳愈伤组织发生的部位以及培养基中外源激素的种类和水平。如猕猴桃来源于同一植株的胚乳，可以培养出三倍体和二倍体两种倍性的植株。培养基的外源激素配比不仅决定胚乳细胞的增殖和分化，而且还影响胚乳细胞染色体的倍性变化。被子植物的胚乳是三倍体，通过胚乳培养可得到三倍体植株，产生无子果实，或由其加倍产生六倍体植株。无子果实食用方便，多倍体植株又比原植株具有粗壮、叶片大而肥厚、叶色浓、花大或重瓣、果实大但结实率低的特征。这些变异性状可直接利用或作为育种材料，尤其在花卉和药用植物新品种选育方面往往有重要的利用价值。自 1965 年以来，许多植物通过胚乳培养获得了三倍体植株，三倍体植株的主要特征是种子败育，这对于以种子生产为目的的植物是不利的。但对无性繁殖的植物，则可利用三倍体进行改良。有些具有重要经济价值的植物，如苹果、香蕉、茶和西瓜（*Citrullus lanatus*）等的三倍体已在生产上应用。三倍体毛白杨生长速度快，能制造出质量较好的纸浆。对一些以营养体为生产对象的植物，其三倍体性状比二倍体好。获得三倍体的方法通常是四倍体与二倍体杂交，但有些植物杂交不容易成功，这样三倍体种子的来源就没有保障，通过胚乳培养可直接生产大量的三倍体植株，满足生产需要。

7.3.2.3 植物离体授粉

在远缘杂交中常遇到受精前的障碍问题，如花粉在柱头上不能萌发；花粉生长受抑而不能进入胚珠，其原因是花柱太长或花粉管生长缓慢；花粉管在花柱中破裂等，使受精作用不能正常进行，这些均属于受精前或合子期前障碍。在另外一些情况下，受精虽然能正常进行，但由于胚和胚乳之间的不亲和性，或胚乳发育不良，杂种不能发育成熟，这些则属于受精后障碍，因受精后障碍而导致远缘杂交的失败，可采用胚培养或子房培养或胚珠培养予以克服。而远缘杂交的受精前障碍的克服，可采用消除柱头和花柱的障碍，让花粉直接与胚珠接触，从而实现受精并使种子得到发育和成熟。为了达到这个目的，20 世纪 60 年代初期，在完全人为控制的条件下进行了离体授粉（pollination in vitro）技术的研究。离体授粉是指将未授粉的胚珠或子房从母体上分离下来，进行无菌培养，并以一定的方式授以无菌花粉，使之实现受精，又称为离体受精（fertilization in vitro）。根据无菌花粉授于离体雌蕊的位置，可将离体授粉分为离体柱头授粉、离体子房授粉和离体胚珠授粉。进行离体授粉时，从花粉萌发到受精形成种子以及种子萌发和幼苗形成的整个过程，一般均在人工条件下完成。离体柱头授粉是一种接近于自然授粉的人工授精技术，通常是在花药尚未开裂时切取母本花蕾，消毒后，在无菌条件下用镊子剥去花瓣和雄蕊，保留萼片，将整个雌蕊接种于培养基上，培养至适当的发育时期，在其柱头上授以无菌的父本花粉，以得到含有可育的种子和果实。离体子房授粉通过人工方法将花粉直接引入子房，使花粉粒在子房腔内萌发，并进行正常受精，最后获得具有生活力的种子，又称为子房内授粉。离体胚珠授粉是指在离体培养未受精的胚珠上授粉，结出正常种子。

7.3.3　植物花药和花粉培养

1964 年，Guha 和 Maheshwari 首次培养曼陀罗的花药获得单倍体植株，至今已有 250 多种高等植物通过花药培养得到了单倍体植株，其中有近 1/4 的植物种类的花粉植株是在我国首次培养成功的，并有一些优良的品种在生产上大面积推广。花药是植物花的雄性器官，包括二倍性的药壁和药隔组织以及单倍性的雄性细胞——花粉粒(pollen grain)。花粉培养是将花粉从花药中游离出来，使其成为分散或游离态，接种在合成培养基上，进行人工诱导培养，以改变花粉的发育途径，使其不形成配子，而像体细胞一样进行分裂、分化，最终发育成完整植株。从组织器官角度来说，花药培养属于器官培养的范畴，而花粉培养属于细胞培养的范畴。但两者的目的都一样，就是要诱导花粉细胞发育成单倍体植株。花粉培养不存在花药中的有害物质，不影响小孢子启动第一次分裂；排除了药壁、药隔、花丝的干扰，从小孢子中获得的材料是纯合的；小孢子能均匀地接触化学和物理诱变因素，是研究吸收、转化和诱变的理想材料；小孢子培养可观察到雄核发育的全过程，是很好的遗传和发育研究的材料体系；小孢子培养可以从每个花药中获得更多的单倍体。单倍体植物只具有单套染色体组，本身没有多大价值，但经染色体加倍成为双单倍体(double haploid，DH)后，与常规育种有机结合，就会显示出巨大的育种优势；而作物单倍体尤其是双单倍体与分子生物学、基因工程的密切结合，可使作物育种发生革命性的变化。

7.3.3.1　作物育种

利用 F_1 代杂交种的花药或花粉培养获得单倍体，并经染色体加倍，可缩短育种周期 3～4 代，同时增加重组型的选择几率。常规育种中双亲基因差别越大，双显性个体和双隐性个体的选择效率就越低。而单倍体育种的双显性个体和双隐性个体出现的概率相等，从而提高了选择效率。常规物理和化学诱变中，由于显性基因的掩盖，隐性基因在处理的当代不表现。如果对花粉进行诱变处理，如有突变，经离体培养植株再生，在当代植株中就会表现出来，经染色体加倍成为稳定的纯系。花药培养和抗病育种结合，导入抗病基因，是培育抗病品种的有效方法之一。此外，还可用于栽培品种的提纯复壮、新型自交系的选育等。我国把花培育种与常规育种有机结合起来，已先后育成小麦、水稻、玉米、油菜等作物花培新品种。

7.3.3.2　物种进化研究

利用单倍体材料可查明其原始亲本染色体组的构成。单倍体植物减数分裂时，形成二价染色体的可能性及其数目和形状，能够说明有无同源染色体。如果在单倍体减数分裂期发现大量的二价染色体，同时植株表现出高度可育性，说明核内有相同的染色体组，产生此单倍体的植物则是多倍体。另外，通过对单倍体孢母细胞减数分裂时的联会情况分析，结合利用 DH 群体进行限制性片断多态性(restriction fragment length polymorphism，RFLP)、随机扩增多态性(random ampli-fied polymorphism DNA，RAPD)分析等，可以追溯各个染色体组之间的同源或部分同源的关系。

7.3.3.3　遗传分析

在单倍体细胞内,每一种基因都只有一个,无论基因是显性还是隐性,都能发挥自己对性状发育的作用。因此,单倍体是研究基因性质及其作用的良好材料。目前,在许多植物上应用植物单倍体培养技术已构建出 DH 群体并用于遗传分析。此外,将二倍体与单倍体杂交时,可发生畸变类型,这些类型可用于确定连锁群及基因剂量效应等遗传学研究。

7.3.3.4　植物基因克隆筛选

把已知的转座基因转化异源植物,通过转座因子标签(transposon tagging)法定向诱导突变体,已成为克隆植物基因的有效途径之一。该方法关键是筛选到转座因子引起的表型突变体。由于单倍体可直接表达隐性基因的性状,因此更适于在细胞水平筛选突变体。1977 年,Sunderland 提出 C 途径,即生殖细胞和营养细胞通过核融合后共同形成多细胞花粉,产生非单倍体植株。此途径中生殖核与营养核共同参与了花粉植株的形成。

7.3.3.5　植物脱毒与快速繁殖

1952 年法国人 Morel 等培养大丽花茎尖获得第一株植物脱毒苗。植物病毒在植物体内的分布是不均匀的,在茎尖中呈梯度分布。在受侵染的植株中,茎的顶端分生组织无毒或带毒几率极低。较老组织的含毒量随着与茎的顶端分生组织距离的加大而增加。通过茎尖培养可消除病毒以及类病毒、类菌质体、细菌和真菌等病原物。我国有许多优良的传统品种,由于长期栽培,导致病毒病害日益严重,尤其是病毒可经带毒的无性繁殖材料逐代积累,导致植物种性退化。对病毒病目前还缺乏有效的防治药剂,但不少化学物质可抑制病毒复制,如硫尿嘧啶、8-氮鸟嘌呤等,但在抑制病毒的同时也毒害了寄主植物。目前生产中尚缺乏对病毒病高抗或免疫的抗原材料,脱毒植株的应用,是目前生产上最有效的防治病毒病的方法。应用植物脱毒技术可使品种复壮,明显提高作物的产量、品质。植物经过脱毒后,生长势增强,产量和质量显著提高,促进农产品的出口;植物脱毒可以去除病毒、真菌、细菌及线虫病,植株生长健壮,抗逆性强,减少农药施用量,降低生产成本,减少环境污染,形成生态良性循环。多种蔬菜(甘薯、大蒜、芋头等)、果树、林木、药用植物的脱毒快繁技术研究和应用也迅速发展,有些已形成具一定规模的工厂化产业。

(1)植物脱毒方法　①物理方法。适当的高温可部分或完全钝化植物组织中的病毒,但很少或不伤害寄主组织。通过热处理受侵染的植物个体获得脱毒植株。热处理可通过热水或热空气进行,前者对休眠芽效果较好,后者对活跃生长的茎尖效果较好。热处理后应立即把茎尖切下嫁接于无病砧木或进行组培。热处理的最初几天空气温度应逐步升高,直到要求温度为止。如果连续的高温处理会伤害寄主组织,可采用高低温交替的处理办法,并保持适当的湿度和光照。接受热处理的植株需含丰富的碳水化合物,可在事前对植株进行缩剪,增加植株的热耐受力。并非所有的病毒都对热处理敏感,对于不能由单独热处理消除的病毒,可通过热处理与茎尖培养相结合的方法来消除。②化学方法。在组织培养消除病毒的过程中培养条件也能起某些作用。如 200 μm 长的烟草茎尖区域带有 CMV,但此外植体却常再生脱毒植株,病毒的消除可能是由于培养基中生长调节物质的作用。黄花烟草的茎尖培养中,生长调节物质能减少组织中病毒的浓度,但不能全部消除。虽然化疗处理不能消除整株中的病毒,但对离体组织和原生质体可产生良好效果。在培养基中加入 100 μg/L 2-硫尿嘧啶,可消除烟草愈伤组织中的 PVY,但由这些愈伤组织不能再生出烟草植株。用齿舌兰环斑病毒抗血清预处理兰花的离体分生组织,可增加脱毒植株的频率。一种抗病毒制剂——Virazole 对多种动物 DNA 和 RNA 病毒有效,可用以消除烟草原生质体再生植株的 PVX,放线菌酮和放线菌素-D 也能抑制原生质体中病毒的复制。③生物学方法。常用的有茎尖组织培养脱毒法、愈伤组织培养脱毒法、微体嫁接离体培养脱毒法、珠心组织培养脱毒法等。茎尖组织培养脱毒法指培养茎的顶端分生组织或茎的顶端分生组织及其下方的 1～3 个幼叶原基(即茎尖外植体),可以获得脱毒植株。在超净工作台上,先进行茎芽表面消毒,然后借助实体解剖镜切取适当大小的茎尖外植体,操作的时间应尽量短,或在衬有湿滤纸的无菌培养皿内进行解剖,防止外植体变干。培养基、外植体及其生理发育时期、培养条件以及热处理等都影响离体茎尖的再生能力和脱毒效果。④综合脱毒方法。某些病毒(如 TMV、PVX 和 CMV 等)能侵染正在生长中的茎尖顶端分生区域,需将茎尖培养与热疗法相结合,热处理可在脱毒之前的母株上或在茎尖培养期间进行,如马铃薯 S 病毒(potato virusS,PVS)和 PVX 是两种常见的马铃薯病毒,单独热疗或单独茎尖培养都不易消除,PVS 比 PVX 更难消除,然而,培养热处理植株上的茎尖就很容易消除这两种病毒。热处理时要注意处理材料的保湿和通风,以免过于干燥和腐烂。培养基中加入碱性孔雀绿、2,4-D 及硫尿嘧啶等病毒抑制剂能显著提高茎尖培养苗的脱毒率。

(2)脱毒植株的检测和保存　经过脱毒处理产生的脱毒植株,用作脱病毒原种使用前,须对其种性、遗传稳定性和针对特定的病毒进行检测,以确保脱毒苗的质量。由于培养物中很多病毒具有延迟复苏特性,常在最初的一两次病毒检测中呈阴性,因此,前 18 个月需对植株进行多次检验;脱毒植株还可重新感染,在繁殖过程中必须进行重复的检验。最简单的方法是检验营养器官和生殖器官上是否有该种病毒特有的可见症状,但有时候感病植物需相当长的时间才能表现可见症状,在这种情况下可采用指示植物法、血清法、核酸分析法和电镜法进行病毒检测。脱毒操作并未赋予脱毒植株以新的生物学形状和遗传学特性。脱毒植株并不具备额外的抗病性,可被重新感染,一般应种在温室或防虫罩内的灭菌土壤中。在生产上,一般原原种和原种的生产必须在专用的防虫纱网棚室或温室中进行,严禁脱毒植株的再次感染。大规模繁育生产用种时,可在田间隔离区内进行,以减少或消除重新感染的机会,经检验的无毒植株可通过离体培养扩繁和保存。

(3)脱毒植株的应用　脱病毒植株的继代培养快繁主要有通过愈伤组织、不定芽和丛生芽三条途径。其中,通过愈伤组织繁殖最快,但是繁殖后代的遗传性不够稳定,通过促生腋芽不存在变异的危险,但许多植物在开始培养时产生腋芽的数量不够多,速度也较慢,但后期产生腋芽的数目快速增加。通过不定芽繁殖速度较快,但有形成嵌合体的现象,以致出现性状不稳定、表现不一致的情况。根据选取的快繁途径,设计筛选出适宜的培养基,建立优化的快繁体系。脱毒植株可用于研究特定病毒对寄主植物的影响。把某一特定病毒接种于脱毒植株并比较同一个无性系的感病植株和脱毒植株的表现,可精确统计其产量损失。如通过茎尖培养可由一个水仙的品种中获得无阿拉伯花叶病毒和水仙退化病毒的无性系,其鳞茎比普通原种长得快,生活力强,每个茎的花多,花大且颜色丰富。脱毒植株可恢复品种的特性,用于种质材料的保存和良种生产。

思 考 题

1. 植物组织培养相对于传统植物繁殖有哪些优点？
2. 简述植物细胞悬浮培养的类型及特点。
3. 植物细胞培养的主要应用有哪些？
4. 如何进行植物原生质体的分离？
5. 影响原生质体数量和活力的因素有哪些？如何进行原生质体活力测定？
6. 植物细胞融合类型有哪些？植物组织与器官培养操作的基本程序有哪些？
7. 简述植物脱毒方法。

第二部分

应　用　篇

第8章　动物胚胎生物工程

动物胚胎生物工程，也称胚胎工程(embryo engineering)，是指通过人为手段干预配子或胚胎发生的自然过程，改变动物生殖与发育模式的一系列操作技术。这类技术有三个共同特点：①操作对象处于从生殖细胞发生、受精到胚胎着床前发育的这一范围；②都要经历体外操作过程；③操作目的都倾向于培育出动物个体。

8.1　胚胎移植技术

胚胎移植(embryo transfer)俗称"借腹怀胎"，是指将体内受精产生的胚胎从母体内取出，或者通过体外受精等技术制备胚胎，再把它们移植到同种的生理状态相同的雌性动物生殖道内，使之在体内继续发育成为新个体的技术。提供体内胚胎的雌性个体称为供体(donor)，接受胚胎的个体称为受体(recipient)。

8.1.1　胚胎移植技术发展简史及意义

8.1.1.1　胚胎移植技术发展简史

胚胎移植技术已有100多年的历史。1890年英国剑桥大学的Walter Heape教授最早在胚胎移植上取得成功，他把2枚4细胞期安哥拉兔胚胎移植到一只配种后的比利时母兔的输卵管中，结果比利时母兔产出4只比利时仔兔和2只安哥拉仔兔，这2只安哥拉仔兔就是胚胎移植的后代。这个实验第一次证实早期胚胎在寄主母体内发育的可能性。20世纪30年代，胚胎移植的研究报道逐渐增多。1934年，家畜胚胎移植首先在绵羊上获得成功。1951年，胚胎移植猪和牛出生。胚胎移植技术在家畜繁育上的应用潜力引起广泛关注。20世纪70年代中期后，在剑桥大学Rowson等人的努力下，以牛为主的胚胎移植技术开始在许多国家推广使用，胚胎移植商业化公司和专门机构纷纷成立。1974年，国际胚胎移植协会成立，成为至今最活跃的胚胎工程论坛组织。20世纪80年代以来，胚胎冷冻、胚胎分割、胚胎嵌合、胚胎性别鉴定、体外受精、胚胎克隆等其他胚胎工程技术的兴起，拓展了胚胎来源，提高了胚胎利用价值，为胚胎移植注入新的生机。就世界范围来看，目前牛胚胎移植商业化程度最高，全世界每年移植几十万头，平均每处理1头供体母牛，可获得可用胚胎6枚，鲜胚移植妊娠率60%～65%，冻胚为45%～55%。此外，胚胎移植已成为一项常规技术，广泛用于其他胚胎工程技术的研究与应用中。

8.1.1.2　胚胎移植技术的意义

(1)挖掘优良母畜的繁殖潜力　利用超数排卵技术，使优良母畜在一个发情周期配种中产生数倍甚至数十倍于自然状态下的胚胎数，而其本身又可以免除妊娠和哺乳的负担，一年中可经历多次超数排卵，因而产生出数倍于寻常的后代数。因此，与人工授精相比，胚胎移植的优势是充分挖掘了母畜的繁殖潜力。

(2)加快育种进程　超数排卵和胚胎移植技术(multiple ovulation and embryo transfer,

MOET)可加快母畜的繁殖速度,在较短时间内获得数量较多的半同胞或全同胞后代。对于家畜育种,MOET技术增加了对母畜方面的选择强度,也提高了选择精确性,加速完成后裔测定工作,缩短育种的世代间隔,提高遗传进展。

(3)便于良种的引入和保种　胚胎冷冻和胚胎移植技术相结合,用胚胎引进的方式代替活畜引进,使跨国、跨地区间的良种交流程序简化,运输方便,费用降低,而且还可以防止疫病传播,避免引进活畜造成的异地适应性差等问题。对特有家畜品种和野生动物资源也可以通过胚胎冷冻技术可以长期保存,比活畜保种费用更低。

(4)研究手段　胚胎移植是研究受精、胚胎发育和着床、妊娠识别等生殖机理的重要手段,同时也是其他胚胎生物工程技术的基础。

8.1.2 胚胎移植程序

在畜牧业生产实践中,广义上的胚胎移植程序通常包括超数排卵、同期发情、胚胎采集、胚胎移植等技术环节(图8-1)。

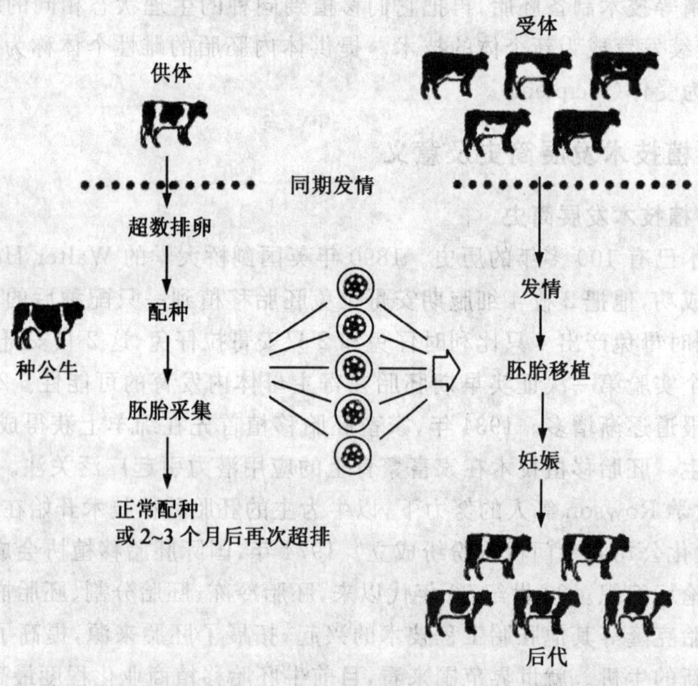

图8-1　胚胎移植程序

(改自:Haftz,1987)

(1)供体超数排卵　超数排卵(superovulation),简称超排,是指在母畜发情周期的适当时间,施以外源促性腺激素,促使母畜比自然状态有更多卵泡发育并排卵。常用于超数排卵的激素有:促卵泡素(FSH)、促黄体素(LH)、孕马血清促性腺激素(PMSG)、人绒毛膜促性腺激素(hCG)、前列腺素($PGF_{2\alpha}$)、孕激素、促性腺激素释放激素(GnRH)等。PMSG和FSH的作用是抑制卵泡闭锁,促进卵泡发育;hCG和LH的作用是促进卵泡破裂排卵;$PGF_{2\alpha}$的作用是促进黄体溶解,使动物在预定时间内发情排卵;孕激素的作用是人为延长黄体期,使发情周期同步化，便于卵泡发育和排卵在预定时间内发生；GnRH 的作用是间接诱导卵泡破裂排卵。在实际应用中，常常两种或多种激素联合使用。不论哪种超排方法，PMSG 或 FSH 是必需的，但 PMSG 半衰期长，只需注射一次，而 FSH 半衰期短，需多次连续注射（一般 3～4 d，每天 2 次）。

不同物种的超数排卵方法有所差别，同一物种也可能有多种超排方案。主要方法有：①PMSG（或 FSH）＋hCG（或 LH），即一次注射 PMSG 或多次注射 FSH 诱导卵泡发育后，再注射一次 hCG 或 LH 诱发排卵，但在家畜，注射 PMSG 或 hCG 的时机要选择在卵巢黄体期快结束的时期，如牛和猪在发情周期的第 15～16 天注射，绵羊在第 12～14 天注射，在兔和小鼠等，一般可在任何时间注射。②PMSG（或 FSH）＋$PGF_{2\alpha}$，即在注射 PMSG 或 FSH 后的一定时间（一般在第一次注射 FSH 后 48 h 和 60 h）再注射 1 或 2 次 $PGF_{2\alpha}$，以促使黄体溶解，通常还要注射 LH（或 hCG、GnRH）促进排卵。③孕激素＋PMSG（或 FSH），即在发情周期任何一天给供体施以孕激素（目前主要用孕酮阴道栓 CIDR），处理一定时间后（如绵羊为 12～14 d）撤除 CIDR，同时注射 PMSG 或 FSH，也可以在撤除 CIDR 前 1～2 d 注射。④孕激素＋PMSG（或 FSH）＋ $PGF_{2\alpha}$，基本程序同③，只是在第一次注射 FSH 后 60 h 注射 1 或 2 次 $PGF_{2\alpha}$，但也有其他多种组合方案，均效果良好，目前三种激素联合使用在牛、羊超数排卵中应用比较普遍。在家畜，利用激素诱导超数排卵后观察发情情况，对发情母畜进行配种或输精两次。在兔和小鼠，一般在注射 hCG 后马上与雄性合笼，自然交配。

（2）受体同期发情　同期发情（estrus synchronization）是指通过外源激素处理等人为手段调整一群母畜的发情周期，使其在预定时间内集中发情的技术。在胚胎移植技术程序中，受体的同期发情须根据移植胚胎的发育阶段来设计安排，以便使受体的生理状态更好地与胚胎发育时期匹配，提高胚胎移植成功率。

同期发情的方法与超数排卵类似，故不同物种的同期发情方式不尽相同。在兔和小鼠，直接注射 PMSG 促进卵泡发育，然后和输精管结扎的雄性交配造成假孕来达到同期发情。在牛和羊，主要通过缩短黄体期（注射 $PGF_{2\alpha}$）或延长黄体期（埋植孕酮栓）来使发情周期同步化，在同期发情处理结束时注射一次 PMSG（剂量较超数排卵小）会增强同期发情的效果。但 $PGF_{2\alpha}$ 和孕激素对猪效果不佳，因此猪的同期发情常采用同期断奶并同时注射 PMSG＋hCG 的方法。

（3）胚胎采集　简称采卵，就是利用冲卵液将发育一定时期的早期胚胎从供体生殖道内冲出回收的过程。不同物种胚胎的发育速度和在生殖道中的运行状况不同，因此采卵时间和采卵部位因不同物种而异。以排卵当天计为 0 天，牛受精卵在第 3～4 天发育到 8～16 细胞期，从输卵管进入子宫，第 6～8 天发育到囊胚；绵羊受精卵在第 2～3 天发育到 8～16 细胞期并进入子宫，第 6～7 天发育到囊胚；猪受精卵在第 2～3 天发育到 4～8 细胞期并进入子宫，第 5～6 天发育到囊胚；兔受精卵在第 3 天发育到囊胚，进入子宫；小鼠受精卵在第 3 天发育到桑葚胚，进入子宫，在第 4 天发育到囊胚。

采卵方法有手术法和非手术法。手术法采卵主要用于羊、猪和兔等小型动物，根据胚胎所处的部位，又可分为输卵管冲卵和子宫角冲卵。输卵管冲卵的方法：①从子宫角注入冲卵液，在输卵管伞部接取冲卵液，此法适用于羊、牛、兔（图 8-2 A）；②从输卵管伞部注入冲卵液，在子宫角上端接取，此法适用于猪（图 8-2 B）。子宫角冲卵的方法：从子宫角上端注入冲卵液，在子宫角基部接取冲卵液，此法适用于采集已经进入子宫的胚胎（图 8-2 C）。

非手术法采卵适用于牛、马等大型动物，只能收集已经运行到子宫内的胚胎。方法是通过直肠把握法，将二通路或三通路冲卵管通过子宫颈导入到子宫角，三通路导管一个负责充气，以固定导管，一个负责注入冲卵液，一个负责接取冲卵液(图 8-3)，通过术者的直肠把握按摩子宫，可不断注入和回收冲卵液，反复冲洗，采集胚胎。

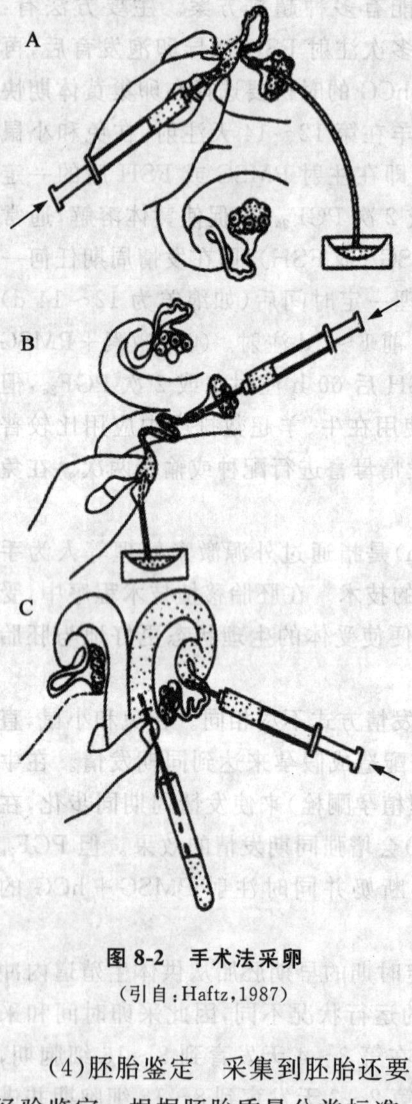

图 8-2 手术法采卵

(引自：Haftz,1987)

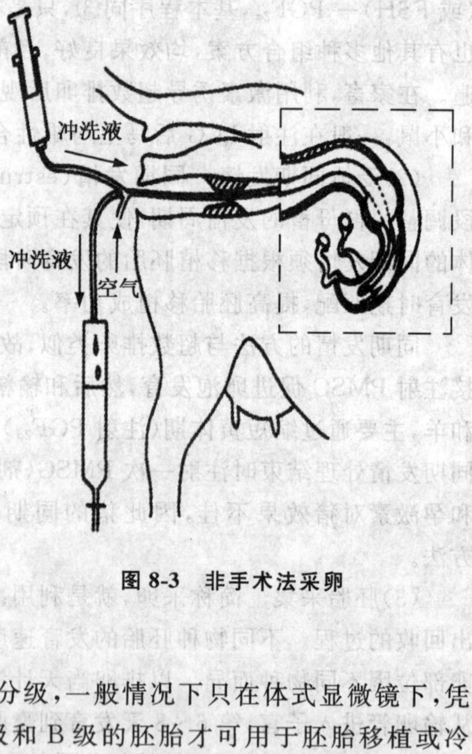

图 8-3 非手术法采卵

(4)胚胎鉴定 采集到胚胎还要进行质量鉴定和分级，一般情况下只在体式显微镜下，凭经验鉴定。根据胚胎质量分类标准，只有鉴定为 A 级和 B 级的胚胎才可用于胚胎移植或冷冻。在特殊情况下，还需要采用培养鉴定、荧光染色鉴定和代谢检测等鉴定方法。

(5)胚胎移植 胚胎移植就是将胚胎植入到同期发情的雌性动物输卵管或子宫内的过程。胚胎移植也分为手术法和非手术法。

手术移植法主要用于羊、猪、兔和小鼠等小型动物。移植部位应该与胚胎发育时期相匹配，因此又可分为输卵管移植和子宫移植。①输卵管移植。暴露输卵管与子宫角，将移卵管由输卵管伞部插入一定深度，然后把胚胎注入到输卵管中。②子宫移植。拉出子宫角，用钝端针头先在子宫角上 1/3 处扎一个小孔，然后把移卵管顺着小孔通入到子宫腔中，注入胚胎。移植后将输卵管及子宫角小心地塞回腹腔，缝合。

非手术移植法主要用于牛、马子宫内移植，且只适于移植桑葚胚和囊胚。方法是先将胚胎装入细管中，再把细管装入移植枪，通过直肠把握法将移植枪通过子宫颈送到子宫角，把胚胎注入。

此外，在羊、猪等小型动物还可以采用腹腔镜辅助移植，这种方法的切口小，对动物损伤程度低于手术法。

8.2 胚胎冷冻技术

胚胎冷冻(embryo cryopreservation)就是通过特殊的冷冻保护剂和一定的技术程序将胚胎保存在超低温条件下(如－196℃液氮中)，使其发育和新陈代谢暂时停止，而使胚胎长期保存的技术。

8.2.1 胚胎冷冻技术简史及意义

1972 年，Whittingham 首次成功地冷冻小鼠胚胎并移植后产仔。1973 年，Wilmut 和 Rowson 使用相同的方法很快在牛胚胎冷冻中取得成功。随后，胚胎冷冻在更多物种中成功。1977 年，Willadson 改进了冷冻方法，提出了“快速”冷冻法，从此被作为“标准冷冻程序”而广泛使用。1985 年，Rall 和 Fahy 发明了玻璃化冷冻法，后经其他学者多次改进，使操作程序更加简便。目前，胚胎冷冻技术已经广泛用于畜牧业和生殖医学中，已广泛用于胚胎的商业化生产。传统的程序化慢速冷冻法具有效果稳定、流程标准化以及可批量操作等优点，因此在目前的生产实践中仍然是最常用的胚胎冷冻方法。胚胎冷冻的意义具有两方面的意义：

(1)适应于胚胎移植产业化　在胚胎移植生产实践中，超数排卵技术常常生产过剩的胚胎，如果没有足够的受体接受移植，就可以通过胚胎冷冻技术将胚胎保存起来，在适当时机再进行移植。胚胎冷冻技术可以使胚胎生产单位和胚胎消费单位分离，使胚胎移植不受时间和空间的限制，便于跨地区和跨国间的品种交流。同时，作为一种胚胎保存方式，胚胎冷冻是长距离、长时间胚胎运输的最可靠方法。

(2)建立动物基因库　通过胚胎冷冻技术把胚胎长期保存起来，为特有品种或野生动物资源的保种提供了简便易行的方法。

8.2.2 胚胎冷冻方法

胚胎冷冻的基本原理是克服冷冻对细胞造成的物理损伤和化学损伤。物理损伤主要指细胞内的水结冰形成的冰晶对细胞造成损伤；化学损伤是指缓慢降温时由于细胞外的水首先结冰造成溶液的渗透压升高，高渗环境对细胞产生的损伤，也称溶液效应。因此，胚胎冷冻方法的设计就是为了降低渗透压损伤和防止胞内冰晶的形成。目前胚胎冷冻方法主要包括以下两大类。

(1)常规冷冻法　常规冷冻法，即慢速冷冻法，是目前最常用的冷冻方法，须借助专门的程序冷冻仪才能完成。慢速冷冻法的主要特点是冷冻液中的抗冻保护剂浓度较低，冷冻过程降温缓慢。抗冻保护剂的特性是可以自由渗入细胞内，其作用是维持细胞内外的渗透压差，防止细胞发生渗透压损伤。缓慢降温是为了使细胞内的水充分渗出，避免在胞内产生冰晶，造成物理损伤。慢速冷冻法最初由 Whittingham 发明,后由 Willadson 改进,已发展出一套标准的冷冻程序。基本流程为:胚胎在含有 1.0～2.0 mol/L(常用 1.5 mol/L)抗冻保护剂(如 DMSO、甘油、乙二醇)的 PBS 溶液中平衡 10～20 min,然后装入冷冻细管中,在程序冷冻仪中降温至 −7℃,用液氮预冷过的镊子植冰(即强行诱发结冰以快速渡过冰点),之后以 0.3～0.5℃/min 的速度降温至 −35～−33℃,然后将细管投入液氮。解冻时将细管从液氮中取出,在空气中停留 10～15 s,然后浸入 35℃水浴中快速解冻。解冻后将胚胎立即捡出,在 0.5 mol/L 的蔗糖溶液中脱去冷冻保护剂,最后保存在 PBS 溶液中备用。

(2)玻璃化冷冻法(vitrification) 玻璃化冷冻法的特点是冷冻液中含有高浓度(5～7 mol/L)的抗冻保护剂,在快速降温时冷冻液由液态直接转变为不定型的玻璃化状态,细胞内外均无冰晶形成,避免了对细胞的物理损伤。玻璃化冷冻法操作简便快速,不需要程序冷冻仪,具有很大的实用价值。该法最初由 Rall 和 Fahy 发明,后经其他学者多次改进,已开发出多种玻璃化液配方和多种程序,包括使用低毒的抗冻剂,两种或三种抗冻剂联合使用、分步平衡等。

①经典玻璃化冷冻法。经典玻璃化冷冻法使用标准的冷冻细管,降温速度约 2 000℃/min。以两步法为例说明经典玻璃化冷冻法的技术程序:在室温下先把胚胎在 10%乙二醇(或丙三醇,或 10%乙二醇+10% DMSO)中预处理 5 min,然后将胚胎移入含有玻璃化冷冻液(40%乙二醇+18%聚蔗糖或 25%乙二醇+25% DMSO)的细管中,平衡 30 s 并封口后直接投入液氮中。解冻时将细管从液氮中取出,空气中停留 10～15 s,然后浸入 20～25℃水浴中解冻。解冻后胚胎还要在 0.3～1 mol/L 蔗糖溶液中除去抗冻保护剂。

②开放式拉长细管法(open pulled straw,OPS)。玻璃化冷冻法虽然完全避免了冰晶的形成,但高浓度的抗冻剂也增加了渗透压损伤和毒性作用的风险,如果提高冷冻时的降温速度和解冻时的升温速度就会减少这些高浓度抗冻剂的副作用。经典玻璃化冷冻法由于细管的导热性能差,因此降温速度最高只能达到 2 000℃/min。1996 年,Vajta 发明了 OPS 玻璃化冷冻法。其技术要点是把 0.25 mL 的冷冻细管拉成更细的薄壁管(原来细度的一半或更低),利用毛细管的虹吸作用就可以把含有胚胎的少量冷冻液吸入细管,然后直接投入液氮中,不需封口。解冻时只要将开口细端浸入预热的解冻液中就可以解冻。由于 OPS 管径细、管壁薄、吸入液体量少,因此降温和升温速度可以达到 20 000℃/min,极大减少了冷冻损伤,提高了胚胎冷冻成活率。

8.2.3 卵母细胞的冷冻保存

卵母细胞的冷冻保存基本上是借鉴胚胎冷冻方法。1977 年,Whittingham 参照小鼠胚胎的冷冻方法,利用慢速冷冻法冷冻小鼠卵母细胞,首次获得受精产仔的结果。然而,由于卵母细胞在体积、细胞内容物、细胞骨架、细胞膜敏感性等方面与早期胚胎有很大差别,因此胚胎冷冻方法并不完全适用于卵母细胞的冷冻保存,卵母细胞的冷冻保存效果并不理想。后来,有人尝试利用细管玻璃化法冷冻小鼠卵母细胞,取得较好的结果,但是在家畜卵母细胞冷冻上始终没有取得太大进展。1998 年,Vajta 利用 OPS 法冷冻牛卵母细胞,获得了体外受精牛犊。朱士恩等(2002 年)利用改进的 OPS 法也成功地冷冻了牛卵母细胞,获得产犊的结果。因此看来,OPS 法在卵母细胞冷冻保存方面最有应用前景。虽然玻璃化冷冻法具有操作简便等优点,但由于其冷冻液配方和操作程序尚无规范化标准,因此尚难完全取代传统的程序化冷冻法。但是，在某些应用方面，比如体外生产胚胎的冷冻，传统冷冻法效果并不理想，而玻璃化冷冻法则更具优势，特别是经过改进的 OPS 法为解决卵母细胞冷冻、猪胚胎冷冻等难题提供了可能途径。因此，胚胎冷冻技术仍然有很大的研究和发展空间。

8.3　体外受精技术

体外受精(in vitro fertilization，IVF)是指卵子和精子在体外环境中完成受精的过程。在体外受精技术发展的初期，主要是把精子和卵子放置在试管中共孵育来完成受精，因此体外受精获得的动物俗称为试管动物。

8.3.1　体外受精技术简史及意义

早在 1878 年，德国科学家 Schenk 就开始尝试哺乳动物体外受精，他把卵巢上采集到的卵子与附睾精子放在子宫液中一起孵育，观察到第二极体排出和卵裂现象。此后一直到 20 世纪 50 年代初，又有不少实验报道宣称体外受精成功，但以现在的判断标准看，这些实验结果均缺乏令人信服的证据，而且难以重复。1951 年，美籍华人张明觉(Chang M. C)和澳大利亚的 Austin 几乎同时发现：精子只有在雌性生殖道中停留一段时间后才具有穿透卵子的能力。后来 Austin 将精子的这个特性命名为"获能"。精子获能现象的发现是体外受精技术史上的里程碑，为以后的体外受精研究指明了方向。1959 年，张明觉以体内获能的精子(从母兔子宫中冲洗得到)进行体外受精，获得了世界首例试管兔。1963 年，Yanagimachi 和 Chang 以仓鼠为材料首次成功地进行了精子体外获能试验。1978 年，世界上第一个试管婴儿 Louise Brown 在英国出生，引起世界轰动，从此，以体外受精技术为核心的辅助生殖技术作为一个新的临床医学领域诞生了。迄今，全世界至少已有 100 万个健康的试管婴儿出生。20 世纪 80 年代前半期是家畜体外受精研究的黄金时期，试管牛、猪、绵羊、山羊等在这一时期相继出生。80 年代后半期，精子体外获能体系的改进以及卵子体外成熟和胚胎体外培养技术的发展，使一套完全体外化生产胚胎的技术程序被逐渐建立起来。目前，体外受精技术已经被广泛应用于人类生殖医学、家畜繁育和生物学研究。

体外受精的意义具有三点：①作为研究手段。体外受精技术是研究配子发生、受精和胚胎发育机理的重要手段，同时也为其他胚胎工程技术研究，如胚胎冷冻、胚胎培养、性别鉴定与控制、胚胎干细胞分离以及转基因，提供了丰富的、廉价的胚胎材料。②体外生产良种胚胎。在畜牧业领域，以体外受精技术为基础，结合活体采卵、卵子体外成熟以及胚胎体外培养技术，已形成一套胚胎体外生产技术体系，降低了胚胎生产成本，扩大了胚胎生产规模，扩展了胚胎来源，是目前商业化生产胚胎的主要途径之一。③人类辅助生殖手段。在人类生殖医学临床，体外受精技术是治疗某些不孕不育症的有效手段，比如由输卵管堵塞造成的不孕。

8.3.2　体外受精技术程序

体外受精技术程序包括卵母细胞采集、体外成熟、精子体外获能、卵子与精子共孵育、受精卵体外培养等环节(图 8-4)。

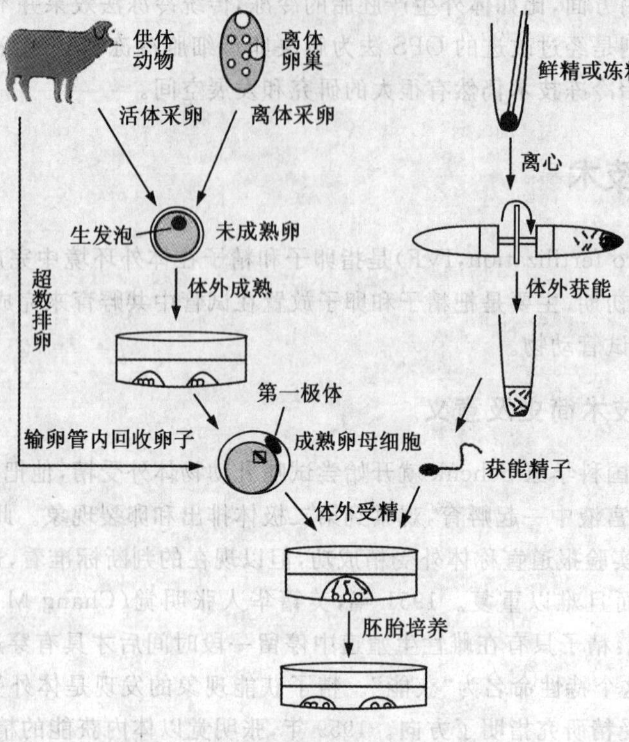

图 8-4 体外受精技术程序示意图

8.3.2.1 卵母细胞来源

只有成熟的卵母细胞，即发育到第二次减数分裂中期（metaphase Ⅱ，MⅡ）的卵子，才能与精子受精并发育。成熟卵母细胞可以采自体内成熟卵，也可以通过体外成熟技术获得。

体内成熟卵子主要通过超数排卵技术诱导动物卵泡发育并排卵，然后在输卵管中回收得到，可直接用于体外受精。体内成熟卵子质量较好，受精率和胚胎发育率较高。在小鼠和兔等实验动物，如无特殊需要，主要采集体内成熟卵子用于体外受精。对于家畜来说，由于供体饲养、激素以及手术费用等成本高且操作程序复杂，因此一般不用超数排卵的方法获得卵子，而主要是通过体外成熟技术获得。

8.3.2.2 卵母细胞体外成熟技术

（1）卵母细胞采集　用于体外成熟的卵子采自动物卵巢，其来源和采集方法有如下几种。

①从离体卵巢中采集卵母细胞。离体卵巢主要来自家畜屠宰场废弃卵巢，是家畜体外受精及其他胚胎工程技术研究所用卵子的主要来源。此外，对于猫、犬等宠物，手术去势摘除的卵巢也有很大利用价值。采集方法是：从屠宰后不久的家畜体取下卵巢，放在35℃灭菌生理盐水中，短时间内运回实验室，在无菌条件下用注射器从卵巢表面的卵泡内直接吸取卵母细胞，或者用手术刀片将卵泡划破，使卵母细胞释放在操作液中，然后再收集。

②从活体卵巢中采集卵母细胞。对家畜育种规划来说，屠宰场来源的卵子实用价值不大，因为屠宰场卵巢的供体系谱难以确定，而且常常是没有种用价值的个体。因此，通过活体采卵技术从优良母畜体内采集卵母细胞，即 OPU 法（ovum pick up），对于生产优质良种胚胎更具实际意义。活体采卵方法包括手术法、腹腔镜法和 B 超法。

手术法是将卵巢暴露在腹腔外，直接用注射器从卵泡中吸取卵母细胞。该法对动物损伤较大，重复采卵次数有限，但适用于对幼畜采卵。

腹腔镜法是在动物腹壁做三个小切口，分别插入腹腔镜、子宫钳和采卵针，用子宫钳固定卵巢，然后在腹腔镜指引下用采卵针吸取卵子。由于开口小，腹腔镜采卵法对动物的损伤程度小于手术法，可以重复采卵，适用于羊等小型家畜。

B超法适用于牛等大型家畜，方法是将B超探头和采卵针插入阴道，然后将采卵针刺破阴道壁，送到卵巢附近，术者利用直肠把握法把卵巢贴在探头上，在B超的指引下用采卵针吸取卵子。B超引导采卵法的优点是对动物几乎无损伤，可以反复采卵。B超引导的活体采卵技术是目前商业化体外生产牛胚胎的主要方式之一。此外，在人类辅助生殖临床中也主要借助B超引导采集卵母细胞。

(2)卵母细胞体外成熟培养　直接从卵巢卵泡中采集到的卵母细胞仍处于第一次减数分裂前期(即生发泡期)，必须通过体外培养使之成熟，即恢复第一次减数分裂并发育到MⅡ期，才能用于体外受精。

卵母细胞体外成熟培养体系主要包括培养液成分、培养系统、气相条件、培养温度及培养时间等。牛羊的培养液成分类似，基础培养液均为商品化的TCM199，再添加同种动物血清、促性腺激素FSH和LH以及雌激素等。猪成熟基础液亦可选择TCM199，但目前普遍采用NUSC23，是一种人工配制的简单培养液。猪的成熟液中一般不加入血清，而是添加猪卵泡液作为主要蛋白源，激素添加物主要是PMSG和hCG。培养系统主要采用培养皿微滴培养和四孔板培养两种方法。微滴培养是在培养皿中制成50 μL培养液滴，每个微滴中放15～20枚卵子，上盖矿物油。四孔板培养是在每孔(直径15 mm)中加入500 μL培养液，每孔中放50～100枚卵子，也用矿物油覆盖。气相条件多采用5% CO_2和95%空气，成熟培养温度，牛、羊、猪均为38.5～39℃。成熟培养时间，牛、羊为22～24 h，猪为44～48 h。

8.3.2.3　精子体外获能

精子获能是指精子在受精前经历的一系列形态、生理和生化改变，以获得穿透卵子的能力。精子获能的机制尚未完全阐明，但一般认为获能的主要事件包括：①精子表面的覆盖物被去除或发生改变；②胆固醇外流或重排，质膜的稳定性下降；③Ca^{2+}大量内流，cAMP水平升高，激活依赖蛋白激酶的蛋白磷酸化级联反应；④促发顶体反应。体外获能就是通过模拟体内的获能过程，使精子在体外条件下完成获能。

射出的新鲜精子、冷冻保存的精子以及从附睾尾部采集的精子经过体外获能后均可用于体外受精。新鲜精子在用于获能处理前一般先经过离心洗涤以除去精浆中的不利成分。对于冷冻解冻精子，为提高受精率，还要把活精子分离出来，分离方法主要有：①上游法(swim up)。将精子小心放在含有1～2 mL获能液的平底试管底部，在培养箱中孵育30～60 min，活力好的精子会上游到液体上层，而死精子或活力低的精子仍留在液体底部，因此只要吸取上层液体就会收获到高活力的精子；②Percoll密度梯度离心法。用洗涤液将Percoll稀释成90%和45%两个浓度梯度，在试管中把45%的Percoll加到90%Percoll的上层，再把精子放到45% Percoll的上层，300 *g* 离心力下平衡离心20～30 min，活精子会聚集在高密度Percoll层，因而可以分离到高质量的活精子。

精子体外获能方法有很多种，获能液成分以及精子处理方法等也因物种不同而异。牛精子获能液有BO、TALP、SOF等，主要以肝素(10～100 μg/mL)作为获能诱导剂，获能孵育时间为30～60 min。绵羊的获能液主要是SOF添加2%发情羊血清，一般不需要再加入肝素等诱导物。牛和绵羊精子获能方法同时也都适用于山羊精子获能。猪的获能液有TALP、Tris缓冲培养液(TBM)、碳酸氢钠缓冲培养液等多种，常常加入咖啡因作为获能诱导物，但是猪体外受精技术中多精子受精现象严重，故体外获能方法仍在改进之中。兔精子获能主要通过高渗溶液多次离心洗涤。小鼠精子主要通过在含有BSA的溶液中长时间孵育获能。

8.3.2.4 体外受精

就是把成熟卵子和获能精子放在受精液中共同孵育，完成受精。一般是先用受精液(通常与获能液相同)做成受精液滴，受精液滴可以在培养皿中做成50 μL微滴，也可以使用四孔板，每孔中加入450 μL受精液。将成熟后的卵母细胞放入受精液滴，再将一定量的获能精子加入受精液滴中，使精子最终密度约为1×10^6个/mL。受精时间一般BO液和TYH液为5～6 h，其他液为18～24 h。受精时温度和气相条件与卵母细胞体外成熟培养相同。

8.3.2.5 胚胎体外培养

就是将受精卵在发育培养液中继续培养，观察其受精及体外发育状况，发育到一定时期的胚胎可移植到受体动物生殖道内使之在体内继续发育至出生，或者进行冷冻保存。

胚胎培养体系分为两大类，一类是利用复杂培养液与体细胞共同培养体系，一类是基于简单培养液的无细胞培养体系。

(1)共同培养体系　这种培养体系中含有单层体细胞，常用的有输卵管上皮细胞、颗粒细胞，或者一些细胞系，如BRL等。培养液常使用成分复杂的组织培养液，如TCM199，Ham's F10等。体细胞的作用是分泌一些对胚胎发育有益的生长因子，支持胚胎发育。在家畜胚胎培养技术的早期发展过程中，共同培养体系是克服胚胎发育阻断的主要方法，但目前应用不多。

(2)化学成分明确的简单培养体系　简单培养液由于化学成分明确，便于设计无血清培养条件，因而使用更为广泛，已成为胚胎培养的主流。针对各物种设计的简单培养液也不同，如小鼠常用CZB、KSOM，绵羊和牛常用SOF，猪常用NUCS23，等等。通过最近十几年的研究改良，不论哪种培养液，其主要成分包括：①无机盐离子，如Na^+、K^-、Mg^{2+}、Ca^{2+}、Cl^-、PO_4^{3-}、SO_4^{2-}、HCO_3^-等；②能量底物，如丙酮酸钠、乳酸钠、谷氨酰胺、葡萄糖；③氨基酸，包括必需氨基酸和非必需氨基酸、牛黄酸等；④血清白蛋白BSA。此外，还有一些其他添加物，如维生素、各种生长因子等，但其必要性未得到一致认可，因此使用并不广泛。

胚胎培养有两种气相条件：一种是5% CO_2，95%空气(高氧条件)；一种是5% CO_2，5% O_2，90% N_2(低氧条件)。在各种物种的研究均证实，低氧条件更有利于对胚胎体外发育，因此目前胚胎体外培养多采用后者。

与卵母细胞体外成熟和体外受精系统一样，早期胚胎的体外培养也包括微滴法和四孔板法两种系统，但目前后者更常用。近年，Vijat等发明了一种基于四孔板的小窝培养法(the well of the well，WOW)，方法是用针在四孔板底壁凿出许多150～200 μm的凹窝，把单个胚胎或一小组胚胎(5枚)放在凹窝内培养，创造一个有利于胚胎发育的微环境。此外，一种称为微液系统(microfluidics)的培养方法正在发展起来，这种系统很大程度地模拟了输卵管的管道特性，既可用于体外受精，也可用于胚胎体外培养。

目前，在体外受精技术中存在的问题，以卵母细胞体外成熟、体外受精和胚胎体外培养为核心的胚胎体外生产体系在近20多年已经有了长足的发展，特别是牛和绵羊的胚胎体外生产效率已达到了商业化开发水平。但是，体外生产的胚胎质量仍远远低于体内来源的胚胎，主要表现在：囊胚发育率低，囊胚细胞数较少；对冷冻损伤的敏感性大；移植产仔率低；大胎儿综合征等。造成体外胚胎发育能力低或发育异常的原因可能是多方面的，但主要原因是卵母细胞体外成熟和胚胎体外培养体系仍不能完全模拟体内环境。因此，深入研究卵母细胞成熟和胚胎发育机理，继续优化培养液成分以及培养条件，改良卵母细胞体外成熟和胚胎体外培养体系，对胚胎体外生产技术的进一步商业化开发有重要意义，仍然是将来的研究方向之一。

同时，成年及幼畜超数排卵、活体采卵、腔前卵泡分离培养、卵母细胞冷冻等技术，对充分挖掘卵母细胞资源，扩大卵母细胞来源，有重要意义，也是今后胚胎体外生产技术进一步发展的方向。

8.3.3　显微受精技术

显微受精(microinsemination)就是借助显微操作仪，将精子直接注射到卵母细胞胞质内或卵周隙来实现受精的技术。

哺乳动物的显微受精始于 1976 年 Uehara 和 Yanagimachi 的工作，他们把仓鼠精子注入到卵母细胞中，观察到了精核解聚和雄原核的形成。但直到 1988 年，显微受精技术才获得突破，Iritani 把兔精子注射到卵母细胞中后获得了仔兔。同一年，Mann 把小鼠运动精子注射到卵母细胞透明带下也得到了后代。1990 年，Goto 把致死的牛精子注射到卵母细胞质后发育囊胚，移植后成功产犊。迄今，显微受精技术已在实验动物和主要家畜上均获成功。1992 年，Palermo 等首次报道人单精子显微受精婴儿诞生，之后人显微受精技术被迅速发展起来，成为继体外受精后又一个重要的辅助生殖技术。

8.3.3.1　显微受精的意义

显微受精技术是常规体外受精技术的补充与延伸，它有利于解决常规体外受精技术中由于精子原因产生的诸多问题，比如精子数量少或活力差、死精、精子畸形等。在人类生殖临床中，显微受精被广泛用于治疗由上述精子原因导致的男性不育，因此，显微受精又被称为第二代试管婴儿技术。在家畜繁育上，显微受精可以充分利用优良公畜的精子资源。显微受精技术也可以解决由于卵母细胞造成的受精异常问题，比如透明带硬化、多精子受精等。正是基于这些优点，显微受精技术在拯救濒危物种，保护野生动物资源等方面也有很大的应用潜力。

8.3.3.2　显微受精方法

显微受精方法主要包括透明带下授精(subzonal insemination，SUZI)和细胞质内注射(intracytoplasmic sperm injection，ICSI)两种方法。

SUZI 法是用注射针把单个或多个精子放到卵母细胞透明带下(即卵周隙)，精子与卵子质膜发生融合而完成受精。用于 SUZI 的精子可以是运动力很低或者不运动的精子，但必须是已获能和发生顶体反应的精子。为提高受精率，SUZI 法常常在一个卵母细胞卵周隙内注射多个精子，但有时会造成多精子入卵。

ICSI 法就是用注射针把单个精子直接注射到卵母细胞胞质内完成受精。由于 ICSI 法需要刺破卵子细胞膜，注射针插入细胞内，因此对卵母细胞有一定损伤。但 ICSI 法对精子运动能力、形态、获能与否无特殊要求，即使是死精子，甚至是冻干精子，只要 DNA 完整就可以用于 ICSI。ICSI 是目前最主要的显微受精技术，并广泛用于人类辅助生殖临床，但在家畜成功率较低，尚无生产应用价值。

8.4 性别控制技术

性别控制(sex control)技术是指通过人为干预或操作，使雌性动物按照人们的愿望产出预期性别后代的技术。

8.4.1 性别控制的意义

在畜牧业生产中，家畜的生产性状常常受性别限制(如母畜才能产奶)或受性别影响(如雄性长得快，适合肉用)，此外，育种规划也需要育种群维持合适的性别比例，利用性别控制技术就可以实现这些目的，使生产企业获得更大的经济效益。在人类医学领域，利用性别控制技术可以避免性染色体连锁疾病的发生。性别控制技术在珍稀动物、伴侣动物、特种动物的繁殖、保种以及基础研究方面都有一定应用价值。

8.4.2 性别控制方法

性别控制技术包括两个水平上的操作：一是在受精之前对精子进行鉴定，二是受精之后对胚胎进行鉴定。前者建立在人工授精基础上，后者建立在胚胎移植基础上。

8.4.2.1 受精前的性别控制——X、Y精子分离技术

受精前性别控制的基本策略是通过把精液中的 X、Y 精子分离开，然后再授精，产生所需性别的后代。

(1)发展简史　最早在 1925 年，Lush 就试图利用 X、Y 精子的密度差异来分离 X、Y 精子，但是分离后的精子受精后产生的后代性别比例没有变化。之后半个多世纪里，人们对分离 X、Y 精子做出了不懈努力，尝试了许多方法。这些方法主要基于 X、Y 精子在大小、重量、密度、游动速度、表面电荷、表面大分子蛋白、对 pH 和气压不同反应等方面的差异。也有的是通过 X、Y 精子上 H-Y 抗原的差异来分离。但多数研究都以失败告终，即使有少数报道声称成功，也缺乏经得起检验的证据。

1979 年，Moruzzi 首先提出 DNA 含量可以作为区分性染色体的标记。但真正利用 X、Y 染色体之间 DNA 含量的差异来分离精子是建立在流式细胞仪技术发展的基础上。1976 年，Gledhil 等首先利用流式细胞仪分析了精子的 DNA 含量。1982 年，Pinkel 等改进了流式细胞仪的检测方法，可以精确测量精子的 DNA 含量，并证实小鼠 X、Y 精子的 DNA 含量差异为 3.2%。随后，流式细胞仪技术被用于家畜精子的性别化鉴定。1983 年，Garner 等利用相同技术测量出家畜 X、Y 精子 DNA 含量差异为 3.6%～4.2%。1987 年 Johnson 等改进了染色技术，使活精子也适用于流式细胞仪检测。1989 年，Johnson 等利用流式细胞仪分离的兔活精子进行人工授精，结果分离到的 Y 精子后代中 81%是雄性(17/21)，X 精子后代中 94%是雌性(15/16)。这个结果是 X、Y 精子分离技术成功用于性别控制的标志性成果。之后，这一技术被成功地用于其他物种的 X、Y 精子分离。目前，流式细胞仪分离的精子已在牛、猪、绵羊、马、狗、猫和海豚等动物以及人都产出了后代。流式细胞仪分离 X、Y 精子技术成为最具商业化前景的性别控制技术。这一技术已在牛上进入商业化开发，英国的 Cogent 公司是世界上第一家 X、Y 精子的生产公司。据估计，2007 年全世界生产的牛分离精子有 200 万支细管，2008 年生产达到 400 万支细管。

(2)X、Y 精子分离方法　X、Y 精子分离方法主要根据 X、Y 精子在物理特性、免疫原性和 DNA 含量等方面的差异来把两类精子分开，分离过的 X、Y 精子也可以称为性别化精子(sexed sperm)。基于 X、Y 精子物理特性(如重量、表面电荷、游动速度、比重等)和免疫原性(如 H-Y 抗原)的分离方法，由于准确率低，重复性差，而且在理论依据上还有争议，因此尚无生产价值，而基于 DNA 含量差异的流式细胞仪分离法是目前比较科学、比较可靠、准确率比较高的精子分离方法。

①流式细胞仪分离法的理论依据。目前，唯一可以检测到的、有科学依据的 X 精子与 Y 精子的差异就是 DNA 含量，这是因为 X 染色体比 Y 染色体含有更多的 DNA，而同源常染色体之间没有差别，因此 X 精子与 Y 精子 DNA 含量的差异只反应在 X 染色体和 Y 染色体上。在目前已检测的 23 种哺乳动物中，每种动物的 X 精子与 Y 精子在 DNA 含量都存在一定差异，其中人的差异为 2.8%，家畜的稍高些，在 3.6%～4.2%。这一差异是流式细胞仪分离 X、Y 精子的基础。

②流式细胞仪分离精子的大致工作原理和过程(图 8-5)。分离前先把精子稀释并与 DNA 特异性染料 Hoechest33342 共同孵育，使精子 DNA 与染料结合。然后精子被连续地泵入检索仪，经过定位后逐个从激光束前面通过，此时与 DNA 结合的 Hoechest 发出强烈的蓝色荧光，荧光信号强度被荧光检测器快速地测量出，再经过高速计算机系统的分析，辨别出哪些是 X 精子，哪些是 Y 精子。当精子离开激光系统时，含有精子的液体流被一个晶体震颤器分裂

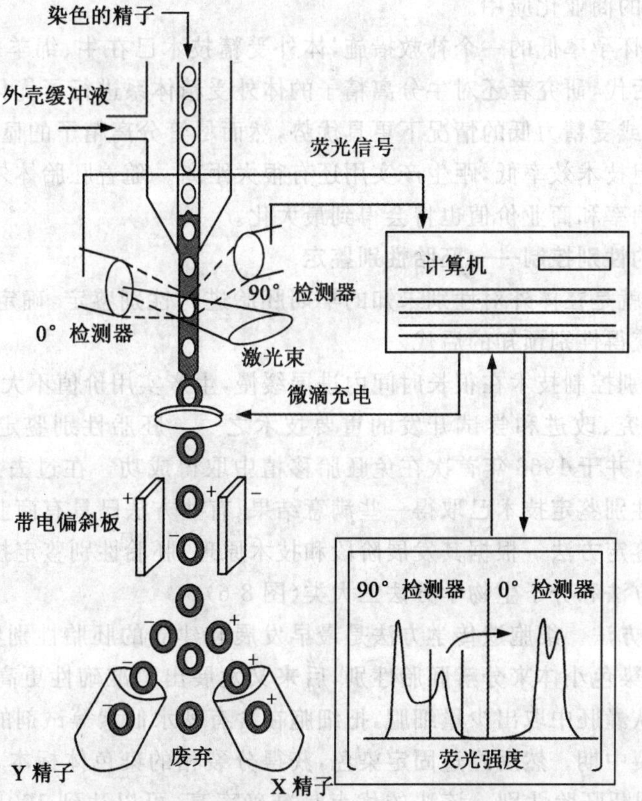

图 8-5　流式细胞仪分离 X、Y 精子的原理和过程

(引自：Hamano et al，2001)

成一个个微滴，每个微滴中只含有一个精子。此时的精子已被计算机系统辨别出是X精子还是Y精子，根据计算机指令，这些微滴被赋予正电荷或负电荷。充电的微滴在通过各自带正电或负电的偏斜板时，被相反电场引导，分别进入两个收集管中。没有被充电的微滴不能进入这两个收集管而被废弃，这些微滴可能是未被辨别出性别的精子或者没有精子或者含有两个精子，也可能是死精子。

目前改进的高速流式细胞仪每小时可以分离到1 500万～2 000万个X精子或Y精子，分离纯度在各种动物都保持在90%左右。分离后的精子通过人工授精后，后代的性别准确率可达到80%～90%。

③分离后精子的受精。分离后的精子主要通过人工授精方法生产后代。但是，普遍存在问题是分离精子的受胎率明显低于未分离精子，主要原因是以目前的分离速度，难以在有效时间内分离到可以满足单次授精剂量所需的精子数。商业化公司出售的牛分离精子大约每支细管剂量2×10^6个精子，是常规非分离精子剂量的十分之一。目前牛分离精子人工授精后的怀孕率大概在50%左右，是非分离精子怀孕率的70%～80%。由输精剂量低造成受孕率低的问题在猪和马尤为突出，因为在常规人工授精中，猪和马的每次输精剂量更大，因此不得不采用子宫内深部输精来保证受孕。最近报道，借助腹腔镜引导的猪输卵管内输精，使这一问题得到极大改善。但绵羊似乎是个例外，据报道，不论是分离后冷冻精子还是冷冻解冻后再分离的精子，受精率或产仔率均与未分离精子类似，甚至更高。因此，绵羊的X、Y精子分离技术有可能在近年实现大规模的商业化应用。

作为人工授精怀孕率低的一个补救措施，体外受精技术已在牛、绵羊、猪的分离精子上得到了尝试，并产下后代，研究者还对牛分离精子的体外受精体系进行了优化和改良。显微受精技术在精子数量少或受精力低的情况下更具优势，然而尽管分离精子的显微受精后代在牛、猪和绵羊都已出生，但技术效率低，距生产实用还有很大距离。随着胚胎体外生产技术的改进提高，分离精子的利用率和商业价值也将会得到最大化。

8.4.2.2 受精后的性别控制——胚胎性别鉴定

胚胎性别鉴定就是在体外对性别未知的早期胚胎进行性别鉴定，确定胚胎性别后再把它们移植到受体，来获得性别预知的后代。

由于受精前性别控制技术在很长时间内进展缓慢，生产实用价值不大，因此胚胎性别鉴定技术始终是人们研究、改进和尝试开发的重要技术之一。胚胎性别鉴定技术由Gardner和Edwards最先提出，并于1968年首次在兔胚胎移植中取得成功。在过去几十年里，经过不断的探索改良，胚胎性别鉴定技术已取得一些满意结果，有些方法已具有商业化开发价值。

(1)胚胎性别鉴定方法 根据其发展阶段和技术原理，胚胎性别鉴定技术可以分为细胞遗传学方法、免疫学方法和分子生物学方法三大类(图8-6)。

①细胞遗传学方法。细胞遗传学方法是最早发展和建立的胚胎性别鉴定方法，最初是通过检测性染色质或染色小体来分辨胚胎性别，后来又发展出了准确性更高的染色体核型分析法。基本方法是：从囊胚中取出少量细胞，把细胞在含有秋水仙素等试剂的培养液中培养数小时，使其停留在分裂中期。然后经过固定染色，获得分裂相的染色体标本，通过分析染色体核型(XX或XY)来判断胚胎性别。该法的优点是准确率高，可以达到100%，缺点是鉴定时间长，程序繁琐，且对胚胎有一定伤害。

②免疫学方法。免疫学方法是基于H-Y抗原学说，即认为雄性胚胎呈H-Y抗原阳性，以

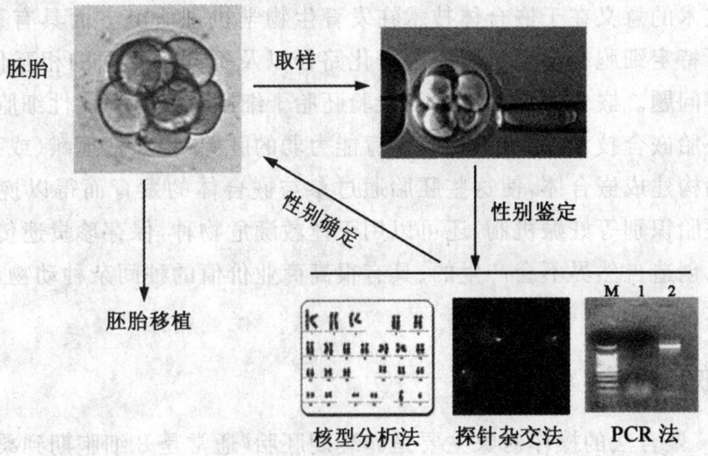

图 8-6　胚胎性别鉴定示意图

此作为雄性胚胎与雌性胚胎差异的标记。免疫学方法又分为细胞毒性鉴定法和免疫荧光鉴定法两种。细胞毒性鉴定法是把胚胎用 H-Y 抗血清培养处理，造成雄性胚胎发育受阻，而选择出雌性胚胎。但这种方法的准确率不高。间接免疫荧光法是先把胚胎用 H-Y 抗血清处理，然后再和荧光标记的二抗作用，在荧光显微镜下检测有无荧光来判断胚胎性别。这种方法的优点是对胚胎伤害小，据报道准确率可以达到 80%。缺点是 H-Y 抗原的特异性较差，判断过程中人的主观因素影响很大，容易导致判断失误。因此，无法在生产中推广使用。

③分子生物学方法。通过原位杂交或 PCR 方法检测 Y 染色体上的特异性基因片段来判断胚胎性别鉴定。

8.5　胚胎嵌合技术

古希腊人用嵌合体(chimera)一词来指神话中狮头、羊身、蛇尾的怪物。在生物学中，嵌合体一词被借指身体组织由不同基因型细胞构成的杂合个体。嵌合体与通常所说的杂种动物的区别是杂种动物由不同基因型的精子和卵子结合产生，“杂合”基因形成一套基因组共存于同一细胞内，而嵌合体发生于受精后，本质上是不同胚胎之间的杂合，因此不同基因型在不同细胞内独立存在。

8.5.1　胚胎嵌合技术简史及意义

嵌合体研究最早是在两栖动物上进行的，当时是为了研究发育决定和发育诱导等问题。最早的哺乳动物嵌合体研究可以追溯到 1942 年，Nicholas 和 Hall 把裸露的大鼠 1 细胞期胚胎两两聚合在一起形成一个胚胎，移植到受体后发育至产仔，但当时由于无法对嵌合体进行检测，因此这一研究没有结论。1961 年，Tarkowski 利用 8 细胞期胚胎聚合法，首次获得了嵌合体小鼠，但是嵌合体的出生后死亡率高。之后，Mintz 对该技术进行了优化，获得了健康存活的嵌合体小鼠。1968 年，Gardner 首次利用囊胚注射法生产出嵌合体小鼠。20 世纪 70 年代后，嵌合体研究迅速增多，嵌合体大鼠、兔和绵羊出生。80 年代，获得了嵌合体猪和牛。同时，小鼠-大鼠、绵羊-山羊、牛-水牛等种间嵌合体动物均获成功。

胚胎嵌合技术的意义在于嵌合体技术在发育生物学机理研究方面具有重要作用,它可以用来追踪和分析特定细胞在发育过程中的分化路径以及不同细胞间的相互作用,也可以用来研究免疫机制等问题。嵌合体技术已成为检验胚胎干细胞等发育多能性细胞分化能力的最有力工具。通过胚胎嵌合技术,还可以挽救发育能力弱的胚胎,比如把孤雌(或孤雄)胚胎或克隆胚胎与正常胚胎构建成嵌合体,使这些胚胎通过参与嵌合体的发育而得以挽救。种间嵌合体不但可以研究胚胎识别等妊娠机制,还可以用于拯救濒危物种,保存珍贵遗传资源。利用种间嵌合技术还可以创造自然界不会产生的、具有很高商业价值的种间杂种动物,比如一些珍稀的皮毛种间嵌合体。

8.5.2 胚胎嵌合方法

(1)聚合法　聚合法的操作对象主要是卵裂期胚胎(通常是8细胞期到桑葚胚)。方法是:先把胚胎透明带去掉,然后把两个或两个以上的胚胎放在一起,使之紧密接触直至聚合,聚合的胚胎将按照一个胚胎的发育模式继续发育,到囊胚期后移植到受体。如果是把胚胎干细胞与早期胚胎聚合,可以把胚胎干细胞放在两个胚胎之间,使三者紧密接触发生聚合,这种方法也被形象地称为"三明治法"(图8-7 A)。

(2)注入法　注入法是利用显微操作技术把早期胚胎卵裂球或者胚胎干细胞等发育多能性细胞直接注入到早期胚胎的透明带下或囊胚腔中,使注入的细胞参与受体一方胚胎的发育,形成嵌合体(图8-7 B)。与聚合法相比,这种方法操作相对简便,成功率较高。注入法又可以分为8细胞期胚胎(或桑葚胚)注入法和囊胚注入法,这两种方法都可以用于生产胚胎干细胞的嵌合体,但囊胚注入法更常用。

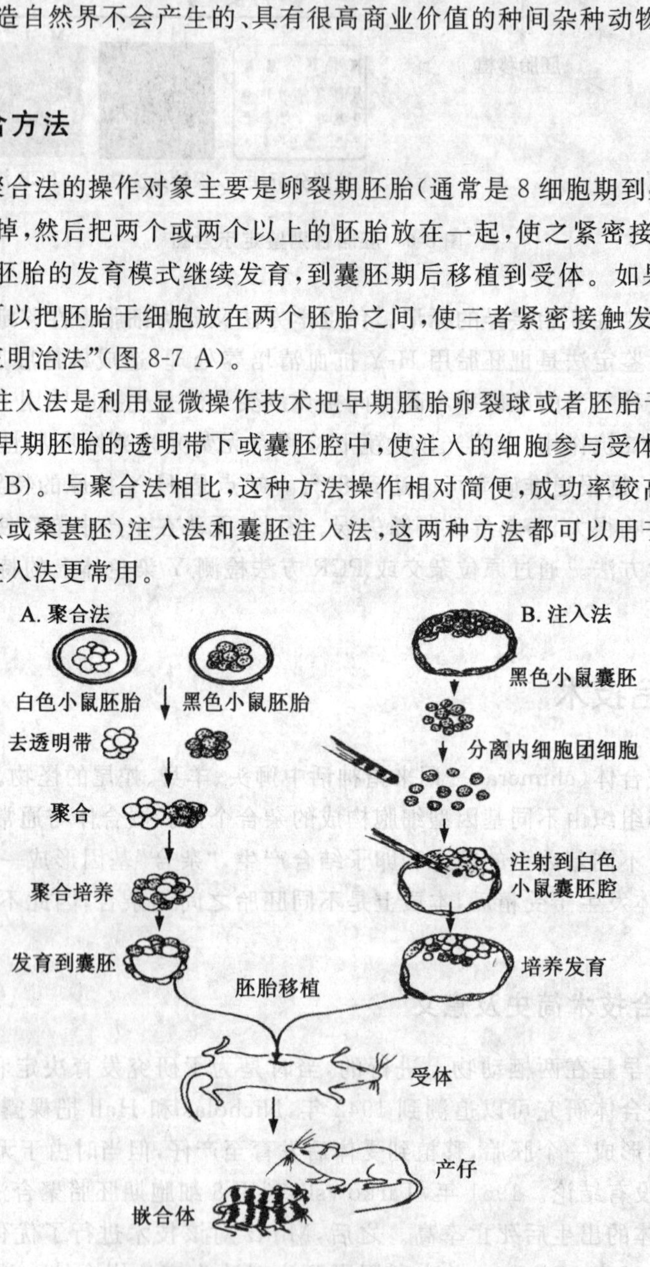

图8-7　生产嵌合体的方法

(改自:Gilbert,1994)

8.5.3 嵌合体分析

嵌合体分析也是嵌合体技术中的关键步骤，通过分析是否发生嵌合以及嵌合程度来评估嵌合效率。嵌合体动物的分析主要是通过一些遗传标记。最常用、最直观的方法是色素分析，在制作嵌合体时要选择肤色或毛色差别明显的动物作为胚胎供体，产生的嵌合体动物将会出现不同肤色或毛色的嵌合，很方便地就能检测出来。但色素分析缺点是不能判断内脏器官的嵌合情况。血液或内脏组织的嵌合经常采用生化方法和组织化学方法来分析，比如分析同工酶、细胞抗原以及其他一些特异性蛋白标记，最灵敏的同工酶是磷酸葡萄糖异构酶(GIP)。随着分子遗传学技术的发展，通过分析 DNA 分子标记，使嵌合体的检测更加快速准确。

除了分析嵌合体动物本身外，通过分析嵌合体后代，评估生殖系嵌合情况也是嵌合体分析的重要内容。

8.6 核移植技术

动物克隆技术在狭义概念上就是指核移植技术(nuclear transfer)，即将发育各个阶段(胚胎、胎儿、成体)的一个细胞利用显微操作过程移植到一个去掉细胞核的成熟卵母细胞中重新构建成一个胚胎的技术。

核移植技术的最初设想早在 1938 年就由德国著名胚胎学家 Spemann 提出。但直到 1952 年，核移植技术才由美国科学家 Briggs 和 King 发明并得到成功实施，他们将蛙囊胚细胞的核移植到去核蛙卵后，得到了克隆蝌蚪。1962 年，英国牛津大学的 Gurdon 等将蝌蚪肠上皮细胞核移入去核卵母细胞中，获得了一批成体蛙，首次证实动物体细胞的核具有全能性。在此后近 20 年的时间里，核移植研究主要集中在两栖类和鱼类。1981 年，Illmensee 和 Hoppe 将小鼠内细胞团细胞核直接注射到去核受精卵中，获得了 3 只核移植小鼠，但他们的结果未被其他研究者重复出来。直到 1983 年，McGreath 和 Solter 采用无损伤去核和细胞融合的方法，对小鼠受精卵进行原核置换，才获得了首批核移植小鼠，掀开了哺乳动物核移植研究的新篇章。1986 年，Willadson 采用卵母细胞作为核受体，并将电融合的方法引入核移植技术，成功地获得了 8 细胞期胚胎为供体的克隆绵羊。此后 5 年内，以早期胚胎细胞为供体的克隆牛、兔、猪、山羊相继诞生。在这些实验事例中所用核供体细胞基本上都来自完全没有分化的早期胚胎卵裂球。1989 年，Smith 和 Wilmut 把绵羊囊胚内细胞团(ICM)细胞核移植到去核卵母细胞内，成功产羔。1993 年，Sims 和 First 以体外培养的 ICM 细胞为供体，获得了克隆牛犊。这些结果充分证实，发生了第一次分化后的胚胎细胞核移植后仍具有发育全能性。1996 年，Campbell 等采用培养传代并证明已经分化的胚盘细胞作为核供体，成功地产下 4 只羔羊，这在理论上和方法上又是一次重要突破。在此方法基础上，1997 年，Wilmut 等以成年绵羊高度分化的乳腺细胞作为核供体，获得了世界首例成年哺乳动物体细胞核移植后代-克隆羊"多莉"，引起世界轰动，为哺乳动物核移植历史开辟了新纪元。此后，体细胞核移植技术迅速成为世界范围内的研究热点。迄今，体细胞核移植技术已在绵羊、小鼠、牛、山羊、猪、兔、猫、马/骡、大鼠、犬、狼等 10 余种动物上取得成功，并在基础研究和诸多应用领域取得了一系列重要突破。

8.6.1　核移植技术程序

核移植技术是一个包括供体细胞准备、受体卵母细胞去核、供体核注入、供受体融合、重构卵激活和克隆胚胎培养等一系列操作的复杂过程(图 8-8)。

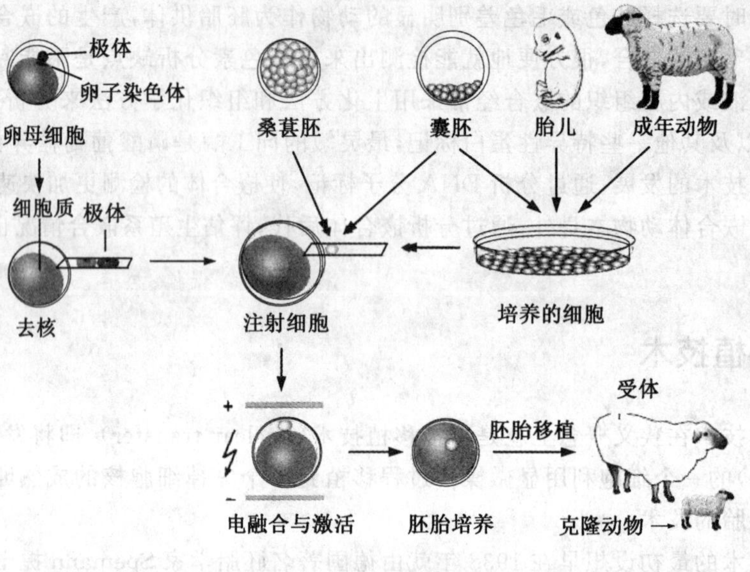

图 8-8　核移植技术程序

(改自:Wolf et al,1998)

8.6.1.1　供体细胞准备

核移植的供体细胞可以来自胚胎、胎儿及成体动物。以胚胎细胞作为核供体称为胚胎细胞克隆,以胎儿和成体动物细胞为供体称为体细胞克隆,二者在供体细胞准备上不同。

(1)胚胎细胞作为核供体　在早期的核移植研究中,主要以早期胚胎(从 2 细胞期到囊胚内细胞团)作为核供体。胚胎细胞的分离一般采用机械分离或者从胚胎中直接吸取单个卵裂球。对于致密桑葚胚和囊胚,由于细胞间连接紧密,可用胰蛋白酶处理结合机械吹打使细胞离散。分离到的胚胎细胞不做进一步培养,直接用于核移植。

(2)体细胞作为核供体　自从体细胞克隆技术成功以后,主要使用体细胞作为核供体。动物所有体细胞核内都包含全部的基因组信息,因此从理论上所有类型体细胞均可用作核供体。迄今,卵丘/颗粒细胞、上皮细胞、成纤维细胞、肌肉细胞等多种细胞类型都成功地用于体细胞核移植,获得了克隆动物。但不同细胞类型的克隆效率有一定差异,普遍认为卵巢卵丘/颗粒细胞的克隆成功率更高,但由于皮肤组织取材方便且不受性别限制,故皮肤成纤维细胞更常用。方法是:从供体动物耳部采集皮肤组织,采用常规的细胞分离、培养与传代技术建立细胞系,在用于核移植前,只要将贴壁细胞消化制成单细胞悬液即可,也可以把细胞冷冻保存备用。

(3)细胞周期同步化处理　细胞周期的正确协调对核移植重构胚的正常发育很重要。由于早期胚胎细胞多处于 S 期,当移植到 MⅡ期卵子胞质中后,会发生染色质的过早凝集和 DNA 的重新复制,而导致克隆胚胎的染色体倍性异常,因此当以胚胎细胞作为核供体时,通常以化学药物处理,使供体细胞周期同步化在 G_1 期,以确保供体与受体细胞周期的正确协调。另外一个变通的策略是不对供体细胞进行同步化处理,而是在核移植前先把受体卵母细胞激活,使其进入 S 期,然后移入供体细胞。与胚胎细胞不同,体细胞停留在 G_1 期的时间更长,因此当以体细胞作为供体细胞时,可不作同步化处理。不过,Campbell 等认为,利用血清饥饿法使供体细胞停滞在 G_0 期是体细胞克隆技术成功的关键,但后来的研究认为 G_0 期处理并非必需,甚至有研究显示 G_1 期细胞比 G_0 期细胞的克隆效率更高。因此,对于体细胞克隆而言,供体细胞的同步化处理似乎并无必要。

8.6.1.2 卵母细胞的去核

能够成功地用于核移植的核受体有:成熟卵母细胞、合子和 2 细胞胚胎。由于去核合子和早期胚胎胞质接纳核供体细胞的类型有限,因此去核的 MⅡ 期卵母细胞成为首选的核移植胞质受体。

MⅡ 期卵母细胞的去核方式有多种,目前以 DNA 特异性染料指导下的去核最为普遍。方法是:在去核前,先将卵母细胞用 DNA 染料 Hoechest33342 中处理 10~15 min,然后在荧光显微镜下以紫外光短暂照射,确定卵子染色体的位置,用去核管吸掉极体及包含有卵子染色体的部分细胞质,去核效果可以通过在紫外光下检测去核管中是否含有卵子染色体加以确认。在去核操作液中通常还要加入细胞松弛素 B,以增加卵子细胞骨架的柔韧性,降低去核操作对卵子的损伤。

8.6.1.3 移核

将供体细胞核导入受体胞质的方法主要有两种,一种是融合法,即将供体细胞注射到受体卵母细胞的卵周隙,然后在电融合仪下,利用直流电脉冲使供体细胞与受体细胞融合,而使供体细胞核进入受体胞质中,大多数物种的核移植均采用此法;另一种是直接注入法,这种方法须借助 Piezo 装置,方法是利用 6~7 μm 的移核管将供体细胞轻轻蹭破,待大多数胞质碎片剥离后,借助 Piezo 装置将细胞核部分直接注射到卵母细胞内,目前此法主要用于小鼠。

8.6.1.4 激活

经核移植过程形成的重构胚必须经过人工激活才能启动发育,其基本原理是模拟在自然受精条件下精子进入卵母细胞诱发 Ca^{2+} 瞬时升高,导致中期激酶 MPF 的灭活,从而使卵母细胞退出分裂中期而进入间期,发生有丝分裂。目前所用的激活方法主要有两种:①电激活。须在电融合仪下操作,原理是利用直流电脉冲使细胞膜形成许多暂时的微孔,造成激活液介质中的 Ca^{2+} 进入胞质,从而激活卵子;②化学激活。主要使用 Ca^{2+} 载体,如 ionomycin,原理是 Ca^{2+} 载体能携带胞外 Ca^{2+} 进入胞质中,同时刺激胞内 Ca^{2+} 贮库中的 Ca^{2+} 释放,使胞质内 Ca^{2+} 的浓度升高而激活卵子。此外,在小鼠核移植中,主要采用氯化锶($SrCl_2$)作为激活剂。

8.6.1.5 克隆胚胎的培养与移植

克隆胚胎培养方法同常规胚胎培养一样,可在体外培养过程中观察胚胎发育状况。如果为生产克隆动物,牛、羊等克隆胚胎一般发育到囊胚后再进行移植或冷冻保存,猪克隆胚胎一般发育到 4~8 细胞即进行移植。移植方法与常规胚胎移植一样。

8.6.2 体细胞克隆技术的应用

8.6.2.1 扩大优良畜种或稀有动物的数量

在畜牧业生产中,利用体细胞克隆技术可获得优良个体的复制品,从而最大程度地扩大优良个体的数量,提高生产水平。体细胞克隆技术也为保护和拯救濒危动物开辟了一条新途径。此外,宠物克隆也有很大的发展前景。目前,世界上已有多个商业化公司从事动物克隆技术的开发应用。随着技术的不断改进,体细胞克隆技术在动物物种资源的传播和保存方面必将发挥出巨大作用。

8.6.2.2 **生产转基因动物**

体细胞克隆的成功为转基因动物生产掀起一场新的革命。利用体细胞克隆技术,在核移植前,先把目的外源基因导入体外培养的体细胞中,再筛选出转基因阳性细胞,然后以此阳性细胞作为核供体进行核移植,那么将来发育成的个体必定是携带有目的外源基因的动物,使转基因效率极大提高。目前,体细胞克隆技术已经成为最常用的家畜转基因方法。

8.6.2.3 **基因打靶**

在哺乳动物体细胞克隆技术成功之前,利用胚胎干细胞(ES 细胞)进行基因打靶是唯一可行的途径。但是,由于始终没有在家畜上分离到真正的 ES 细胞,因此 ES 细胞基因打靶技术无法在家畜上应用。体细胞克隆成功以后,基因打靶可以在动物体细胞中完成,然后通过核移植就可以获得基因打靶的动物个体,使家畜的基因打靶成为可能。目前,利用这一技术已得到基因打靶的绵羊、猪和牛。

8.6.2.4 **生产人胚胎干细胞用于细胞治疗**

体细胞克隆技术为生产患者自身的 ES 细胞提供了可能。方法是从患者身上采得体细胞,把它们移植到去核卵母细胞中形成重组胚,再把重组胚体外培养到囊胚,然后从囊胚内细胞团中分离出 ES 细胞,用于细胞治疗。因为这种核移植法最终目的是用于干细胞治疗,而非得到克隆人,因此科学家们称之为"治疗性克隆"。目前,治疗性克隆已经成为体细胞克隆技术的又一热门应用领域,但在许多国家还受到限制。治疗性克隆技术已在小鼠和猴上取得成功,但在人方面进展不大。

8.6.2.5 **治疗人类疾病,作为供体**

在医学领域,目前美国、瑞士等国家已能利用"克隆"技术培植人体皮肤进行植皮手术。这一新成就避免了异体移植可能出现的排异反应,给病人带来了福音。据中国新华社 1997 年 4 月 4 日报道,上海市第九人员医院整形外科专家曹谊林在世界上首次采用体外细胞繁殖的方法,成功地在白鼠上复制出人耳,为人体缺失器官的修复和重建带来希望。

8.6.2.6 **保护濒危动物**

利用克隆技术可以在抢救珍奇濒危动物、扩大良种动物群体、提供足量试验动物、推进转基因动物研究、攻克遗传性疾病、研制高水平新药、生产可供人移植的内脏器官等研究中发挥作用,但如果将其应用在人类自身的繁殖上,将产生巨大的伦理危机。

8.6.2.7 **基础研究**

克隆技术为研究核质互作、细胞核全能性、基因组的表观遗传重编程等发育生物学机理提供了有力手段。

体细胞克隆技术存在的问题:尽管体细胞克隆技术已经在许多物种上获得成功,但目前的技术总效率仍然很低,在各物种中,以出生的克隆动物总数占重构胚胎总数计算,体细胞克隆的平均成功率在 0~5%,主要原因是克隆胚胎发育能力低下,移植后怀孕率低,流产率高。即使是完成全程发育能够出生的克隆动物,也常出现各种生理异常,最常见的有胎盘异常、胎儿大、难产、呼吸缺陷、免疫功能紊乱以及其他器官的发育异常,这通常会降低新生动物的存活率。生理缺陷还经常导致克隆动物寿命短,死亡率高。这些问题的存在使克隆技术的大规模应用受到很大限制。因此,克隆技术仍然需要进一步改进和优化,以提高技术效率和成功率。

同时，克隆胚胎的发育机制还有诸多未解之谜，科学界普遍表观遗传修饰异常是造成克隆胚胎及克隆动物发育缺陷的主要原因，深入研究克隆胚胎的表观遗传修饰重编程机制，对揭示克隆胚胎发育能力低下的原因，提高克隆技术成功率，有重要意义。

8.7　胚胎干细胞技术

胚胎干细胞（embryonic stem cells，ES）是从早期胚胎中分离出来的具有发育多能性的干细胞，它可以分化成属于外胚层、中胚层和内胚层范畴的所有类型细胞，并能参与个体的发育，故有人称之为万能细胞。需要说明的是，ES 细胞自身不能沿胚胎方向发育而形成完整动物个体，即不符合发育全能性的严格定义，因此把 ES 细胞描述为多能性更为准确。

8.7.1　胚胎干细胞研究简史及应用

8.7.1.1　胚胎干细胞研究简史

胚胎干细胞技术的早期发展与畸胎瘤细胞（embryonic carcinoma cells，EC）的研究密不可分。20 世纪 50～70 年代，许多学者对畸胎瘤细胞的起源、分离培养方法、发育多能性等特点进行了广泛研究，为胚胎干细胞的发现奠定了至关重要的基础。1981 年，Evans 和 Kaufman 首先从延迟着床的小鼠囊胚中成功地分离出类似 EC 的细胞系，它的许多特性完全符合 EC 细胞的多能性标准。同年，Martin 也独立地从小鼠囊胚内细胞团中分离出类似的多能性干细胞，并把它命名为胚胎干细胞（embryo stem cells）。这两项研究是胚胎干细胞研究史上的里程碑，从此胚胎干细胞作为一个全新的科学领域诞生了。1992 年，Matsui 和 Resnick 分别从小鼠原始生殖细胞（primodial germ cells，PGC）中分离出多能性干细胞，这些细胞称为胚胎生殖细胞（Embryonic germ cells，EG）。随着小鼠 ES 细胞分离与培养方法的逐渐程序化，许多研究者开始尝试分离其他物种的 ES 细胞。20 世纪 90 年代，绵羊、兔、大鼠、仓鼠、猪、牛、水貂、猴等物种 ES 细胞分离成功的报告陆续发表，但这些 ES 细胞都没有产生生殖系嵌合体，研究者甚至根本没有进行嵌合体实验，因此这些细胞并不完全符合胚胎干细胞的鉴定标准，最多只能算是类 ES 细胞。1998 年，美国威斯康星大学的 Trompson 等人报道他们从 14 枚人体外受精囊胚中成功分离出 5 株人胚胎干细胞系。几乎在同时，约翰霍普金斯大学 Gearhart 小组也报道他们从流产的人胎儿 PGC 中分离出多能性干细胞。这两篇研究报告一经发表，立即引起生物学界、医学界和社会公众的广泛关注。此后，在备受社会争议的同时，人 ES 细胞研究在世界许多国家展开。截止 2006 年，全世界已建立了 400 多个人 ES 细胞系，人 ES 细胞成为除小鼠以外研究最透彻的胚胎干细胞。目前已经从人 ES 细胞诱导分化许多种类的细胞，包括心肌细胞、神经细胞、造血细胞、胰岛细胞、内皮细胞、肝细胞、骨细胞和肾细胞等。

人 ES 细胞的成功分离是胚胎干细胞研究领域的重大事件，掀起了胚胎干细胞研究的新高潮，但是也引发了一场激烈的伦理学争论。反对者认为提取胚胎干细胞的过程损毁了胚胎的生命，违反了伦理道德，胚胎作为一个生命没有得到尊重。特别在欧美一些国家，争论异常激烈，因此欧美等国对胚胎干细胞研究态度更为谨慎。目前这一争论仍未停止，许多国家对人胚胎干细胞均有不同程度的限制，但随着科学研究的发展和医学需求，各国政府也在不断调整相关的法规，对人胚胎干细胞研究的限制有所放松。目前，多数国家采取有限支持的态度，大致分为几种情况：①只允许使用现有的胚胎干细胞进行研究，禁止从胚胎中分离新的胚胎干细胞，比如德国、意大利；②只允许从生育治疗剩余的体外受精胚胎中分离胚胎干细胞，如法国、加拿大、巴西以及近期的美国等；③允许从生育治疗剩余的体外受精胚胎中分离胚胎干细胞，也允许使用核移植技术生产胚胎干细胞(即治疗性克隆)，如韩国、印度、澳大利亚、日本、以色列、中国等；④允许从生育治疗剩余的体外受精胚胎中分离胚胎干细胞，也允许通过体外受精技术和核移植技术生产胚胎干细胞，如英国、新加坡等。但是，也有一些国家完全禁止所有的人胚胎和人胚胎干细胞研究。总的来说，多数国家对人胚胎干细胞研究从“严”到“松”，当然，各国都有相应的指导条例进行必要的监督和约束，以防这一技术滥用。

8.7.1.2 胚胎干细胞的应用

(1)发育与分化机制研究　ES 细胞是一类具有发育多能性的细胞，从理论上 ES 细胞可以分化成所有种类的细胞，并具有发育成完整个体的潜能，因此 ES 细胞是研究细胞分化和动物发育机制的理想模型。在表观遗传研究领域，细胞在分化与去分化过程中的表观遗传修饰重编程机理是目前最热门的研究方向之一，ES 细胞是这一研究领域的首选材料。

(2)细胞治疗　细胞治疗是胚胎干细胞研究领域最诱人、最有应用前景的方向。许多退行性疾病都是由于特异性细胞死亡或功能异常引起的，比如糖尿病是由于胰岛细胞不能产生胰岛素，帕金森症是因为神经细胞失去分泌多巴胺的功能。细胞疗法是治愈这些疾病的最佳手段之一，即将功能正常的细胞注入受损组织就可以修复损伤的组织而使特异性的细胞功能得以恢复。ES 细胞是最具自我更新和分化潜能的细胞，从理论上 ES 细胞可以产生和修复所有的组织细胞，因此它是细胞疗法的最理想材料。2009 年 1 月，美国 FDA 首次批准胚胎干细胞用于治疗脊髓损伤的临床实验。这表明，胚胎干细胞研究已经加快了医学应用的步伐。

(3)动物遗传修饰　ES 细胞具有形成完整个体的潜能，因此在 ES 细胞上完成遗传修饰操作后，如转基因或基因打靶，通过制备嵌合体等中间步骤就可以获得遗传修饰的动物。ES 干细胞-嵌合体途径是制备基因打靶小鼠的经典技术路线，已经成为研究基因功能的重要手段。

(4)药物筛选　ES 细胞可以诱导分化成许多组织细胞，为检验药物治疗效果和药物安全性提供了重要材料。比如，把人 ES 细胞诱导分化成心肌细胞，用于检测和筛选治疗心脏疾病的药物，在进入临床试验前就可以获得药物作用效果的一些重要资料，因此可以加速药物研发进程，提高药物安全性和有效性。

8.7.2 胚胎干细胞分离培养方法

建立一个新的 ES 细胞系主要包括 ES 细胞分离、培养与鉴定三个环节。

8.7.2.1 ES 细胞的分离

ES 细胞主要来源于囊胚内细胞团。分离方法是：通过免疫手术法去掉囊胚滋养层，或者用机械剥离法把内细胞团分离出来，并把它们接种到饲养层细胞上，当内细胞团克隆形成后，将之挑出，酶解成小细胞团或单细胞，重新接种，按照这一方法反复传代，即可建系(图 8-9)。

8.7.2.2 ES 细胞的培养

ES 细胞在体外培养过程中很容易分化，失去多能性，因此，抑制 ES 细胞分化是 ES 细胞培养的关键。目前有三种分化抑制物用于 ES 细胞培养。

(1)饲养层细胞　常用的饲养层细胞是小鼠胚胎成纤维细胞，这些细胞在培养皿中形成单细胞层，可以分泌抑制分化的因子如 LIF、FGF 等。用作饲养层前，先用 γ 射线照射或丝裂霉素 C 处理，使细胞停止生长，目的是让这些细胞既可以为 ES 细胞生长提供支持，但又不能与 ES 干细胞形成竞争。

(2)条件培养基　条件培养基是培养过某些细胞的培养液回收物，常用来制备条件培养基的细胞有：小鼠胚胎成纤维细胞、STO、BRL、畸胎瘤细胞以及其他一些肿瘤细胞系。这些条件培养基中含有丰富的 LIF、FGF 等因子，因此条件培养基可以代替饲养层细胞作为分化抑制物，可以避免直接使用饲养层带来的诸多不便，比如饲养层细胞对 ES 细胞的干扰、丝裂霉素 C 的毒性等问题。

(3)分化抑制因子　使用饲养层细胞或条件培养液来抑制 ES 细胞的分化虽然效果很好，但可能造成污染，而且成分复杂，培养条件难以标准化。特别是人 ES 细胞还要避免伦理学等问题。添加分化抑制因子可以替代饲养层或条件性培养基，发展化学成分明确的培养体系。小鼠 ES 细胞培养常用的分化抑制因子有 LIF、BMP 等，而人 ES 细胞培养则需要 bFGF 等。

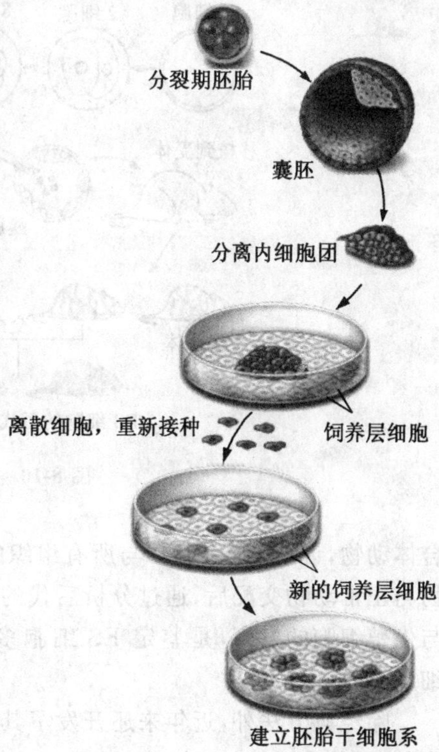

图 8-9　分离胚胎干细胞的方法

(改自：Winslow and Duckwall，2001)

8.7.2.3　细胞的鉴定

从囊胚内细胞团中分离得到细胞系必须经过鉴定才能判断其是否为胚胎干细胞，常见的判定指标包括如下几个方面。

(1)形态鉴定　ES 细胞的细胞核较大，核质比高。ES 细胞在体外培养中呈克隆化生长，不同克隆之间边缘清晰，界限明显，外形似鸟巢。这是胚胎干细胞最直观、最容易判断的形态特征。

(2)细胞染色检测特征标记　所有 ES 细胞都含有活性较高的碱性磷酸酶(APK)，可通过底物显色的方法检测出来。ES 细胞表面还存在阶段特异性胚胎抗原 SSEA，比如，小鼠 ES 细胞表面存在 SSEA1，人 ES 细胞则含有 SSEA3 和 SSEA4 以及肿瘤排斥抗原 TRA-1-60 和 TRA-1-81。ES 细胞还特异性表达多能性相关基因 *Oct4*、*Nanog* 等。这些特征都可以通过免疫细胞化学染色方法鉴定出来。此外，ES 细胞中的端粒酶活性很高，其活性可通过专门试剂盒检测。

(3)核型分析　核型分析不是鉴定 ES 细胞的必需步骤，但是维持正常的二倍体是 ES 细胞发育多能性的必要条件，因此核型分析也常用于 ES 细胞鉴定。

(4)分化潜力鉴定　分化潜力是判断胚胎干细胞多能性的必需指标，主要从三个方面来鉴定(图 8-10)。①体外分化鉴定。把 ES 细胞悬浮培养于无分化抑制物的培养液中，ES 细胞会自动聚合并分化成类胚体(embryoid bodies，EBs)，EBs 类似畸胎瘤，包含源于原始内胚层、中胚层和外胚层的细胞，可初步判断其具有发育多能性。②体内分化鉴定。把 ES 细胞注射到免疫缺陷小鼠或遗传同质小鼠皮下，如形成畸胎瘤，通过组织化学方法鉴定三胚层的分化情况，则基本可以判断出具有多能性。③嵌合体鉴定。将 ES 细胞注射到囊胚腔内，如果得到嵌

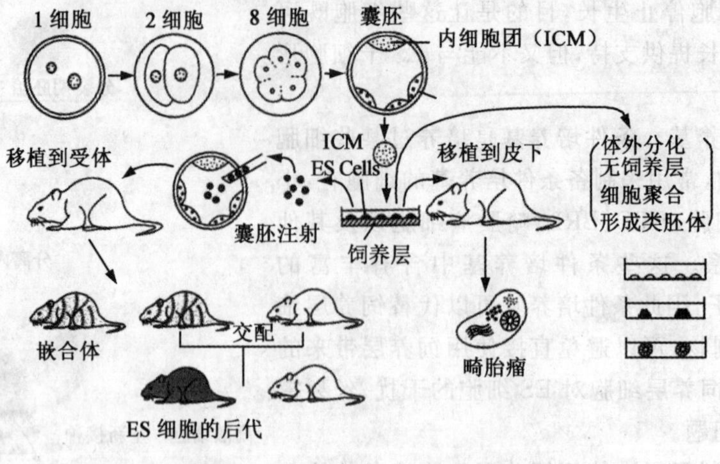

图 8-10 胚胎干细胞分化潜力的鉴定

合体动物，说明 ES 细胞参与所有组织的发育，可以判定 ES 细胞具有发育多能性。嵌合体动物与正常动物交配后，通过分析后代的表型(通常用毛色作为标记)，可以判定 ES 细胞是否参与生殖细胞的发育，是鉴定 ES 细胞多能性的终极指标。不过，嵌合体鉴定不适用于人 ES 细胞。

除经典方法外，近年来还开发了其他一些分离 ES 细胞的途径，包括：①从孤雌激活胚胎中分离 ES 细胞，这一方法已在小鼠、猴和人上取得成功；②从胚胎单个卵裂球中分离 ES 细胞，这一方法已在小鼠和人上均获成功；③利用体细胞克隆技术生产 ES 细胞，即治疗性克隆，这一方法已在小鼠和猴子上取得成功。

除此之外，许多学者还努力开发其他非胚胎途径来生产多能性干细胞，比如，从小鼠和人睾丸中分离出一种多能性干细胞 GSCs(germline stem cells)，几乎具有与胚胎干细胞等同的发育多能性。更激动人心的是，2006 年 Yanamaka 领导的研究小组开创了诱导型多能干细胞技术(induced pluripotent stem cells，iPS)，是目前干细胞领域的研究热点。在过去短短两年时间内，iPS 研究取得了一系列重大进展，目前这一技术已在小鼠、人等多种物种上取得成功。如果在安全性上得到证实，在细胞治疗方面 iPS 是最有可能代替 ES 细胞的多能性干细胞。

8.8 动物胚胎分割技术

胚胎分割(embryo splitting)是指通过机械或化学方法人为地将一枚早期胚胎分割成两个或多个部分，经过体外培养和胚胎移植后，每个部分均发育成一个独立个体的技术。胚胎分割包括卵裂球分离和胚胎分割两种。

8.8.1 胚胎分割技术简史及意义

早在 1902 年，德国著名胚胎学家 Spemamn 把蛙 2 细胞卵裂球分离出来，结果每个卵裂球都可以发育成一个完整的蛙，证实了动物早期胚胎的卵裂球具有发育全能性。1942 年，Nicholas 和 Hall 将大鼠 2 细胞胚胎的卵裂球分离开，发现每个卵裂球都能启动胚胎的发育，但这些胚胎在随后的发育过程中停滞。20 世纪 50 年代，Seidel 和 Tarkowski 分别在兔和小鼠上证实,2细胞胚胎的单个卵裂球可以发育成正常动物。1970年,Mullen通过分离2细胞胚胎卵裂球,获得了同卵双生小鼠。1979年,Willadsen把胚胎分割技术应用于家畜,获得了来源于2细胞胚胎的同卵双生绵羊。此后,胚胎分割技术在20世纪80年代进入了发展高潮,获得了猪、牛、马、山羊和兔等的1/2卵裂球后代和兔、绵羊和猪的1/8卵裂球后代。1981年,Willadsen还将牛和绵羊4~8细胞胚胎分割成4份,获得了同卵三犊和同卵四羔的结果。1982年,Ozil等使用显微操作仪对牛胚胎进行分割,分割后将半胚装入透明带后直接移植给受体,获得同卵双生牛犊。同年,Williams等利用显微手术刀分割牛桑葚胚和早期囊胚,也获得了同卵双犊。随着胚胎分割技术的不断改进,技术程序更加简便实用,分割成功率得到很大提高,并与胚胎冷冻、性别鉴定等技术结合起来,在生产实践中显示出很大的实用价值。

胚胎分割的意义在于胚胎分割可以提高胚胎的利用率,特别对于优质家畜的胚胎,经济价值更大。通过胚胎分割技术可以获得同卵双生或多生后代,由于遗传基础完全相同,对一些科学研究来说是最佳的实验材料。在家畜育种上,同卵双生动物对于后裔测定和育种值评估上也有很大的价值。通过胚胎分割技术,可以对半胚进行分子鉴定,然后根据需要决定剩余半胚是否有移植价值,在家畜繁殖上可进行胚胎性别鉴定,在人类辅助生殖临床上可用于妊娠前的遗传病筛查。

8.8.2 胚胎分割方法

(1)卵裂球分离法　卵裂球分离法主要适用于2细胞到8细胞期胚胎,有两种方法。①机械分离法。在显微操作仪下用微针或微刀将2~8细胞胚胎的透明带切开,然后将单个卵裂球用吸管吸出;②酶分离法。用0.5%链霉蛋白酶处理胚胎,待透明带溶解或软化后,用细管轻轻吹打除去透明带,并使卵裂球相互分离。分离出的每个卵裂球可装入备用的空透明带中进行体外培养,也可以不装入透明带直接培养。

(2)胚胎分割法　胚胎分割法是指采用机械方法用特制的显微刀片或玻璃微针将早期胚胎切割成两个或数个等份。经过许多学者的探索,已发展出多种分割方法:①微针分割法。在显微操作仪下将胚胎固定,然后用微针在透明带上做一切口,将胚胎细胞团分离出来,再将其用微针分割,分割后将半胚装入原透明带或备用透明带,进行体外培养或直接移植给受体。②微刀分割法。在显微操作仪下固定胚胎后,用微刀切开透明带,并探入透明带内将胚胎细胞团切开,一半留在透明带,另一半移出,装入另一空透明带,也可以用微刀将胚胎连同透明带一起切割成两部分,直接移植给受体。③徒手切割法。在体视显微镜下,操作者手握刀片,从胚胎上方直接将胚胎切割为两部分,为不使胚胎滑动,一般需在含有胚胎液滴的平皿底部轻轻划一痕,将胚胎放在划痕上进行操作。由于这种方法简便快速,不借助显微操作仪,可在生产现场条件下进行,具有很大的生产实用价值。

胚胎分割技术还存在问题,由于胚胎发育的调整能力以及技术方面的原因,随分割次数增加,分割胚的发育率也降低。目前,在各种物种中,分割胚全程发育率最高的是二分胚,四分胚的移植妊娠率显著低于二分胚。利用卵裂球分离技术,1/8卵裂球能够发育成动物的报道仅见兔、绵羊和猪。目前胚胎分割最好的结果是绵羊同卵四羔和牛同卵三犊。因此,通过胚胎分割技术生产克隆个体的数目十分有限。由于这个原因,研究者们后来更倾向于利用核移植的方法来大量复制动物。

8.9 动物遗传修饰技术

动物遗传修饰技术(Genetic Modification,GM)就是指通过人为干预使动物整个基因组发生可遗传的改变,它在基础生物学、医学和农业领域都有重要研究和应用价值。动物遗传修饰技术是动物基因工程和胚胎工程技术相结合的一种技术,因此也常常划为胚胎工程的技术范畴内。动物遗传修饰技术主要包括转基因技术、基因打靶技术以及近年发展起来的 RNA 干扰技术。

8.9.1 动物转基因技术

动物转基因技术(transgenesis 或 gene transfer)是指通过人工手段将外源基因片段导入到动物基因组中,使动物基因组的遗传信息发生改变而且可以遗传给后代。通过转基因技术诱导遗传改变的动物就叫做转基因动物(transgenic animal)。

8.9.1.1 发展简史

转基因技术的出现是基因工程技术向动物遗传修饰领域延伸的需要。为了研究外源基因在动物整体水平上的功能,在 20 世纪 70 年代就有一些科学家试图通过向动物胚胎中转入外源 DNA 来获得转基因动物。1974 年,Jaenisch 和 Mintz 首次报道通过向小鼠囊胚中注射 SV40 病毒 DNA,在发育成的幼鼠的部分组织中检测到 SV40 DNA 的存在,但这些小鼠只是转基因嵌合体,外源 DNA 遗传给后代的机会很小。1976 年,Jeanisch 利用反转录病毒感染早期胚胎的方法,使病毒 DNA 整合到小鼠基因组中,并可以按照孟德尔规律遗传给后代,由此建立了世界上第一个转基因小鼠家系。与此同时,Ruddle 领导的实验室和 Brinster 领导的实验室正在开发向小鼠 1 细胞胚胎原核内注射 DNA 生产转基因小鼠的方法。1980 年,Ruddle 实验室的 Gordon 首先报道利用原核显微注射的方法得到了转基因小鼠。此后不久,有 6 个实验室陆续报道利用这一方法获得了转基因小鼠。从此,原核显微注射法成为一种主要的转基因技术被确定下来,至今仍广为使用。1982 年,Palmiter 和 Brinster 将大鼠生长激素基因转入小鼠受精卵中,得到了生长速度超过正常小鼠 1 倍的"超级小鼠"。这一结果一经发表,立即引起世界范围内的轰动,科学界也掀起了转基因研究的热潮。受"超级小鼠"的鼓舞,转基因技术很快由小鼠延伸到家畜上来。1985—1989 年,美国、德国、澳大利亚和英国等国相继获得了转生长激素基因的兔、绵羊、猪和牛。但人们很快发现,这些转基因家畜的生长速度增加很有限,而且常常出现各种生理缺陷,如关节病、繁殖力下降、对应急敏感等,这是说明在对基因功能、基因表达调控和不同基因之间的相互作用有足够的认识之前,人们难以通过简单的转基因技术改良家畜的生产性能。

在试图培育转基因超级家畜的同时,也有科学家致力于利用转基因动物作为个体表达系统,生产高附加值蛋白产品,其中最成功的就是乳腺生物反应器。1987 年,英国人 Simons 等报道在小鼠乳腺内表达了绵羊的乳球蛋白基因。同年,美国人 Gordon 等报道在小鼠乳腺内表达了人 *tPA* 基因。这两项开创性研究表明,通过转基因技术在动物乳房中特异性生产异源蛋白是可行的。此后,科学界和商业界迅速跟进,乳腺生物反应器成为家畜转基因技术研究开发的主要方向。20 世纪 90 年代初期,一批乳腺特异性表达药用蛋白的转基因绵羊、山羊、猪和牛被生产出来,有的表达量已经达到了商业化开发价值,比如 PPL 公司生产的一头转基因绵羊乳汁中抗胰蛋白酶(ATT)的表达量超过 30 g/L。迄今,利用乳腺生物反应器已生产出 10 余种重组蛋白。然而,尽管乳腺生物反应器技术有许多优势,但现在仍处于发展阶段。近 20 年过去了,能够进入临床实验的产品寥寥无几,漫长的研发周期和异常严格的产品检验程序使许多商业开发尝试受阻,不少风险投资商已经从乳腺生物反应器研发项目中撤资。不过,令人鼓舞的是,美国 GTC 公司利用山羊乳腺生物反应器生产的重组人抗凝血蛋白 Atryn 已通过 3 期临床实验,于 2006 年被英国 EMEA 批准上市,2009 年又在美国食品和药品管理局(FDA)获得批准,这是第一个获批的动物乳腺生物反应器产品,对乳腺生物反应器技术未来的发展具有重要影响。除应用于乳腺生物反应器研究外,20 世纪 90 年代,转基因技术还在培育异种器官猪、提高家畜抗病力和改良羊毛生长特性方面进行研究和尝试。

8.9.1.2　**转基因技术程序**

(1)表达载体构建　生产转基因动物的目的是在动物体内表达外来基因,故构建的基因常称为表达载体。表达载体的基本组成包括编码区(目标产物)和启动子(表达水平和表达的组织特异性)两个部分。编码区可以是基因组 DNA,也可以是 cDNA,但不限种属。启动子若采用非组织特异性表达,多使用病毒启动子,如 CMV 启动子等;若采用组织特异性表达,启动子须克隆自哺乳动物,甚至来自同种属动物。为提高表达效率,通常在表达载体中还常加入增强子、间隔子等调控元件。基因克隆和载体构建方法参见常规的基因工程技术。

(2)基因导入

①原核显微注射法。原核显微注射法是指利用显微操作仪,向 1 细胞期胚胎的一个或两个原核直接注射 DNA 来生产转基因动物的方法(图 8-11)。在体细胞克隆技术成功之前,原核显微注射法是使用最广泛的转基因方法,目前在小鼠转基因中仍然以这种方法为主。原核显微注射法的优点是效果稳定,重复性较好,缺点是效率低,嵌合体比例高。

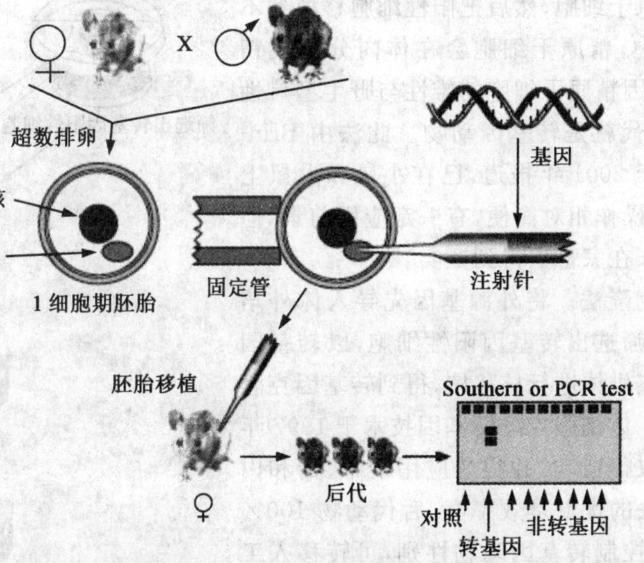

图 8-11　原核显微注射法生产转基因小鼠的示意图

(改自:Houdebine,2003)

②病毒载体法。先把外源基因构建到反转录病毒载体,再把反转录病毒包装成可侵染的

病毒粒子,然后侵染细胞(成熟卵母细胞、原核期胚胎、卵裂期胚胎),使外源基因连同病毒载体一同整合到细胞基因组中。早期的反转录病毒载体主要是小鼠莫洛尼氏白血病病毒(MLV),近年来,以 HIV-1 病毒为基础的慢病毒载体由于整合效率高和表达率高等优点受到许多学者的青睐,并已成功用于小鼠和家畜的转基因,具有很大的应用前景。但是,无论是反转录病毒载体还是慢病毒载体,它们携带的外源 DNA 片段长度有限(不足 10 kb),而且都存在生物安全性风险,病毒包装与制备也比较繁琐,因此尚未广泛使用。

③胚胎干细胞法。在 ES 细胞中完成基因的导入、筛选与鉴定,将阳性 ES 细胞注入到正常胚胎的囊胚腔中,得到嵌合体动物,转移基因若在嵌合体动物的生殖系中存在,就可以通过自然繁殖得到转基因纯合体。该法的缺点是生产周期长,需经过嵌合体的中间步骤,而且其他物种的胚胎干细胞一直没有分离成功,故其应用受到限制。

④精子载体法。将精子与外源 DNA 孵育一定时间后,待精子摄入外源 DNA 后再进行受精(人工输精、体外受精、显微受精),获得转基因后代。此法于 1989 年由 Lavitrano 最早成功报道,但一度受到质疑。其优点是操作简便,缺点是重复性差,机制尚不完全了解,因此未广泛使用。1999 年,Perry 等利用冻融或 Triton 处理等方法破坏精子质膜,然后将 DNA 和精子一起孵育,使 DNA 进入精子头部,然后将精子头显微注射到卵子胞质进行受精,生产转基因动物,也称为单精子注射转基因方法。这种方法的优点是效率高,而且可转移人工染色体等大片段 DNA,缺点是单精子注射技术效率低(动物出生率),特别是在大动物,因此尚未推广到家畜。

⑤精原干细胞法。利用病毒感染的方法先将外源 DNA 导入体外培养的精原干细胞中,筛选出转基因阳性精原干细胞,然后把阳性细胞移植到不育雄性的睾丸中,精原干细胞会在体内分化成精子,移植了转基因精原干细胞的雄性与野生型雌性交配,产下的后代就是转基因动物。此法由 Brinster 的实验室于 2001 年报道,已在小鼠和大鼠上取得成功,由于操作相对简便,有一定应用前景,但其效果目前尚未在家畜上得到证实。

⑥体细胞克隆法。将外源基因先导入体外培养的体细胞中,筛选出转基因阳性细胞,以转基因阳性细胞作为核供体进行核移植,得到转基因克隆动物(图 8-12)。体细胞克隆转基因技术于 1997 年率先在绵羊上取得成功,并很快应用于牛、猪和山羊等动物。该法的优点是效率高,后代动物 100%为转基因,可以控制转基因动物性别,可转移人工染色体等大片段 DNA,可实现基因打靶。正是由于这些优点,体细胞克隆法成为目前最主要的家畜转基因技术。然而,体细胞克隆技术本身效率低,对其应用有一定限制。

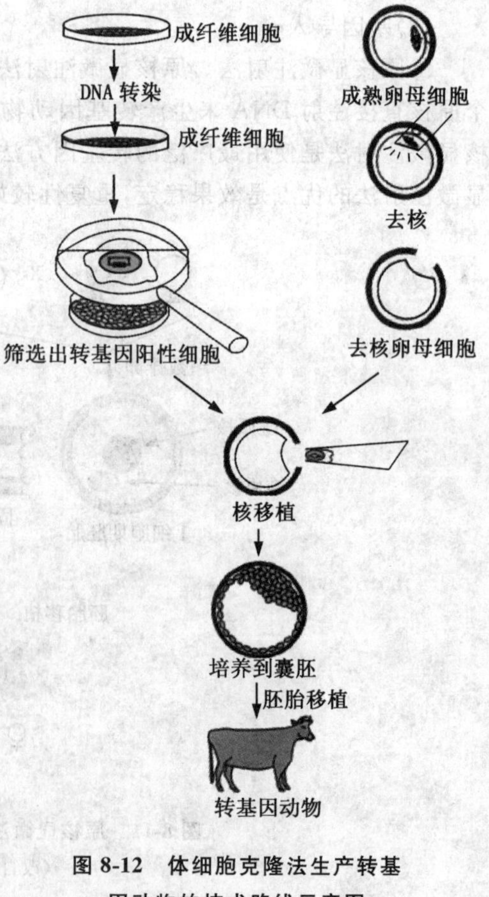

图 8-12　体细胞克隆法生产转基因动物的技术路线示意图

(改自:Niemann and Kues,2000)

(3)转基因动物的鉴定　①整合检测。检测动物基因组中是否整合了外源 DNA,主要采用 PCR 扩增目的片段和 Southern 杂交鉴定。②表达检测。检测外源基因是否发生预期表达,在 RNA 水平上可通过 Northern 杂交和 RT-PCR 法鉴定;在蛋白水平上,则主要通过 Western blot、免疫荧光法、酶联免疫法等方法鉴定。

8.9.1.3　转基因技术的应用

(1)生物学基础研究　转基因技术是架起基因从分子水平到动物生理水平的桥梁。转基因动物是在动物整体水平上研究基因功能及其作用机制的不可替代的模型。利用转基因动物模型不但可以检验基因表达产物在体内的生理功能,而且还可以研究基因的组织特异性表达调控机制,评估启动子等调控元件和内含子等非编码序列的活性和作用。更为重要的是,利用转基因动物可以研究许多复杂的生物学过程,比如生长发育、脑的功能、行为学和免疫反应等。

(2)疾病模型　转基因动物可以作为人类疾病模型。在转基因动物体内表达人类遗传病基因,可以培育遗传病模型;表达人类病原受体基因,可以培育传染性疾病易感模型;表达原癌基因或致癌病毒,可以培育癌症模型等。这些疾病模型对观察疾病发生情况和评估药物治疗效果,有不可估量的实验价值。

(3)药物生产　转基因动物可以作为一个个体表达系统,即所谓的"生物反应器",生产对人类有用的高价值蛋白,比如一些奇缺的珍贵药用蛋白。其中最成功的就是在动物乳腺中表达这些蛋白,即"乳腺生物反应器"。与天然提取、细菌基因工程、细胞基因工程等其他生产方式相比,利用乳腺生物反应器生产药用蛋白具有生产成本低、产量大、活性高、易提取、对动物损害小等优点。近年来,用乳腺生物反应器生产的一种抗血栓蛋白 Atryn 已经在英国和美国获准上市,表明动物转基因技术在这一应用领域仍然有着良好的发展前景。

(4)异种器官移植　器官紧缺是人器官移植医学临床面临的紧迫问题。由于猪的器官在生理和解剖上与人器官相似,所以猪器官可能适宜作为人器官移植的代用品,但是,免疫排斥反应是异种器官移植解决的首要问题。利用转基因技术可以抑制引起免疫排斥的发生,比如 DAF 基因可以降低免疫排斥反应中的补体活性,从而有望实现异种器官移植。不过,这一研究仍处于初步探索阶段,许多问题有待解决。

(5)动物生产　利用转基因技术培育动物新品种是转基因技术在农业领域的一个重要应用方向。动物的许多生产性状受基因控制,因此利用转基因技术改良农业动物的遗传特性,可能会培育出符合人类需求的优良经济性状,比如改变奶成分、加快生长速度、提高动物抗病力、增加肉营养价值、提高动物繁殖力、提高毛绒产量和质量等。总之,随着人们对经济性状基因及其功能的研究不断加深,转基因技术在家畜的遗传改良和生产水平提高方面必将产生深远影响。

8.9.1.4　转基因技术存在的问题及发展趋势

(1)存在问题　尽管转基因技术研究已有 30 年的历史,但效率低下仍然是转基因技术目前存在的主要问题。原核显微注射法的转基因效率在小鼠平均只有 3%,在家畜还不到 1%。虽然体细胞克隆法已取代原核显微注射法,成为主要的家畜转基因技术,但体细胞克隆技术自身的效率也很低,克隆动物还常常出现各种生理异常和过早死亡,经过转基因操作后,情况尤甚。虽然其他转基因技术在近年来得到很大发展,但由于各自的技术缺陷,尚难成为主导的转基因技术而被广泛使用。外源基因在转基因动物体内表达率低或不表达也是目前转基因技术存在的主要问题。表达率低的主要原因是转基因在染色体上随机整合,其表达受整合位点周围的染色体环境影响很大。此外,外源基因插入时基因结构改变、多拷贝整合以及表观遗传调控等因素也对目的基因表达产生影响。因此,低效率、高成本是目前制约转基因技术开发应用的主要因素之一。

此外,转基因动物的生物安全性尚未得到充分评估,社会公众对转基因产品还未完全认可,甚至还存在伦理、动物福利方面的争议等等,所有这些忧虑可能在短期内难以消除,对动物转基因技术的研究和发展应用有一定不利影响。不过,我国及其他许多国家已经制定了相关的安全管理条例,对包括转基因动物在内的所有转基因生物研究进行规范和监督,并增加了对转基因动物安全性方面的研究力度,对今后动物转基因技术的发展应用有指导意义。

(2)发展趋势　首先,转基因技术本身需要进一步优化。随着体细胞克隆技术的改进和效率的提高,以体细胞克隆为中心的家畜转基因技术将日趋完善,人工染色体等大片段基因转移技术以及基因定点整合技术将得到进一步应用。其他转基因技术,如慢病毒载体法、精原干细胞载体法等的效果将得到进一步检验。其次,随着基因组功能研究的不断加深,具有经济价值的新基因将不断被发现,对基因表达调控知识的了解不断深入,新的调控元件和表达载体将得到开发应用。第三,随着功能基因组研究的深入和转基因技术体系的完善,转基因动物在科学研究、医学和家畜遗传改良等方面发挥的作用越来越大。

8.9.2 基因打靶技术

基因打靶(gene targeting)是对特定染色体上的特定基因位点进行精确修饰的一种技术,基因打靶包括基因敲除(knock out)和基因敲入(knock in)两种用处,基因敲除是指特异性地将基因组中的一段基因序列删除,使之功能失活;基因敲入是指将一个外源基因特异性地整合到基因组的特定位点,使外源基因获得表达。

8.9.2.1 发展简史

基因打靶的分子机制是同源重组,即碱基序列相似的两个 DNA 分子之间可以通过碱基互补的方式发生链交换。同源重组的机制是在 20 世纪 50 年代在细菌中发现的。70 年代,同源重组技术在酵母中发展起来,但人们当时对哺乳动物细胞是否具有同源重组功能持怀疑态度。1980 年,Smithies 等在分析人胎儿珠蛋白基因家族的序列时提出序列相似的两个基因之间可以发生 DNA 交换,即同源重组。1982 年,Capecchi 通过分析外源 DNA 在哺乳动物细胞中的整合方式,发现质粒 DNA 分子在进入动物细胞后以同源重组的方式串联在一起。这两项研究均显示哺乳动物细胞具有同源重组的功能。1985 年,Smithies 的实验室成功地利用同源重组技术修饰了人细胞系中的 β 珠蛋白基因。次年,Cappecchi 的实验室也报道在哺乳动物细胞系中实现了高效同源重组。这两项研究证实通过导入外源 DNA 分子可以定点修饰内源性基因位点。几乎在同一时期,Evans 和 Kaufman 于 1981 年首次成功地分离出小鼠胚胎干细胞。1984 年,Evans 实验室的 Bradley 利用胚胎干细胞得到了嵌合体小鼠,证实了胚胎干细胞具有发育成动物的潜能。1986 年,Evans 实验室的 Robertson 利用胚胎干细胞技术得到了转基因小鼠,证实胚胎干细胞可以用于生产遗传修饰的小鼠。所有这些工作为后来的胚胎干细胞基因打靶奠定了理论和技术基础。1987 年,Smithies 和 Capecchi 分别报道他们成功地在小鼠胚胎干细胞上实施了基因打靶。两年后,多个实验室纷纷报道利用这一技术得到了基因打靶小鼠。从此,基因打靶技术作为一种研究基因功能的有力工具被迅速发展起来。由于 Capcchi、Smithies 和 Evans 在发明基因打靶技术方面的杰出贡献,他们获得了 2007 年诺贝尔生理医学奖。

然而,以胚胎干细胞技术为基础的基因打靶技术一直未能在其他物种上得到使用,原因是其他物种的胚胎干细胞分离技术很不成功,没有可靠的胚胎干细胞可供利用。直到 1997 年体细胞克隆技术成功,才为基因打靶技术迎来第二次革命。2000 年,McCreath 等利用体细胞克隆的方法得到了基因打靶绵羊,这是基因打靶技术首次在小鼠以外的物种获得成功。从此,许多实验室开始致力于发展家畜体细胞克隆基因打靶技术。2001 年,Denning 等报道了敲除阮蛋白基因的绵羊,2002 年,Dai 和 Lai 同时报道了敲除 α-1,3-半乳糖苷转移酶的猪诞生。2007 年,Richt 等报道了敲除阮蛋白基因的牛。

8.9.2.2　基因打靶技术的应用

(1)生物学和医学基础研究　与转基因技术的效果相反,基因敲除技术是一项反向遗传修饰技术,它是通过灭活动物基因组中的内源性基因来获得基因功能的信息,因此在基因功能研究方面具有转基因技术不能替代的作用。此外,人类许多遗传疾病是由于基因突变所致,不少癌症是由抗癌基因失活造成,因此通过基因敲除技术可以构建基因突变疾病模型,对于了解这类疾病的发生机制和探索治疗手段,有极其重要的价值。

(2)异种器官移植　现在所知,在猪/人异种器官移植中,最主要的免疫排斥反应是超急性免疫排斥反应,而导致这一排斥反应的表面糖基抗原是由猪体内的 α-1,3 半乳糖苷转移酶作用下所产生的,因此,如果利用基因敲除技术灭活该酶基因就有可能最大程度上克服超急性免疫排斥反应。2002 年,α-1,3 半乳糖苷转移酶基因敲除猪在美国和英国诞生,这是基因敲除技术在异种器官移植研究方面迈出的重要一步。

(3)家畜育种　家畜基因组常常带有潜在有害基因,比如牛、羊等反刍动物体内的阮蛋白基因是导致疯牛病的元凶,利用基因敲除技术灭活阮蛋白基因就可以避免动物感染疯牛病,培育出对人类健康没有威胁的动物品种。2007 年,美国研究人员成功地利用基因敲除技术培育出阮蛋白基因完全剔除的牛,这种牛一旦推广到农业市场,其带来的经济效益和社会效益不可估量。

此外,动物基因组中还带有一些对生产“不利”的基因,比如肌肉抑制素基因(myostatin),该基因的作用是抑制肌肉的过度生长,维持肌肉发育的正常平衡。如果在动物基因组敲除这个基因,就可能培育出肌肉快速生长的新型肉用品种,有益于人类生产和消费需求。

(4)基因敲入技术在转基因技术中的应用　常规转基因技术存在的最大问题之一就是基因随机整合,其结果是常常导致外源基因表达量低或表达不稳定,甚至产生有害突变。利用基因打靶技术可以把外源基因定向整合到一个理想的表达位点,就可以实现对外源基因整合和表达的最佳控制。因此,基因打靶可以看作是转基因技术的升级换代技术,是未来转基因技术的发展方向。

8.9.2.3　经典的基因打靶技术

(1)打靶载体设计　基因打靶载体的设计原理与转基因表达载体明显不同。打靶载体的基本构件包括同源臂和正筛选基因两部分。同源臂是指与染色体上靶基因同源的 DNA 片段,在打靶载体上位于正筛选基因两侧,分别称为 5′端同源臂和 3′端同源臂。正筛选基因是药物抗性基因,最常用是氨基葡萄糖苷 3′-磷酸转移酶基因(*neo*),该基因的表达产物可以使细胞抵抗新霉素类似物 G418 的毒性。打靶的分子过程是在同源臂的引导下,打靶载体与染色体上的靶基因序列发生同源重组,同源臂和同源臂之间的正筛选基因一同整合到染色体的靶基因位点上，靶基因上相应同源区之间的 DNA 序列被打靶载体上的正筛选基因取代或打断，从而使靶基因的功能丧失，同时正筛选基因的表达使整合了该基因的细胞在药物筛选中存活下来。这是打靶载体设计的基本策略。但是，即便如此，由于打靶载体在整合到染色体上时发生随机整合的几率远远高于同源重组，因此在药物筛选后存活下来的细胞绝大多数是没有价值的转基因细胞，只有极少数为基因打靶细胞。为了能够在药物筛选过程中富集中靶细胞，常常在设计打靶载体采取以下策略：

①正负筛选策略(positive-negative selection，PNS)。正负筛选法在设计打靶载体时使用了两个筛选基因：一个正筛选基因，比如 *neo*，该基因的表达可使细胞对抗 G418 的毒性；一个是负筛选基因，比如 *tk*，该基因的表达使 GANC 或 FIAU 分解成有毒物质，对细胞有杀灭作用。正筛选基因位于同源框内，负筛选基因位于同源框外。利用正筛选基因的表达可以筛选出所有发生整合的细胞，不论是随机整合还是同源重组，细胞都可在 G418 选择下存活，而把未整合的细胞排除在外(图 8-13)；负筛选基因的作用是从所有整合的细胞中把发生同源重组的细胞筛选出来，而把非同源重组(随机整合)的细胞排除在外，其原理是因为负筛选基因位于打靶载体的同源框之外，在发生同源重组时不会整合到靶基因位点，只有发生非同源重组时负筛选基因才整合到基因组并表达，其结果是细胞被 GANC 杀死(图 8-13)。因此，利用正负筛选法的原理，使用两种药物筛选(G418 和 GANC)，就可以很大程度上排除了未整合和随机整合两种情况，大大富集了同源重组事件。

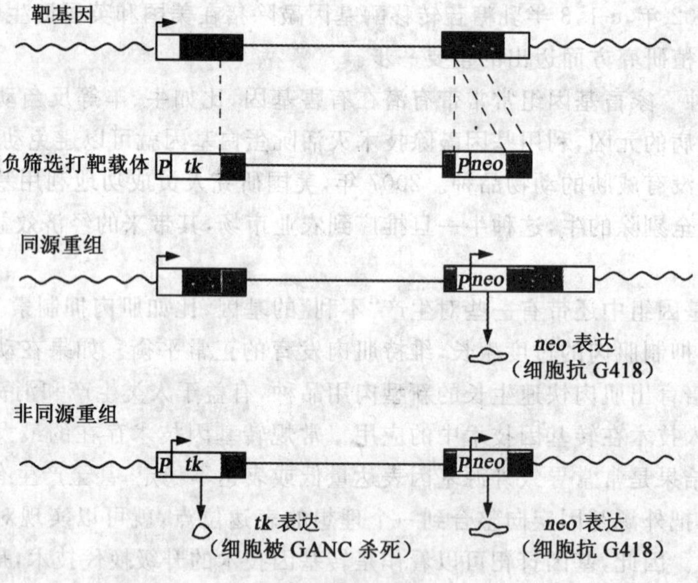

图 8-13 正负筛选策略示意图

(引自：陈永福，2002)

②无启动子筛选法(promoterless selection)。无启动子打靶载体的正筛选基因(比如 neo)不带有自己的启动子，如果载体随机整合到基因组，由于 *neo* 没有启动子，因此不会表达，细胞会被 G418 杀死(图 8-14)；只有当载体发生同源重组，整合到靶基因位点时，在靶基因启动子的驱动下，*neo* 才表达，因此细胞在 G418 选择下存活(图 8-14)。无启动子筛选法也很大程度地排除了随机整合，极大地富集了同源重组事件。

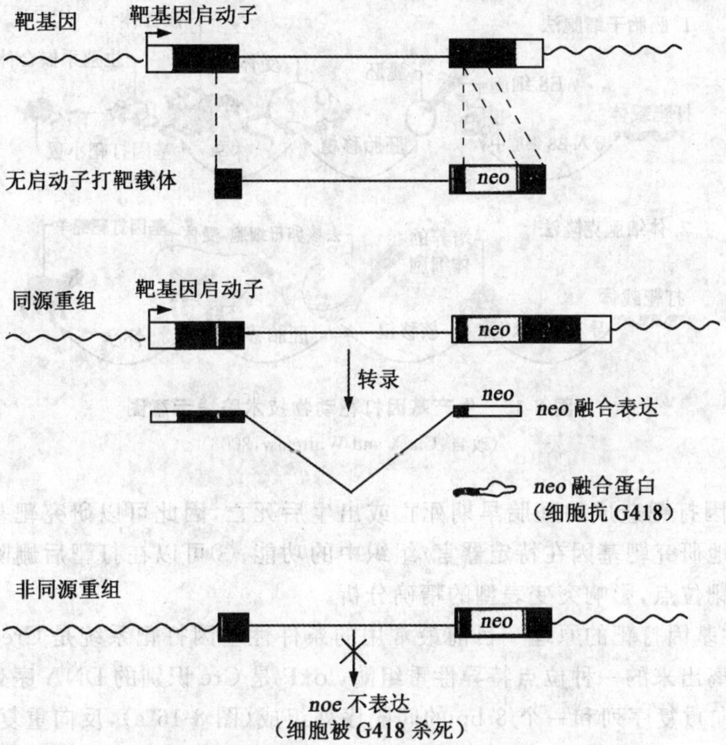

图 8-14　无启动子筛选策略示意图

（引自：陈永福，2002）

（2）基因打靶动物生产

①胚胎干细胞法。胚胎干细胞基因打靶目前仅适用于小鼠，打靶载体多采用正负筛选策略。基本过程：将打靶载体导入到胚胎干细胞中，然后利用药物筛选富集中靶细胞（即发生同源重组），利用 PCR 法和 Southern 杂交确定同源重组克隆，再把中靶细胞注入囊胚腔中，生产嵌合体小鼠，嵌合体小鼠与正常小鼠交配产生后代，从后代中筛选出基因打靶的小鼠（图 8-15）。该方法的优点是：与体细胞基因打靶相比，胚胎干细胞基因打靶效率较高；胚胎干细胞可无限增殖，利于后期的筛选与鉴定。缺点是：胚胎干细胞难以分离培养，目前尚未在大动物上分离出胚胎干细胞；需要制作嵌合体的中间步骤，生产周期长。

②体细胞克隆法。体细胞克隆法适用于家畜基因打靶，打靶载体多采用无启动子筛选策略。基本过程：将打靶载体导入体外培养的体细胞中，然后利用药物筛选富集中靶细胞，利用 PCR 法和 Southern 杂交确定同源重组细胞。以中靶细胞为核供体，利用核移植技术生产出克隆动物，即基因打靶动物（图 8-15）。该方法的优点是：可以实现大动物的基因打靶；体细胞分离与培养方法较胚胎干细胞更简单；打靶动物一步实现，无需制作嵌合体，周期短。缺点是：体细胞打靶效率较低；体细胞寿命短，不利于转染后的筛选、鉴定；技术效率低，克隆动物常出现生理缺陷等。

8.9.2.4　条件性基因打靶

条件性基因打靶是指对动物体靶基因的修饰只选择性地发生在特定细胞类型或特定发育阶段。相对于完全基因打靶（即靶基因在全身所有组织中失活），条件性基因打靶的优点是：

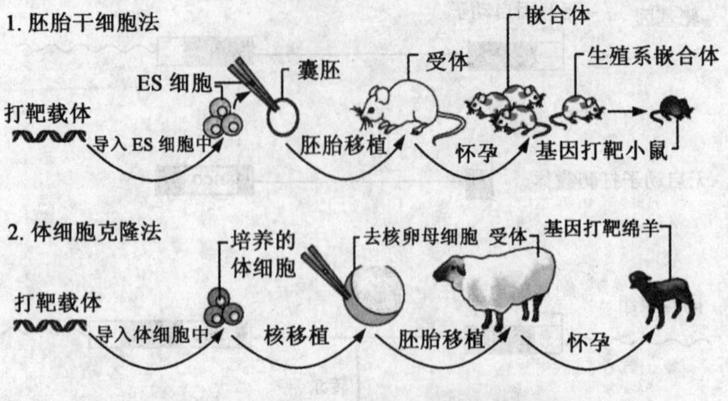

图 8-15 生产基因打靶动物技术路线示意图

(改自:Clark and Whitelaw,2003)

①避免完全基因打靶造成的胚胎早期死亡或出生后死亡,因此可以研究靶基因后期的功能;②可以有选择地研究靶基因在特定器官/组织中的功能;③可以在打靶后删除标记基因,避免标记基因留在靶位点,影响突变表型的精确分析。

(1)条件性基因打靶的原理 目前最常用的条件性基因打靶系统是 Cre/loxP 系统。Cre 是从细菌中分离出来的一种位点特异性重组酶,loxP 是 Cre 识别的 DNA 序列,长 34 bp,由两个 13 bp 的反向重复序列和一个 8 bp 的间隔序列组成(图 8-16 a),反向重复序列是 Cre 的结合序列,间隔序列则决定了 loxP 的方向。在 Cre 酶的存在下,根据 loxP 位置和方向的不同,

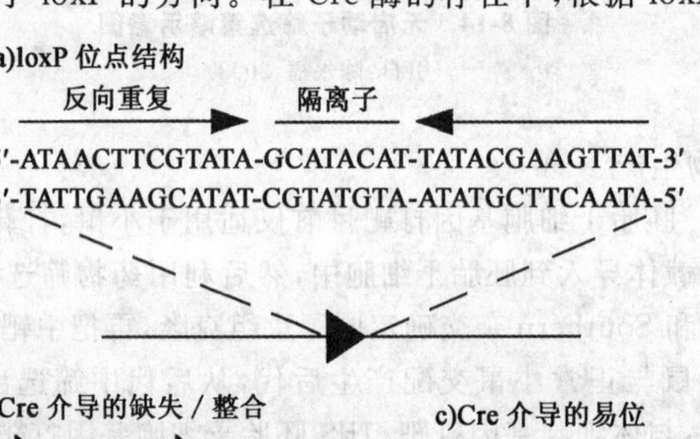

图 8-16 Cre/loxP 介导的位点特异性重组

(引自:陈永福,2002)

Cre 可以介导 DNA 发生 loxP 位点依赖的重组，如删除/整合（图 8-16 b）、易位（图 8-16 c）和倒位（图 8-16 d）。目前，条件性基因打靶主要是利用了删除特性，即如果一个 DNA 分子中含有两个同向的 loxP 位点，则两个 loxP 位点之间的序列在 Cre 的作用下被删除，其中一个 loxP 位点也同时被删除（图 8-16 b）。

(2)条件性基因打靶的基本策略　①在基因组中引入 loxP 位点。条件性基因打靶是在经典同源重组基因打靶基础上进行的。首先，在设计和构建同源重组打靶载体时，在将来要删除的 DNA 序列两端各引入一个同向的 loxP 位点，然后利用胚胎干细胞技术或体细胞克隆技术生产出同源重组动物，在该动物的基因组中，靶基因序列已被两个 loxP 位点锚定。②生产表达 Cre 酶的转基因动物。另外一个步骤是获得能够表达 Cre 酶的转基因动物，这种转基因动物通过常规转基因技术即可获得，但在构建 Cre 酶基因的表达载体时要选择在特定组织类型或特定发育阶段发挥作用的启动子作为 Cre 酶基因的表达调控元件，这样才能实现 Cre 的“条件性”表达，从而达到“条件性”基因打靶的目的。此外，如果在体外培养的细胞系中实施 Cre/loxP 介导的位点特异性重组，通常在细胞中瞬时表达 Cre 基因即可。③获得条件性基因打靶动物。将靶基因被 loxP 位点锚定的动物与表达 Cre 的动物交配，在后代中由于 Cre 的“条件性”表达，被 loxP 锚定的靶基因序列就发生了“条件性”删除，即得到了条件性基因打靶动物（图 8-17）。

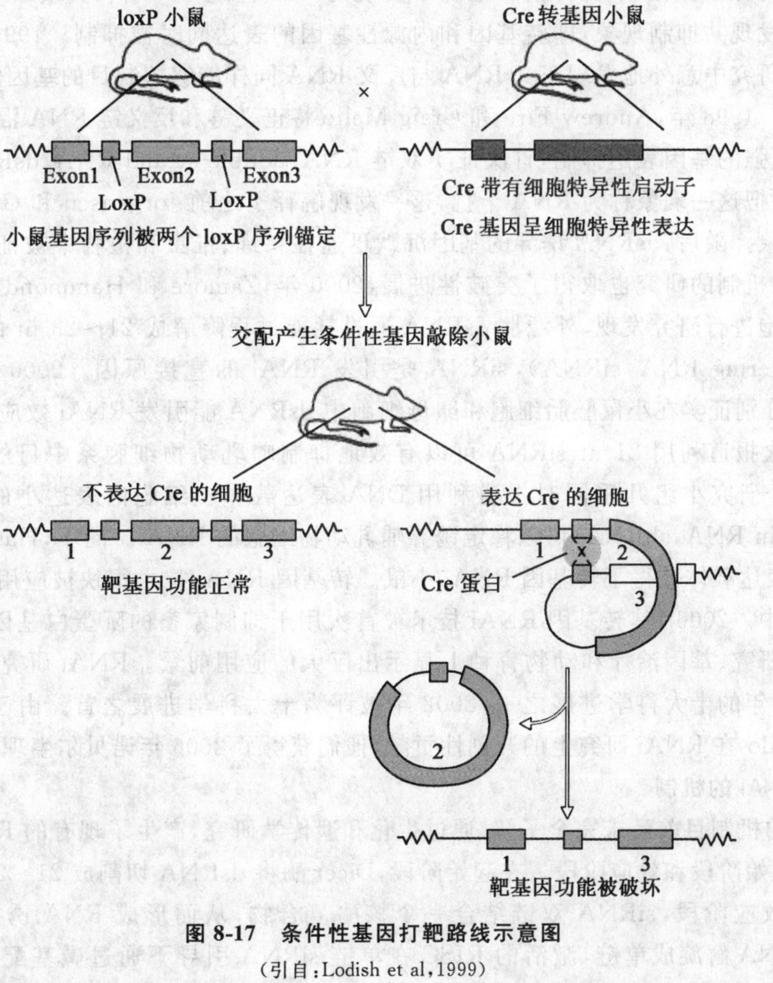

图 8-17　条件性基因打靶路线示意图

（引自：Lodish et al，1999）

(3)条件性基因打靶的意义　条件性基因打靶技术拓展了传统基因打靶技术的应用范围，它在条件性基因敲除、条件性基因置换、标记基因删除、精细突变引入和创造染色体大片段缺失等方面都有着独到的用处，使基因结构和功能的研究更加深入和彻底。条件性基因打靶技术的实验设计和操作比传统基因打靶技术更为复杂，许多精妙的用法正在发展之中，比如利用可诱导的 Cre 表达系统可以实现更加精细的时空条件性基因打靶。

8.9.3 RNA 干扰技术

RNA 干扰(RNA interference，RNAi)是由双链 RNA(dsRNA)介导同源 mRNA 特异性降解，从而导致基因转录后沉默(PTGS)的现象。RNAi 普遍存在于动植物，尤其是低等生物中，是生物界古老而且进化上高度保守的现象之一。RNAi 技术就是把外源性的干扰 RNA 导入细胞中，使内源性的同源 mRNA 降解而导致基因表达沉默的技术。RNAi 技术在抑制基因功能方面具有高效性和特异性，因此与基因敲除技术有异曲同工之妙。在真核生物，体内表达的一类内源性小分子 RNA(microRNA)也可引起 RNA 干扰现象，是基因表达调控的机制之一。

8.9.3.1 发展简史

RNA 干扰的线索最早在转基因植物中发现的。20 世纪 90 年代，Jorgensen 等在植物转基因研究中发现共抑制现象，即转基因和内源性基因的表达同时被抑制。1995 年，Guo 等在对线虫基因研究中意外地发现正义 RNA 与反义 RNA 同样能够抑制目的基因的表达，但无法解释其机制。1998 年，Andrew Fire 和 Craig Mello 将正义链和反义链 RNA 混合后注入线虫中，观察到更强的基因表达抑制，首次证实双链 RNA(double-strand RNA，dsRNA)可以诱导基因沉默，并把这一现象称为 RNA 干扰，这一发现解释了之前 Jorgensen 和 Guo 等人观察到基因沉默现象。随后，dsRNA 诱导的基因沉默迅速在果蝇、锥虫和植物中被证实和应用。同时，对 RNAi 机制的研究也取得了突破性进展，2000 年，Zamore 和 Hammond 等使用体外培养的果蝇细胞进行研究发现，外源性 dsRNA 通过耗能过程降解成 21～23 nt 的小干扰 RNA (small interfering RNA，siRNA)，siRNA 是引发 RNAi 的直接原因。2000 年，Wianny 和 Svoboda 等分别证实在小鼠胚胎细胞和卵母细胞中 dsRNA 能引发 RNAi 效应。2001 年，Elbashir 等首次报道利用 21 nt siRNA 可以有效地抑制哺乳动物细胞系中目的基因的沉默。2002 年，几个研究小组几乎同时报道利用 DNA 表达载体在细胞内表达小的发夹样 RNA (short hairpin RNA，shRNA)可以稳定诱导哺乳动物细胞的 RNAi。同年，Hasuwa 等首次利用 shRNA 表达载体获得了转基因 RNAi 小鼠。转基因 RNAi 技术很快被应用于哺乳动物基因功能研究中。2006 年，转基因 RNAi 技术被首次用于抑制家畜的阮蛋白基因。RNAi 技术在基因功能研究、基因治疗和动物育种上显示出巨大的应用前景。RNAi 研究被《Science》杂志评为 2001 年的十大科学进展之一，2002 年被评为十大科学进展之首。由于 Andrew Fire 和 Craig Mello 在 RNAi 研究上的开创性贡献，他们获得了 2006 年诺贝尔生理医学奖。

8.9.3.2 RNAi 的机制

RNAi 的机制目前尚未完全了解，通过生化和遗传学研究，产生了现有的 RNAi 作用机制模型，包括起始阶段和效应阶段。在起始阶段，Dicer 酶将 dsRNA 切割成 21～23 nt 的小分子 siRNAs；在效应阶段，siRNA 双链结合一个核酶复合物，从而形成 RNA 诱导沉默复合物(RISC)，siRNA 解旋成单链，激活的 RISC 在单链 siRNA 引导下通过碱基配对定位到同源

mRNA 转录本上，使 mRNA 降解(图 8-18)。

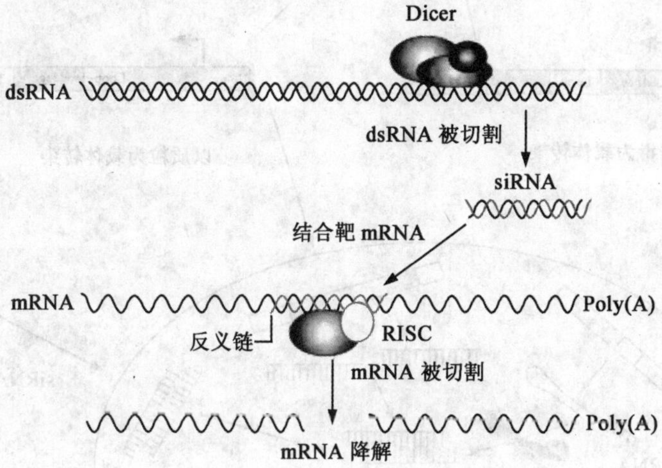

图 8-18　RNAi 的机制
(改自：McManus and Sharp，2002)

8.9.3.3　哺乳动物 RNAi 方法

能够引起 RNAi 的外源分子包括长链 dsRNA、siRNA 和 shRNA 表达载体。长链 dsRNA 只适用于在卵母细胞和早期胚胎中进行 RNAi，在培养的哺乳动物细胞系中导入长链 dsRNA 后会引起细胞的非特异性干扰素反应，因此，在体外培养的细胞系中进行 RNAi 主要使用的是 siRNA(19～21 nt)。但是，直接导入 siRNA 的方法只能获得瞬时的干扰效果，不能诱导长期的、稳定的 RNAi 效应，特别是不适合在动物活体内进行 RNAi。与之相比，shRNA 表达载体在此方面具有独特优势，其原理是将表达 shRNA 的 DNA 载体转入动物体内，在体内表达出特异性的 shRNA，shRNA 在细胞内可被 Dicer 酶切割成 siRNA，从而诱发 RNAi(图 8-19)。shRNA 表达载体既可以在活体动物局部组织中导入，作为一种基因治疗手段，也可以通过转基因技术获得表达 shRNA 的转基因动物，在动物体内建立稳定的 RNAi 效应，即转基因 RNAi 技术。

转基因 RNAi 技术是一种新型的动物遗传修饰技术，在基因功能研究和家畜育种中有广阔的应用前景，其主要步骤如下：

(1)查找 siRNA 序列　通过网络在线的 siRNA 预测程序分析靶基因的编码区，查找可能的 siRNA 序列，并经过检索 BLAST，挑选其中几个可信指数高的 siRNA 序列。

(2)合成 siRNA 寡核苷酸链　shRNA 表达载体通常使用 Pol Ⅲ启动子(常用 U6 或 H1)驱动转录出两段反向互补的 siRNA 片断，形成 19～29 nt 的 shRNA(图 8-20 A)。根据这一表达策略设计两条互补的寡核苷酸，每条寡核苷酸上包含 siRNA 的正义链、8 nt loop 序列、反义链和 11 nt 转录终止序列(图 8-20 B)，设计好后送生物公司合成。

(3)shRNA 表达载体构建　合成的两条寡核苷酸序列可利用合并退火方式形成 dsRNA 片段(图 8-20 C)，将 dsRNA 片段通过相应的酶切位点连接到表达载体上(图 8-20 D)。表达载体上一般还带有药物抗性筛选基因或荧光标记基因(图 8-20 D)，可从商业化公司购买。除质粒载体外，也可以选择反转录病毒载体或慢病毒载体。

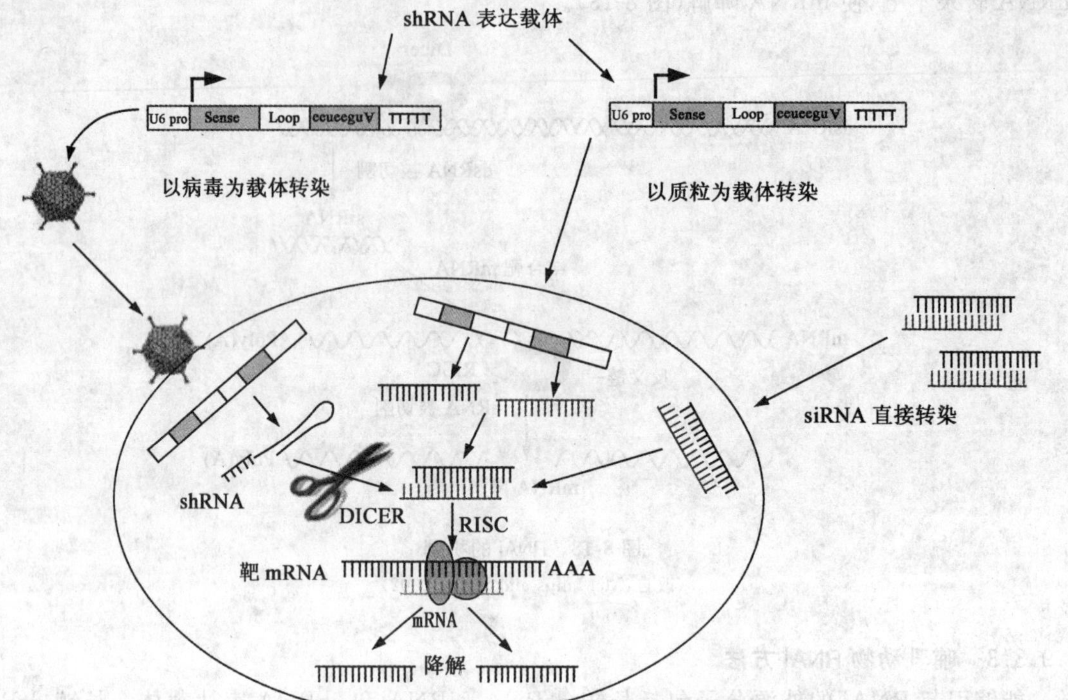

图 8-19 shRNA 表达载体工作原理

（改自：Leung and Whittaker，2005）

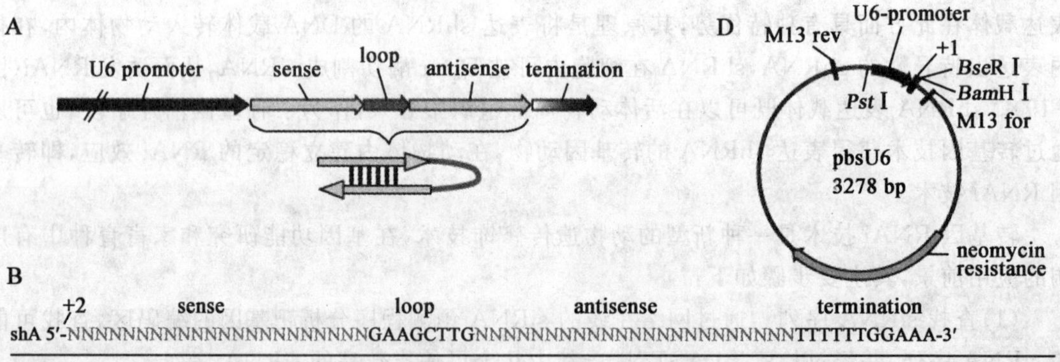

图 8-20 shRNA 表达载体构建示意图

（引自：Kühn and Wurst，2009）

(4)shRNA 效率检验　通常先将 shRNA 表达载体转染到体外培养的细胞系中，利用定量 RT-PCR 和 Western blot 等技术检验 RNAi 效果，但条件是所选择的细胞系须活跃表达靶基因。

(5)shRNA 转基因动物生产　RNAi 效果良好的 shRNA 表达载体可用于生产转基因动物，目前已利用原核显微注射法、胚胎干细胞法、慢病毒载体法等获得了 shRNA 转基因小鼠，利用体细胞克隆技术获得了 shRNA 转基因山羊胎儿。通过分析转基因动物的表型，可以了解 RNAi 效果以及基因功能。

在上述技术基础上，Cre/loxP 系统和可诱导表达系统介导的条件性 RNAi 技术正在发展起来，它对深入研究基因的时空特异性功能有重要作用。

8.9.3.4　RNAi 技术的应用

RNAi 技术由于其高效、快捷、特异性强等优点已经成为在体外细胞系水平上研究基因功能的常规手段。在成体动物局部组织中导入 siRNA 或 shRNA 是一种检验体内基因短期效应的直接方法，同时也可以作为一种基因治疗方式。

转基因 RNAi 技术作为一种基因沉默的遗传修饰技术，与传统的基因敲除技术相比，它有如下优点：①转基因 RNAi 技术是利用转基因技术来生产基因灭活动物，技术程序相对简单，生产周期短，成本低；②不需要制备基因修饰的纯合体动物，在 G_0 代转基因动物上就可以观察基因灭活所产生的表型；③不同的 RNAi 效果会导致基因的表达水平不同，利于研究基因表达剂量与表型之间的关系；④转基因 RNAi 技术在培育抗传染病（特别是抗病毒）家畜方面有独到用处。

但是，转基因 RNAi 技术不可能完全代替传统的基因敲除技术，因为：①RNAi 只是下调基因表达（knock-down），而并非像基因敲除一样彻底抑制基因表达（knock out）；②不能以更精确的方式（比如点突变）研究单个基因的功能；③RNAi 效力在动物体不同组织细胞有很大差异；④转基因 RNAi 的抑制作用在动物体内是否永久有效，尚待了解。

总之，转基因 RNAi 技术是一种正在发展中的新技术，在今后的科学研究、医学和农业生产中必将发挥出更大作用。

此外，还有一些其他方法可以创造基因突变动物用于基因功能研究，比如以胚胎干细胞技术为基础的基因诱捕技术、ENU 化学诱导突变技术和转座子介导的重组突变技术等，这些技术在高通量大规模筛选功能基因方面有着巨大的应用前景，由于篇幅所限，不再详述。

思考题

1. 胚胎生物工程包括哪些内容？各有何作用？
2. 简述胚胎嵌合的方法。
3. 胚胎冷冻方法有哪些？如何操作？
4. 谈谈卵母细胞体外成熟技术和胚胎体外培养的方法。
5. 性别控制技术主要有哪些方法？如何操作？
6. 简述胚胎分割方法和存在的问题。
7. 核移植技术将来在动物生产上的应用有哪些主要方面？

8. 简述转基因技术在动物胚胎工程中的应用。

9. 简述基因打靶技术的发展及应用。经典的基因打靶技术有哪些？

10. 什么是胚胎干细胞，对它的研究有何意义？

11. 简述胚胎干细胞分离培养方法及应用。

12. 简述 RNA 干扰技术的概念及哺乳动物 RNAi 方法的主要应用。

13. 如何用体细胞克隆出一只哺乳动物？克隆动物有什么积极意义？

第 9 章　植物转基因技术及其应用

植物转基因技术(plant trasgenetic technology)是指把从动物、植物或微生物中分离到的目的基因,通过各种方法转移到植物基因组中,使之稳定遗传并赋予植物新的性状,如抗虫、抗病、抗逆、高产、优质等。目前已发展了许多用于植物基因转化的方法,这些方法可分为三大类:第一类为基因直接导入法,是指通过物理或化学的方法直接将外源目的基因导入植物的基因组中的两种方法。物理方法包括基因枪转化法、电激转化法、超声波法、显微注射法和激光微束法等;化学诱导法有 PEG 介导转化法和脂质体法等。第二类是载体介导的转化方法,也称生物介导法,即将目的基因插入到农杆菌的质粒或病毒的 DNA 等载体分子上,随着载体 DNA 的转移而将目的基因导入到植物基因组中。农杆菌介导和病毒介导法就属于这种方法。第三类为种质系统法,包括花粉管通道法、生殖细胞浸染法、胚囊和子房注射法等。由此可见又可分为 4 小类方法。

9.1　植物转基因技术

9.1.1　物理法

9.1.1.1　基因枪法

基因枪法(particle bombardment 或 biolistics)也称为微弹轰击法,是继农杆菌介导转化法之后被广泛应用的遗传转化技术。它是利用高速微弹粒将外源遗传物质导入受体植物细胞或组织中的独特方法。1984 年美国康奈尔大学生物学家 Sanford 提出此法,并与该校工程技术专家 Wolf and Kallen 合作研究基因转移新方法。他们先将 DNA 吸附于微细的固体表面,然后将其注入细胞,这就是基因枪法的前身。基因枪法将外源 DNA 导入细胞成为单子叶植物遗传转化的主要手段。基因枪的组成有微弹粒、激发器、枪管、挡板和无菌小室等几部分。微弹粒一般是直径 1～4 μm 的金粒或钨粒以 350～680 m/s 的速度轰击目标。它将外源 DNA 包被在微小的金粒或钨粒表面,然后在高压的作用下微粒被高速射入受体细胞或组织,金粒或钨粒连同目的基因穿过细胞壁和细胞膜进入受体细胞,最后外源基因整合到受体植物的基因组中。

基因枪根据其加速装置可分为火药式、电动式及气动式三种类型:第一类是以火药爆炸力为加速动力,粒子速度主要通过火药的数量及速度调节其控制,不能做到无级调整,可控度极低。第二类是以高压气体为动力,其原理是把载有 DNA 的钨(金)粉喷洒在一张微粒载片上,电极间悬浮着微水滴。在压缩气体的冲击下,微水滴雾状喷射驱动载片。当载片受阻于金属筛网时,载有 DNA 的钨(金)粒继续向下冲击射入细胞。第三类是以高压放电为驱动力,其最大的优点是可以无级调速,通过变化工作电压、粒子速度及射入浓度来准确调控。

基因枪法能转化任何植物,特别是那些由原生质体再生植株较为困难和农杆菌感染不敏感的单子叶植物(如小麦、水稻)。这为禾谷类作物转化提供了可行的手段;能转化植物的任何组织或细胞,能转化细菌、真菌、酵母、藻类、哺乳动物细胞、植物细胞等;可快速得到转化结果,方法简单易行。

1989年Klein等首次用基因枪法将Gus和Pat基因导入玉米悬浮细胞系获得转基因玉米,此法在转基因玉米研究中发挥了重要的作用。Koziel等用基因枪法将构建的CryIA(b)基因转入玉米幼苗,培育出转基因玉米。1990年,John将此技术第一次应用于棉花遗传转化中,以胚性悬浮细胞系为受体进行轰击,成功得到转化植株。Dennis、吴敬音、郝秀英又分别以棉花茎尖分生组织和下胚轴为受体进行轰击均获得了抗性植株。曲延英等(2006)用基因枪介导外源基因转化棉花幼胚获得成功。

9.1.1.2 电激法

电激法是利用瞬间高压电脉冲作用于受体细胞,使细胞产生暂时性的孔隙,从而将DNA、RNA、蛋白质等多种生物分子或颗粒导入胞内的方法,也称电穿孔法或电转移法。

1976年Auer等采用电穿孔技术首次将基因物质导入活细胞,从而开创了电穿孔基因转移的先例。他们用脉冲电场对红细胞进行电穿孔,使^{3}H标记的SV40 DNA进入细胞内,并在37 ℃下培养90 min使细胞膜孔再封闭。研究结果表明:基因物质能转移到活细胞。利用电穿孔进行基因转移的工作在20世纪80年代得到了很大的发展,此法被普遍应用于动物细胞、植物细胞和微生物细胞的基因转移。1985年,基因电转移方法在植物细胞上应用。他们分别将目的基因导入胡萝卜、烟草、玉米等原生质体,并得到相应的表达。1983年,基因电转移方法应用细菌细胞,将带有kn抗性的质粒DNA pVB110导入蜡状芽孢杆菌(*Bacillus cereus*)原生质体,并得到表达。电穿孔法在细菌细胞中大量应用,是从1987年以后才开始的。Dower和Miller等、Fiedler和Wirth等一批科学家几乎同时采用电穿孔技术,将目的基因导入大肠杆菌等革兰氏阴性细菌和一些革兰氏阳性细菌。1985年,Hashimoto等用电转移法将外源基因转入酵母完整细胞,而Karube等利用电转移法将外源基因转入酵母原生质体。目前,有许多研究人员将外源DNA制成超卷曲、线状和松弛型环状三种形式,较系统地、详细地研究了基因转移的机制,细胞对DNA的吸附、获取及表达,转化效率与电场参数及其他条件的关系等。电穿孔基因转移技术不仅可以转入外源基因和蛋白质(限定酶、抗体等),还能将病毒、探针等其他分子转入受体细胞,转入过程几分钟之内即可完成。

9.1.1.3 超声波介导法

超声波作为一种物理手段可以介导外源DNA分子进入带壁的植物细胞和组织。通常用超声波基因转移仪进行。超声与媒质的相互作用可分为热机制、机械机制和空化机制。空化机制是超声的主要作用方式,也是大量应用的主要方面。

许宁等(1990)首次利用超声波将外源基因导入小麦幼胚穗愈伤组织获得*gus*基因的短暂表达。贾士荣等(1992)发展了这种转化方法,其转化率可达22.3%。王国英等(1996)通过超声波处理,成功地把Bt基因导入玉米未成熟胚和胚性愈伤组织。章力健等(1991)用超声波处理烟草叶片获得了*gus*表达的转基因烟草植株。戴景瑞等(1997)利用超声波介导法转化愈伤组织获得可育转基因植株。Joersbo等(1998)利用超声波法将*cat*基因导入甜菜和烟草原生质体,并获得短暂的表达。该方法的转化机制仍不清楚,且超声强度和处理时间对转化率影响很大。目前这一方法还处在进一步的探索和发展中。

9.1.1.4　显微注射法

显微注射法(microinjection)是指通过显微操纵仪的显微注射针把外源基因导入植物受体并获得转化。植物显微注射法是在动物显微注射法基础上发展而来的。该法适用于原生质体、有壁的细胞,即以诸如愈伤组织、分生组织和胚胎组织等多细胞结构。用此法注射油菜小孢子诱导的有分化能力的胚性愈伤组织来源的原生质体,获得了转基因油菜植株(1987)。将外源 DNA 注入小麦、大麦和玉米小孢子来源的胚状体,也获得了转化植株(Portrykus,1987)。Portrykus(1990)将外源目的基因注入水稻和小麦的胚胎中,从转化胚诱导出再生植株。Leduc 等(1996)将外源基因注入合子胚,也获得转化体。该法操作需要精密的显微操纵仪,每个细胞的注射量不受限制,显微注射仪精密的操纵可以把外源基因直接注射到细胞核中,这样大大地提高了整合转化的几率,转化率可高达 60%以上。但因操作难度较大,需经过特殊训练的专门技术人员才能进行。

9.1.1.5　激光微束法

激光微束穿孔法又叫显微激光法(microlaser inducing),是利用聚焦到微米级的激光微束给细胞或组织穿刺(孔),在细胞上形成可逆性小孔,使外源 DNA 导入细胞内。这种方法是 1989 年由 Weber 引用到植物细胞遗传研究,将外源的 DNA 定向导入油菜叶绿体、线粒体等细胞器。该法可以将外源基因定点导入靶细胞,对细胞的损伤小,单、双子叶植物都可使用,受体材料可以是花粉、单细胞或组织块、微器官等。我国学者王兰岚等(1993)将 *gus* 和 *npt* Ⅱ基因用此方法导入小麦幼胚,获得转化株,其转化率高达 10%。周奕华等(1997)也用同样的方法将 *gus* 和 *npt* Ⅱ基因导入了百脉根。刘桂珍等(2000)将 β-1,3-葡聚糖基因和几丁质基因双加植物表达载体导入棉花幼胚,最终得到了抗黄萎病的转基因棉花。付道林等(2000)将商陆抗病毒蛋白(PAP)cDNA 导入马铃薯,具有抗马铃薯 Y 病毒的特性。陈正华等(1999)利用激光微束穿刺法将杀虫蛋白基因导入油菜。

9.1.1.6　低能离子束介导法

低能离子束介导转基因技术,是由中国科学院等离子体物理研究所余增亮研究员首先提出来的。这种技术的原理是利用离子束对植物细胞的刻蚀作用,造成受体细胞表面的损伤和穿孔,从而引起细胞膜透性和跨膜电场的改变,将外源基因引入植物细胞。低能离子束介导外源基因转移技术的突出优点是:①刻蚀和溅射作用。荷能离子对生物材料具有极强的刻蚀和溅射作用,使细胞形成利于外源基因进入的可修复的微通道。②射程的可控性和集束性。利于精确控制被处理组织细胞的刻蚀程度、损伤范围。③静电作用。带正电离子注入细胞后,电荷交换使微通道积累正电荷,便于吸收带负电的 DNA 主动进入细胞。④离子注入造成靶细胞链的损伤,受体细胞对损伤的修复,利于外源与受体的重组与整合。⑤利用成熟种子的胚和愈伤组织作为外植体,便于取材和批量操作,同时也省去了原生质体制备和再生植株的麻烦,既方便又有效。

余增亮等人(1986)将离子注入技术应用于生物材料,进行农作物的改良并首次获得成功。杨剑波等人(1993)将 β-葡萄糖苷酶(GUS)基因和潮霉素抗性基因(*hyg*)分别导入水稻种胚细胞,获得了转基因水稻植株。吴丽芳等将水稻几丁质酶基因在氩离子介导下注入小麦,得到高效表达几丁质酶的小麦植株。日本原子能研究所(1998)用碳离子介导将 *pch* 基因转入干的花粉细胞。宋道军等将银杏 DNA 导入西瓜。苄坡等将甘蓝的全 DNA 转入了拟南芥。中国科学院等离子研究所与安徽农业大学研究所合作将紫色玉米全 DNA 转入水稻,获得了三个玉米稻新品系。安徽农业大学用比克氏棉和红麻 DNA 转化泗棉 2 号,获得了高抗枯萎病的棉花新品系。

9.1.2 化学诱导法

9.1.2.1 聚乙二醇介导法

聚乙二醇(polyethylene glycol,PEG)介导基因转化具有细胞黏合和扰乱细胞膜的磷脂双层膜的作用,其具体步骤包括:质粒 DNA 提取,原生质体分离,转化培养,离心收集,一般方法培养,培养基筛选转化细胞,诱导分化形成植株等。

PEG 介导植物基因转化有如下特点:利用生物细胞的生理功能来实现外源基因的导入,所获得的转化植株来自同一个原生质体,这就避免了嵌合转化体的产生;转化体筛选过程简单;凡是能建立原生质再生系统的植物都可以采用此法进行外源基因的转化。由于 PEG 法一般只适用于原生质体的转化,而原生质体再生植株不易,加之 PEG 对原生质体活力有较大的毒害作用,故转化效率较低。但是 PEG 法不受宿主范围限制,可直接用于重要的农作物的遗传转化,操作简便、成本不高,无需特殊的较昂贵的基因转化仪器。PEG 介导基因转化已经在水稻、玉米、大麦、胡萝卜等作物上得到了较好的应用。余东升等(2004)转基因载体聚乙二醇-聚谷氨酸纳米微球的制备。王持等(2007)利用聚乙二醇-壳聚糖共聚物作为基因传递载体的研究获得成功。

9.1.2.2 脂质体介导法

植物脂质体介导法主要有两种:其一是脂质体融合法(liposome fusion),先将脂质体与原生质体共培养,使脂质体与原生质体膜融合,然后通过细胞的内吞作用把脂质体内的外源 DNA 或 RNA 分子高效地纳入植物的原生质体。其二是脂质体注射法(liposome injection),通过显微注射把含有遗传物质的脂质体注射到植物细胞以获得转化。脂质体介导法具有多方面优点,包括可保护 DNA 在导入细胞之前免受核酸酶的降解作用,降低对细胞的毒性效应。适用的植物种类广泛,重复性高,包装在脂质体内的 DNA 或 RNA 分子可稳定地贮藏等。

脂质体的制备主要有“Ca-EDTA 螯合法”(Ca^{2+}-EDTA cochlealte)和“反相蒸发法”(reverse-phase evaporation)。现已有不少公司研制出新型脂质体即转化脂(lipofectia)商品出售,这极大地方便了脂质体在植物遗传转化上的应用。Deshayes 等(1985)用脂质体包装带有卡那霉素抗性基因的大肠杆菌质粒,用 PEG 诱导脂质体与烟草原生质体融合,成功地从转化原生质体获得再生植株。1990 年,Antonelli(1990)等用带有正电荷的脂质体作载体,将玉米基因组 DNA 导入甜玉米原生质体,转化率达 8%。朱祯等(1992)利用脂质体法将人的 α-干扰素 cDNA 导入水稻原生质体获得了转基因植株,转化率高达 14%。另外,脂质体法还可用来介导植物病毒 RNA 的转化,例如,袁天华等于 1994 年用脂质包裹 TMV 的 RNA,与烟草原生质体共培养,其转染率比对照提高 10 倍多。脂质体转化法的不足之处仍是转化率低,需要有完善的原生质培养及植株再生技术体系支持(显微注射脂质体不受此限制)。在具体操作过程中,常将脂质体法与 PEG、电穿孔法等联合使用,可以获得较好的转化结果。

9.1.3 生物介导法

9.1.3.1 病毒介导法

一个有效的植物基因转化载体必须具备两种功能：一是它能作为媒介将外源基因导入到植物细胞中去，并且整合到宿主细胞的基因组DNA上；二是它能提供被寄主细胞的复制和转录系统所识别的DNA序列，即启动子和复制子起始位点，以保证转化的外源基因能在植物细胞中进行复制和表达。

植物病毒作为载体是随着近年来对植物病毒的基因组结构及功能的认识才有了较多应用。特别是发现了花椰菜花叶病毒(CaMV)的35S启动子是理想的高效表达的启动子，并且已经在植物基因工程中得到广泛应用。植物病毒转化载体共有4种类型：①双链DNA病毒转化载体。双链DNA植物病毒有花椰菜花叶病毒和黄瓜黄脉病毒。花叶病毒组包括12种病毒，花椰菜花叶病毒是研究得较为清楚的一类病毒，包括它的寄主、形态结构、分子结构、基因组的功能及插入的DNA的容量。CaMV病毒最早用于植物病毒载体的构建，但复制过程的复杂性使这类病毒不适于在植物体中高水平表达。②植物单链DNA病毒转化载体(简称GeNV)。单链DNA病毒只有一种被认为是有发展潜力的植物病毒载体。③植物单链RNA病毒基因转化载体。这类病毒占植物病毒的绝大部分，利用RNA病毒在感染植株中表达重组蛋白日益受到重视，已有几种RNA病毒家族成员用于构建病毒载体。④反转录病毒基因转化载体。反转录病毒基因载体是从动物基因工程首先发现的，许多科学家认为该原理同样适用于植物基因工程。

植物病毒作为表达载体具有如下优点：①病毒增殖水平高，可使伴随的外源基因高水平表达。②病毒增殖速度快，外源基因在很短的时间内大量地积累。③病毒基因组小，易于进行遗传操作，大多数植物病毒可以通过机械接种感染植物，适于大规模商业操作。④宿主范围广，一些病毒载体能侵染农杆菌不能或很难转化的单子叶、豆科和多年生木本植物，扩大了基因工程的宿主范围。⑤病毒颗粒易于纯化，可显著降低下游生产成本。

两种类型的表达系统被用于植物中生产外源的蛋白，一种为抗原展示系统，其将外源基因选择性的插入病毒CP基因中融合表达，使小分子外源肽呈现在病毒粒子表面，通过提纯重组病毒即可获得大量的抗原；另一种类型为多肽表达系统，主要在植物中表达不融合的重组蛋白。人们利用抗原展示系统已经成功地构建了表达载体，用豇豆花叶病毒(CPMV)构建的载体(2002)，已在CPMV粒子表面表达了多种来源的抗原并具有免疫原性，包括口蹄疫病毒(FMDV)、艾滋病毒1(HIV1)、人鼻病毒-14(HRV14)、犬细小病毒(CPV)等病毒抗原以及慢性肺炎病菌(*Pseudomon asaeruginosa*)外层膜蛋白的F抗原、*Staphylococcus aureus* FnBP蛋白的D2肽段和疟疾抗原等(1999—2003)。Dalsgaard等用CPMV系统表达了水貂肠炎病毒(MEV)的抗原序列，用粒体皮下注射水貂后，可抵抗几种相关病毒的侵染(1997)。因此，CPMV融合抗原系统可以用于生产疫苗。利用烟草花叶病毒(tobacco mosaic virus，TMV)构建抗原展示载体，成功地表达了流感病毒血凝素和艾滋病毒抗原蛋白(HIV Igpl20)(1995)，Turpen等(1995)利用相同的方法表达疟疾抗原蛋白时，将编码疟原虫抗原决定簇基因插入到烟草花叶病毒外壳蛋白的基因编码区中，使疟原虫抗原与烟草花叶病毒外壳蛋白的表面环区或与其C端融合，构建成植物病毒载体，产生高水平的融合蛋白。番茄丛矮病毒(tomato bushy stunt virus,TBSV)(1997)重组的病毒粒体可以与抗 HIV Ⅰ的抗体发生抗血清反应,但用于注射老鼠只观察到较弱的免疫应答反应。马铃薯 X 病毒(potato virus X,PVX)(2001)研究表明可利用外壳蛋白亚基暴露于粒子表面的 N 末端表达蛋白。苜蓿花叶病毒(alfalfa mosaic virus,ALMV)(2005)最近报道了将编码呼吸道合胞病毒(RSV)G 蛋白中的 21 个氨基酸基因与 ALMV CP 融合,结果在人类树突状细胞中产生 T 细胞应答及在灵长类中产生 T 和 B 细胞应答。

多肽表达系统主要是将基因导入病毒基因组,且在侵染细胞中主要以不融合方式表达多肽(2005)。此表达系统可无需提取纯化蛋白,直接食用免疫。目前,已有一些病毒应用于该表达系统。例如 TMV、PVX、PPV、TBSV,对 CPMV 也进行了一定的研究。

9.1.3.2 农杆菌介导法

根癌农杆菌(*Agrobacterium tumefaciens*)和发根农杆菌(*Agrobacterium rhizogenes*)是两种宿主非常广泛的土壤细菌,在自然状态他们能通过伤口侵染植物,分别导致冠瘿瘤和毛状根这两种症状的发生。这两种农杆菌同属于根瘤菌科(Rhizobiaceas),为革兰阴性细菌,它们区别与其他土壤细菌的主要特征是能够诱导植物产生肿瘤。

根癌农杆菌中决定冠瘿瘤的质粒是 Ti 质粒,它诱导植物产生肿瘤,发根农杆菌中决定毛状根的质粒是 Ri 质粒,它诱导植物产生毛状根。通过这两种质粒可以将外源的 DNA 转移到植物细胞,并再生出能够表达外源基因的转基因植物。农杆菌介导的植物基因转化是当今植物基因转化的主要方法。随着载体系统和转化方法的不断改进,农杆菌转化从 1993 年以来,已在水稻、玉米、小麦等单子叶的植物上取得了成功。

(1)Ti 质粒介导的遗传转化

①Ti 质粒介导的遗传转化方法有两种形式:叶盘转化法和共培养转化法。

叶盘转化法(lead disc transformation)是由 Mosanto 公司 Horsch 等 1985 年发展起来的一种转化方法,其主要步骤如下:将实验植物材料的叶片(或下胚轴、子叶、根等)进行表面消毒,用打孔器从消毒的叶片上切取叶盘,然后将叶盘浸泡在含有目的基因载体的对数生长期的土壤农杆菌菌液中数秒后,再置于培养基上共培养 2~3 d 待菌株在叶盘周围生长到肉眼可见菌落时再转移到含有抑菌剂的培养基中除去农杆菌,与此同时在该培养基中加入抗生素进行转化体选择,经过 3~4 周培养可获得转化的再生植株。

共培养转化法可分为原生质体共培养、悬浮细胞共培养和愈伤组织共培养,其中原生质体共培养法使用得比较多。原生质体共培养法是将根癌农杆菌同再生出细胞壁的原生质体作短暂的共培养,以便使农杆菌与植物细胞之间发生遗传物质的转化,这是一种在人工条件下诱发农杆菌对单个细胞侵染的一种遗传转化法。原生质体共培养法可获得较高的转化效率,由于转化作用是在单细胞或双细胞阶段发生的,因此转化形成的愈伤组织绝大部分是单克隆的,从而可以从同一个转化细胞获得一批遗传上同一的转基因植株。

②Ti 质粒的载体系统分为两类:共整合系统和双元载体系统。共整合系统是利用同源重组的方式,将目的基因序列插入到卸甲(disarmed)的 Ti 质粒上,转化时由同一质粒上的 *vir* 基因序列表达驱动目的基因序列的转移。双元载体系统需要两个彼此分离的质粒,一个是卸甲的 Ti 质粒,其上没有 T-DNA 区,但有 vir 基因序列,它提供反式的毒性区功能;另一个即

被称为双元载体的质粒，它有以下特点：a. 有两个复制起始位点，一个使之能在农杆菌中复制的 Ori-Agro；另一个使之能在大肠杆菌中高拷贝复制的 Ori-*E. coli*。b. 在它的 T-DNA 边界序列内有一多克隆位点（利于外源目的片段的插入）和一植物选择基因（在双子叶中多用 Kanamyci，而在单子叶中多用 Hygromycin，用于植物转化后的筛选。c. 在 T-DNA 区外还有一个细菌选择标记基因，以便转化菌株的选择。d. 可由大肠杆菌转移到农杆菌中，这是由被称之为“三菌结合”的过程来完成的。与共整合系统相比，双元载体系统无需同源重组过程，可避免同源系列外的重组，同时，它相对较小，利于操作，可利用来转化更长的外源片段。目前，绝大多数的农杆菌转化均利用双元载体系统。

(2)发根 Ri 质粒介导的基因转化　Ri 质粒转化的一般程序是：中间表达载体构建，将目的基因导入 T-DNA；Ri 质粒的转化载体构建，将中间载体导入发根农杆菌；利用发根农杆菌工程菌液转化植物受体细胞，诱导毛状根；对毛状根进行筛选、检测和除菌；从毛状根诱导转基因植株。

①发根农杆菌有三种入侵植物的方式。a. 向植物体直接注射：用活化好的新鲜菌液对植物的无菌幼苗注射 2～3 次，两周后即可在注射部位产生毛状根；b. 对植物外植体进行接种感染：将植物的各种外植体用刀片或剪刀切成小块或小段，用活化好的菌液进行注射，在伤口处涂抹或与菌液共培养，这种感染方法最为常用；c. 与原生质体共培养：通常将植物的叶肉细胞获得的原生质体培养 3～5 d 后。加入活化好的菌液进行共培养，但这种感染方法常常是为获得愈伤组织而采用的方法。

②Ri 质粒改造的两种质粒载体。a. 共合系统（中间载体）：在该载体系统中，通过能在大肠杆菌中复制的小质粒和存在于农杆菌中的 Ri 质粒进行同源重组，将小质粒上所含有的外源目的基因克隆到 Ri 质粒的 T-DNA 区，再在它感染植物的过程中，由 Ri 质粒将外源基因整合到植物细胞的核染色体 DNA 中。b. 双元载体：在此载体系统中，Ri 质粒的 T-DNA 边缘序列位于一个既能在大肠杆菌中复制又能在发根农杆菌中复制的质粒上，而 Vir 区位于受体菌内的卸甲 Ri 质粒或野生型 Ri 质粒上，Vir 区基因的产物可以反式作用于表达载体上的 T-DNA 区转移到植物和基因组中，并且稳定地整合在其中。把目的基因插入 T-DNA 中，构成中间表达载体。然后通过诱导菌的协助质粒，常用 *E. coli* HB1101(Prk2013)和野生型的发根农杆菌直接进行三亲杂交，再通过同源重组把中间载体整合到 Ri 质粒的 T-DNA 中，即构建成带有目的基因的共整合载体。

Ti 质粒被广泛应用于愈伤组织、叶圆片、子叶片、下胚轴、茎段等离体材料的转化，而发根农杆菌 Ri 质粒只被用于叶片、子叶、下胚轴与茎段等离体材料的转化。这既克服了原生质体转化与愈伤组织转化的局限性，又符合 Ri 质粒致癌性的要求，对快速再生出植株很有利。

发根农杆菌在植物转化方面的优越性表现在以下方面：其一，用 Ri 质粒作为基因载体时，从其转化的植物细胞上很容易再生植株，即用野生型发根农杆菌感染植物可直接再生出完整植株。而 Ti 质粒作为基因载体时，则不然。因为 Ti 质粒的 T-DNA 中癌基因经常造成被转化的植物组织形成肿瘤，阻碍正常植物的再生，为了防止肿瘤的形成，常采用除去 Ti 质粒 T-DNA 区癌基因的方法。其二，根癌农杆菌 Ti 质粒转化植物产生的癌组织有可能是一个转化细胞与非转化细胞所构成的嵌合体，然而，由发根农杆菌转化植物产生的毛根来源于同一个植物细胞，因此，毛根的每个细胞都是转化的，这便于进行遗传操作。其三，毛根的无性系可以通过激素的自主进行选择。其四，由发根农杆菌 Ri 质粒转化植物所产生的毛根分化为正常植株的分化率高，倍性稳定，并且容易建成一系列能够在不同植物细胞和染色体上插入一个 T-DNA 拷贝的株系。毛根具有生长迅速、多分枝、数量大、没有相似性与在其中形成有价值的次生物质等特点。由毛根再生的完整植株虽然有表型正常的，但是经常表现出节间短、顶端优势比较弱、叶皱等特殊特征。这无疑为植物转化体的筛选带来了很大方便。

刘传亮等(2004)对农杆菌介导法转化棉花技术体系进行了综合改进，突破了基因型的限制，使多品种或基因型的我国主栽棉花品种(系)转化成功，实现棉花转基因规模化，达到年产转基因棉花植株 2 000～4 000 株以上的水平。王洪刚等(2007)利用建立的遗传转化体系，以携带 *Npt* Ⅱ筛选标记基因和胰蛋白酶抑制剂基因的 LBA4404/pRok2(农杆菌/质粒)对山农 995604 小麦愈伤组织进行遗传转化，获得了三株含有胰蛋白酶抑制剂基因的转基因小麦。王洪刚等(2007)农杆菌介导小麦成熟胚愈伤组织的遗传转化研究获得成功。曲延英等(2008)农杆菌介导外源基因转化棉花上胚轴方法的研究获得成功。

9.1.4 种质系统介导法

9.1.4.1 花粉管通道法

花粉管通道法(polien-tube pathway)是将外源 DNA 或基因在受体自花授粉前后的适当时期注射或涂抹柱头，使 DNA 沿花粉管通道进入胚囊。这种利用花粉管通道导入外源 DNA 的技术即称为"花粉管通道法"。花粉管通道法的基本原理是授粉后使外源 DNA 能沿着花粉管渗入，经过珠心通道进入胚囊，转化尚不具备正常细胞壁的卵、合子或早期胚胎细胞。这一技术可应用于任何开花的植物。其主要特点表现为：①转化的 DNA 可以是裸露的，也可以是重组在质粒上的，还可以是总 DNA 或某些 DNA 片断；②是在植物整体水平上的转化，不需要细胞分离、组织培养和再生植株复杂技术；③方法简便易行，并与常规育种紧密结合，不受植物种类的限制。由于上述特点，它已被越来越多的育种工作者所接受，并在水稻、小麦、棉花、大豆、玉米以及蔬菜等方面得到广泛的应用，为农业生产培育出了一些抗病、抗虫及其他优良性状的新品种及新品系，有利于推动了植物分子育种的研究进程。

基本操作程序如下：①外源 DNA 的制备。a. 植物中提取 DNA；b. 细菌中提取质粒 DNA；c. 农杆菌中提取已重组构建的 Ti 质粒。②掌握受体植物受精过程及时间，选择外源 DNA 导入的时间及方法。③外源 DNA 导入受体植物。a. 柱头涂抹法；b. 柱头切除法；c. 花粉粒吸入；d. 后代材料处理。经外源 DNA 处理获得的种子与供体、受体植物的子代均播种在同一试验田，进行田间试验。

花粉管通道法是 20 世纪 80 年代初期由我国学者周光宇根据植物远缘杂交理论提出的。Luo (1988)等人首次报道了用花粉管通道技术将含报告基因的质粒 DNA 转入水稻，经 southern 杂交和酶学测定证明，得到了外源基因整合并表达的转基因水稻植株。使花粉管通道技术的转化工作能像其他直接转化法一样，完全按转基因技术的操作进行。康奈尔大学的呈瑞博士等(1988)利用花粉管通道技术，从事水稻基因转育，转化植株经 southern 杂交证明，获得了理想的转化结果。曾君祉(1993)利用花粉管导入获得转基因小麦。成卓敏等(1993)获得大麦矮病毒 CP 基因转化的小麦。阎新甫等(1994)将抗白粉病大麦 DNA 通过花粉管途径直接导入感病的小麦品种“花 76”中，它们不仅获得了符合遗传规律的稳定抗病后代，而且还确定了抗白粉病是由一对显性基因控制。台湾学者缪芳心等(1995)利用花粉管通道技术，建立了甘蓝基因转育系统并通过外源总 DNA 的导入，将抗白粉病性状导入甘蓝受体。郭宝太等(1996)将 *gus* 和 *Tsc* 基因利用该法导入小麦的栽培品种。吴茂森等(2000)将 BYDV-GPV 株系缺失复制酶基因成功地转入小麦。赵凌等(2006)花粉管介导的转抗冻蛋白基因(AFP)水稻。王永芳等(2009)利用花粉管通道转化谷子 DNAj 基因获得转基因小麦。

9.1.4.2　生殖细胞浸泡介导法

(1)生殖细胞浸泡法介导基因转化　浸泡法是将供试外植体如种子、胚、胚珠、子房、花粉粒、幼穗悬浮细胞培养物等直接浸泡在外源 DNA 溶液中，利用渗透作用把外源基因导入受体细胞并稳定地整合表达与遗传。该转化系统是由联邦德国科学家 Hess 提出。早在 1969 年 Hess 用外源 DNA 浸泡矮牵牛(*Petunia hybrida* L.)的萌动种子，结果在转化的植株中表现出不同的性状。1976 年 Hess 等又用人工培养萌发的花粉直接与外源总 DNA 溶液混合授粉，结果在后代植株中发现了外源基因表达的性状，检测到了外源基因表现的酶活性。1980 年他又进行了研究，得到了外源 DNA 导入转化植株的分子证据，从而引起了大家的重视。随后国内外有不少学者利用种子为受体材料实现了外源 DNA 的遗传转化。因为种子具有自然的形态建成能力和遗传传递能力，不存在再生植株的困难，而且种子取材方便，不受季节限制，因此是浸泡法转化的良好试材。

(2)浸泡转化法的原理　主要是利用植物细胞自身的物质转运系统将外源 DNA 直接导入受体细胞。植物细胞能够不断地与周围环境进行物质运输，吸收水分和有机物质。外源 DNA 能够随着植物细胞的物质运输一起进入受体细胞。关于植物细胞运输系统的结构与功能已有很多的研究，现已明确植物细胞可以通过多种途径将外源 DNA 吸入细胞内。

(3)浸泡转化法程序　①外源 DNA 的制备可来源于两种途径：植物总 DNA 的分离提取；质粒 DNA 的提取。②将种子消毒后浸泡于 0.1×SSC 缓冲液，并加入 20% 的二甲基亚砜(IMSO)。③浸泡液中加入外源 DNA。④用无菌 0.1×SSC 缓冲液冲洗种子。⑤将种子接种在不含激素的固体培养基上。此外，也可以把浸泡液(含外源 DNA)注入到子房、胚珠或包裹幼穗的颖壳内浸泡胚达到转化的目的。

尽管浸泡法有许多优点，特别是成熟种子浸泡法可以说是高等植物遗传转化技术中最简单、快速、便宜的一种转化方法，它不需涉及昂贵的仪器及组织培养技术，容易为人接受。但是，浸泡法有其致命弱点，即分子生物学方面的证据不足。

9.2　植物转基因技术的应用

植物基因工程技术是利用重组 DNA 技术，有计划地在体外通过人工“剪切”和“拼接”等方法，对生物基因进行改造和重新组合，然后再插入、整合到事先准备好的受体植物基因组中，使重组基因在受体细胞内表达，从而使得受体植物获得新的丰产优质遗传性状。例如获得抗虫、抗病、抗除草剂和抗逆境(干旱、盐、碱等)的转基因植物及改变果实的品质、改良植物的发育，还可以利用转基因植物作为生物反应器生产一些药用蛋白或疫苗。

利用植物基因工程技术可以更方便地对更多基因进行有目的的操作，打破自然界物种间难以交配的天然屏障,将不同植物种的基因按人们的意志重新组合,拓宽了植物可利用的基因库,为创造新种质资源,培育植物新品种开辟了新的技术路线。利用转基因技术改良植物已取得很大进展并在生产上应用。自 1983 年第一例转基因植物在美国问世以来,随着世界生物技术的迅速发展,到 20 世纪 90 年代全球转基因农作物(GMC)种植面积和种植地区逐年扩大。据农业生物技术应用国际服务组织(ISAAA)资料表明,全球转基因农作物种植面积由 1996 年的 170 万 hm^2,到 2006 年种植面积突破了 1 亿 hm^2,在 1996—2006 年的 11 年间,种植面积增长了 60 多倍,是作物生产技术中应用速度最快的技术之一,共有 22 个国家近 1 030 万农户种植了转基因作物,其中美国、阿根廷、巴西、加拿大、印度、中国分别列前 6 位。而美国是增长速度最迅猛的国家,据统计,2003 年美国转基因作物种植面积达 4 280 万 hm^2,2004 年 4 760 万 hm^2,2005 年 4 980 万 hm^2,平均每年都以超过 200 万 hm^2 的速度增长。2006 年全美国转基因作物种植面积达到 5 460 万 hm^2,占全美国主要农作物种植面积(12 894 万 hm^2)42.3%,占全球转基因作物种植面积(10 200 万 hm^2)的 53.5 %。2006 年全美国转基因作物种植面积较 2005 年增长 480 万 hm^2,成为转基因作物种植面积增长速度最快的国家。2010 年是转基因作物商品化以来的第 15 个年头。

9.2.1 抗虫性基因的转移

虫害是造成农业减产的重要原因之一,化学农药和生物农药的使用虽然可以在一定程度上减少产量损失,但长期大量使用农药不但费用较高,而且易使害虫产生很高的抗药性,同时还会造成农药残毒和环境污染。重要经济植物种质库中几乎没有相应的抗虫资源,因此基因工程技术在该领域的应用研究最为活跃。

抗虫植物基因工程技术是从克隆编码苏云金杆菌(Bt)毒蛋白的基因,并将其转移到植物细胞中获得抗虫转基因植株开始的。早期的转 Bt 基因作物毒素表达量很低,不能有效杀死害虫,通过引入强启动子和增强子对 Bt 基因加以改造或重组,表达量可比用自然 Bt 基因高出 100 倍以上,充分显示了基因工程技术的巨大潜力。工程抗虫基因主要有两类:一类是来自 Bt 的 Bt 杀虫蛋白基因,其杀虫毒性为伴孢晶体蛋白,对鳞翅目、双翅目和鞘翅目昆虫有毒。另一类是来源于植物的抗虫基因,能有效干扰害虫消化作用而导致其死亡。

除 Bt 基因外,许多来源于植物的抗虫基因的转入表达研究也已取得实质性进展:①蛋白酶抑制剂基因,如豇豆胰蛋白酶抑制剂基因(CPTI)等;②淀粉酶抑制剂基因,如菜豆的 α-淀粉酶抑制剂基因等;③植物外源凝集素类基因,如雪花莲外源凝集素(GNA)基因等;④昆虫特异性神经毒素基因,如蜘蛛毒素基因等。这些基因的表达产物都具有相当的杀虫活性并具有一定的专一性,对人及哺乳动物并不构成危害。到目前为止,Bt 基因至少已被成功转入 17 种作物并在田间得到高效表达,逐步被用于有害生物综合治理(IFM)系统中。这些作物包括棉花、玉米、油菜、水稻、烟草、小麦、杨树、番茄、大豆、胡桃、落叶松、甘蔗、苹果、花生、鹰嘴豆、苜蓿等植物;随之,转豇豆胰蛋白酶抑制剂基因的烟草、棉花等,转菜豆 α-淀粉酶抑制剂基因的烟草、豌豆等,转雪花莲外源凝集素基因的马铃薯、烟草、番茄、水稻、小麦等植物也相继问世,并在不同程度上表现出了对取食害虫的抗性,其中,转 Bt 毒蛋白基因的抗棉铃虫棉花、抗玉米螟玉米、抗块茎蛾马铃薯、抗果虫番茄等已进行商业化生产。

9.2.2　抗病性基因的转移

病害也是造成植物减产的重要原因之一，传统植物抗病育种在病害防治中发挥了重要作用，但由于植物病原菌致病进化相对较快，传统抗病育种手段往往因育种年限较长使生产中应用的主要品种在较长时间内必须借助化学杀菌剂来进行病害防治。由于基因工程方法能在短时间内使植物获得基因纯合的目的性状，从而为植物抗病育种提供了新途径。

1985 年美国科学家首次发现，将烟草花叶病毒外壳蛋白基因导入感病的烟草，转基因植株增强了对病毒的抵抗力，病叶率降低近 70%。这种通过转移 CP 基因获得抗病性的方法后来在番茄、苜蓿、马铃薯、大豆、水稻等多种植物上获得成功，能抵抗的病毒种类超过 20 种。卫星 RNA 用于植物基因工程，能使植株病毒症状减弱。吴世宣、田波等将黄瓜花叶病毒的卫星 RNA 反转录为 cDNA，加上调控序列，通过 Ti 质粒引入烟草，从而在我国首次培育出抗黄瓜花叶病毒的烟草植株。随着植物与病原物相互作用机理研究的不断深入，越来越多的具有抗病作用的基因陆续被分离和克隆，但植物对病原菌的抗性机理至今尚不十分清楚。

目前，用于植物抗菌基因工程研究的基因比较庞杂，抗菌机理也很复杂，主要包括以下几种类型：①抗病基因。如白叶枯病抗性基因 *Xa*21 等；②解毒酶类基因。如对烟草野火毒素具有解毒作用的 *ttr* 基因、对草酸毒素起作用的草酸氧化酶基因 *germin* 等；③抗菌肽及抗菌蛋白类基因。如人溶菌酶基因 *HL*、天蚕素基因 *Cecropin*、兔防御素基因 *NP*-1、核糖体失活蛋白基因 *RIP* 等；④ 病程相关蛋白类基因。如几丁质酶基因、葡聚糖酶基因等；⑤活性氧类基因。如葡萄糖氧化酶基因 *GO* 等；⑥植保素类基因。抗病毒、抗细菌、抗真菌转基因植物通过导入植物病毒的外壳蛋白基因、病毒复制酶基因、核糖体失活蛋白基因、干扰素基因等来提高植物抗病毒能力，抗病毒转基因烟草已进行田间试验，且增产效果显著。非植物起源的杀菌肽基因在植物上表达可使植物获得对病原细菌的抗性；植物也拥有抗细菌基因，如拟南芥 *Rps*2 基因和番茄 *Pto* 基因，这些基因的转基因植物也可使植物表达对病原细菌的抗性。与抗虫和抗病毒基因工程相比，抗真菌基因工程难度较大，近年来，对植物与真菌病原相互作用的分子机理有初步了解，并完成了抗真菌基因的克隆，抗真菌转基因作物商业化已为期不远。

9.2.3　抗除草剂基因的转移

化学除草剂在现代农业中起着十分重要的作用，新的除草剂也不断出现。作为一个理想的除草剂，它必须具有高效、广谱的杀草能力，而对人畜无害，在土壤中的残留时间要短，并且不能使农业成本增加太多。将抗除草剂基因转入栽培作物，能有效地防治田间杂草，保护作物免受药害，此转基因技术在现代农业的应用，为控制杂草提供了一条崭新的途径。

1983 年第一例抗除草剂的转基因烟草问世，1986 年被批准进入田间实验。20 世纪 80 年代中期，抗除草剂基因被转入了其他作物体内，从而获得了抗除草剂的转基因植株。基因工程改良作物对除草剂抗性的主要途径有两个，一是利用点突变修饰除草剂对植物作用靶标的水平和敏感性，或诱导靶标酶的过量合成，使作物吸收除草剂后仍能进行正常的代谢作用；二是引入降解除草剂的酶或酶系统，在除草剂发挥作用前将其降解。据不完全统计，2001 年全球已有近 300 种植物先后培育出抗除草剂品种，如抗三氮苯类的油菜、胡萝卜、马铃薯、大豆，抗绿黄隆的烟草和玉米等。已开发成功并商业化的作物主要有玉米、大豆、小麦、油菜、甜菜、亚麻、烟草、水稻、棉花等。涉及的除草剂主要有：①草甘膦(Glyphosate)。利用源于细菌、植物

抗性细胞系的 *EPSPS* 基因可以大大提高植物对草甘膦的耐受性，这类基因导入烟草、大豆、番茄、马铃薯、棉花、玉米等植物后已获得了大量耐草甘膦的株系。②草丁膦(Glufosinate; Phos-phinothficin PPT)。源于土壤细菌 *Streptomyces hygroscopicus* 的 *r* 基因和 *Streptornyces viri-dochromogenesd* 的 *pat* 基因可以编码草丁膦乙酰转移酶(PAT)，能够使草丁膦的自由氨基乙酰化从而对其解毒，目前 *r* 基因已导入烟草、番茄、马铃薯、拟南芥、水稻、小麦、玉米等植物，获得了大量草丁膦抗性株系，但一般是把它作为筛选标记基因加以利用的。③磺酰脲类及咪唑啉酮类除草剂。将拟南芥变异的 *ALS* 基因及源于烟草的 *SUR B-Hra* 导入番茄、甜菜、油菜、苜蓿、玉米、亚麻等植物后都获得了耐除草剂植株。④溴苯腈。源于土壤微生物 *Elebsiella ozaenae* 的 *bxn* 基因编码的腈水解酶可以降解溴苯腈从而对其解毒，该基因导入烟草、棉花、番茄、小麦等植物后也获得了抗性植株。⑤2,4-D。源于细菌 *Alcaligenes eutrophus* 的 *tfDA* 基因编码的 2,4-D 单氧化酶可以将其氧化解毒，该基因已在大豆等双子叶植物中显示了作用。此外，通过转基因使作物获得或改良“他感效应”和“异株克生”能力，从而使作物能够抑制杂草，达到相当于使用除草剂的目的。

除草剂在植物生产中应用广泛，对减轻草害损失起到了重要作用，但是新型安全除草剂的开发难度大、费用高、耗时长，同时多数除草剂的除草范围有限，在植物的生长季节中往往需要多次使用多种除草剂，更增加了成本、加重了环境污染，少数广谱除草剂的杀灭范围往往又包括了需要保护的植物品种，因此，与高效广谱安全的除草剂相结合，利用现代生物技术手段选育特异性抗除草剂植物品种，就成为当今的一大重要研究课题。

9.2.4 抗逆性基因的转移

盐碱、旱涝、不适温度、强光、农药残毒等环境逆境在一定程度上限制了具经济价值植物的产量和种植范围，为了更充分地利用现有耕地、提高产量，植物抗逆育种一直都较受重视，但由于抗源少、抗逆机理不明，其研究进展不够理想，现代生物技术的发展为改变这一局面提供了新的可能。目前用于该领域的基因大体有以下几类：① 逆境诱导的植物蛋白激酶基因，如受体激酶基因、促分裂原活化蛋白激酶基因、核糖体蛋白激酶基因、转录调控蛋白激酶基因等；②编码细胞渗透压调节物质的基因，如 1-磷酸甘露醇脱氢酶基因 *mtl D*、6-磷酸山梨醇脱氢酶基因 *gutD*、HVA1 蛋白基因等；③超氧化物歧化酶(SOD)基因，可以消除恶劣环境使植物产生的活性氧基(O)，如 *Mn-SOD* 基因等；④ 类黄酮途径相关酶基因，可以辅助形成紫外屏蔽物质类黄酮，如苯丙氨酸解氨酶基因等；⑤防止细胞蛋白质变性的基因，如编码蛋白族 HSP60、HSP70 的基因；⑥前面提及的除草剂解毒基因等。

我国在抗盐基因工程上已取得了一些进展，先后克隆了脯氨酸合成酶(proA)，山菠菜碱脱氢酶(BADH)，磷酸甘露醇脱氢酶(mtl)及磷酸山梨醇脱氢酶(gutD)等与耐盐相关的基因，通过遗传转化获得了耐 1%NaCl 的苜蓿、耐 0.8%NaCl 的草莓及耐 2%NaCl 的烟草，这些转基因植物已进入田间试验阶段。中国科学院遗传所将山菠菜的甜菜碱醛脱氢酶(BADH)基因导入水稻、烟草等，获得的转基因水稻有较高的耐盐性，并能在盐田中结实。刘岩等将大肠杆菌 6-磷酸山梨醇脱氢酶基因(*gutD*)转入玉米，使耐盐性明显高于对照。何惚洁等将甜菜碱醛脱氢酶基因转化到玉米中，获得了抗盐性植株。

抗逆境转基因植物对逆境的抵抗一直是人们关心的问题。为提高植物对干旱、低温、盐碱等逆境的抗性，研究人员试图将一些抗逆境基因克隆后转入植物。目前已成功地将北冰洋比目鱼的抗冻基因导入草莓中，并在美国上市销售。

9.2.5　利用转基因植物生产疫苗

疫苗是一种用于预防和治疗传染病或某些慢性疾病的生物制品，实际生产中应用最广泛的是传统灭活疫苗和减毒活疫苗，但两者在生产实际中均存在着免疫效果不确实、非特异性反应强、保护期短等缺点，而且一些传染病（如流感、C 型肝炎、疱疹、疟疾等）以及新出现的传染病（如艾滋病、猪蓝耳病、疯牛病等）还没有十分有效的疫苗，无法有效控制其流行。即使有些传染病有了疫苗，仍不能够持续提供疾病预防和治疗，这就使得新型疫苗的出现成为必然，各种新型疫苗的研制越来越多地受到关注。利用转基因植物技术对疫苗进行研究和探索已成为目前生物科技工作者研究的热点之一。

自从 1992 年 Mason 等首先提出转基因植物生产疫苗的设想以来，伴随着植物转基因技术的快速发展，这为外源基因在不同的物种之间表达提供了很人的发展空间。迄今为止，最常见的疫苗主要有重组活载体疫苗（重组细菌疫苗和重组病毒疫苗）、树突状细胞疫苗、T 细胞疫苗、食物疫苗、DNA 疫苗、RNA 复制子疫苗、多肽疫苗和抗独特型抗体疫苗 8 种新型疫苗，其中已有多种疫苗在转基因植物中得以表达成功，并且在血清中和试验表明能发生免疫沉淀反应：这些转基因疫苗包括乙肝表面抗原、大肠杆菌热敏肠毒素 B 亚单位抗原、诺沃克病毒衣壳蛋白、口蹄疫病毒 Vpl 抗原以及霍乱毒素 B 亚单位。另外，狂犬病毒 G 糖蛋白也在转基因蕃茄中表达取得成功，但是尚未见其对活体产生免疫活性的相关报道，而其他的那些转基因疫苗在活体动物免疫反应中都已被证实是能够产生中和抗体的。

目前已成功地应用于转基因研究的植物有烟草、马铃薯、玉米、拟南芥、苜蓿、豇豆、大豆、白羽扁豆、莴苣、菠菜、番茄和香蕉等，在转基因植物中用于表达疫苗的主要有细菌和病毒的病原基因，包括大肠杆菌热敏肠毒素 B 亚单位（LT-B）基因、霍乱弧菌毒素 B 亚单位（CTB）基因、乙肝表面抗原（HBsAg）基因、猪传染性胃肠炎病毒 S 糖蛋白（TGEV-S）基因、诺瓦病毒衣壳蛋白（NVCP）基因、狂犬病病毒糖蛋白（RGP）基因、口蹄疫病毒 VPI 基因等。

世界卫生组织（WHO）于 2005 年召开的第 56 届年会，就广泛关注的植物来源的人用疫苗的研制、考虑要点、制定相关指南和法规等问题进行了研讨和交流。当前，美国、加拿大、法国等许多发达国家都在加紧制定审批人用植物疫苗的法规，以促进这一新型疫苗的研制和应用。总的原则是人用植物疫苗和其他传统疫苗在注册管理上应等同对待，二十多年来，植物疫苗的研究取得了很大的进展。目前，美国 Dow Agroscience 公司开发的用于预防禽类的 NEWCASTLE Concent 成为第一个获得美国农业部兽用生物制品中心批准的兽用植物疫苗，更极大地促进了人用植物疫苗的开发。

9.2.6　利用转基因技术改良品质

随着人们生活水平的不断提高，植物产品的品质越来越受到重视，但某种植物的品质相关性状往往是受多基因控制的数量性状，并且往往与产量相关，利用常规杂交育种方法，由于要在缺乏有效选择手段的条件下对多个基因进行操作，并且还要不影响其产量，其选育难度是可想而知的。利用外源物种的某些关键基因虽然为改善这一局面提供了很好的思路，但物种间严格的生殖隔离，又常常使这些想法变得可望而不可及。基因工程技术由于在一定程度上可以拓宽植物可利用基因库，近年来在植物品质育种中较受重视，并取得了一定的成绩。

目前利用植物基因工程技术进行的品质改良主要集中在改良种子贮藏蛋白、淀粉、油脂等的含量和组成上。其改良途径主要有：①将编码广泛氨基酸组成或高含硫氨基酸的种子贮藏蛋白基因导入植物，如将玉米醇溶蛋白基因导入烟草、马铃薯等以改善其蛋白质的营养品质等；②将某些蛋白质亚基基因导入植物，如将小麦高分子质量谷蛋白亚基（HMW-GS）基因导入小麦以提高其烘烤品质等；③将与淀粉合成有关的基因导入植物，如将支链淀粉酶基因导入水稻以改善其蒸煮品质等；④将与脂类合成有关的基因导入植物，如将脂肪代谢相关基因导入大豆、油菜以改善其油脂品质等。目前已有经油脂改良的转基因大豆、油菜品种在美国获得商业化生产许可。

自1983年获得第一例转基因植物至今，全球已有35科120种植物转基因成功，目前已有30个国家先后批准了3 000多例转基因植物进入田间试验，所涉及的植物有40多种，主要是玉米、油菜、马铃薯、番茄、大豆和棉花，其中有50多个农作物转基因的品种投入商业化生产，现在美国甚至有60%的零售食品中含有转基因成分。

思考题

1. 植物转基因技术主要有哪些方法？
2. 简述农杆菌介导法、花粉管通道法、生殖细胞浸泡介导法操作步骤及原理。
3. 植物转基因技术的主要应用有哪些？
4. 试比较外源基因导入植物细胞的农杆菌方法、基因枪法和花粉管通道法的优缺点。

第 10 章　动、植物分子育种

随着分子生物学、遗传学、计算机科学、信息科学和现代生物技术的迅速发展，由分子遗传学、数量遗传学、功能基因组学和生物信息学等结合农业而产生的新兴交叉学科——分子数量遗传学也得到了一定的发展，并为动、植物分子育种奠定了理论基础。与传统的动、植物育种方法相比，动、植物分子育种是直接在 DNA 水平上对性状的基因或基因型进行选择，同时也将结合一些经典的育种技术，从而提高选种的准确性，缩短育种年限。动植物分子育种的目标不仅改良动、植物的重要经济性状，也将创造一些非常规性经济性状。本章将重点介绍分子育种技术在动、植物遗传育种中的应用。

10.1　动、植物分子育种的发展

长期以来动、植物育种学家采用系统选育、有性杂交等方式培育出许多优良品种。这些品种在生产上发挥着重要作用，至今传统育种方式仍然是动、植物育种的基础。传统育种使小麦和水稻的产量大幅度地提高，但是在动物育种中，由于种间遗传物质交流的障碍，传统育种方式掌握和使用的遗传资源范围较窄，只有种内遗传物质的交流，无法实现种间遗传物质的交流；同时，传统的育种方式在育种技能和育种技巧上主要依靠经验的积累，并且育种年限较长。从而限制了传统育种的发展。随着世界人口的增长、耕地面积的缩小、自然资源的破坏、环境污染的加重和人们对农产品产量和品质要求的提高，迫使人们必须不断探索改良动、植物品种的新方法和新技术，以提高育种效果。因而动、植物分子育种技术便应运而生，成为当今动、植物育种的新理论与新方法。

在过去几十年里，随着 DNA 双螺旋结构的发现，人类和部分动、植物基因组测定工作的完成，基因组学和生物信息学科得到迅速发展。生物技术已经广泛应用于医学、农林等领域。通过使用动、植物分子遗传学、功能基因组学和生物信息等技术，动、植物育种已经进入新的时代——分子育种时代。动、植物分子育种(Animal Molecular Breeding)是依据遗传学、分子数量遗传学、基因组学和生物信息学理论，利用 DNA 重组技术来改良和培育动、植物品种的新型学科。

这门学科目前可以分为两个大的研究内容：一是转基因育种(transgenic breeding)，是通过向受体动、植物转移有重要功能的基因或一组功能相关的基因来提高动、植物的生产性能的育种技术。即通过基因转移技术将外源性基因导入到某种动、植物基因组中，从而达到改良重要生产性状(如产量、抗病力、生长率、遗传抗性等)或非常规性育种性状(如生产人类药用蛋白、工业用酶等)的目标。二是基因组育种(genomic breeding)，即通过 DNA 标记技术来对某些重要生产性状座位直接进行选择改良，可以同时考虑到多个生产性状座位，甚至是动、植物个体的整个基因组，有时也称为基因组扫描选择(genome scanning)或 DNA 标记技术辅助育种。DNA 标记辅助选择育种，是利用与重要经济性状连锁的 DNA 标记或功能基因来改良动物品种的现代分子育种技术。DNA 标记辅助选择对于遗传力低的性状，如产仔数、肉质性状和屠体性状等，改良效率是传统育种方法的几倍、甚至几十倍。如果在进行育种选择时，DNA标记或功能基因覆盖了整个基因组，并且达到一定的密度和遗传效应，则往往又称为动物基因组育种。DNA标记辅助选择技术不能创造变异，也不能够在不同物种间进行优良功能基因的转递，而转基因技术则能够达到这个目标。因此，这两种育种技术有很强的互补性，合称为分子育种技术，并将成为未来动、植物品种改良的关键技术。

10.2 基因定位及数量遗传性状的发展

10.2.1 基因定位及方法

基因定位(gene mapping)：利用杂交，侧交和自交，分别求出基因间的交换率和相对距离，然后在染色体上确定基因间的排列顺序，这一过程称为基因定位。基因定位有助于研究基因的结构、功能和相互作用，并可应用于基因工程中的DNA重组体。动植物基因定位在遗传育种、生态和进化的研究中有重要的意义，可为动植物基因定位重要经济性状的研究提供遗传学上的信息，为克隆、分析和认识这些性状基因奠定基础。常用的基因定位方法有：体细胞杂交法，克隆嵌板法，原位杂交和荧光原位杂交，连锁分析。

10.2.2 数量遗传性状及其发展

10.2.2.1 数量性状的概念及特征

质量性状：基因型和表现型表现为不连续变异的性状。

数量性状：与质量性状相比较而言，所有能够度量的性状或连续变异的性状称为数量性状(quantitative character 或 quantitative trait，QT)。

这些性状呈连续变异，它不可以严格地分类，而是呈现出一系列程度上的差异，带有这些差异的个体没有质的差别，只有量的不同，可分为连续变异性状和阈性状(threshold traits)。数量性状包括两大类：一是表现连续变异的性状，如身高、体重、牛的产奶量、鸡的产蛋量、羊毛的长度、农作物的产量、棉花纤维、小麦的株高、穗长等。二是表型呈非连续变异，而遗传物质的数量呈潜在的连续变异的性状，即只有超越某一遗传阈值时才出现的性状，如动、植物甚至包括人类的抗病力、死亡率以及单胎动物的产仔数等性状，称为阈性状(threshold character 或 threshold trait)。

数量性状的基本特征：①变异呈连续性，杂交后的分离世代不能明确分组，用统计学方法分析。②容易受环境条件影响，使研究复杂化。③普遍存在基因型与环境的互作。④超亲遗传，后代性状表现超过某一亲本的现象。

10.2.2.2 数量性状在动、植物育种中的发展及应用

1909年，瑞典遗传学家Nilsson-Ehle对小麦和燕麦中籽粒颜色的遗传进行了研究，他发现在若干个红粒与白粒的杂交组合中有如下A、B、C三种情况。在小麦种皮颜色遗传的研究中总结出了下述的假说，主要论点如下：数量性状是由大量的、效应微小而类似的、并且可加的基因控制，这些基因在世代相传中服从孟德尔原理，即分离规律和自由组合规律，以及连锁互换规律，这些基因间一般没有显隐性区别。不久，丹麦学者约翰逊(W Johannsen，1909)提出"同一基因的不同形式相互是等位基因"的纯系理论补充了这一假说，即数量性状同时受到基

因型和环境的作用，而且数量性状的表现对环境影响相当敏感。这一假说的实质是数量性状由大量微效基因控制，因此也称之为多基因假说（polygene hypothesis）。随后美国学者 Edward 进行了关于烟草花冠长度的遗传学研究证明了环境影响数量性状。Mather(1941)将这些微效基因统称为多基因系统。1975 年 Gelderman 总结这些假说，并提出了数量性状位点（quantitative trait loci，QTLs）的概念。数量性状理论被遗传育种学家 Breese 和 Mather(1957，1960)通过在线虫上的研究，以及 Thoday(1961，1979)对果蝇的研究得到进一步的证实。他们通过组合来自不同亲本品系的染色体建立了育种系。然而，这些理论仍然没有应用到动、植物育种中。之后其他的研究人员（Sears，1953；Law，1967；Lawetal，1983）开始使用 QTL 定位了小麦全染色体组的单倍染色体。这标志着 QTL 方法在遗传育种中的开始应用。到了 20 世纪 80 年代后期，Lander 和 Botstein(1989)提出的 DNA 分子标记技术之后，QTL 方法通过分析基因相互作用及性状相互影响获得实用的信息来确定育种选择方向及预测杂种优势，通过分析这些信息制定最优化的育种策略（Falconer & Mackay，1996；Kearsey & Pooni，1996；Lynch & Walsh，1998）。Bematzky 和 Tanksley(1986)发表的仅有 57 个标记座位的番茄的 RFLP 分子图谱，标志着基于数量性状位点（QTL）MAS 的真正开端，而 1988 年 Paterson 等发表的应用 RFLP 连锁图谱在番茄中定位 QTL，则把作物 QTL 的研究引向高潮。此后许多物种的分子连锁图谱相继建成，QTL 定位及分析研究在全世界展开。

20 世纪 90 年代后，分子生物学技术的飞速发展及其应用，为人们在 DNA 水平上研究动、植物重要经济性状的遗传机制奠定了坚实的基础。QTL 研究改变了传统数量遗传学，将控制某个数量性状的多个基因作为一个整体研究的方法，直接将研究目标指向各个基因座，借助各种分子遗传标记，运用统计学手段将影响数量性状的多个基因剖分开来，使其定位于特定的染色体上，确定它们与其他基因的关系。这样，就可以充分利用先进的分子生物技术对数量性状进行遗传操纵。

10.3　分子标记辅助育种

10.3.1　基本概念

随着遗传学的发展，经历了从早期的基于外部形态性状的形态学标记到基于染色体数目和结构的细胞学标记；再到后来的生化标记，即同工酶标记或称蛋白质标记，均在作物育种中发挥了重要的作用，但它们存在着标记数目有限、无法建立饱和遗传图谱等缺点，从而影响选择效果，特别是对数量性状的选择。育种学家在作物育种中开始应用与育种目标性状连锁的遗传标记来对目标性状进行跟踪选择。基于 DNA 分子水平上遗传多样性的分子标记技术一出现，就以其适应性广、多态性丰富、数量多、对表型无影响、共显性等特点，引起了遗传育种学家的广泛兴趣，为实现作物基因型的选择提供了技术支撑。

1983 年 Soller 和 Backman 以某种遗传标记与 QTL 存在连锁关系为理论依据，提出了分子标记辅助选择（molecular marker assisted selection，MAS），在动、植物育种中直接对性状进行辅助选择，MAS 是利用与目标性状基因紧密连锁的分子标记进行间接选择，由于 MAS 充分利用了遗传标记、表型和系谱的信息，对目标性状在分子水平的选择，不受环境影响，不受等位基因显隐性关系干扰，因此具有比常规遗传评定方法更大的信息量，可提高个体遗传评定的准确性；同时 MAS 一般可在育种早期进行选择，从而大大缩短了育种周期，MAS 是一项极有潜力的育种新技术，已成为分子育种的一个重要部分，利用分子标记辅助选择能加速品种遗传改良的进程，极大地提高育种效率，减少育种过程的盲目性和周期性。目前 MAS 在动、植物育种上的应用主要在质量性状和数量性状的选择这两个方面。

10.3.2 分子标记辅助选择方法

随着分子生物学的不断发展，许多新的 DNA 指纹技术不断涌现，如 RFLP、RAPD、DAF、SPAR、SSR、SCAR、STS、AFLP、CAPS、SNP 等分子标记技术。一般依其所用的分子生物学技术大致可以分为两大类：一类是以 Southern 杂交技术为核心的分子标记，如 RFLP，这类分子标记被称为第一代分子标记；另一类是以 PCR 技术为核心的分子标记，如 STS、RAPD、AFLP、SSR 等，这类分子标记被称为第二代分子标记；单核苷酸多态性(SNP)标记被称为第三代分子标记。

(1)RFLP 标记　限制性片段长度多态性(restriction fragment length polymorphism，RFLP)标记是指基因型之间限制性片段长度的差异，这种差异是由限制性酶切位点上碱基的插入、缺失、重排或点突变所引起的。

(2)STS 标记　特定序列位点(sequence-tagged site，STS)，是由特定引物序列所界定的一类标记。在生物的基因组中常存在大量的单拷贝序列，根据单拷贝 DNA 两端的序列设计特异引物对基因组 DNA 进行 PCR 扩增，所产生的一段序列在基因组中往往只出现一次，从而能够界定基因组的特异位点，将 RFLP 片段两端测序，设计一对专一引物即可获得 STS 标记。

(3)RAPD 标记　随机扩增多态性 DNA(random amplified polymorphic DNA，RAPD)，是由美国的 Williams 等人于 1990 年发明的。它是以聚合酶链反应技术(PCR 技术)为基础，利用人工合成的寡核苷酸为引物(一般为 8～10 个碱基)，以从组织中分离出来的基因组 DNA 为模板进行 PCR 扩增，然后电泳检测 PCR 产物的多态性。

(4)AFLP 标记　扩增片段长度多态性(amplified fragment length polymorphism，AFLP)是 RFLP 与 PCR 两项技术相结合的产物。AFLP 技术是 1993 年由荷兰科学家 Zabeau 等人发明的一种检测 DNA 多态性的方法，被认为是迄今为止最有效的分子标记。

(5)SSR 标记　简单序列重复(simple sequence repeats，SSR)，又叫微卫星 DNA 标记(Rafalshi J. A. and Tingey S. V，1993)，它是指基因组中存在的由 2～5 个核苷酸为重复单位组成的长达几十个核苷酸的串联重复序列，这种序列广泛分布于真核生物基因组。SSR 标记具有共显性、高多态性和易于检测等优点，是一种理想的分子标记，它克服了 RFLP 和 RAPD 的缺点，且完全符合作物品种鉴别的 4 个基本准则，因此被广泛应用于许多作物的基因定位和 QTL 分析、DNA 指纹和品种鉴定及分子标记辅助育种等。

(6)SNP 标记　单核苷酸差异多态性(single nucleotide polymorphism，SNP)，也是以 PCR 技术为基础的分子标记技术，它是指不同生物个体基因组 DNA 序列之间单个核苷酸的差异，这种差异可以通过设计特异 PCR 引物扩增和电泳检测显示出来，SNP 标记是根据基因组测序结果发展起来的，因而它的数量非常丰富。目前 SNP 作为一种分子标记技术，已有 2 000 多个 SNP 标记定位在人类染色体上，在水稻和大豆等植物上也发展了一些 SNP 标记。

SNP 标记常用方法：①直接测序法；②Taqman 探针法(定量 PCR)；③非探针的普通 PCR

方法；④芯片技术；⑤Illumina 技术；⑥MALDI-TOF MS 质谱技术。

10.4　动物分子育种

随着现代生物技术和信息技术的发展，国际上的动物育种已经逐渐进入分子水平。动物分子育种(animal molecular breeding)是依据分子遗传学和分子数量遗传学理论，利用 DNA 重组技术来改良畜禽品种的新型学科。动物分子育种几乎涉及遗传资源的保护和开发利用、选种选配、杂种优势预测、基因育种(transgenic breeding)、基因组育种(genomic breeding)、QTLs 定位和 NDA 分子标记辅助选择育种(marker assistant selection，MAS)。根据英、美等西方发达国家和联合国粮农组织的预测，21 世纪全球畜牧业的 90%畜禽品种将会应用分子育种技术。

采用转基因育种、基因组育种和使用 QTLs 定位畜禽中的重要生产性状座位，并与重要生产性状座位连锁的 DNA 分子标记来进行评估动物个体的生产潜力。

10.4.1　分子育种在猪中的应用

伴随着遗传学理论的发展，猪育种技术也经历了表型选择→育种值选择→基因型选择的过程。表型选择是依据性状表型值的高低进行选择，虽能获得一定进展，但速度慢，效果不稳定。育种值选择是借助一定的统计学方法，将性状的表型值进行剖分，并从中估计出可以真实遗传的部分，即育种值，从而提高了选种的准确性和效率。基因型选择是通过确定性状所对应的基因型进行选种，即分子育种。这种方法获得遗传进展的速度快，效果稳定。从目前的发展情况来看，分子育种主要是以分子标记为基础进行标记辅助选择，然后以转基因技术为基础进行转基因育种。这项工作的前提是检测影响猪经济性状的主效基因，并进行 QTL 精细定位。

10.4.1.1　QTLs 和分子标记辅助选择在猪育种中的应用

20 世纪 80 年代以来，随着分子生物学及遗传学的发展，QTLs 和 DNA 分子标记技术在各种动物的基因定位、遗传图谱构建等方面得到广泛应用。尤其是 2000 年人类基因组 DNA 序列的完成和基因组框架的建立，大大推动了猪基因组计划的研究进展，目前，猪基因组 DNA 分子标记在猪连锁图谱上定位了近 3 000 个标记，其中大多数是微卫星标记，而不是功能基因。在猪的基因组数据库中已有 924 个基因和 1 675 个标记，分析了大约 281 个不同的猪性状与这些标记之间的关系，这些标记为大规模定位和分离影响重要经济性状的基因进而开展分子标记辅助选择提供了大量的研究素材。

(1)影响猪经济性状的主效基因与 QTLs

①生长胴体性状。国内外大量的研究报道了影响猪的生长胴体性状的基因。猪的肌肉生长抑制素(myostatin，MSTN)基因定位于 15 号染色体上，效应分析表明其与瘦肉性状有一定的相关性。与初生重、生长速度、胴体重及瘦肉率相关的肌细胞生成素(MYOG)基因被定位 9 号染色体上。与猪的生长及胴体组成性状间存在着显著相关性的生长激素(GH)基因被定位于 12 号染色体上。影响背膘厚和瘦肉率的猪的激素敏感脂肪酶(HSL)基因及肥胖(OB)基因分别被定位于 6 号和 12 号染色体上。影响初生重和背膘厚的垂体特殊转录因子(PIT1)被定位于 13 号染色体上。影响脂肪沉积的脂蛋白脂酶(liprotein lipase，LPL)基因被定位在 14 号染色体上。分别与猪的日增重及瘦肉性状存在连锁的胰岛素样生长因子-Ⅰ(IGF-Ⅰ)和Ⅱ

(IGF-Ⅱ)已成为影响这两项性状的主效或候选基因。

②繁殖性状。国内外大量研究证实，雌激素受体(ESR)基因对猪产仔数有显著的影响。ESR基因全长6 kb左右，被定位于猪1号染色体的P24-25区，并作为猪产仔数主效基因ESR的标记。中国农大李宁院士等(1998)也发现促卵泡激素β亚基(FSH-D)基因与控制猪产仔数的主效基因紧密连锁，可影响产仔数1.5～2头。其他的研究人员也相继报道了位于7号染色体的猪白细胞表面抗原(SLA)、视黄酸受体Y(RAR-Y)基因、位于14号染色体的视黄醇结合蛋白4(RBP4)基因、位于8号染色体的OPN以及位于6号染色体的催乳素受体(PRLR)基因等也都对猪产仔数有不同程度的影响。另外，在猪的4号、6号、7号、8号和15号染色体上也存在着显著影响产仔数的QTL。

③肉质性状。研究表明位于猪6号染色体上的氟烷(Ha1)基因以及位于15号染色体的酸肉(RN)基因具有多效性，一方面对猪肉品质存在着显著的不良影响，另一方面具有提高瘦肉率和日增重的效应。位于6号染色体上的脂肪酸结合蛋白(H-FABP)基因、4号染色体的脂肪组织脂肪酸结合蛋白(A-FABP)基因以及MI基因的遗传变异与肌内脂肪含量有关，影响猪肉的嫩度、风味和多汁性，其中对猪肉嫩度的影响尤为显著。到目前为止，国内外大量的研究报道了影响猪肉嫩度、多汁性、失水率、pH及肉色基因的QTL定位及效应分析。

④抗病性状。猪的抗病育种目前研究得还比较少，主要是因为其受微效多基因控制。位于7号染色体上的猪白细胞表面抗原(SLA)与免疫应答密切相关，该基因控制猪对支气管败血巴氏杆菌的免疫应答。位于猪13号染色体上的K88受体基因的显性遗传等位基因S导致新生仔猪腹泻和水肿病，目前PIC公司已经通过标记辅助选择手段获得了该基因的抗性猪，取得了非常好的应用效果。位于6号染色体上的显性遗传F18敏感性基因能导致仔猪腹泻和水肿病。巨噬细胞相关的天然抗性(NRAMP1)基因能抵抗沙门氏菌的攻袭，该基因已被定位于猪的15号染色体上。

(2)分子标记辅助选择　标记辅助选择就是利用DNA水平的选择来补充以表型值或育种值为基础的选择。尤其是对于低遗传力的性状，如繁殖性状，有助于加快其遗传进展。

有研究表明，猪主要组织相容性复合体(MHC)基因作为分子标记进行辅助选择，可同时对多种疾病的抗性进行选择，提高猪的一般抗病力。同时，由于MHC与多种生产性状都有连锁，因此可望在提高抗病力的同时使猪的其他性能也得到相应的提高。此外，以混合线性模型为基础的标记辅助最佳线性无偏预测(marker-assisted best linear unbiased prediction，MBLUP)也是一种较为有效的方法。该法既可以利用表型和系谱信息，又可以利用常规选择方法所无法利用的DNA标记信息，因而可极大地提高遗传评定的准确性和选种效果。

10.4.1.2　转基因猪

从Hammer等(1985)得到第一批转基因猪到现在有20多年的历史。猪转基因技术已经应用于对猪生产性能的遗传改良；生物反应器生产医用蛋白，以及用猪作为异种器官移植的供者等领域，并取得了一系列重要的进展。猪转基因技术也得到了诸多的改进和创新，建立了一些新的方法和技术。到目前为止，成功获得转基因猪的技术有原核注射法、精子介导法、逆转录病毒感染法和体细胞核移植法。

猪转基因的技术在猪生产性状的遗传改良领域的应用，主要是通过导入外源基因达到提高生产性能，提高抗病性或改善肉质的目的。如导入的外源生长激素类基因的猪生长速度平均提高15%，饲料转化率提高10%。导入的外源胰岛素样生长因子(IGF-1)基因的猪脂肪减少 10%、瘦肉增加 6%～8%。导入小鼠抗流感基因的猪显著增强了对流感病毒的抵抗力。导入菠菜 *FAD*12 基因的猪，其猪肉中不饱和脂肪酸含量显著提高 20%。导入秀丽线虫 *FAT*-1 基因的猪肉中 ω-3 脂肪酸含量显著提高。

用转基因猪作为生物反应器表达外源蛋白的系统有乳腺和血液。1997 年美国弗吉尼亚大学研究人员成功构建在乳腺中特异表达人蛋白质的转基因猪，其表达量是正常人血含量的 200 倍。将人凝血因子Ⅷ基因与乳腺表达载体相连接并导入猪，得到了在猪乳中表达人凝血因子Ⅷ的转基因猪。导入人的血红蛋白基因的转基因猪血细胞中，人的血红蛋白占血红蛋白总量的 9%。十几年来，数十种昂贵的、自然资源十分缺乏的药用蛋白质以及应用于预防人类和家畜传染病的抗原蛋白在猪的乳腺和血液中得到表达，有的已进入临床试验。目前科学家们研究的主要集中于进一步提高表达量；另一方面是表达产物的分离纯化技术，向产业化的方向发展。

10.4.2　分子育种在反刍动物中的应用

伴随着遗传学理论的不断发展，牛的育种技术经历了表型选择→育种值选择→基因型选择的过程。基因型选择是通过确定性状所对应的基因型进行选择，即分子育种（molecular breeding）。反刍动物分子育种主要涉及遗传资源的保护和开发利用、选种选配、杂种优势预测、数量性状基因座（*QTL*）的定位及 DNA 辅助育种等领域及转基因牛等领域。

10.4.2.1　遗传资源的保护和利用

反刍动物遗传资源的保护，就是保护基因的多样性。传统的形态、细胞和生化标记由于多态位点少、易受环境影响，已不能满足遗传多样性研究需要。NDA 分子标记技术已应用于牛、羊种的遗传多样性研究之中。主要研究分析世界牛、羊种间的起源进化及亲缘关系，群体的遗传结构，遗传多样性与生产性能的相互关系，以及资源的保护、利用和优良品种培育等提供了宝贵的基础材料。

10.4.2.2　杂种优势预测

传统的肉牛育种中杂种优势预测方法主要采用配合力测定，但费时费力，见效慢。通过 DNA 分子标记的多态性分析可以准确、快速地识别牛种间、种内品种及家系间、家系内个体间的遗传差异。据此得到的共带系数和遗传距离等相关参数将为亲本纯度估计、亲本间亲缘关系远近估测、杂交亲本选择选配、杂种优势预测及相关关系分析提供可靠的数据。

10.4.2.3　QTLs 和分子标记辅助选择在反刍动物育种中的应用

反刍动物是畜牧业经济发展中重要的山地养殖动物。反刍动物分子育种主要确定影响重要经济性状基因（*ETL*）或 *QTL* 在基因组上的遗传和物理位置，寻找与 *QTL* 紧密连锁的 DNA 标记，实施 MAS，在 DNA 水平上对目标性状进行基因型选择，可提高牛的生产能力，改善遗传性能。牛由于低遗传力，用传统的表型选择来提高性状很困难，现大量的研究着手于不同品种的重要性状 QTL 图谱的建立和分子遗传标记的鉴定。

(1)影响牛经济性状的主效基因定位与 QTLs　①基因组图谱绘制。牛遗传图谱主要用来分析牛重要经济性状在基因组中的位置及其对表型性状的贡献率，是定位重要生产性状基因和 MAS 的基础。牛第一张微卫星标记遗传连锁图谱由 Barendse 于 1994 年建成，第一代牛全基因组遗传图谱包括 Bishop(1994)、Barendse(1994)、Georges(1995)和 Ma(1996)发表的 4 张图谱。其中美国农业部的肉用动物研究中心（MARC）构建的连锁图谱包含 313 个标记，跨距 2 464 cM。第二代牛的全基因组遗传连锁图谱是于 1997 年，美国 MARC 和澳大利亚联邦科学与工业研究组织分别发表的。前者构建图谱共有 1 236 个标记，图谱总长2 990 cM，覆盖 2 条性染色体和 29 条常染色体，标记间平均间距为 2.5 cM；后者构建的是一个中等标记密度的标记图谱，包括 746 个 DNA 多态性标记，其中 703 个标记位点都有相连锁的标记，覆盖 95%基因组。同第一代遗传图谱相比，第二代连锁图谱极大地提高了图谱的标记密度，同时也扩大了基因组的覆盖距离，这种高密度遗传连锁图谱的建成为基因定位、物理图谱的构建及基因的位置克隆(positional cloning)提供了足够密度的遗传图谱，奠定了基础。近年来的研究工作主要是加强完善 29 条常染色体和 2 条性染色体单条染色体的连锁图谱。到目前为止，牛全基因组的连锁图谱上共有 2 564 个标记。2006 年 8 月，牛基因组测序计划中的大部分工作完成。②牛的重要性状基因定位。与奶牛妊娠有关的 *QTL* 定位在 13 号和 19 号染色体上。在荷斯坦奶牛的 3 号和 20 号染色体上存在影响乳脂率和乳蛋白率的 *QTL*，在 18 号染色体上存在影响怀孕率的 *QTL*。20 世纪 90 年代国外研究人员发现存在于 4 号染色体 *Weaver* 基因与奶牛产奶性能存在显著相关。在 14 号染色体上的 K232A 基因与乳脂含量相关。位于 14 号染色体上的 *BM*302，18 号染色体上的 *BM*2078，23 号染色体上的 513、*BM*1443、*BM*1818、*BM*1905，26 号染色体上的 *BM*4505；23 号染色体上的标记 513 和 *BM*1258 对牛乳中体细胞数有显著影。到目前为止，国内外大量的研究报道了影响牛的生长胴体性状的基因，涉及 *GH*、*GHRH*、*GHR*、*POU*1F1、*IGFBP*-3、*IGF*-1、*IGF*-2、*MEF*2、*TG*、*MC*3*R*、*MC*4*R*、*AGRP*、*NPY*、*POMC*、*CART*、*Ghrelin*、*Hcrtrl*、*Orexin*、*HTR*1*B*、*HTR*2*A*、*CLPG* 21 个功能基因，并进行了基因定位。我国的研究主要集中在秦川牛、南阳牛、鲁西牛、晋南牛和郏县红牛等重要地方牛品种上。

(2)分子标记辅助　由于牛的生长周期长，因此早期有效的检测和利用影响肉牛生产性状及抗病能力的主效基因或与之紧密连锁的分子标记，结合标记辅助选择方法(MAS)将大大提高肉牛育种的遗传进展。标记辅助选择由于充分利用了表型、系谱和遗传标记的信息，与常规选种方法相比，具有更大的信息量。同时由于这种选择方法不易受环境因素的影响，且没有性别、年龄的限制，因而可进行早期选择，缩短世代间隔，提高选择强度，进而提高选择效率和准确性，尤其是对于限性性状、低遗传力性状及难以测量的屠宰性状。对奶牛后备公牛 MAS 研究表明，可比传统的后裔测定方法提高 20%～30%的遗传进展。绝大多数关于 MAS 的研究都只考虑了单个性状，而实际育种往往需要同时对几个性状进行选择，最近已有人开展多个性状的 MAS 研究。随着牛 *QTL* 定位的深入研究，标记的数量愈来愈多，标记的信息也将愈来愈准确，MAS 才能真正成为牛品种改良的决定性武器。

10.4.2.4 转基因育种

转基因育种充分利用了所有可能的遗传变异，从而极大地提高牛遗传改良的幅度和速度，同时还可根据人们的需求创造出一些非常规的产品。转基因奶牛的主要目的是提高产奶量，改变乳成分，提高乳品质，此外还可以为人类提供更多的各种药用蛋白和营养保健品，使奶牛的经济价值得到更大的发挥。1990 年，美国获得世界上第一头名为 Herman 的转基因公牛，该公牛可与非转基因母牛生产转基因后代，1/4 后代母牛乳汁中表达了人乳铁蛋白。随后，相继诞生许多其他转基因牛生产的人类药用和保健产品，如：Ⅰ型人骨胶原、促红细胞生成素(DEH)、人催乳素、人乳清白蛋白、人免疫球蛋白、人乳清过氧化酶、人分泌性抗体等。在奶牛上的转基因显著提高产奶量，专家们对奶牛的分子改良潜力作了预测，可使奶牛的年产奶量从

8 000 kg 提高到 12 000 kg。随着转基因技术的不断进步,转基因的定点整合、整合率和稳定遗传等问题将会逐步得到解决,在奶牛育种中发挥越来越大的作用,必将成为未来培育优质、高产奶量、高抗病性新品种奶牛的主要途径。

10.4.3 分子育种在鸡中的应用

现代家禽育种起步于二战前后,伴随着遗传学理论的不断发展,家禽的育种技术经历了表型选择—育种值选择—基因型选择的过程。目前,国内外家禽分子育种技术主要针对鸡数量性状基因座(*QTL*)的定位主效基因,分子标记为基础进行标记辅助选择(MAS),以及利用转基因技术,转入外源基因改良家禽生产性状。

10.4.3.1 QTLs 和分子标记辅助选择在家禽育种中的应用

(1)影响家禽经济性状的主效基因定位与 QTLs　目前,对家禽 *QTL* 主要针对不同品种的重要性状 *QTL* 图谱的建立和分子遗传标记的鉴定。主要集中在经济和繁殖性状,至今已进行 *QTL* 定位的性状有:体重、肌肉生长与发育、腹脂、体形结构、对沙门菌和马立克氏病(MD)的抗性。另外还发现主要组织相容性复合体(MHC)等是抗病性状的候选基因。

国内外大量的研究表明,影响屠宰率和体重的 *QTL* 定位在 1 号染色体上;影响生长速度的基因定位于 z 染色体上;影响肉色和腿部发育的 *QTL* 定位在 2 号染色体上;影响增重的 *QTL* 位于 4 号染色体上;影响采食量的 *QTL* 位于 2、4 号染色体上;影响蛋稀薄蛋白的 *QTL* 定位于 1、2、3 号染色体上;影响肉色的 *QTL* 定位于 2 号染色体上;影响腹脂重和腹脂率的 *QTL* 位于 1、3、5、7、15 和 28 号染色体上;影响皮脂及其重量的 *QTL* 位于 3、7、13 和 28 号染色体上。鸡的抗病性状的候选基因 *MHC* 位于 16 号染色体。国外研究人员利用 78 个微卫星标记研究白来航蛋鸡对 *MD* 的抗性,发现 14 个抗性 *QTL*,其中 7 个为显著影响,并进行了精确定位。另外,鸡的耗料量、体重、开产蛋重、平均蛋重、性成熟年龄、蛋品质和产蛋量的 *QTL* 已经定位。与肉品性状有关的标记基因,如 *PARR*、*UCP* 及 *Myostatin* 等正在研究之中。

(2)分子标记辅助　MAS 充分利用了遗传标记、表型和系谱的信息,具有比常规遗传评定方法更大的信息量,可提高个体遗传评定的准确性,是家禽品种改良的有效方法。对遗传力低和家系共同效应大的性状,采用 MAS 的效果可比传统指数选择效果提高 3～4 倍。家禽的许多性状如抗病性、肉质性状、繁殖性状、生长性状等均已有定位相关主基因,其中一些性状已筛选出紧密连锁的分子标记,例如,鸡的 *MHC* 基因、快慢羽基因(*Kk*)、性连锁矮小基因(*dwarf*,*dw*)及裸颈基因作为分子标记进行 MAS 的技术。绝大多数关于 MAS 的研究都只考虑了单个性状,而实际育种往往需要同时对几个性状进行选择,最近已有人开展多个性状的 MAS 研究。

10.4.3.2 家禽转基因技术

家禽育种工作一直朝着开发生产转基因鸡的技术方面发展,家禽转基因育种技术打破了不同生物物种间的界限,可将外源基因直接导入家禽品种中,能够大幅度缩短世代间隔,培育出新品种。同时转基因育种可以充分利用所有可能的遗传变异,从而极大地提高家禽遗传改良的幅度和速度,还可根据需求创造出一些非常规的产品。家禽转基因主要有 6 种方法:①反转录病毒载体法;②原核显微注射法;③脂质-精子介导法;④精子辐射处理法;⑤原生殖细胞(PGCs)载体转移法;⑥基因剔除与基因契入法,类似同源基因重组。

目前,转基因技术主要集中在改良家禽重要生产性状,以及家禽非常规转基因育种的研究,包括家禽生物反应器和家禽抗病育种的研究。如通过转基因操作将激素和生长因子基因导入鸡的基因组提高生长性能,或对某些生产性能不利基因进行剔除,从而大大提高其产量。如把反刍动物小肠细胞中的纤维素酶基因导入鸡体,使鸡体可以分解多糖,产生了食草而产蛋长肉的鸡,并且增加了鸡的饲料来源。非常规性转基因育种是指将人类药用蛋白基因或工业用酶基因导入家禽基因组,使目的基因在血液循环系统或蛋中表达,从而生产出非常规性家禽产品。家禽成为了高效生产药用蛋白或工业用酶的化工厂,即动物生物反应器。转基因家禽(以鸡为主)生物反应器又成为新的热点。如可将 SOD 基因和人瘦素蛋白基因导入鸡的基因组中,然后从鸡蛋中提取有效成分,用来生产化妆品和保健品。家禽抗病育种主要进行转基因工程抗病育种,培育抗病品系。目前的基因工程技术可以将两个或多个抗病毒基因克隆至同一载体中,将这样的多重抗病毒基因导入家禽体内,能使不同的抗病毒功能基因协同作用。

10.5 植物分子育种

植物分子育种是运用分子生物学、基因工程先进技术,将目的基因或 DNA 片段通过载体或直接导入受体细胞,使遗传物质重新组合,经细胞复制增殖,新的基因在受体细胞中表达,最后从转化细胞中筛选有价值的构成新类型工程植株,从而创造新品种的一种定向育种的新技术。植物分子育种直接操作遗传物质,加快育种速度,避免杂交育种后代分离和多代自交、重复选择等,在短时间内可稳定形成新品种、新类型。分子育种能改变植物多代的单一性状,而其他性状保持不变,因而,植物分子育种比传统的育种方法更具有预见性和创新性,并能大大缩短育种周期。

10.5.1 植物分子育种的概念及特点

10.5.1.1 植物分子育种的概念

植物分子育种是指不经过有性过程,将外源 DNA 导入植物,诱发可遗传的变异,以选育带目的性状的优良品种的育种技术。分子育种广义地讲包括两个层次的生物工程技术:①外源 DNA 导入植物的技术。即将带有目的性状的基因的供体总 DNA 片段导入植物,筛选获得目的性状表达的后代,培育新品种;②植物基因工程技术。即将目的基因分离出来,在体外构建重组分子再导入植物细胞,然后通过离体培养并筛选获得目的基因表达的植株,培育新品种。狭义的分子育种指的是第一个层次的分子育种即外源 DNA 导入植物的技术。

10.5.1.2 植物分子育种特点

(1)操作简单 植物分子育种以异源 DNA 片段有可能在受体植物细胞内形成部分杂交片段的假说为基础,通过适当的导入方法很容易将供体的总 DNA 导入受体细胞内,由此引起受体发生遗传性变异,为育种工作提供丰富的遗传变异资源,因而是简单易行的育种新途径。

(2)变异范围广 异源 DNA 导入受体细胞后,由于供体与受体的异源遗传物质的相互作用,其中包括 DNA 片段的插入、整合、调控和启动等,会引起受体产生多种多样的遗传性变异。受体所产生的遗传性变异涉及作物的各类质量性状和数量性状,其中包括植株的形态变异、生长发育速度、生理生化特性、抗病虫能力、产量构成潜力和品质改良以及抗逆性等等。从受体的变异性状来看,一般在 D1 代出现变异性状,少数在 D2 代和 D3 代才出现变异性状。变异性状包括供体所特有的性状和双亲均没有的新性状。这些新性状在后代中能稳定遗传或继续发生性状分离。

(3)后代稳定快 通过远缘杂交所获得的杂种后代群体会发生“疯狂分离”，随后还需要经过 8～10 个世代的严格筛选才有可能培育出稳定的新品系。通过异源 DNA 直接导入法所获得的转基因植株后代群体一般只经过 4～5 个世代就能选育出带有远缘优良性状的新品系，由此可以缩短育种时间，提高育种效果。

10.5.2 植物分子育种方法

(1)供体 DNA 的提取 大多数的供体 DNA 的提取是据 Marmur 的方法进行改进的，主要用酶法或离子交换法除去 RNA 及蛋白质获得较纯的 DNA 分子。植物育种的目的是获得带有目的性状的新品系，为此作为供体 DNA 必须含有表达目的性状的基因。用于提取 DNA 的植物材料，一般选用细胞分裂旺盛、DNA 量高的幼嫩器官或组织。

(2)外源 DNA 分子导入植物的途径和方法 外源 DNA 导入技术可分为两类，一类是以分离培养的细胞为受体，导入 DNA 后再生植株，另一类是从整体植株体内细胞为受体、直接得到 DNA 转化的种子。后者比前者简单、直接，可直接以作物的植株在田间进行导入和选育品种。以整体植物的细胞为受体的导入技术又可分为两种，一种是以种胚细胞为受体，另一种是以生长点细胞为受体。前者包括授粉前、后的卵细胞及不同发育时期的种胚细胞为受体的技术，以生长点细胞为受体的技术是用 DNA 溶液浸泡成熟种子或幼苗。

(3)外源 DNA 导入技术的分子验证 将外源 DNA(基因)从子房顶部注入后，通常采用 Southern blot 分子杂交证明外源 DNA(基因)整合进入了受体基因组中。并且通过后代检测其形状的表达。

10.5.3 分子育种在水稻中的应用

水稻分子育种研究主要包括转 QTL 定位、基因育种和分子标记辅助选择育种，其核心仍然是经典育种手段和方法；同时，由于分子生物学研究方法及其技术的应用，研究目的性和研究效率得到提高，原有的种间生殖隔离得到一定程度的打破，显示了明显的优越性。目前，水稻分子标记辅助选择的育种应用已开展多年，育成品种已开始在生产上应用，转基因育种也取得了很大成就。

10.5.3.1 QTLs 在水稻育种中的应用

(1)产量 水稻产量主要由单位面积的穗数、单穗粒数和粒重 3 个因素构成。国外研究人员精细定位并克隆了一个通过增加谷粒数目来提高水稻谷物产量的 *QTL*(*Gnla*)；图位克隆了第一染色体上的种子落粒性基因 *qSH1*；克隆了两个与水稻花分生组织维持有关的基因 *RCN1* 和 *RCN2*，*RCN1* 和 *RCN2* 不仅使生育期延长，也使穗部表现出多分枝的密穗表型；分离到水稻穗发育基因 *LAX*(L4 PANICLE,L4)，*LAX* 基因对稻穗二次枝梗上的小穗分化起关键作用。我国水稻育种工作者用染色体置换系定位了 31 个杂种增效位点；从江西东乡野生稻中发现了一个高产 *QTL*，并将其精细定位于第二染色体 102.9 kb 的区域；将千粒重 *QTLgw* 于 93.8 kb 的区间中。

(2)抽穗期(适应性) 水稻的抽穗期是决定品种地区与季节适应性的重要农艺性状，主要由感光性、感温性和基本营养生长性决定。日本水稻基因组计划(RGP)检测到 14 个抽穗期 *QTLs*，并且对 *Hdl*、*Hd2*、*Hd3a*、*Hd3b*、*Hd4*、*Hd5*、*Hd6*、*Hd8* 和 *Hd9* 进行了精细定位。国外研究人员相继以感光性突变体为材料，通过候选基因克隆法，率先克隆了水稻抽穗期 *se-5* 基因；通过图位克隆分离到了 *Hdl*、*Hd3a* 的基因序列；克隆得到 *Hd6* 全序列以及其编码的蛋白激酶 *CK2* 的一个 A 亚基。我国水稻育种工作者以抽穗期主基因位点近等基因系 EG、ER-LR、T65 系列为测验系，开展了我国不同生态区、不同类型水稻主栽品种抽穗期主基因基因型分析工作，目前，对我国长江流域早籼、中籼、晚籼水稻品种、东北稻区粳稻品种抽穗期主基因基因型分析已基本完成。

(3)品质　稻米品质的主要性状指标有外观品质、蒸煮食用品质、营养品质和碾磨品质。就外观品质而言，国内、外水稻育种工作者把控制粒长的主效 *QTL* 精细定位在温度和胶稠度等理化指标。直链淀粉含量主要与位点相关，糊化温度受 *alk* 基因控制。克隆到一个位于第8染色体控制稻米香味的基因，该基因与甜菜碱乙醛脱氢酶(BAD)具有很高的同源性，因此命名为 *BAD*2，当该基因功能缺失时，稻米中积累 2-乙酰-1-吡咯啉香气物质就产生了香味。这些控制稻米品质形成的 *QTL* 研究是分子育种的基础。

(4)抗性　水稻抗性包括生物逆境抗性和非生物逆境抗性，目前利用图位克隆已经克隆了多个抗性基因，包括6个抗白叶枯病基因 *Xa-1*、*Xa-21*、*Xa-21D*、*Xa-5*、*Xa-13*、*Xa-26*；4个抗稻瘟病基因 *pib*、*pi-ta*、*Pi-d2*、*pi9*。最近，陆续有几个抗褐飞虱基因已被精细定位；源于药用野生稻的基因 *BPH18*、*BPH9*、*BPH15* 陆续被精细定位；此后抗盐方面的基因 *SKC*1 基因也陆续被精细定位。可能作为转录因子控制禾本科植物侧根原基发育的 *ARL*1 基因已被克隆鉴定。这些结果为抗性耐逆境的转基因育种提供了可能性。

10.5.3.2 转基因水稻育种

转基因技术可以将水稻基因库中不具备的抗病、抗虫、抗除草剂、抗旱、耐盐、β-胡萝卜素合成等基因转入水稻，实现水稻种质创新，为生产提供新型品种。国内外已得到了许多水稻转基因植株，涉及上述等重要农艺性状，有些已进入田间试验和应用阶段。

(1)品质　转基因改良水稻品质最著名的范例是瑞典和德国育种学家利用农杆菌介导法，将维生素 A 前体(β-胡萝卜素)合成途径的3个关键酶(八氢番茄红素合成酶、细菌八氢番茄红素去饱和酶、番茄红素 B-环化酶)同时转入水稻中，转基因水稻种子中类胡萝卜素增加，内胚乳呈黄色，从而创造了自然界没有的黄金稻。我国的水稻育种工作者采用农杆菌介导法，将可溶性淀粉合成酶(SSS)基因和淀粉分支酶(SBE)的基因导入籼稻，转基因的水稻株系稻谷直链淀粉含量均有较大幅度降低；利用农杆菌介导法将豌豆铁蛋白基因转化到水稻中，结果表明转豌豆铁蛋白基因的叶片呈现出不同程度的抗百草枯氧化的能力，并对稻瘟病菌有较好的抗性，该转基因的水稻种子和叶片中铁的含量比非转基因种子提高2.2倍。

(2)转入抗虫基因　水稻中抗虫资源贫乏，虫害危害比较严重，转基因技术为抗虫品种的培育提供了一条新途径。自从1989年实现苏云金杆菌抗虫基因转化水稻并得到再生植株以来，转抗虫基因水稻的研究取得了很大进展。抗虫基因主要包括 *Bt* 基因、蛋白酶抑制基因和凝集素基因。各国研究人员相继报道了将 *Act* Ⅰ启动子驱动的 *CpT* Ⅰ基因导入水稻后有效抵御两种鳞翅目水稻害虫。半胱氨酸蛋白酶抑制剂基因导入水稻 ITA212、IDSA6、LAC23 和 WAB56-104 中获得抗性转基因植株。导入 *GNA* 基因的泰国籼稻 KMDL105 和 SP60 有效降低了(37%～42%)褐飞虱幼虫的存活率。不同水稻品种中 *Cry* Ⅰ(b)基因的导入，对二化螟、三化螟的幼虫致死率分别为70%～100%。我国水稻育种专家1998年已培育出克螟稻1号、2号、3号。获得转双价抗虫基因和豇豆胰蛋白酶抑制基因 *CPTi* 植株。

(3)转入抗病基因　抗病转基因水稻包括转抗病毒基因、抗真菌病害基因和抗细菌病害基因。抗病毒转基因已开展了 8 种病毒的转基因研究，包括水稻东格鲁毒(rice tungro disease)、水稻齿叶矮缩病毒(RRSV)、水稻条纹叶枯病毒、水稻黄矮病毒(RYSV)、水稻矮缩病毒(RI-IV)等，取得了一定进展。国外研究人员报道将植保素基因 *wasabi* 导入水稻，对稻瘟病具有广谱抗性并可稳定遗传。将 *Xa*21 基因转入多个水稻主栽品种，所有这些转基因植株都显示出对白叶枯病的高度抗性和广谱抗性。我国的研究人员将多个几丁质酶基因和 β-1,3 葡聚糖酶基因一起转入水稻，转基因水稻植株不但增强了对纹枯病的抗性，同时也增强了对稻瘟病的抗性。

(4)抗非生物逆境　国外研究报道了将拟南芥甘油 3-磷酸酰基转移酶基因(*GPAT*)转入粳稻中，转基因植株叶片的不饱和脂肪酸含量比对照高 28%，耐冷能力显著提高。把海藻糖基因导入籼稻内，转基因的水稻能够有效地抵御干旱、高盐和寒冷这三大恶劣环境，且能提高土壤中锌和铁等微量元素的利用能力。将胆碱氧化酶基因(*codA*)导入籼稻中，能够抵抗多种胁迫。将 SAMDC 基因导入水稻中，转基因水稻产生的多胺是对照的 3～4 倍，对 NaCl 胁迫也有很好的抗性。将谷胱甘肽 S-转移酶基因导入水稻后，可望培育出适于在低温地区直接栽培的品种。将 GS2(叶绿体谷氨酰胺合成酶)基因转入水稻，获得了双价转基因耐盐植株。我国的研究人员将 1-磷酸甘露醇脱氢酶基因(*MTLD*)和 6-磷酸山梨醇脱氢酶基因(*GUID*)同时转入籼稻，获得了双价转基因耐盐植株。

除上述外，转其他基因的水稻研究也较多，包括转抗除草剂基因，转叶片衰老延迟基因等；日本科学家利用转基因技术培育出可减少血清胆固醇含量和防止动脉硬化的水稻新品种。另外，还在研究培育可防治贫血、高血压、牙周炎、糖尿病、花粉症等疾病的保健水稻新品种。

10.5.4　分子育种在玉米中的应用

玉米分子育种研究主要包括种优势预测和杂种优势群划分；QTL 定位和分子标记辅助选择；种子纯度鉴定。迄今已将玉米的许多重要性状的基因定位在连锁图上，其中不仅包括抗虫性、抗病性和雄性不育性等质量性状的基因，还包括株高、生育期和产量等的 QTL。目前，转基因玉米已在很多国家大面积推广种植。

10.5.4.1　杂种优势预测和杂种优势群划分

杂种优势利用是作物增产的重要手段，但常规育种中亲本的选育和组合的选配需要进行大量的测交和田间评价，耗时费力，易受环境影响等缺点。DNA 分子标记技术的出现和应用为杂种优势预测研究提供了新的方法和手段。利用分子标记研究亲本遗传差异与杂种优势的相关性首先是在玉米中展开的，然而对玉米的大量研究表明其相关性并无一致结论。国外研究人员对玉米的研究结果表明，杂种表现与亲本遗传距离间存在高度相关性。然而，另外一些研究则认为 RFLP 遗传距离与杂种产量间仅存在微弱的相关性，因此分子标记对杂种优势的预测能力是有限的。其他研究结果发现相关性依赖于研究所用材料的来源：在同一杂种优势群内的自交系间杂交，杂种优势表现与亲本的遗传距离存在较高的相关性，而在不同优势群间，遗传距离与杂种优势不相关。同样我国研究人员用 RFLP、SSR、AFLP、RAPD 4 种标记对玉米的研究发现，分子标记遗传距离与 F_1 代杂种优势表现间的相关程度不足以预测杂种优势，发现利用分子标记技术预测杂种优势作用有限。

10.5.4.2 QTLs和分子标记辅助选择在玉米育种中的应用

随着农业产业结构的调整,优质蛋白、高淀粉等特用型玉米的种植面积越来越大。玉米育种在基因定位的基础上,一方面将目的基因按需要进行转移,另一方面进行分子标记辅助选择育种。早在1963年,美国科学家就发现隐性突变基因奥帕克2(Opague-2,简称O2)能显著提高玉米籽粒赖氨酸含量。于是,很多国家都相继开始了"O2玉米"的研究工作,选育了许多O2自交系和杂交种。国外研究人员已经测定了O2基因cDNA的全序列,以其序列为模板设计引物,开展分子标记辅助选择已成为选育高赖氨酸玉米的一种手段。建立了O2基因的RFLP标记辅助选择体系,提高了选择效率。美国Pioneer公司在O2基因序列内发现O2对微卫星标记phi057和phil12。美国密苏里大学研发出O2基因的其他微卫星标记umcl066,并将其扩增片段定位在第7条染色体的短臂上,用其中1对或2对便可有效地检测单个植株是否为O2基因隐性纯合。近年来我国研究人员对玉米抗旱性的QTL分析高度重视,并取得了阶段性成果。在第3.04～3.05染色体区域定位了1个抗甘蔗花叶病毒QTL,连锁标记为ph053;在此区域也定位了1个抗玉米丝黑穗病QTL。对玉米花期性状QTL、玉米产量及其构成因子QTL、ABA含量进行整合,并构建了干旱条件下玉米耐旱相关性状的QTL一致性图谱。中国农科院作物所利用phi057结合phil12,建立了QPM分子标记辅助选择的策略,在利用分子标记对O2基因进行检测追踪的同时,通过不同轮次的回交和自交,获得遗传背景不同的QPM自交系。作物抗旱性是一个非常复杂的性状,是由数量性状位点(QTL)控制的。迄今为止,已有至少17种抗病虫基因或数量性状基因位点被定位在玉米染色体上。

10.5.4.3 转基因玉米

1986年美国密苏里大学研究人员Fromm等用电激法把抗除草剂*pat*基因转入玉米原生质体中,开创了玉米遗传转化研究的先驱。20世纪90年代初,其他研究人员在完成玉米产量杂种优势QTL定位的基础上,利用MAS技术将Tx303和Oh43中的有利等位基因分别转入B73和Mo17,在BC3F获得改良的B73和Mo17,组配的改良杂交种较原始的B73xMol7增产10%以上。而O2基因的转入,使玉米中赖氨酸的含量提高80%以上,成为优质蛋白玉米。在20世纪80年代后期中国开展转基因玉米的研究与开发工作,到20世纪90年代,玉米的转基因技术研究得到了迅速发展,许多有价值的基因转入玉米。成功地将国内克隆的*Bt*基因转入玉米,得到转基因植株,并选出了抗玉米螟的转基因家系。

最新科学研究证实转基因玉米会导致小白鼠繁殖能力和免疫能力下降,白鼠从第三代开始,后代的体重、体长和数量都明显减少。国际环保组织绿色和平警示:包括中国在内的各国政府需加强对转基因食品安全性的研究,同时呼吁立即停止任何转基因粮食作物的商业化审批和种植。

10.5.4.4 种子纯度鉴定

DNA指纹图谱技术的发展与应用,不仅可以鉴别表型上难以辨别的品种,而且使鉴定过程简单化、自动化。目前,DNA指纹图谱分析已经成为保护植物品种权的高新技术手段。例如,美国和泰国已构建了大多数玉米自交系和杂交种的DNA指纹图谱数据库,成为实施玉米品种保护的重要依据。美国先锋种子公司首先引用AFLP技术于玉米自交系和杂交种鉴定工作,建立品种档案,保护品种专利。我国研究人员进行了中国玉米DNA指纹库建立的系列研究,建立了一套完善的适用于玉米品种鉴定的SSR标准体系。

思 考 题

1. 简述基因定位及方法。
2. 简述数量性状在动、植物育种中的发展及应用。
3. 分子标记辅助育种的基本概念及常用方法有哪些？
4. 分子标记辅助选择在猪育种中如何应用？
5. 转基因猪的目的和意义是什么？
5. 分子育种在反刍动物的育种中有哪些方面的应用？
6. 说明分子标记技术和转基因技术在鸡育种中的作用。
7. 植物分子育种的概念及特点有哪些？
8. 阐述转基因技术在水稻育种中的应用。
9. 简述分子育种技术在玉米育种中的应用。

第11章　生物技术疫苗及制药

疫苗可以说是目前在医学上最具潜力的防御物质，它可以在其接受体内建立起对入侵物质感染的免疫活性，从而保护疫苗接收者免受疾病侵染。接收者在注射或口服疫苗后，使感染的致病物质中和失活或致死，这样病原物质的繁殖受到抑制，致病性降低或消失。目前，已有几十种用于人类主要传染病的疫苗。在我国，卫生部将5种疫苗7种传染性疾病列入儿童的免疫计划内，由国家免费提供疫苗。部分省还将流行性脑炎和乙型脑炎列入计划免疫，另有部分疫苗为自费疫苗。这些疫苗的使用为控制人类传染性疾病起到了重大的作用。

常规的疫苗主要有两类：第一类是经加热或化学方法处理后的病原微生物，即灭活疫苗（inactivated vaccine）；第二类是由减毒的细菌或病毒制成的活疫苗，亦称减毒疫苗（attenuated vaccine）。常规疫苗存在缺陷：①遗传背景不清楚，因此可能存在毒力回复。②其病原体至今难以人工培养，使这类疫苗研制受限制，如乙型肝炎病毒等。③有些病原体分型复杂，且不断发生变异而产生新的亚型，型别之间的交叉免疫效果极差。所以由某一亚型病原体制备的疫苗只能对这一类型的病原体有效。④多数寄生虫（如疟原虫）生活史复杂，不同生活时期具不同的抗原性，预防寄生虫的疫苗就难以制备。由不同种病原或其代谢产物制成的疫苗称为联苗，同一种病原不同型或不同株抗原所制成的疫苗叫多价苗。根据抗原的选择和抗原提呈方式不同，生物技术疫苗大体上可以分为基因工程疫苗、核酸疫苗、抗独特型疫苗、病毒型疫苗和其他疫苗。

生物技术制药就是利用基因工程技术、细胞工程技术、微生物工程技术、酶工程技术、蛋白质工程技术、分子生物学技术等来研究和开发药物，用来诊断、治疗和预防疾病的发生。

现在，世界生物制药技术的产业化已进入投资收获期，生物技术药品已应用和渗透到医药、保健食品和日化产品等各个领域，尤其在新药研究、开发、生产和改造传统制药工业中得到日益广泛的应用，生物制药产业已成为最活跃、进展最快的产业之一。在生物技术制药产业的舞台上，美国一直稳居榜首，从1982年第一个基因组药物（人胰岛素）诞生以来，至今已经上市了110多种基因药物，2003年美国BIO（Biotechnol Organization）在纽约开会，公布了一系列资料，资料显示，近4年美国批准的药物总数是前15年的总和，这说明美国的生物制药技术产业化发展速度异常迅猛。除美国外，日本、德国、瑞士和法国都已经形成了“研发型”生物技术产业群，其中大部分为生物技术制药产业。而我国生物技术制药的发展起步较晚，2000年以前以仿制为主，中国加入WTO以后，这种方式必然受到挑战，中国制药企业需要拥有自己知识产权的药物。

11.1　生物技术疫苗

生物技术疫苗（biotechnology vaccine）是利用生物技术制备的分子水平的疫苗，包括基因工程亚单位疫苗、合成肽疫苗、抗独特性疫苗、基因工程活疫苗、DNA疫苗以及转基因植物疫苗。

11.1.1 基因工程疫苗

基因工程疫苗(gene engineered vaccine)是指用重组 DNA 技术克隆并表达保护性抗原基因,利用表达的产物或重组体本身制成疫苗。大致分为基因工程亚单位疫苗、基因工程活体重组疫苗和基因缺失活疫苗等。

11.1.1.1 基因工程亚单位疫苗

基因工程亚单位疫苗(gene engineered subunit vaccine)是利用基因工程的方法将病原微生物的主要免疫原在异源宿主细胞内表达后制备而成。寄生虫学家 Dr Odile Puijalon 于 20 世纪 70 年代在世界上率先进行了大肠杆菌表达外源基因的试验,从此揭开了以基因重组方法表达和制备蛋白质的序幕。世界上第一个基因重组蛋白质疫苗——乙肝表面抗原疫苗从 20 世纪 80 年代开始使用以来,在乙肝的免疫预防方面发挥着重要的作用。

重组 DNA 技术可以利用表达载体,将诱导保护性免疫应答的抗原基因在体外进行表达,分离纯化后即得到大量的抗原蛋白。亚单位疫苗主要有以下优点:①抗原为病原体表面的某一特定蛋白,甚至抗原的表位片段,免疫保护的针对性强。②不需培养病原体,制备量大,纯度高。③疫苗无核酸部分,接种后不会在体内复制,比较安全。基因工程亚单位疫苗安全性高。但是,与灭活苗相似,这类疫苗也是以外源蛋白的形式提呈抗原,所以主要刺激机体产生保护性中和抗体,几乎不能诱导有效的细胞免疫;由于重组蛋白往往是高度纯化的小分子蛋白和多肽,因而免疫原性较差,免疫接种时必须辅之以高效的佐剂和适当的载体。基因工程亚单位疫苗的近代研究成果主要有口蹄疫亚单位疫苗、流感抗原表位亚单位疫苗、鸡传染性法氏囊病基因工程亚单位疫苗、新城疫病毒亚单位基因工程苗和转基因植物表达的亚单位疫苗等。

迄今,已研制出来的亚单位疫苗不仅有病毒性疾病和细菌性疾病的,还有激素类的亚单位疫苗。亚单位疫苗或基因工程蛋白质疫苗仍然是疫苗发展的主要方向,主要原因在于:①大规模生产蛋白质的生物反应器(如大肠杆菌、蚕细胞和酵母细胞等)、生产工艺(包括蛋白质提纯技术)都很成熟。②安全可靠性。绝大多数蛋白质对机体不存在感染和其他致病作用。安全性明显高于弱毒疫苗和 DNA 重组质粒疫苗。③重组亚单位疫苗也为寄生虫疫苗的研究开辟了新的途径。虽然抗寄生虫疫苗的发展速度还落后于细菌和病毒疫苗的发展速度,但随着各种寄生虫基因组序列的测定以及新的免疫技术的不断出现,相信会研制出更多的抗寄生虫疫苗并在控制危害较为严重的寄生虫病(如疟疾、血吸虫病,鸡的球虫等)方面发挥重大的作用。

11.1.1.2 基因工程活体重组疫苗

基因工程活体重组疫苗是将病原体的保护性抗原克隆到无毒力的病毒或细菌载体内,载体感染机体后,克隆的基因在体内表达,以内源性抗原方式提呈抗原,从而全面激发细胞和体液免疫。活体重组疫苗已成为新一代疫苗的重要组成部分,可以是非致病性微生物,也可以本来是致病性微生物,通过基因工程的方法修饰或去掉毒性基因以后,仍保持免疫原性,后者又称为弱毒疫苗。一般的活体重组疫苗都需要用减毒的、温和的病原物作为载体,载体的主要功能是运送和表达编码外源的抗原基因。根据载体的不同,通常将能在寄主细胞内复制的含有病原基因组和质粒的载体称复制性载体,如目前常用的痘苗病毒载体(vaccinia virus vector)、门哥病毒载体、麻疹病毒载体等;只能进行早期复制及基因表达,而不能装配形成子代病毒并释放出来的载体则称为非复制性载体,如非复制性禽痘病毒载体、金丝雀痘病毒载体及非复制性人类腺病毒载体等。作为疫苗表达载体有以下优点:①基因组容量大,有大量的非必需片段可以插入外源基因。②能适应修饰表达产物(如糖基化),特别有利于真核生物的基因表达。③有长期的人体使用历史,安全且廉价。

目前,能够在重组痘苗病毒载体中表达的外源基因已有几十种,在门哥病毒、流感病毒、麻疹病毒等载体中表达的外源基因也有多种。有些作为治疗性疫苗已开始临床应用,特别是在治疗肿瘤方面,如利用痘苗病毒载体表达的一种广泛存在于结肠癌、胃癌、肺癌等细胞中的特异性抗原 CEA 的活体重组疫苗、广谱黑色素瘤的多价黑色素抗原制备的活体重组疫苗等。此外,治疗乙型肝炎、麻风病等活体重组疫苗也在试验阶段。最近,非复制性金丝雀痘狂犬病毒重组疫苗的构建成功和人体初免试验取得良好效果,引起了广泛关注。弱毒疫苗中,猪的伪狂犬病毒疫苗已获美国农业部批准,投放市场。

11.1.1.3 基因缺失活疫苗

基因缺失活疫苗(gene deleted live vaccine)是寻找病原体的毒力相关基因,通过基因敲除的方法,从病原体基因组中删除此类基因,从而使病原体丧失致病性,仍保留增殖能力和免疫原性。这类疫苗接种后已无致病能力,却仍然可以通过自然途径感染机体并在体内复制,从而激发长期而有效的免疫应答。

四川农业大学研制了我国第一株猪伪狂犬病三基因缺失活疫苗(SA 215),其安全性高、免疫原性好、免疫期长。当疫苗质量、合适的接种途径等因素得以保证的条件下,仔猪首免日龄确定即成为制订科学免疫程序的首要因素之一。通常免疫接种母猪所产仔猪均带有水平参差不齐的母源抗体,可能会抑制仔猪主动免疫的建立。因此,在伪狂犬病疫苗免疫接种程序的设计上,克服被动免疫获得的母源抗体对仔猪主动免疫的抑制是关键。为了揭示母源抗体对疫苗免疫效果的干扰,制订合理的免疫程序,对猪伪狂犬病基因缺失活疫苗(SA 215)免疫母猪所产仔猪的母源抗体消长规律进行了测定,并在此基础上确定了首免日龄。

11.1.2 核酸疫苗

核酸疫苗(nucleic acid vaccines)是控制感染因子的一种新型疫苗,包括 DNA 和 RNA 疫苗。20 世纪 90 年代初以生物技术为基础从基因治疗领域发展起来了一种全新的疫苗——核酸疫苗,又称 DNA 疫苗,是目前疫苗研究领域中的热点。核酸疫苗是将重组编码免疫原或与免疫原相关的外源基因克隆到真核质粒表达载体上,然后将重组的质粒 DNA 直接注射到动物体内,使外源基因在动物体内表达,产生的抗原激活机体的免疫系统,引发免疫反应,从而达到预防和治疗疾病的目的。构建核酸疫苗的载体主要有重组质粒型载体和病毒载体(包括逆转录病毒),前者较多使用。与传统的灭活或减毒疫苗、亚单位疫苗相比,核酸疫苗具有高效性、安全性和制备简单、易于贮存运输等优点,而受到全世界的普遍关注,具有广阔的发展前景。专家认为核酸疫苗的出现开创了疫苗的新纪元,被誉为"第三代疫苗"。

核酸疫苗与传统疫苗相比,主要具有以下优点:①重组质粒转化机体细胞后,在细胞内表达,抗原可作为内源性抗原经 MHC Ⅰ类分子提呈,激发有效的细胞免疫。②表达经修饰的抗原,具有与天然抗原相同的构象和免疫原性,因而可以诱导产生保护性抗体。③没有减病毒、灭活苗可能引起的致病性。迄今为止,尚未发现质粒与宿主染色体整合,具有较为可靠的安全性。④编码不同抗原的基因构建在同一个载体上,制备多价疫苗或联苗。⑤疫苗本身是重组质粒,制作简单,价格低廉。⑥核酸疫苗不仅具有预防作用,还可以作为治疗性疫苗。⑦重组质粒可以在细胞中存留较长时间。据研究证实,在肌细胞中可以存在 18 个月,并且持续表达。

核酸疫苗是将编码保护性抗原的基因克隆到表达载体上，然后将重组质粒以一定的方式导入机体，被细胞摄取并表达抗原蛋白，从而激活机体免疫系统，产生免疫保护。核酸疫苗通过肌内注射或基因枪导入机体后，可被两类细胞摄入：一种可能是被局部的肌肉细胞、上皮细胞内吞；第二种可能是 DNA 直接被组织局部的抗原提呈细胞吞入。核酸疫苗不仅能全面诱导机体体液及细胞免疫反应，而且能够诱发局部的免疫记忆。

11.1.3　抗独特性疫苗

免疫网络调节学说认为机体是一个复杂的免疫网络，免疫应答是通过抗体的独特型(idiotype,Id)与抗独特型抗体(antid,AId)之间的调节来完成的。根据 AId 与 Id 反应的特点和 AId 的功能，可将 AId 分为 $Ab_2\alpha$、$Ab_2\beta$、$Ab_2\gamma$ 和 $Ab_2\delta$ 四大类，其中 $Ab_2\beta$ 具有类似抗原的结构，可以模拟抗原，产生与抗原相同的生物学效应，是外部抗原在机体免疫系统中的"内影像"。抗独特型疫苗(antiidiotype vaccine)是免疫调节网络学说发展到新阶段的产物。抗独特型抗体可以模拟抗原，刺激机体产生与抗原特异性抗体具有同等免疫效应的抗体，由此制成的疫苗称为抗独特型疫苗，又称内影像疫苗。抗独特型疫苗不仅能诱导体液免疫应答，亦能诱导细胞免疫应答。

免疫球蛋白(immunoglobulin,Ig)分子上，主要以可变区上的抗原表位(epitope)——独特位(idiotope)构成独特型(idiotype,Id)。由于 Ig 可变区就有 10^6～10^8 种，因此在同一个体内可以有数以百万计的 Id。同样，T 细胞克隆上的抗原受体(TCR)也有 Id。当有抗原进入体内时，抗原决定簇选择性地激活 Id 与其相应的 B 细胞克隆，产生相应的 Id 抗体，针对抗原的 Id 抗体称为 Ab_1，机体对 Id 没有免疫耐受性。当 Ab_1 的含量达到一定水平时，即可激发产生抗 Ab_1，称为 Ab_2，如 Ab_2 量达到一定水平，可激发产生 Ab_3，Ab_2 有 4 种类型，$Ab_2\alpha$ 空间干扰部分地阻断抗原与 Ab_1 结合；$Ab_2\beta$ 能完全阻断抗原结合；不能阻断的称为 $Ab_2\gamma$ 和 $Ab_2\varepsilon$。其中，$Ab_2\beta$ 构象与抗原决定簇十分相似，为原始抗原表位的内部影像，可以模拟抗原激发机体产生免疫反应，可用于制成抗 Id 疫苗。故筛选最佳的 $Ab_2\beta$ 是制备抗 Id 疫苗的关键。

抗独特型抗体作为疫苗有以下优点：①对于一些不易获得或者成本较高的抗原，抗独特型抗体可以作为一种替代型抗原。②对于抗原性很弱、量很少的抗原效果也很好，如肿瘤表面抗原。已证明，抗独特型抗体可结合出现在 B 细胞瘤上的独特型，使这些肿瘤生长抑制或溶解，但不损伤正常组织。③可以作为一些带有感染性的抗原制剂的一种替代型抗原。④在没有佐剂的情况下，使用这种疫苗同样有效。⑤因为重组 DNA 疫苗合成肽疫苗均为蛋白质，这两项技术不能生产以多糖、脂多糖、类脂为保护性决定簇的疫苗，而抗独特型疫苗则弥补了这一不足。新生儿对多糖抗原呈无反应性，成年人多数对多糖抗原免疫的应答能力差。抗独特型抗体，为对以非蛋白质抗原为保护性抗原的免疫预防开辟了新途径。⑥抗独特型抗体疫苗具有广谱性。可能是因为病毒或寄生虫的不同亚型的特异性抗体，有相似的独特型。⑦抗独特型抗体也能模拟激素或其他半抗原，用于次领域研究和应用。

11.1.4　病毒型疫苗

11.1.4.1　乙肝疫苗

病毒性肝炎是目前世界上广为流行的传染病之一。肝炎病毒已发现的有 6 种，其中以乙型肝炎为最，携带者估计达 2 亿人。乙肝病毒(HBV)携带者有可能转变成慢性肝炎，而慢性肝炎病携带者的肝癌发生率是非携带者的100倍，在全世界范围内约有60％以上的肝癌发病率与乙肝有关。

因此，世界各国均将乙型肝炎的监测和预防作为医学研究的重点。1982年，美国首次出售乙肝疫苗，但由于受到血液来源和技术的限制，所以制成疫苗数量少，价格昂贵，难以推广。由于血源制品会受艾滋病的污染，有些国家已经禁止使用乙肝血源性疫苗，科学家们将眼光瞄准了基因工程疫苗。

目前，乙肝型疫苗包括血源性乙肝疫苗、基因工程疫苗和含前S蛋白的乙肝疫苗等。血源性乙肝疫苗是用无症状的HBsAg携带者的血液制成，故称血源性乙肝疫苗。它的制备步骤大致是：采用高滴度HBsAg阳性携带者血液，分离出血浆并除去其中有感染的HBV颗粒后，再将HBsAg予以浓缩与纯化，充分灭活，以消灭其中可能存在的一切已知病毒和消除HBsAg表面可能存在的全部宿主蛋白，然后添加佐剂及防腐剂而成。此种疫苗的免疫原性与安全性均已获得解决，但尚有一些缺点：①为防止可能存在的某些病原体在制备过程中逃避灭活，采用了严格、复杂且费时的物理与化学方法纯化HBsAg抗原与灭活措施，使制备成本提高而疫苗产量不高；②随着乙肝疫苗长期而广泛的使用，无症状HBsAg携带的数目势必逐渐减少，最终将难以再用他们的血液制备疫苗。

基因工程疫苗是利用基因工程研制重组DNA乙肝疫苗，曾先后研制过大肠杆菌系统、啤酒酵母细胞系统、哺乳动物细胞系统和牛痘病毒系统的重组乙肝疫苗。目前多用酵母基因的重组疫苗。其具有良好的免疫原性，免疫应答特点与血源性乙肝疫苗基本相似，且多无严重的不良反应。尽管它含酵母蛋白不超过1％，但对其产生变态反应的担忧尚未完全排除。

含前S蛋白的乙肝疫苗是目前临床上应用的血源性疫苗与基因工程疫苗，均只含HBsAg蛋白，当证实S蛋白能增强HBsAg的免疫应答后，又注意到单纯只含HBsAg蛋白的疫苗对血液透析病人与新生儿免疫效果较差时，遂生产出添加前S蛋白的酵母源性重组乙肝疫苗，它能明显地增强免疫应答。

接种乙肝疫苗是预防乙型肝炎最为有效的方法，据调查，已接种过乙肝疫苗人群的乙肝病毒携带率明显低于未接种者，乙肝两对半检查阴性，肝功能正常，就可以按0、1、6个月程序进行乙肝疫苗接种(剂量为10 μg、5 μg、5 μg)。根据国内、外一些资料报道，使用乙肝疫苗接种后血清阳转率可达95％以上。在接种后8年，85％的人体内仍然存在这种保护性抗体。

11.1.4.2 肿瘤疫苗

根据肿瘤疫苗的组成成分目前可分为4种：①肿瘤细胞疫苗，它以灭活的肿瘤细胞或其初提物作为抗原，加佐剂进行接种，以增强机体免疫系统对肿瘤细胞的识别和杀灭能力。②肿瘤核酸疫苗，即肿瘤DNA疫苗。③肿瘤肽疫苗，包括用化学合成法合成肿瘤特异的短肽或基因工程方法制备的短肽，用于体内注射体外致敏淋巴细胞后再回输，同样达到增加机体免疫功能的目的。④肿瘤基因工程疫苗，是将目的基因导入受体细胞而制成的疫苗，该疫苗发展最快，并已进入临床治疗阶段。肿瘤疫苗用于治疗，用于消除肿瘤手术后的转移、复发及清除术中无法清除的残留病灶。

(1)反义技术　在人体细胞内存在的癌基因，称为原癌基因，它是一种无癌变作用的正常基因。这些原癌基因如果在某些致癌因素的作用下由关闭状态转为开放状态，便会使细胞癌变，这类可促使细胞癌变的基因就称为细胞癌基因。根据癌基因设计的反义RNA已有几十种，如myc、myb、ras、bcr、abl、bcf-2、cde、fos、erb-B_2、bF-GF、IGF-IR、PKA、TGF_2等。

(2)基因修饰与抑癌基因　肿瘤产生与抑癌基因有关。抑癌基因在正常细胞中处于表达状态,其产物起着抑制细胞生长的作用。一旦这种基因突变而丧失功能,细胞将迅速生长繁殖。纠正的方法是,用正常有功能基因替代突变的基因,起抑制细胞生长的作用。目前用做基因治疗的抑癌基因有 P35 基因、rb 基因、WT-1 基因等。

11.1.4.3　艾滋病疫苗

艾滋病(acquired immune deficiency syndrome,AIDS)全称为人类获得性免疫缺陷综合征,是由人类免疫缺陷病毒(HIV)引起的。由于艾滋病的迅速蔓延,已给人类的健康带来了极大的威胁。我国被感染者估计已达 60 万人,从而引起人们对艾滋病的极大关注。1981 年美国首次发现艾滋病,目前已有 4 000 万人感染,报告的 AIDS 病例数已超过 200 万。2006 年初,我国被感染者和艾滋病患者为 54 万～76 万人,其中患者为 6.5 万～8.5 万人,人群感染率已达到 0.004%～0.006%。若不采取有效措施,大概 2010 年我国的感染人数将达到 1 000 万。美国加州大学的研究人员研制出抗阴道传染的猿猴免疫缺陷病毒(SIV)的疫苗;SIV 多在侵染一年内诱发类似于艾滋病的疾病。一家公司正计划将上述疫苗的 HIV 疫苗用于人体临床实验。正在研制的口服 HIV 疫苗也将利用 Sabin 脊髓灰质炎病毒疫苗片段,其能够诱发强烈的免疫反应;将其与 HIV 病毒片段相连,以期对脊髓灰质炎病毒片段的免疫反应能够扩展到相连的 HIV 片段。研究人员正在继续进行研究和开发 HIV 疫苗,他们希望能尽快转入临床试验。专家们认为,从长远看,对付艾滋病最好的方法是疫苗。艾滋病疫苗的研究也是目前国际上基因工程疫苗投入最大的项目,目前各国对艾滋病疫苗研究已初见成效,有待进一步研究成功后投入生产。

11.1.4.4　其他疫苗

(1)类毒素　许多致病性细菌产生毒性物质,统称为细菌毒素(bacterial toxin)。其可分为外毒素(exotoxin)和内毒素(endotoxin)两类。外毒素是细菌在生长过程中分泌到菌体外的毒素物质。外毒素属蛋白质,一般容易被热、酸及消化酶灭活。外毒素可用于甲醛脱毒,称为类毒素(toxoid)。甲醛的脱毒可能是由于它改变了毒素的酶活性和毒素与细胞结合能力。由于类毒素仍保持毒素对人抗原性,能引起产生抗原毒素,故可用于人工免疫。

(2)促生长疫苗　生长激素释放抑制素(somatostain,SMT)是产生下丘脑中的肽类激素,由 14 个氨基酸组成。其功能是抑制生长激素释放素的功能,从而减少生长激素的合成与释放。SMT 是研制出的第一个基因工程药物。由于机体产生对 MST 的免疫反应,使体内合成的 SMT 被抑制,生长激素释放素含量增加,最终使生长激素增加。被免疫动物生长加快,缩短饲养时间,瘦肉率提高,节约饲料和管理费用。用此方法制疫苗,可以促进幼儿身体增高,或许可以成为一种实用的促高的方法。

(3)生态制剂　生态制剂(ecological preparation)是指在微生态理论指导下,采用已知有益的微生物,经培养、发酵、干燥等特殊工艺制成的用于动物的生物制剂或活菌制剂。生态制剂又称生态疫苗(ecological vaccine)。动物机体的消化道、呼吸道和泌尿生殖等处具有正常菌群,如双歧杆菌属(*Bifidobacterium*)、乳酸杆菌属(*Lactobacillus*)及埃希氏菌属(*Escherichia*)等多种细菌以及酵母、霉菌等。它们是机体的保护性屏障,是机体非特异性天然抵抗力的重要因素,它们对一些病原体具有拮抗作用。乳酸杆菌和双歧杆菌可以调整菌群、抑制需氧菌、扶持厌氧菌和控制感染。正常菌群稳定性的破坏,特别是由于服用抗生素可导致潜在性病原体的定值,引起菌群失调症(或称二重感染)。

11.2 生物技术制药

随着生物技术迅猛发展，特别是20世纪90年代启动的"人类基因组计划"开创了生命科学的新纪元，其科学价值除了探索生命奥秘外，在医药上具有重大的应用价值。人类现有疾病2 035类，18 000多种，几乎所有的疾病都直接或间接与基因变异有关，其中可以分为单基因、多基因和获得性基因疾病。随着功能基因和疾病基因的不断被鉴定，可对各种疾病进行诊断及治疗。药物基因组学和遗传基因组学将更加注重个体用药，目前上市的和正在开发的基因工程药物仅几百种，而人类有3万～4万个基因，在这些基因中将有许多可被开发和生产出新的蛋白质和多肽类药物。21世纪生物医药产业化逐步进入收获期。全球研制中的生物技术药物超过数千种，其中1 000多种已经进入临床试验阶段。预计在5年内，将有200种以上的新药上市。2005年，全球生物制药销售总额达540亿美元。生物制药产业正在快速地实现由高新技术产业向高新技术支柱产业的转变。

广义的生物制药是指利用现代生物技术发现、筛选或生产得到的药物。这种界定既包括利用生物技术作为发现药物的研究工具而发现的小分子药物，如基因敲除技术或高通量药物筛选技术等确定药物靶标，筛选得到的小分子药物，又包括利用生物技术作为药物生产技术方法的药物。

11.2.1 微生物发酵制药

微生物具有代谢速度快、菌体繁殖迅速、代谢类型多、对外界环境易于适应的特点。可用于制药的微生物工程产品种类很多，根据产物的性质可分为抗生素药物、维生素药物、氨基酸药物、核苷酸药物及甾体类激素药物。

微生物在生长过程中会产生各种各样的生物活性物质，并易于组织工业化生产。现代工业中许多生物产品都是通过微生物发酵生产的，如各式各样的酶、抗生素。酶是一切生物体进行生命活动的基础，它可以使复杂的化学反应在常温常压下迅速完成，如米曲霉在生长过程中产生中性蛋白酶、碱性蛋白酶、酸性蛋白酶、纤维素酶、半纤维素酶、果胶酶、单宁酶、酯化酶、酰胺酶、淀粉酶和糖化酶等，酵母在发酵时可产生蔗糖酶、淀粉酶、脂肪酶、酒化酶等，这些酶中既有胞内酶也有胞外酶；既有合成酶，也有分解酶。

11.2.1.1 制备抗生素药物

由微生物(包括细菌、真菌、放线菌属)产生、能抑制或杀灭其他微生物的物质称为抗生素。抗生素分为天然品和人工合成品，前者由微生物产生，后者是对天然抗生素进行结构改造获得的部分合成产品。目前已知天然抗生素不下万种。

临床上用的抗生素大多用于治疗由细菌感染引起的疾病，如青霉素、头孢菌素、四环素、氯霉素等。还有一些抗生素用于治疗由真菌引起的感染，如灰黄霉素；用于肿瘤化疗，如博莱霉素；用于器官移植及自身免疫性疾病的免疫制剂，如环孢霉素A；用于治疗寄生虫感染，如杀滴虫霉素等。目前广泛应用的抗生素主要由放线菌产生。据统计，目前在生物体内发现的6 000多种抗生素，约60％来自放线菌，特别是链霉菌属(*Streptomyces*)的放线菌，少数来自于真菌、细菌。抗生素主要用微生物发酵法生产。

11.2.1.2　制备维生素药物

维生素是人体生命活动必须的要素，主要以辅酶或辅基的形式参与生物体的各种生物化学反应。维生素在医疗中发挥了重要作用，如维生素 B 族用于治疗神经炎、角膜炎等多种炎症，维生素 D 是治疗佝偻病的重要药物等。维生素还适用于畜牧业及饲料工业中。

维生素初始生产多采用化学合成方法，后来人们发现某些微生物可以完成维生素合成中的某些重要步骤；在此基础上，化学合成和生物转化结合的半合成法在维生素的生产中得到了广泛的应用。目前，可以用发酵法结合的半合成法生产的维生素有维生素 C、维生素 B_2、维生素 B_{12}、维生素 D 及 β-胡萝卜素等。

维生素 C 又称抗坏血酸(ascorbic acid)，能参与人体内的多种代谢过程，使组织产生胶原质，影响毛细血管的渗透性及血浆的凝固，刺激人体造血功能，增强机体的免疫力。另外，由于它具有较强的还原能力，可作为抗氧化剂，已经在医药、食品工业等方面获得广泛的应用。维生素 C 的化学合成方法一般指莱氏法，后来人们改用微生物脱氢代替化学合成中 *L*-山梨糖中间产物的生成，使山梨糖的得率提高 1 倍。我国进一步利用另一种微生物将 *L*-山梨糖转化为 2-酮基-*L*-古龙酸，再经化学转化生产维生素 C，称为两步法发酵工艺。此方法使得维生素 C 的产量得到了大幅度的提高，简单介绍如下：

第一步发酵是生黑葡萄糖酸杆菌(*Gluconbacter melanogenus*)或弱氧化醋酸杆菌(*Acetobacter suboxydans*)经过二级种子扩大培养，种子液质量达到转种液标准时，将其转移至含有山梨醇、玉米粉、磷酸盐和碳酸钙等组分的发酵培养基中，在28～34℃下进行发酵培养。发酵过程中可采用流加山梨醇的方式，其发酵收益率达 95%，培养基中山梨醇浓度达到 25%时也能继续发酵。发酵结束，发酵液经低温灭菌，得到无菌的含有山梨糖的发酵液，作为第二步发酵的原料。

第二步发酵是氧化葡萄糖酸杆菌(*G. oxydans*)和条纹假单胞杆菌(*Pseudomonas striata*)经过二级种子扩大培养，种子液达到标准后，转移至含有第一步发酵液的发酵培养基中，在28～34℃下培养 60～72 h。最后将发酵液浓缩，经化学转化和精制获得维生素 C。

11.2.1.3　制备氨基酸类药物

氨基酸(amino acid)是构成蛋白质的基本单位，是人体及动物的重要营养物质，氨基酸产品广泛应用于食品、饲料、化学、医药和农业等领域。以前，氨基酸主要是由酸水解蛋白质制得，现在氨基酸的生产方法有发酵法、提取法、合成法和酶法等，其中最主要的是发酵法，用发酵法生产的氨基酸已有 20 多种。

11.2.1.4　制备核苷酸类药物

核苷酸类药物由某些动物、微生物的细胞中提取出的核酸(包括核苷酸和脱氧核苷酸)，或者用人工合成法制备的具有核酸结构(包括核苷酸和脱氧核苷酸结构)同时又具有一定药理作用的物质，称为核酸药物或核酸类生化药物。广义的核酸药物可包括核苷酸药物、核苷药物及含有不同碱基化合物的药物。核酸药物具有多种药理作用，按其作用特点可分为：①抗病毒剂，代表药物有三氮唑核苷、无环鸟苷和 6 核糖腺苷等，临床上用于抗肝炎病毒、疱疹病毒及其他病毒；②抗肿瘤剂，代表药物有用于治疗消化道癌的氟尿嘧啶以及用于治疗各类急性白血病的阿糖胞苷等；③干扰素诱导剂，代表药物为聚肌胞，临床上用于抗肝炎病毒、疱疹病毒等；④免疫增强剂，主要用于抗病毒及抗肿瘤的辅助治疗；⑤供能剂，用于肝炎、心脏病等多种疾病的辅助治疗。药用腺苷三磷酸(ATP)原粉可从酵母 RNA 为原料制备，也可通过人工合成及发酵生产。

11.2.1.5 制备甾体类激素

甾体类激素通常被认为必须依赖细胞内的核受体，通过基因效应机制来发挥作用，即激素通过与相应核受体的结合来实现对相关靶基因的转录调控，进而产生一系列生物学效应。但是，这种经典的依赖核受体的基因效应作用机制并不能很好地解释甾体类激素在生物体内所产生的许多快速反应。近年来有许多证据表明，除了传统的核受体信号转导途径以外，甾体类激素还可以通过非基因效应机制起作用，尤其是一些快速的生物学效应。

可的松、氢化可的松、泼尼松、肤氢松、地塞米松、确炎舒松等的甾体激素化学合成工艺中，有关反应已经可以用微生物转化来实现，并将有良好的发展前景。

11.2.2 细胞工程制药

细胞工程就是在细胞水平上研究、开发和利用各类细胞的工程。科学家可以根据设计，改变或不改变细胞的遗传特性。通过无菌操作，大量培养细胞、组织乃至完整的个体；也可以通过大量培养细胞或它们的代谢产物。迄今为止，人们已经从染色体水平、细胞器水平及细胞水平开展了多层次的大量工作，在细胞培养、细胞融合、细胞代谢产物的生产、干细胞研究和生物克隆等诸多领域取得了一系列令人瞩目的成果。

细胞是细胞工程制药的主要对象。生物界有两大类细胞：原核细胞和真核细胞。真菌和动物等的细胞属于真核细胞，体积较大，内有细胞核和众多膜系构造的细胞器。植物细胞外还有数层以纤维素和半纤维素为主要成分的细胞壁。真菌的细胞壁主要由各种葡聚糖构成网状纤维物质，此外还有甘露聚糖、蛋白质和脂质充填其中。真核细胞一般都有明显的细胞周期，处于有丝分裂时期的染色体呈现高度螺旋紧缩状态，既不利于基因外钓，也难于插入外源基因。因此，采取一定的措施诱导真核细胞同步化生长，对于成功的进行细胞融合及细胞代谢产物的生产具有十分重要的作用，对于用细胞制备药物也起着重要的作用。

11.2.2.1 植物细胞工程制药

植物细胞工程基本含义是：以植物细胞为基本单位在离体条件下进行培养、繁殖或人为的精制操作，使细胞的一些生物学特性按人们的意愿发生根本的变化，从而达到改良品种或生产生物产品的一种技术。

植物细胞工程包括的内容较广，主要有原生质体的培养技术、植物细胞杂交技术、植物单倍体培养技术等。与食品工业密切相关的细胞培养技术，即利用植物细胞体外培养生产次级代谢产物。

植物细胞大规模培养的产物有种苗、细胞、初级代谢产物及次级代谢产物、生物大分子等，其中许多产物在医药领域具有重要的应用价值，也进一步推动制药产业的进步。

(1)植物细胞生产　植物细胞工业规模的培养首先是细胞生物量的增长，细胞即是其重要的产物之一。例如，人参细胞培养规模已经达到 2 m^3，收集湿细胞，冻干，得到活性人参细胞粉，既是保健食品的原料，也可作为药材，其中除了含有人参皂苷外，尚含有天然人参所不具有的酶类及其他活性成分，其保健作用优于天然人参。紫草细胞培养也已经达到 750 L 的规模，所得紫草细胞可直接用于制造口服液或外用消炎剂，也可用于提取紫草素。

(2)初级代谢产物及次级代谢产物　来自植物细胞培养的有用物质已经有 400 种左右，包括色素、固醇、生物碱、维生素、激素、多糖、植物杀虫剂、生物激素等数十个类别。植物细胞培养生产的各类初级代谢产物及次级代谢产物均为可再生资源，其生产不受地理环境及气候条件的影响，是值得重视和开发的生物量。已经实现工业化培养的细胞有烟草、人参、紫草、洋地黄、黄连等多种。有希望实现工业化生产的品种有苦瓜细胞的类胰岛素、喜树细胞的喜树碱、十蕊商陆细胞的植物病毒抑制剂与抗生素等。

(3)生物转化　生物转化是利用植物培养细胞为酶原，使某种前体化合物生成相应产物的技术称为生物转化，也称为植物细胞转化。植物细胞内含有催化酯化、氧化、还原、皂化、羧基化、异构化、甲基化、羟基化、环氧化、葡萄糖基化及去甲基化等反应的酶类，可以使相应的原料生成有用化合物，如毛地黄细胞培养物可以使甲基毛地黄毒素转化为β-甲基地高辛。

(4)植物细胞工程与中草药　中医临床上应用的中草药材达数千种，其中 80%以上来源于植物。初始靠采集野生资源，现在许多名贵药材(如天麻、人参、当归、罂粟及大麻等)均靠人工栽培。采用植物细胞大规模培养技术，也可生产各种中草药细胞，其所含的有效成分较天然植物组织为高。

(5)组织培养与中草药　我国科学家首先成功地进行了人参组织培养，其药理、药性与新鲜人参相似。紫杉醇是近年来发现的重要的抗癌药物，能有效地治疗卵巢癌、乳腺癌等妇科癌症。由于紫杉醇是从珍惜植物红豆杉提取，从而只能通过大量的砍伐这种珍惜植物来获取紫杉醇，目前科学家们正在开展紫杉醇细胞培养法及组织培养法生产的研究。利用生物技术生产或处于研究阶段的药物还有：强心苷、阿吗碱、利血平、胆固醇、羊毛甾醇、豆甾醇、人参二醇、人参三醇、油烷酸、胡萝卜素、维生素 C 等。

(6)利用植物细胞培养技术生产植物药　近年来，由于环境的破坏，无计划的采挖，栽培药用植物的技术还不成熟，栽培代价较高的问题存在，使得野生药物资源日益减少，现在仅奇缺的植物药就在 100 种以上。化学合成植物药也因成本、技术、劳保及应用上的抗药性等问题而受到限制。因此，利用植物组织培养技术生产其内含的药物以其特有的优势脱颖而出。现在已有 60 多种药用植物可通过组织细胞培养技术生产其内含的药物，有 30 多种药用植物细胞培养物积累的药物等于或超过其亲本植株的含量，后者包括人参皂苷、迷迭香酸、醌和治疗某些心脏病的辅酶 Q10 等。利用植物组织培养除了能够产生原有植物已有的天然化合药物以外，还能够进行生物转化和产生原植物所没有的化合药物。随着对植物培养细胞的生理、生化和遗传特性的深入了解以及提高产物积累方法的发展，利用植物细胞培养技术商业化生产植物药(天然药物)必将在医药工业中得到广泛的应用，并获得巨大的经济效益。

11.2.2.2　动物细胞工程制药

动物细胞工程是细胞工程的一个重要分支，主要从细胞生物学和分子生物学的层次，根据人类的需要，一方面深入探索、改造生物遗传种性，另一方面应用工程技术的手段，大量培养细胞或动物本身，以期收获细胞或其代谢产物以及可供利用的动物。可见，动物细胞工程不仅具有重要的理论意义，而且它的应用前景也十分广阔。

(1)单克隆抗体　单克隆抗体可以应用于鉴别诊断人和动植物的病毒、细菌和真菌等病原，还可用于鉴定原虫、旋毛虫等寄生虫病以及肿瘤疾病、自身免疫和其他抗原改变的疾病。单克隆抗体还可以用于生物大分子的大规模纯化，如干扰素和白介素 2 等(单克隆抗体的制备见第 6 章 6.3.2)。

(2)动物细胞工厂化生产　动物细胞工厂化生产是指人工条件下高密度大量培养有用动物细胞，生产珍贵药品的技术，是生物工业中大量增殖基因工程、细胞融合或转化形成的新型有用细胞不可缺少的技术。培养方式有悬浮培养、固定化培养和微载体培养(详见第 6 章中 6.1)。

(3)动物细胞工程的应用 目前动物细胞工程的应用主要是指利用动物细胞大规模培养技术生产植物和微生物难以生产的具有特殊功能的蛋白质类物质。已经实现商业化的产品有口蹄疫苗、狂犬病毒疫苗、骨髓灰质炎病毒疫苗、α 及 β 干扰素、血纤维蛋白溶酶原激活剂、凝血因子Ⅷ和Ⅸ、蛋白-C、免疫球蛋白、促红细胞生成素、松弛素、基态释放酶、尿激酶、生长激素、乙型肝炎病毒疫苗、巨细胞病毒疫苗及 HIV 病毒疫苗的抗原、疟疾及吸血虫抗原及 200 种单克隆抗体。

11.2.3 基因工程制药

1973 年,美国斯坦福大学医学院的 Cohen 教授及其研究小组的研究人员把大肠杆菌质粒 DNA 酶切后插入抗四环素基因,组成一个重组子,结果发现这个重组子能在大肠杆菌中复制,并表达出具有抗四环素及大肠杆菌质粒 DNA 的双抗遗传表型,因此,Cohen 教授成了“第一个吃螃蟹的人”。1974 年,在以前研究的基础上,Cohen 教授与 Boyer 教授合作将非洲蟾蜍的核糖体 RNA 结构基因插入大肠杆菌质粒 DNA,再转化入大肠杆菌,结果发现在大肠杆菌中有非洲蟾蜍核糖体 RNA 结构基因的表达,这说明核糖体 RNA 的结构基因已在大肠杆菌体内永久居留下来,也就是说它具有遗传性。后来,这一著名的实验被科学界视为基因工程研究的里程碑。1977 年,Hirose 和 Itakura 用基因工程方法表达了人脑激素——生长抑素,这是人类第一次用基因工程方法生产出有药用价值的产品,标志着基因工程药物开始走向实用阶段。

利用基因工程技术,可以获得无限量的活性蛋白和活性肽。在基因药物的发展过程中具有里程碑意义的药物是人的生长激素,即一种用于治疗人侏儒症的肽类激素。现在已有大约几十种不同的肽类和蛋白质类的药物采用基因工程技术生产,而且还有不断增加之势。就胰岛素而言,过去几十年间都是从猪或牛的胰腺中提取而得的,而在基因工程生产胰岛素之前的基因工程产品并没有正式用于临床,原因是产量太低。基因工程技术的另一个用途是改变蛋白质特定位置上的氨基酸,既可以是氨基酸序列中某个点的变化,也可以是编码蛋白质基因中特定位置的突变,而这些变化可能导致其理化性质的改变,如溶解性、活性蛋白质的半衰期等,而且还可能引起进一步的变化。

基因工程药物,是重组 DNA 的表达产物。广义地说,凡是在药物生产过程中涉及用基因工程的,都可以成为基因工程药物。在这方面的研究具有十分诱人的前景。基因工程药物研究的开发重点是从蛋白质类药物,如胰岛素、人生长激素、促红细胞生成素等的分子蛋白质,转移到寻找较小分子蛋白质药物。这是因为蛋白质的分子一般都比较大,不容易穿过细胞膜,因而影响其药理作用的发挥,而小分子药物在这方面就具有明显的优越性。

11.2.3.1 重组激素类药物

激素类药物很多,如胰岛素、促激素和抑激素等。凡是肽类激素均可用基因工程技术制药。应用 DNA 重组技术,在大肠杆菌细胞中表达重组的 rhGH 有两条不同的技术途径:其一是生产胞内型,其二是生产分泌型。

(1)胞内型重组人生长激素的生产 由于大肠杆菌的分泌装置无法识别外源真核蛋白质的信号肽序列,因此克隆的 rhGH(重组型人生长激素)基因的 5′端是用一段合成的 DNA 序列取代,这样便能够在大肠杆菌细胞中表达出几乎与天然产物一样的重组人生长激素。

(2)分泌型人生长激素的生产　将 hGH 的编码序列同细菌分泌蛋白质的信号序列连接，并克隆在大肠杆菌的表达载体上。将此种重组的表达载体转化到大肠杆菌，合成分泌时，信号肽被删除掉。结果产生出了与天然 hGH 一样的、共有 191 个氨基酸的 rhGH。积累在周质中的 rhGH，由于细胞外膜的低渗破裂(hypotonic disruption)而被释放到胞外。

11.2.3.2　重组细胞因子

细胞因子种类很多，生物学活性广泛，有下述许多共性：①多源性。几乎没有一种细胞因子只是由单一类型细胞产生的，而是同一刺激物可诱导同种细胞产生多种细胞因子。②多效性。细胞功能的发挥除需要细胞与细胞的直接接触外，更多的是依靠其释放的细胞因子来实现。例如 IL-6，除参与抗体形成、B 细胞分化、增殖的调节外，还参与多种炎症反应、造血前体细胞的增殖及定向分化，它还具有较强的抗病毒活性。③高效性。细胞因子的生物学效应具有微量性，有效浓度在 10^{-10}～10^{-4} mol/L。它们的半衰期短，一般数分钟至数小时。细胞因子多数是旁分泌效应，有些细胞因子呈自分泌效应。细胞因子作用于有特定受体的靶细胞。④快速反应性。细胞因子对激发因素的反应迅速，如失血、血容量降低等刺激，可使一系列克隆刺激因子的含量迅速增加，造血前体细胞的定向分化加速，并促进骨髓、肝中的血细胞进入循环。⑤理化性质。a. 细胞因子的化学本质大分子多肽或蛋白，绝大部分为糖蛋白，但糖基成分对大部分细胞因子的生物学活性影响不大；b. 多为单链分子，不存在蛋白质合成后组装；c. 多具有“分泌型激素”的特性，N 末端有若干个疏水性氨基酸构成的信号肽，穿越细胞膜时可以水解脱落；d. 细胞因子的基因多由数个外显子和内含子组成；e. 基因均为单拷贝；f. 相对分子质量均小于 80×10^3，多数为 20×10^3～30×10^3，少数如单核/巨噬细胞集落刺激因子的相对分子质量为 70×10^3，IL-8 和表皮生长因子仅 8×10^3～10×10^3。细胞因子以其多种多样活性参与免疫和炎症反应。细胞因子的相互作用，构成功能性细胞因子的网络，彼此相互制约或协调，对免疫功能起着双重作用，即增强或降低免疫，出现正反不同作用的效应，如抗炎或致炎、抗感染与助长感染、抗癌与致癌、消除病害与诱生疾病。

(1)白细胞介素　白细胞介素(interleukin，IL)简称白介素，是一类由白细胞合成，主要作用于白细胞的多肽。已发现的白细胞介素有 23 种，还必将有新的白细胞介素被陆续发现。白细胞介素作用极强，通常是在 10^{-15} mol/L 水平起作用。白细胞介素必须与特异性受体结合才能发挥其生物学活性。其受体分布广泛存在于受其作用的多种细胞，并具有不同的亲和力。白细胞介素在临床上可用于抗癌，治疗结缔组织和自身免疫性疾病、再生障碍性贫血、药物和放射线所致的骨髓形成低下及血小板减少等。

(2)肿瘤坏死因子　肿瘤坏死因子(tumor necrosis factor，TNF)是一种由巨噬细胞分泌，能产生细胞毒素，使肿瘤细胞溶解的因子。TNF 最大的优点是对肿瘤细胞的选择性作用。它与常用的化疗药物相比较，有下列不同点：①在体外 TNF 对肿瘤细胞效应是非常特异的。它能使肿瘤细胞溶解或者抑制，而对正常细胞则要以高出 100～1 000 倍的浓度才能发挥抑制作用。②TNF 有广泛的生物学活性，它是内毒素休克的主要介质。对于造血细胞的产生和活化、免疫效应细胞的功能和血管凝血系统的激活也有显著的作用。

(3)干扰素　干扰素(interferon，IFN)与细胞表面受体结合后，通过快速和短暂的诱导或激活某些细胞基因和抑制另一些细胞基因而起作用。

INF 的主要作用：①使机体的细胞建立抗病毒状态。INF 在 10^{-5} mol/L 时就有效。INF 能抑制病毒生理周期中的许多阶段，如吸附和脱壳，早期病毒转录和病毒翻译，蛋白质合成和从细胞表面芽生。②免疫调节。INF是巨噬细胞激活因子，也是一种参与T细胞和B细胞应答的细胞因子。INF能增强NK细胞和中性粒细胞的细胞毒活性。③细胞生长和分化的调控，INF是正常细胞和恶性细胞生长的有效抑制剂。

(4)集落刺激因子 集落刺激因子(colony stimulating factor，CSF)。CSF为一组糖蛋白，由淋巴细胞和单核细胞产生，有刺激红细胞系以外造血细胞增殖和分化的作用。

集落刺激因子的生物学作用：①促进造血，使外周白细胞升高，可促使幼稚细胞加快成熟及刺激造血干细胞、祖细胞的增殖与分化。②促进粒细胞溶酶体酶的合成、释放增强，促使过氧化物酶合成增强。据报道，CSF能促进中性粒细胞、嗜酸性粒细胞及巨噬细胞对细菌和病原虫的吞噬作用，还具有增强细胞介导的抗体依赖细胞的杀伤作用。在抗肿瘤免疫中，能使效应细胞(中性粒细胞和嗜酸性粒细胞)对靶细胞的杀伤作用明显加强。③可促使白血病细胞分化及抑制白血病细胞生长。

(5)促红细胞生成素 红细胞生成素(erythropoietin，EPO)由肝脏的枯否氏、脾及骨髓的巨噬细胞合成，肾小管及间质细胞是EPO的主要来源。EPO能控制红细胞产生的速率，还可以作为生长因子刺激红细胞前体细胞的线粒体活性，作为一种分化因子可触发红细胞集落形成单位转变成前原红细胞。EPO的生成分泌受多种因素调节的影响，主要由组织需氧量与供氧量之间的相对关系调节。凡能减少血液供氧或使组织需氧量增加的因素均可使EPO生成增加，反之则减少。前者如高原缺氧条件、先天性心脏病、肺心病、甲亢、溶血性贫血等，后者如垂体功能低下症等。

11.2.3.3 重组溶血栓药

应用溶血栓药的目的是将有血栓形成的动脉或静脉中的血栓溶解使血管再通，自从1959年将链球菌培养液的提取物链激酶(streptokinase，SK)首次用于治疗血栓栓塞性疾病，溶血栓疗法已成为患有动脉和静脉血栓患者重要的治疗方法，溶血栓疗法使心肌梗死的死亡率明显下降，同样在缺血性脑卒中时，应用溶血栓疗法也取得了良好的疗效。溶血栓药的主要作用机制是激活体内的纤溶酶原，转变为纤溶酶，纤溶酶可以降解纤维蛋白(凝块)、纤维蛋白原及其他血浆蛋白质，包括：凝血因子Ⅴ、Ⅷ、Ⅸ、Ⅺ和Ⅻ，补体，生长激素，肾上腺皮质激素和胰岛素。纤溶酶可被血浆中的纤溶酶抑制物灭活，重要的纤溶酶抑制物有$\alpha 2$抗纤溶酶和$\alpha 2$巨球蛋白；同样，溶血栓药物——组织型纤溶酶原(t-PA)激活剂也会被体内的纤溶酶原激活剂抑制物灭活，应用溶血栓药的目的是使局部的血栓溶解而不引起全身性纤维蛋白原溶解和破坏正常止血形成的止血栓子。

现有的溶血栓药物存在以下局限性：急性心肌梗塞、脑梗塞等血栓栓塞性疾病的致残率和病死率都很高，严重威胁人类生命和健康。全世界约有1 500万病人，而溶栓治疗是治疗血栓性疾病的安全而有效的手段，因此溶栓和溶栓辅助药物的研制进展迅速。溶血栓药物通过激活无活性的血浆纤溶酶原，形成有活性的纤溶酶，后者催化血栓主要基质纤维蛋白水解，使血栓溶解，血管再通，从而特效抢救急性心肌梗塞和脑梗塞患者，显著地降低病死率，提高患者病后的生活质量。国内外已正式批准临床使用的主要溶栓药物有：链激酶(streptokinase，SK)、尿激酶(urokinase-type plasmino gen activator，u-PA)、重组组织型纤溶酶原激活剂(recombinant tissue-type plasminogen activator，rt-PA)、对2甲氧苯甲酰纤溶酶原链激酶激活剂复合物(anisoylated plasminogen strep-tokinase activator complex，APSAC)和重组链激酶(recombi-nant streptokinase，r-SK)。经三次多中心大范围10万余病例临床研究，证明SK、rt-PA

和 APSAC 三种溶栓药物对急性心肌梗塞(acute myocardial infarction,AMI)的疗效和不良反应无显著差别,临床医生认为,抢救 AMI 病人选择哪一种溶栓药物并不重要,重要的是争取时间,及早进行血栓治疗。

新型溶血栓药物:溶栓药物疗效肯定,但是还存在一些缺陷,阻碍了溶栓疗效的进一步提高。主要问题有以下几方面。

(1)初始再灌注延迟或失败　冠状动脉完全阻塞后 46 h 的病人,半数病人早在 1 h 内即出现整个心肌壁层的坏死,而当前各种溶栓药物从治疗开始到实现再灌注,平均需 45 min 以上,因此,即使在梗塞极早期即给予溶栓治疗,仍将有部分心肌坏死。

(2)出血　是最常见的不良反应,与其药理作用和使用的剂量有一定关系。表现为单纯穿刺部位渗血,轻度皮下、呼吸道、泌尿道或消化道出血,颅内出血发生率为 0.5%～1%。

(3)再梗塞　急性心肌梗塞治疗后,发生再梗塞是国内外至今未能解决的难题。再梗塞的主要原因是:①纤溶系统被激活后可活化血小板,使血小板膜糖蛋白受体 Gp Ⅱb/Ⅲa 发生构象变化,使纤维蛋白原和 Von Willebrand 因子聚集于血小板上 Gp Ⅱb/ Ⅲa 受体,促进血栓形成。同时血小板对纤溶酶的作用不敏感,现有溶栓药物对富含血小板的血栓治疗效果较差。②rt-PA,rscu-PA 等溶栓药物半衰期很短,在血循环中被肝脏快速清除。③溶栓治疗后残留血栓表面吸附有大量凝血酶,溶栓治疗后启动凝血过程,导致血栓再次形成。

(4)SK、APSAC 是外源性蛋白质,具有抗原性,短期内不能重复使用。

为克服现有溶栓药物的上述局限性,有许多新型溶栓药物正在研制开发中。增强纤维蛋白选择性,延长半衰期,抗 PAI-1 抑制作用,导向溶栓等是主要的研究目标。尤其是重组溶血栓药物,主要有重组 t-PA 的突变体、重组 scu-PA 的突变体、重组蝙蝠唾液纤溶酶原激活剂(bat-PA;DSPAα1)、导向溶栓药物。

11.2.3.4 重组可溶性受体和黏附分子药物

白细胞、血管内皮细胞或其他细胞表面的黏附分子可以被内吞进入细胞,也可以脱落下来,进入血液成为可溶性黏附分子(soluble adhesion molecules,sAM)。此外,某些黏附分子的 mRNA 存在着不同的剪接形式,其中有的 mRNA 翻译后的产物可能不表达在细胞表面,而是直接分泌进入血液,成为可溶性黏附分子的另一个重要来源。除血清外,某些可溶性黏附分子还可在脑脊液、肺泡灌洗液、尿、滑膜液及腹水中出现,反映了局部黏附分子的表达和代谢状况。在结构上,可溶性黏附分子一般缺少其对应膜结合黏附分子的穿膜和胞浆部分,其分子质量也比相应膜结合黏附分子为小。由于可溶性黏附分子通常具有黏附分子的结合活性,因此可能作为机体调节细胞黏附作用的一个途径发挥作用。此外某些疾病状态下,黏附分子的表达或脱落增加,可致血清中可溶性黏附分子的水平显著升高,因此要检测可溶性黏附分子的水平可能成为监测某些疾病状态的指征。

很多黏附分子都有其对应的可溶性黏附分子存在,目前已发现的可溶性黏附分子有可溶性 E-selectin、P-selectin、L-selectin、VCAM-1、ICAM-1、CD44 和 NCAM 分子等(表 11-1)。

目前对于血清中可溶性黏附分子的检测多采用 ELISA 试剂盒,表 11-1 列举了上述 5 种可溶性黏附分子在正常人血浆中浓度的变化范围及某些疾病状态下的变化。不同来源的试剂盒由采用抗体特异性和亲和力的差别以及标准品不同,所得出的正常值范围有较大差异,因此有必要对这种检测手段加以标准化。值得注意的是,采用这种方法检测得到的浓度值未必能够准确反映可溶性黏附分子的实际水平,因为可溶性黏附分子除以游离状态存在外,还可以与细胞表面游离的配体结合，用常规的ELISA法无法检测结合状态的可溶性黏附分子。此外，对所测得的可溶性黏附分子水平应从黏附分子产生和清除两方面进行分析，产生的增加和清除的减少都可造成可溶性黏附分子血中水平的升高，是两个不同原因所导致的相同结果。

表11-1　血浆中可溶性黏附分子水平及其与疾病的关系

黏附分子	细胞来源	正常人水平	下列疾病时升高(举例)
L-selectin	白细胞	1.6～1.9 μg/mL	败血症、HIV感染
P-selectin	血小板、内皮细胞	98～262 ng/mL	血红蛋白尿、血栓性血小板减少性紫癜
E-selectin	内皮细胞	9～75 ng/mL	糖尿病、败血病、疟疾、全身性红斑狼疮肾癌、膀胱癌、肾功不全、血管炎
VCAM-1	内皮细胞、上皮细胞、巨噬细胞、树突细胞	230～1 400 ng/mL	肾癌、膀胱癌、肾功不全、血管炎、类风湿性关节炎、败血症、肾移植后
ICAM-1	白细胞、内皮细胞、上皮细胞、肝细胞、平滑肌细胞	102～450 ng/mL	肾移植后、败血症、肾功不全、肿瘤转移、白细胞黏附缺陷综合征、溃疡性结肠炎

11.2.3.5　基因药物

随着基因工程技术的发展，基因工程治疗学在1982年应运而生。现今，在基因工程药物研究走向辉煌发展的时代，基因工程技术不仅为基因工程重组药物研究和开发提供了强有力的工具，而且也已广泛地应用于非肽类药物的研究，为疾病的治疗研究开辟了一条新的道路，也开阔了对疾病的治疗思路，从单纯的用药发展到用基因本身作为药物治疗或作为诊断手段。基因药物的概念也远非仅仅表达某种药用产品，还包括了基因治疗、反义RNA、基因诊断试剂等。基因公司也如雨后春笋般地出现，美国已有上千家，其年产值也达数十亿美元。基因工程为现代医药带来了新的内涵和经济效益，也为未来的医疗手段带来新的契机和希望，前途不可估量(详见分子诊断、基因治疗)。

现在，还有一个需要引起大家注意的问题，就是许多过去被征服的传染病，由于细菌产生了耐药性，又卷土重来。其中最值得引起注意的是结核病。据世界卫生组织报道，现已出现全球肺结核病危机。本来即将被消灭的结核病又死灰复燃，而且出现了多种耐药结核病。据统计，全世界现有17.22亿人感染了结核病菌，每年有900万新结核病人，约300万人死于结核病，相当于每10秒钟就有一人死于结核病。科学家还指出，在今后的一段时间里，会有数以百计的感染细菌性疾病的人将无药可治，同时病毒性疾病日益增多，防不胜防。不过与此同时，科学家们也探索了对付的办法，他们在人体、昆虫和植物种子中找到一些小分子的抗微生物多肽，它们的相对分子质量小于4 000，仅有30多个氨基酸，具有强烈的广谱杀伤病原微生物的活力，对细菌、病菌、真菌等病原微生物能产生较强的杀伤作用，有可能成为新一代的“超级抗生素”。除了用它来开发新的抗生素外，这类小分子多肽还可以在农业上用于培育抗病作物的新品种。表11-2列出了迄今为止我们了解到的已上市的重组蛋白质药物。以前只有很少的药物是通过非基因重组的方法生产出来的，如胰岛素，但至今重组蛋白质药物已有很多，从激素、细胞因子、酶、血液凝集素到疫苗。

现在大约有150种新型蛋白质药物用于临床实验，其中约100种是真正的全新药物，在医疗上没有先例。大部分属于细胞因子家族，但是激素、抗血栓打靶、抗体和疫苗等也在研究中，其中一些是天然蛋白质的副本，而另一些为设计的重组蛋白。

表 11-2　上市的主要重组蛋白质药物

品名	分类	适应证	上市时间
胰岛素	激素	糖尿病	1982
生长激素	激素	生长缺陷	1985
IFN-α	细胞因子	肿瘤	1986
IFN-γ	细胞因子	肿瘤	1990
IL-2	细胞因子	肿瘤	1989
G-CSF	细胞因子	白细胞减少	1989
GM-CSF	细胞因子	白细胞减少	1991
EPO	细胞因子	贫血	1989
纤维蛋白溶酶原活化因子	抗溶血素	血栓形成	1987
因子Ⅷ	胶原因子	血友病	1989
α1 抗胰蛋白酶	酶抑制剂	α1 抗胰蛋白酶缺陷	1992
DNA 酶Ⅰ	酶	—	1994
乙肝亚单位疫苗	疫苗	预防肝炎	1988

据估计，大约有 2 000 种药物是用基因工程技术生产的，其中包括蛋白质药物和非蛋白质药物，而这仅仅是在发展的早期阶段。在非蛋白质药物中，反义核酸分子提供了新的治疗方案。反义核酸分子是由小分子的 DNA 或 RNA 组成，它们能同目标 mRNA 互补，因为这种互补作用，反义核酸分子能结合到目标上并抑制其翻译成蛋白质。为了在体内发挥高效作用，反义分子必须进入细胞中，并相当稳定，具有特异性，至今这些条件只能部分满足。现在反义方法活跃于逆转录病毒研究中，但是也可应用于许多疾病治疗领域，反义治疗的效果酷似于基因损伤的结果，因此选择性地用于以基因灭活为目的的基因治疗。基因治疗开辟了另一个非蛋白的治疗领域。它将有可能引起新的药物开发浪潮，并且可能在很长一段时期后代替蛋白质和其他治疗方法，这一点是无可置疑的，就像基因拼接这一科学发现在短期内即给药物发展带来深刻的影响一样，在可以预见的将来这种影响仍不会减少。

思　考　题

1. 生物技术疫苗有哪些？各有哪些特点？
2. 简述微生物发酵制药的类型及特点。
3. 细胞工程制备的药物主要有哪些？
4. 细胞因子种类和特性有哪些？
5. 简述新型溶血栓药物缺陷。

第12章 分子诊断

分子诊断的诞生可追溯到1978年著名美籍华裔科学家简悦威(Yuet Wai Kan)等首先应用液相DNA分子杂交成功地进行了镰形细胞贫血症的分子诊断。1980年,DNA探针被用于微生物培养的确定,这是分子诊断首次作为临床诊断工具使用。20世纪90年代初期,利用扩增技术直接检测病人标本的核酸检测方法得到应用。现在,基因扩增(PCR)技术已发展成为微生物感染定性定量分析必不可少的工具,并广泛应用于临床诊断。自从用于研究的PCR技术被应用于临床,核酸提取、基因表达图谱、激光捕获纤维切割和原位杂交也逐渐被应用于临床检测,前端程序的自动化及其与末端自动分析仪相结合已经取得了关键的进展。分子诊断的未来将可能是一站式自动化与小型化相结合的形式。目前,分子诊断领域正由人工向高精密度的自动化转化,分子诊断具有巨大的发展前景。

12.1 分子诊断概况

分子诊断学是以分子生物学理论为基础,利用分子生物学的技术和方法研究人体内源性或外源性生物大分子和大分子体系的存在、结构或表达调控的变化,为疾病的预防、预测、诊断、治疗和转归提供信息和决策依据。分子诊断学的发展历史已揭示了其发展方向:①分子诊断的内容从传统的DNA诊断发展到核酸及其表达产物(mRNA、蛋白质)的全面诊断;②分子诊断的策略从利用分子杂交、PCR等单一技术的诊断发展到有机组合多项技术的联合诊断;③分子诊断的方法从定性诊断发展到半定量和定量诊断,核酸标记技术,特别是荧光标记技术的发展,荧光定量PCR技术等方法日益成熟;④分子诊断的范围从单基因疾病(孟德尔遗传性疾病,诸如白化病、早老症、血红蛋白病、甲型血友病、囊性纤维化病、脆性X综合征等)的诊断、获得性基因病(感染性病原体,诸如乙型肝炎病毒、丙型肝炎病毒、人类免疫缺陷病毒、人乳头瘤病毒等)的诊断发展到多基因病(肿瘤、心脑血管疾病、代谢病、神经系统疾病、自身免疫性疾病等)的诊断;⑤分子诊断的应用从治疗性诊断发展到预防性分析评价,特别是针对高危人群进行疾病基因或疾病相关基因的筛查。

分子诊断的发展趋势是:一方面应用现有的DNA分析技术不断地扩大可进行分子诊断的疾病的病种;另一方面更突出地加强对疾病发病的分子基础的研究,这不仅表现在DNA水平上阐明疾病的分子缺陷,而且进一步探索在转录和翻译水平上疾病发生的分子病理学。因此,分子诊断应分为DNA诊断和RNA诊断两部分。DNA诊断分析静态的基因结构,RNA诊断检测动态的基因功能。

未来的分子诊断将朝着三个主要方向发展:①胚胎着床前诊断。在囊胚8个细胞期,通过对细胞的染色体核型分析和原位杂交,从而将人类的遗传缺陷控制在最早期阶段。②母体外周血中胎儿细胞分析技术。通过检测母体外周血中胎儿细胞而非通过羊膜穿刺或采集绒毛进行产前诊断,是一种非常有潜力的无创伤产前诊断方法。③对常见病、多发病如心血管系统疾病、糖尿病、精神疾病、神经系统疾病、恶性肿瘤、哮喘、近视眼等进行分子诊断。

12.2 分子诊断方法

分子诊断方法主要有：①DNA 液相杂交和固相点杂交；②基因限制酶酶谱分析；③基因限制性片段长度多态性(RFLP)连锁分析；④寡核苷酸探针杂交；⑤PCR 体外扩增；⑥荧光原位杂交(FISH)；⑦DNA 测序；⑧DNA 芯片(基因芯片)；⑨酶联免疫吸附检测法(ELISA)。临床上分子诊断广泛应用于感染性疾病、肿瘤以及遗传性疾病的检测。图 12-1 列出了部分常见的分子诊断策略。

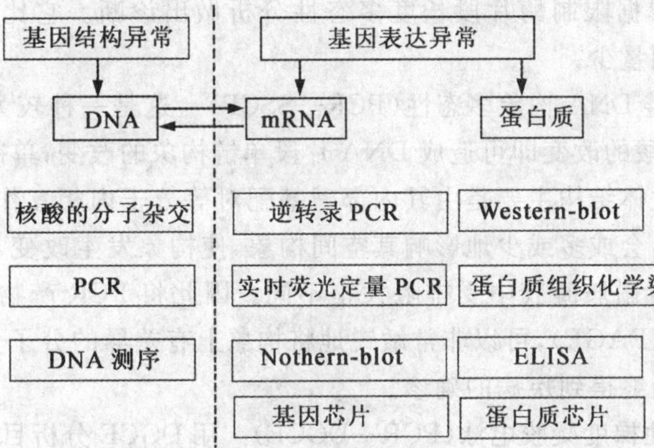

图 12-1　分子诊断策略

12.2.1 核酸杂交法

核酸杂交是利用已知病源基因制成特异性探针，在控制条件下对被测病源基因 DNA 进行互补碱基配对，来检测病源基因的方法。目前常用的杂交技术主要有：Southern 印迹杂交(Southern blotting)、斑点杂交(dot hybridization)、RNA 印迹杂交(Northern blotting)、等位基因特异性寡核苷酸(allele specific oligonucleotide，ASO)杂交等(详细见基因工程)。

等位基因特异性寡核苷酸(allele specific oligonucleotide，ASO)杂交：ASO 技术也是基于分子杂交原理而建立起来的，是最早用来检测点突变的方法。ASO 探针一般是人工合成的两条 19 个碱基的寡核苷酸链，能分别与被检测突变所在区域的正常基因序列和突变基因序列互补。在严格的杂交洗脱温度下，将经限制性酶切消化的受检者 DNA 片段或被检测区域 DNA 的 PCR 扩增产物分别与两种 ASO 探针进行杂交。若受检者 DNA 只与相应的正常寡核苷酸探针杂交，则表示不存在这种基因突变。若只能与突变探针杂交，则说明该受检者是病人。

12.2.2 PCR 法

聚合酶链反应(polymerase chain reaction，PCR)技术是一种灵敏的分子诊断技术，目前已广泛应用于临床和研究，主要用于基因序列已知或部分已知的检测。PCR 扩增直接用分子诊断，主要用于基因缺失或点突变所致疾病，根据特异性扩增条带是否出现做出诊断。近年来，在 PCR 技术的基础上，多种改良型 PCR 技术不断涌现，如 RT-PCR、PCR-ELISA、热启动 PCR(Hot-start PCR)、巢式 PCR(Nested PCR)等。但真正推动 PCR 技术不断进步的是其与其他基因检测技术的结合。

(1)PCR结合特异性寡核苷酸探针斑点杂交(PCR—ASO) 这种方法是目前广为采用的基因直接检测方法。绝大多数疾病只是些单纯的碱基突变引起的,而且每一种疾病都有一些突变发生的热点。根据常见的突变体类型,合成一系列具有正常序列和突变序列的等位基因特异性寡核苷酸和相应的引物,PCR产物能与正常和突变探针均杂交者为杂合子,仅与突变探针杂交为纯合子,正常人只与正常探针杂交。

(2)PCR产物的限制性片段长度多态性分析(PCR—RFLP) 这也是一种检测突变的较为简便的方法。用PCR方法将包含待测多态性位点的DNA片段扩增出来,然后用识别该位点的限制酶来酶解,根据限制酶片段长度多态性分析做出诊断。它比原来RFLP方法更简便,灵敏度高,DNA用量少。

(3)PCR结合单链DNA构象多态性(PCR—SSCP) 这是一种较为流行的检测DNA突变的方法。单个核苷酸的改变即可造成DNA片段单链构象的改变,单链DNA片段呈复杂的空间折叠构象,这种立体结构主要是由其内部碱基配对等分子内相互作用力来维持的。当有一个碱基发生改变时,会或多或少地影响其空间构象,使构象发生改变,空间构象有差异的单链DNA分子在聚丙烯酰胺凝胶中受排阻大小不同。因此将PCR产物在变性后通过非变性聚丙烯酰胺凝胶电泳(PAGE),可以非常敏锐地将构象上有差异的分子分离开,借以检测出患者基因的突变位点,最终得到疾病的确诊。

(4)PCR结合变性梯度凝胶电泳(PCR—DGCE) 用DGCE分析目的基因的PCR产物几乎可以检出所有突变。当双链DNA在梯度变性的聚丙烯酰胺凝胶中行进到与DNA变性温度(熔点)一致的凝胶变性浓度位置时,DNA发生解旋变性,此时电泳速度迅速降低。而当解旋的DNA链中有1个碱基突变时,将会影响其电泳速度变化的程度。

(5)PCR结合异源双链分析法(HA) 这也是一种常用的方法。PCR扩增产物经加热变性,形成的4条单链DNA分子,在低温下重新形成双链DNA分子时,除原有2条同源DNA双链外,还可因正常单链和异常单链序列基本相配而产生2条新的异源双链DNA分子。异源双链含有不配对区域,二级结构与同源双链不同,具有异常泳动特性,在非变性凝胶上表现为与正常条带位置不同的异常带。其中变性高效液相色谱(denaturing high performance liquid chromatography,DHPLC)技术通过离子对反向液相色谱分析来区分异源双链核酸分子及同源双链核酸分子DNA片段,筛查DNA的变化,且不需要放射性同位素及溴化乙锭凝胶,与SSCP和DGCE比较,相对高效、经济、自动化程度高。

(6)实时荧光定量PCR技术(real-time quantitative PCR) 实时荧光定量PCR技术是指在PCR反应体系中加入荧光基团,利用荧光信号积累实时监测整个PCR进程,最后通过标准曲线对未知模板进行定量分析的方法。荧光染料能特异性掺入DNA双链,发出荧光信号,而不掺入双链中的染料分子不发出荧光信号,从而保证荧光信号的增加与PCR产物增加完全同步。荧光探针法是将荧光共振能量传递(fluorescence resonance energy transfer,FRET)技术应用于常规PCR中,在探针的5′端标记一个荧光报告基团(R),3′端标记一个淬灭基团(Q),两者可构成能量传递结构,即5′端荧光基团所发出的荧光可被淬灭基团吸收或抑制;当两者距离较远时,抑制作用消失,报告基团荧光信号增强,荧光监测系统可接收到荧光信号。利用以上荧光产生原理,在PCR过程中可以连续不断地检测反应体系中荧光信号的变化。由于荧光报告基团数与PCR扩增的拷贝数是一对一的关系,因此这一方法可作为较理想的定量技术,实现了 PCR 从定性到定量的飞跃。

(7)甲基化特异性 PCR(methylatkm specific-PCR,MS-PCR)　其基本原理是:靶 DNA 用化学试剂如亚硫酸氢钠处理。所有未甲基化的胞嘧啶转变成尿嘧啶,而 CpG 岛上的胞嘧啶因甲基化而不变。基于这种差异,设计两对特异性的引物:一对甲基化特异性引物和一对非甲基化特异性引物。通过 PCR 扩增就可将甲基化等位基因化学修饰的 DNA 序列与非甲基化等位基因区分。现已应用于 Prader-Willi/Angelman 综合征、Fra(X)综合征和某些肿瘤的分子诊断。

(8)RT-PCR　是一种对 mRNA 进行定性和半定量的分析技术。其基本原理是从某一特定组织细胞或外周血中抽提出 RNA 后,在逆转录酶的作用下,RNA 被逆转录成 cDNA,再将 cDNA 作为模板进行 PCR 反应。扩增产物经凝胶分离后,通过扫描条带的密度可得出相对的 mRNA 的含量。这种方法必须设立内参照,以避免不同标本之间由于 PCR 扩增效率不同而造成的差异。

(9)化学错配裂解(chemical mismatch cleavage,CMC)　是一种能快速、灵敏地检测突变的方法。基本原理为四氧化锇和盐酸羟胺能分别修饰互补链中错配的胸腺嘧啶和胞嘧啶氮杂环己烷,则可在修饰位点处裂解已标记的 DNA 片段。将放射性同位素标记的正常 DNA 与受检个体的 DNA 混合,通过变形、复性,从而形成异源杂合双链,之后对错配的碱基进行化学修饰、氮杂环己烷裂解,经电泳之后判断是否存在突变,突变的位置可通过切断产生的片段长度确定,碱基取代的类型由进行化学修饰和切断的试剂类型来判断。

(10)PCR—ELISA 技术　指将 PCR 技术和 ELISA 技术结合起来的一项检验技术。在 PCR 的一对引物中,其中一条引物用生物素标记,另一条引物用地高辛标记,酶标微孔板上用生物素的亲和素包被(生物素的亲和素可以与生物素特异地结合)。PCR 扩增后经纯化去除引物、dNTP、引物二聚体等小分子后,将 PCR 扩增后的纯化片段加入到微孔板中。此时,微孔板上包被的生物素亲和素将与引物上的生物素结合而捕捉了 PCR 片段,再在微孔板中加入碱性磷酸酯酶或辣根过氧化物酶标记的抗地高辛抗体,该抗体将与另一引物上的地高辛结合,从而形成生物素亲和素-生物素-PCR 片段,地高辛-抗地高辛抗体-酶的复合物。加入酶的相应底物后进行显色,便可判断 PCR 扩增的有无。根据其原理,该方法主要用于传染性疾病的诊断。

近年来,肽核酸(peptide nucleic acid,PNA),逐步应用于 PCR 检测分析。PNA 与 DNA 或 RNA 可结合成高稳定性的 PNA,DNA 或 PNA,RNA 双链结构,对碱基错配很敏感,可用 PNA 定向 PCR 钳技术检测基因的点突变。

12.2.3　遗传多态性连锁分析法

人类基因组 DNA 具有多态性,多态位点本身并不致病或与遗传病无直接关联。但其中一些位点在染色体上的位置与致病基因靠得很近,并呈孟德尔式连锁遗传。因此可利用这些多态性位点作为遗传指示标记。通过对这些遗传标记的多态性检测,可间接鉴定致病基因。

(1)RFLP 分析　RFLP 是 1978 年发现的第一代普遍存于全基因组的遗传标记。由于 DNA 多态性改变了某一限制酶的识别位点,导致用该限制酶切割基因组 DNA 时,在人群中不同个体所得到的 DNA 片段长度和数目不同。基因组 DNA 经过此限制酶消化后,作 DNA 印迹杂交获得限制性酶切图谱,即可诊断出该点突变。可由限制性酶切图放射自显影条带的光密度扫描，定量分析 DNA 片段的拷贝数的改变来进行遗传多态性连锁分析。如果先用 PCR 扩增包含该突变部位的 DNA 片段，再用限制酶消化扩增所得 DNA 片段，根据琼脂糖凝胶电泳的带型及片段大小即可诊断该突变，无需进行 DNA 杂交。PCR/限制性酶切图谱法比 DNA 印迹/限制性酶切图谱法更为快捷。1987 年建成以 RFLP 为标记的基因连锁图，一些疾病相关基因如亨廷顿舞蹈病基因、囊性纤维化基因、乳腺癌基因等约 400 个基因就是根据 RFLP 连锁分析而定位和克隆的。

(2)可变数目串联重复序列多态性连锁分析　第二代遗传标记是可变数目串联重复序列(variable number of tandemrepeats，VNTR，又称小卫星 DNA)，这是基因组 DNA 中长 6～70 bp 的短核苷酸片段的重复，其中 2～4 bp 的重复称为短串联重复序列(short tandem repeats，STR，又称微卫星 DNA)。STR 也遍布于基因组 DNA，和 RFLP 一样也是一种遗传标记，可经 PCR 扩增后再进行连锁分析，从而对一些突变类型不明的遗传病，如杜氏肌营养不良症、血友病等进行分子诊断和产前分子诊断。1992 年完成以 STR 为标记的第二代遗传连锁图，肾母细胞瘤(WILMS 瘤)基因(WT1)即是经该方法进行定位和克隆，同性恋相关基因也是经该方法进行的基因定位。

(3)单核苷酸多态性分析　单核苷酸多态性(single nucleotide polymorphism，SNP)为第三代分子遗传标记，在人类 DNA 多态性中约占 90%，是一种很有应用价值的遗传标记。与第一代、第二代遗传标记相比具有高密度、稳定和易于分型检测等特点，因而在疾病特别是多基因疾病研究领域显示了巨大的优势。它一般涉及两个方面：其一是运用大量的 SNP 进行基因组扫描，通过连锁不平衡分析将肿瘤易感相关基因定位于某一区域及某标记附近，可作为定位候选克隆的第一步。而这有赖于大量 SNP 的发现以及基于 SNP 的高密度、高分辨率的物理图谱的构建。其二是根据肿瘤的一个或几个易感基因内部或附近的 SNP 对患病人群与正常对照人群进行相关分析，从而对个体进行某种肿瘤的易感性预测，该领域的研究取得了可喜的进展。许多疾病如糖尿病、心血管疾病以及肿瘤等的发生发展过程涉及到多个基因和多种因素，每一个相关基因的效应都是微弱的，且基因变异形式除了单个核苷酸的改变外，还包括缺失、甲基化等形式。此外，还存在种族差异，因此单独研究几个易感基因的 SNP 存在其局限性。

12.2.4 连接酶链式反应法

连接酶链式反应(ligase chain reaction，LCR)是设计两对互补寡核苷酸探针，这两对探针在靶 DNA 上呈线性排列，靶 DNA 的突变位于两探针的交接处。上游寡核苷酸的 3′端分别与正常和突变基因匹配，并且彼此可区分。例如长度不一样或 5′端带有不同标记物，当上游寡核苷酸与模板完全匹配时，探针与每个靶 DNA 片段杂交，通过连接酶将其与下游的寡核苷酸探针连接，形成一条长的核苷酸片段。如果靶 DNA 中存在点突变，则不能通过连接酶将两个探针连接。这样突变基因和正常基因产生不同的连接产物，电泳时极易判断是否存在突变，用荧光标记其中一个寡核苷酸，这种突变检测方法可以实现自动化。应用三核苷酸重复序列的探针进行此项检测，可鉴定动态突变基因。

12.2.5 DNA 测序法

在各种筛选方法的敏感性和特异性受限制时，DNA 测序无疑是突变分析的最重要方法。

1977 年 Sanger 建立了链终止反应测序方法，是用放射性同位素标记引物，用双脱氧核苷酸终止 DNA 链的延伸，产生长度不等的 DNA 片段，再由高分辨力的聚丙烯酰胺凝胶电泳分离，放射自显影读取结果。现在的直接测序方法已与经典的测序方法有很大不同，四色荧光标记代替了放射性同位素标记，见图 12-2，测序自动化程度大为提高，操作更简便，时间也大大缩短，但是其高昂的费用也限制了它的广泛应用。

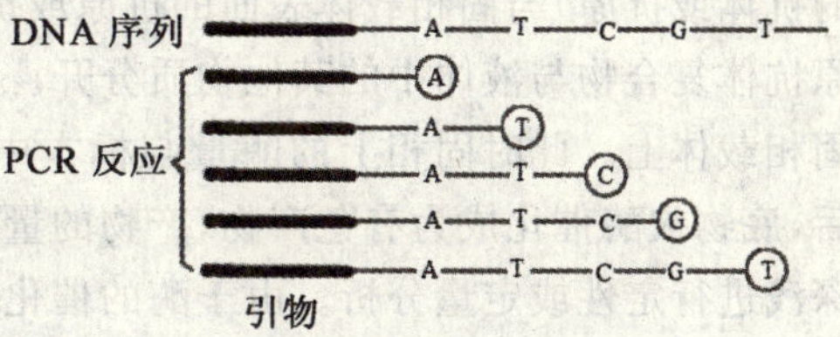

图 12-2　DNA 序列测定

更为引人注目的是，生物多聚体离子化是近十年生物技术发展的一个重要的技术进步，它使质谱仪成为 DNA 测序分析方法之一，且快速而准确。如基质辅助激光解吸附电离飞行时间质谱仪(matrix assisted laser desorption ionization time of flight，MALDI-TOF)，其方法主要是先进行普通 PCR，扩增含 SNP 部位的 DNA 片段，然后进行引物单核苷酸延伸反应(底物为双脱氧核苷酸 ddNTP)，产物经脱盐纯化后，与基质(一般为 50%乙腈、0.07 mol/L 醋酸铵饱和液)一起加到质谱仪的样品板上进行分析，与引物对比，即可知引物后的核苷酸。

12.2.6　荧光原位杂交法

荧光原位杂交(FISH)是一种直接在细胞核中或染色体上确定 DNA 序列的有无或其相关位置的技术，其基本原理仍是以核酸分子杂交为基础，结合了免疫荧光技术。与同位素原位杂交相比 FISH 技术具有安全、分辨率高等特点，而且染色体检测范围大大拓宽。目前 FISH 的定位范围已达到整条染色体。

在 FISH 技术基础上又发展出多色荧光原位杂交技术：光谱核型分析(spectral karyotying，SKY)、多重 FISH (M-FISH)和彩色显带 FISH(Rx-FISH)。光谱核型分析技术可揭示 G、R、Q 带通常无法检测到的染色体结构上的细微变异，已成为染色体核型分析的一种精确、灵敏和可靠的检测手段。它具有高度的敏感性和特异性，使细胞遗传学向分子领域发展，并在临床、辐射损伤和科研等工作中得到广泛应用，一次成像可同时区分 24 条染色体。用于检测稳定性染色体畸变等，并能准确推算生物剂量曲线。SKY 技术检测染色体异常可作为早期诊断、治疗监测和随访过程中的有效指标。

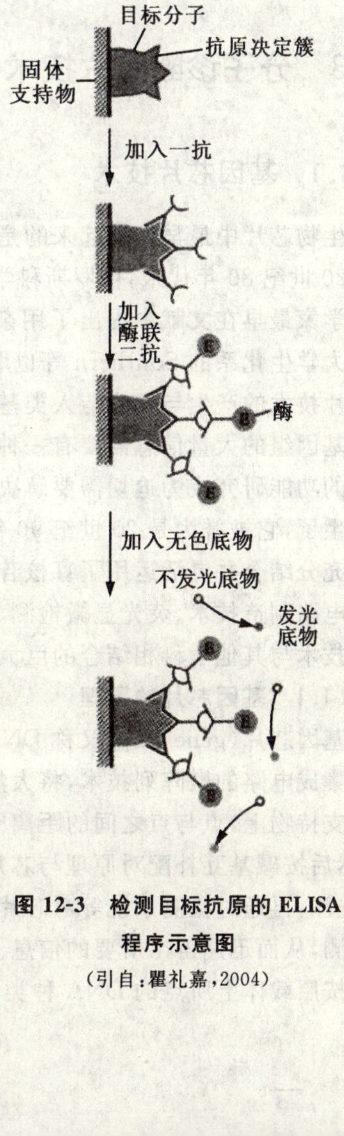

图 12-3　检测目标抗原的 ELISA 程序示意图

(引自：瞿礼嘉，2004)

12.2.7　酶联免疫吸附检测法

ELISA 的基础是抗原或抗体的固相化及抗原或抗体的酶标记。结合在固相载体表面的抗原或抗体仍保持其免疫学活性，酶标记的抗原或抗体既保留其免疫学活性，又保留酶的活性。在测定时，受检标本(测定其中的抗体或抗原)与固相载体表面的抗原或抗体起反应。用洗涤的方法使固相载体上形成的抗原抗体复合物与液体中的其他物质分开。再加入酶标记的抗原或抗体,也通过反应而结合在固相载体上。此时固相上的酶量与标本中受检物质的量呈一定的比例。加入酶反应的底物后,底物被酶催化成为有色产物,产物的量与标本中受检物质的量直接相关,故可根据呈色的深浅进行定性或定量分析。由于酶的催化效率很高,间接地放大了免疫反应的结果,使测定方法达到很高的敏感度。

ELISA 可用于测定抗原,也可用于测定抗体。在这种测定方法中有三个必要的试剂:①固相的抗原或抗体,即"免疫吸附剂"(immunosorbent);②酶标记的抗原或抗体,称为"结合物"(conjugate);③酶反应的底物。根据试剂的来源和标本的情况以及检测的具体条件,可设计出各种不同类型的检测方法。如双抗体夹心法测抗原法、间接法测抗体法、竞争法测抗体法、获包被法测抗体法、ABS-ELISA 法。

上述各种诊断方法在实际应用时可以根据不同的病种、不同的突变类型进行选择性应用。分子诊断作为新兴的诊断模式其优越性在多方面得以充分体现,然而也存在一些缺陷,对于肿瘤等多因素病,其发病由多基因多因素参与,基因变异只是因素之一,故分子诊断技术在这些疾病中的应用存在一定缺陷,还不能作为确诊或第一诊断手段。

12.3 分子诊断芯片技术

12.3.1 基因芯片技术

生物芯片中最早发展起来的是基因芯片,基因芯片的技术原理即为 Southern 印迹杂交技术。20 世纪 80 年代末,俄罗斯科学院恩格尔哈得分子生物学研究所和美国阿贡国家实验室的科学家最早在文献中提出了用杂交法测定核酸序列(SBH)新技术的想法。几乎与此同时牛津大学生化系的 Southern 等也取得了在载体上固定核苷酸及杂交法测序的国际专利。基因芯片技术的产生与发展与人类基因组计划(human genome project,HGP)的研究密不可分。人类基因组的大量信息需要有一种快速、敏感、平行检测的技术,随着越来越多的基因被解码,基因的功能研究成为迫切需要解决的课题。在这一背景下,以基因芯片技术为主体的生物芯片诞生了,它被誉为是 20 世纪 90 年代中期以来影响最深远的重大科技进展之一。基因芯片技术充分结合并灵活运用了寡核苷酸合成、固相合成、PCR 技术、探针标记、分子杂交、大规模集成电路制造技术、荧光显微检测、生物传感器及计算机控制和图像处理等多种技术,体现了生物技术与其他学科相结合的巨大潜力。

12.3.1.1 基因芯片的原理

基因芯片(gene chip)又称 DNA 芯片(DNA chip)、DNA 阵列(DNA arrays),是指应用大规模集成电路的微阵列技术,将大量代表不同基因的寡核苷酸探针,有序地、高密度地排列固定于支持物上,点与点之间的距离$<500\ \mu m$。使用时,将样品核酸用同位素和荧光等方法标记,然后按碱基互补配对原理与芯片探针进行杂交,利用核酸探针到基因混合物中识别特定基因,洗涤,再通过检测系统等对芯片进行扫描,计算机系统对每一探针上的荧光信号作出比较和检测,从而迅速得出所要的信息。

按照载体上所点的 DNA 种类的不同,基因芯片可分为寡核苷酸芯片和 cDNA 芯片两类。

按照基因芯片的用途可分为表达谱芯片、诊断芯片、指纹图谱芯片、测序芯片、毒理芯片等。用基因芯片技术可在同一时间内分析大量的基因,准确高效地破译遗传密码,克服了传统膜杂交技术的不足。

12.3.1.2 基因芯片技术

基因芯片技术主要包括4个技术环节:DNA微阵列制备、样品制备、生物分子反应和信号的检测及分析。

(1)芯片的载体的预处理　芯片制备之前要对载体进行修饰,使其表面有可进行化学反应的活性基团,以便与生物分子进行偶联,并使载体具有良好的稳定性和生物兼容性。对支持物进行表面处理的原因有两方面。首先,支持物表面上要有一种合适的功能基团以连接探针,并使探针稳定地固定于支持物表面,以防止杂交后清洗时被洗脱。经处理后其表面衍生出氨基、醛基、异硫氰酸基及环氧基团。这些活性基团可与DNA分子中的磷酸基、氨基、羟基等基团形成离子键或共价结合而使打印在上面的DNA牢固地固定在支持物表面。其次,支持物表面经处理后,可减少亲水性探针在其表面的扩散,因而提高了点阵密度。

(2)基因芯片的制作方法　基因芯片的制作一般有两种方法,一种为原位合成(insitu synthesis),适用于寡核苷酸;一种为合成后交联(post-synthetic attachment)也叫点样法。

①原位合成法。此方法制作的芯片常被称作DNA芯片,即在芯片上原位合成寡核苷酸探针,合成的探针被直接有序地固化于支持物上,以用于杂交分析。原位合成法制备的芯片是高密度的,核酸探针长度较短,最适用于DNA再测序、查明点突变,以及基因转录表达分析等。

光导原位合成法是常用的原位合成法,它是在经过处理的载玻片表面铺上一层连接分子(linker),其羟基上加有光敏保护基团,可用光照除去,用特制的光栏(light mask)(光刻掩膜,photoliographic mask)保护不需要合成的部位,而暴露合成部位。在光作用下去除羟基上的保护基团,游离羟基,利用化学反应加上第一个核苷酸,所加核苷酸种类及在芯片上的部位预先设定,引入的核苷酸带有光敏保护基团,以便下一步合成。然后按上述方法在其他位点加上另外3种核苷酸完成第一位核苷酸的合成,因而N个核苷酸长的芯片需要有$4N$个步骤。每一独特序列的探针称为一个“feature”,这样的芯片便具有$4N$个“feature”(探针位点,每个探针位点含有几百万个相同的探针),包含了全部长度为N的核苷酸序列。这种原位合成的方法无需制备处理克隆和产物。运用这种方法制作的芯片探针间隔为5～10 μm,密度可高达10^6探针/cm^2。该方法的优点在于合成速度快、步骤少、合成探针阵列量大;缺点是合成反应产率较低,不到95%,探针长度较短,一般为2～8 bp。此外,如果每步去保护不彻底会导致杂交信号模糊,信噪比减低。为此,有人用电子射线和酸作为去保护剂以提高产率及点阵密度。

②点样法。点样法是将合成好的探针、cDNA或基因组DNA通过特定的高速点样机器人直接点在芯片上,然后经过紫外线照射或Schiff碱连接法固定、变性、冲洗和晾干而成。以此方法制作的芯片也被称为微点阵(microarray),可将较大的核酸片段(大于100 bp)物理地固定在介质上。该方法的探针制备是在芯片以外采用常规分子生物学技术获得的,如PCR、分子克隆、人工合成DNA片段等。将制备好的探针通过手工或自动点样装置点在经特殊处理的载玻片或其他材料上即可,主要用于诊断、检测病原体及其他特殊要求的中、低密度芯片的制备。探针可以是合成的短寡核苷酸片段,也可以是从基因组中制备的基因片段或cDNA;可以是双链,亦可采用单链的DNA或RNA片段。也有人用肽核酸(peptide nucleic acids,

PNA,一类 DNA 类似物,以氨基酸取代糖磷酸主链)制成探针。

(3)样品制备及样品的标记方法 样品的制备和标记是基因芯片实验流程的一个重要环节,待分析基因一般不能与芯片探针直接杂交,在杂交之前必须进行分离、扩增和标记。根据样品来源、基因含量和分析目的不同,采取的基因分离、扩增和标记的方法不同。常规的基因分离、扩增和标记技术完全可以采用。样品的标记方法有放射性核素标记法及荧光色素法等。放射性核素标记法中^{33}P dCTP 是首选的放射性标记物。因为其放射能量较大,尤其是在芯片上各个探针的物理距离较近时,杂交信号强的位点容易影响到邻近的杂交信号弱的位点的情况下,选用^{33}P dCTP 可以更好地检测出杂交信号弱的位点的信息。除了^{33}P 外,其他的放射性标记物还有^{3}H、^{14}C、^{35}S 等。放射性核素标记物的缺点是其放射污染。

荧光色素法中最常用的是 Cye3-dUTP 和 Cye5-dUTP。其优点是和逆转录产物有很好的结合性能、好的光稳定性以及它们的激发光谱和发射光谱范围差别较大,使得光学检测时分辨率较强。另外比放射性核素还有一个明显的优点就是能够避免放射污染。但是信号较弱,易受背景噪声的干扰,尤其是当待测物质的量较少时,检测的敏感性不佳。

(4)生物分子杂交反应 基因芯片与检测基因的杂交过程与一般的分子杂交过程基本相同,但杂交条件的选择需考虑多方面的因素,如杂交反应体系中盐浓度,探针的浓度、GC 含量、所带电荷、序列组成,检测基因序列的浓度,探针与芯片之间连接臂的长度及种类、检测基因的二级结构以及杂交的时间、温度、芯片的类型等因素。如用于基因表达检测,需要长历时、低温和高盐条件的较严谨性杂交,而用于突变检测则需要短历时、高温和低盐条件高严谨性杂交。由于基因芯片影响因素很多,所以要合理设置异种核酸平行实验、核酸质量、检测对照、封闭对照、归整化对照,以保证结果的准确性和重复性。

最近,为提高芯片杂交的准确性,出现了肽核酸芯片(peptide nucleic acid miroarray,PNA microarray),PNA 与互补的 DNA 或 RNA 杂交时,比类似的 DNA 寡聚物有着更高的亲和性,而且 PNA 很稳定,对提高基因芯片的检测效果,防止假阳性方面有一定的进步。

(5)杂交反应的信号检测及分析 芯片经杂交反应后,各反应点形成强弱不同的光信号图像,用芯片扫描仪和相关软件加以分析,即可获得有关的生物信息。如果是用同位素标记样品,其后的信号检测即是放射自显影,通过放射自显影显示杂交信号的强弱与分布;若用荧光标记,则需要一套荧光扫描及分析系统,对相应探针阵列上的荧光强度进行分析比较,经计算机软件如 Genepix 3.0 软件 ImaGene 3.0 软件分析,将图像数字化,即可获得有关的生物信息。

目前,用于芯片的荧光信号扫描和定量分析方法主要有两种:①利用电荷耦合装置(charge-coupled devices,CCD)检测的摄像系统;②利用激光共聚焦原理基于光电倍增管(photomulti-plier tube,PMT)检测的扫描系统。由于基因芯片获取的信息量大,所以对基因芯片杂交数据的分析、处理、查询、比较等需要一个标准的数据格式。目前,一个大型的基因芯片的数据库正在构建中,若能将各实验室获得的基因芯片的结果集中起来,那么今后对数据的交流及结果的评估与分析将非常有利。近年来还发展了多种检测方法,如质谱法、化学发光法、光导纤维法等。

12.3.2 蛋白质芯片技术

随着人类基因组计划(HGP)的顺利实施和生物芯片技术的不断成熟,基因芯片已被广泛应用于分子生物学的各个领域,用以检测、比较各种已知或未知的核酸序列。然而,基因芯片技术只能局限于检测基因转录产物 mRNA，而 mRNA 由于自身存在贮存、转运、降解、编辑、翻译调控和翻译后蛋白质的多种加工、修饰，难以准确地反映基因的最终产物蛋白质的质与量，基因和其功能蛋白之间并不一定呈线性对应关系。这使得基因芯片技术的应用受到了不小的限制，而且蛋白质结构和构象方面的各种微小化学变化均能导致其活性或功能的改变，所以要进一步揭示细胞内各种代谢过程与蛋白质之间的关系及某些疾病发生的分子机理，迫切要求针对蛋白质组学进行更深入的研究，蛋白质芯片技术随之应运而生。

12.3.2.1　**蛋白质芯片的概念**

蛋白质芯片，也叫蛋白质微阵列（protein microarray），是指在固相支持物（载体）表面固定大量蛋白探针（可以是抗原、抗体、受体、配体、酶、底物等），制成由高密度的蛋白质或多肽分子组成的蛋白微阵列，利用蛋白微阵列和含有未知蛋白质（体液、细胞和组织提取物）进行孵育反应，反应后用相应的检测系统进行检测，最后应用计算机对待测样品进行量化分析和比较。

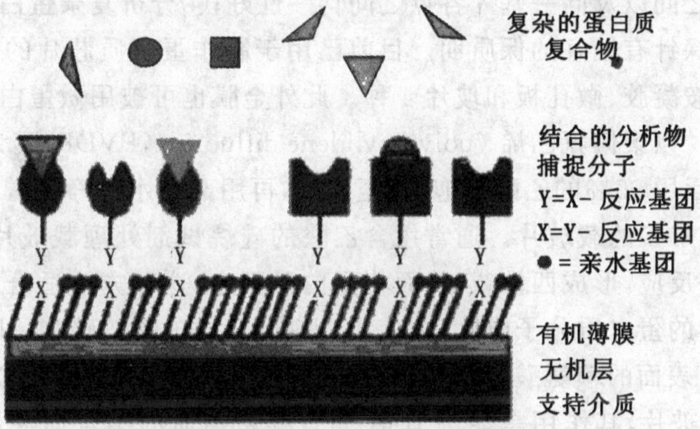

图 12-4　理想的蛋白质芯片阵列

（引自：范礼斌，2003）

蛋白质芯片具有以下特点：①特异性强，这是由抗原与抗体之间、蛋白与配体之间的特异性结合决定的；②敏感性高，可以检测出样品中微量蛋白的存在，检测水平已达纳克级；③通量高，在一次实验中对上千种目标蛋白同时进行检测，效率极高；④重复性好，不同次实验间相同两点之间差异很小；⑤应用性强，样品的前处理简单，只需对少量实际标本进行沉降分离和标记后，即可加于芯片上进行分析和检测。

12.3.2.2　**蛋白质芯片的分类**

根据其结合被测蛋白的介质不同，可以大致分为两大类：化学型蛋白质芯片和生物化学型蛋白质芯片。

(1)化学型蛋白质芯片　该类芯片所使用的介质可通过疏水力、静电力、共价键等结合被测样品中的蛋白质，然后用特定的洗脱液去除杂质蛋白而保留感兴趣者。其缺点是特异性较差，但目前仍占已商品化并得到广泛应用的蛋白质芯片中的大部分。其中最有代表性的是 Ciphergen Biosystems 公司以表面加强激光解吸电离-飞行时间质谱（surface enhanced laser desorption/ionization-time of flight mass spectrometry，SELDI-TOF-MS）技术为基础开发的系列芯片。

(2)生物化学型蛋白质芯片　该类芯片的基本原理是将已知的生物活性分子（如抗体、受体、配体、核酸等)结合到芯片表面,来俘获样品中的靶蛋白。由于生物活性分子的多样性和高度特异性,所以其应用范围和前景都明显优于化学型蛋白质芯片。但由于蛋白质比 DNA 难合成,更难于在固相支持物表面合成,且定位于固相载体表面的蛋白质容易因空间构象的改变而失活,造成了该类芯片的开发应用与商品化落后于化学型芯片。现有的生物化学型蛋白质芯片大致可以分为两种基本形式:non-living 芯片和 living 芯片。前者是将事先合成的蛋白质等生物活性分子点在芯片上,后者则点上活的生物体(如细菌、酵母等)在芯片上原位表达蛋白质。相比较而言,living 芯片可提供模拟的机体内环境,更有利于分析蛋白质的功能。

12.3.2.3 蛋白质芯片的制备

(1)蛋白质芯片的载体　蛋白质芯片的制备首先需要选择适当的固相介质做芯片载体,载体的选择对蛋白质芯片的大规模制备、检测、保活等非常重要。蛋白质芯片的载体要满足以下几个方面的要求:①基片要能够适合高密度点样的要求;②探针固定后能够保持蛋白质的活性;③不同批次基片之间以及同一基片各点之间均一性好;④分析复杂蛋白质混合物时有较好的信噪比;⑤蛋白质探针有较好的保质期。目前已用于制作蛋白质芯片的固相介质主要有各种化学膜、聚丙烯酰胺凝胶、微孔板和玻片 4 种。此外金膜也可被用做蛋白质芯片载体。

(2)载体的制备　以聚偏氟乙烯 (polyvinylidene difluoride,PVDF)膜为例,使用时先将膜切割成所需尺寸,然后用 95%的乙醇浸泡,直至浸透,再用蒸馏水洗净乙醇。载玻片载体是指经过特殊化学修饰或加工的载玻片。通常用含乙醛的硅烷试剂处理载玻片,使载玻片表面的醛基与蛋白质的氨基反应,形成西佛碱,从而将蛋白质固定,这种方法适合固定较大的蛋白质分子。对于固定较小的蛋白质分子或肽,则使用 N,N′-二琥珀酰胺碳酸(N,N′-disuccinimidyl carbonate)激活 BSA 表面的赖氨酸、天冬氨酸和谷氨酸残基成为 BSA-NHS (BSA-N-hydroxysuccinimide)修饰载玻片,其作用是促进 BSA 与点样蛋白质的结合而使蛋白质被固定于玻片上。

(3)蛋白质的预处理　通常用来制备芯片的蛋白质最好具有较高的纯度和完好的生物活性,所以点样前必须选择合适的缓冲液将蛋白质溶解,一般是采用含 40%甘氨酸的 PBS 缓冲液,这可以防止溶液蒸发,使蛋白质在芯片的整个制作过程中保持水合状态,防止蛋白质变性。蛋白质溶好后即可加入样品槽中进行点印。

(4)转移蛋白质的方法　在选定适当的载体并进行表面处理后,需要将探针蛋白质溶液转移到载体上,以便探针蛋白与玻片表面的化学基团发生化学反应而使蛋白质最终连接到玻片上成为蛋白质芯片。目前转移蛋白质的方法基本分三种:一是手工点样制备低密度蛋白质阵列;二是阵列针头点样制备蛋白质芯片,操作中将蛋白质吸附在针头上,通过针头与固相介质的接触将蛋白质点到介质表面形成阵列;三是用喷墨打印头将蛋白质样品喷点到固相介质上形成阵列。其中后两者以机器精确控制,能够高效率制备较高密度的蛋白质芯片,是今后制作高密度蛋白质芯片的主要方法。

(5)芯片的封阻　蛋白质固定后要将载体上其他无蛋白质样品区域封阻,以防止待测样品中的蛋白质与之结合,形成假阳性。针对上述几种载体,封阻所用的试剂主要有 BSA 和 Gly 两种。封阻后,用 PBST(含 0.1% Tween-20 的 PBS)反复洗涤芯片,将多余的封阻剂洗去。

12.3.2.4 蛋白质芯片的检测

目前在蛋白质芯片检测中应用的主要有直接检测和间接检测法。

(1)直接检测法　直接检测法主要包括:表面加强激光解吸/电离-飞行质谱仪(SELDI-

TOF-MS)技术,表面等离子共振(surface plasmon resonance,SPR)技术。

表面加强激光解吸/电离-飞行质谱仪(SELDI-TOF-MS)技术,该系列芯片能非特异性地结合被测样本中的各种蛋白质,检测时将生物样品直接点到各芯池内,其中不同性质的蛋白质通过亲和作用被吸附到不同的芯池中,洗去其他未结合的物质,将吸附的蛋白质固定,经室温干燥后,加入能量吸收分子使其与蛋白质结成混合晶体,以促进蛋白质在飞行时间质谱检测中的解吸附和离子化,利用激光脉冲辐射使芯池中的分析物解吸并离子化形成荷电离子,根据不同质荷比,这些离子在仪器场中飞行的时间长短不一,通过飞行时间质谱仪精确地测定出蛋白质的质量,并由此绘制出质谱图来,整个测定过程一般在几分钟内完成。这种检测方法只能分析待测蛋白质的质量,但不能测定蛋白质的空间构象。表面加强激光解吸/电离-飞行质谱仪(SELDI-TOF-MS)可直接检测各种体液如尿液、血液、脑脊液、关节腔滑液、支气管洗脱液、细胞裂解液和各种分泌物等。

表面等离子共振(surface plasmon resonance,SPR)技术,该技术是近年来迅速发展起来的用于分析生物分子相互作用的一项技术,它利用全反射时入射光可以和金属表面的等离子发生共振的原理,将探针蛋白固定在金覆盖的玻璃片表面,当受体与相应的配体结合或解离时,相应的共振信号发生改变,从而探测生物分子之间是否发生结合、结合的量以及反应的动力学参数。SPR 技术已被广泛地用于研究蛋白质-蛋白质、核酸-蛋白质、核酸-核酸以及药物-蛋白质之间相互作用的反应动力学、亲和力等关系,如酶联免疫标记(ELISA)等。SPR 主要有两大优点:①实时监测生物分子的相互作用;②待检测的生物样品不需要进行标记。

(2)间接检测法 间接检测法即样品中的被检测物质要预先用标记物进行标记,与蛋白质芯片发生特异性的结合后,使用特定的检测或扫描装置将信号收集,再经计算机分析处理。目前,标记物主要包括荧光物质、化学发光物质、酶及同位素等。目前在蛋白质芯片检测中应用最广的是荧光染料标记,其过程是用荧光染料 Cy3 或 Cy5 直接标记待检测的蛋白质,或用荧光染料标记该蛋白质的二抗,和芯片上的蛋白质结合后,用激光扫描和 CCD 照相技术对激发的荧光信号检测,用计算机和相应的软件系统进行分析。该方法原理简单、使用安全,且有很高的分辨率,特别是双色光的应用大大方便了表达差异检测的分析。

(3)检测的仪器 目前采用的仪器主要有原子力显微镜、磷光成像仪、光密度仪、质谱仪和激光共聚焦扫描系统等。质谱仪可采用表面增强激光解析离子化-飞行时间质谱技术(SELDI-TOF-MS)检测 ProteinchipTM 阵列。原子力显微镜法(AFM)因具有极强的空间分辨能力特性而用来观察芯片上蛋白质与靶分子结合后空间形状的变化,以此判断芯片上探针蛋白与样品中靶分子的相互作用,其优点在于检测时不需要对靶蛋白进行化学标记,避免标记对蛋白质结构可能造成的影响。磷光成像仪用于检测放射性同位素标记靶蛋白的蛋白质芯片,在研究蛋白激酶与芯片上底物蛋白质的相互作用时非常便利。光密度仪可以检测蛋白质芯片与放射性同位素或化学发光系统标记的靶蛋白反应的结果。

激光共聚焦扫描系统已经被广泛用来检测 DNA 芯片杂交结果,在荧光标记的 DNA 杂交检测中非常有效;同样这一系统可以检测荧光标记靶蛋白与蛋白质芯片的杂交结果,这样可充分利用已经发展成熟的 DNA 微阵列检测系统,因而成为蛋白质芯片检测方法的发展方向。各种检测手段获得的蛋白质芯片信息用相应的计算机软件进行分析,可确定靶蛋白的分子质量、表达量、种类、数量、相互关系、表达谱等。

12.4 分子诊断的应用

12.4.1 恶性肿瘤的分子诊断

随着现代医学的发展，人们已经发展了多种比较成形的癌症的治疗方法，但是总的来说，癌症治疗的最有效的方法是在肿瘤尚未形成或还很小的时候就能够检测出异常基因的存在，进行及早治疗。大多数肿瘤专家一致认为在出现任何症状之前即检测出肿瘤存在与否，能够比任何新型药物疗法挽救更多的生命。

12.4.1.1 根据基因突变进行癌症的分子诊断

有多种癌症是与特定的癌基因的突变紧密相关的(表 12-1)，因此可以在肿瘤还很小，甚至在肿瘤发生之前就利用 PCR 等技术检测到相关基因的改变。癌基因和抑癌基因突变是肿瘤发生学中的高频率的分子事件，经过突变使癌基因激活或抑癌基因失活，促发细胞表型发生变化和肿瘤的发生。在 DNA 和染色体水平上，基因突变的主要形式有：突变、基因缺失、易位或重排等。

对于基因突变的检测，1985 年以前，应用 Southern 印迹法，可以筛选出基因的缺失、插入和移码重组等突变形式，对于用该法不能检测的突变，只能应用复杂费时的 DNA 序列测定分析法。多聚酶链反应(polymerase chainreaction，PCR)技术是突变研究中重要手段，使基因突变检测技术有了长足的发展，近年来所有的基因突变检测的分子诊断技术都是建立在 PCR 的基础之上，并且由 PCR 衍生出的新方法不断出现，目前已达二十余种。此外，DNA 芯片技术(DNAchip)在基因突变检测方面 DNA 芯片也有广阔的前景。

表 12-1 部分遗传性肿瘤/癌综合征

(引自：瞿礼嘉，2004)

综合征*	癌症	基因
家族性恶性黑色素瘤	黑色素瘤、胰腺癌	MTSI/P16
遗传性乳腺癌或卵巢癌	乳腺癌或卵巢癌等	BRCA1
遗传性乳腺癌	乳腺癌	BRCA2
遗传性非息肉病结肠癌	结肠癌、子宫癌等	MSH2，MLH1，PMS1，PMS2
Li-Fraumeni 综合征	脑癌、瘤等	P53
多重内分泌瘤	髓甲状腺癌等	RET
无	家族性结肠腺瘤	APCI
无	Ⅱ型多发性内分泌腺瘤病	RET
无	雷克林霍森病	NF1
无	双侧听神经瘤	NF2
无	希佩尔-林道病	VHL
无	家族性韦尔姆斯瘤	WT1
无	视网膜母细胞瘤	RB
无	家族性皮肤基底细胞瘤	位于 9 号染色体短臂上的基因
Lynch 综合征(HNPCC)		MLH1
Lynch 综合征(HNPCC)		MSH2

* 综合征可包括多种癌症

12.4.1.2　根据肿瘤标志物的分子诊断

肿瘤标志物是恶性肿瘤在发生、发展过程中，由癌基因或抑癌基因和其他肿瘤相关基因及其产物异常表达所产生的一些抗原和生物活性物质。此外，机体对肿瘤发生的异常反应产生的一些生物活性物质和因子，也与肿瘤的发生、发展相关，这些生物活性物质和因子，也可用于肿瘤的辅助诊断，故人们也将其归类为肿瘤标志物。

(1)分子诊断方法　无论是癌基因或抑癌基因，其蛋白产物的过表达可应用相应的抗体，如用免疫组织化学(immunohisto chemistry)方法检测肿瘤组织中蛋白产物，也可用酶联免疫吸附实验(enzyme-linked immunosorbent assay，ELISA)和蛋白质印迹(western blot)方法，检测肿瘤细胞或血清中的蛋白产物。免疫组化可在组织切片上进行，其特点是在保持组织结构的条件下原位进行分析，特异性和敏感性都较强。ELISA是在细胞悬液中进行，可对特定蛋白进行定量分析。Western blot既可对组织细胞进行分析，也可对释放至血液中的蛋白质进行检测，其敏感性和特异性均较强。常见的肿瘤标志物主要有：胚胎类肿瘤标志物、糖类抗原肿瘤标志物、酶类肿瘤标志物、激素类肿瘤标志物。

(2)非特异性的肿瘤标志物在临床肿瘤分子诊断方面的应用　一些肿瘤标志物特异性差，但检测方法相对简单，所以常用于体检的肿瘤初步筛查。铁蛋白(ferritin，Fer)铁蛋白具有强大的结合铁和贮备铁的能力，是诊断缺铁性贫血的敏感指标。在肿瘤状态时(如白血病、肝肿瘤、胰腺癌、肺癌、乳腺癌)，由于合成与释放增加，所以血清含量增加，临床上常据此筛查肿瘤。细胞角蛋白(cytokeratin，CK)CK属中微丝蛋白结构，是上皮细胞骨架的一部分。根据其氨基酸序列不同现已发现有20种，在多种肿瘤患者血清中均可发现角蛋白浓度增加。目前应用于临床常规检测的还有：组织多肽特异性抗原(TPS)、组织多肽抗原(TPA)、尿膀胱癌抗原(urinary bladder cancerantigen，UBC)等。

12.4.1.3　根据端粒结构变化和端粒酶活性(telomerase)预测癌症发生

在染色体的末端具有一些重复的DNA序列称为端粒(telomere)。它对于维持染色体的结构稳定和功能起作用。同时，端粒的产生是通过端粒酶的催化合成，并连接到染色体的末端。在癌症发生时，端粒酶就会具有活性，而在正常细胞中，端粒酶很少出现。端粒每经过一次细胞分裂就会变短一些，当端粒短到一定程度时，就会导致细胞的衰老和死亡。而端粒酶则可以阻止端粒变短，从而阻止细胞的衰老和死亡，所以根据染色体末端端粒的长度变化，可用来推测癌症细胞病变情况。人们可以通过对端粒酶的检测来作为对癌症的早期诊断标准。

端粒酶是一种特殊的逆转录酶，它是有RNA和蛋白质组成的核糖蛋白复合物，能以自身的RNA为模板合成端粒重复序列(TTAGGG)，以补偿细胞分裂时染色体末端(端粒)的缩短。端粒酶在正常组织细胞中不表达或呈低水平，而在肿瘤组织细胞和癌细胞株及一部分干细胞中其活性增高，呈高表达状态，被认为是一种特异的肿瘤标记物。端粒酶活性测定是衡量正常细胞和癌变细胞差异的有效方法。

1994年Kim等建立了一种基于PCR高度敏感的端粒酶活性表达测定法——端粒重复片段扩增法(telomeric repeat amplification protocal，TRAP)，此法可从少至10个细胞中快速检测到端粒酶活性，从而使得端粒酶活性检测在肿瘤的诊断中得到广泛开展。采用TRAP方法，发现90%以上的初级癌症细胞具有端粒酶活性，根据Kim的方法，测定端粒酶活性可采用TRAP-eze测定试剂盒和自动激光荧光DNA测序仪相结合。Zhang等(1996)报道，急性白血病患者显示高的端粒酶活性，此指标为恶性白血病征兆。

癌症细胞染色体的端粒较正常染色体的端粒短，且这种端粒缩短的变化是由于在细胞分裂过程中其末端DNA序列缩短所致，测定端粒长度通常采用Southern blotting技术来分析其末端限制性序列(TRFs)，以末端染色体单链互补的寡聚核苷酸为探针，与TRFS进行杂交，来测定端粒长度。它可减少异源差异性，但要求保持DNA样品活性，并要求肽-核苷酸为探针进行原位杂交。近年来，有关端粒、端粒酶与肿瘤关系的研究迅速发展，研究结果表明，端粒酶的表达水平有可能与肿瘤的发生发展、诊断、预后等提供指标，并有可能以抑制端粒酶表达为手段作为肿瘤治疗的新方法。

12.4.2 遗传病的分子诊断

遗传疾病从分子水平解释，究其根源是由于与正常个体的遗传分子相比，患有遗传疾病个体的遗传物质发生了DNA序列或染色体片段上的改变。这种遗传物质上的异常在向后代传递时遵循孟德尔遗传规律而可遗传给下一代。具体来讲，较常见的突变情况有如下几种：①染色体某个区域的缺失；②某个基因的部分外显子或内含子的缺失；③基因的单碱基突变；④三核苷酸重复突变；⑤基因的一部分重复转录，而导致基因产物大小的改变；⑥插入突变，从基因组其他部位的DNA片段插入到目的DNA序列内；⑦线粒体基因组的突变。一般来讲，遗传疾病的分子突变机制都比较复杂，往往包括上述的两种或两种以上的情况，如导致新生儿失盐症的21-羟化酶缺乏症，可由于21-羟化酶基因(P450c21)发生缺失或基因易位插入所致；杜氏肌营养不良症(Duchenne muscular dystrophy，DMD)是由于抗肌萎缩蛋白(dystrophin)基因的部分缺失和重复造成。遗传疾病分子诊断的方法主要有以下几种。

12.4.2.1 检测DNA

(1)直接法　直接法是应用专一性基因探针限制性核酸内切酶，直接对存在于致病基因内部的突变进行检测。适合于这一分析方法的基因内突变主要是点突变和基因顺序的重排，包括DNA片段的缺失和插入。镰状红细胞贫血症的检测就可以利用限制酶MstⅡ(其识别序列为CCTNAGG)消化待测的DNA，正常的β珠蛋白基因(βA)和突变的β珠蛋白基因(βS)其第5～7位密码子序列分别为：CCTGAGGAG和CCTGTGGAG。由于βS第6位密码子的第2碱基由正常的A突变成T，从而使MstⅡ酶不能识别此位点，因而比βA少了一个识别位点。正常人基因组DNA经MstⅡ消化，用β珠蛋白基因作为探针，再经Southern杂交、放射自显影，X光片上βA出现1.15 kb和0.2 kb两条杂交带。而βS只出现1.35 kb一条带。这样就可根据MstⅡ酶切点的有或无而产生的不同长度的限制性片段来直接对镰状红细胞贫血症(HbS)进行基因诊断。对大片段基因缺失的检测也可采用直接序列测定法(direct sequencing，DS)对PCR产物进行直接的序列分析，直接测定DNA顺序，确定突变的部位和性质。由于自动化和新的荧光检测技术的应用，直接测序法的效率大大提高，将成为基因突变检测的主要方法。

(2)限制性片段长度多态性分析法　在生物进化过程中，由于多种原因引起DNA核苷酸排列顺序的改变，当这种改变涉及到限制酶酶切片段大小，就会产生片段多态性称限制性片段长度多态性(restyiction fragment length polymorphism，RFLP)。限制性片段长度多态性(RFLP)是非常普遍的现象，DNA的多态性可以作为一种重要的遗传标记，利用其进行连锁分析，只要证明一个基因与某一RFLP位点连锁，就可通过分子杂交对某一家系进行分析。RFLP具有极其广泛的用途，不但可进行人类基因定位，也可用来作亲子鉴定和进行群体研究,在人类遗传性疾病的分子诊断上尤为重要。

(3)聚合酶链反应(polymerase chain reaction,PCR) PCR的扩增产物可用于遗传病的基因诊断、人类一些传染性疾病病原体的检测、肿瘤的DNA诊断、法医学亲子鉴定、性别鉴定以及在DNA水平研究生物进化等。常见的PCR技术发展起来的遗传病分子诊断方法有:聚合酶链反应-单链构象多态性(PCA-SSCP)技术,等位基因特异的寡核苷酸(allele specific oligonucleotide,ASO)探针法,PCA法检测技术,串联重复可变数目(variable numbertandem repeats,VNTR)、短串联重复(short tandem repeats,STR)及单核苷酸多态性(single nucleotide polymorphism,SNP)检测技术,免疫PCR技术,肽核酸(peptide nucleic acid,PNA)技术,基因芯片(DNAchips)诊断技术等。

12.4.2.2 检测动态突变

上述导致遗传病的基因突变(点突变、缺失、重复、倒位等)的突变率相对稳定,称为静态突变。最近发现一些神经肌肉系统遗传病是由基因内部或侧翼序列的三核苷酸重复过度扩增,拷贝数超过正常范围引起的,这种突变的突变率与重复序列的拷贝数正相关。由于拷贝数随着世代传递而不断增多,突变率也越来越高,因此称为动态突变。迄今发现的动态突变遗传病有亨廷顿舞蹈病、脆性X综合征、延髓脊髓肌萎缩等9种,其最大特点是发病年龄逐代提前,临床表现逐代加重。虽然动态突变是一种新发现的遗传病病因,但是其分子诊断方法非常简明。由于正常人、携带者和患者的三核苷酸重复数虽依次增多,但各有一定范围,一般不重叠,因此只要测定受检者三核苷酸重复的拷贝数,即可确诊。

12.4.2.3 检测RNA

遗传病的发生不仅与基因结构的缺陷有关,而且与转录过程中的差错有关。因此,分子诊断既可以通过检测DNA,也可以通过检测RNA来进行。DNA诊断可分析基因的结构是否有缺陷,而RNA诊断可分析基因的表达(功能)是否有缺陷。RNA诊断以mRNA为材料,分析基因的功能,即检测基因是否转录、转录物(mRNA)是否正常,以及转录效率的高低等。由于mRNA不如DNA稳定,所以常常用逆转录(RT)反应把mRNA转换成cDNA进行检测,RT-PCR技术不仅解决了RNA的稳定性问题,而且对样品进行了放大,十分灵敏,是RNA诊断的主要方法。常用的RNA诊断方法有ddPCR、RNA杂交、引物延伸法等。RNA诊断可以对mRNA进行定量检测,检测其剪接加工的缺陷以及外显子变异等,并可用于基因治疗效果的检测。

12.4.2.4 荧光原位杂交

染色体病是由于染色体组成倍地增减,或者个别染色体整条地增减,或者染色体个别节段的增减、错位和颠倒等引起的。染色体异常涉及染色体的较大范围,影响许多基因,与基因突变常局限于一个基因内部的细微变化不同。荧光原位杂交(FISH)是诊断染色体病最适宜的方法。FISH是一种直接在细胞核中或染色体上确认DNA序列的有无及其位置的技术,即探针用荧光物质标记后与染色质直接杂交,经染色体显示后辨别探针所在的部位。当今FISH技术的定位范围已达到整条染色体,多色FISH技术可使细胞核中的全部24种染色体各自显示不同颜色,清楚地展示复杂易位的情形。FISH技术已广泛应用于肿瘤、遗传病的分子诊断和产前诊断,大有取代常规染色体分析技术之势。

12.4.3 细菌性传染病及病毒性疾病的分子诊断

感染性疾病是由细菌、病毒、支原体、衣原体、寄生虫等病原体侵入机体而引起的,以前对于这些病原体多采用微生物学、免疫学和血液学相关手段进行检测，但是这些方法受灵敏度和特性的限制，不易早期诊断。随着各种病原体基因结构的阐明，利用分子诊断技术早期、快速、敏感、特异地检测感染性病原体本身(RNA 或 DNA)成为可能。应用分子技术直接测定这些病原体基因，不仅可以对微生物感染做出确诊，也能诊断出带菌(毒)者或潜在性感染，还可以对感染性病原体进行分型和耐药性监测。因此，对于感染性疾病的分子诊断检测对象在人体内存在的外源性生物 DNA 或 RNA。从原理上讲，这类检测一般根据已知外源 DNA 或 RNA 顺序，采用 PCR 或 RT-PCR 的方法就可以进行快速、简便而准确的诊断。因此，这类疾病的分子诊断应用性极强，在严格掌握质控的前提下，可在临床广泛运用。其诊断策略可以分为以下两种：一是一般性检出策略，即只需要提供是否有某种病原体的感染；二是完整检出策略，即不仅对病原体做出诊断，还要进行分型(包括亚型)和耐药性方面的检测。常用的检测技术有以下几种。

12.4.3.1 核酸杂交检测技术

核酸杂交技术是分子生物学的基本技术之一，主要用于病毒病的特异、敏感和快速诊断。杂交的基本原理是碱基互补的两条单链退火形成双链。用于诊断目的的杂交双方是已知序列的表达探针和待测样品中的病毒核酸，杂交后通过特定方法检测。如有杂交信号，则说明样品中存在病毒核酸，进而证明病毒感染的存在。待测的病毒核酸可以从病料中提取，也可以从纯化的病毒粒子提取。提取后可在膜上与探针杂交(固相杂交)，或直接在试管的杂交液中杂交(液相杂交)，此外，也可直接在组织切片或细胞涂片上对细胞中的病毒核酸进行原位杂交。

12.4.3.2 PCR 检测技术

PCR 技术可以特异性地扩增出病菌的某一特定序列，具有对模板的需求量很少，无需进行细菌的分离培养等。为了提高 PCR 检测技术的特异性和灵敏度，研究人员对它进行了很多改进，发展出多种新的 PCR 衍生技术，如套式 PCR(nested PCR)。套式 PCR 是人们为了提高 PCR 反应的特异性，减少假阳性发生而设计的。也就是说针对目的病原菌的不同保守区段设计多对引物，然后用这些引物进行 PCR 反应。如果每一对引物都能够特异性地扩增出一段目的片段，那么在被测样品中存在病原物的可能性就大大增加了。当然另一方面，高合成效率使得 PCR 容易出现非特异性扩增，所以要获得预想的结果，必须选好欲扩增片段在基因组上的位置，设计特异的引物序列，优化 PCR 反应的各种条件和选定适当的循环参数。

(1)PCR 用于 DNA 病毒的检测　无论单链或双链病毒 DNA，均可用 PCR 进行检测。检测样品可以是纯化 DNA，也可以是细胞、组织及任何可能含有病毒的样品。一般无需提取 DNA，可直接取少量样品，煮沸变性 10 min 后进行 PCR 测定，PCR 检测需要两个特异的 DNA 引物，引物之间的距离(决定扩增 DNA 片段的长度)控制在 0.3～1 kb 之间最佳。应用 PCR 技术已经成功的在许多动物中检测到了 DNA 病毒。

(2)PCR 用于 RNA 病毒的检测　由于 Taq 或 Vent DNA 聚合酶不能以 RNA 为模板合成 cDNA，所以不能对 RNA 病毒核酸进行直接 PCR。首先必须提取病毒 RNA，加入反转录酶合成 cDNA，然后才能进行 PCR 扩增。因此必须进行两步反应(反转录酶不耐热)。这就是所谓的反转录-PCR(RT-PCR)。病毒 RNA 可以从各种合适的组织器官、排泄物、分泌物或细胞培养物中提取，这取决于被检病毒的种类。应用 PCR 技术已经成功地检测到了许多 RNA 病毒。

(3)原位 PCR(in situ PCR，ISPCR)检测　原位 PCR 是近年来新发展起来的一种检测病原微生物的方法。ISPCR是指在细胞或细胞切片上对待测的低拷贝数基因进行扩增，并通过原位杂交进行检测。它能保持组织与细胞形态的完整性，用核酸探针直接检测细胞内的靶核酸序列，在成分复杂的组织中进行单一细胞的研究而不受同一组织中其他成分的影响，而且不需要从组织中提取核酸，对于组织中含量极低的靶序列有极高的敏感性，并可完整地保持组织与细胞的形态，更能准确地反映出组织细胞的相互关系及功能状态。这种方法不仅能够检测出病原微生物的存在，且能够将其在组织细胞中定位，因而具有其他PCR方法所不能比拟的优越性。

(4)免疫-PCR检测　荧光标记、酶标记和放射性同位素标记这三大抗体标记技术是目前免疫学以及分子生物学中应用最广泛的常规抗原检测手段，具有很高的灵敏度。但在早期病毒感染及微量病毒检测上，荧光标记及酶标记技术还缺乏足够的灵敏度。放射性同位素标记技术的灵敏度虽然能达到1 ng/mL，但在实际操作中由于需要特殊的设备和安全防护，因此限制了它在实际过程中的广泛应用。1992年，Sano等人将免疫测定技术与PCR结合，创建了一种全新的极其敏感的抗原分子检测技术，即免疫-PCR(immuno-PCR)。它的出现解决了上述三种抗体标记技术的不足之处。它运用PCR的高度灵敏性来放大抗原抗体反应的特异性，使实验中只需要数百个抗原分子即可检测，甚至在理论上可检测一至数个抗原分子。这种灵敏度使免疫测定技术达到了一个新的高度。

思考题

1. 分子诊断方法主要有哪些?
2. 简述基因芯片的原理及技术环节。
3. 简述蛋白质芯片分类及制备技术。
4. 恶性肿瘤的分子诊断方法有哪些?
5. 遗传病的分子诊断方法有哪些?
6. 简述细菌性传染病及病毒性疾病的分子诊断。

第13章 基因治疗

人类的很多常见疾病，如恶性肿瘤、高血压、糖尿病、冠心病等的发生，都是外界因子如化学因素、物理因素、生物因素以及体内的各种因素，包括神经、免疫、内分泌、营养、代谢等内、外因素共同作用于人体基因的结果。人体的基因缺失、重复或突变、基因异常表达等原因都会造成遗传疾病，这些疾病包括了大约25%的生理缺陷、30%的儿童死亡和60%的成年人疾病。而传染病是由外源病原体如病毒细菌及其他微生物引起的疾病，而这些病原体是通过它们的遗传物质及其表达产物作用于人体而致病。因此，人类疾病的发生，多数是人体细胞本身的基因改变或外源病原体的基因及产物与人体相互作用的结果。传统一线治疗药物在治疗遗传性疾病和恶性肿瘤时，大多仅能暂时缓解症状，但不能控制疾病继续恶化，而且还会引发不良反应。另外，对恶性肿瘤的手术治疗不能很好地解决正常组织的修复与重建问题，更不能逆转原来组织器官的进一步被破坏的进程。近年来生物治疗发展迅速，与传统药物相比，生物制剂具有药理作用选择性高、不良反应少等优点，但也存在价格昂贵、生物效价低、需反复注射等缺点。

13.1 基因治疗概述

长期以来科学家们设想利用遗传物质，无论是人体自身的或外源的来治疗疾病，包括纠正人体基因结构或功能上的缺陷，阻止病变的进展，或抑制外源病原体遗传物质的复制，从而达到治病目的。为了研究遗传疾病的致病机制，科学家们建立了许多遗传疾病的分子机制模型。除了研究遗传疾病的致病机制外，学者们研究的另一个重点是各种遗传病的治疗方法。主要是药物和手术方法，一些代谢性紊乱的遗传病患者还需控制病患者的饮食来减少有毒物质在体内的堆积，如苯丙酮尿症(phenylketonuria，PKU)。另一种治疗遗传病的方法是替代疗法，也就是将具有正常功能的蛋白通过静脉注射到患者体内来达到缓解症状的目的，如血友病(haemophilia)、严重综合性免疫缺陷症(SCID)、糖尿病(diabetes)等。此外还可以通过骨髓或器官移植使一些危重患者获得具有正常功能的器官而缓解致命的症状。但是，大多数遗传病基本都是渐进式发病，并且由于每一个基因对人的正常功能都有复杂的影响，因此，任何一个基因突变都可能引发多种症状和影响多个器官的功能。随着分子生物学、细胞生物学和免疫生物学等相关学科的发展和交叉渗透，基因治疗已日受关注，它不仅可以弥补上述不足，而且还可以针对其发病机制，在分子水平进行治疗。基因治疗在当今是一个非常热门的课题，在肝癌、慢性乙型肝炎、冠心病、卵巢癌、乳腺癌、胰腺癌、骨性关节炎、人工假体周围骨溶解、消化系统等疾病的治疗研究中，都已取得相当的进展。

13.1.1 基因治疗现状

国内外基因治疗的发展状况：基因治疗的设想始于1967年，1973年一名美国研究人员和几位医生在德国进行了世界上第一例基因治疗试验，接受治疗的患者为两姐妹，研究人员将一种名为肖普氏乳头瘤病毒的病毒(这种病毒携带有一种酶基因可能会使病人本身的酶分泌正常)注射到患者体内,结果是既没有产生疗效、也没有出现不良反应。1980 年随着外源基因导入小鼠试验的成功,美国的另一名医生对 2 名地中海贫血患者进行了第二例基因治疗,结果同样没有取得成功。

20 世纪 80 年代初,美国科学家 Anderson 首先阐明了基因治疗的前景和发展方向。此后的几年之中,一大批科学家在动物身体上进行了大量的基因转移(gene transfer)试验和基因标记(gene marking)试验,为以后基因治疗的临床应用积累了许多经验,也奠定了临床应用的理论基础。1990 年,美国国立卫生研究院(NIH)的 Blaste R. M. 和 Anderson W. F. 用腺苷酸脱氨酶(ADA)基因导入一位由于 ADA 基因缺陷导致严重免疫缺损的 4 岁患者的淋巴细胞中,治疗取得了成功,转入这种可以产生腺苷酸脱氨酶能力的淋巴细胞后,患者症状得到明显缓解。第二例接受同样方法治疗的 SCID 患者是一名 9 岁的小女孩,治疗也同样取得了成功。1991 年,美国科学家 Rosenberg 的研究小组对 50 名黑色素瘤晚期患者进行了基因治疗,将外源性肿瘤坏死因子基因转入肿瘤中的浸润淋巴细胞(TIL),结果这种转化的 TIL 能集中在肿瘤所在部位、并杀伤肿瘤细胞,治疗也取得了一定效果。此后,世界各国都掀起了基因治疗研究的热潮,1991 年 NIH 连续批准了包括肿瘤坏死因子(TNF)基因导入肿瘤细胞在内的 11 项人类基因治疗的试验方案。2001 年法国巴黎内克尔儿童医院利用基因治疗使数名有免疫缺陷的婴儿恢复了正常的免疫功能,成为基因治疗开展近 10 年来科学家取得的最大成功。目前基因治疗主要集中在美国,其次是欧洲,预计到 2010 年基因治疗的市场将达到 450 亿美元左右。基因治疗的适用范围也越来越广,其中,癌症居基因治疗的首位,其次是单基因疾病、心血管病、传染性疾病(主要是 HIV)和其他疾病。

我国的基因治疗的研究工作开展得也相对较早,且获得了很好的疗效。1991 年 7 月,中国复旦大学与第二军医大学长海医院合作,从一批自愿接受基因治疗的凝血因子Ⅸ(FIX)基因缺陷性血友病 B(HEMB)患者中选择了两兄弟开始进行基因治疗临床研究。研究人员将凝血因子Ⅸ基因导入患者皮肤成纤维细胞,再将转化的皮肤成纤维细胞回输到患者体内。经过几次转化细胞的回输治疗,两名患者血液中凝血因子明显增加,而且没有发现不良反应。1994 年 8 月,中国卫生部批准了这种基因治疗方案。此后,许多科学家对多种疾病进行了临床基因治疗试验,各种临床治疗方案提出的速度非常惊人。1993 年 5 月 5 日,中国卫生部药政局颁布了《人体细胞及基因治疗临床研究质控要点》作为基因治疗的管理依据。“九五”期间在基因导入和基因治疗临床试验等方面都取得了很大进展,恶性脑胶质瘤、恶性肿瘤、梗塞性外周血管病等 6 种基因治疗方案已进入临床研究。我国在基因治疗的关键技术研究方面也取得重大突破,建立了靶向性高效非病毒型导入系统、通用性病毒载体—AAV,HSV 载体、人造血干细胞的扩增、定向分化及基因导入技术,这些技术均获得了国内与国际专利。随着研究工作的展开与深入,基因治疗已从实验室阶段过渡到临床试用阶段。目前基因治疗已被用于治疗恶性肿瘤、心脏病、关节炎、风湿病等疑难病症。有专家预测,2015 年基因治疗将成为常规治疗之一。

目前,基因治疗还处于起步阶段,存在的问题还很多。例如,1999 年 9 月,在美国宾西法尼亚大学进行的一项临床试验中,患有鸟氨酸甲酶基转移酶(OTC)缺乏症的 18 岁大学生 Jesse Gelsinger,在宾夕法尼亚大学医院死于基因治疗临床实验。Jesse 的死因是由于用于基因治疗的病毒载体引起了不可控制的强烈的免疫反应。这是世界上第一例死于基因治疗的患者。2002 年巴黎 Necker 医院的 Alain Fischer 博士领导的法国研究小组报道，他们的研究小组采用基因治愈的 3 名 SCID 儿童中，有一人体内出现白细胞水平异常增高而类似于白血病的现象。Fischer 和他的同事证实运输治疗基因的病毒将自己的 DNA 插入到儿童基因组上毗邻 *LMO*2 基因的位置，这个基因因此被错误地激活。这些实例使科学家们深刻地认识到，基因治疗在治愈人类遗传性疾病的同时也同样存在风险。由于人体内基因调控非常复杂，外源性基因的多层次、多途径表达调控对基因治疗更是一个严峻的挑战。

13.1.2 基因治疗概念及分类

13.1.2.1 基因治疗概念

基因治疗有广义和狭义之分。广义的基因治疗包括了狭义的基因治疗和利用基因药物进行的治疗。而狭义的基因治疗即通常所说的基因治疗(gene therapy)，是指通过基因转移技术将外源正常基因直接导入患者病变部位的靶细胞，通过控制目的基因的表达、抑制、校正、替代或补偿缺陷或异常基因，从而恢复受体细胞、组织或器官的正常生理功能，进而达到治疗疾病的一种新型医疗方法。基因治疗在治疗方式上不同于基因工程药物治疗，但从实际效果看，它是通过导入体内的基因产生特定的生理活性分子(如某些调节因子)而起作用，即相当于向病变部位导入一个给药系统，因此，可将导入的外源基因看作广义的基因药物。目前认为，将遗传物质转移到机体内的治疗方法均可称之为基因治疗，现在已逐步拓展至基因增强治疗，其中包括 DNA 疫苗治疗、反义基因治疗及核酶治疗等。治疗范围也已从常见的单基因疾病扩大至多基因疾病，从遗传性疾病扩展至获得性疾病。基因治疗作为一种全新的治疗理念现在越来越受到人们的关注。当前基因治疗的研究主要集中在适宜治疗基因的筛选，用来投递治疗基因的高靶向性、高效率、高承载量、低副作用的载体构建以及对转入基因表达调控与监测等方面。

13.1.2.2 基因治疗的分类

基因治疗可分为生殖细胞基因治疗和体细胞基因治疗两大类。

(1)生殖细胞基因疗法(germline gene therapy) 是指以生殖细胞为操作对象，将遗传基因导入人的生殖细胞进行基因治疗的方法。生殖细胞基因治疗可以使生殖细胞中的缺陷基因得到校正，使遗传病不但能在当代得到治疗，并且能将校正的基因传给下一代从而最终根治遗传病。但是，由于对生殖细胞进行基因治疗涉及到很多的伦理问题，人们难以接受；同时，出于安全和技术角度等原因，生殖细胞系统非常复杂，一旦发生错误将会给后代造成严重后果。由于以上原因，美国政府在 1985 年就已经规定，基因治疗的研究仅限于体细胞。迄今为止，生殖细胞的基因治疗尚没有被列入研究日程，所有基因治疗的操作对象和治疗方法都是针对体细胞的。

(2)体细胞基因治疗(somatic cell gene therapy) 是指将正常基因转移到体细胞，使之表达基因产物，以达到治疗目的。该治疗不必矫正所有的体细胞，理由是每个个体细胞都具有相同的染色体，且有些基因只在特定类型的体细胞中表达，所以治疗只需集中到此类细胞上。另外，某些疾病只需少量基因产物即可改善症状，而不需全部有关体细胞均充分表达。体细胞基因治疗以体细胞为受体细胞，只涉及体细胞的遗传改变，并不影响下一代，在现代伦理道德上也是可行的，目前已被广泛接受作为严重疾病的治疗方法之一。

13.2　基因治疗的策略

13.2.1　基因治疗的方式

基因治疗的方式包括基因置换、基因矫正、基因增强、基因抑制和基因失活以及反义技术。

基因置换(gene replacement)是指将整个变异基因去除,用正常基因取而代之,使致病基因得到永久更正,就像外科移植手术一样。这无疑是最理想的方法,但目前尚未实现。

基因矫正(gene correction)是通过定点重组,对突变基因的序列在原位进行特异的修复。尽管这方面的研究同样存在较大困难,但基因靶向技术(同源基因重组)的研究进展已表明,哺乳动物细胞基因组确实存在着某些结构和酶学机制,可使外源 DNA 在特定的部位进行重组,从而使缺陷基因在原位特异性修复成为可能。

基因增强(gene augmentation)是将正常功能的基因转移到有基因缺陷或基因丢失的细胞中使其表达正常产物,从而弥补缺陷基因的功能。近 10 年来,许多研究方法已可将目的基因导入真核细胞,并获得表达,因而被认为是目前较为成熟的方法。目前基因增强为最常用的方式。基因增强最适合单基因隐性遗传病(recessive monogenic disease)的治疗,对于显性遗传疾病,这种方法的应用受到一定限制,因为不正常的基因产物可能影响细胞的功能;对于肿瘤和感染性疾病的基因治疗,也存在同样的问题,因此在增补缺陷基因功能的同时,还要设法降低缺陷基因的表达或过度表达。

基因抑制和基因失活(gene inactivation),是采取导入外源基因去干扰、抑制有害基因的表达,如向肿瘤细胞导入肿瘤抑制基因,以抑制肿瘤基因的表达。此外,反义技术也可通过导入特异核酸序列,阻断某些特定基因的表达,以达到抑制有害基因表达的目的。

13.2.2　基因治疗的途径

实施基因治疗的途径有两种。一是 ex vivo 法,称体外-原位基因治疗,也有称为在体转移,就是选择适当的靶细胞在体外进行基因修饰和培养,筛选出有目的基因转入并表达的细胞,再回输病人体内;二是 in vivo 法,称为活体直接转移,即通过载体将目的基因直接转入靶细胞组织,使其在体内表达。

13.2.2.1　ex vivo 法

又称体外-原位基因治疗主要分为 4 步:

第一步,从患者体内取出有基因缺陷的细胞并进行体外培养;

第二步,通过转基因方法将目标基因导入培养的目标细胞对靶细胞的基因进行遗传修正;

第三步,将经过基因修正的细胞进行体外培养,筛选出能够有效表达目标基因的靶细胞;

第四步,将通过基因修正后的靶细胞再通过移植或细胞融合的方法再回输到患者体内。

靶细胞的选择原则主要考虑以下几个方面:①必须能很方便地从体内取出,并能方便、有效地回植体内;②在体外能用常规细胞培养法大量增殖;③现有的基因转移技术能有效地将外源基因转入;④回输体内后,能高效、持久地表达外源基因。当然还应根据病情、所用的外源基因和转染方式等具体情况来选择适当的靶细胞。目前常用的靶细胞有淋巴细胞、造血干细胞、成纤维细胞、肝细胞、肌肉细胞及肿瘤细胞等。

体外-原位基因治疗方法之一是利用基因工程方法获得多能性干细胞(multipoten tial stem cell),通过移植或细胞融合的方法将这些基因工程多能性干细胞再回输到患者体内,以弥补由于基因变异造成的某些细胞的功能缺陷。例如,人体如果缺失腺苷酸脱氨酶就会造成腺苷酸和脱氧腺苷酸在血液中大量积累,这两种物质对T细胞、B细胞具有致命的毒性作用,从而导致严重联合免疫缺陷症(SCID)。由于T细胞、B细胞都来自骨髓多能性干细胞,所以将编码腺苷酸脱氨酶的基因转入患者的多能性干细胞,然后再把这些经过转基因的细胞回输到患者体内,患者就可以产生腺苷酸脱氨酶,从而避免腺苷酸和脱氧腺苷酸在血液中大量积累。一般情况下利用患者自身的多能性干细胞进行基因治疗成功的可能性更大些,因为不需要去寻找与患者主要组织相容性抗原(MHC)完全吻合的多能性干细胞的供体,而这种MHC完全相匹配的概率在无血缘关系的人中非常低。

由于从人类骨髓中分离、培养多能性干细胞非常困难,所以科学家们现在正致力于获得带有逆转录病毒载体的基因工程T细胞,以缓解由于缺失腺苷酸脱氨酶而导致严重联合免疫缺陷症。但是,因为T细胞寿命较短,因此必须对患者进行反复的细胞融合。例如,世界上第一例接受基因治疗的SCID患者,那位4岁的小姑娘在10个半月时间内进行了7次细胞融合。以后又有许多SCID患者接受了这种治疗,这些患者的临床症状都得到了缓解,从此迈出了大规模体外基因治疗的第一步。

血管平滑肌细胞是体外-原位基因治疗的另一种较为理想的靶细胞。因为血管平滑肌与人的血液直接接触,带有正常基因的平滑肌细胞能产生体内缺乏的蛋白质,并将它们直接释放到血液中。这种治疗方法具体如下:首先在体外培养血管平滑肌细胞,将外源性基因转入到培养的血管平滑肌细胞中;接着通过外科手术将转化的血管平滑肌细胞植入已被预先除去内皮表面细胞的颈动脉血管壁中;在伤口愈合的过程中,移植的细胞与其他细胞一起存活下来而成为血管壁的一部分。动物实验结果显示,转入的基因表达时间持续了6个月以上,没有发现明显不良反应。目前科学家们正在对这种方法进行深入研究,如果能获得成功,就不必在体外培养多能干细胞了。

还有些科学家正在动物系统中试验体外-原位基因治疗是否适合用来治疗肝脏疾病。例如,低密度脂蛋白受体(LDLR)基因突变会导致血液中胆固醇含量过高(家族性高胆固醇血症);研究人员利用逆转录病毒载体,将LDLR基因转入患低密度脂蛋白受体缺乏症的家兔体外培养的肝细胞中,再把转化的肝细胞移植到患病的家兔体内,结果受试家兔的症状得到了缓解,血清中胆固醇浓度明显降低。如果能在肝脏中建立起转化的肝细胞系,就可以使遗传病得到根治。

13.2.2.2 in vivo 法

又称为活体直接转移,即将外源基因装配于特定的真核细胞表达载体,直接导入人体内,载体可以是病毒或非病毒型,甚至是裸DNA。ex vivo法比较经典、安全,效果较易控制,且对基因转移的效率要求不高,但步骤多、技术复杂、难度大;in vivo法操作简便,易推广,但对基因转移技术的要求高。目前in vivo法尚未成熟,还存在疗效短、免疫排斥及安全性等问题,但它是基因治疗的研究方向,基因治疗走向临床有赖于in vivo法的成熟和完善。因此,找到理想的基因转移载体是基因治疗能够进入临床的关键之一。

13.2.3　基因治疗的反义技术

有些遗传病和肿瘤的致病基因会由于失去控制而过量表达，造成基因产物的大量积累，导致细胞功能紊乱。在这些情况下仅靠提供正常的基因不足以治愈这类疾病。如果应用抑制蛋白质合成的药物，又会影响细胞的正常功能。对这些疾病采用反义疗法(antisense gene therapy)是较为合适的。所谓反义疗法就是通过向靶细胞内引入目标基因的mRNA反义序列以阻遏或降低目标基因的表达，从而达到治疗目的。当引入的反义 RNA 与 mRNA 相配对后，可用于进行翻译的 mRNA 数量大为减少，蛋白质的合成量也相应大量减少。引入细胞的反义序列也可能与基因组 DNA 杂交而阻遏 mRNA 的产生。20 世纪 80 年代初，科学家们发明了反义 RNA 技术，并且已经在原核细胞、体外培养细胞和植物个体水平上证实了应用反义 RNA 技术可以对特定基因的表达进行调控。基因治疗的反义技术主要有三类：

第一类是将特异的反义基因重组到表达载体上，导入靶细胞后转录出反义 RNA，它与靶 RNA 结合形成双链，能封闭 mRNA 的翻译；

第二类是人工合成反义寡聚氧核苷酸(oligodeoxyribo nucleotide)，经化学修饰后导入人体内，通过细胞吞饮进入细胞后与 DNA 结合形成核苷酸三聚体，它能影响转录因子的结合，使转录不能启动，或者与 mRNA 结合形成 RNA-DNA 杂链，影响基因的翻译；目前被用来作为封闭特异性序列 mRNA 的反义寡核苷酸技术主要包括三类：反义寡核苷酸(antisense oligonucleotides，ASONs)，反义寡脱氧核苷酸(AS-ODNs)；小干扰 RNA(small interfering RNA，siRNA)。

第三类是核酶，即具有催化作用的 RNA 分子能催化切割、降解异常表达基因的 RNA。已设计出具有锤头(hammerhead)和发夹(hairpin)结构的特异性核酶。核酶介导的基因表达抑制的最大特点是其切割位点的特异性，切割位点的一个点突变就足以使该酶丧失切割能力。

反义技术常用于肿瘤和病毒疾病的治疗中，其效果在很大程度上取决于是否能将反义核酸、核酶基因或寡聚脱氧核苷酸有效地导入靶细胞。

13.3　基因治疗的载体

基因治疗(gene therapy)是向靶细胞或组织中引入外源基因 DNA 或 RNA 片段，以纠正或补偿基因的缺陷，关闭或抑制异常表达的基因，从而达到治疗遗传性或感染性疾病的目的。基因治疗有效性有三层含义：首先是基因转移的有效性，通过靶向递送技术将目的基因尽可能多地导入靶细胞；其次是基因转录的有效性，通过使用组织特异性或疾病状态下过表达基因调控元件控制基因在靶细胞内转录；第三是基因表达时间和水平上的有效性，应用人工合成可调控表达系统来操纵基因表达，使其一方面在一定时区表达，另一方面表达水平不至于过高过低，尽可能地满足治疗需要。基因载体是否有效是通过其导入靶细胞并且最终为疾病治疗起作用的目的基因数目来衡量的。显然，第三层次的有效性才是鉴定一个基因载体是否合格的标尺。在遗传性疾病基因治疗中使用的载体系统有十余种，可大致分为病毒载体和非病毒载体。科学家们在致力于改良现有病毒载体的同时，也在大力寻找更安全且易识别的非病毒类载体。

理想的基因载体应具备以下特点：①靶向特异性，并且可被免疫系统识别；②高度稳定，容易制备,可浓缩和纯化;③安全,无毒性,对人体以及环境无危害;④有利于基因高效转移和长期表达。在具体应用时,不同的目的基因和靶细胞对应不同的载体。针对具体的治疗方案进行靶向性载体筛选时,其安全性和有效性是最优先考虑的两个方面。

目前常用的基因治疗的载体主要有以下几种。

13.3.1 逆转录病毒载体

逆转录病毒(retrovirus,RV)载体多由莫洛尼鼠白血病病毒(moloney murine leukemia virus,Mo-MLV)改建而成,MLV 基因组由 3 个结构基因 gag、pol 和 env 构成,两侧有长末端重复序列(long terminal repeat,LTR)(图 13-1)。

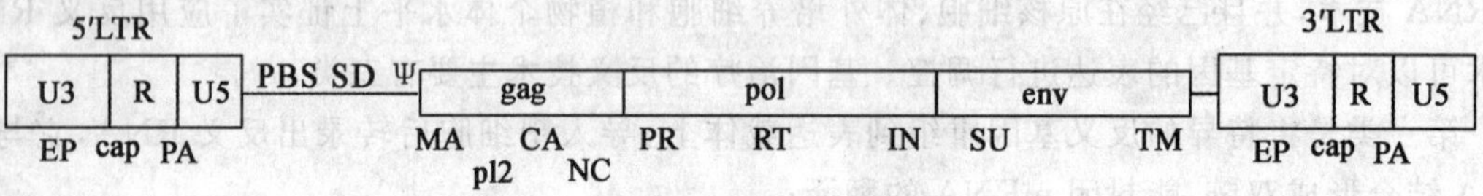

图 13-1 逆转录病毒载体结构示意图

(引自:陈金中,薛京伦,2007)

去除 LTR 及包装信号序列(psi-site)外的所有基因,并插入治疗基因、启动子和抗性基因,构建成重组逆转录病毒载体(图 13-2)。

图 13-2 重组逆转录病毒载体结构示意图

(引自:瞿礼嘉,2004)

包装病毒所需的结构蛋白则由辅助病毒提供。这种基因载体具有以下优点:①宿主细胞广泛,能够感染多种类型细胞,包括骨髓淋巴细胞、皮肤上皮细胞、成肌细胞、肝细胞、血管内皮细胞等;②能高效地感染分裂细胞,感染率高达 100%;③外源基因能够完全整合到宿主细胞染色体上,并可以持久表达目的基因。

RV 也有明显的不足,主要表现在以下几个方面:①不能感染非分裂的细胞。MLV 整合前复合体从胞浆迁移到胞核需依赖于有丝分裂过程中核膜的破裂,所以载体只感染分裂细胞。但 Parveen Z 等用点突变法在病毒的基质蛋白基因中引入一个核定位信号序列后,病毒能穿透靶细胞核,也可用于转染不分裂细胞;②载体的整合是随机的,靶基因表达受插入位点两侧的宿主 DNA 序列影响,并可导致插入突变,从而引起癌变;③包装外源 DNA 能力有限,小于 8 kb;④要求靶细胞表面要具有反转录病毒的相应受体,靶向性差。MLV 是通过其包膜糖蛋白与靶细胞上的磷酸转运子 Ram-1(Pit-2)结合介导感染的,因此在包膜糖蛋白的编码基因中引入特异性细胞结合短肽的序列,可使病毒直接靶向感染相应的细胞。也可以采用反式激活因子调节长末端重复启动子提高靶向性,采用双特异性的分子桥可解决感染靶细胞的特异性问题;⑤有辅助病毒的作用,可能产生具有复制能力的病毒;⑥病毒滴度低,不能纯化。

逆转录病毒是应用最早、研究相当热门的病毒载体,目前仍被广泛应用。体内有效的基因治疗需要有足够高的感染率（＞107 cfu/mL），大部分逆转录病毒载体都很难达到，因此逆转录病毒载体更适用于体外转染。近些年由于更多其他病毒载体的出现，临床上用逆转录病毒载体转移基因的研究有减少趋势。

13.3.2　慢病毒载体

慢病毒（lentivirus，LV）属于逆转录病毒科，典型代表就是人免疫缺陷病毒 1 型（HIV-1）。目前以逆转录病毒载体模式构建的慢病毒载体，主要由转移质粒、包装质粒和 Env 基因表达质粒这三种表达质粒共转染的瞬时表达系统获得（图 13-3）。尽管该方法在安全性和产量上有待改进，但它却以能获得较高滴度的复制缺陷型病毒颗粒及适用于多种属、多细胞，而具有广阔的应用前景。

腺病毒是一类无包膜的线状双链 DNA 病毒，人类腺病毒分为多种血清型，表达载体主要以 Ad2 和 Ad5 型病毒为基础改建而成。腺病毒基因组包括 4 个彼此独立的早期区（El～E4）和可不同剪切的主要晚期区，其中 El、E2 和 E4 用于编码复制病毒 DNA 所必需的调节蛋白，E3 编码的蛋白可下调 MHC 在细胞表面的表达以降低宿主对腺病毒感染的免疫反应。目前构建的腺病毒表达载体中外源性基因多替代 E1 和 E3 区。腺病毒相对来说，安全性高，可感染的宿主范围大，感染效率高；病毒滴度高，易于制备、纯化和浓缩，介导的治疗可以用于静注或口服，易于推广，但它不能整合到靶细胞的基因组 DNA 中，外源性基因的表达稳定性相对不及逆转录病毒载体。

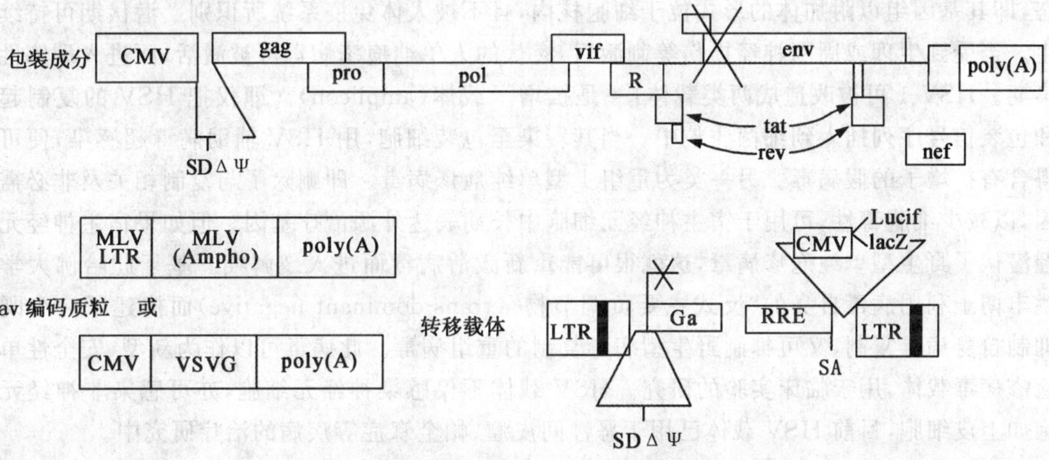

图 13-3　经典的慢病毒三质粒载体系统

（引自：陈金中，薛京伦，2007）

13.3.3　腺病毒相关病毒载体

腺病毒相关病毒（adeno-associated virus，AAV）是一种很小、很简单的病毒，必须与腺病毒或其他某些病毒共感染宿主细胞才能复制。它广泛存在于人群中，但尚未被发现与任何疾病有关。它的基因组为线状单链 DNA，仅含 2 个基因，*rep* 和 *cap*，*rep* 基因（编码负责调节病毒复制、结构基因表达和整合到宿主基因组中的蛋白）；*cap* 基因（编码衣壳结构蛋白），基因组的一个末端存在一个 145 bp 的末端重复区（terminal repeat）（图 13-4）。野生型腺病毒相关病

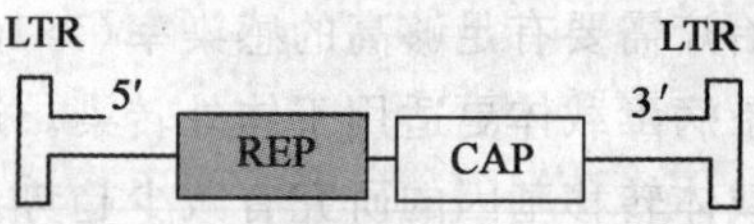

图 13-4 腺相关病毒基因结构图

（引自：陈金中，薛京伦，2007）

毒 DNA 不需其他病毒帮助即可整合到宿主细胞染色体上，通常是在第 19 号染色体长臂上的一特定短区域内。它是目前唯一所知的整合位点有特异性的病毒，如果这种特异性的机制能被阐明，则可有利于改良各种转基因系统。以腺病毒相关病毒为基础构建的载体即由末端重复序列和取代病毒基因的治疗基因转录单位组成，总长度不能超过病毒基因组原长度即 4 680 个核苷酸。腺病毒相关病毒载体有两个主要优点，它能在非复制细胞中长期表达，有时是由于 DNA 整合，但也有时并不发生整合，它结构极为简单，宿主反应小。这种载体应用的主要困难在于它极难大量生产。因此，动物试验资料较少。

现有资料表明治疗基因能长期表达，且未见有不良反应。实验证明其可以有效地转导脑、骨骼肌、肝脏等许多类型的细胞，抗原性及毒性很小，不致病，可感染非分裂细胞等优点，而被许多科学家所采用，但必须解决所引起的免疫反应。

13.3.4 单纯疱疹病毒载体

单纯疱疹病毒（herpes simplex virus，HSV）（HSV-1）属于人嗜神经病毒，可在神经元细胞内建立潜伏感染。基于此原因，研究人员希望把 HSV-1 改造成为可定向导入神经系统的载体。1 型单纯疱疹病毒基因组为 152 kb 的线性双链 DNA 分子，已鉴定了 80 个以上的基因，其中一半左右为非必需基因（图 13-5）。野生型病毒感染神经元细胞后，通常处于潜伏感染状态，即其基因组以附加体的形式位于细胞核内，且不被人体免疫系统所识别。潜伏期可持续终生。当受到生理或周围神经损伤等刺激后，潜伏的人单纯疱疹病毒可被激活，而进入裂解性感染期。HSV-1 可被改造成两类载体：一是扩增子载体（amplicon）。即仅把 HSV 的复制起点和包装信号序列插入到细菌质粒中。当其转染至包装细胞，用 HSV 辅助病毒超感染，便可获得含有扩增子的假病毒。另一类为重组 1 型单纯疱疹病毒。即删除了与复制相关及非必需基因，以减少细胞毒性，可用于宿主神经元细胞中长期表达外源治疗基因。但如果宿主神经元已经潜伏了野生型单纯疱疹病毒，这就很可能重新激活病毒而进入裂解期。基于此哈佛大学的姚丰博士利用病毒自身的“反式主要负调节物”（trans-dominant negative）而构建了一个既可抑制自身病毒复制，又可抑制野生型病毒复制的重组病毒。此病毒可以作为新型、安全性单纯疱疹病毒载体，用于临床实验的研究。HSV 载体不仅感染神经元细胞，亦可感染非神经元细胞如上皮细胞，目前 HSV 载体已用于恶性间皮瘤、帕金森症等疾病的治疗研究中。

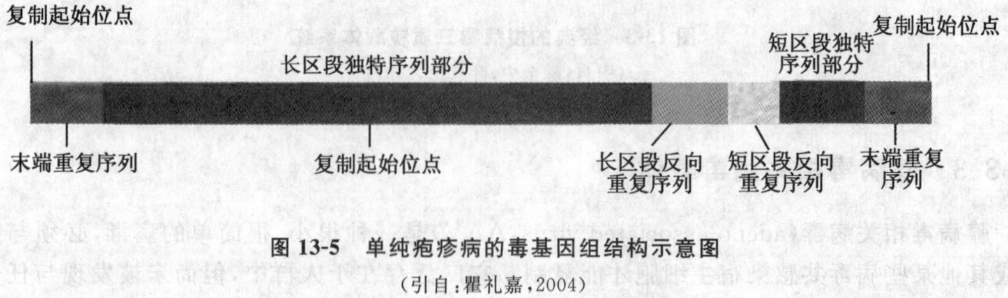

图 13-5 单纯疱疹病的毒基因组结构示意图

（引自：瞿礼嘉，2004）

13.3.5 痘苗病毒载体

痘苗病毒(vaccinia virus,VV)是一类基因组庞大的双链 DNA 病毒,其基因组约 187 kb,分中央保守区及侧翼区,两端 10 kb 为反向重复区。基因组中含有大量的非必需区域,外源基因插入这些区域后,其表达在 VV 的启动子及特定的反式调节因子的调控下进行,因此并不影响病毒的复制,一般来说 VV 可容纳长达 25～40 kb 的外源基因插入,甚至可在同一非必需区或不同非必需区插入多个外源基因。这些特点为构建重组痘苗病毒(recombinant vaccinia virus,rVV)以表达一种或多种外源蛋白提供了分子生物学基础。痘苗病毒载体的构建往往采用同源重组。痘苗病毒 DNA 不整合在染色体上,其复制、转录、翻译均在真核细胞的细胞质中进行。复制过程受病毒自身的酶类调控信号调控,由于 VV 表达存在加工、修饰等过程,有利于以较高级的形式表达外源肿瘤抗原蛋白。痘苗病毒载体宿主广泛,对分裂及非分裂细胞均具有感染性,易于培养,滴度高。VV 进入机体后可在短期内被清除,致癌的可能性小。重组痘苗病毒的体内特性对于仅需要在体内短期表达的肿瘤基因治疗有重要意义。

VV 载体对细胞的细胞毒性作用是其作为基因转移载体的最大问题之一。Buller R. M. 等证实,将外源基因插入 VV 的胸苷激酶(TK)基因序列,可以明显减低病毒的毒力。

13.3.6 非病毒载体

非病毒载体的本质是将基因治疗中的目的基因看作药物,从药剂和药理学角度考虑如何把基因导入靶细胞或组织、器官,并进行表达。非病毒载体具有低毒、低免疫反应,外源基因整合几率低、无基因插入片段大小限制,以及使用简单、制备方便、便于保存和检验等优势。目前的非病毒基因导入系统主要包括裸 DNA、多聚阳离子/DNA 复合物、脂质体/DNA 复合物以及一些其他新型载体如细胞转导肽载体、壳聚糖载体、人类人工染色体(HAC)载体、纳米微生物技术等基因治疗载体等。

13.4 基因治疗中外源基因的导入法及应用

随着基因治疗研究的深入,人们发现,基因治疗的关键是选择恰当的载体及导入方法,使目的基因获得靶向性导入,稳定有效的表达,可控性增强。目前用于基因治疗的载体有两种:病毒载体和非病毒载体。虽然基因治疗的临床实验研究多采用病毒载体,但是不同的病毒载体由于各自存在许多不足,如潜在致癌性、自身免疫原性以及目的基因容量小、靶向特异性差等,限制了它的应用。而非病毒载体,具有低毒、低免疫反应、不发生外源基因随机整合等优点,越来越受到重视。

13.4.1 介导 DNA 转移的物理方法

13.4.1.1 裸 DNA 注射法

裸 DNA 注射法是将目的基因连接在真核表达质粒上。其优点是对机体无毒无害,操作简便,缺点是基因转移率比病毒载体的感染效率要低,而且不稳定,需多次给药。给鼠肌肉进行裸 DNA 注射后,尽管基因可以得到高表达,但到达肿瘤靶位的功效低。虽在肿瘤内进行 DNA 注射可达到中等水平的转染量,但在靶位抗肿瘤功效强。如在肿瘤内注射氧氨嘧啶脱氨酶基因(可以使静脉给予的5-FU的前体药物转变为5-FU),可引起肿瘤细胞自杀效应,在鼠肿瘤内注射癌胚抗原基因和IL-12基因,可加强机体的抗肿瘤免疫效应。

13.4.1.2 基因枪法

基因枪技术应用于基因治疗具有操作简便、DNA用量少(仅为肌肉注射用量的1/250～1/2 500)、效率高、无痛苦、适宜在体操作,尤其适于将DNA疫苗导入表皮细胞,获得理想的免疫反应,是基因免疫以及基因治疗领域一种极具潜力的基因转移方法。但是仍有一些不足之处,如在体外实验中,对培养细胞系的转染率不如病毒载体;对于内脏器官的在体操作,基因定位转移不易控制等。

13.4.1.3 活体电穿孔法

活体电穿孔法(in vivo electroporation)可将外源基因有效导入靶组织或器官,导入效率较高,并且可在多种组织器官上应用。活体电穿孔法原理简单,在直流电场作用的瞬间,细胞膜表面产生疏水或亲水的微小通道(105～115 μm),这种通道能维持几毫秒到几秒,然后自行恢复,在此期间生物大分子如裸质粒DNA可通过这种微小的通道进入细胞,在利用非病毒载体进行外源基因的转移过程中,活体电穿孔法可使基因导入和表达效率增高,其特点主要在以下几个方面:①基因可选择性地导入靶器官;②电穿孔法对导入的外源基因片段的大小没有限制,甚至可导入100～2 000 kb的YAC、BAC基因;③电穿孔的时间只有几秒钟,对细胞损伤不严重,而且DNA片段无需经特殊的纯化处理。但也存在难以避免的缺点:外源基因表达持续的时间很短,虽然外源基因导入后,最快可在2.5 h有表达,但大多1～2个月后表达量降至很低;活体电穿孔法与应用病毒载体法相比对外源基因表达效率仍偏低。

13.4.1.4 高压注射法

高压注射法是将大体积的裸质粒溶液经小鼠尾静脉快速注入,这样能诱导基因有效表达于内脏器官,特别是肝脏器官。由于肝脏特殊的解剖结构,使得被注射的DNA溶液大量聚集于肝脏,同时高强度的血流压力可迫使DNA进入肝细胞,另外,高压导致的血管内皮细胞屏障的破坏也是肝脏中高度表达该基因的原因之一。

13.4.1.5 超声和超声造影剂转染法

超声可增加细胞膜的通透性,故可将治疗基因片段导入靶细胞。此外超声可增强脂质体包被的基因重组质粒载体的转染率,可提高其转染的靶向性,并易于进入靶细胞。超声造影剂(contrast agent)可作为一种新型的体内基因转染载体。将表面黏附或内部包裹有目的基因的超声造影剂经静脉注射后,在靶器官或组织给予一定条件的超声处理,可明显提高体内局部组织细胞的基因转染和表达,有望成为一种安全、简便、高效、具有一定靶向性的体内基因转染新方法。

13.4.1.6 激光微束介导基因转化

激光微束照射是近代科学发展的新兴技术,激光微束可以对细胞靶受体进行精细而巧妙的显微外科手术。在所见报道中,多数采用CO_2激光、氮分子激光、He-Ne激光和氩激光等,激光照射技术较常规的显微注射操作具有定位准确,操作简单,可对细胞靶受体进行选择性损伤而不损伤其邻近部位等优点,因此越来越受到生物学、医学和化学界的重视。目前已有许多实验应用此原理进行基因转移治疗。

13.4.1.7 纳米颗粒介导法

纳米颗粒是直径在10～100 μm之间的超微离子，具有表面效应、小尺寸效应和宏观量子隧道效应，纳米颗粒能够包裹或表面吸附DNA和RNA等外源性基因分子，再通过特异的靶向分子与细胞表面特异性受体结合，在细胞摄粒作用下进入细胞后被胞内溶酶体降解，释放出外源性基因，从而达到基因转移的作用。介导的基因转移的纳米载体主要有以下几种：磁性纳米颗粒(氧化铁)、壳聚糖纳米颗粒、硅纳米颗粒、高分子材料PLGA、树状聚合物。目前纳米颗粒介导法以无毒、无免疫原性、可在血浆中运输不被酶解、高转染效率及转染后可获得稳定表达等优点，越来越成为新近基因转移方法研究的重点内容。

13.4.2 介导DNA转移的生物学法

利用生物学方法向哺乳动物细胞内转移基因的方法也很多，目前较成熟和常用的就是经过改造的病毒载体系统(包括：逆转录病毒载体法、慢病毒载体法、腺病毒载体法和腺相关病毒载体法等)(前节已阐述)，此外，还有受体介导法、蛋白转导结构域介导法及精子载体法。此类方法相对物理化学法来说，生物相容性好、基因转移效率高，是值得重点研究的内容。

13.4.2.1 病毒类载体介导的外源基因的导入

即利用病毒载体与细胞表面受体的相互识别把外源基因转入受体细胞，这种方法的优点在于它具有较高的转染效率，并能在一定条件下实现对特定细胞的靶向性。由于包装的限制，转基因大小通常不超过20 kb。自1984年以来，科学家已将一些人类正常基因植入病毒，并成功地应用于动物实验和临床治疗，其中有腺苷脱氨酶基因、β-球蛋白基因、粒细胞巨噬细胞集落刺激因子基因、葡糖脑苷脂酶基因、α_1-抗胰蛋白酶基因、α-绒毛膜促性腺激素基因、苯丙氨酸羟化酶基因和囊性纤维化基因等。

导入的一般步骤是首先必须构建合适的基因载体，常用的载体有来源于动物病毒的反转录病毒(retrovirus)、腺病毒(adenovirus, AV)、腺病毒相关病毒(adeno associated virus, AVV)、重组痘苗病毒(recombinant vaccinia virus, rVV)、单纯疱疹病毒(herpes simplex virus, HSV)载体，以及能在染色体上自主复制的哺乳动物人工染色体(mammalian artificial chromosome, MAC)和来源于EB病毒(Epstein-Barr virus, EBV)的载体。

构建好载体之后，就需要把带有外源基因的载体导入人体的细胞中。用适当的限制性内切酶切除病毒本身有害的DNA片段，然后将需要植入的DNA基因嵌入病毒的DNA中，进行基因重组，形成携带正常基因的生物媒介物。用这种带有正常基因的病毒感染人体靶细胞，可使正常基因进入靶细胞，整合或不整合到靶细胞的染色体中，若使其能高效表达，发挥正常基因的功能，则可达到治疗疾病的效果。

13.4.2.2 受体介导法

受体介导法进行基因转移其实是一种细胞内吞的生理过程。首先将多聚阳离子(如多聚赖氨酸或鱼精蛋白等)与配体共价连接，随后与含目的基因的质粒以适当比例在室温下混合后非共价电性结合形成配体-多聚阳离子-核酸(目的基因)复合物。现在研究最多的受体介导系统有：肝细胞表面独有的去唾液酸α1酸性糖蛋白受体，巨噬细胞表面的甘露糖受体，及其他非特异性的胰岛素受体、成纤维细胞生长因子受体、叶酸受体、表面蛋白C介导系统等。受体法以其靶向性好、对细胞无损伤、可大量制备、携带外源基因量大和不产生免疫排斥反应而受到极大的关注。

13.4.2.3 蛋白质转导结构域介导法

蛋白质转导是指把靶物质用重组技术或化学偶联等方法连接到蛋白转导结构域(protein transduction domains,PTDs)又称细胞穿膜肽(cell penetrating peptides,CPPs)上,然后通过PTDs为运输载体携带靶物质穿透胞膜进入细胞内发挥生物学效应。PTDs结构的特点是在生理条件下,由多个带正电碱性氨基酸(精氨酸及赖氨酸)组成,其胍基对转导是一个关键的结构性因素。同时各种研究证实PTDs在4～37℃都可以有效地进行生物活性物质的胞内转移,该转移法具有高效性、不耗能、非内吞或受体转运,而可能是一种综合的静电相互作用的结果。

大多数PTDs只能把大分子物质递送到细胞质,但许多外源性基因需要在细胞核内才能发挥作用。核定位信号(nuclear localization signal,NLS)是一段带正电富含碱性氨基酸的短肽与其旁侧的调控序列构成的信号肽,可以有效地引导其所在序列转运入核。NLS介导的入核转运过程具有多步性、单一方向性、温度和能量依赖性及竞争饱和性等特点。NLS介导的蛋白入核是细胞内信号传递网络中核质交流中重要一环,是外界干预细胞内信息的重要靶点,因此对NLS的研究已成为基因转移乃至生命科学中的热点。

此外,还有化学介导的外源基因的导入法(详细见基因工程)。

基因转移经过多年的研究和发展,已从最初的物理法简单地对植物进行基因转移,逐渐发展到哺乳动物体外培养细胞的外源性基因转染,再到转基因动物的构建成功和基因治疗的突破,这其中伴随着无数次转基因技术方法的革新及运用。理想的基因转移系统应易于大量制备、转移效率高且具有靶向性、在体内循环时不被清除和降解、能稳定有效表达、对细胞和人体无损伤和危害。基因载体控制释放系统以其安全性、低毒性、低免疫原性、靶向性及易于组装等优点正成为目前研究的新方向。同时,随着纳米技术、细胞穿膜肽技术及特异性受体等新技术方法的不断开发和完善,将基因转移这一医学领域中的重要课题推向更广阔的应用前景。

13.5 基因治疗的应用

13.5.1 肿瘤的基因治疗

分子生物学理论和技术的迅猛发展,人们对细胞生长与分化调控过程的认识愈加深入,越来越多的癌基因和抑癌基因被克隆,基因在新生物表达、缺陷修复、基因对基因突变存在与表达的作用也有了更进一步的认识。这些基础研究使肿瘤基因治疗的理论逐步得到了完善,基因治疗技术也逐渐走向成熟。现在常见的肿瘤基因治疗的方法主要有以下几种。

13.5.1.1 导入抑癌基因的基因治疗

正常的细胞癌变过程可以归纳为一系列正常基因的突变或异常表达或异常失活。两个基因中只要有一个有功能就可以抑制正常细胞的癌变过程,而在癌症患者中常常两个抑癌基因都缺失或突变。因而将正常肿瘤抑制基因导入细胞中来代替由于缺失或突变而失去功能的基因,以抑制肿瘤细胞的发生、生长。逆转其恶性表型是当前癌症基因治疗的热点,目前用于基因治疗的抑癌基因主要有:*p53*,*p21*,*p16*,*Rb*,*p27*等。如将*p53*基因导入该基因缺失的结肠癌细胞后,肿瘤细胞失去致瘤性。同样将人*Rb*基因导入人视网膜细胞后,瘤细胞发生逆转,在裸鼠体内失去致瘤性。

13.5.1.2 反义技术

多种肿瘤的发生与癌基因的激活而过度表达密切相关,因此封闭癌基因的转录、翻译过程,抑制其表达也是抑制肿瘤的一种有效手段,反义技术就是利用了此原理,其包括反义 RNA 技术、反基因技术和核酶技术。反义 RNA 是指能抑制基因表达的 RNA,其含有一段与靶基因互补的序列。反义 RNA 技术就是利用反义 RNA 与靶基因编码的 mRNA 分子互补结合,形成反义 RNA-靶 DNA 二聚体,抑制转录、转录后的加工或翻译,从而影响靶基因的功能。而反基因技术也是利用相似的原理,通过人工合成的反义寡核苷酸片段与双链 DNA 分子序列特异性地结合形成三链 DNA,干扰或阻断 RNA 聚合酶或转录因子与 DNA 结合,从而影响转录的起始或延伸,进而阻止基因的转录。由于从 DNA 向 RNA 的转录是一个遗传信息的放大过程,而反基因技术是在转录水平发挥作用,因而较反义 RNA 技术更为有效。

13.5.1.3 "自杀"基因

自杀基因(suicide genes)又称前药敏感基因(prodrug sensitive genes)是基因治疗中新发展的一种目的基因。它是将自杀基因导入肿瘤细胞,而将无毒药物前体在肿瘤细胞内代谢为毒性产物,进而杀死肿瘤细胞。目前发现的自杀基因有多种,包括 *HSK-tk*、*VZV-tk*、细胞色素 P-450 基因、*CD*、*GPT* 等,其中广为研究并应用于肿瘤治疗的有 *tk* 和 *CD* 这两种基因。*tk* 所编码的胸苷激酶的主要功能是催化胸苷的磷酸化,并转化为磷酸胸苷(dTMP)。在癌症治疗中,常用的 *tk* 来自于单纯疱疹病毒(HSK-tk)和水痘带状疱疹病毒(VZV-tk)。*HSV-tk* 基因编码胸苷激酶,该酶可将核苷类似物(NA)代谢为二磷酸化物,后者在细胞内酶的作用下成为有毒性的三磷酸化物而发挥抗肿瘤作用,该基因编码区共 1 128 个核苷酸,编码 376 个氨基酸。病毒源性的 *tk* 基因与哺乳动物细胞内的 *tk* 基因生化性质有较大差异,细胞 TK 所催化的反应特异性较强,只能催化氧胸苷(TdR)磷酸化为脱氧胸苷酸,而 *HSV-tk* 除有此功能外,还能催化抗病毒核苷类似物 ACV,GCV,BDvdU 的磷酸化,这些前药不能在细胞 TK 的作用下磷酸化,因而其本身对细胞无毒或毒性很低,但 *HSV-tk* 基因导入细胞并表达后,生成特定的酶,这些酶将这些前药三磷酸化,转换成毒性产物,阻断核酸代谢途径,导致细胞死亡。

13.5.1.4 导入细胞因子进行基因治疗

将编码细胞因子的基因通过合适的载体导入肿瘤细胞并在其中表达,可以增强机体的免疫力。目前的研究表明导入细胞因子基因后个体不仅能够产生针对于原发肿瘤细胞的免疫应答,而且还能诱导产生针对转移肿瘤细胞的系统应答。目前已经投入使用的细胞因子基因包括 *IL-2*、*IL-4*、*IL-6*、*IL-7*、*TNF*、*IFN-γ* 和 *GM-CSF* 等,其中使用最广的是 IL-2 和 LAK 细胞联合使用在治疗人黑色素瘤和肾癌方面有一定疗效。

13.5.1.5 转入耐药基因的治疗

转入多种药物的耐药基因 *MHCI* 的目的是为了提高造血细胞及其他细胞对放疗、化疗及其他抗癌药物的耐受性。这类基因主要有 *MHCI* 类抗原基因和 *MDR*1 基因。肿瘤细胞一般都不表达 *MHCI* 类抗原,能够逃避免疫对其的识别,因此导入 *MHCI* 类抗原基因后,可以提高人类免疫系统对肿瘤细胞的识别能力,从而诱导产生针对肿瘤细胞的免疫反应,达到杀伤肿瘤细胞的目的。有人已经将 *MHC HL-AB-*27 通过脂质介导转入了黑色素细胞瘤,临床实验表明有一定的疗效;*MDR*1 基因编码的是一种称为 P-糖蛋白的穿膜蛋白,它可以将对正常细胞的有毒害作用的药物作用的药物泵出细胞,从而保护正常的细胞免受药物的杀伤,增强患者对放、化疗的耐受能力。目前导入 *MDR1* 基因进行基因治疗的方法在动物实验中已经取得较好的效果。

肿瘤发生具有复杂性。机体在此过程中的状态千变万化。因此,选择合适的治疗方式,从多方面入手,达到数种治疗方式的相辅相成,或建立治疗的个体化方案,才能使目前肿瘤的基因治疗具有突破性的进展。

13.5.2 遗传性疾病的基因治疗

13.5.2.1 T淋巴细胞和(或)造血祖细胞为靶细胞的体外途径

以腺苷脱氨酶(adenosine deaminase,ADA)缺陷所致的重症联合免疫缺陷病(severe combined immune deficient,SCID)基因治疗最具代表性。ADA缺陷症是一种常染色体隐性遗传性疾病,其基因定位于染色体20q13,cDNA长1 533 bp,编码362个氨基酸残基。ADA缺陷症的基因治疗是最早获得政府机构批准的人类基因治疗研究。

美国国立卫生研究院Blease等,于1990年9月应用患儿外周血淋巴细胞作为靶细胞,进行了世界上第一例临床基因治疗研究。从患儿外周血分离出单个核细胞,用重组人IL-2和CD3单抗刺激T细胞增殖,以LASN逆转录病毒载体转染,使ADA基因稳定整合,扩增T细胞后回输。治疗后患儿T细胞数上升,细胞和体液免疫功能及临床症状明显改善,随访5年仍可在两名患儿体内T细胞中测得转入的载体序列,其他免疫指标检测也证实其长期作用。

13.5.2.2 以皮肤成纤维细胞为靶细胞的体外途径基因治疗方案

1991年我国复旦大学遗传学研究所与第二军医大学长海医院血液科合作进行的血友病B基因治疗是这一方案的代表。血友病B又称凝血因子Ⅸ(factor Ⅸ,FⅨ)缺乏症,是一种性连锁隐性遗传性出血性疾病,其基因位于Xq26.3-27.1,编码顺序长1 383 bp。该方案应用XLCIX和N2CMVIXC9逆转录病毒载体转染患者的成纤维细胞,以细胞胶原悬液注射到患者皮下,使患者血浆中FⅨ抗原和FⅨ活性升高1~2倍,并持续2年以上,鼻出血等症状有所好转,每年所需输血次数减少。此后又进行了2例血友病乙基因治疗,随访4~7年未发现与基因治疗相关的毒副反应,但转入的Ⅸ因子表达水平仍有待进一步提高。

13.5.2.3 以肝细胞为靶细胞的体外途径基因治疗

Wilson领导的研究组应用这一方案治疗了家族性高胆固醇血症(familial hyperchlesterolaemia,FH)。FH是一种由低密度脂蛋白受体(low density lipoprotein receptor,LDLR)功能或表达异常所致的遗传病,有两种遗传方式,一种为多基因遗传,另一种为常染色体显性遗传。*LDLR*基因位于染色体19p13.2,编码顺序为2.5 kb。该方案经部分肝切除获取原代培养的肝细胞,在体外应用含LDLR cDNA的逆转录病毒载体感染后回输,LDLR cDNA由β-actin启动子和CMV早期基因增强子控制转录,基因转染效率为20%~100%。移植物经门静脉注射植入肝脏,患者血液中LDL水平较治疗前下降约30%,LDL/HDL(高密度脂蛋白)之比从治疗前10~13降至5~8,这一水平维持了18个月以上。由于该方案需要切除患者约1/3的肝脏,目前已经停止研究,认为不经改进不宜进一步扩大治疗患者。

13.5.2.4 腺病毒等载体介导的体内基因治疗

体内途径的基因治疗以其方便、实用而越来越受到人们的重视,所用载体以腺病毒为主,在肿瘤性疾病的基因治疗中应用较多,而在遗传病,目前主要见于囊性纤维变性(cystic fibrosis,CF)的基因治疗研究。CF是一种白种人常见的致死性疾病,为常染色体隐性遗传。该病是由于跨膜转导因子(cystic fibrosis transmembrane conductance regulator,CFTR)基因突变,导致上皮细胞氯离子通道异常,肺、肝、胰、肠等多器官功能损害。

Crystal 等应用 AdCFTR 对 4 名患者进行治疗时发现,应用较低病毒滴度水平(2×10^6 pfu)即可在呼吸道上皮中测到转入 CFTR 的表达,随访 6～12 个月发现慢性炎性副反应。Knowles 等应用腺病毒载体将不同滴度 Ad5CB-CFTR 转入 12 名患者呼吸道上皮细胞,RT-PCR 证实基因转入,所用病毒滴度低时,转基因上皮细胞比例<1%,离子转运功能无明显改善;应用高滴度病毒时,3 名患者中有 2 名出现黏膜炎症。多数研究表明,基因治疗纠正了呼吸道上皮的氯离子转运缺陷,跨上皮基础电位下降,有报道治疗后肺功能有所改善。

表 13-1　遗传性疾病临床基因治疗的概况

(引自:王健民,于敏,1999)

病名	基因	靶细胞	载体	途径	机构
囊性纤维变性	CFTR	呼吸道上皮细胞	Ad AAV 脂质体	体内	美国国立卫生研究院
SCID	ADA	淋巴细胞、$CD34^+$ 细胞	RV	体外	美国国立卫生研究院
Gaucher 病	葡萄糖脑苷脂酶	$CD34^+$ 外周血干细胞	RV	体外	美国匹兹堡大学
α_1-抗胰蛋白酶缺陷症	α_1-抗胰蛋白酶	鼻、呼吸道上皮细胞	脂质体	体内	美国范德比尔特大学
Fanconi 贫血	FACC	$CD34^+$ 外周血干细胞	RV	体外	美国国立卫生研究院
Hunter 综合征	艾杜糖醛酸 2-硫酸酯酶	外周血干细胞	RV	体外	美国密尼苏达大学
慢性肉芽肿病	p47/phox	$CD34^+$ 外周血干细胞	RV	体外	美国国立卫生研究院
血友病 B	凝血因子Ⅸ	成纤维细胞	RV	体外	上海复旦大学和长海医院
嘌呤核苷磷酸化酶缺陷	嘌呤核苷磷酸化酶	外周血淋巴细胞	RV	体外	美国密尼苏达大学
转氨基甲酰鸟氨酸酶缺陷	转氨基甲酰鸟氨酸酶	肝脏	Ad/5	体内	美国宾州大学
X-连锁 SCID	细胞因子共同 γ 链	$CD34^+$ 细胞	RV	体内	美国洛杉矶儿童医院

13.5.3　心血管疾病的基因治疗

13.5.3.1　高血压的基因治疗

目前,尽管高血压的致病基因尚未被克隆,但已克隆了近百种参与血压调节的基因,其中一些是上调血压的基因如肾素血管紧张素系统的基因等,一些是下调血压的基因如心钠素(ANP)、激肽释放酶(KK)等。因此,导入下调血压基因,促进下调基因的表达或阻遏上调基因的表达,以致上调基因的功能,将可达到长期控制和治疗高血压的目的。Tang 等应用基因缝线携带裸 ANP 质粒 pND2-ANP 进行肌肉介导的基因转移,发现可长期控制自发性高血压、肾性高血压。一次注射裸 DNA 质粒 50～100 μg,可在肌肉局部表达出 ANP 并释放入血液,升高血浆 ANP 的水平,可使平均动脉血压降低$(27\sim40)\times10^2$ Pa,其降压作用至少可维持 45 d 以上,并产生明显的利钠、利尿作用。

13.5.3.2　人血管内皮生长因子(*VEGF*)基因治疗

将裸 *VEGF* 基因或重组 *VEGF* 基因的腺病毒载体,通过动脉球囊导管或支架,导入血管局部,或用 *VEGF* 基因缝线进行血管吻合口缝合,或将 *VEGF* 基因胶或微球在血管周围注射,都可在血管壁内表达 *VEGF*,促进血管内皮的生长。

据美国及芬兰学者分别进行的临床一期试验报告,对近 100 例病人采用两种治疗方式,一种是作为搭桥手术的辅助手段,另一种是微创开胸直接进行基因治疗。目的均为解决冠状动脉或外周动脉血流重建的问题。试验结果未发现基因或病毒载体的不良反应,无炎症和心肌损伤等,普遍认为应用 *VEGF* 基因促进血管形成是安全可行的。

13.5.3.3　Prevent 试验

这是一项研究用于人搭桥术的移植血管的基因治疗,是首次随机设立的对照、前瞻性双盲临床试验,其目的在于验证抑制细胞周期进展的基因治疗能够防止搭桥用的移植血管的失效。在腹股沟搭桥术前对移植血管进行预处理,即用非扩张性压力介导方法,将诱骗寡核苷酸(ODN)导入血管,从而抑制血管细胞周期中基因活化转录因子 E2F 的作用。结果提示,PCNA 及 C-Myc mRNA 水平降低 70%,血管细胞增殖减低 70%,中位随访时间为 381 d,未经处理的移植血管 69%失效,经 E2F 诱骗处理的移植血管 29%失效。E2F 诱骗处理与未经处理过的移植血管的技术失败率分别为 12%和 25%。高危移植血管经 E2F 诱骗处理者非技术性失败减少 85%。

此外,在基因支架的研究方面,采用表达性尿激酶基因重组体固定于不锈钢支架上,以防止搭桥手术后动脉再狭窄的研究,取得了成功。应用表达型诱导酶基因(*INO*)重组体促进冠状动脉血流重建的研究也已取得了可喜的进展。

13.5.4　艾滋病的基因治疗

目前,对 AIDS 临床上主要使用以病毒的逆转录酶、蛋白酶为靶位点的抗病毒药物,但由于其毒副作用较大,且不能在感染的早期进行治疗,因此基因治疗作为新近发展起来的很有潜力的治疗手段,受到 AIDS 研究者的高度重视。

(1)抑制 HIV 的基因治疗　其应满足以下条件:①具有高度抗 HIV 活性,可作用于 HIV 生命周期的不同阶段,最好能在感染早期即发挥效应,以有效地控制 AIDS 的发生、发展;②能作用于 HIV 的不同变异株,尤其是临床分离株;③对机体和靶细胞的正常功能无毒副作用,易于导入靶细胞并获得高效表达;④所需的治疗程序经济方便,便于广泛应用。由此,目前已提出了许多抑制 HIV 复制的策略。分为以 RNA 为基础的抑制策略和以蛋白质为基础的抑制策略。以 RNA 为基础的抑制策略包括反义 RNA、核酶、RNA 类似物,其优点是免疫原性少、特异性高、表达水平高,以及较少参与细胞的各种正常功能。

(2)基因免疫治疗　直接注射 DNA,又称基因免疫接种,即直接将编码抗原的裸 DNA 注射到实验动物的肌肉中,在体内产生 CTL 应答。基因替代的 CTLs 过继转移,使用遗传修饰的细胞,也可以限制 HIV 感染的个体中的病毒复制,消除 HIV 感染的细胞储存库。

(3)清除 HIV-1 感染的细胞　HIV-1 感染者体内的 $CD4^+$ 细胞只是有少数受到了感染。如能较彻底地杀灭病毒感染细胞,清除体内的 HIV 生产基地,也不失为一种抗 HIV-1 感染的有效方法。

13.5.5　基因治疗存在的问题

基因治疗针对性强，疗效好，与传统的治疗方法相比较，具有不可比拟的优越性。它能够治愈威胁人类健康的多种疾病，包括遗传病（如血友病、囊性纤维病、家庭性高胆固醇血症等）、恶性肿瘤、心血管疾病、感染性疾病（如类风湿等）等，对 AIDS 病也有一定的作用。但是，任何事物都具有它的两面性，基因治疗也是一把双刃剑，它在施展其优越性的同时，又带来诸多的社会问题，如伦理问题、安全问题、滥用问题及基因专利问题等。

基因治疗方法自身存在的问题。尽管现代科技的发展使得基因治疗日趋完善，但其仍存在目的基因少、缺乏高效的载体系统以及目的基因表达的可控性差等问题。因此，研究疾病的发病机制，更好地了解致病基因及其作用机理，提高基因转移的效率、靶向性和安全性，深入研究基因的表达及其调控，建立良好的实验动物模型，为临床应用提供更可靠的数据等是目前基因治疗研究中应当着力解决的问题。

伦理问题。有人认为，生老病死是人类进化过程中存在必然现象，是自然法则。从这个角度上讲，基因治疗是一种违背自然规律的作法，没有研究和实施的必要。基因治疗价格昂贵，并不是每个公众所能享受的，这一点与医学是一种社会公益性福利事业的本质是相违背的。另外，就生殖细胞的基因治疗而言，基因治疗将改变性细胞中的 DNA 序列，并将这种改变传递给后代，长此以往，人类适应环境的能力将大大降低。同时，基因治疗还会加大老龄化程度，进而加重社会负担。除此之外，基因治疗还涉及患者知情权以及隐私问题等。

安全问题。自从 1999 年 9 月，在美国宾夕法尼亚州大学人类基因治疗中心接受基因治疗的一位患鸟氨酸转氨甲酰酶不足症的 18 岁青年不幸死亡，从而使基因治疗的安全性引起了人们的广泛关注。基因治疗的安全性是指基因治疗应确保不因外源基因的导入而引起新的有害遗传变异。因此，在进行基因治疗时选择一个安全有效的载体是相当关键的，载体不当引起的插入突变可能引发一个重要基因的失活，或者激活一个原癌基因，后果不堪设想。同时，导入的外源基因一般不具有表达调控系统，其表达水平高低可能会影响机体的一些生理活动。此外，转基因动物的成功使生殖细胞的基因治疗成为可能，但这种治疗所带来的遗传特征的变化是否会世代相传，这个问题科学界仍持有不同的态度。

思 考 题

1. 目前基因治疗技术主要用于哪些疾病类型的治疗？
2. 简述基因治疗概念及分类。
3. 基因治疗的方式有哪些？
4. 基因治疗的载体有哪些？各有哪些特点？
5. 比较各种基因治疗中外源基因的导入方法的优缺点。
6. 简述基因治疗在肿瘤治疗中的应用。

第 14 章 生物技术与食品

食品工业是生物技术应用的重要领域,生物技术在食品工业中的应用主要表现在 4 个方面:①改造、开发新的食品资源和新品种;②生产各种发酵食品、功能食品的有效成分、新型食品添加剂等;③直接应用于食品生产过程的物质转化;④对传统食品加工工艺进行改造,降低能耗、提高产率、改善食品品质等。此外,食品相关领域如食品安全检测、食品包装等方面,生物技术也得到越来越广泛的应用。

14.1 生物技术在食品生产中的应用

14.1.1 发酵食品的生产

发酵食品是人们利用有益微生物加工制造的一类食品,具有独特的风味和营养价值。发酵食品种类繁多,有酸奶、干酪、酒酿、泡菜、酱油、食醋、豆豉、黄酒、啤酒、葡萄酒等。随着生物技术的发展,诸如单细胞蛋白的新型发酵食品将会越来越多,而发酵食品的产量和质量也将不断提高。

14.1.1.1 酒精饮料

(1)酿造酒　酿造酒是制酒原料经发酵后,在一定容器内经过一定时间的窖藏而产生的酒精饮品。这类酒的酒精含量一般都不高,不超过百分之十几,主要包括啤酒、葡萄酒和米酒等。①啤酒。啤酒是用麦芽、啤酒花、水和酵母发酵而产生的酒精饮品。为了提高啤酒的产量,改善风味,降低成本,人们不断开发啤酒生产新技术。如利用遗传学和现代原生质体融合技术及重组 DNA 技术对酒类发酵中所用的酵母菌品系进行改造,以提高啤酒酵母的活性,增加发酵能力。目前,科学家已将枯草杆菌淀粉水解酶的基因克隆到啤酒酵母中,使原来只能依赖单糖进行发酵,变成直接利用淀粉进行酒精发酵。②葡萄酒。世界各地生产的葡萄酒有几百种,生产工艺、发酵条件各有不同。红葡萄酒是把黑葡萄压碎,而后发酵而成。白葡萄酒是直接利用白葡萄或将黑葡萄的皮去掉再发酵而成。玫瑰红葡萄酒是由带少许皮的红葡萄发酵而来。发酵中若把其中的糖分完全消耗就成为干葡萄酒,若仍留下少量的糖分,则成为甜葡萄酒。③米酒。米酒主要是以大米、糯米为原料,与酒曲混合发酵而制成的。其生产过程包括浸米、蒸米、拌曲、发酵、过滤、陈放等程序。米酒的代表为我国的黄酒和日本的清酒。

(2)蒸馏酒　蒸馏酒的制造过程一般包括原材料的粉碎、发酵、蒸馏及陈酿 4 个过程。这类酒因经过蒸馏提纯,酒精含量较高。按制酒原材料的不同,蒸馏酒可分为很多种,如中国白酒、白兰地酒、威士忌酒、伏特加等。

14.1.1.2 发酵奶制品

发酵奶制品是由微生物主要是乳酸杆菌作用于各种动物的奶汁(如牛奶、马奶、羊奶等)产生的,它包括干酪、酸奶油、酸乳酒和酸奶酪等。

乳酸杆菌是奶汁中天然存在的细菌。它对奶制品有很多好处:①乳酸杆菌对人无害,但对许多不良细菌有抑制作用，便于奶制品的保存。②可改善奶制品的口味和质地。③发酵奶制品对人体正常肠道微生物生态有着十分有利的作用。在过去，发酵奶制品主要是通过乳酸杆菌的自发作用，后来认识到把一部分先前的发酵物加入奶中，会得到更好的结果。现在人们通过将特定细菌的培养物加入奶中，并严格控制发酵条件和卫生条件来生产优质的奶制品。在乳酸菌中，许多涉及乳酸发酵的关键酶的基因不是在染色体上，而是来源于质粒，且有丢失的倾向。为此，科学家们通过基因工程的方式将这些相关的基因转移到染色体上，使菌株更加稳定。此外，还将一些外源基因导入细菌中，提高了奶制品的品质，促进了奶制品行业的发展。

14.1.1.3 发酵豆制品

发酵破坏了豆类不易消化的成分和会在消化道引起胃肠胀气的化合物，提高了豆制品的营养价值。大豆是用于发酵的主要豆类。在印度尼西亚，煮过的黄豆加入少孢根霉（*Rhizopus oligosporus*）发酵，做成的甜醅（tempeh）可以用油煎，当作小吃或煮汤吃。由于它的口味好，营养丰富，其蛋白质含量达到干重的 40%，可作为肉食品的代用品，已得到许多国家的重视。黄豆的发酵还可用来生产酱油、豆腐乳等。日本利用纯种曲霉进行酱油酿造，原料的蛋白质利用率高达 85%。我国研发的复合曲种应用于酱油、豆腐乳等发酵生产，提高了原料利用率，缩短了发酵周期，产品的风味和品质也得到显著提高。

14.1.1.4 蔬菜水果发酵食品

水果和蔬菜可以用酸保存，而酸主要是细菌产生的乳酸。如用卷心菜制成的泡菜。首先将卷心菜切碎放盐（盐起脱水的作用，使水从菜叶中渗出），封好，隔绝空气；然后乳酸杆菌开始繁殖，产生乳酸，抑制有害菌的生长繁殖。在发酵时，只要精确控制温度、盐浓度、保证不透气，就能制成很好的能长期保存的泡菜。

14.1.1.5 谷类发酵食品

谷类发酵食品有馒头、面包、大饼等。所用面粉有小麦、黑麦、玉米、谷米的面粉等。在制作这些食品时，通常将面粉与水、牛奶、盐、脂肪、糖或其他各种成分一起混合，然后再加入酵母菌来发酵。发酵到最后，把酸面团放在炉上烘烤或笼中蒸煮等，使最后的产品不含活的微生物并可存放于货架上出售。这类食品的发酵过程一般要达到三个主要目标：发酵（产生 CO_2）、出味、面团疏松膨胀。为了使生产的食品风味和品质更好，应用现代遗传学的原理对发酵酵母菌进行了改良，使它们的活性更高。有些国家，面包的发酵是用梅林假丝酵母（*Candida milleri*）和旧金山乳杆菌（*Lactobacillus sanfrancisco*）一起发酵；在印度及大陆是用链球菌（*Streptococcus*）和片球菌（*Pediococcus*）来发酵谷类和豆粉的混合物。此外，在发酵时除添加酵母菌可以帮助发酵外，加入酶也可以帮助发酵，如淀粉酶。所以，现代生物技术将更多利用改良的酶来控制这一复杂过程。

14.1.1.6 单细胞蛋白（SCP）

由于微生物菌体的蛋白质含量高，一般细菌含蛋白质 60%～70%，酵母 45%～65%，霉菌 35%～40%。因此，它是一种理想的蛋白质资源。为了和来源于植物、动物蛋白相区别，人们把微生物蛋白称作单细胞蛋白（single cell protein，SCP）。前苏联利用发酵法大量生产酵母，最高产量曾达到 60 万 t/年，成为世界上最大的单细胞蛋白生产国。生产 SCP 的微生物以酵母和藻类为主，也有采用细菌、放线菌和丝状真菌的。现在，许多国家都在积极进行球藻和螺旋藻 SCP 开发，如美国、日本、墨西哥等国所生产的螺旋藻食品既是高级营养品，也是减肥产品，在国际上很受欢迎。现在，科学家们还研发出分泌特殊蛋白质的微生物，如利用“工程菌”

大肠杆菌和酵母菌发酵生产高营养强化蛋氨酸的大豆球朊和鸡卵清蛋白等。

14.1.2　功能性食品的发酵生产

功能性食品是利用生物技术制取的能调节机体生理功能的食品。利用发酵制造的功能性食品很多，包括真菌多糖、生物活性肽、功能性微生物制剂、功能性微量元素、功能性脂肪酸等。下面给大家介绍其中的几种。

14.1.2.1　益生菌制品

益生菌制品是在微生态学原理指导下制成的含有大量有益活菌的制剂，其中包括这些微生物的代谢产物及能促进有益菌生长的促进因子。目前益生菌包括双歧杆菌属（*Bibdobacterium*）的长双歧、短双歧、婴儿双歧、青春双歧杆菌和乳杆菌属（*Lactobacillus*）的保加利亚杆菌、嗜酸乳杆菌以及链球菌属（*Stretococcus*）的嗜酸链球菌和乳酸链球菌等，它们定植于人体肠道，通过调节肠道菌群平衡，促进人体健康。目前国际市场出售的益生菌制品主要是用冻干粉制成的胶囊、片剂、粉剂或制成微胶囊为主；我国以水剂与酸奶占得市场比重比较大。从保证益生菌制品功效的角度看，应该发展冻干粉制成的微胶囊或胶囊剂型。

14.1.2.2　多不饱和脂肪酸

多不饱和脂肪酸（polwnsaturated fatty scids，PUFA）主要包括亚油酸（LA），γ-亚麻酸（GLA）、双高 γ-亚麻酸（DHLA）、花生四烯酸（AA）、二十碳五烯酸（EPA）、二十二碳六烯酸（DHA）等。它们在人体内具有很重要的功能，是具有特殊保健功能的营养素。如 GLA 是合成人体前列腺素的前提物质，在人体内具有扩张血管、抑制血液凝固、调节体内胆固醇代谢及增强免疫的功能；同时，研究表明它还具有减肥的疗效；EPA 和 DHA 对人类的心血管疾病和生理失调有预防和治疗作用，特别是能预防和治疗动脉粥样硬化、血栓形成和高血压等心血管疾病、炎症和某些癌症。研究发现 DHA 缺乏，会影响智力、视力和生理发育。

PUFA 最初是从富含其的生物体中获得，但由于社会需求的增大及各种自然因素的限制，这已不能满足人们对 PUFA 的需求，因此，需要探索 PUFA 新的来源。目前利用真菌发酵法生产 PUFA 已成为当前国际上发展的趋势。用微生物发酵法生产 PUFA 有很多优点，如微生物生长周期短，繁殖力强，可以集约化大规模生产，不受气候和季节限制而且油脂成分更接近母乳，营养学上特点突出。特别是利用了生物技术，微生物种子和生物条件都可以严格控制，产品的产量和质量都有了保证；同时，可以利用基因修饰、菌种筛选和突变等手段，提高微生物生产 PUFA 的产量和纯度。

14.1.3　食品添加剂的发酵生产

食品添加剂是指为改善食品品质和色、香、味以及为防腐、保鲜和加工工艺的需要而加入食品中的人工合成或者天然物质。根据来源，可将食品添加剂分为天然物提取的添加剂、化学合成的添加剂和生物合成的添加剂。由于从植物中萃取食品添加剂的成本高，且来源有限，化学合成法生产食品添加剂虽成本低，但化学合成率低，周期长且可能危害人体健康。因此，生物技术，尤其是发酵工程技术已成为食品添加剂生产的首选方法。目前，利用微生物技术发酵生产的食品添加剂主要有鲜味剂（味精、5-鸟苷酸、5-肌苷酸等）、酸味剂（柠檬酸、乳酸、葡萄糖酸等）、甜味剂（阿斯巴甜等）、天然色素（β-胡萝卜素、红曲色素等）、抗氧化剂（维生素 C、异维生素 C、维生素 E 等）、增稠剂（黄原胶、洁冷胶等）、营养强化剂（氨基酸、维生素等）等。发酵工程生产的天然色素、天然新型香味剂，正在逐步取代人工合成的色素和香精，这也是现今食品添加剂研究的方向。

14.1.3.1　氨基酸

在食品与饮料工业中，氨基酸主要用来增强口味，如谷氨酸和天冬氨酸的钠盐作为鲜味剂；甲硫氨酸、赖氨酸、色氨酸、半胱氨酸、苏氨酸和苯丙氨酸等作为营养添加剂。氨基酸的世界年产量超过 60 万 t，日本是主要生产国，占有 1.5 亿美元的全球市场。谷氨酸和赖氨酸是发酵生产的两种主要氨基酸，分别由棒状杆菌（*Corynebacterium*）和短杆菌（*Brevibacterium*）生产。通过广泛筛选突变株，已培育了一些高产菌株，而 DNA 技术还将进一步提高菌株的生产能力。

14.1.3.2　维生素

维生素通常是生物体内酶的辅酶或辅基，因此维生素缺乏将会影响酶的活性，并进而影响生物体的代谢功能，严重的维生素缺乏将导致多种疾病的发生。所以维生素常用作食物的补充物。以前大多数的维生素主要是从动物和植物组织中提取的。现在微生物已经被作为重要的维生素化合物的来源，包括维生素 B_1、维生素 B_2、生物素、叶酸、β-胡萝卜素（维生素 A 原）、麦角固醇（维生素 D_2 原）和泛酸等。这些维生素的生产都可以直接通过发酵工艺获得，而其他的维生素也可以使用生物转化或化学与发酵工艺相结合的方法生产。

14.1.3.3　食用有机酸

食用有机酸是很重要的食品添加剂，常用的有柠檬酸、醋酸、乳酸、葡萄糖酸、苹果酸和酒石酸。这些有机酸都需要通过微生物的发酵制成，其中以柠檬酸的产量和用量最大。柠檬酸在食品工业中的用途广泛，如饮料、糖果、果酱的生产，以及水果保存等。我国的柠檬酸年总产量已超过 4 万 t，它是以糖蜜为原料，通过黑曲菌（*Aspergillus niger*）发酵而生产的。其他有机酸分别利用了醋酸杆菌（*Acetobacter*）、德氏乳杆菌（*Lactobacillus delbrukii*）、葡糖杆菌（*Gluconobacter*）、曲霉（*Aspergillus*）和根霉（*Rhizopus*）等发酵而成。

14.1.3.4　甜味剂

甜味剂是以赋予食品甜味为目的而加入的添加剂，在食品工业中使用非常广泛。甜味剂分为天然类甜味剂和合成类甜味剂。合成甜味剂虽有极强的增甜性能，但因为它们往往对人体有一定的毒副作用，因而其应用日益受到限制。天然甜味剂是广大消费者最乐于接受的一类产品，它对人体无毒、无害，甚至有些产品如糖醇等具有低热量值的特性，可作为双歧杆菌的增殖因子等。但由于部分天然甜味剂具有高热量值、致龋齿、有不良后味等不利因素，因此，生产上往往采用生物技术改性法对它们进行人工改良，以消除它们的不利方面，显著提高其甜度，发挥它们优异的增甜特性，提高它们在生产上的应用价值。被用于改性的甜味剂有蔗糖、甜菊糖、甘草苷等。蔗糖具有口感好，价廉等优点，但由于各种甜味剂的开发利用，蔗糖在当前的甜味剂领域已越来越占不到优势。但将蔗糖用酶工程方法改良后的产物如异麦芽酮糖、低聚果糖、三氯蔗糖等，其价格优势、风味、甜度、营养功能远在蔗糖之上。天然的强力甜味剂甜菊糖是从甜叶菊的叶子中提取的含 8 种成分的双萜糖苷的混合物。它的各种成分的含量、口感和甜度各不相同。其中作为理想的甜味成分的甜菊双糖 A 苷甜度高，甜味特性也与蔗糖相接近，但是含量低。而占甜菊糖含量 80% 的甜菊苷和甜菊双糖 C 苷，却均有一定的苦味和不愉快的后味，严重影响了甜叶菊糖的味质。利用酶法在甜菊苷、甜菊双糖 C 苷中引入一些新的糖分子而得到的衍生物的甜味特性有较大的改善。

用于甜味剂酶法改性的酶主要是水解酶类。具体有环糊精葡萄糖基转移酶、β-呋喃果糖苷酶、半乳糖苷酶、β-葡萄糖醛酸苷酶、果糖基转移酶等。

14.1.3.5 调味剂

调味剂是改善食品的感官性质,使食品更加美味可口,并能促进消化液的分泌和增进食欲的食品添加剂。它包括咸味剂、甜味剂、酸味剂、鲜味剂及辛香剂等。其中,最有名的调味剂是谷氨酸钠(即味精),目前主要由天然微生物或工程微生物发酵产生。此外,酶降解酵母菌 RNA 可产生核酸衍生物,它们也是很好的调味剂。当前世界市场对食品调味剂的需求量价值在 20 亿美元左右,并在不断地增加。通过运用基因工程来改善酶的特性,生物技术将对这一市场产生深远的影响。

14.1.4 生物酶与食品加工

生物技术在食品工业中应用的典型技术就是酶的应用。在食品生产工艺中,往往会碰到饮料、酒等浑浊的问题,从而影响其质量,解决此问题最常用的方法就是添加适当的酶。在葡萄酒酿造中,加入果胶酶不仅可以加快葡萄汁和酒汁的澄清,提高酒液过滤效率,而且它还可以水解葡萄汁中的单萜糖体,得到易挥发的单萜风味物质,增加了葡萄酒的芳香风味。利用α-淀粉酶和糖化酶可以用淀粉生产葡萄糖,由葡萄糖再经过葡萄糖异构酶的作用,产生果葡糖浆。乳糖酶可以用于分解牛奶中的乳糖,提高牛奶的消化性,避免因乳糖无法穿透肠黏膜,以致滞留在肠道中,造成腹胀或腹泻。脂肪酶可以用于改进食品风味,增加人造黄油的奶香味,提高面包的保鲜能力,改进豆浆的品质和风味。蛋白酶可用于制造蛋白胨、氨基酸混合液,以及用于生产糖果使用的蛋白发泡剂;可以用于面包、糕点、通心粉的生产,缩短揉面时间,增强面团延伸性,改进产品质量;用于肉类加工,可以嫩化肉类,软化肠衣,提高质量;用于乳酪制造,可以缩短成熟时间等。

14.1.5 转基因食品

转基因食品也称基因改造食品或基因修饰食品 (genetically modified food,GMF),是以转基因生物为直接食品或为原料加工生产的食品。

转基因食品主要分为三类:①转基因植物食品,主要品种有玉米、大豆、马铃薯、油菜、番茄、香蕉、苹果等;②转基因动物食品,主要有转基因猪、羊、鸡、鱼等;③转基因微生物食品,如利用转基因酵母发酵或转基因酶生物催化而获得的葡萄糖、啤酒、酱油、面包等。

转基因食品的功能概括起来主要有以下几点:①延长水果、蔬菜的货架期及感官特性。比如转基因番茄具有更长的货架期,可延长其熟化、软化和腐烂过程;转基因的水果和蔬菜具有更好风味、色泽、质地、运输及加工特性。②提高食品的营养价值。转猪生长激素(rPST)基因的猪可减少脂肪的含量;通过基因工程生产的大豆,营养更丰富,风味更佳;采用基因工程技术还可以提高食品中矿物质的含量,产生抗氧化的维生素(类胡萝卜素、黄酮类、维生素 A、维生素 C、维生素 E 等)。③提高必需氨基酸的含量。通过基因工程可增加食品中必需氨基酸(如甲硫氨酸、赖氨酸)的含量,提高食品的功能特性,拓宽植物蛋白的使用。④增加碳水化合物含量。转基因番茄淀粉含量高,这对加工番茄酱是很有利的;把某些细菌中产淀粉基因与马铃薯基因重组,得到的马铃薯可缩短烹调时间,降低成本和原料消耗。⑤提高肉、奶和畜类产品的数量和质量。基因工程可提高畜牧产量,满足人们对动物蛋白的需求。如转牛生长激素基因的牛可提高乳牛的产奶量；转基因动物不仅使产奶或产肉量增加，而且可得到具有特殊功能的奶或肉类产品，如去乳糖牛奶，低脂牛奶，低胆固醇、低脂肪肉食品以及含特殊营养成分的肉类食品等。⑥提高农作物抗逆能力。基因工程处理过的农作物，产量提高且抗虫害、抗病毒能力强，耐酸、耐盐和耐恶劣环境能力强。许多抗虫害的苹果、抗病毒的哈密瓜、黄瓜、抗除草剂的玉米、番茄、马铃薯、大豆等都已投放市场。基因工程还可导致农作物提高固氮能力，减少化肥的使用，降低生产成本。⑦具有预防和保健功能，例如转基因香蕉可用来生产肝炎、霍乱、痢疾、腹泻或其他易感染的肠道疾病的疫苗；转基因水稻可生产维生素 A 前体、富集更多的可防止病毒感染和贫血症的金属离子。基因修饰过的茶叶富含黄酮类物质；将基因工程应用于油料作物，可生产许多不饱和脂肪酸，如富含油酸、γ-亚麻酸的大豆油，富含月桂酸的菜籽油等。⑧改善发酵食品的品质和风味，如在酱油的酿造过程中，木糖和酱油中的氨基酸反应产生某些褐色物质，影响酱油的色泽和风味。木糖的生成与酿造所用的米曲霉中木聚糖酶的含量和活力有关，通过克隆米曲霉中的木聚糖酶基因，用反义 RNA 技术抑制该酶的表达所构建的工程菌株酿造酱油，可大大降低这种不良反应的进行，从而酿造出色泽浅、口味淡、风味好的优质酱油。

14.2　生物技术在食品检测中的应用

生物技术的发展在很大程度上改变了食品检测的方法，开发出了一系列的检测方法。由于这些检测方法比传统检测方法简便、快捷，所以称为快速检测法。这些方法主要包括免疫学技术、分子生物学技术等。

14.2.1　免疫学检测法

食品中一些大分子或小分子可以直接或间接成为抗原，使免疫学技术成为研究和检测食品的快速、灵敏、专一、高效的方法。目前，免疫技术在食品污染细菌及其毒素检测、污染真菌及其毒素的检测、农药残留检测和食品掺假识别等食品安全检测和分析中得到了应用。

14.2.1.1　微生物污染及其毒素的免疫检测

在食品安全方面，常见的污染食品的病原微生物，如原核微生物中的沙门氏菌（*Salmonella* spp.）、金黄色葡萄球菌（*Staphylococcus aureus*）、大肠杆菌（*Escherichia coli*）、李斯特菌（*Listeria* spp.）、弯曲杆菌（*Camphlobacter* spp.）、蜡样芽孢杆菌（*Bacillus cereus*）、产气荚膜梭菌（*Clostridium perfimgens*）、气单胞菌（*Aeromonas* spp.）、志贺氏菌（*Shigella* spp.）、耶尔森氏菌（*Yersinia* spp.）、霍乱弧菌（*Vibrio cholerae*）、副溶血性弧菌（*Vibrio parahaemolyticus*）和真核微生物中的地霉属（*Geotrichum*）、根霉属（*Rhizopus*）、青霉属（*Penicillium*）、曲霉属（*Aspergillus*）、链格孢霉属（*Alternaria*）、毛霉属（*Mucor*）、拟茎点青霉属（*Phomopsis*）、分支霉属（*Cladosporium*）、腐质霉属（*Humicola*）、散囊霉属（*Eurotium*）等，都可以应用免疫学的方法进行分析和检测。而病原微生物产生分泌于食物中的毒素，如金黄色葡萄球菌产生的肠毒素（enterotoxin）、肉毒梭菌（*Clostridium botulinum*）产生的肉毒毒素（botulinum toxin）、大肠杆菌肠毒素和产气荚膜梭菌毒素（Clostridium perfringens toxin）及黄曲霉毒素（aflatoxin）、玉米赤霉烯酮（zearalenone）、HT-2 毒素（HT-2 toxin）、串珠镰刀菌毒素（moniliformin）、脱氧雪腐镰孢霉烯醇（dexynivalenol）、杂色曲霉素（sterigmatocystin）、伏马素（fumonisin）、橘霉素

(citrinin)和展青霉素(patulin)等也都可以应用免疫学方法进行分析和检测,其中相当一大部分可用商品免疫试剂盒检测,很是方便、快捷。

14.2.1.2 食品中农药残留的免疫学检测

免疫学方法用于食品中农药残留检测和分析的研究大约始于十多年前。该方法由于具有快速、灵敏、特异、操作简便、无需昂贵的仪器设备和可以在采样现场分析等优点,已成为当今农药残留检测技术的主要发展方向之一,越来越受到人们的重视。目前,我国在化学农药多残留免疫检测技术研究中取得重要突破,建立了一系列农药残留检测试剂盒,并实现了对同类农药的同时在线检测。如研发了甲胺磷、速灭威、氰虫腈、对硫磷、玉米赤霉醇、Milbemycin oxine ELISA 检测试剂盒;以间苯氧基苯甲酸(PBA)为半抗原,通过活性酯法与 BSA 偶联后免疫新西兰大白兔,获得对多种菊酯类农药有免疫学反应的通用抗体;以二乙基磷酸乙酸为半抗原,分别用 NHS-DCC 法和 EDC 法与 BSA 连接合成了人工免疫原,免疫后获得了针对双乙氧基硫代磷酸酯类有机磷农药的通用抗体等。

14.2.1.3 食品中抗生素残留的免疫学检测

食品中抗生素残留主要来自于两个方面,一是农用抗生素,二是畜用抗生素。食品中抗生素的检测方法很多,主要有薄层层析、液相色谱、气相色谱、气质联用、微生物抑制实验、微生物受体实验、免疫学方法等。免疫学方法作为其中的一种检测方法,近年来越来越受重视。目前德国、意大利等国已有检测食品中磺胺类抗生素、氯霉素、链霉素、四环素、新霉素、庆大霉素等抗生素残留的免疫检测试剂盒出售。

另外,免疫技术对食品中掺假物也可以检测,如食品中是否加有激素、非肉蛋白等的检测。

14.2.2 分子生物学检测法

分子生物学的飞速发展也为食品检测提供了先进的技术手段,其中的 PCR 技术、基因芯片技术,由于具有快速、特异、灵敏的特点,在检测食品中致病微生物和追踪传染源方面已被广泛应用,尤其适合于那些培养困难的细菌和抗原性复杂细菌的检测和鉴定。

14.2.2.1 PCR 技术检测法

沙门氏菌(*Salmonella* spp.)是一种重要的人畜共患传染病病原,主要寄生在人和动物的肠道,引起人的食物中毒、急性胃肠炎和动物腹泻。因此,不管是食品卫生还是动物检疫,沙门氏菌都是必检项目之一。现在可采用酚提取法或碱裂解法制备模板并利用 PCR 诊断试剂盒来检测。结果发现,用该试剂盒检测人工感染和自然发病动物血液、粪便中的沙门氏菌,阳性率均比培养法高,且培养法检测阳性的样品在 PCR 法中均为阳性,而且 PCR 法仅需几小时,大大缩短了检测时间。Nguyen 等根据肠炎沙门氏菌 C7 克隆具有的特异性序列(2.1 kb,*Hind* Ⅲ片段)设计出一对引物,能从 23 种沙门氏菌中扩增出 2.0 kb 的产物,但作为对照的 19 种动物的肠道组织或其他肠道细菌未有扩增产物。

李斯特单核增生菌(*Listeria monocytogenes*)是食品卫生中的重要病原菌,多通过食品经口感染,可诱发食物中毒,引起人类脑膜炎、菌血症等,发病率虽低,死亡率却高达 30%～70%。目前,PCR 已成为李斯特单核增生菌检测的技术基础。检测的目标基因是使李斯特单核增生菌呈现毒性所必需细胞溶素 O 基因(*hlyA*)。

肉毒杆菌毒素可引起各种动物发生中毒性疾病,毒株鉴定靠检测毒素予以证明。Szabo 等建立了检测 A～E 型毒素基因的 PCR 技术,并应用于马肉毒杆菌病例调查,用鼠生物学试验从驹血清、脾、粪便、肠内容物检测出 B 型神经毒素，PCR 也毫无例外地从中检出。

大肠杆菌检测中，主要的检测目标是肠出血性大肠杆菌和肠毒素大肠杆菌两种。王静等建立的多重 PCR 方法能同时检测肠出血性大肠杆菌的三种毒力基因 *eaeA*、*hlyAB*、*slt*1/2，且检测时间短、灵敏度高、特异性强。王嘉福等用自己设计的两对引物，对食品中的肠毒素大肠杆菌的热敏性毒素(LT)基因和耐热性毒素(ST)基因进行了 PCR 扩增，扩增出来的 314 bp 和 237 bp DNA 片段均能与相应的基因探针杂交，可以检测出三种毒素基因型(*LT*、*ST* 及 *LTST*)的 ETEC，具有快速和灵敏度高的特点。

14.2.2.2　基因芯片检测法

基因芯片可在一次实验中检出所有潜在的致病原，也可用同一芯片检测某一致病原的各种遗传学指标，并且具有较高的检测灵敏度、特异性和快速便捷性，能及时反映食品中微生物的污染情况。因此，基因芯片可广泛地应用于各种导致食品腐败的致病菌的检测。目前，国内外都已开始食品微生物检测芯片的研究，并取得了一些成果。Boruck 等构建的混合基因组微阵列可准确鉴别各种近缘单核增多性李斯特菌分离物；Volokhov 等通过单管复合体扩增和基因芯片技术检测和鉴别 6 种李斯特菌；Call 等通过分析 *E. coli* O157：H7 的 Shiga 样毒素Ⅰ、Shiga 样毒素Ⅱ及溶血素 A，发现基因芯片可准确检测各种 *E. coli* O157：H7 分离物；Chandler 等确定免疫磁珠分离结合微阵列可检测生禽肉清洗液中 *E. coli* O157：H7，其检测限达 10^3 cfu/mL。Chizhikov 等采用寡核苷酸芯片研究大肠杆菌、志贺氏菌及沙门氏菌的抗原决定簇和毒力因子与其致病性的关系，发现细菌毒力因子可用于肠道致病菌的分析检测。此外，Willson 等采用病原体诊断区基因扩增和 20 寡核苷酸藻红素标记探针开发出一套多病原体识别微阵列(MPID)，可准确识别 18 种致病性病毒、原核生物和真核生物。

14.2.2.3　生物传感器检测法

生物传感器在食品安全检测方面的应用广泛，概括起来主要有以下几个方面。

(1)食品新鲜度的测定　新鲜度是食品质量的重要指标，通常是通过人的感官来检验，而这会导致检测结果主观性强、个体差异大，因此人们一直在寻找客观的物理指标来代替之。生物传感器在分析检测食品新鲜度方面显示了巨大的应用潜力。如在肉品鲜度的判定中，根据畜肉产品在后熟过程中，由僵硬状变软，因酶的作用而生成氨基酸、肽等呈味成分。此时肉味最佳。发现动物肉品成熟的生物化学变化，如牛肉，将其放在 2℃条件下储藏，第 3 天起 ATP、ADP、AMP 均未检出，但呈味成分 IMP 随着储藏日数增加而减少，而黄嘌呤、次黄嘌呤则呈直线增加。因此，IMP、黄嘌呤、次黄嘌呤可作为畜肉后熟程度的化学指标，也可作为肉品鲜度的指标，而这些指标的检测，采用多功能酶传感器已获得成功，该方法样品量少，分析时间短，再现性好。

(2)食品农药和抗生素残留量的分析　随着科学的发展，不断有新的农药和抗生素用于农业生产。它们在给人类带来富足的同时，也给人类健康带来了危害。所以对农药和抗生素残留量的测定，对食品安全有着重要的意义。近年来已经开发设计出一些电化学生物传感器，应用于农药测定。Eldefrawi 等(1995)设计制造了一种纤维光度酶生物传感器，它可以用来快速检测乙酰胆碱酯酶抑制物，并能重复利用。它是利用多克隆的抗对硫磷抗体(Abs)具有很强的专一性和敏感性而制造的。然而这种传感器如果先检测高敏感的氧磷乙酰胆碱酯酶抑制物，再检测低活性的硫代磷时就不再敏感。而在其他情况下，均可很好地被重复利用。

(3)食品添加剂的检测　亚硫酸盐通常用作食品工业的漂白剂和防腐剂。但由于亚硫酸盐对人体有致敏性，引起哮喘，美国 FDA 规定不能超过 1×10^{-6} mol/L。用亚硫酸盐氧化酶为敏感材料制成的电流型二氧化硫酶电极可用于测定食品中的亚硫酸含量，且可检测出 5 nmol/L 的亚硫酸盐。此外，也可以利用生物传感器测定过氧化氢、苯甲酸盐、磷酸、乳酸、*L*-谷氨酸以及色素、乳化剂等添加剂的含量。

(4)食品中重金属的测定　由于铅、汞等重金属离子可以在生物体体内不断积累，它们的污染对食品的品质和人类的健康都造成了极大的威胁。检测重金属离子的生物传感器主要基于重金属离子可以造成氧化酶和脱氢酶失活的原理，因此，如果选择合适的酶并将其固定于亲和性膜上，结合 Clark 氧电极，通过计算氧的消耗速率就可以推知重金属的污染程度。Hipert 和 Reinhold 以谷胱甘肽作为水溶液中检测重金属离子的生物传感器的生物识别元件。这些肽/蛋白通过硫醇盐选择性地与重金属连接。如果生物识别元件被固定在合适的信号转换器表面，由连接金属离子影响而在固定化肽/蛋白层中产生的变化(氢离子释放、质量及光学特征变化)，可被转换器(氢离子敏感型场效应管、质量敏感型光装置)转换成电信号。实验证明，谷胱甘肽适合作重金属生物传感器的生物识别元件。

(5)食品中病原性微生物及毒素的检测　Kramerr 等人研究的光纤生物传感器可以在几分钟内检测出食物中的病原体(如大肠杆菌 O157:H7)，而传统的方法则需要几天。这种生物传感器从检测出病原体到从样品中重新获得病原体并使它在培养基上独立生长总共只需 1 d 时间，而传统方法需要 4 d。还有一种快速灵敏的免疫生物传感器可以用于测量牛奶中双氢除虫菌素的残余物，它是基于细胞质基因组的反应，通过光学系统传输信号，已达到的检测极限为 16.2 ng/mL，一天可以检测 20 个牛奶样品。

目前，生物芯片技术也用在食品检测中。基于生物芯片为平台，使用致病菌检测试剂盒、检测致病菌的系统。目前，我国博奥生物已开发出可检测 12 种食源性致病菌的生物芯片检测系统。

14.3 生物技术在转基因食品检测中的应用

不论是对转基因产品进行标准管理，或是对转基因与非转基因原料的分别输送，还是对食品中的转基因含量的多少加以限制，转基因原料和食品的检测技术是必不可少的。转基因食品检验的第一步是对受检产品进行鉴定，以区别转基因食品与非转基因食品，筛选出在遗传分化过程中已失去转基因特性的产品；第二步是对受检产品中导入的基因重组体构成的变异情况进行检测，以确定其表达的忠实性及外源基因对受体生物原基因组表达的影响。当前，国际社会对转基因食品检测采用的技术路线主要有两条，即针对外源 DNA 和针对外源蛋白质进行检测，检测要求已从定性检测提高到定量检测。

14.3.1 外源 DNA 检测

主要是以核酸为基础的 PCR 检测方法和核酸探针的杂交检测技术来准确快速地检测外源基因。由于 PCR 具有敏感性高的特点，且食品加工过程中核酸变性程度不及蛋白质，因此，目前转基因食品的定量检测仍基于 PCR。主要包括半定量 PCR 法、定量竞争 PCR 法、实时定量 PCR 法以及 PCR-ELISA 法等。

①半定量 PCR 和定量竞争 PCR 法都是终点检测方法，前者是由标准品建立的标准曲线

来判定待测样品中转基因成分的含量。欧洲 12 家实验室验证了 Huber 等建立的定量竞争 PCR 法，表明可检测 0.5％的 RRS(rundup ready soybean，抗草甘膦大豆)，另有实验表明以 200 ng DNA 为模板时，定量竞争 PCR 可检出仅含 0.1％转基因成分的样品。

②实时荧光定量 PCR 技术是转基因食品定量检测中的主要检测技术。有研究表明，荧光定量 PCR 法可检测出脂肪、油类、调味品，以及豆腐等豆制品中转基因成分的含量。

③巢式及多重 PCR 是常规 PCR 方法的改进，是针对多个靶位点进行同时检测，所以其检测效果较之普通 PCR 更为可靠，同时也能降低检测成本，研究表明采用该方法可以对含量仅为 0.15％转基因大豆进行可靠的鉴定。

④PCR-ELISA 法是一种将 PCR 的高效性、高灵敏度与 ELISA 的高准确度相结合的方法，它是以地高辛标记的特异性探针诱捕 PCR 产物在合适条件下杂交，再用碱性磷酸酯酶标记的链霉亲和素进行 ELISA 反应，既适合于快速的定性筛选又可进行准确的定量分析。结果通过酶标仪直接输出，无人为误差，可靠性强，自动化程度高，易于操作。方法灵敏度高达 0.1％，足以达到欧盟的要求(转基因检测阈值为 1％)，利用 PCR-ELISA 对转基因大豆的检测灵敏度比欧盟推荐 PCR 方法提高 5～10 倍。

最近几年出现的基因芯片技术能以高信息量、高通量，同时检测、分析大量的 DNA/RNA。此项技术既可对转基因食品进行定性检测，还可以定量检测。利用该技术可检测食用成品和鲜活的动植物材料，具有灵敏性强、自动化程度高、特异性强、假阳性低、简便快速的特点。随着该技术的发展，成本的降低，此技术在转基因食品的检测中极有发展前途。目前，世界各国都在积极地进行此项研究工作，我国在“863”计划中也拨出专项资金进行基因芯片的开发。

14.3.2　外源蛋白质检测

检测外源基因的表达产物主要包括 ELISA、蛋白质印迹法、试纸条法和快速检测试剂盒法等。

①ELISA 法用于间接检测转基因表达的目的蛋白质，该检测法可对样品进行定性检测以及定量分析。此方法灵敏度高，易于处理操作，但只适用于原料性食品，难应用于加工品，因为外源基因表达的蛋白会因加工而失活、分解或消失，增加了检测的不确定性和较差的重复性，同时也提高了假阴性率。目前，美国 FDA 已研究出用双夹心 ELISA 法检测食品中是否含有转基因玉米成分。

②蛋白质印迹法普遍用于分离、检测特异的目的蛋白质，灵敏度为 1～5 ng。有研究表明蛋白质印迹法检测 RRS 中的 CP_4 合成酶，检测限在 0.5％～1％，经验证这种方法可应用于转基因大豆原材料和大豆蛋白质产品的检测。

③试纸条法的原理与 ELISA 法相似，操作相对简单，且不需要特殊实验设备，适用于现场检验或初筛。快速检测试剂盒法也具有操作简单、使用方便的优点，但在检测结果的正确性方面因称取样的量较少，可能会受到影响。

14.4　生物技术在食品包装储存中的应用

随着消费观念的改变，消费者对食品包装提出了更高的要求。消费者已从过去对食品包装的视觉、触觉、味觉的保护要求转向内在食品营养的保证、消除不可见或潜在污染与危害等的要求上。为了抗拒包装外围环境污染及消除包装在食品中潜在污染与质变等这些问题,必须借助于生物技术。

14.4.1 发酵酶制剂在食品包装中的应用

发酵酶制剂在食品包装上的应用主要就是制造一种有利于食品保质的环境。主要根据不同食品所含的种类而选用不同的发酵酶制剂,使食品所含不利于食品保质的因素受到抑制或降低其反应速度,最终增长食品的货架寿命。研究证明,可用于食品包装的发酵酶制剂种类很多,这里重点介绍两种发酵酶制剂在食品包装中的应用。

(1)葡萄糖氧化酶　很多食品,特别是生鲜食品,在保存过程中或加工过程中,氧的存在使其保鲜受到很大影响。氧可以使含脂肪性食品如花生、奶粉、油炸食品等产生恶臭和醛、酮酸的气味,也可使其他生鲜食品发生不同程度的变化,如草莓酱退色、肉在荧光下褐变、去皮马铃薯退色、天然干酪与氧接触易于长霉等。因此,氧在食品加工和食品贮存中都是不利的。除氧是食品贮存中的必要手段。利用葡萄糖氧化酶除氧是一种理想的方法。葡萄糖氧化酶具有对氧非常专一性的理想抗氧作用。对于已经发生的氧化变质作用,它可阻止进一步发展;在未变质时,它能防止发生。国外已采用各种不同的方式将葡萄糖氧化酶应用于茶叶、冰淇淋、奶粉等产品的包装或罐头中,并设计出各式各样的片剂、涂层、吸氧袋等,用于不同产品的去氧。

(2)细胞壁溶解酶　细胞壁溶解酶最大的特点是消除某些微生物的繁殖,而让某些有益细菌得以繁殖。在食品包装上用作防腐剂,对人体无毒害,可以替代一些对人体有害的化学防腐剂。细胞壁溶解酶可用于清酒的防腐,研究发现:15 mg/kg 溶菌酶防腐效果与 250 mg/kg 的水杨酸相等,还可有效防止水杨酸对胃肠的刺激,是一种良好的防腐剂。细胞壁溶解酶在含食盐、糖等的溶液中稳定,耐酸、耐热性强,可用于水产、香肠、奶油、生面条的保藏,可有效延长保藏期。将溶菌酶固定在食品包装材料上,生产出有抗菌功效的食品包装材料,以达到抗菌保鲜功能。肉制品软包装如果在产品真空包装前添加一定量的溶菌酶(1%～3%),然后巴氏杀菌(80～100℃,25～30 min),可获得很好的保鲜效果,同时也可有效防止高温灭菌处理后制品脆性变差甚至产生蒸煮味。

但是,在用细胞壁溶解酶对食品进行保鲜贮藏时,必须考虑以下问题:①细胞壁溶解酶的专一性强,只对某些微生物有作用;②当细胞壁溶解酶作用的敏感对象菌株在超出生长的某一时期后,其作用效果会降低;③细胞壁溶解酶对食品中的细菌芽孢无作用;④像酵母等微生物,只有加热处理后的菌体才能被分解;⑤对溶菌酶有抵抗性的变异菌株能很快地出现。以上几点限制了它的广泛应用。

14.4.2 转基因技术在食品包装储存中的应用

塑料作为四大包装材料之一,由于其质轻、强度好,用量逐年递增。但由于用石油产品制成的传统塑料,其废弃物很难降解,造成白色污染,因此,可降解塑料成为当今的研究热点。可生物降解塑料是环境友好的、可替代石化聚合物的新型材料。聚 β-羟基脂肪酸(PHAs)是一类微生物合成的大分子聚合物,结构简单,是可生物降解材料研究的热点,而聚 β-羟基丁酸(PHB)是 PHAs 中最典型的一种。从 1926 年发现 PHB 至今,人们对其生物降解性和应用做了大量研究,被认为是化学合成塑料的理想代替品。目前 PHB 的生产成本依然太高,用细菌发酵生产 PHB 的成本至少是化学合成聚乙烯的 5 倍，这严重限制了 PHB 在商业上的应用。为降低 PHB 的生产成本，提高 PHB 与传统塑料的市场竞争力，可向植物体内引入 PHB 生物合成途径，以植物为表达载体，利用 CO_2 及光能合成 PHB，是大规模廉价生产 PHB 的一种很有前景的方法，用转基因植物来生产 PHB 是降低生产成本的较好选择。我国中科院植物研究所宋艳茹研究小组对转基因马铃薯生产 PHB 进行研究，他们利用 PCR 技术，从真养产碱杆菌（*Alcaligene seutrophus*）H16 染色体 DNA 中扩增并克隆了调控 PHB 生物合成的 *phb*B 和 *phb*C 基因。John 等人从纤维的改性出发，研究了 PHB 合成基因在棉花中的表达情况。另外，利用蓝细菌生产 PHB 也是很有研究前景的，它生长周期短，繁殖快，成本更低。

此外，利用基因工程还可延长食物的贮藏期，改变传统的贮运方式。如通过转基因技术生产的延熟番茄、苹果等。它通过反义 RNA 技术对乙烯合成途径进行调控，抑制乙烯的合成，使番茄一直能保持在绿熟期，只有当在外源喷施乙烯后才能成熟。这类番茄完全可以在常温下保藏、贮运。这既降低了保藏成本，又延长货架寿命。

思 考 题

1. 什么是单细胞蛋白(SCP)？

2. 生物传感器在食品检测中的应用有哪些？

3. 说明食品检测中生物技术的应用。

4. 什么是转基因食品？谈谈你对转基因食品的看法。

5. 查阅资料，综述一种酶在食品工业中的应用（内容包括工艺过程及控制、酶反应器及酶的修饰、固定和应用等）。

第 15 章　生物技术与环境

工业革命极大地改变了人类社会文明发展的进程，使人们在享受工业文明创造的丰硕果实的同时，也遭受了随之而来的环境污染和生态破坏的危害。

环境污染是人口增加和技术进步的产物。技术进步的主要目的是改善人类的生活。技术带给人们的好处有目共睹，其中一个例子是人的平均寿命从 20 世纪初的 40 多岁提高到现在的 70 岁。但是，技术的发展也使环境付出了很高的代价，污染随处能看见或感觉到。眼光短浅使人们看不到这些方面对环境的影响。在前进的进程中，社会所重视的是生产率，而对沿路的污物和垃圾却视而不见。

另一方面，技术进步既是污染的罪魁祸首，同时又是消除污染的途径，工业革命使科学技术得到了迅猛发展，到 20 世纪末，整个科学技术的发展除了整体化和高度分化两大趋势，还存在生态化趋势，这是社会经济走向可持续发展，人类社会由工业文明转向绿色文明的必然要求和重要表现。

随着人们对环境质量的日益重视，环境保护越来越受到人们的关注。传统的治理技术已难以满足越来越严格的环境标准。生物技术与环境科学紧密结合是一种经济效益和环境效益俱佳、解决复杂环境污染问题的有效手段，是当代环境学科发展的主导方向之一。生物除污(利用生物系统降解或消除环境中有毒的污染物)作为一种行之有效、安全可靠的手段和方法是目前治理污染的核心。

15.1　环境污染的生物处理

15.1.1　污水的生物处理

人类的生产活动和生活离不开水，但同时又带来大量的工业废水和生活废水。如果不将这些废物进行及时的处理，一方面会导致严重的环境污染，危害人类的健康；另一方面会引起可利用水资源的枯竭。

进行污水处理的方法很多，生物法作为一种高效节能的方法在污水处理和再利用方面起着重要的作用。生物法处理污水应用最为广泛的有活性污泥法和生物膜法。

15.1.1.1　活性污泥法

活性污泥法是目前城市污水与工业污水处理中应用最为广泛的一种生物废水处理技术。

(1)活性污泥的概念及特点　活性污泥具有沉降性能和生物活性(具有自我繁殖、吸附、氧化有机物的能力)，是一种茶褐色的绒絮状小颗粒，是活性污泥处理系统的核心，其上栖息着大量的活跃微生物，在这些微生物的作用下，具有将有机物转化为无机物的活力。

(2)活性污泥的微生物群落　活性污泥的主体是细菌，多数是革兰氏阴性菌，也有革兰氏阳性菌，以异养性好氧细菌为主，其种类随水质、运转条件不同而出现不同的优势类群。活性污泥处理废水时，多数细菌能形成菌胶团(zoogloea)。菌胶团上还生长着其他多种微生物，如酵母菌、霉菌、放线菌、原生动物和某些微型后生动物(轮虫及线虫等)。所以菌胶团是活性污泥结构和功能的中心。

(3)活性污泥中的真菌　活性污泥中的真菌有曲霉、毛霉、根霉、青霉、镰刀霉、芽芝霉、状孢霉、木霉等。这些真菌具有分解碳水化合物、脂肪、蛋白质及其他含氮化合物的能力。霉菌的异常繁殖会引起活性污泥的膨胀。

(4)活性污泥法的反应机理　通常而言,活性污泥法的过程是严格的好氧过程。所以,其反应机理是有机物在各种微生物的作用下,通过生化反应转变成为 CO_2 和细胞质的过程。

(5)活性污泥法的基本流程　活性污泥法是一种应用最广泛的好氧生物处理技术,其基本流程如图 15-1 所示。

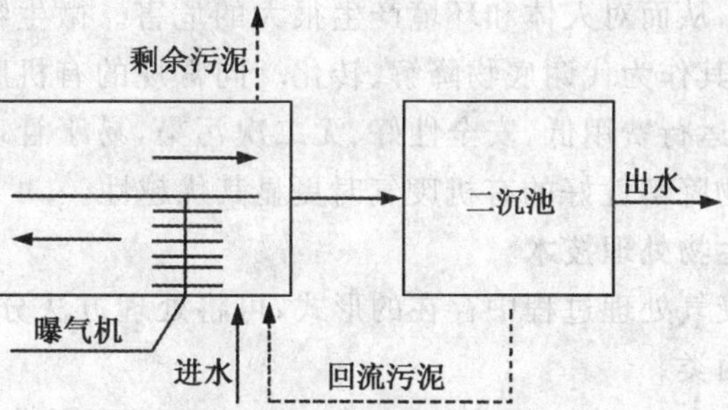

图 15-1　带污泥回流的活性污泥系统流程

(引自:王建龙,2000)

活性污泥系统由曝气池、二沉池、曝气系统和污泥回流处理系统组成。其中,曝气池与二沉池是活性污泥系统的基本处理构筑物。废水流经初沉池后与从二沉池底部回流的活性污泥一起进入曝气池,在曝气池中发生好氧生化反应,各种有机污染物被活性污泥吸附或吸收,同时被活性污泥上的微生物群落分解,废水因此得到净化。二沉池的作用是使活性污泥与已被净化的废水分离,分离后处理水排放,活性污泥在污泥区内得到浓缩并以较高浓度回流到曝气池。由于活性污泥不断增长,部分污泥作为剩余污泥从系统中排出,或送往初沉池,提高初沉效果。活性污泥法具有处理能力强、出水水质好等优点,是当今世界范围内应用最广泛的一种废水生物处理工艺,但它也存在基建与运行费用较高、能耗较大、管理较复杂,易出现污泥膨胀和污泥上浮以及对氮、磷等营养物质去除,效果有限等问题。

15.1.1.2　生物膜法

近 20 多年来,环境工程界在重视改进活性污泥法的同时,又致力于生物膜法工艺的研究与革新。

生物膜法是一种早于活性污泥法发展的生物处理工艺,出现于 19 世纪末,当时主要是以岩石作为载体的生物滤池为代表。20 世纪六七十年代,塑料载体的出现为代替岩石填料而发展生物滤塔、生物转盘以代替生物滤池创造了条件。80 年代末、90 年代初,一系列新型的生物滤池、生物滤塔、生物转盘被相继开发出来。现在,环境工程师们可以对生物膜处理系统有较广泛的选择余地。

生物膜法的优点主要是运行稳定、抗冲击负荷、更为经济节能、无污泥膨胀,具有一定的硝化与反硝化功能,可实现封闭运转防止臭味等。生物膜法可以用于城市污水的二级生物处理。

以上两种都属于废水好氧生物处理技术，由于废水生物处理的工艺比较多，一直是生物除污研究的热点，其新工艺、新技术应用不断取得新进展，如好氧曝气技术、吸附-生物降解（adsorption-biodegradation）、氧化沟污水处理等。另外，废水厌氧生物处理技术也应用较多，如膨胀颗粒污泥床技术、厌氧流化床技术、厌氧序批式反应器技术、厌氧挡板式反应器技术、厌氧生物转盘技术等都在污水生物处理上发挥着重要的作用。

15.1.2 大气污染的生物处理

随着有机合成工业和石油化学工作的迅速发展，进入大气的有机化合物越来越多，这类物质往往有恶臭，不仅对感官有刺激作用，而且有不少有机化合物具有一定毒性，产生“三致”（致癌、致畸、致突变）效应，从而对人体和环境产生很大的危害。微生物对各类污染物均有较强、较快的适应性，并可将其作为代谢底物降解、转化。同常规的有机废气处理技术相比，生物技术具有效果好、投资及运行费用低、安全性好、无二次污染，易于管理等优点，尤其在处理低浓度（小于 3 mg/L）、生物降解性好的有机废气时更显其优越性。

15.1.2.1 有机废气生物处理技术

据微生物在有机废气处理过程中存在的形式，可将处理方法分为生物吸收法（悬浮态）和生物过滤法（固着态）两类。

（1）生物吸收法　生物吸收法又称生物洗涤法即微生物及其营养物配料存在于液体中，气体中的有机物通过与悬浮接触后转移到液体中而被微生物降解。生物吸收法见图 15-2。

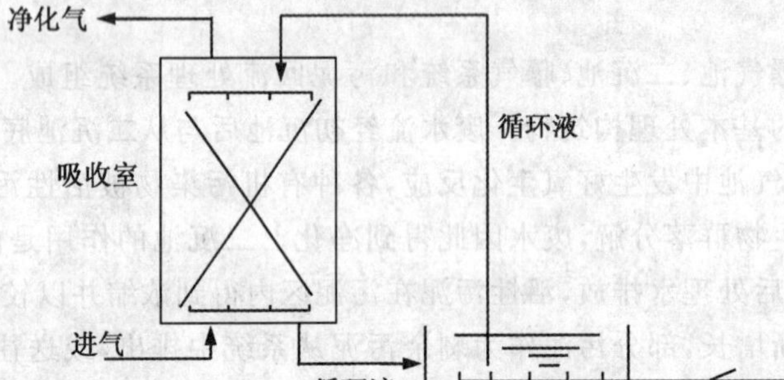

图 15-2 生物吸收法示意图

（引自：王建龙，2000）

生物悬浮液（循环液）自吸收室顶部喷淋而下，使废气中的污染物和氧转入液相（水相），实现质量转移。吸收了废气中组分的生物悬浮液流入再生反应器（活性污泥池）中，通入空气充氧再生。被吸收的有机物通过微生物氧化作用，最终被再生池中活性污泥悬液除去。

（2）生物过滤法　生物过滤法是微生物附着生长于固体介质上，废气通过由介质构成的固定床层时被吸附或吸收，最终被微生物降解，较典型的有生物滤池法和生物滴滤池两种形式。

①生物滤池法。生物滤池法是目前研究最多、工艺最为成熟、在实际中也最为常用的脱臭方法。生物滤池（biofilter）处理有机废气的工艺流程如图 15-3 所示。

具有一定温度的有机废气进入生物滤池，通过约 0.5～1 m 厚的生物活性填料层，有机污染物从气相转移到生物层，进而被氧化分解。生物滤池的填料层是具有吸附性的滤料（土壤、

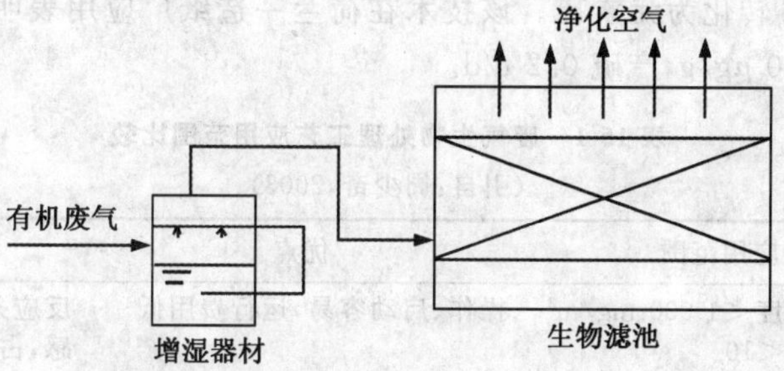

图 15-3　生物滤池处理废气工艺流程示意图

(引自:王建龙,2000)

堆肥、活性炭等)。生物滤池因其较好的通气性和适度的通水和持水性,以及丰富的微生物群落,能有效地去除烷烃类化合物,如丙烷、异丁烷、对酯及乙醇等,生物降解物质的处理效果更佳。

②生物滴滤池。生物滴滤池(biotrickiling filter)处理有机废气的工艺流程如图 15-4 所示。

生物滴滤池处理系统最关键的设备是生物滤池。由图可知,废气需经过预处理、去除颗粒物、调湿后方可通过气体分布器进入过滤器中进行生物过滤,生物滤池中装有填料,并通过加入水分、营养物及 pH 缓冲液来满足微生物生命活动的需要。

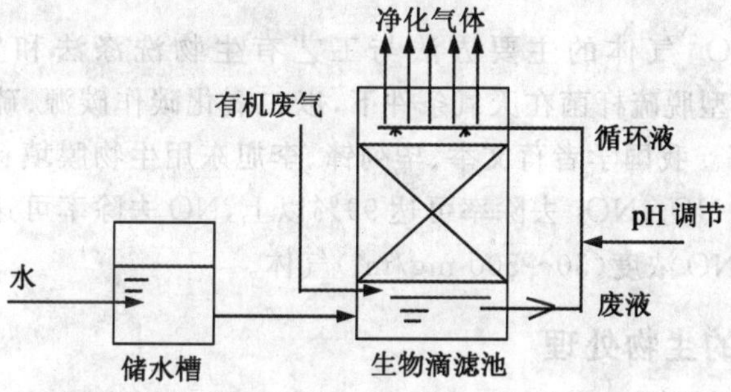

图 15-4　生物滴滤池处理有机废气系统示意图

(引自:王建龙,2000)

15.1.2.2　有机废气生物处理技术的应用

(1)有机废气的净化　有机废气的三大生物处理方法优缺点比较,如表 15-1 所示。

(2)恶臭去除　用于脱臭的方法有物理和化学两种方法,20 世纪 50 年代发展起来的生物脱臭方法,具有以上二者不可比拟的优点,①微生物生长适宜温度接近常温,不需加热,能耗低,其他温度段的恶臭气体也有相应的微生物可以开发利用;②恶臭物质经过微生物处理后,氧化分解为 CO_2、H_2SO_4、H_2O 等物质可以开发利用;③生物脱臭装置简单,对低浓度臭气处理效果好;④运行费用低,维护管理方便。因此,生物脱臭技术是未来恶臭去除的主流。

(3)SO_2 的生物处理　SO_2 历来是世界上头号大气污染物质,是世界上大部分地区酸雨形成的头号元凶。荷兰 Pagues 公司和 Hooguvens 能源技术服务公司开发了 Biostar 工艺。先吸附 SO_2 气体使之与 NaOH 反应转化成亚硫酸盐,然后由硫酸还原菌将其转化为 H_2S,最后

采用硫醚杆菌将 H_2S 转化为元素硫。该技术在荷兰一造纸厂应用表明，可将废气中的 H_2S 由 1 200 μg/g 降至 40 μg/g，产硫 0.2 t/d。

表 15-1 废气生物处理工艺应用范围比较

（引自：周少奇，2003）

工艺名称	应用范围	优点	缺点
生物滤池法	污染物浓度＜1 000 mg/m³，亨利常数＜10	操作、启动容易，运行费用低	反应条件不易控制，对波动敏感，占地多
生物滴滤法	污染物浓度＜500 mg/m³，亨利常数＜1	反应条件易控制，产物不积累，占地少，压力损失小，可截留生长缓慢微生物	传质表面小，启运过程复杂，剩余污泥需处理，运行费用较高
生物吸收法	污染物浓度＜5 000 mg/m³，亨利常数＜0.01	反应条件易控制，产物不积累，占地小，压力损失小	传质表面小，剩余污泥需处理，易冲击微生物，投资大，维护管理费用高

（4）NO_x 的生物处理 NO_x（N_2O、NO、NO_2、N_2O_3、N_2O_4、N_2O_5）也是大气重要污染之一，主要来自燃料的燃烧和硝酸、电镀等工业排放的废气以及机动车尾气。

微生物处理 NO_x 与微生物处理有机挥发物和臭气有较大不同。NO_x 构成中不含碳元素，属于无机气体，因此，微生物净化 NO_x 气体时需外加碳源，实际上是以 NO^{3-} 为电子受体的生物反硝化生成 N_2 的过程。所以，在反硝化进行之前，应先使 NOx 气体与水接触溶于水中形成 NO^{3-}。

用于生物净化 NO_x 气体的主要方法与工艺有生物洗涤法和生物滤床两种。国外 K. H. Lee 等人用自养型脱硫杆菌在厌氧条件下，以二氧化碳作碳源、硫代硫酸盐为能源进行生物脱 NO_x，效果良好。我国学者蒋文举、毕列锋、李旭东用生物膜填料塔进行了脱硝实验研究，结果表明废气中的 NO_x、NO_2 去除率可达 99%以上，NO 去除率可达 90%。该法最适宜于 30～45℃下处理进口 NO 浓度（50～500 mg/m³）气体。

15.1.3 固体垃圾的生物处理

固体垃圾指人类在社会生产、流通、消费等活动中产生的一般不具有进一步使用价值而被丢弃的固态、半固态和高浓度液态（泥状）的物质。固体废弃物的主要危害有以下几个方面：①侵占土地；②污染土壤、水体和大气；③影响环境卫生。其中有害废物具有毒性、易燃性、腐蚀性、反应性和放射性。它们对环境的恶劣影响已成为国际公认的严重环境问题。目前固体垃圾的生物处理方法有堆肥法和填埋技术。

15.1.3.1 堆肥法

堆肥法（composting）是实现城市垃圾资源化、减量化的一条重要途径。堆肥法指在控制条件下，利用微生物的生化作用，将废弃物中的有机物质分解、腐熟并转化成稳定腐殖土的微生物过程。堆肥法有好氧和厌氧两种方法。

现代化的堆肥工艺，特别是城市垃圾堆肥工艺大多是好氧堆肥。好氧堆肥是以好氧菌为主对废物进行氧化、吸收和分解。好氧菌主要有嗜温菌和嗜热菌，堆制初期，主要由好氧的嗜温菌利用堆肥中最容易分解的可溶性物质（淀粉、糖类等）迅速增殖，使堆肥温度不断升高；当温度上升到 45℃以上便进入高温阶段，当堆层温度上升到 65～70℃时，嗜温菌死亡，嗜热菌开始活跃,这时堆肥中残留的或新形成的可溶性有机物继续被分解转化,一些复杂的有机物和纤维素、半纤维素等也开始得到强烈的分解;温度升到 70℃以上时,嗜热菌活性下降或者开始死亡,堆层温度下降,嗜温菌再度活跃,使残留难降解有机物进一步分解,腐殖质不断增多且趋于稳定,堆肥进入腐熟阶段。

厌氧法与好氧法的不同之处是堆内不设通气系统,其实质是厌氧微生物在无氧状态下通过对有机固体物质进行液化、酸性发酵、碱性发酵后使有机物质转化并稳定化的过程。

15.1.3.2　填埋技术

与有机垃圾堆肥生物处理不同的是,填埋法是一种自然生物处理法。它是在自然条件下,构建特殊的人工生态系统,利用土壤微生物将固体废物中的有机物质分解,使其体积减小而渐趋稳定的过程。

填埋法处理垃圾量大、简便易行、投入少,是自古以来人类处理生活垃圾的一种主要方法。但是,垃圾在填埋过程中很可能将固态污染物转变成液态和气态污染物,以地表水、地下水、土壤和大气环境造成二次污染。所以确定新的垃圾填埋准则的目的是:①通过避免和减少垃圾来普遍降低填埋的数量和体积;②禁止填埋有害垃圾;③禁止填埋含有有机物超过 5%的物质;④分类收集,分类和回收利用;⑤中和、去除污染和稳定化(如掺水泥);⑥进行或者已经生物降解;⑦焚烧和/或熔化。

针对上述问题,现代填埋技术做了很大改进。选择填埋场时,其底层应高出地下水位 4 m 以上,而且填埋地的下层应有自然的隔水层基质(如岩石或黏土层),若没有则应铺垫不透水材料(沥青或塑料膜)。填埋场应设置排气口,以便填埋过程中产生的甲烷气体及时排出,同时也便于气体的收集。另外,填埋场要有监测地下水、表面水和环境中空气的污染情况的监测系统。

15.2　重金属及石油污染的生物处理

15.2.1　重金属污染的生物处理

重金属污染指由重金属或其化合物造成的环境污染。主要由采矿、废气排放、污水灌溉和使用重金属制品等人为因素所致。如日本的水俣病和痛痛病分别由汞污染和镉污染所引起。其危害程度取决于重金属在环境、食品和生物体中存在的浓度和化学形态。重金属污染主要表现在水污染中,还有一部分是在大气和固体废物中。随着经济的快速发展,废水的大量排放,土壤和水源中重金属积累的加剧,重金属污染越来越引起人们的关注,治理和回收重金属也已成为一个热点课题。传统的治理方法有沉淀、离子交换法、电化学法、膜分离技术等。但这些方法成本高、选择性低、能耗高,并可能产生二次污染。近年来,重金属的生物处理方法得到了较多关注。采用生物吸附法去除废水中的重金属已有报道。该法以其原材料来源丰富、成本低、吸附速度快、吸附量大、选择性好等优势受到越来越多的重视。藻类和微生物菌体对重金属有很好的吸附作用,并具有成本低、选择性好、吸附量大、浓度适用范围广等众多优点,而且带来的环境污染小,可作为一种廉价吸附剂。这些优点决定了生物吸附法作为新兴的重金属去除技术,有着广阔的应用前景。

生物吸附是一种利用廉价的失活生物细胞分离有毒重金属的方法,适用于工业废水的处理和地下水的净化。生物吸附剂可采用自然界中丰富的生物资源，如藻类、地衣、真菌和细菌等。这些生物的细胞壁表面有一些具有金属络合、配位能力的基团（巯基、羧基、羟基等），这些基团通过与吸附的金属离子形成离子键或共价键来达到吸附金属离子的目的。此外，生物细胞通过酸洗和碱洗，再经干化而形成颗粒。经过简单的切割和磨碎、干化后可获得稳定的生物吸附剂颗粒。为了使颗粒具有要求的机械性质，可将生物吸附剂颗粒填充在吸附柱中，使含金属废液流经吸附柱，重金属被吸附剂吸附。

15.2.2 石油污染的生物处理

石油是重要的能源物质，在开采、运输、加工、储存和使用过程中均可能产生对环境的污染。石油及其产品对环境的污染越来越严重，已经危及到人类的健康和生存。石油污染治理越来越受到重视，出现了很多的石油污染治理技术和方法，目前用的最多的是生物降解和生物修复。

(1)生物降解主要是由细菌和真菌作用　土壤中最常见的石油降解细菌群数由高到低分别为：假单胞菌属（*Pseudomonas*）、节核细菌属（*Arthrobacter*）、产碱杆菌属（*Alcaligenes*）、棒状杆菌属（*Corynebacterium*）、黄质菌属（*Flavobacterium*）、无色菌属（*Achromobacter*）、微球菌属（*Micrococcus*）、诺卡氏菌属（*Nocardia*）和分支杆菌属（*Mycobacterium*）。最常见的石油降解真菌种群数由高到低：木霉属（*Trichoderma*）、青霉属（*Penicillium*）、曲霉属（*Aspergillus*）、森田属（*Morticrella*）。很显然，细菌和真菌是土壤石油生物降解的最基本的作用者。

(2)生物修复包括植物法和动物法等　植物修复的方式包括植物提取、植物降解和植物稳定化三种。植物提取是指利用植物吸收积累污染物，待收获后才进行处理。收获可以进行热处理、微生物处理和化学处理。植物降解是利用植物及相关微生物区系将污染物转化为无毒物质。植物稳定化是指植物在同土壤的共同作用下，将污染物固定，以减少其对生物与环境的危害。植物根际使土壤环境发生变化，起到了改善和调节作用，从而有利于污染物的降解。因此通过选择适当植物和调控土壤条件等手段，可以实现污染土壤的快速修复。

植物生物修复是一项利用太阳能动力的处理系统，具有处理费用低，减少场地破坏等优点而受到普遍重视。据美国实践，种植管理的费用在每公顷 200～1 000 美元，即每年每立方米的处理费为 0.02～1.00 美元，比物理化学处理的费用低几个数量级。

国外动物法研究较多，我国处于探索阶段，主要有两个方面：一是用生长于污染土壤上的植物体、粮食等饲喂动物，通过研究动物的生理生化情况对土壤污染状况进行分析；二是将土壤动物（蚯蚓、线虫）饲养于受污染土壤中进行研究。

另外，生物修复法还有微生物法和其他的生物学方法。

15.2.3 水体石油污染治理

水体石油污染和土壤治理不同，水具有流动性，不及时处理会使污染范围以很快的速度不断扩大。因此，水体石油污染首先是控制污染然后再对污染水进行处理。

(1)海洋、江河、湖泊水体治理　航运是石油运输的重要手段，在海洋、港湾及淡水河流中的油类泄露与污染问题已屡见不鲜。早期研究表明，烃类氧化细菌分布广泛。当油类进入水体后，这些好氧微生物生长受到营养物质氮、磷的限制，所以，含亲油性肥料的制剂可以在治理水体石油污染上使用。因此，当原油发生泄露后，可在被污染的水体中加入含 N、P 的无机盐溶液或亲油性肥料,以促进原油的生物降解。6 个星期内原油中几乎所有的烷烃和相当多的多环芳烃可被代谢。

(2)地下水体治理　对地下水石油污染治理,采用水动力学方法,通过抽水井或注水井控制流场,可以防止石油和石油化工产品污染的进一步扩大,同时对抽取出来的受污染的地下水进行处理。

近年来,臭氧氧化技术对石油污染的地下水处理取得了很大进展。经臭氧氧化反应后,水体中有机物种类增加,经过一定时间接触氧化反应后,苯系物和稠环芳烃类在水中的相对含量有较大幅度下降,但酯、醛、酮类和烷烃类在水中的相对含量却大幅上升。一般认为,水中芳香烃物质危害性较大,多具有较大的毒性和致癌性,而烷烃、酯类和其他低分子物质的危害性小得多。由上我们可以看出,臭氧氧化法是把危害性大的污染物转化为危害小的污染物,污染水体没有得到根本治理,因此臭氧氧化法与吹脱、活性炭吸附、生物氧化等处理方法配合使用,才能得到良好的处理效果。

15.3　基因工程菌处理污染

基因工程菌指将目的基因导入细菌体内使其表达,产生所需要的蛋白的细菌。基因工程菌的构建主要是通过 DNA 重组引入编码新酶的活性基因改变细胞内的关键酶或酶系统,构建新的复合途径。

构建生物降解途径的基因工程菌主要有转移质粒和改变基因两种方法。以改变基因法为例:改变基因法是利用基因的操纵子学说进行基因调控,通过诱导使基因突变,通过克隆实现 DNA 重组的方法。研究工作表明,通过 DNA 重组技术、基因突变以及适当的选择过程,可使细菌在有机物的降解途径方面增加新的功能。用同样的方法,也可以得到能同时分解多种污染物的菌体。

15.3.1　降解芳香烃的工程菌

难降解芳香族有机化合物主要包括苯环类、萘环类及蒽醌类等化合物,它们是化工产品的主要原料,由于其难降解性已成为工业废水的主要成分,用常规的废水处理方法难以彻底去除。目前已筛选出多种微生物菌株可以降解不同种类的芳香族有机化合物,但一方面有些菌株难以适应处理环境,且繁殖速度慢,分解有机物的速度和效果难以达到预期目标;另一方面有些菌株专一性太强,不能满足降解含多种有机混合物废水的要求。因此,有必要将降解性基因转入繁殖力强和适应性能佳的受体菌株内或将降解各种化合物的基因克隆到同一菌株内构建出高效基因工程菌,达到彻底降解污染物的目的。

在对苯及其衍生物降解质粒研究过程中,人们发现虽然底物和微生物的种类有很大的不同,但是有一些控制关键途径的基因是极为类似的,如在苯乙烯降解过程中的 PST 质粒与 TOL 质粒是一致的。甲苯的好氧质粒分解代谢途径 TOL(toluene plasmid catabolic pathway)质粒 pWWO 是由 Willams 等最早研究,该质粒由假恶臭单胞菌 MT-2 菌株携带。目前关于 TOL 质粒的大小、基因结构及调控机理等已很清楚,已成为研究其他有关降解性质粒的典范。近年来,国内对降解质粒的研究也取得了一些初步进展,主要对降解性质粒进行质粒的提取、检测及酶切位点的确定等,关于目的基因的定位、基因调控等方面还有待于进一步研究。

另外,关于蒽醌类化合物的降解性质粒的研究报道的很少。

构建基因工程菌的基本过程为:从降解性质粒或染色体中获得目的基因片段,将其与适当的载体连接后,转入受体菌中使其具有新的功能。目的基因转入受体菌的方法主要有:接合型质粒转移、整合型质粒转移和重组质粒转化。

近年来,国内外已筛选出多种可降解芳香族化合物的菌株,苯环类和萘环类化合物的代谢途径已基本搞清,而蒽醌类化合物的降解机理也做了一些初步探索;蒽醌类和萘环类化合物在微生物降解过程中均可生长苯环类化合物,因此,为了彻底地降解多环芳香族化合物,需将苯环类化合物的降解基因转入降解多环类化合物的菌株中,构建基因工程菌,扩大微生物的降解底物范围及提高降解效率或将降解不同种类化合物的各种菌株混合在一起组成优势菌群,提高废水(含各种混合物)的生化处理效果。关于基因工程菌方面,国内主要研究了各种降解性质粒,国外已构建出一些基因工程菌,但由于其安全性问题,目前尚未工业化。为此,开发各种封闭式的生物-膜过滤反应器,将使基因工程菌的工业化成为可能。

15.3.2 降解除草剂的工程菌

除草剂 (herbicide)是指可使杂草彻底地或选择地发生枯死的药剂。除草剂在土壤中的残留对除草剂的效果和对环境的安全带来一定影响。长残留性除草剂在施用后的一年或更长时间内仍有部分残留在土壤中,此类除草剂常造成后茬敏感作物受到不同程度的药害,给农业生产造成严重损失。

通常从自然界筛选出降解菌的降解酶活性较低或降解作用较单一。为了提高降解酶的活性提高降解效率,通过基因工程技术将有机污染物代谢途径的各种酶引入同一菌中并在其上游引入强启动子获得基因工程菌株。利用基因工程技术构建的基因工程菌既具有混合菌的功能。又能满足纯培养的要求,它们的生理代谢稳定。生长繁殖能力强,而且导入的降解酶都能够高效表达,是降解有机污染物的有力手段。长残效除草剂的降解主要是酶促反应过程,这些酶由染色体或质粒的基因编码。因此克隆、表达除草剂代谢途径中的关键酶基因,构建基因工程菌株是使除草剂定向高效降解的关键。国外研究者主要针对除草剂的降解基因的功能及作用机理进行了大量的研究,真正应用到实践中的基因工程菌很少有报道。国内对基因工程菌构建的研究已有很多报道,崔中利等通过接合转移的手段将甲基对硫磷水解酶基因 *mld* 克隆至假单胞菌中,获得了表达甲基对硫磷水解酶活性的基因工程菌 PM,PM 对甲基对硫磷有稳定降解活性且能降解多种芳香族化合物。王永杰等将降解不同有机磷农药的芽孢杆菌和不动杆菌进行原生质体融合,筛选出能降解多种农药的重组工程菌Ⅲ。曰艳春等将抗性库蚊的解毒酶基因克隆到大肠杆菌中,获得能高效降解有机磷、有机氯、氨基甲酸酯、菊酯等农药的基因工程菌株。

15.3.3 农药的生物降解

农药降解是指化学农药在环境中从复杂结构分解为简单结构,甚至会降低或失去毒性的作用。残留于土壤中的农药,以微生物的降解作用最为重要,其降解速度取决于农药的种类、土壤水分含量、氧化还原状态及土壤微生物情况等。

农药利用率一般为 10%,约 90%残留在环境中,由于天然微生物降解农药的效率较低且降解谱较窄,科学家们通过基因工程技术,研究出了能够降解化学农药的基因工程菌。

基因工程菌是转入外源基因的细菌。通常转入的外源基因在细菌中要能正确表达生成相应的产物，具有特定的生物学功能。例如，常见的大肠杆菌并不具有降解化学农药的功能，如果我们将有机磷水解酶基因通过基因重组方法转入此大肠杆菌，表达后产生有机磷水解酶即可降解有机磷。

15.4　生物技术检测环境污染

生物技术不仅单纯适用于环境污染治理，如今已相当广泛地应用于环境监测。随着现代生物技术的发展，一些新的快速准确监测环境污染的有效方法相继建立和发展起来，它们能对环境状况做出快捷、有效和全面的回答，逐渐在成为环境污染监测的重要手段。这些新技术主要有：利用新的指示生物监测环境；利用生物传感器；PCR 技术和生物芯片及基因芯片。

15.4.1　生物检测法

生物检测法主要是用指示生物来检测环境。指示生物主要有哺乳动物、细菌、原生动物、藻类、高等植物和鱼类。

由于哺乳动物生长周期长、费用高、结果有较大偶然性等不足，一般采用短期生物试验法，即用细菌、原生动物、藻类、高等植物和鱼类作为指示生物。如根据污染物对细菌的作用不同，可选用细菌生长抑制实验、细菌生化毒理学方法、细菌呼吸抑制试验和发光细菌监测技术等方法。另外，藻类和高等植物也能作为指示生物。如一些藻类不能存活在某种污染物环境中，如果在环境中检测到此类藻类大量存在，相应地可以说明环境中没有这种污染物。

15.4.2　生物传感器检测法

生物传感器在环境监测中的应用发展很快，具有成本低、易制作、使用方便、测定快速等优点。目前用于水和废水的监测的生物传感器有 BOD 生物传感器（水体有机污染的常规监测方法之一）、硝酸盐微生物传感器、亚硝酸盐微生物传感器、酚类微生物传感器、阴离子表面活性剂传感器、水体富营养化监测传感器、乙醇生物传感器、致突变物传感器和检测有毒害物质的生物传感器。用于空气和废气监测的亚硫酸传感器、氨传感器、甲烷传感器和 CO_2 传感器；用于农药残留量检测的电位型传感器和安培型传感器；用于检测食品中葡萄球菌肠毒素（SE）的压电免疫生物传感器。

经过近 30 年的研究，生物传感器已获得了极大的发展，出现了各种各样的传感器，但真正在环境领域中应用较为成熟的生物传感器却只有很少一部分。但是，我们相信，随着环境保护和其他相关学科技术的发展，生物传感器技术也必将得到进一步发展。

15.4.3　PCR 技术检测法

目前，PCR 技术在环境监测中主要用于以下几个方面：

①应用 PCR 技术研究某一特定环境中微生物区系的组成，进而了解其种群动态，其基本步骤包括：①从环境样品中提取核酸（DNA 或 RNA）；②以提取的 DNA 或 RNA 样品为模板进行 PCR 扩增；③对 PCR 反应产物进行检测与分析。例如，可以检测水环境中的致病菌（大肠杆菌、志贺氏菌、沙门氏菌、耶尔森氏菌等），也可用于检测病毒（乙肝病毒、艾滋病毒等）。

②应用PCR技术监测环境中特定种群(致病菌、工程菌)的动态。如为了了解工程菌操作的安全性及有效性,可将一工程菌株接种到经过过滤除菌的湖水及污水中,定期取样并对提取的样品DNA进行特异性PCR扩增,然后用DNA探针进行检测,结果表明接种11～14 d后仍能用PCR方法检测出该工程菌菌株。

15.4.4 基因芯片检测法

在环境监测和保护上,基因芯片也有广泛的用途,一方面可以快速检测污染微生物或有机化合物对环境、人体、动植物的污染和危害,同时也能够通过大规模的筛选寻找保护基因,制备防治危害的基因工程药品或能够治理污染源的基因产品。目前我国已开发出可以检测多种病原菌的生物芯片,可用于环境监测和疾病的诊断等中。这些生物芯片在应用中正在发挥着非常重要的作用。

思考题

1. 环境污染包括哪些方面？环境污染的生物处理有哪些方法？
2. 重金属及石油污染的生物处理方法有哪些？
3. 基因工程菌处理污染的方法有哪些？
4. 比较各种固体垃圾的生物处理方法的优劣。
5. 简述生物技术检测环境污染的方法。

第16章　生物技术与能源

能源是现代工业的支柱，是国民经济的“粮食”。近代以来，人们开发利用的能源，主要是石油、煤和天然气等非可再生的矿物能源。由于矿物能源的大量开采，当前矿物能源日趋枯竭，能源危机日益严重地威胁着全人类。为解决能源危机，世界各国均已投入到研究开发新能源的热潮中。作为高科技领域之一的生物技术，为解决能源问题将开辟广阔前景。它一方面能提高不可再生能源的开采率，另一方面能开发更多可再生能源。

16.1　生物技术生产能源

根据已探明的世界石油储量，世界石油的开采为50～100年。这种以石油资源为基础的汽油、柴油等液体燃料已经出现短缺且在燃烧时会排出大量的污染物。世界各国在积极寻找替代能源。生物能源是以可再生资源为原料生产的有利于环境保护的能源物质，是提供可再生清洁能源的一条重要途径，将成为未来可持续能源的重要部分。目前最具应用前景的生物能源有燃料乙醇（fuel ethanol）、生物柴油（biodiesel）、生物制氢（biohydrogen）、生物质气化（biomass gasification）等。

16.1.1　生物技术生产沼气和生物柴油

16.1.1.1　生物技术生产沼气

甲烷（CH_4，methane）在自然界分布很广，是天然气、沼气、油田气及煤矿坑道气的主要成分。可以用来产生机械能、电能和热能。也可制造氢气、碳黑、一氧化碳、乙炔、氢氰酸及甲醛等物质的原料。在自然界中最有效产生甲烷的系统是牛的瘤胃，但体外模拟该系统还不成熟。目前研究的甲烷反应器都是在受控条件下进行产甲烷作用的。研究结果表明，只有在实验室内检测并精确控制诸如温度、pH、湿度、搅拌、原料输入和平衡之类的环境条件，才能持续获得较高的甲烷产量。迄今为止，大多数产甲烷的过程在实际应用上仍处于较低的水平。

(1)生产甲烷　生物技术生产甲烷的重要途径是微生物发酵法。大致经过三个阶段：溶解有机原料（纤维素、脂肪、蛋白质），转化成有机酸（主要是乙酸），分解成甲烷和二氧化碳。整个过程十分复杂，涉及厌氧微生物的混合菌群。通过生物产生甲烷的过程如图16-1所示。葡萄糖发酵产甲烷方程式：$C_6H_{12}O_6 \rightarrow 3CH_4 + 3CO_2 + 20\ \mathrm{kcal}$。

(2)生产沼气　沼气是一种可燃气体，含50%～80%的甲烷，通常是从污水、农业和城市废弃物的发酵来制取的，经济适用。所用的装置称为沼气厂或生物反应器，是一个在厌氧条件下具有自我调控作用的共生微生物过程，运行最佳温度约为30℃，涉及的微生物粪便中存在。

目前，大中型沼气工程技术模式主要有两种：一种是能源生态型，即沼气工程周边配套有较大面积的作物农田、鱼塘、植物塘等，能够就地消纳沼气发酵的残留物（沼液），实现废弃物的零排放；另一种是能源环保型，即沼气工程周边环境无法直接消纳沼液，必须将沼液进行固液分离，分离出来的沼渣制成商品固体有机肥料，分离后的清液经过好氧或物化等深度处理达到

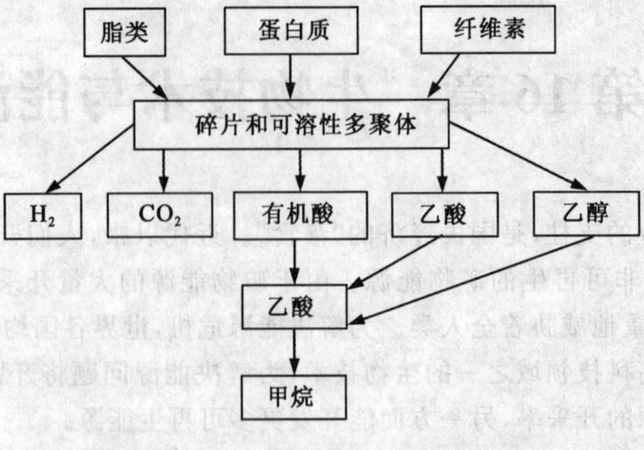

图 16-1 产甲烷过程的微生物学

(引自:J. E. 史密斯,2006)

行业排放标准后直接排放。其中能源生态型的厌氧消化工艺主要有 USR(升流式厌氧固体反应器,具体工艺流程如图 16-2 所示。CSTR(完全混合式厌氧消化器)、HCPF(高浓度推流式厌氧消化器)、PFR(塞流式反应器),适用于处理高悬浮、高浓度固体废弃物,采用中温发酵水力滞留期一般为 10～20 d(参考值);能源环保型的厌氧消化工艺主要有 UASB(升流式厌氧污泥床,具体工艺流程如图 16-3 所示、IC(内循环厌氧消化器)、AF(厌氧过滤器)等几种类型。UASB(图 16-3)适用于处理可溶性废水,AF、IC 是目前效率较高的工艺类型,主要适用于处理中低浓度、SS 含量低的污水,采用常温发酵水力滞留期一般为 2～4 d(参考值)。

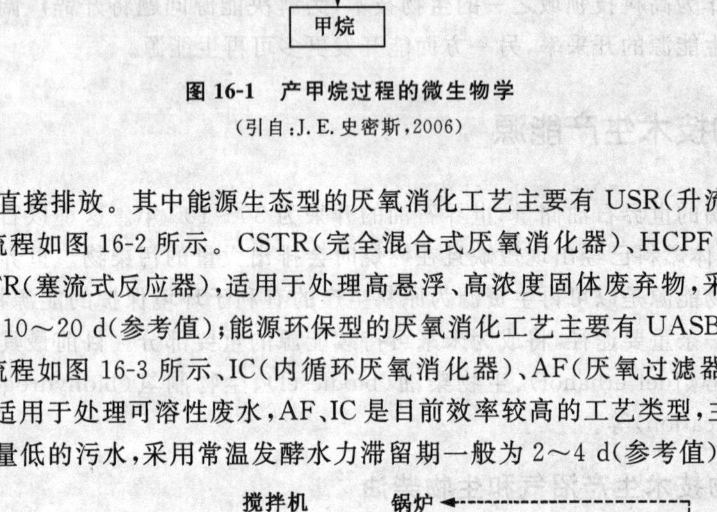

图 16-2 USR 工艺流程图

(引自:杨樱,葛晶晶,刘凯荣,2009)

另外,目前的采油技术只能在绝大多数油田采出 25%～40%的石油。也可通过油田残余油、煤炭和油页岩生产甲烷。这种地质有机质资源的数量十分巨大。自然界中数量巨大的油田残余油、煤炭和油页岩,可以像现代有机垃圾一样,通过恰当的微生物作用,为人类提供清洁能源——生物甲烷。

16.1.1.2 生物技术生产生物柴油

生物柴油(biodiesel)是指脂肪酸与低碳醇在催化剂的作用下发生酯化反应形成脂肪酸甲酯或乙酯等长链脂肪酸单酯,它是以大豆、玉米、棉籽、油菜籽、向日葵、花生、海甘蓝、油籽农作物、林木果实、动物脂肪以及工程微藻等原料所制成的液体燃料,是石油柴油的代替品。

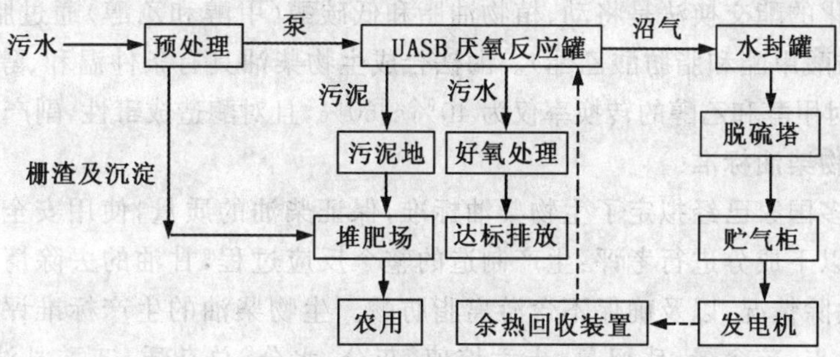

图 16-3　UASB 工艺流程图

（引自：杨樱，葛晶晶，刘凯荣，2009）

目前生物柴油的生产方法有物理法、化学法和生物酶法三种。物理法又包含两种：即直接混合法和微乳液法。直接混合法是将植物油与石化柴油直接混合，采用 5%～20%的混合比，该单独存在时具有黏度高、不完全燃烧、极易变质的缺点。微乳液法是将植物油与溶剂混合制成微乳液，如乙醇水溶液与大豆油制成的微乳液，可解决植物油黏度高的问题，有助于充分燃烧。化学法是目前生物柴油的主要方法，采用生物油脂与甲醇或乙醇等低碳醇，并使用氢氧化钠（占油脂重量的 1%）或甲醇钠（sodium methoxide）作为触媒，在酸性或者碱性催化剂和高温（230～250℃）下发生酯交换反应（transesterification），生成相应的脂肪酸甲酯或乙酯，再经洗涤干燥即得生物柴油。甲醇或乙醇在生产过程中可循环使用，生产设备与一般制油设备相同，生产过程中产生 10%左右的副产品甘油。缺点是反应温度较高、工艺复杂；反应过程中使用过量的甲醇，后续工艺必须有相应的醇回收装置，处理过程繁复、能耗高；油脂原料中的水和游离脂肪酸会严重影响生物柴油得率及品质；产品纯化复杂，酯化产物难以回收；反应生成的副产物难以去除，而且使用酸碱催化剂产生大量的废水，废碱（酸）液排放容易对环境造成二次污染等。

其工艺步骤（废油脂生产生物柴油）：①原料油脂（废油脂，酸价 1～30 mg KOH/g 油）干燥。将原料油脂加热到 120℃，真空脱水干燥，控制原料含水在 0.5%以下。②酸催化酯化反应。用量筒取 105 mL 甲醇，加入到带搅拌、水浴加热、上装有蛇管冷凝器的 500 mL 三口烧瓶中。称取占废油 2%wt 的浓硫酸，加入到三口烧瓶中，开启搅拌器，将浓硫酸与甲醇充分溶解。用量筒取 150 mL 四氢呋喃，加入到三口烧瓶中；用量筒取 100 mL 干燥后的废油加入到烧瓶中开启搅拌，水浴加热到 60℃，反应 35 min。整个反应过程中要开启冷凝器水阀，以捕集所挥发的溶剂。③碱催化酯交换反应。量取 18 mL 甲醇，称取占废油 1.2%wt 的氢氧化钠（中和浓硫酸所需的量），在烧杯中搅拌溶解充分后加入到反应器中，温度控制在 50～60℃，分别反应15 min。④中和、脱溶。用 98%的浓硫酸中和反应后的物料至 pH 为 5～7，然后将中和后的反应物转入到装配减压的蒸发装置中，控制物料温度在 120℃下，减压蒸发出四氢呋喃与甲醇，四氢呋喃与甲醇经冷凝回收后重复使用。⑤沉降分离、水洗。将脱溶后的产物移至分液漏斗中，自然重力沉降 30 min，待分相界面比较清楚后将甘油排出收集。用甲酯体积 30%，50℃的微酸性蒸馏水洗涤酯一次，分水后将甲酯在烧杯中加热到 120℃脱水干燥。⑥测定成品指标（ASTM 标准要求的指标部分测定）。主要是总甘油值，根据总甘油值可得出反应完成率。

生物酶催化的酯交换法是将动、植物油脂和低碳醇(甲醇和乙醇)通过脂肪酶转酯化制备生物柴油(脂肪酸甲酯和脂肪酸乙酯)。酶法合成生物柴油具有条件温和、醇用量小、无污染排放的优点。但对甲醇和乙醇的转换率仅为40%～60%,且对酶造成毒性,副产的甘油难以回收。

16.1.1.3 生物柴油标准

世界上很多国家已经拟定了生物柴油标准,保证柴油的质量,使用安全、放心。生物柴油的标准主要对以下成分进行考评:生产制造的整个反应过程,甘油的去除情况,催化剂的去除情况,酒精的去除情况,以及确保不含游离脂肪酸。生物柴油的生产标准评定指标包括比重、动态黏度、闪火点、硫含量、残留量、十六烷值、灰分、水分、总杂质、三酸甘油酯、游离甘油等。生物柴油标准的规范,正在极大地推动生物柴油在这些国家的汽车工业中正式应用和合法化,同时,大量国家对生物柴油的认可也正在推动生物柴油作为一种新型可再生生物能源的国际化。生物柴油的国际标准是ISO 14214、ASTM国际标准ASTM D 6751(美国)、EN 14241(欧盟)、德国的DIN生物柴油系列标准,此外奥地利、澳大利亚、捷克共和国、法国、意大利、瑞典等国家也拟订了生物柴油燃油规范。其中德国的DIN生物柴油系列标准是迄今为止最为详细的、系统的生物柴油标准,该标准体系针对不同的制造原料有不同的DIN标准。德国DIN V 51606生物柴油标准见表16-1。

表16-1 德国DIN V 51606生物柴油标准

项目	标准值	检验方法
15℃时的密度/(g/cm³)	0.875～0.900	DIN EN ISO 3675
40℃时的动力黏度(mm²/s)	3.5～5.0	DIN EN ISO 3104
按Pensky-Martens法 在密闭杯中的闪点/℃	≥110	DIN EN ISO 22719
冷滤点(CFPP)/℃		DIN EN 116
4月15日—9月30日	≤0	
10月1日—11月15日	≤−10	
11月16日—2月28日	≤−20	
3月1日—4月14日	≤−10	
硫含量(质量分数)/%	≤0.01	DIN EN ISO 14596
残炭(质量分数)/%	≤0.05	DIN EN ISO 10370
十六烷值	≥49	DIN51773
灰分(质量分数)/%	≤0.03	DIN 51575
水分/(mg/kg)	≤300	DIN 51777-1
总杂质/(mg/kg)	≤20	DIN 51419
对铜的腐蚀效能 (在50℃时3 h腐蚀程度)	1	DIN EN ISO 2160
氧化稳定性,诱导期/h	未给出	IP 306
中和值(KOH)/(mg/kg)	≤0.5	DIN 51558-1
甲醇含量(质量分数)/%	≤0.3	
碘值/[g/(100 g)]	≤115	DIN 53241-1
磷含量/(mg/kg)	≤10	DIN 51440-1
碱含量(Na+K)/(mg/kg)	≤5	依据DIN 51797-3,增加钾

资料来源:转自韩德奇等《生物柴油的现状与发展前景》。

目前生物柴油主要以生物柴油和石化柴油的混合油形式商用,因此混合油也有标准推出。例如,5%的生物柴油加 95%的常规柴油的混合油需要达到 2000 年颁布的 EN590(EN590:2000)的标准,凡是符合这一标准的混合油,都可以安全地应用于所有柴油机发动机,同时提议混合油中的生物柴油自身必须符合 EN 14214 的标准。

16.1.2　生物技术生产乙醇

16.1.2.1　生物乙醇的概念

生物乙醇(bioethanol)是一种清洁可再生能源。乙醇俗称酒精,它以玉米、小麦、薯类、糖蜜等为原料,经发酵、蒸馏而制成。乙醇经进一步脱水处理后再添加变性剂(一定比例的车用无铅汽油)后,即形成变性燃料乙醇。把变性燃料乙醇和组分汽油按一定比例混配即形成车用乙醇汽油(如 E10、E15、E20、E85 等)。燃料乙醇是优良的油品质量改良剂,掺加一定比例乙醇的车用汽油,由于增加了氧含量而燃烧更加完全,同时,汽车尾气中一氧化碳和碳氢化合物排放量得以大幅下降,因而被称为 21 世纪的"绿色能源"。

16.1.2.2　燃料乙醇的生产方法

很多物质经过一定预处理后都可以作为燃料乙醇发酵法生产的原料,一般可分为三类。①糖类,来自甘蔗甜菜等。②谷物淀粉类,来自玉米稻谷。③纤维素类,来自秸秆、蔗渣等。用糖类生产乙醇是公认最为简单、成本最为低廉的方法。生产燃料乙醇原料消耗玉米量为 3.2 t/t 产品,糖蜜为 4.5 t/t 产品,秸秆为 7 t/t 产品。

以淀粉微生物发酵法为例。这种方法主要以富含淀粉的玉米、小麦等作物原料,通过粉碎、脱胚制浆、液化、发酵、蒸馏、脱水和变性,最终获得变性燃料乙醇(图 16-4)。

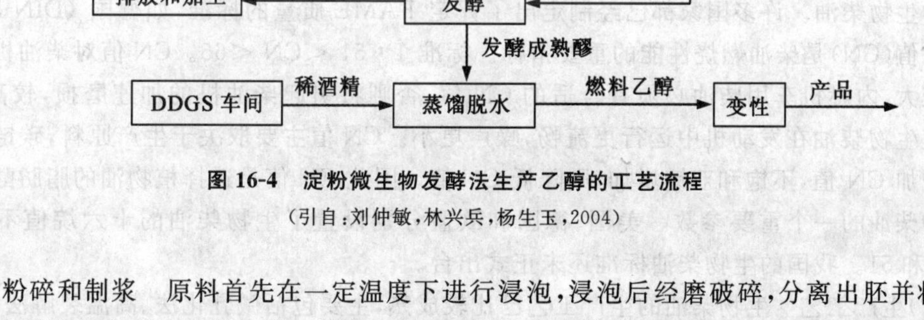

图 16-4　淀粉微生物发酵法生产乙醇的工艺流程

(引自:刘仲敏,林兴兵,杨生玉,2004)

(1)粉碎和制浆　原料首先在一定温度下进行浸泡,浸泡后经磨破碎,分离出胚并将纤维素及淀粉颗粒破碎到一定的粒度。脱胚后的淀粉浆(含有淀粉、蛋白质和纤维素等物质)送入液化工段。

(2)液化、糖化和发酵　淀粉在高温下糊化,同时在 α-淀粉酶的作用下降解,黏度降低,这一过程称为液化。液化后称为液化醪。液化前需要加入氢氧化钠和氨水来调节物料的 pH 以及补充部分氮源,同时加入氯化钙用于保持淀粉酶的稳定性。液化后经稀硫酸调节 pH 后加入糖化酶进行糖化。糖化的目的是将液化醪中的淀粉及糊精水解成酵母能发酵的糖类(主要是单糖及部分二糖和三糖,如葡萄糖、麦芽糖和蔗糖等),糖化后的醪液称为糖化醪。通过酵母对糖化醪进行继续发酵。在发酵的过程中,酵母将转化成乙醇和二氧化碳,同时释放出热量。所产生的二氧化碳经水洗回收随之带出的乙醇后,排入大气。

(3)蒸馏脱水和变性　含有乙醇的发酵成熟醪通过蒸馏装置进行蒸馏提纯。所产生的纯度乙醇蒸气经过两级分子筛的交替吸附作用吸除水分,从分子筛出来的含有少量水分的乙醇气体经冷却后即为燃料乙醇。所生产的燃料乙醇加入体积分数为2%～5%的变性剂(汽油)成为变性燃料乙醇产品。

16.1.3　生物技术植物产油

在巨大的能源危机和环境污染的压力背景下,世界各国开始将目光聚集到洁净的可再生能源的开发上。能源植物是可再生能源开发的重要资源对象,其产量大,可再生,对生态环境具有保护作用,作为生物燃料,其排放产物对人类的损害低于石化资源。其中富含糖、淀粉及纤维的能源植物用于生产燃料乙醇,如甘蔗、甜高粱、玉米、木薯、马铃薯、蕉芋、葛根等;富含油脂的能源植物如油菜、棕榈等以及富含类似石油成分的能源植物如麻风树、油楠、古巴香胶树等可以用于生产生物柴油(biodiesel)。

16.1.3.1　油料植物产油

油料植物是能源植物的重要组成部分,是生物质燃料油的主要来源和能源植物产业的重点发展对象,其产出的生物柴油是理想的石化柴油代用品。油料植物指主要用作榨取油脂的各种植物的根、茎、叶、果实、花或者胚芽组织等初级产品。油料植物广泛存在于植物界。按其种类可分为木本油料植物和草本油料植物。其中木本油料植物有麻风树、光皮树、黄连木、油桐、乌桕、文冠果等。其中黄连木种子含油率在40%左右,脂肪酸组成和菜籽油非常相似,可作食用油,也是优良的生物柴油原料。草本油料植物有油菜、大豆、油莎草等,其中油菜籽含油40%～50%,出油率已达到35%以上,被誉为“绿色油库”。

16.1.3.2　油料植物产油的方法

(1)产油标准　油料植物中的脂肪酸甲酯 (fatty acid methyl ester,FAME)是目前生产的主要的生物柴油。许多国家都已经制定出了评定 FAME 质量的标准,如德国 (DIN 51606)。十六烷值(CN)是柴油燃烧性能的重要指标。标准 1∶51 <CN <65。CN 值对柴油机的运转影响较大,内燃机车用柴油必须有合适的 CN 值,否则将引起柴油机的加速磨损,较高的 CN 值能使生物柴油在发动机中运行更流畅,噪声更小。CN 值主要取决于生产原料,碳链长度增加则增加 CN 值,不饱和双键增加,则降低 CN 值。因此 CN 值是选择植物油的脂肪酸甲酯用作生物柴油的一个重要参数。美国、德国和欧盟分别设置了生物柴油的十六烷值不得低于47、49 和 51。我国的生物柴油标准还未正式出台。

(2)生产工艺　生物柴油的生产工艺已比较成熟,主要包括微乳化法、高温裂解法、酯交换反应法(含酸催化法、碱催化法、酶催化法和无催化法)(表 16-2)。酯交换法生产工艺流程图见图 16-5。对于不同的原料,应选择不同的工艺,可以提高生物柴油的收率与产量。例如,对于煎炸回收的氧化劣变的废油,由于游离脂肪酸含量不高,主要成分是甘油酯,应选择以下工艺过程:预处理、甲醇预酯化、甲醇解、蒸馏。对于植物油碱炼的下脚料,先补充皂化,使皂脚中甘油酯转化为钠皂,然后脱水,最后用硫酸与甲醇直接酯化与分离,再经水洗,脱水,获得生物柴油。

表 16-2　工艺方法分类简述

生产方法		优缺点
直接混合法		可再生，热值高，但黏度高易变质，燃烧不充分
微乳化法		有助于充分燃烧，可和其他方法结合使用
高温裂解法		高温下进行，需要常规的化学催化剂，反应物难以控制，设备昂贵
酯交换反应法	碱催化法	其优点是反应时间短，成本较低。缺点：使用大量甲醇；反应物中混有游离脂肪酸与水，对酯交换反应有妨害作用；残留碱时柴油中有皂生成，容易堵塞管道，改酯交换反应生成物必须水洗，洗涤过程产生含碱催化剂、甘油、甲醇的废液必须处理
	酸催化法	油脂中游离脂肪酸和水的含量高时催化效果比碱好
	酶催化法	游离脂肪酸和水的含量对反应无影响，相对清洁；缺点：如不使用有机溶剂就达不到高酯交换率；反应系统中如甲醇达到一定量，脂酶就会失活；酶价格偏高，反应时间较长
	无催化法	产率高于催化过程，反应温度低，过程简单、安全和高效；甲醇需要超临界处理且用量大，时间相对较长

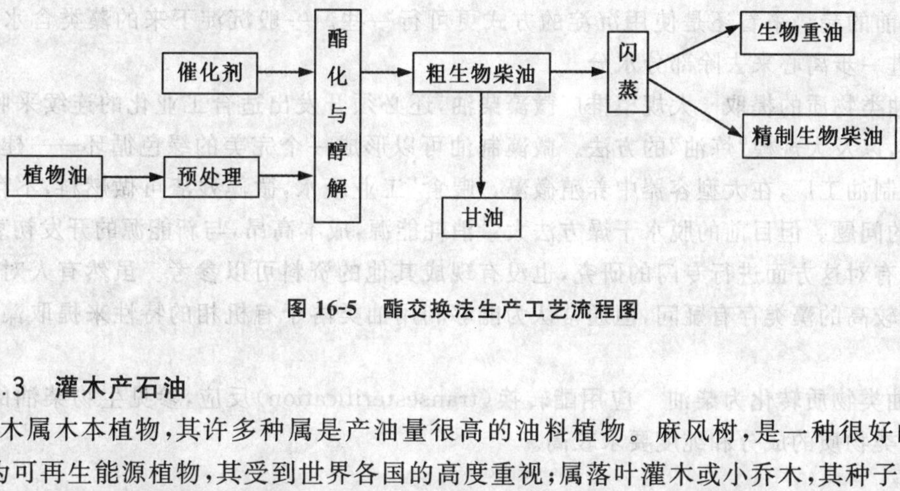

图 16-5　酯交换法生产工艺流程图

16.1.3.3　灌木产石油

灌木属木本植物，其许多种属是产油量很高的油料植物。麻风树，是一种很好的油料植物，作为可再生能源植物，其受到世界各国的高度重视；属落叶灌木或小乔木，其种子含油率高达 61.5%，是生产柴油的主要油料作物；麻风树种子油中主要含有棕榈酸、油酸、亚油酸，不饱和脂肪酸含量占 70%以上，是理想的生物柴油原料。

16.1.3.4　生物技术藻类产油(algae oil)

藻类(algae)是一种优良的热解材料，具有容易预处理、易于热解和有更高的收率等特点。藻类可以为未来社会供应大量的燃料。藻类中的一个门类叫微藻，这类藻能通过光合作用，在体内产生油脂，含油量占其自身体重的 50%～60%。根据来自 Valcent 公司的数据，玉米每英亩每年只会生产出 68 L 的生物柴油，棕榈达到 2 600～3 000 L，但是如果是藻类再加上使用开放式的池塘每年每英亩可以生产出 7.5 万 L 的生物柴油。另外，微藻还具有吸收二氧化碳，通过光合作用来“产油”的特性。因此，用微藻来制造能源的同时，还能减少二氧化碳排放，可谓一举两得。藻类生物燃料作为一种非粮生物燃料已成为当今的研究热点，具有广泛的发展前景，有可能成为未来最重要的可再生能源之一。

(1)品种选择　微藻制油首先要解决的就是品种选择。全世界目前已知的藻类有近 3 万种。目前没有一个藻种能够同时满足对温度敏感度低，生长速度快，含油量高在内的所有条件。如何找出在四季和昼夜温度变化大的情况下最适藻种，目前还没有很全面的研究，且藻类中有些不饱和程度高的脂类不适合用于生物柴油。

(2)维持藻类生长　目前微藻规模化培养制备路线有两种：开放式户外池塘养殖和封闭式光生物反应器。开放式户外养殖是获取微藻的主要方法，具有简便易行、成本较低的特点，发展受到很大限制。封闭式光生物反应器操作简单，培养条件、参数易控制，条件稳定，成品质量高，可实现全年无菌纯种培养，能较大幅度地提高微藻细胞密度，其生长速率和生物量最大幅度提高，这些年已应用于微藻的商业性、高密度大规模培养生产。维持藻类高速生长一般需要不停补充营养元素和二氧化碳。同时一定程度的搅拌使藻种能充分接触营养物质同时避免在一个区域内氧气浓度过高而抑制光合反应。如何精确控制补充营养元素的速度是个很重要的控制因素。一般来说加入营养元素的方式有半连续和连续两种。半连续方式为每 2～3 d 稀释一次，成本比较低。连续是指营养元素以一个稳定的速度添加，对成本要求较高，但比起半连续方式藻类生长速度能提高 20%左右。

(3)藻的收获　藻类的收获一直是个比较困难的问题，一般来说有沉淀和滤网收集的方式。靠沉淀的方式速度比较慢而且不适合某些游动性比较强的藻种。过滤的方法相对成本较高。但目前的趋势来看还是使用沉淀的方式更可行一些。一般沉淀下来的藻类含水还是很高，需要进一步离心来去除部分水分。

(4)油类物质的提取　大规模推广微藻柴油，还必须开发出适合工业化的连续采收、脱水干燥技术，以及大规模“炼油”的方法。微藻制油可以形成一个完美的绿色循环——建立规模化的微藻制油工厂，在大型容器中养殖微藻，“喂食”工业废水，微藻残渣可做燃料，不存在“与粮争地”的问题。但目前的脱水干燥方法大量消耗能源，成本高昂，与新能源的开发初衷相悖。目前还没有对这方面进行专门的研究，也没有现成其他的资料可以参考。虽然有人对是否能适于水分较高的藻类存有疑问，但通常认为能够利用油类溶于有机相的特性来提取藻中的油类物质。

(5)油类物质转化为柴油　应用酯转换(transesterification)反应，参见生物柴油的制备。但对于油类物质的成分和纯度要求较高。

16.2 生物技术开采能源

16.2.1 微生物开采石油

在石油开采中，现行的工艺只能从大多数油井中采出 30%～40%的石油，大部分由于黏度高而遗留在岩石中。随着微生物采油技术的开发，使得采油率不断提高。这主要是微生物代谢产生大量二氧化碳，二氧化碳与石油混溶，使之膨胀而降低黏度，同时产生大量的有机酸，导致过量气体产生，造成压力驱出石油。目前微生物采油主要有两方面：首先是利用微生物产物产油，如利用微生物多糖、表面活性剂等。其二是微生物本身用于采油，注入地下。近年来国内大港油田、中原油田等相继使用了微生物采油技术，大大提高了采油效率。该方法也称为微生物强化采油(microbial enhanced oil recovery,MEOR)。

16.2.1.1 MEOR 机理

由于微生物采油中涉及微生物生理、生化、物理、化学等诸多过程,因此微生物采油的机理非常复杂,主要有:

①微生物本身的尺寸能够封堵大孔道和分流注入水;微生物的黏膜能够改善孔道壁面的湿润性;微生物以烃为营养基而攻击烃类主链或改变支链的结构而降解原油,降低原油黏度及凝固点;微生物可黏附原油和乳化原油。

②微生物代谢产物中的气体(CO_2、CH_4、H_2、H_2S 等)能够提高油层压力,增加地层能量;CO_2、CH_4 等气体可以溶于原油,降低原油黏度,改善流度比;气体膨胀原油的作用可以增加油藏原油体积,提高原油的弹性能量;此外 CO_2 还可以溶解地层中的灰质矿物户外胶结物,增加岩石的孔隙度和渗透率。

③微生物代谢产物中的有机酸(低分子脂肪酸、甲酸、丙酸、异丁酸等)溶解石灰岩及演示的灰质胶结物,从而增加岩石的渗透率和孔隙度;有机酸与灰质反应物(CO_2)可降低原油黏度;但有机酸具有分散黏土矿物,使黏土运移,降低渗透率不利的一面。

④微生物代谢产物中的溶剂(丙醇、正(异)丁醇、酮类、醛类)能够溶解石油中的蜡及胶质,降低原油黏度,提高原油流动性;此外还可以溶解孔道中的长链原油,增加油相渗透率。

⑤微生物代谢产物中的生物聚合物(聚多糖)可以堵塞大孔道,迫使注入水产生分流作用,提高注入水的波及系数;同时生物聚合物可以增加水相黏度,改善水驱流度比;生物聚合物的吸附/滞留作用可以降低水相渗透率,提高原油分流量。

⑥微生物代谢产物中的生物表面活性剂可以降低油水界面张力,提高驱油效率,改变岩石润湿性,使岩石更加水湿;消除岩石孔壁油膜,提高油相流动能力;分散乳化原油,降低原油黏度。

16.2.1.2 微生物采油应用形式

(1)微生物吞吐　微生物吞吐又称生产井周期性注微生物。与稠油开采方法中蒸气吞吐相似,微生物吞吐是往生产井中注入优选的微生物及其营养液,关井一段时间后,再开井采油,周而复始,所以又称周期性注微生物。关井时间一般为几天到几周,视微生物生长繁殖状况以及油层温度而定。当生产井的产量大幅度下降时,可再关井一段时间后继续生产,这种过程可周期性地重复。在这一过程中,井眼周围的细菌及其代谢产物由于井眼周围压力升高而向油层深部运移。仍有一部分微生物及营养物留在地层继续进行生长、繁殖和代谢的生物化学反应,为下一个周期提供必要的接种基础。

(2)微生物驱油　微生物驱油的机理包含了微生物采油的所有机理,微生物及其代谢产物在微生物驱油中都发挥了作用。其中生物聚合物和生物表面活性剂的作用更为明显。微生物驱油既改善了油藏的波及效率,又提高了驱油效率。微生物在地下的代谢过程中产生的生物聚合物,大大提高了驱替相的黏度,降低了水驱油流度比;同时由于生物聚合物的吸附性,降低水相渗透率,降低水相分流量;此外,生物聚合物还可以堵塞高渗透地层,调整油层吸水剖面,提高注入水的波及区域,增加注入水的扫油面积,提高采收率。

(3)微生物调剖　微生物调剖是将能够产生生物聚合物的微生物注入地层,使其在高渗透层内大量繁殖,从而达到封堵渗透带、改变注入水流向的提高采收率方法。

在注水过程中发现,由于水层中的细菌超标,常常会导致低渗透油藏注水压力上升问题,因为注入水中含有霉菌、藻类、铁细菌、黏液菌、硫酸盐还原菌,这些细菌都会引起油藏孔隙的堵塞。微生物堵塞机理即细菌堵塞孔道是通过以下三种机制完成的:①微生物堵塞,②生物膜形成堵塞，③生物聚合物的作用。

(4)微生物清防蜡和降解原油　有些油井结蜡现象非常严重，常常导致抽油杆被卡而停产。过去采用热油循环、化学溶剂和分散剂、机械刮蜡片等方法控制结蜡。有些井清蜡频繁，导致采油成本大幅度上升。微生物清蜡是向油井套管的环形空间注入一定量(注入量由井深和动液面确定)的细菌溶液，然后关井一段时间，使微生物能分散和接种到井筒和近井地层，通过微生物减低石蜡和其他重质组分的含量的方法。

微生物清蜡和降解原油的机理在于：①降低重质原油的平均分子质量，即细菌能把重油中高分子质量的物质如沥青烯、树脂酸等分解成微低分子质量的化合物。由于重油分子质量的降低，使重油黏度大幅度下降；②细菌以重油中的烃类或重油中的其他组分为碳源，在细菌生长过程中发生生物化学反应，生成生物表面活性剂。将重油乳化，形成了水包油或油包水的乳状液从而降低重油黏度。

16.2.2　微生物脱硫法开采煤

煤炭是我国的主要能源，占整个能源消耗的70%左右。我国又是高硫煤储量较多的国家。据统计，我国煤炭资源中大约有30%的煤含硫量在2%以上。从而煤炭脱硫问题便成为一个日益关注的焦点。

煤中硫分为可燃硫和不可燃硫。不可燃硫主要是硫酸盐，可燃硫又分为无机硫和有机硫。黄铁矿(FeS_2)是煤炭中的主要无机硫，约占60%～70%；有机硫主要是二苯噻吩和硫醇，约占30%～40%。由于可燃硫经燃烧后生成二氧化硫，并排入大气，是引起酸雨的主要成分。因此对煤脱硫是十分必要的。目前，可进入工业化的煤脱硫技术多为物理和化学方法。但这些方法所需要的设备和运行费用很高，特别是废液二次处理问题突出，只在美国、德国、日本等一些发达国家应用。利用微生物在煤燃烧之前脱硫具有投资少、运行成本低、能耗少、可专一性地除去细微地分布于煤中的硫化物、减少环境污染等优点，对黄铁矿脱硫率可达90%，有机硫脱硫率可达40%。

16.2.2.1　脱硫微生物及其特征

目前，用于脱硫的微生物主要有硫杆菌属、细小螺旋菌属、硫化叶菌属、假单胞菌属、贝氏硫细菌属、埃希氏菌属的一些细菌，它们的生长特性见表16-3。用于脱除煤炭中黄铁矿硫的细菌都属于化能自养型微生物，异养型微生物只能脱除煤炭中的有机硫。兼性自养型微生物，则能脱除煤炭中的有机硫和无机硫。

表16-3　几种主要脱硫微生物的生长特性

菌名	最适温度/℃	最适pH	营养	能源	脱硫形态
T. ferrooxidans	25～35	2～3	自养	单质硫、硫化物硫、2价铁	黄铁矿
T. thiooxidans	25～30	2～3	自养	单质硫、硫化物	黄铁矿
S. acidocaldarius	60～70	1.5～2.5	兼性、自养	单质硫、硫化物、2价铁、有机硫	黄铁矿 有机硫
Acidicanus	60～70	1.5～2.5	兼性、自养	单质硫、硫化物	黄铁矿
S. brierleyi	—	—	—	2价铁、有机硫	有机硫
Pseudomonas	25～35	中性	异养	有机物	有机硫
Escherichia	中温	中性	异养	有机物	有机硫

16.2.2.2　微生物脱硫机理

煤中无机硫以黄铁矿、有机硫以二苯噻吩(DBT)为模型表征脱硫机理。一般认为微生物对黄铁矿脱硫的机理为直接脱硫机理，即微生物附着在黄铁矿的表面使黄铁矿氧化，把硫氧化成硫酸和二价铁，后者被氧化成三价铁。

$$2FeS_2+O_2+H_2O \rightarrow 2FeSO_4+2H_2SO_4;2FeSO_4+1/2O_2+H_2SO_4 \rightarrow Fe_2(SO_4)_3+H_2O$$

另外，利用微生物能自行吸附在固体表面上的性质，将微生物应用于浮选法脱硫技术中。在选煤过程中，破碎的煤粒和黄铁矿都具有疏水性，能附着在空气泡上，产生共浮。当在选煤设备的浮选柱中加入氧化铁硫杆菌后，由于微生物的亲水性和迅速黏附的特性，使黄铁矿表面由疏水性变成亲水性，不能附着在空气泡上，即沉淀于水底，然后从设备底部排出；而煤粒将随空气上浮，从设备顶部排出，从而达到脱硫目的。

有机硫的脱硫机理同前所述，一般认为有机硫原子经 4 步氧化以硫酸根的形式从有机硫中除去较好，因为它对碳原子骨架不发生降解，使有机碳含量保持不变，即煤的热值损失较少。

16.2.2.3　微生物脱硫的方法

目前煤炭脱硫有燃前脱硫、燃中固硫和燃后烟气脱硫等三种方法。微生物脱硫法是煤燃前脱硫法的一种，常用的生物脱硫方法主要有微生物浸出法、微生物表面处理法和微生物絮凝法(图 16-6)。

(1)微生物浸出法　微生物浸出法就是通过利用微生物的氧化作用将黄铁矿氧化分解成铁离子和硫酸，硫酸溶于水后将其从煤炭中排除的一种脱硫方法。FeS_2脱除的基本反应如下(下面反应都是在氧化酶的参与下进行的)：

$$2FeS_2+7O_2+2H_2O \rightarrow 2FeSO_4+2H_2SO_4 \quad (1)$$

$$2FeSO_4+0.5O_2+H_2SO_4 \rightarrow Fe_2(SO_4)_3+2H_2O \quad (2)$$

$$FeS_2+Fe_2(SO_4)_3 \rightarrow 3FeSO_4+2S \quad (3)$$

$$2S+3O_2+2H_2O \rightarrow 2H_2SO_4 \quad (4)$$

微生物浸出脱硫目前常用的反应方式有堆浸法和浆态床流动法。堆浸法就是将含有微生物的水喷淋到堆积的煤上，水在浸透煤粒间隙的同时将硫浸出。浆态床流动法是将煤粉碎后与细菌、营养介质一起置于反应器(空气搅拌式、管道式、水平转筒式等)内，在通气条件下进行煤的脱硫。该法优点是装置简单、经济、不受场地限制、处理量大等，见图 16-6。由于是将煤中硫直接代谢转化，因此当采用合适的微生物时，还能同时处理煤中无机和有机硫，理论上有很大应用价值。该法缺点是处理时间较长，而且其浸出的废液如果不及时处理很容易成为二次污染。

(2)微生物表面处理法　微生物表面处理法就是在选煤设备中在其悬浊液下方吹进微生物气泡，微生物吸附在黄铁矿上，黄铁矿变成亲水性，从气泡脱落沉到底部，从而将煤和黄铁矿分开，所需时间短，同时脱硫微生物在这里既起生化作用又起抑制作用。该法优点是处理时间短，当采用对黄铁矿有很强专一性的微生物(如氧化亚铁硫杆菌)时，能在数秒钟之后就起作用，抑制黄铁矿上浮，整个过程几分钟就完成，脱硫率较高。该法缺点是与浸入法相比，煤炭回收率较低。

(3)微生物絮凝法　利用一种本身疏水的分歧杆菌的选择性吸附作用，在煤浆中有选择地吸附在煤表面，使煤表面的疏水性增强，结合成絮团，而硫铁矿和其他杂质吸附细菌，使其分离

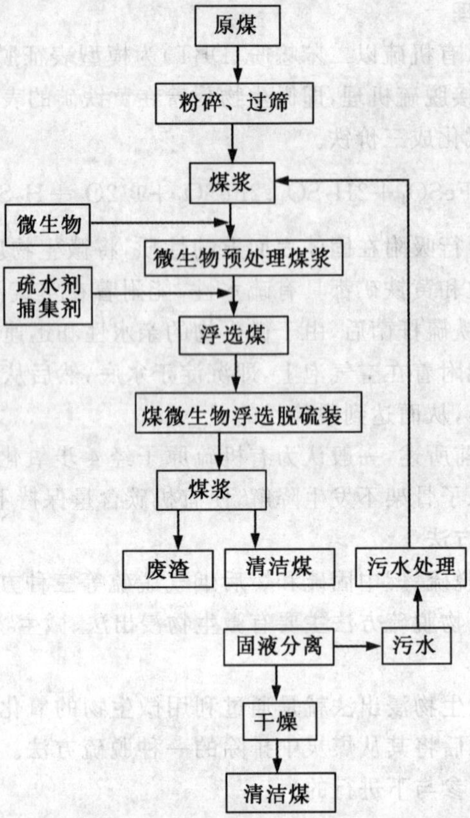

图 16-6　微生物浆态床流动法脱硫示意图

脱硫。该法较新，研究和应用比较少，还有待于进一步研究和推广。

16.2.2.4　微生物脱硫的影响因素

影响微生物生长活动和脱硫效果的因素有：温度、煤炭粒度、孔隙度和煤浆浓度等物理因素以及 pH、氧化还原电位(Eh)值、O_2 和 CO_2、营养素等生化因素。①温度：温度应根据所用菌种生理特性而定，一般脱硫微生物的繁殖温度的范围很窄，同时也应考虑到生物浸矿多为放热反应，为保证温度的相对稳定，以及不影响微生物的生长和活性，必要时需要有冷却设备。②煤炭粒度：黄铁矿沥出速度与其表面积成正比关系，煤颗粒越小、孔隙度越大，黄铁矿的溶解程度和溶解速度就越大。③pH：反应体系的 pH 是生物脱硫的一个重要参数，多数脱硫微生物的耐酸范围 pH＝1.0～5.0，pH 太高会影响微生物的繁殖，从而影响脱硫过程。④Eh 值：由于脱硫微生物多为需氧的化能自养菌，需要维持一定的氧化还原电位（Eh)，因此要保证水中适量的溶解氧。⑤O_2 和 CO_2：很多微生物的脱硫反应需要 O_2 或 CO_2，比如硫杆菌属和硫化叶菌属在使煤发生生物氧化反应而脱硫的过程中必须利用氧，氧是主要的电子终端接受体；而二氧化碳是氧化亚铁硫杆菌细胞繁殖时的主要碳源。⑥营养素：氮、磷、钾、钙、铁($FeSO_4$)、硫酸(SO_4^{2-})及镁作为微生物繁殖的营养素是必不可少的。研究表明：无机营养成分氮、磷、镁的最佳配比能改善脱硫速率。⑦接种浓度：研究发现，在菌矿反应过程中，存在最佳细胞浓度，对氧化亚铁硫杆菌，每克黄铁矿的最佳接种量为 10^6～10^{13} 个细胞。

目前，由于有机硫的脱硫机理尚不十分清楚，得到相应微生物也较困难，所以对有机硫脱硫机理的研究较多，而对无机硫则侧重于应用研究。

16.3 未来能源

16.3.1 氢气热

在工业空前发展的今天，能源的利用程度成为衡量一个国家的综合实力的重要标准。当前，人类使用的主要能源是化石燃料（煤、石油、天然气），其燃烧排出的气体会引起温室效应，使全球气候变暖。随着世界石油资源紧缺和枯竭，新型能源的开发和利用成为必然。氢能作为二次能源成为目前国内外的研究热题。

氢气热（氢能，hydrogen energy）是指游离的分子氢（H_2）所具有的能量，即氢与氧反应所释放的能量。氢能具有质量轻、放热效率高、来源广、环保等特点。氢是元素周期表中最轻的元素，但能量与重量比最高，达到 34.15 kcal/g（表 16-4）。燃烧 1 g 氢约为燃烧 1 g 汽油放热的 3 倍。同时氢又是地球上分布最广的元素之一，是 H_2O 的元素组成成分。H_2O 占地球的 3/4，因而氢能是取之不尽、用之不竭的。氢的燃烧产物是水，非常清洁，不会对环境产生任何污染，当然 H_2 在空气中燃烧会像其他燃料一样产生氮氧化物，但要比石油基燃料低 80%。

表 16-4 H_2、甲烷、甲醇和汽油的若干性能比较

燃料名	H_2	甲烷	甲醇	汽油
相对分子质量	2.018	16.043	32.042	100～105
含碳量/(g/mol)	0	75	37.5	85～88
气态比重/(g/L)	0.083 8	0.651 2	796	690～790
液态比重(g/L)	70	468		
沸点/℃	−252.87	−162	65	27～225
燃烧热(HHV)				
/(kcal/mol)	68.3	212.9	173.5	130.7
/(kcal/g)	34.15	13.3	5.42	13
最低燃点含量(体积)/%	4.1	5	7.3	1.4
最高燃点含量(体积)/%	75	15	36	7.6

资料来源：温延琏．氢能[J]．能源技术，2001，22(3)：96-98．

16.3.1.1 氢能的制取

目前常用的制备氢的方法有如下三种。

（1）催化重整　将燃料与水蒸气混合进入重整器，在高温、中压（600%～800%，25×10^5～35×10^5 Pa）和 Ni 催化剂的作用下发生重整反应产生氢气。所用的燃料可以是甲烷、甲醇、乙醇等轻质碳氢燃料。以甲烷为例：$CH_4+2H_2O\rightarrow CO_2+4H_2$，这种方法制取氢气的最高能量效率（所产生的氢气的热值与制氢的能耗比）达到 65%～75%。目前，世界上大多数氢气都是通过这种方法制取的，催化重整占目前工业方法的 80%，其制氢产率为 70%～90%。

（2）水电解　水电解制造氢气是成熟的制造氢气的方法，已有 80 余年生产历史。也是目前最广泛的制氢方法。水电解制得的氢气纯度高，操作简便，但需耗电。水电解制氢的效率一般在70%～85%，一般生产1 m^3 氢气和0.5 m^3 氧气的电耗为4～5 kW·h。下面是电解反应式：

$$H_2O+\triangle Q\rightarrow H_2+1/2O_2$$

式中，使水电解的能量$\triangle Q$约为242 kJ/mol，大大超过了碳氢化合物制氢的理论能耗。为提高制氢的效率，通常需要在高压下进行，一般为3.0～5.0 MPa。

电解水槽有：碱性电解槽、质子交换膜电解槽和固体氧化物电解槽。

(3)生物质制氢　生物质是一种可再生资源，生物质可通过汽化和微生物制氢两种不同的手段制氢。生物质汽化制氢是将生物质原料如薪柴、锯末、麦秸、稻草等压制成型，在汽化炉(或裂解炉)中进行汽化或裂解反应制得含氢燃料气。原理为在一定的热力学条件下，将组成生物质的碳氢化合物转化为含特定比例的CO和H_2等可燃气体，并将产生的焦油进一步转化为小分子气体和含氢气体的过程。

微生物制氢则是在常温常压下，利用微生物进行酶催化反应制得氢气。微生物法制氢可分为厌氧发酵有机物制氢和光合微生物制氢两类。厌氧发酵有机物制氢是在厌氧条件下通过厌氧微生物利用多种底物在氮化酶和氢化酶的作用下将其分解制取氢气的过程。这些微生物包括大肠埃希式杆菌、产气肠杆菌、褐球固氮菌等。底物多存在于工业污水和废弃物，比如甲酸、丙酮酸等有机物和淀粉纤维素等糖类，还有部分硫化物。目前此法制氢还存在很多问题，比如厌氧菌的制氢效率低，选用优良的厌氧菌需要花费大量的成本。光合微生物制氢是指微生物通过光合作用将底物分解产生氢气的方法。光合微生物有光合细菌和藻类。在微生物光合水解产氢的过程中不但有氢气的产生，还产生了氧气。在有氧条件下固氮酶和可逆产氢酶的活性都受到抑制，使得产氢能力下降。所以把未来研究重点放在提高光能转化效率上，利用光合微生物制氢会有很大的发展前景。

16.3.1.2　氢能的存储

储氢技术是氢能利用走向实用化、规模化的关键。总体来说，氢气储存有物理和化学两大类。物理储氢方法主要有：液氢存储、高压氢气存储、活性炭吸附存储、地下岩洞存储等；化学储氢方法有：金属氢化物存储、有机液态氢化物存储、无机物存储等。下面介绍几种常用氢能存储技术。

(1)高压储氢技术　加压压缩储氢是最常见的一种储氢技术，通常采用体积大、质量重的钢瓶作为容器，由于氢密度小，故其储氢效率很低，加压到15 MPa时，质量储氢密度≤3%。高压气氢的充气速度很快，是目前实际使用最广泛的储氢方法，在已有的储氢体系中，动态响应最好，能在瞬间提供足够的氢气保证氢燃料车高速行驶或爬坡，也能在瞬间关闭阀门，停止供气。高压气氢在零下几十度的低温环境下也能正常工作。其缺点是储氢密度还达不到美国能源部的要求，另外，用户也会担心高压带来的安全隐患。

(2)液化储氢技术　通过氢气绝热膨胀而生成的液氢也可以作为氢的储存状态。这是一种深冷的液氢储存技术。液氢沸点仅20.38 K，汽化潜热小，仅0.91 kJ·mol/L，因此液氢的温度与外界的温度存在巨大的温差，稍有热量从外界渗入容器，即可快速沸腾而损失。同一体积的储氢容器，液氢存储技术的储氢质量比高压储氢高出很多。液氢存储技术具有储氢密度高(按目前的技术可以达到5%)的优点，对于移动用途的燃料电池而言，具有十分诱人的应用前景。然而，由于氢的液化十分困难，导致液化成本较高；其次是对容器绝热要求高，使得液氢低温储罐体积约为液氢的两倍。

16.3.1.3　输氢技术

氢有多种输送方式，下面简单介绍以下几种常见输氢技术。①气体氢输送：一般的气体氢输送都是采用管道输送方式，它适用于短距离和用量大的用户集中区域。因为氢的发热量约为天然气甲烷的 1/3，如果是以相同的能量输给用户，则需加大管径或者是提高压力。在管道输送时还需要考虑常温下氢的致脆性。②液氢输送：液氢输送相对于气体氢输送，其效率更高一点。但因为储存液氢的罐车或管道需要有严格的隔热措施，设计的结构和工艺都比较复杂，所以成本较高。液氢管道输送一般只适用于短距离输送，在中心建立的制氢站便于输送。③氢化物输送：此法将氢气储存于有机液体中，储氢量大，管道输送更方便快捷。

16.3.1.4　氢能应用前景分析

纵观能源发展史，薪柴，然后用煤炭、石油，接着将是天然气。煤、石油和天然气都是碳氢化合物，它们的碳原子/氢原子比率为：柴薪为 10∶1；煤为 1∶1；石油为 1∶2；天然气为 1∶4。由此可以看出人类所用的燃料中的碳原子的比例逐年下降，而氢原子的比例却逐年上升。燃料的"氢化"是世界大趋势。100 多年前已经发现了生物产氢的现象，细菌产氢的基础性研究开始于 20 世纪 20 年代，光合产氢的基础性研究开始于 20 世纪 40 年代，由于受光转化效率、产氢酶对氧气敏感性以及微生物新陈代谢途径极其复杂，所以截至目前一直没有进行深入的研究。20 世纪 70 年代，世界上开始了微生物制氢的应用性研究，经过 30 多年的研究，目前的微生物制氢技术仍然没有突破性的成果，微生物制氢技术仍处于研究和发展的起步阶段，应用于大规模的工业化生产还有很多的研究工作要做。微生物制氢技术的研究首先开始于美国、日本等发达国家，近几年我国一些高校和科研单位也开始了生物制氢的研究。但可以肯定的是，未来生物制氢将是大的研究趋势。

16.3.2　生物燃料电池

生物燃料电池是利用生物催化剂如酶和微生物等，将化学能转化为电能的一种能量转换技术。和传统燃料电池相比，生物燃料电池具有选择性好、催化活性高、工作条件温和等优点。可以利用一般燃料电池所不能利用的多种有机、无机物质作为燃料，甚至可以利用光合作用或直接利用污水。也可以通过催化生物体内源物质，如葡萄糖和氧为原料，源源不断地产生能量，作为人造器官如人工心脏、可植入式电子器件等的动力来源。

工作原理与传统的燃料电池存在许多相似之处，以葡萄糖做反应主体的燃料电池为例，其阴阳极反应如下式所示。葡萄糖分子在阳极失去电子被氧化，溶液中的氧气分子在阴极得到电子被还原，这样便在阴阳两极间形成电流通路：

$$\text{阳极反应}\quad C_6H_{12}O_6 + 6H_2O \xrightarrow{\text{催化剂}} 6CO_2 + 24e^- + 24H^+$$

$$\text{阴极反应}\quad 6O_2 + 24e^- + 24H^+ \xrightarrow{\text{催化剂}} 12H_2O$$

按照使用催化剂形式的不同，生物燃料可以分为微生物燃料电池和酶燃料电池。通常生物电池仅在阳极使用生物催化剂，阴极部分与一般的燃料电池没有什么区别，因为生物电池同样与空气中的氧气为氧化剂。微生物燃料电池是利用整体微生物中的酶作为阳极催化剂，传统的微生物燃料电池以葡萄糖或蔗糖为原料，利用介质从细胞代谢过程中接受电子，并传递到阳极。酶燃料电池是直接利用酶作为催化剂的。

按照电子转移方式的不同,生物电池还可以分为直接生物燃料电池和间接生物燃料电池。直接生物燃料电池的燃料在电极上氧化,电子从燃料分子直接转移到电极上,生物催化剂的作用是催化在电极上的反应。而在间接生物燃料电池中,燃料并不在电极上反应,而是在电解液中或其他地方反应,电子则由具有氧化还原活性的介体运载到电极上去。目前生物燃料电池遇到的主要问题是电池输出功率相对较低、稳定性较差等。

微生物燃料电池(MFC)的基本结构和运行原理与其他类型燃料电池类似,微生物燃料电池的基本结构为阴极池加阳极池。根据阴极池结构的不同,MFC 可分为单池型和双池型两类;根据电池中是否使用质子交换膜又可分为有膜型和无膜型两类。其中单池型 MFC 由于其阴极氧化剂直接为空气,因而无需盛装溶液的容器,而无膜型燃料电池则是利用阴极材料具有部分防空气渗透的作用而省略了质子交换膜。

MFC 的阳极材料通常选用导电性能较好的石墨、碳布和碳纸等材料,其中为提高电极与微生物之间的传递效率,有些材料经过了改性。阴极材料大多使用载铂碳材料,也有使用掺 Fe^{3+} 的石墨和沉积了氧化锰的多孔石墨作为阴极材料的报道。

MFC 基本工作原理为:①在阳极池,水溶液中或污泥中的营养物在微生物作用下直接生成质子、电子和代谢产物,电子通过载体传送到电极表面。随着微生物性质的不同,电子载体可能是外源的染料分子、与呼吸链有关的 NADH 和色素分子,也可能是微生物代谢产生的还原性物质,如 S^{2-} 和 H_2 等。②电子通过外电路到达阴极,质子通过溶液迁移到阴极。③在阴极表面,处于氧化态的物质(如氧气等)与阳极传递过来的质子和电子结合发生还原反应。氢氧(空气)型电池结构图见图 16-7。

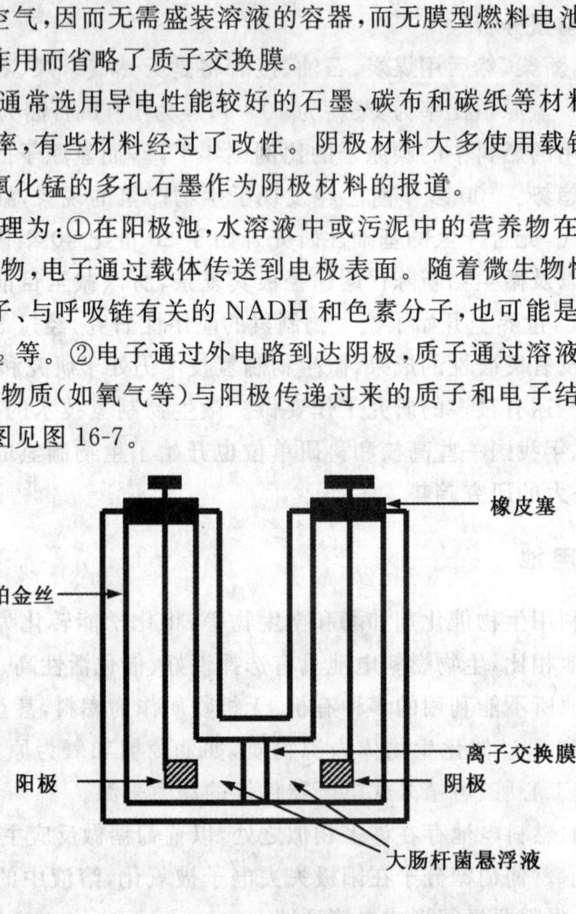

图 16-7 氢氧(空气)型电池结构图

生物燃料电池自身潜在的优点使人们对它的发展前景看好。近来研究显示,细菌可将污浊的盐水变为饮用水并发电,另外,利用光合作用和含酸废水产生电能等研究昭示着微生物燃料电池的发展新方向。目前,无论是淡化盐水、产生电力还是生产氢、甲烷或其他气体,微生物燃料电池都仅限于实验室。要作为电源应用于实际生产与生活尚未成熟。

思考题

1. 如何利用微生物勘探石油？
2. 简述生物技术生产生物柴油的工艺。
3. 简述燃料乙醇的生产方法。
4. 简述油料植物产油的方法。
5. 微生物脱硫的方法有哪些？
6. 常用的制备氢的方法有哪些？
7. 谈谈你对未来能源的见解。

参考文献

[1] 杨汝德.基因克隆技术在制药业中的应用. 北京:化学工业出版社,2003.
[2] 刘志国.基因克隆的分子基础与工程原理. 北京:化学工业出版社,2003.
[3] 吴乃虎.基因工程原理及应用. 北京:科学技术出版社,2002.
[4] 楼士林,杨盛昌,龙敏南,等.基因工程.北京:科学技术出版社,2002.
[5] 陈宏.基因工程原理.北京:农业出版社,2004.
[6] 周俊易.分子生物学基本技能和策略.北京:农业出版社,2008.
[7] Sambrook J,Fritsch E F,Maniantis T. Molecular Cloning:A Laboratory Manual. 2th ed. Cold Spdng Harbor Laboratory Press,1989.
[8] 吕虎.现代生物技术导论.北京:科学出版社,2005.
[9] 刘明,杨君,安利佳.花粉管通道法转化影响因素的分析.安徽农业科学,2007,35(12):3483,3523.
[10] Sheldon RA. Enzyme immobilization:the quest for optimum performance. Adv. Synth. Catal,2007,349:1289-1307.
[11] Bershtein S. Tawfik DS. Advances in laboratory evolution of enzymes. Current Opinion in Chemical Biology, 2008,12:151-158.
[12] 施巧琴.酶工程.北京:科学出版社,2005.
[13] 郭勇.酶工程.2 版.北京:科学出版社,2004.
[14] 罗贵民.酶工程.北京:化学工业出版社,2002.
[15] 王大成.蛋白质工程.北京:化学工业出版社,2002.
[16] 焦炳华,孙树汉.现代生物工程.北京:科学出版社,2007.
[17] 罗九甫,李志勇.生物工程原理与技术.北京:科学出版社,2006.
[18] 汪世华.蛋白质工程.北京:科学出版社,2008.
[19] 张红缨,孔祥铎,张今.蛋白质工程的新策略——酶的体外定向进化.科学通报,1999,44(11):1121-1127.
[20] 李强,施碧红,罗晓蕾,等.蛋白质工程的主要研究方法和进展.安徽农学通报,2009,15(5):47-51.
[21] 吴华昌,邓静,吴晓莉,等.蛋白质工程在改造工业用酶中的应用 .四川轻化工学院学报,2004,17(2):79-82.
[22] 曹文军,马辉文,张甲耀. 北京:科学出版社,2007.
[23] 宋思扬,楼士林.生物技术概论.3 版.北京:科学出版社,2007.
[24] 陆兆新.现代食品生物技术.北京:农业出版社,2002.
[25] 邬敏辰.食品工业生物技术.北京:化学工业出版社,2005.
[26] 罗云波.食品生物技术概论.北京:中国农业大学出版社,2002.
[27] 刘冬.食品生物技术.北京:中国轻工业出版社,2003.
[28] 韦革宏,杨祥.发酵工程.北京:科学出版社,2008.

[29] 刘群红,李朝品.现代生物技术概论.北京:人民军医出版社,2005.
[30] 杨吉成.细胞工程.北京:化学工业出版社,2008.
[31] 殷红.细胞工程.北京:化学工业出版社,2006.
[32] 安利国.细胞工程.北京:科学出版社,2005.
[33] 杨淑慎.细胞工程.北京:科学出版社,2008.
[34] 庞俊兰.细胞工程.北京:高等教育出版社,2007.
[35] 李志勇.细胞工程(生物工程类/21世纪高等院校教材).北京:科学出版社出版,2003.
[36] 程宝鸾.动物细胞培养技术.广州:华南理工大学出版社,2000.
[37] 张元兴,易小萍,张立,等.动物细胞培养工程,北京:化学工业出版社,2007.
[38] 李青旺.动物细胞工程与实践.北京:化学工业出版社,2005.
[39] 何忠效,静国忠,许佐良,等.生物技术概论.2版.北京:北京师范大学出版社,2002.
[40] 陈大元.受精生物学.北京:科学出版社,2000.
[41] 陈永福.转基因动物.北京:科学出版社,2002.
[42] 郭志勤,等.家畜胚胎工程.北京:中国科学技术出版社,1998.
[43] 秦鹏春,等.哺乳动物胚胎学.北京:科学出版社,2001.
[44] 桑润滋.动物繁殖生物技术.2版.北京:中国农业出版社,2006.
[45] 严云勤,等.发育生物学原理与胚胎工程.哈尔滨:黑龙江科学出版社,1995.
[46] 杨晓,黄培堂,黄翠芬.基因打靶技术.北京:科学出版社,2003.
[47] 岳文斌,杨国义,等.动物繁殖新技术.北京:中国农业出版社,2003.
[48] 张忠诚.家畜繁殖学.4版.北京:中国农业出版社,2004.
[49] Gao X,Zhang P. Transgenic RNA interference in mice. Physiology. 2007,22:161-166.
[50] Garner DL,Seidel Jr GE. History of commercializing sexed semen for cattle. Theriogenology. 2008,69:886-895.
[51] Garner DL. Flow cytometric sexing of mammalian sperm. Theriogenology,2006,65:943-957.
[52] Kane MT. A review of in vitro gamete maturation and embryo culture and potential impact on future animal biotechnology. Animal Reproduction Science,2003,79:171-190.
[53] Mazur P,Leibo SP,Seidel Jr GE. Cryopreservation of the germplasm of animals used in biological and medical research: importance,impact,status,and future directions. Biology of Reproduction. 2008,78:2-12.
[54] Tibary A,Anouassi A,Khatir H. Update on reproductive biotechnologies in small ruminants and camelids. Theriogenology. 2005,64:618-638.
[55] Yu J and Thomson JA. Pluripotent stem cell lines. Genes and Development. 2008,22:1987-1997.
[56] 洪德峰,张学舜,刘俊恒,等.花粉管通道法在玉米转基因中的应用.中国种业,2009(4):11-13.
[57] 王利红,尹西翔,徐清忠,等.转基因技术在水稻性状改良中的应用进展.现代农业科技,2009,(6):131-134.
[58] 崔丽华,张明浩,陈凌娜,等.激光微束在植物外源基因转化上的应用.激光生物学报,

2005,14(2):156-160.
[59] 张瑞强,杨军,金庆辉,等.细胞电融合技术及最新进展.中国生物工程杂志,(1):1-4.
[60] 张素芝,荣廷昭.农杆菌介导的玉米遗传转化系统研究进展.遗传,2008,30(10):1249-1256.
[61] 张林生,俞嘉宁,曹让,等.转基因植物在农业上的应用.西北植物学报,2002,22(4):1011-1017.
[62] 裴杰,阎萍,冯瑞林,等.转基因在动物生产中的应用.中国畜牧兽医,2008,35(7):82-92.
[63] Douglas B Young,Graham R Stewart. Tuberculosis vaccines. British Medical Bulletin,2002,62:73-86.
[64] 王关林,方宏筠.植物基因工程.2版.北京:科学出版社,2002.
[65] 闫新.转基因植物 .北京:科学出版社,2003.
[66] 何光源.植物基因工程 .北京:清华大学出版社,2007.
[67] 周光宇,等.农业分子育种研究进展.北京:中国农业科技出版社,2003.
[68] H. John Newbury. Plant Molecular Breeding. Blackwell Publishing,2003.
[69] 黄群策.我国植物分子育种的研究进展. Science and Technology review,2005.
[70] Gao Fuo-Qing. Microsatellite enrichment from AFLP fragment by magnetic beads. Acta Botanica Sinica,2003,45(11):1266.
[71] Liu ZX. Studies of genetic analysis and SSR linked marker location of gene resistance to southern rust in inbred line P25 of maize. 遗传学报,2003,30(8):706.
[72] 周延清. DNA分子标记技术在植物研究中的应用.北京:化学工业出版社,2005.
[73] Annelie Everts-van der Wind,Larkin D M,Green C A,et al. A high-resolution whole-genome cattle-human comprative map reveals details of mammalian chromosome evolution. Proc Natl Acad Sci USA,2005,102(51):18526-18531.
[74] 季静,王罡.生命科学与生物技术.北京:科学出版社,2005.
[75] 冯忠武,段文龙.动物生物疫苗.北京:化学工业出版社,2007.
[76] 刘佳佳,曹福祥.生物技术原理与方法.北京:化学工业出版社,2004.
[77] 马越,缪俊杰.现代生物技术概论.北京:中国轻工业出版社,2007.
[78] 陈薄言,曹瑞兵.现代生物技术与畜禽疾病防治. 北京:化学工业出版社,2005.
[79] 王宪文,王新卫.兽医生物制品制备技术. 北京:中国农业科学技术出版社,2007.
[80] 吕学诜.分子诊断的策略.黑龙江医药科学,2006,29(5):46-47.
[81] 张阳德.基因诊断与治疗.外科理论与实践,2006,11(6):21-22.
[82] 吕建新.分子诊断学在检验医学中的应用前景.中华检验医学杂志,2005,28(2):137-138.
[83] DrobyshevA,MologinaN,ShikV,et al. Sequence analysis by hybridization with oligonuc leotide microchip: identification of beta-thalassem in mutations. Gene,1997,188(1):45-52. 2008,28(6):419-420.
[84] Lipshutz R J M orris D,Chee M,et al. Using oligonucleotide probe arrays to access genetic diversity. Biotechniques,1995,19(3):442-447.
[85] Cao J,Ren L L,Liu J W,et al. Gene expression spectra in human leukemiaHL-60 cell-

streatedwith EGCG. Mutation Research,2004,556(22):193-200.
[86] 陈运贤.恶性肿瘤的分子诊断技术.分子诊断与治疗杂志.2007,7,1(2):73-76.
[87] 贺小贤.现代生物技术导论.北京:科学出版社,2005.
[88] Carol D Blair,Zachary N Adelman,Ken E Olson. Molecular Strategies for Interrupting Arthropod-Borne Virus Transmission by Mosquitoes. Clinical microbiology reviews, 2000,13(4):651-661.
[89] Moriuchi S,Krisky DM,Marconi PC,et al. HSVvector cytotoxicity is in versely correlatedwith effectiveTK/GCVsuicide gene therapy of rat gliosarcoma. Gene Ther,2000,7(17):1483-1490.
[90] 张婵,邵艳军.基因治疗的病毒载体系统.生物技术,2007,17(1):90-93.
[91] 王健民,于敏.遗传性疾病基因治疗临床研究现状.中华医学遗传学杂志,1999,16(4):262-265.
[92] 陈金中,薛京伦.载体学与基因操作.北京:科学出版社,2007.
[93] 瞿礼嘉,顾红雅,胡苹,等.现代生物技术.北京:高等教育出版社,2004.
[94] 施向东,等.转基因食品检测技术探讨.中国公共卫生管理管理,2008,24(1):49-50.
[95] 朱国念.农药残留快速检测技术.北京:化学工业出版社,2008.
[96] 周少奇.环境生物技术.北京:科学出版社,2003.
[97] 王建龙,文湘华.现在环境生物技术.北京:清华大学出版社,2000.
[98] 张景来,王剑波,常冠钦,等.环境生物技术与应用.北京:化学工业出版社,2002.
[99] 杜翠红,周集体,王竞,等.难降解芳香烃生物降解及基因工程菌研究进展.环境科学与技术,2005,28(1):106-115.
[100] Muradov Z V. IntJ. Hydrogen Energy,1993,18(3):211-215.
[101] 蔡炽柳,氢能及其应用前景分析.能源与环境,2008(5):39-41.
[102] 杨樱,葛晶晶,刘凯荣.中国沼气工程技术研究.北京:现代农业科学,2009,16(3):217-218.
[103] 徐颖,刘鸿雁.能源植物的开发利用与展望.中国农学通报,2009,25(03):297-300.
[104] 卡尔 A.平克尔特.转基因动物技术手册.劳为德译.北京:化学工业出版社,2004:363-366.
[105] 李宁,吴常信.动物分子育种.农业生物技术学报,1997,5(2):142-147.
[106] 单吴书,何正兴,季从亮.标记辅助选择及其在动物育种中的应用.上海畜牧兽医通讯,2004(6):5.
[107] 刘仲敏,林兴兵,杨生玉.现代应用生物技术.北京:化学工业出版社,2004.

